# 薄板坯连铸连轧微合金化技术

毛新平　等著

北　京
冶　金　工　业　出　版　社
2008

## 内 容 提 要

本书回顾了薄板坯连铸连轧技术和微合金化技术的发展历程，分析了薄板坯连铸连轧技术的特点及其关键技术，论述了钛、钒、铌、硼等微合金化技术的特点和理论基础，重点阐述了钛、钒、铌、硼等微合金化元素在薄板坯连铸连轧流程中的析出规律以及基于薄板坯连铸连轧流程钛、钒、铌、硼等微合金钢的组织演变规律、强韧化机理，提出了薄板坯连铸连轧流程各种微合金化技术关键问题的解决方案，总结了高强及超高强耐候钢、超细晶高强汽车结构钢、管线及石油套管用钢等高性能钢材的生产技术及产品应用技术。

本书可供冶金与材料领域的钢铁生产企业、工程设计院、研究院以及高等院校科研人员、工程设计人员、生产人员、教学人员、管理人员阅读参考。

**图书在版编目(CIP)数据**

薄板坯连铸连轧微合金化技术/毛新平等著．—北京：冶金工业出版社，2008. 1

ISBN 978-7-5024-4434-1

Ⅰ. 板…　Ⅱ. 毛…　Ⅲ. ①薄板—板坯—连续铸钢 ②连续轧制：薄板轧制　Ⅳ. TF777. 7　TG335. 5

中国版本图书馆 CIP 数据核字（2007）第 202032 号

出 版 人　曹胜利

地　　址　北京北河沿大街嵩祝院北巷 39 号，邮编 100009

电　　话　(010)64027926　电子信箱　postmaster@ cnmip. com. cn

责任编辑　刘小峰　尚海霞　美术编辑　李　心　版式设计　张　青

责任校对　卿文春　责任印制　牛晓波

ISBN 978-7-5024-4434-1

北京兴华印刷厂印刷；冶金工业出版社发行；各地新华书店经销

2008 年 1 月第 1 版，2008 年 1 月第 1 次印刷

169mm × 239mm；25. 25 印张；490 千字；389 页；1-3000 册

**58. 00** 元

**冶金工业出版社发行部　电话：(010)64044283　传真：(010)64027893**

**冶金书店　地址：北京东四西大街 46 号(100711)　电话：(010)65289081**

（本书如有印装质量问题，本社发行部负责退换）

# 序

在可以预见的未来时期，钢铁仍然是难以替代的“必选材料”，而且是可循环材料。钢铁不仅是非常重要的结构材料，也是以年产千万吨计的重要功能材料。

1856年亨利·贝塞麦发明底吹转炉以后，国际钢铁工业步入真正的工业化进程，迄今已有150年左右的历史。在这150年左右的历史进程中，特别是第二次世界大战结束以后，世界钢铁工业得到了迅猛的发展，其工艺技术、装备水平、制造流程结构、产品质量及其品种、规格、产量水平都取得了重大的进步。从工艺技术、装备角度上看，超大型高炉、氧气转炉、连续铸钢、大型连轧机等的发明与发展，特别是全连铸钢厂的出现及其全球性推行，使得钢厂的结构发生了深刻的变化。在这种技术进步思想的推动下，1989年世界上第一条薄板坯连铸连轧作业线在美国建成并投入生产，其影响不言而喻。1999年，我国第一条薄板坯连铸连轧作业线在广州珠江钢厂顺利投产，相继有邯郸、包头钢厂的薄板坯连铸连轧作业线成功投产、达产。至2006年，我国已有13条薄板坯连铸连轧作业线，年产能力约3000万吨，已成为生产热轧宽带钢的重要组成部分。

薄板坯连铸连轧生产流程的特点是：重视生产工艺流程的连续性/准连续性和紧凑—协调性，最大限度地减少不必要的加工工序；力求生产过程中最小的能源消耗，特别是连铸以后生产工序的能源消耗；最大限度地保持薄板坯和轧件的温度均匀性，使产品具有均匀的微观组织和力学性能、高水平的厚度精度和优良的板形。

薄板坯连铸连轧作业线成功投产以后，各国学者特别是中国学者非常重视相关的技术开发和产品开发。中国工程院产业工程科技委员会内专门设立了“薄板坯连铸连轧技术交流与开发协会”，并选举了理事会。自2003年以来，每年举办一次全国性的年会，交流生产技术经验，交流学术观点。其中，涌现出了一批年轻才俊。

毛新平博士是我国较早地从事薄板坯连铸连轧流程的设计、建设、生产和产品开发的年轻才俊之一。他曾在设计院工作多年，从事工程设计和建设工作，继而转入钢铁企业担任总工程师。他勤奋扎实地深入生产实践，进行工艺研究和产品开发，取得了令人注目的成绩。毛新平博士原来是学习金属压力加工专业的，后又转攻冶金学，获得工学博士学位，以其较为宽阔的知识基础和较为丰富的实践经验，对薄板坯连铸连轧作业线的产品开发进行了比较系统、深入的研究，并经过提炼、总结写成《薄板坯连铸连轧微合金化技术》一书，既具有学术意义，更具有对生产实践的指导价值。

本书的特点是：从薄板坯连铸连轧生产工艺流程中存在的许多不同于传统工艺流程的冶金—材料学特点出发，例如薄板坯特有的过程热履历，更快的凝固和冷却速度以及这些特点对凝固、冷却、形变、相变过程中微合金化元素行为的影响，进而研究、开发在薄板坯连铸连轧工艺流程条件下微合金化技术和微合金化产品。本书在概要地介绍了薄板坯连铸连轧技术的同时，介绍了微合金钢的定义、微合金化技术原理，进而分别讨论了在薄板坯连铸连轧条件下添加钛、钒、铌、硼诸元素的微合金化技术及其相应的产品开发、产品性能，内容的系统性、实用性较强。值得强调指出的是，本书涉及的知识和成果大都是来自生产实践的，是经过了生产过程的实践验证的。当然，某些理论上的认识或工艺技术的完善，可能还有待进一步深化。总之，可以相信本书对于钢铁生产企业特别是薄板坯连铸连轧生产企业、冶金与材料专业的高等院校、钢铁工程设计院和研究院的相关专业人士，具有相当的参考价值，而且可以说是一本较为系统的专业参考书。

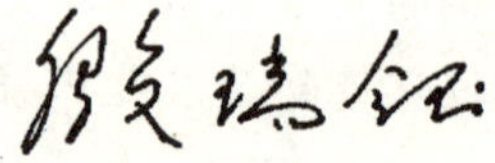

2007年10月2日于北京

# 前　言

薄板坯连铸连轧技术是近十几年来世界钢铁工业取得的重要技术进步之一，是继氧气转炉炼钢、连续铸钢之后，又一带来钢铁工业技术革命的新技术。目前，薄板坯连铸连轧技术已得到广泛的推广应用。至2006年底，全球已建薄板坯连铸连轧生产线54条，年生产能力达9080万t。其中我国有13条，年生产能力约3000万t，约占我国热轧宽带钢生产能力的30%，我国已成为全球拥有薄板坯连铸连轧生产线最多、产能最大的国家。

微合金化技术是提高钢材综合性能的有效技术途径，随着薄板坯连铸连轧技术的推广应用，人们开始研究基于薄板坯连铸连轧流程的微合金化技术的相关问题，并取得了许多成果。近年来，广州珠江钢铁有限责任公司与广钢集团CSP应用技术研究所、北京科技大学和钢铁研究总院合作，系统研究了薄板坯连铸连轧工艺条件下微合金元素各类析出物的析出规律和各种微合金钢的强化机理，发现了不同于传统流程的若干特殊规律，研制出高强耐候钢、超细晶高强汽车结构钢、石油管线及套管用钢等系列高性能钢板。基于上述研究成果，“薄板坯连铸连轧微合金化技术研究及低成本高性能微合金钢的开发”项目获2007年度国家科技进步奖二等奖，“薄板坯连铸连轧微合金化技术及其应用研究”项目获2006年度冶金科学技术奖一等奖。

本书回顾了薄板坯连铸连轧技术和微合金化技术的发展历程，分析了薄板坯连铸连轧技术的特点及其关键技术，阐述了薄板坯连铸连轧流程钛、钒、铌、硼等微合金元素的析出规律、相关微合金钢的组织演变规律、强韧化机理、生产技术及产品应用技术。本书共6章。第1章概述了微合金化技术的基础理论，概括了微合金化技术的发展，特别是基于薄板坯连铸连轧流程微合金化技术发展的情况；第2章回顾了薄板坯连铸连轧技术的发展历程、分析了几种薄板坯连铸连轧技术的特点、薄板坯连铸连轧的连铸、衔接和热连轧等工序的关键技术、半无头轧制和铁素体轧制技术等新技术；第3~6章分别论述了钛、钒、铌、硼等微合金化技术的特点和理论基础，重点阐述了钛、钒、铌、硼等微合金化元素在薄板坯连铸连轧流程中的析出规律以及基于薄板坯连铸连轧流程钛、钒、铌、硼等微合金钢的组织演变规律、强韧化机理，提出了薄板坯连铸连轧流程各种微合金化技术关键问题的解决方案，总结了高强及超高强耐候钢、超细晶高强汽车结构钢、管线及石油套管用钢等高性能钢材的生产技术及产品应用技术。

本书旨在系统总结在薄板坯连铸连轧微合金化技术的基础理论、生产技术和产品应用技术等方面的研究成果，丰富薄板坯连铸连轧技术和微合金化技术，拓展薄板坯连铸连轧技术的产品范围，提高薄板坯连铸连轧技术的竞争力。

本书由毛新平等著。其中，第1章的1.1~1.3节由毛新平撰写，1.4节由毛新平和朱达炎撰写；第2章由毛新平撰写；第3章由毛新平和高吉祥撰写；第4章由毛新平和李春艳撰写；第5章由毛新平和陈麒琳撰写；第6章由毛新平、谢利群和霍向东撰写。康永林教授、黄志坚教授审阅了全部书稿，孙新军博士审阅了第3~4章，霍向东博士审阅了第5章，陈麒琳硕士审阅了第6章。

感谢殷瑞钰院士、干勇院士、李正邦院士、张寿荣院士、王国栋院士、翁宇庆教授、李文秀教授、仲增墉教授、苏天森教授、田乃媛教授、傅杰教授、柳得橹教授、张永权教授、杨才福教授等对本课题研究工作的悉心指导。特别是殷瑞钰院士在钛微合金化技术研究方面给予了高屋建瓴的指导，使研究工作取得突破性进展，并在百忙之中为本书作序。

感谢康永林教授、刘清友教授、孙新军博士、霍向东博士、周建博士、苏亮博士、阳军硕士、李烈军博士、柴毅忠博士、林振源硕士、高吉祥博士、庄汉洲高工、李春艳硕士、陈麒琳硕士、许传棻高工、谢利群硕士、陈学文硕士、苏东硕士、李轲新硕士、钟志永工程师、张金星工程师、刘义军工程师、沈训良工程师、谢劲松工程师、袁红霞工程师等在课题研究过程中所做的大量、卓有成效的工作，课题组全体成员的精诚合作使研究工作取得了可喜成绩。感谢贺东风博士、刘阳春博士、吴华杰博士、江供养硕士对研究工作的支持和帮助。感谢广州珠江钢铁责任有限公司的领导和工程技术人员对课题研究工作的大力支持。

感谢康永林教授、黄志坚教授、孙新军博士、霍向东博士、陈麒琳硕士在百忙之中审阅了书稿并提出了许多宝贵意见。感谢王建珂工程师在本书编写过程中所做的大量工作。

由于本书所涉及的是全新的领域，加之作者水平所限，书中不足之处，恳请读者指正。

毛新平

2007年10月8日

# 目　录

# 1 概　论

微合金化技术是提高钢材综合性能的有效的技术措施，基于传统流程的微合金化技术的研究有几十年的历史，已形成了较系统的理论体系，而薄板坯连铸连轧流程存在许多有别于传统流程的特点，这些特点对薄板坯连铸连轧流程微合金化元素的行为产生较大影响，使薄板坯连铸连轧工艺条件下的微合金化技术具有新的特征。

因此，探索微合金元素在薄板坯连铸连轧流程中的物理冶金特点，发挥薄板坯连铸连轧微合金化技术的优势开发各类高性能钢材，一方面将丰富和发展薄板坯连铸连轧技术和微合金化技术，另一方面也将拓展薄板坯连铸连轧技术产品范围，推动相关行业的发展，既具有较高的学术价值，也将具有较高的实用价值、良好的经济效益和社会效益。

## 1.1　微合金钢的定义

微合金钢的定义最早是瑞典人 Noren 于 1963 年提出的："微合金钢的化学成分类同于未合金化的结构钢，在很多情况下它是一种含锰合金钢或低合金钢，其中添加了少量合金元素……，这种元素对钢的一种或几种性能具有很强的或者是显著的影响，而其添加的量比钢中传统意义的合金元素含量小 1 ~ 2 个数量级[1]。如铝处理钢就是一例，其中铝的作用无疑是微合金元素，这种元素的其他例子是钒、钛、铌和硼"。微合金钢的这种定义自此在世界范围广泛采用。

目前普遍采用的微合金钢的严格定义是："微合金钢是在普通低碳钢或普通高强度低合金钢化学成分的基础上添加了微量合金元素（一般为强碳氮化物形成元素且所添加的量比钢中传统意义的合金元素的含量小 1 ~ 2 个数量级）而使其一种或多种使用性能产生明显有利变化的工程结构用钢"[2]。

## 1.2　微合金化技术原理

微合金元素在钢中以固溶于铁基和形成微合金碳氮化物的形式存在，基于微合金元素析出物对奥氏体晶粒粗化行为的影响、固溶微合金元素及其析出物对奥氏体再结晶行为的影响和固溶微合金元素及其析出物对 $\gamma \to \alpha$ 相变行为的影响，通过采取控制轧制技术，达到调节奥氏体、获得细小铁素体组织的目的，同时通过微合金元素析出物的沉淀强化进一步改善性能。

### 1.2.1 微合金元素的特性及其在钢中的存在形式

铌、钒、钛均为难熔金属，均具有很强的形成氮化物和碳化物的能力。铌、钒、钛与铁原子的半径差很小，在一定的条件下既可以溶解又可以以碳氮化物的形式析出。因此，微合金元素在钢中以固溶于铁基和形成微合金碳氮化物的形式存在。微合金固溶量和形成微合金碳氮化物的量可通过微合金碳氮化物在铁基中的固溶度积公式计算。微合金元素的碳化物和氮化物在奥氏体和铁素体中的固溶度通常以微合金元素和碳、氮的质量分数的固溶度积来表示，具体表达固溶度积的关系式如下：

$$\lg K_s = \lg([M][X]) = A - B/T \tag{1-1}$$

式中，$K_s$为平衡常数；[M] 为某微合金元素处于固溶状态的质量分数；[X] 为碳或氮处于固溶状态的质量分数；$A$、$B$ 为常数；$T$ 为绝对温度。

固溶度积公式可通过热力学计算方法推导或通过物理化学相分析方法测试。不同的研究者得出的固溶度积公式差异较大，主要原因是各种方法所假定的条件不同及其他元素对微合金元素的活度有较大影响。钛、钒、铌、铝的碳化物和氮化物在奥氏体中的固溶度积如图 1-1 所示[3]。可见，各种微合金元素的碳化物和氮化物的固溶度积差别很大，其中 TiN 的最小而 VC 的最大，TiC、NbC 和 VN 的固溶度积基本相同。微合金元素碳化物和氮化物固溶度积的差异性为微合金钢的合金化设计提供了依据。

钛的氮化物是在钢水凝固阶段形成的，实际上难以溶于奥氏体，因此能在钢

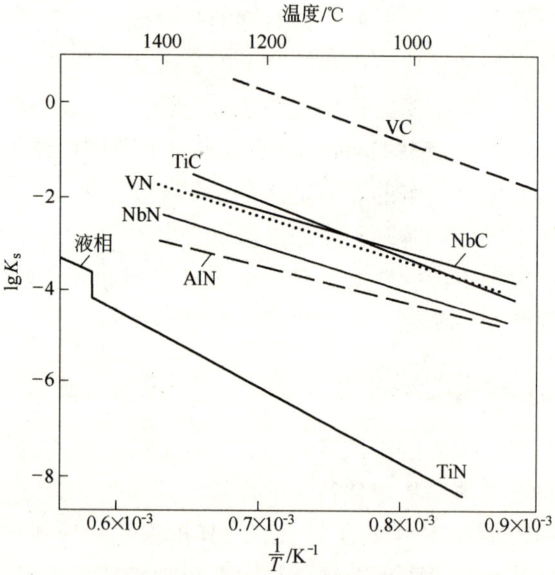


图 1-1 钛、钒、铌、铝的碳化物和氮化物在奥氏体中的固溶度积

的热加工加热过程和焊接时的焊缝中控制晶粒尺寸，另外由于形成 TiN，可以消除钢中自由氮，对抗时效有一定的作用。在传统流程中，钒的氮化物和碳化物在奥氏体内几乎完全溶解，对控制奥氏体晶粒不起作用。钒的化合物仅在 γ/α 相变过程中或相变之后析出，析出物非常细小，有十分显著的沉淀强化效果。钛的碳化物和铌的氮化物、碳化物可在高温奥氏体区内溶解，又能在低温奥氏体区内析出。

### 1.2.2 微合金元素析出物的长大及其尺寸变化规律

在一定的温度下保温一定的时间后，第二相粒子的平均尺寸将随温度的升高和时间的延长而不断增大，这一过程一般称为第二相的聚集长大，或称为第二相的 Ostwald 熟化。由于其控制机制的不同，其长大规律也不同。扩散条件控制下的基体内均匀分布的第二相粒子的平均尺寸 $d$ 可由式 1-2 计算[4]：

$$d_t^3 = d_0^3 + \frac{64D\sigma V_{\mathrm{MCN}}^2 C_0}{9RTV_{\mathrm{m}}C_{\mathrm{P}}}t = d_0^3 + m^3 t \tag{1-2}$$

式中，$d_t$和 $d_0$分别为 $t$ 时间后和初始时第二相粒子的平均尺寸；$D$ 为控制性元素在基体中的扩散系数；$\sigma$ 为第二相与基体之间的界面能；$V_{\mathrm{MCN}}$为第二相的摩尔体积；$V_{\mathrm{m}}$为基体的摩尔体积；$C_0$和 $C_{\mathrm{P}}$分别为控制性元素在基体中和在第二相中的平衡原子浓度；$R$ 为摩尔气体常数；$T$ 为温度（绝对温度）。

### 1.2.3 微合金元素析出物对奥氏体晶粒粗化行为的影响

#### 1.2.3.1 晶粒粗化的驱动力

晶粒粗化发生在热变形后多晶体金属或合金中，其驱动力主要是晶粒长大前后总的界面能差，晶粒粗化是整个系统力求使总的界面自由能达到最小值的一个自发过程。热变形后的多晶体金属或合金处于非平衡状态，晶界处的非平衡力使晶界向各自曲率中心运动，以减小弯曲、降低界面自由能[5]。在适宜的温度下随着时间的延续，晶界运动使小的晶粒越来越小，最终消失，大的晶粒尺寸不断增加，结果是晶粒粗化。单位晶界面积的驱动力为：

$$F = \Delta G/V_{\mathrm{M}} \tag{1-3}$$

式中，$\Delta G$ 为由晶界迁移引起的自由能的降低量；$V_{\mathrm{M}}$为单位体积。式 1-3 适用于晶界运动引起自由能降低的情形。对于晶粒粗化过程，$\Delta G$ 由晶界弯曲提供，细晶粒奥氏体粗化时的驱动力约为 $100\mathrm{kN/m^2}$[6]。

根据晶粒粗化的原理，如果没有外界的影响，在加热过程中，奥氏体晶粒将发生粗化，随着加热温度的提高和加热时间的推移，奥氏体晶粒将持续长大。但如果有外界因素的影响，晶粒粗化将受阻甚至停止。有两种阻碍晶粒粗化的机制：质点钉扎和溶质拖曳。

1.2.3.2　质点钉扎阻碍晶粒粗化

若钢中存在细小的第二相质点，则可以通过对晶界的钉扎作用，阻止奥氏体晶粒长大。Gladman 详尽分析了解钉时能量的变化，得到当第二相为均匀分布的球形粒子时，晶界解钉的判据为[7,8]：

$$D_0 = \frac{\pi d}{6f}\left(\frac{3}{2} - \frac{2}{Z}\right) \tag{1-4}$$

式中，$D_0$为晶粒的平均等效直径；$d$ 和 $f$ 分别为析出第二相的平均直径和体积分数；$Z = D_M/D_0$，为晶粒尺寸不均匀性因子即最大晶粒的直径（$D_M$）与平均晶粒直径（$D_0$）的比值。晶粒正常长大时，$Z$ 值约为 1.7，而反常晶粒长大时 $Z$ 值可高达 9。假设 $Z = 1.5$，由式 1-4 可得图1-2。

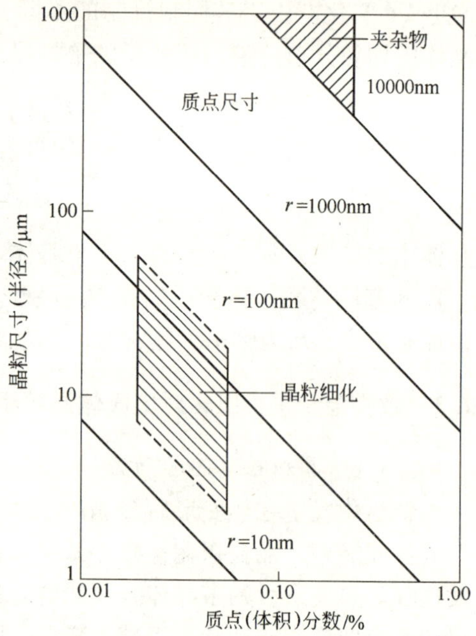


图 1-2　质点阻止晶粒长大的效果

图 1-2 为质点的尺寸、体积分数与所能钉扎的最小晶粒尺寸的关系，一定尺寸的质点能钉扎住具有该线上方晶粒尺寸的晶粒。在实际的钢中，质点能够钉扎的最小晶粒尺寸位于图中下面的阴影区域，上面的阴影区域是能被大夹杂物固定的最小晶粒尺寸。由这两类不同的质点固定的晶粒尺寸差别很大，几乎有 2 个数量级。

可见，最适于阻止晶粒长大的质点是那些有最小尺寸和最大体积分数的质点，这就要求质点在奥氏体中溶解度低，并且自身长大也慢。

1.2.3.3　溶质拖曳阻碍晶粒粗化

通常所说的溶质拖曳效应，是指在晶界的扩散移动过程中，部分合金元素在晶界上偏聚，导致界面能下降、晶界迁移驱动力降低的现象。特别当固溶元素的电负性、原子尺寸和扩散速率与基体相差很大时，溶质拖曳作用就十分显著。图 1-3 给出了各种微合金化元素的溶质拖曳参数（Solute Retardation Parameters，SRP）[9,10]。这些 SRP 值定量描述了在碳锰钢中各种元素 0.01% 固溶量对再结晶时间的延迟作用。可见，各种微合金元素中，固溶的铌具有强烈的溶质拖曳作用，而固溶钛和钒的溶质拖曳作用较小。

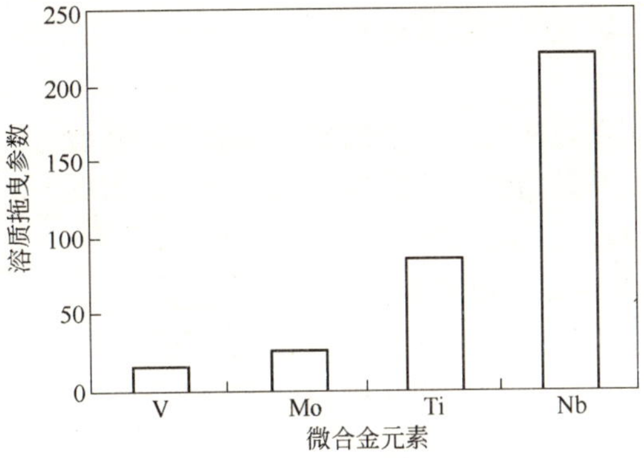


图 1-3 微合金元素对再结晶的影响

1.2.3.4 微合金钢的晶粒粗化行为

各种微合金钢奥氏体晶粒粗化行为如图 1-4 所示[9]。曲线上的阴影区表示每种钢的晶粒粗化温度 $T_{GC}$。低于 $T_{GC}$ 的温度，由微合金元素及其析出物所施加的阻力足以阻止奥氏体晶粒的粗化；当温度高于 $T_{GC}$ 时析出物开始溶解或长大，奥氏体的晶粒开始明显长大。可见，钛微合金钢中 TiN 在约 1250℃ 以下温度可阻止奥氏体晶粒粗化，铌微合金钢中 Nb(C,N) 在约 1150℃ 以下温度可阻止奥氏体晶粒粗化，钒微合金钢中 V(C,N) 在约 1000℃ 以下温度可阻止奥氏体晶粒粗化。因此，钛是阻止奥氏体晶粒粗化最理想的元素。鉴于上述原因，人们常在钢中加入 0.015% ~ 0.02% 的钛，防止在焊接过程中奥氏体晶粒在高温下过分粗化，以提高钢的焊接性能。

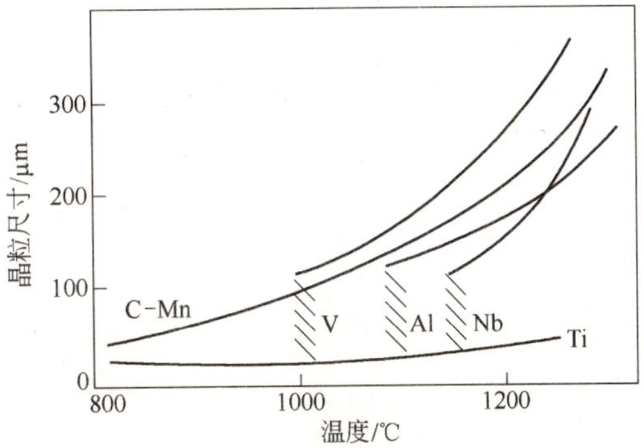


图 1-4 不同钢种奥氏体晶粒的粗化行为

## 1.2.4 微合金元素析出物对奥氏体再结晶行为的影响

1.2.4.1 再结晶的驱动力

形变后的金属或合金已处于不稳定的高自由能状态，具有了一种向着形变前低自由能状态自发恢复的趋势，这种过程称为回复和再结晶。回复是指在较低温度或较早阶段发生的转变，再结晶是指在较高温度或较晚阶段发生的转变。再结晶的驱动力 $F_{RXN}$ 为：

$$F_{RXN} = Gb^2\Delta\rho/2 \tag{1-5}$$

式中，$G$ 为铁基体的切变弹性模量；$b$ 为位错柏格斯矢量的绝对值；$\Delta\rho$ 为再结晶前后基体中的位错密度差。

研究表明，低温单道次轧制典型的奥氏体再结晶驱动力约为 20 MN/m²[11,12]。可见，奥氏体再结晶驱动力约为奥氏体粗化驱动力的 200 倍。这是为实现奥氏体调节而进行合金化设计的重要依据。

1.2.4.2 阻碍再结晶的钉扎机制

根据回复和再结晶的原理，形变后的金属或合金将会自发地发生回复和再结晶过程，如果没有外界因素的影响（例如碳素钢），再结晶后的奥氏体晶粒的尺寸与再结晶前的奥氏体晶粒的尺寸相当。钢中微合金元素的析出物优先的形核位置是在先存在的晶界和变形引发的位错，它们将钉扎基体晶界，阻碍再结晶的发生，钉扎力为[13]：

$$F_P = 6\sigma fI/(\pi d^2) \tag{1-6}$$

式中，$\sigma$ 为基体的晶界能；$I$ 为亚晶尺寸；$f$ 为析出物的体积分数；$d$ 为析出物的平均直径。可见，析出物的体积分数越大、平均尺寸越小，对基体的钉扎力越大，阻碍再结晶的发生的效果越好。C 0.07% - Si 0.225% -Mn 1.40% 钢中微合金溶质加入量对再结晶终止温度的影响如图 1-5 所示[14]。可见，在各种微合金元素中，铌阻碍奥氏体再结晶的作用最明显，钛的作用次之，钒的作用最小，铌阻碍奥氏体再结晶的作用在热成形的温度范围 900～1000℃效果特别显著。因此，铌是提高再结晶终止温度、细化铁素体晶粒最重要的微合金元素。

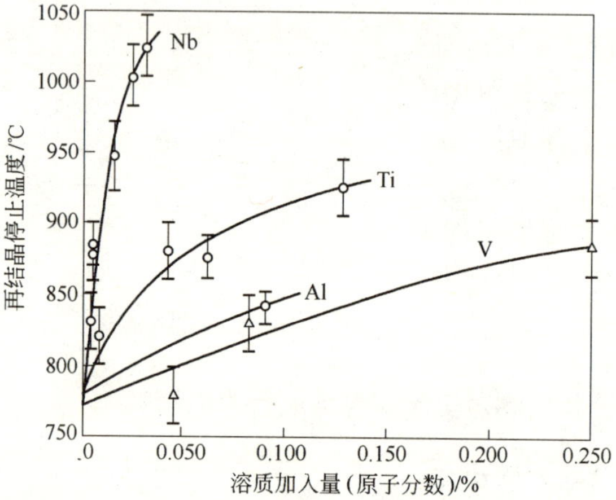


图 1-5 微合金溶质加入量对再结晶终止温度的影响

## 1.2.5 微合金元素析出物对 γ→α 相变行为的影响

微合金元素的加入将降低 γ→α 相变温度，增大 γ→α 相变的化学驱动力，从而进一步细化铁素体晶粒，甚至得到极细小的铁素体或针状铁素体或贝氏体型组织。图 1-6 给出了微合金元素对 γ→α 相变温度的影响。可见各种微合金元素对相变温度都有一定的影响，其中 Nb-B 和 Ti-B 复合微合金化对降低相变温度的效果最明显，使相变温度低于贝氏体转变开始温度，为获得贝氏体型组织创造了条件[15]。图 1-7 和图 1-8 分别为加速冷却条件下微合金元素对铁素体晶粒尺寸的影响和对贝氏体体积分数的影响。可见在加速冷却条件下铌对铁素体晶粒尺寸和对贝氏体体积分数的影响最显著，钛的影响次之，钒的最小[16]。在高的冷却速度下，铌微合金钢将有更多量的低温转变产物，如针状铁素体和贝氏体型铁素体组织。

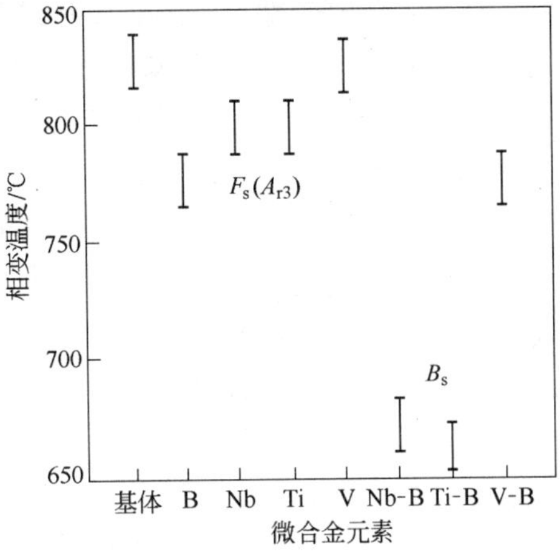


图 1-6 微合金元素对 γ→α 相变温度的影响

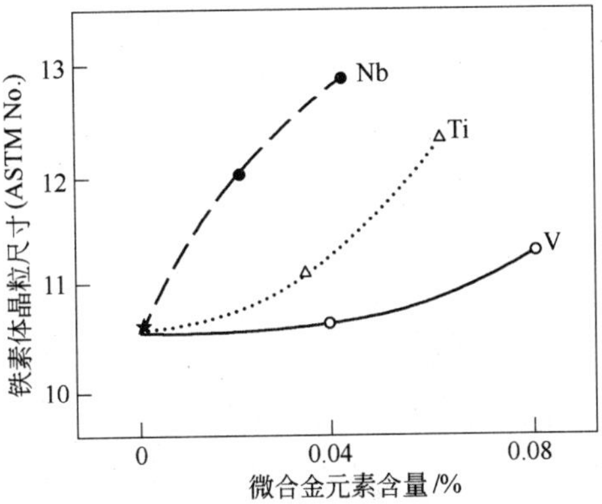


图 1-7 微合金元素对铁素体晶粒尺寸的影响

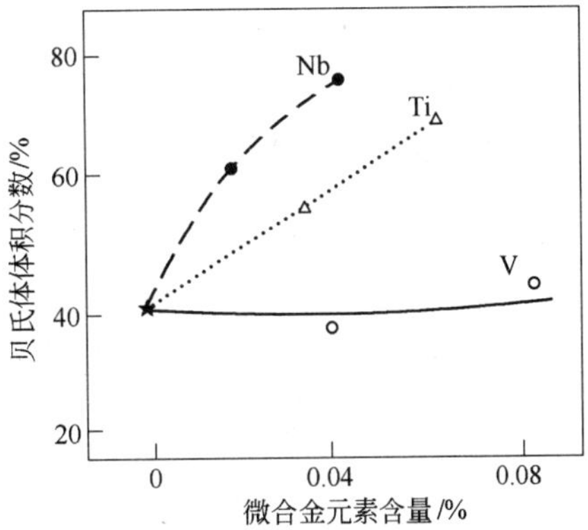


图 1-8 微合金元素对贝氏体体积分数的影响

### 1.2.6 微合金元素析出物的沉淀强化

第二相的沉淀过程是过饱和固溶体的分解过程。第二相沉淀析出的必要条件是固溶体合金的溶解度随着温度的降低而减小，因此加热后得到的过饱和固溶体将随着温度的降低而析出。

沉淀强化的机制是位错和颗粒之间的相互作用。Orowan 首先提出沉淀强化机制，认为：滑移位错绕过不可变形的第二相颗粒时，由于位错弓出弯曲将增大位错的线张力，因而需要更大的外加应力才能使位错越过第二相颗粒而继续滑移，由此导致材料的强化，其强度增量 $\Delta YS$ 与第二相的体积分数 $f$ 和颗粒尺寸 $d$ 之间大致的关系如下：

$$\Delta YS \propto f^{1/2} d^{-1} \ln d \tag{1-7}$$

由此可见，第二相强化的效果与其体积分数的 1/2 次方成正比，增大体积分数将提高强化作用，但当体积分数较大时继续提高体积分数所导致的强化作用将逐步减弱，因而必须综合考虑性能需求与生产成本来确定合适的体积分数。

沉淀强化效果的一般规律是：第二相粒子的体积分数越大，强化效果越显著，要使第二相有足够的数量，应提高碳、氮化物形成元素在基体中的过饱和度；第二相粒子弥散度越大，强化效果越好，共格第二相比非共格第二相的强化效果好；第二相粒子对位错运动的阻力越大，强化效果越明显；沉淀颗粒分布在整个基体上比晶界沉淀的效果好，球状颗粒比片状颗粒的强化效果好。

图 1-9 给出了微合金元素析出物尺寸、体积分数与沉淀强化效果的关系。可见细化第二相颗粒的尺寸对强化效果提高的作用十分显著，尺寸细化一个数量级的作用大致相当于提高体积分数两个数量级的作用[17]。

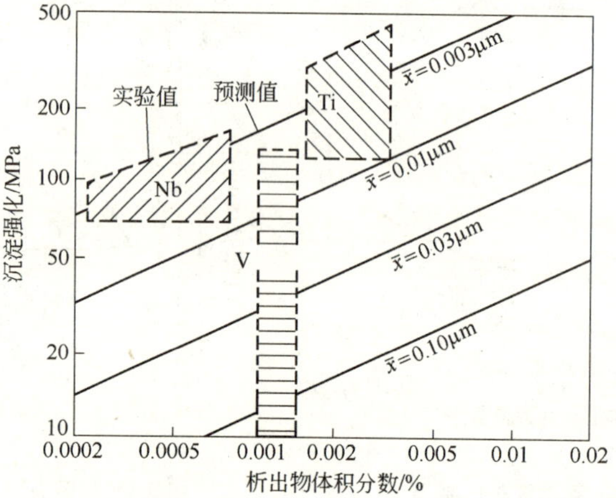


图 1-9 微合金元素析出物尺寸、体积分数与沉淀强化效果的关系

### 1.2.7 奥氏体调节原理[18]

微合金元素在钢中有很多重要的作用，但奥氏体调节是微合金元素的主要作用之一乃至微合金化技术的核心。奥氏体调节是指通过合金化设计和热变形控制，使热变形后、相变前的奥氏体具有合适的组织结构和成分，在一定的冷却条件下得到细小的铁素体组织。奥氏体调节意味着增加奥氏体晶体缺陷的量，包括

晶界、变形带、大颗粒析出物等，这些晶体缺陷充当了相变过程中铁素体形核位置，最终得到细晶铁素体组织。

用单位体积内界面面积 $S_V$ 来描述单位体积内形核位置的密度，单位为 $mm^2/mm^3$ 或 $mm^{-1}$。界面包括每单位体积内晶界面积、变形带面积以及非共格孪晶界的面积。参数 $S_V$ 的大小即为奥氏体调节的程度，奥氏体调节的目标就是使 $S_V$ 最大。$S_V$ 对铁素体晶粒尺寸的影响如图 1-10 所示[19]。

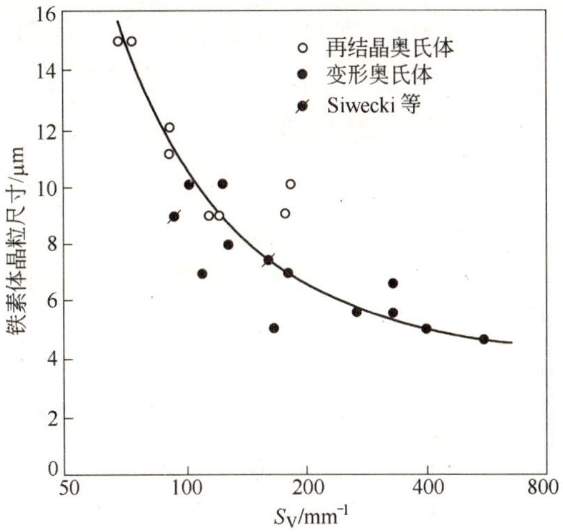


图 1-10　$S_V$ 与铁素体晶粒尺寸的关系

热轧过程中有两种不同的提高 $S_V$，即调节奥氏体的工艺，它们是再结晶控制轧制工艺（RCR）和传统控制轧制工艺（CCR）。

1.2.7.1　再结晶控制轧制工艺

图 1-11 给出了不同变形条件下产生的奥氏体组织的示意图[20]。再结晶控制轧制工艺是指在完全再结晶温度 $T_{95}$ 以上温度区间进行的形变后的钢能发生完全再结晶的轧制工艺。其特点是形变发生在完全再结晶温度 $T_{95}$ 以上温度区间、形变后的钢能发生完全再结晶，通过反复再结晶，新的更细小等轴的晶粒取代了原来的等轴晶粒，使晶粒细化、有效晶界面积增加；细小晶粒在道次间隔时间内有强烈的粗化趋势，必须采用合适的抑制晶粒粗化的机制，该机制能有效抑制晶粒粗化但不能影响再结晶的顺利进行；应具有低的再结晶终止温度，$T_{95}$ 温度越低，再加热温度与最低的终轧温度 $T_{95}$ 间的加工窗口越大，再结晶细化次数越多，细化效果就更好。RCR 工艺特别适合于不能进行低温轧制的低功率的轧机。

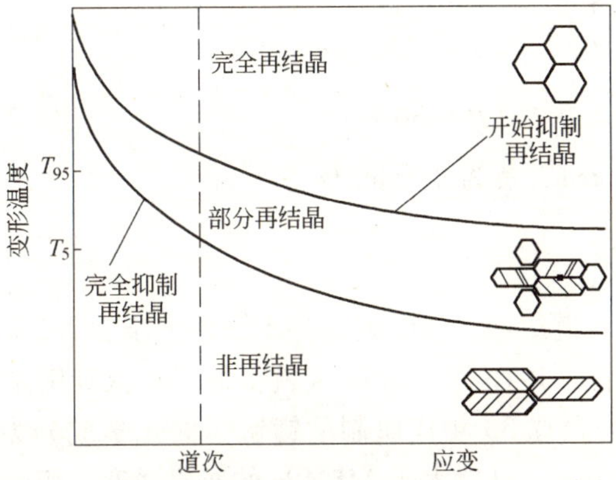


图 1-11　不同变形条件下产生的奥氏体组织的示意图

RCR 工艺对合金设计有严格的要求，目前有两种常用的方法：一是采用 V-Ti-N 系合金设计，以 TiN 抑制晶粒粗化，通过

V(C,N)的沉淀强化提高强度；二是采用 Nb-Mo 系合金设计，由再加热时未溶解的细小的 Nb(C,N)质点和在晶界偏聚的 Mo 抑制晶粒粗化。

对 RCR 工艺而言，$S_V$ 的增加来源于平均晶粒体积的减小而导致的每单位体积晶界面积的增加，奥氏体中 $S_V$ 为：

$$S_V^{\gamma} = S_V^{GB} = \frac{3}{D_{\gamma}} \tag{1-8}$$

式中，$S_V^{\gamma}$ 为奥氏体有效晶界面积，$mm^{-1}$；$S_V^{GB}$ 为再结晶奥氏体晶界面积，$mm^{-1}$；$D_{\gamma}$ 为再结晶奥氏体晶粒尺寸，mm。

1.2.7.2　传统控制轧制工艺

传统控制轧制工艺的特点是形变发生在完全未再结晶温度 $T_5$ 以下温度区间，形变后的钢不能发生再结晶；奥氏体在所有的道次及道次间隔时间内保持未再结晶状态，即通常所说的薄饼化处理，相当于增加了奥氏体晶界面积，当变形达到一定临界值（一般约为 30%）后，奥氏体晶内出现了穿晶的孪晶和变形带，从而进一步提高 $S_V$；应具有高的再结晶终止温度，$T_5$ 越高，可以安排更多的轧制道次，压扁程度越高，晶界面积增加越多，细化效果越好。由图 1-5 可知，铌能显著提高再结晶终止温度，是实现 CCR 工艺最合适的微合金元素。

对 CCR 工艺而言，由于晶粒性质改变，并且又有穿晶的孪晶和变形带，导致每单位体积晶界面积增加，从而使 $S_V$ 增加。奥氏体中 $S_V$ 为：

$$S_V^{\gamma} = S_V^{GB} + S_V^{DB} + S_V^{TB} \tag{1-9}$$

式中，$S_V^{\gamma}$ 为奥氏体有效晶界面积，$mm^{-1}$；$S_V^{GB}$ 为未再结晶奥氏体晶界面积，$mm^{-1}$；$S_V^{DB}$ 为奥氏体变形带面积，$mm^{-1}$；$S_V^{TB}$ 为奥氏体孪晶晶界面积，$mm^{-1}$。

其中：

$$S_V^{GB} = \frac{1}{D}\left(1 + \frac{1}{R} + R\right) \tag{1-10}$$

$$S_V^{DB} + S_V^{TB} = 0.63(R - 30\%) \tag{1-11}$$

式中，$D$ 为变形前奥氏体晶粒尺寸，mm；$R$ 为变形量，%。

## 1.3　微合金化技术发展概况[2]

人们最早采用微合金元素是在 20 世纪初，当时就在很多钢种中添加 0.1% ~ 0.2% 的钒以提高钢材的强度和淬透性。1916 年，Bullens 就报道了在低碳钢中加入 0.12% ~0.20% 的钒；而美国钒公司在 30 年代研制的锰钒钢的化学成分为 C 0.18%、Mn 1.45%、V 0.08% ~0.10%，具有大于 345MPa 的屈服强度。德国的 Neumeister 和 Wiester 在 1945 年就认识到含钒低碳钢中氮的重要性，而美国伯利恒公司的 Frame 和 Melloy 在 1962 年才报道了钒和氮在屈服强度为 310 ~ 345MPa

的轧制态软钢生产中的联合作用。此后在铝脱氧镇静碱性转炉钢的实践中发现了高氮钢的正火过程中 AlN 的沉淀析出将导致铁素体晶粒尺寸的细化和屈服强度的提高。1936 年，Haudremont 和 Schrader 确定了 AlN 对奥氏体晶粒粗化行为的影响，而 Wiester 等在 1957 年全面论述了铝镇静低碳钢的物理冶金学问题，特别是研究了固溶度积的重要性且分别考虑了固溶氮和化合氮对性能的影响。欧洲比北美对铝的应用更感兴趣，主要是因为欧洲更多采用正火而北美侧重于轧制态性能。

50 年代后期巴西铌矿的大规模开采使得铌铁的成本大幅度降低，含铌微合金钢得到广泛的研制开发和生产应用。美国国家钢铁公司大湖钢铁厂在 1959 年最早将铌处理钢投入市场，GLX-W 系列热轧板材的典型屈服强度为 325 ~ 445MPa，伸长率为 34% ~43%，-29℃冲击功为 27 ~40J；这些钢是在约 0.16% C 和 0.7% Mn 的低碳钢基体成分中添加了 0.02% ~0.03% 铌的半镇静钢，除具有良好的力学性能外，还具有良好的成形性和焊接性。可以说，真正意义的微合金钢是在铌的大规模生产应用后才开始的。

60 ~70 年代在微合金钢研究与生产方面的重要工作有：将 Hall-Petch 关系式应用于低碳钢和微合金钢，同时明确提出了晶粒细化不仅有效提高钢的强度还可明显提高钢的韧性特别是改善冲击转折温度；在此基础上观测到含铌钢的屈服强度—晶粒尺寸关系的明显偏离传统的 Hall-Petch 关系并由此发现在铁素体中沉淀析出了非常微细的碳化铌、氮化铌或碳氮化铌沉淀相导致钢材的附加强化；第二相阻止晶粒粗化原理的提出及微合金碳氮化物用于控制高温奥氏体晶粒尺寸；微合金碳氮化物在奥氏体中的固溶度积公式及微合金元素的溶解与微合金碳氮化物的沉淀规律；稀溶体中第二相的 Ostwald 熟化过程及微合金碳氮化物的高温粗化规律；微合金元素或微合金碳氮化物对形变奥氏体的再结晶行为的影响；微合金钢的组织—性能关系式与微合金钢性能的预测及设计；微合金钢的控制轧制和控制冷却技术；微合金钢中夹杂物对性能的影响规律和夹杂物改性控制技术；微合金钢中渗碳体或珠光体对性能的影响规律及低珠光体钢和针状铁素体钢的研制开发。标志性的国际会议 Microalloying 75 对这一时期微合金钢的研究开发及生产应用工作进行了充分的总结，确立了微合金钢的地位和进一步发展的方向，使得微合金钢的发展成为几乎所有钢铁生产国家的重要发展方向。

80 年代至今是微合金钢的迅速发展时期，特别是 90 年代后期世界主要钢铁生产国相继制定和实施超级钢（或称新一代钢铁材料）研究发展计划，超细组织化、超洁净化和微合金化均是各国超级钢发展的最重要发展趋势，微合金钢的研究与生产应用获得了更为广泛的认同和重视。这一时期的主要工作有：复合微合金化原理；微合金碳氮化物的沉淀析出次序；高等级石油管线钢的研制开发与大规模生产；微钛处理控制奥氏体晶粒尺寸的原理及其普遍应用；微合金碳氮化物在铁素体中的固溶度积公式及其在铁素体中的沉淀析出强化原理；微合金化奥氏体的形变热处理原理及控制轧制技术特别是控制动态再结晶轧制技术的广泛应用；微合金化原理的系统理论；钢铁基体组织的超细化技术与超细晶粒钢的研制开发；无珠光体钢乃至无间隙原子钢（IF 钢）的研制开发特别是在汽车用钢方面的生产应用；形变诱导铁素体相变（DIFT）技术；超洁净化微合金钢等。特别是随着薄板坯连铸连轧技术的推广应用，基于薄板坯连铸连轧流程的微合金技术取得了突破性进展。

## 1.4 薄板坯连铸连轧微合金化技术发展现状

薄板坯连铸连轧技术在全球范围得到广泛推广应用。我国已成为全球拥有薄板坯连铸连轧生产线最多、产能最大的国家[21]。微合金化技术是提高钢材综合性能的有效技术措施，基于传统流程的微合金化技术的研究有几十年的历史，已形成了较系统的理论体系，而薄板坯连铸连轧流程存在许多有别于传统流程的特点，对薄板坯连铸连轧流程微合金化元素的行为产生较大影响，使薄板坯连铸连轧工艺条件下的微合金化技术具有新的特征。

随着薄板坯连铸连轧技术的推广应用，人们开始研究基于薄板坯连铸连轧流程的微合金化技术的相关问题，包括：各种微合金化元素在薄板坯连铸连轧流程各工序的固溶析出规律；各种微合金钢在薄板坯连铸连轧流程上的组织演变规律和强化机理；各种微合金钢在薄板坯连铸连轧流程上的生产技术以及产品的应用研究等。经过十几年的努力，上述研究工作取得许多成果，初步形成了较系统的薄板坯连铸连轧微合金化技术的框架。

### 1.4.1 薄板坯连铸连轧钒微合金化技术发展现状

钒微合金化技术是最早应用于薄板坯连铸连轧流程的微合金化技术。通过大量的基础研究和生产实践，人们已认识到钒在奥氏体中固溶度大、析出温度低、对粗晶奥氏体再结晶的抑制作用小的特点，与薄板坯连铸连轧流程加热温度低、加热时间短、铸造粗晶组织直轧的特点相适应，特别是氮含量高的电炉—薄板坯连铸连轧流程更有利于发挥钒的作用；已开发出屈服强度 275 ~ 550MPa 级的各种用途的低合金高强度钢；发现了钒及其碳氮化物在薄板坯连铸连轧流程上对组织超细化的作用，开发出铁素体晶粒尺寸为 3 ~ 4μm、屈服强度达 550MPa 级的超细晶高成形性结构钢。

#### 1.4.1.1 发现了组织超细化的特征，找到了改善钒微合金钢韧性的途径

采用钒微合金化技术可获得较高的强度，但传统流程上的钒微合金钢的主要强化机制是 V(C,N) 粒子的沉淀强化，在强度提高的同时韧性却降低。通过研究薄板坯连铸连轧钒的固溶与析出规律，合理地控制连铸和均热工艺，可在薄板坯

连铸连轧铸坯上获得纳米级 V(C,N)析出物，并通过其细化晶粒的作用，获得超细化组织，使产品在具有高的强度的同时具有良好的韧性。

珠钢与钢铁研究总院基于电炉—薄板坯连铸连轧流程采用 V-N 微合金化技术获得铁素体晶粒尺寸 3 ~4μm 的超细晶组织。钒微合金钢组织演变研究表明：铸坯中有大量的析出物，以 V(C,N)为主并有少量 TiN 或(Ti,V)(C,N)复合析出，平均粒度仅数十纳米。强化机制分析表明，晶粒超细化对强度贡献为 300 ~320MPa，晶格阻力、固溶强化以及珠光体组织强化的综合贡献约 200MPa，沉淀强化对强度贡献为 60 ~100MPa。研究认为，热连轧开始前铸坯中大量存在的 V(C,N)析出物通过抑制后续热连轧过程中变形奥氏体再结晶晶粒长大和促进晶内铁素体形成，使带钢铁素体组织超细化；薄板坯连铸连轧 V-N 微合金钢的强化机制是以细晶强化为主、沉淀强化为辅；钢中部分钒在热连轧前已沉淀析出，导致在铁素体中细小析出物减少，从而减小沉淀强化增量[22,23]。

钢铁研究总院模拟研究了钒、氮、钛复合微合金钢在连铸、均热、轧制和卷取过程中析出物成分、尺寸变化规律。结果表明：连铸过程中，钒以 V(C,N)或(Ti,V)(C,N)形式从钢中形核析出，尺寸为数十纳米；铸坯均热后，大部分单独形核的 V(C,N)趋于固溶，未固溶的则开始长大，而以 TiN 为核心的(Ti,V)(C,N)中的钒部分固溶于钢中，钒在粒子中的含量减少；热连轧过程中，V(C,N)不断从钢中析出，析出物起阻碍奥氏体晶粒长大的作用，而含钒颗粒还促进铁素体的形核，提高奥氏体/铁素体相变比率，细化最终的铁素体组织[24]。

马钢和安徽工业大学在转炉—薄板坯连铸连轧流程上采用钒氮微合金化技术开发了 X60 管线钢，研究结果表明：X60 的金相组织由多边形铁素体和微量珠光体组成，铁素体晶粒尺寸细化至 5μm 以下；薄板坯连铸连轧流程存在 V(C,N)析出不充分的现象；X60 的主要强化机制为细晶强化，V(C,N)沉淀强化产生的强化增量约为 60MPa，纳米析出物产生的强化增量约为 40MPa[25]。

#### 1.4.1.2 钒基复合微合金化技术的研究不断深化

Li Y. 等模拟薄板坯连铸连轧工艺研究了 V、V-N、V-Ti-N、V-Nb 和 V-Nb-Ti 五种含钒低碳钢的微观组织演变和力学性能，结果表明：经四道次轧制后，1mm 的铸态奥氏体晶粒尺寸减小到 16 ~51μm，并得到 4.5 ~7.2μm 的细小铁素体组织；复合微合金化钢与 V 钢和 V-N 钢相比，在四道次轧制后得到的奥氏体晶粒和最终的铁素体晶粒的尺寸都细小一些；V-N 钢和 V-Nb 钢中加钛会提高钢中碳氮化合物的析出温度，使 V-Ti(N)或 V-Nb-Ti(C,N)在浇铸过程、浇铸后或均热过程析出，V-N-Ti 钢在 1100℃均热后的析出物；析出物中的钒含量会随着析出温度降低而增加，最高钒含量出现在铁素体中形成的细小颗粒中；钒钢中加入铌会增加其屈服强度，可能与铁素体晶粒尺寸细化和弥散强化的增加有关；在 V-N 钢和 V-Nb 钢中加入钛会降低其屈服强度，是因为在奥氏体中形成了 V-Ti(N)或

V-Nb-Ti(C,N)颗粒，减少了在随后的铁素体中形成的细小颗粒的钒和氮的量；含钛和不含钛的钢相比，夏比V型缺口韧性有所改善，但是强度水平要低一些；试验钢中都观察到小于15nm的会产生沉淀强化作用的细小颗粒；试验钢的屈服强度为460～630MPa，并具有较好的韧性和塑性[26]。进一步的研究表明：沉淀强化的作用约为80～250MPa，并随氮含量的提高、钒氮积的增加、冷却水温度的降低而增强；V钢、V-N钢和富钒氮化物的多相微合金钢中，铁素体中对沉淀强化有贡献的2～16nm的细小颗粒主要是钒的氮化物；细小颗粒在后续加工过程中不会剧烈粗化[27]。

Robert J. Glodowski等的模拟研究表明：电炉—薄板坯连铸连轧流程中添加钒可有效利用钢中的氮，提高钒的强化作用，降低合金化成本；V(C,N)在奥氏体中的固溶度高，低的加热温度就可充分固溶钢中的钒；采用常规轧制规程即可细化铁素体晶粒尺寸至5μm；钢中V/N比接近3.64/1、卷取温度580～620℃时V的强化作用最大[28]。

P. S. Mitchell等模拟薄板坯连铸工艺研究了钢中钒、铌、钛、钼等微合金元素对热轧板性能的影响后指出：含钒钢比含铌钢的热裂倾向明显小，含钒钢中的氮从0.007%提高到0.02%会导致热裂危险增大，但产生热裂的温度范围比含铌钢的窄；屈服强度不高于550MPa的钒微合金钢具有良好的韧性，钒的含量最高为0.12%，氮含量在0.008%～0.018%范围变化，均热温度1100℃，要达到最高强度时均热温度为1150℃，终轧温度850℃，卷取温度600℃；为达到屈服强度700MPa级的要求，锰的含量要提高到1.8%，并添加0.5%的钼，卷取温度要低于500℃[29]。

1.4.1.3 *广泛应用于相关企业，产品已系列化*

1991年美国Nucor公司Crawfordsville钢厂采用V-N微合金化合金设计，发挥电炉钢氮含量高、促进VN析出、强度提高的特点，批量生产屈服强度275～410MPa级的V-N微合金钢。在V-N微合金化的基础上，添加微量的铌进一步细化铁素体晶粒，生产屈服强度550MPa级的高强度钢[30]。

美国Gallatin钢铁公司利用55mm和65mm厚铸坯，通过V 0.120%～0.130%、N 0.0150%～0.0205%、Mo 0.010%～0.055%复合微合金化，通过采取高温大压下再结晶控制轧制反复细化奥氏体晶粒、轧后快速冷却控制V(N,C)、VN和$Mo_2C$第二相析出等技术措施，生产出屈服强度550MPa级高强钢。成品带钢铁素体晶粒尺寸可控制在ASTM 10.5～11.5级范围内并且大小均匀，具有良好的强韧性能[31]。

珠钢已在电炉—薄板坯连铸连轧流程上采用V-N微合金化技术获得铁素体晶粒尺寸3～4μm，屈服强度可达到550MPa级高成形性结构钢[32]。马钢在转炉—薄板坯连铸连轧流程上采用V-N微合金化，开发了X60级管线钢和Q345D、

Q460D 低合金高强度钢[33]。

### 1.4.2 薄板坯连铸连轧铌微合金化技术发展现状

铌微合金化技术在传统流程中已得到广泛应用，人们对其在薄板坯连铸连轧流程上的应用也寄予了厚望。基于大量的试验研究结果和工业化生产经验，人们已认识到铌微合金化技术应用于薄板坯连铸连轧流程所面临的混晶和无效铌的问题，并已找到解决问题的办法。目前，铌微合金化技术已较广泛地应用于薄板坯连铸连轧流程，采用薄板坯连铸连轧铌微合金化技术已开发出系列低合金高强度钢，包括 QStE340 ~ 460TM 的高强度汽车结构钢、X52 ~ X70 的管线钢以及石油套管用钢 J55 等。

#### 1.4.2.1 发现混晶的原因，找到了解决方案

产生混晶的直接原因是在奥氏体部分再结晶区的变形。导致在奥氏体部分再结晶区变形的原因主要有两个：(1) 薄板坯连铸连轧流程轧前的奥氏体组织是粗大的铸态的树枝晶组织，原始奥氏体由树枝晶向等轴晶的转化、等轴组织的均匀化、细化都是在变形过程中完成的，难度比传统流程大很多，这是薄板坯连铸连轧流程本身带来的问题；(2) 铌是阻止奥氏体再结晶最有效的元素，随着铌含量的增加，奥氏体再结晶温度将显著提高，减小了奥氏体完全再结晶的温度区间，这是铌微合金化带来的问题。如果在薄板坯连铸连轧热连轧过程中粗大奥氏体再结晶不完全，已发生再结晶的奥氏体晶粒比较细小，未发生再结晶的奥氏体晶粒比较粗大，那么细小的奥氏体将转变成细小的铁素体，粗大的奥氏体将转变成粗大的铁素体，从而导致组织不均匀即混晶[34]。

解决混晶问题的关键是避免在部分再结晶区的变形。为此，解决混晶问题的技术方案有：(1) 通过适度控制铌含量来控制奥氏体完全再结晶温度，保证在奥氏体完全再结晶温度以上的充分变形，从而获得均匀的等轴奥氏体组织。目前铌含量控制在 0.05% 以下能稳定地避免混晶问题。(2) 合理调整轧制过程的负荷分配，尽可能增加轧机前段 $F_1$、$F_2$ 和轧机后段 $F_5$、$F_6$ 的负荷，降低轧机中段 $F_3 \sim F_4$ 的负荷。目的是尽可能扩大在奥氏体完全再结晶区变形的效果，使粗大奥氏体通过充分的再结晶使晶粒细化、均匀化；最大限度地减小在部分再结晶区的变形；最大限度地在未再结晶区使奥氏体“饼化”，为相变细化晶粒创造条件[35]。(3) 尽可能提高开轧温度，即提高 $F_1$、$F_2$ 的变形温度，避免这两道次变形进入奥氏体部分再结晶区[36]。

#### 1.4.2.2 明确了“无效铌”的成因，找到了缓解的措施

电炉—薄板坯连铸连轧流程生产铌微合金钢时在铸坯上沉淀析出大量尺度为几百纳米、甚至达到微米级的大颗粒含铌星状析出物。这部分析出物对抑制奥氏体再结晶以及组织细化没有作用，因而称这部分铌为“无效铌”。与传统流程相

比，生产相同级别的钢带必须多添加铌才可保证钢带的性能。大颗粒星状析出物的形成与电炉钢氮含量较高（约0.007%～0.01%）密切相关。较高氮含量首先使TiN在高温铸坯中析出，甚至还有可能发生液析，其尺寸较大。在随后的铸坯冷却过程中，Nb(C,N)依附已形成的TiN外延生长，由于TiN为立方形，最终形成的复合析出物大多为六轴星芒状。有两种方法能缓解“无效铌”问题：（1）将均热炉的温度提高到1200℃，使大颗粒NbTi复合析出物中的铌尽可能溶解；（2）大多数TiN颗粒的析出温度在1050～1150℃，如能控制冷却工艺使铸坯表面温度不落在此温度范围，就可最大限度控制TiN的析出[37]。

1.4.2.3 物理冶金特征研究不断深入

基于实验室模拟技术的薄板坯连铸连轧工艺对铌微合金化高强钢组织和性能影响的研究表明：薄板坯连铸连轧流程铌微合金钢的晶粒细化效果不如传统流程，两者的平均铁素体晶粒尺寸分别为8.7μm和6.3μm；薄板坯连铸连轧流程钢中铌的析出量较大，特别是铁素体中细小铌的析出物较多，沉淀强化效果较强；薄板坯连铸连轧流程钢的屈服强度和抗拉强度分别比传统流程的低40MPa和25MPa，同时其低温冲击韧性较好，FATT温度较低[38]。

薄板坯连铸连轧热轧过程铌的析出特性的研究表明，前面几个机架析出物少且尺寸粗大，在150～200nm之间；后面几个机架会有较多的Nb(C,N)析出，尺寸在5～50nm之间，析出位置更加弥散，集中在晶界、位错和形变带上，这些析出物可在随后的铁素体相变过程起到形核位置的作用，提高铁素体形核率，细化铁素体晶粒尺寸[39]。

1.4.2.4 技术逐步成熟，产品范围不断拓展

目前，铌微合金化技术已较广泛地应用于薄板坯连铸连轧流程，国内外采用薄板坯连铸连轧流程的企业已采用铌微合金化技术开发出系列低合金高强度钢。美国的Nucor公司和墨西哥的Hylsa公司已生产了大量的X45～X70管线钢。

珠钢采用Nb-Ti复合微合金化技术开发了QStE340～460TM系列高强汽车用钢[40]；用60mm铸坯开发出9.5mm的X60管线钢[41]和7.8mm的X65管线钢以及J55石油套管用钢[42]。涟钢开发了汽车大梁板LG510L、LG590L[43]和Q345C[44]。包钢开发了X52、X56和X60等[45]系列管线钢和J55石油套管等产品，利用铌、钛复合微合金化技术开发了汽车冲压结构用高强度钢带QStE380TM、FAS355L。马钢开发了低合金高强度钢Q460D。邯钢开发了汽车大梁板H510L[46]，采用铌、钒、钛复合微合金化技术开发了X60管线钢[47]。

### 1.4.3 薄板坯连铸连轧钛微合金化技术发展现状

由于钛微合金钢强度波动大、性能不稳定的问题，钛微合金化技术在传统流程上没有得到广泛应用，受此影响基于薄板坯连铸连轧流程的钛微合金化技术的

研究一直无人问津。近年来，珠钢与北京科技大学合作首次系统研究了薄板坯连铸连轧流程各类含钛析出物的析出规律、钛微合金化钢的强化机理，开发出钛微合金化钢的生产技术以及系列的钛微合金化高强耐候钢。

1.4.3.1 明确了薄板坯连铸连轧流程各类含钛析出物的析出规律

薄板坯连铸连轧流程钛微合金化钢中存在 TiN、TiC 和 $Ti_4C_2S_2$ 等大量析出物，它们形成于从连铸到卷取的各个阶段，包括连铸和冷却阶段 TiN 和 $Ti_4C_2S_2$ 的液相析出及固相析出；连轧阶段 TiC 在奥氏体中的形变诱导析出；层流冷却阶段 TiC 的相间析出以及卷取阶段 TiC 在铁素体中的过饱和析出[48]。

1.4.3.2 明确了薄板坯连铸连轧流程钛微合金化钢的强化机理

薄板坯连铸连轧流程钛微合金化钢的强化机理主要是细晶强化和纳米尺度析出物的沉淀强化，其中后者是主要因素。当钛含量小于 0.045% 时，强度提高不显著，主要来自于晶粒细化；当钛含量为 0.045% ~0.095% 时，强度提高显著，主要来自于沉淀强化；当钛含量大于 0.095% 时，强度增加趋缓[49]。

1.4.3.3 解决了钛微合金钢强度波动大的难题，开发出系列高强耐候钢

充分发挥薄板坯连铸连轧流程铸坯温度均匀的特点并采取提高钢水洁净度的技术措施，解决了钛微合金钢强度波动大、性能不稳定的长期以来限制钛微合金化技术发展和推广应用的关键技术问题，使强度的波动稳定在 30MPa 以内。为钛微合金钢的开发应用奠定了基础。珠钢基于电炉—薄板坯连铸连轧流程、采用单一钛微合金化技术已开发出屈服强度 450 ~700MPa 级钛微合金化高强和超高强耐候钢的成套生产技术，产品已批量生产[50]。

### 1.4.4 薄板坯连铸连轧硼微合金化技术发展现状

随着薄板坯连铸连轧技术的广泛应用，人们逐步认识到薄板坯连铸连轧流程生产的热轧板卷组织细化、强度偏高，不适于用做冷轧原料的特点，受在传统流程上向低碳铝镇静钢加入微量硼能够实现晶粒粗化的经验的启发，开始研究薄板坯连铸连轧硼微合金化技术。目前，人们已对硼粗化铁素体晶粒、降低强度的机理有了清楚的认识，并普遍用硼微合金化的方法解决薄板坯连铸连轧冷轧原料强度偏高的问题，已批量生产出冷轧原料用钢 SPHC、SPHD 和 SPHE。

1.4.4.1 明确了硼微合金化钢晶粒粗化强度降低的机理

薄板坯连铸连轧流程不加硼钢的铁素体的晶粒度为 9 ~10 级、晶粒尺寸为 13.8μm，采用硼微合金化技术加硼后铁素体的晶粒度为 7 ~8 级、晶粒尺寸为 23.3μm，表明加硼钢的晶粒明显粗化[51]。目前，人们普遍认为[34,52~54]：薄板坯连铸连轧流程热轧前铸坯中析出的细小 AlN 颗粒是抑制变形奥氏体再结晶长大并导致最终产品铁素体组织细化、强度偏高的主要原因；粗大 BN 在高温奥氏体中的优先析出显著抑制钢中细小 AlN 的析出，减弱了 AlN 在晶界的钉扎作用，另外

硼元素在奥氏体晶界的偏聚抑制了铁素体形核，上述两方面的原因共同导致薄板坯连铸连轧硼微合金化钢晶粒的粗化；粗大 BN 析出抑制细小 AlN 析出的同时降低了 AlN 析出强化的作用、硼与钢中氮结合形成 BN 能有效降低钢中自由氮含量以及晶粒粗化三方面的原因，使薄板坯连铸连轧硼微合金钢强度显著降低。

1.4.4.2　广泛应用于相关企业，批量生产冷轧原料

美国 Nucor 公司 Berkeley 厂通过在低碳钢中加入适量的硼来控制板卷的强度和硬度，使 C 0.020 % ~0.055 % 的低碳钢的力学性能控制在 $\sigma_s = 224$MPa，$\sigma_b = 315$MPa，$\delta_5 = 41\%$ 范围[55]。珠钢采用硼微合金化技术，控制钢中 B/N 在 0.3 ~ 0.8 范围内，同时降低碳、硅、锰等强化元素和氧、氮、硫、磷等杂质元素含量，开发出冷轧原料 SPHC、SPHD、SPHE，产品组织显著粗化、强度降低[56]。唐钢采用硼微合金化和铁素体轧制等技术措施，使 SPHD 钢的平均屈服强度降到 230MPa，比传统流程生产的同类产品降低 61MPa[57]。马钢采用硼微合金化技术生产 SPHC 钢，发现加硼钢的屈服强度比不加硼钢的平均降低约 19MPa。涟钢加入 0.003% ~0.007% 的硼使屈服强度降低 20 ~30MPa[58]。各相关企业都开展了不同程度的研究工作，并采用硼微合金化技术批量生产冷轧原料。

1.4.4.3　开始研究加硼后对冷轧最终产品的影响

有研究认为：冷轧原料 08Al 钢中加入质量分数为 0.004% ~0.006% 的硼，在热轧、冷轧及退火工艺相同的情况下，使屈服强度有所降低，基本成形性能指标 $n$、$r$ 值降低，$\gamma$ 纤维织构明显减弱、Goss 织构和旋转立方织构明显增强[59]。也有研究认为：分析 DQ 级冷轧板批量生产的性能检验数据，发现冷轧带钢厚度在 0.5 ~2.5mm 内的 $r_0$ 值平均水平达到 1.84 以上，说明薄板坯连铸连轧工艺对冷轧板深冲性能的影响是有利的[60]。

### 1.4.5　结语

经过十多年的基础理论研究、生产技术开发和工业化生产，人们对薄板坯连铸连轧微合金化技术的特点已有较系统、深入的认识，发现了一些不同于传统流程的特殊规律，开发了成套的生产技术，生产了系列的低合金高强度钢，产品已广泛应用于国民经济相关行业，取得了良好的经济效益和社会效益。今后，为完善薄板坯连铸连轧微合金化技术需重点解决下列问题：

（1）深入研究薄板坯连铸连轧钛微合金钢的强化机理，揭示通过单一钛微合金化技术达到 700MPa 级超高强度这一现象的科学实质，为钛微合金化技术更广泛的应用奠定基础；

（2）深入研究薄板坯连铸连轧钒微合金钢组织超细化的机理，一方面改善钒微合金钢的综合性能，拓展钒微合金钢的应用范围，另一方面完善超细晶粒钢的技术体系，使超细晶粒钢实现工业化生产；

（3）进一步提高薄板坯连铸连轧铌微合金钢铌的利用率，解决“无效铌”的问题，提高产品的竞争力；在避免“混晶”的前提下，扩大铌的可加入量，拓展铌微合金钢的产品范围；

（4）进一步研究薄板坯连铸连轧流程冷轧原料用钢加硼对冷轧工序及其最终产品性能的影响，扬长避短地解决好薄板坯连铸连轧流程生产冷轧原料用钢的问题；

（5）加强基于薄板坯连铸连轧流程的复合微合金化技术的研究，特别是薄板坯连铸连轧流程各种微合金元素的耦合作用，丰富和拓展薄板坯连铸连轧微合金化技术；

（6）充分发挥薄板坯连铸连轧微合金化技术的特点，开发低成本地生产各类高性能的低合金高强度钢的生产技术，进而建立低成本高性能钢的技术体系。

目前，薄板坯连铸连轧微合金化技术体系的框架已形成，各类微合金钢的产品结构已基本建立。随着薄板坯连铸连轧技术更广泛的推广应用，基于薄板坯连铸连轧流程的各类微合金化技术的基础研究将进一步的深化、系统化，将会发现更多的不同于传统流程的特殊规律；各类微合金化钢的生产技术将进一步完善，产品范围将进一步拓展，产品性能将进一步提高。薄板坯连铸连轧微合金化技术的发展将进一步丰富和发展微合金化技术，增强薄板坯连铸连轧技术的竞争力，为钢铁工业产品结构调整和技术进步做出更大的贡献。

## 参 考 文 献


1 Noren T M. Special Report on Columbium as a Microalloying Element in Steel and its Effect on Welding Technology. Washington：Ship Structure Committee，1963

2 干勇，田志凌，董瀚，等．中国材料工程大典 第2卷．北京：化学工业出版社，2006：406～407

3 兰纳伯格 R，等．钒在微合金钢中的作用．杨才福，等译．北京钢铁研究总院，2000（内部资料）

4 Wagner C. Theorie der Alterung von Niederschlägen durch Umlöson（Osterwald-Reifung）. Z. Electrochemie，1961，65：581～591

5 Palmiere E J. University of Pittsburgh，Unpublished Research，1990

6 Porter D A，Easterling K E. Phase Transformations in Metals and Alloys. Van Nostrand Reinhold，1981：263

7 Gladman T. The Theory of precipitate particles on grain growth in metals. Proc. Roy. Soc.，1966，294A：298～309

8 Gladman T. The effect of second phase particles on grain growth. In：Proc. Recrystallization and Grain Growth of Multi-Phase and Particle Containing. Materials（Roskilde），RISO，National Laboratories，1980：183～192

9 Garcia-Mateo C，et al. Static recrystallization kinetics in warm worked vanadium microalloyed

steels. Mat. Sc. & Eng. , 2000

10 DeArdo A J. Mictoalloyed strip steels for the 21st century. Microalloying in Steels. Mat. Sc. Forum, 1988, 284: 15 ~ 26

11 Pouly P. University of Pittsburgh, Unpublished Research, 1993

12 Kwon O, DeArdo A J. Interactions between recrystallization and precipitation in hot-deformed microalloyed steels. Acta Met. , 1991, (39): 529

13 Hansen S, et al. Niobium carbonitride precipitation and austenite recrystallization in hot-rolled microalloyed steels metall. Trans. A. , 1980, 11(A): 87 ~ 402

14 Cuddy L J. The effect of microalloy concentration on the recrystallization of austenite during hot deformation in thermomechanical processing of austenite edited by DeArdo A J, Ratz G A, et al. TMS-AIME, 1982: 129

15 Gordon P, Vandermeer R A. Grain boundary migration, recrystallization, grain growth, and textures. Metals Park, OH: ASM, 205

16 DeArdo A J, Gray J M, Meyer L. Fundamental metallurgy of niobium in steel. In: Stuart H. Niobium'81, Warrendale, PA: The Metallurgical Society of AIME, 1984: 685 ~ 759

17 王建水，等．控轧控冷 Mn-Nb-RE 等微细粒子沉淀强化．钢铁研究，1994，(2)：19 ~ 23

18 DeArdo A J. 铌在钢中物理冶金基本原理．铌．科学与技术．北京：冶金工业出版社，2003：289 ~ 290

19 Kozasu I, et al. Hot rolling as a high-temperature thermo-mechanical process. Microalloying 75, New York: Union Carbide Corp. , 1977: 120 ~ 135

20 Palmiere E J. University of Pittsburgh, Unpublished Research, 1990

21 殷瑞钰．努力创新，引领薄板坯连铸连轧的未来．见：薄板坯连铸连轧技术交流与开发协会第四次技术交流会论文集，安徽，马鞍山，2006：1 ~ 9

22 刘清友，毛新平，等．CSP 流程 V-N 微合金钢冶金学特征研究．钢铁，2005，40(12)：64 ~ 68

23 Mao Xinping, Huo Xiangdong, Liu Qingyou, et al. Research and application of microalloying technology based on thin slab casting and direct rolling process. In: 2006 International Symposium on Thin Slab Casting and Rolling, Guangzhou, China, 2006, Iron and Steel Supplement (1), 2006, 41: 109 ~ 118

24 潘涛，杨才福，毛新平，等．V-N 微合金化 CSP 带钢中的析出物研究．钢铁钒钛，2007，28(2)：21 ~ 26

25 苏世怀，何宜柱，胡学文，等．CSP 流程钒氮微合金化 X60 钢的强化机理．钢铁，2006，41(9)：73 ~ 77

26 Li Y, Wilson J A, Crowther D N, et al. 钒（铌、钛）对薄板坯铸钢微观组织和力学性能的影响．见：2002 年薄板坯连铸连轧国际研讨会，中国金属学会，中国，广州，2002：177 ~ 191

27 Li Y, Wilson J A, Craven A J, et al. 模拟薄板坯连铸连轧钒微合金钢中的弥散强化．钢铁，2006，41(增刊 1)：154 ~ 158

28 Robert J Glodowski. V 和 N 对薄板坯生产 HSLA 带钢的工艺和性能的影响．钒氮微合金化钢

的开发与应用．钢铁研究总院，2002：40～148（内部资料）

29 Mitchell P S，Crowther D N，Green M J W. 薄板坯连铸生产含钒高强钢．见：薄板坯连铸连轧生产技术研究文集（2002～2004）．钢铁研究总院结构材料研究所，2004：72～87（内部资料）

30 Lubensky P L，Wigman S L，Johnson D J. High strength steel processing via direct charging using thin slab technology. Microalloying'95，Pittsburgh，PA，ISS，1995：225～233

31 Chiang L K. 550MPa 级高强度 CSP 带钢的开发和生产．见：薄板坯连铸连轧生产技术研究文集（2002～2004）．钢铁研究总院结构材料研究所，2004：133～139（内部资料）

32 毛新平，李春艳，刘清友，等．薄板坯连铸连轧 V 微合金化 HSLA 钢的开发．特殊钢，2006，27(5)：51～52

33 赵勇，胡学文，等．V 微合金化技术在 CSP 线 HSLA 钢生产中的应用研究．见：2005 年薄板坯连铸连轧品种与工艺技术研讨会论文集，中国，扬州，先进钢铁材料技术国家工程研究中心，2005：161～165（内部资料）

34 徐匡迪，刘清友．薄板坯流程连铸连轧过程中的细晶化现象分析．钢铁，2005，40(12)：1～9

35 DeArdo A J，et al. Producing high quality niobium-bearing steels using CSP process at Nucor Steel Berkerley. In：2006 International Symposium on Thin Slab Casting and Rolling，Guangzhou，China，April，2006：97～108

36 刘清友，等．CSP 工艺中含 Nb 钢混晶问题及改善方法．钢铁，2003，(8)：16～19

37 Garcia C I，et al. 含铌高强度低合金钢薄板坯连铸工艺的生产：热轧产品的种类，性能和应用．2002 年薄板坯连铸连轧国际研讨会，中国，广州，2002

38 刘苏，章洪涛，王瑞珍，等．薄板坯连铸连轧工艺对铌微合金化高强度钢组织和性能的影响．钢铁，2003，38：42～46

39 李扬，刘雅政，等．CSP 工艺中铌的析出特性及对微观组织的影响．中信金属公司技术中心，2005（内部资料）

40 毛新平，高吉祥，等．Nb-Ti 微合金化汽车用钢 QStE340～460TM 的开发研究．河南冶金，2006，14(增刊)：121～124

41 毛新平，庄汉洲，李春艳，等．珠钢 150t EAF-LF-CSP 工艺 X60 管线钢的开发．特殊钢，2006，27(4)：45～46

42 李春艳，庄汉洲，毛新平，等．J55 钢级石油套管用热轧钢带开发及应用研究．冶金丛刊，2007，(3)：1～3

43 刘跃飞．涟钢 CSP 流程铌微合金化生产汽车大梁板．涟钢科技与管理，2006，(4)：6～8

44 柴海涛，康永林．CSP 微合金钢混晶问题分析．湖南冶金，2003，(31)：27～29

45 闫波，孙丽钢，董瑞峰，等．包钢 CSP 生产 X60 管线用热轧钢带的组织性能研究．轧钢，2006，23：5～7

46 李建文，张玉柱，李会欣，等．邯钢 CSP 高强度汽车大梁板的开发与研制．见：2005 年薄板坯连铸连轧品种与工艺技术研讨会论文集，中国，扬州，先进钢铁材料技术国家工程研究中心，2005：118～120（内部资料）

47 王瑞珍，章洪涛，庞干云，等．CSP 工艺 X60 管线钢的开发．见：薄板坯连铸连轧生产技

术研究文集（2002～2004）．钢铁研究总院结构材料研究所，2004：42～49（内部资料）
48 毛新平，霍向东，康永林，等．TSCR流程生产钛微合金化高强耐候钢中的析出物．北京科技大学学报，2006，28(110)：1023～1028
49 毛新平，孙新军，康永林，等．薄板坯连铸连轧Ti微合金化钢的物理冶金学特征．金属学报，2006，42(10)：1091～1095
50 毛新平，孙新军，康永林，等．EAF—CSP流程钛微合金化高强钢板的组织和性能研究．钢铁，2005，40(9)：65～68
51 范鼎东，张建平，肖丽俊，等．硼微合金化对SPHC钢组织、析出物以及屈服强度的影响．钢铁，2006，41(9)：60～64
52 梁小凯，刘清友，等．CSP流程中B对低碳Al镇静钢组织及力学性能的影响．钢铁，2006，40(3)：63～66
53 肖丽俊，仇圣桃，刘家琪，等．薄板坯连铸连轧生产加硼低碳热轧带钢软化机理研究．钢铁，2006，41(增刊1)：199～204
54 仇圣桃，等．薄板坯流程连铸连轧含硼低碳热轧带钢的软化机理．金属学报，2006，42(11)：1202～1206
55 王中丙．我国短流程薄板坯连铸连轧工艺发展的若干问题．钢铁，2002，37(8)：71～73
56 毛新平，霍向东，张若生，等．CSP工艺生产冷轧基料用B微合金化钢的研究．钢铁，2006，41(增刊1)：194～198
57 史东日，吕长宝，耿立唐．薄板坯连铸连轧线生产冷轧基板的强度控制．轧钢，2006，23(2)：29～32
58 吴光亮，郑柏平，焦国华，等．涟钢BOF—LF—CSP工艺生产冷轧基料用板卷．钢铁，2006，41(增刊1)：43～47
59 康永林，景钦广，等．卷取温度、冷轧总变形量对含硼08Al钢力学性能的影响．钢铁，2007，42(4)：67～82
60 李光瀛，刘浏，何崇智，等．冷轧深冲钢板的CSP短流程生产工艺、性能与织构．钢铁，2006，41(增刊1)：222～230

# 2 薄板坯连铸连轧技术

## 2.1 概述

薄板坯连铸连轧技术是近十几年来世界钢铁工业取得的重要技术进步之一，是继氧气转炉炼钢、连续铸钢之后，又一带来钢铁工业技术革命的新技术。20世纪70年代，世界第一次能源危机之后，钢铁工业面临着各方面的结构调整，在推进钢铁企业大型化、全球化的组织结构调整同时，钢铁工业迫切需要新的工艺和装备，改变传统生产流程，实现技术结构优化，以提高竞争能力、适应市场变化、增加经济效益。薄板坯连铸连轧技术的出现，适应了这种客观形势的需要，是突破钢铁工业传统流程的重大技术创新。

目前，薄板坯连铸连轧技术已得到广泛的推广应用，至2006年底，全球已建薄板坯连铸连轧生产线54条，年生产能力达9080万t，其中我国有13条，年生产能力约3000万t，约占我国热轧宽带钢年生产能力的30%，我国已成为全球拥有薄板坯连铸连轧生产线最多、产能最大的国家[1]。

### 2.1.1 薄板坯连铸连轧技术的提出

薄板坯连铸连轧的概念，早在20世纪60年代就已提出。当时，在苏联和英国的一些实验室就曾经进行过试验。80年代中期以后，国际上多家公司包括德国的施罗曼·西马克公司（SMS）和曼内斯曼·德马克公司（MDH）、意大利的达涅利公司（Danieli）、奥地利的奥钢联（VAI）以及日本的住友金属公司等，竞相进行大量的研究和开发，并取得了突破性进展。1989年，美国纽柯钢铁公司克劳福兹维尔（Crawfordsville）钢厂的第一条CSP生产线的建成投产，标志着薄板坯连铸连轧技术在世界上首次实现了工业化生产，以后又有采用德马克公司的ISP技术、奥钢联的CONROLL技术、达涅利公司的FTSR技术和住友的QSP技术的生产线陆续投产。

薄板坯连铸连轧技术是基于以下几个基本原则提出，同时也是基于此原则不断地发展和完善[2]：

（1）提高工序的连续性，最大限度地减少加工工序。采用连铸坯直接轧制工艺（HDR），从钢液到成品板卷的生产流程只包括那些必需的工序。

（2）最小的能源消耗。一方面通过采用近终形连铸，降低轧制工序所消耗的能源；另一方面由于工艺的连续性，连铸坯在轧制前除需少量的补充能源外，不需传统流程所需的大量能源。

（3）最大限度地确保薄板坯的温度均匀。在衔接段中保温一定的时间，提高薄板坯温度在长度、宽度、厚度三个方向的均匀性，使产品具有均匀的微观组织和力学性能、高的厚度精度和良好的板形。

### 2.1.2　薄板坯连铸连轧技术的特点

传统流程中钢水连铸成200~250mm厚的板坯、经过冷却、重新加热，再通过粗轧和精轧得到热轧宽带钢。在薄板坯连铸连轧流程中，钢水被铸成50~90mm厚的薄板坯，不经过冷却直接热装入辊底式炉均热后，进入机架较少的热连轧机组轧成宽带钢。薄板坯连铸连轧机组如图2-1所示。

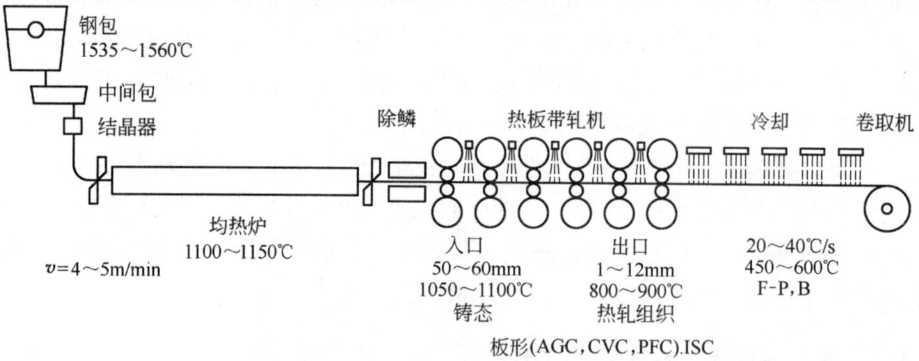


图2-1　薄板坯连铸连轧机组示意图

与传统的热轧板生产技术相比，薄板坯连铸连轧技术具有显著的特点[3]：

（1）工艺简化、设备减少、生产线短，基本建设投资大幅度降低；

（2）生产周期短，从原料入炉至成品钢卷，仅需约2.5h，生产组织灵活、应变能力强；

（3）能耗减少，降低了生产成本，增强了产品的竞争力；

（4）铸坯凝固快、铸态组织均匀、第二相析出物细小；

（5）采用直接轧制工艺，精轧前原始奥氏体晶粒粗大；

（6）总变形量小、道次变形量大，采用高刚度轧机大压下轧制；

（7）铸坯薄，产品最大厚度受到一定的限制；

（8）对包晶反应敏感，成分设计须避开包晶区；

（9）板坯具有良好的温度均匀性和稳定性，适于生产对温度均匀性要求较高、加工温度范围较窄的钢种，如硅钢等；

（10）产品的纵向、横向精度高，适于生产薄规格热轧板卷，替代部分冷轧产品，提高产品的附加值，获得更好的经济效益。

2.1.2.1 铸坯凝固快、铸态组织均匀、第二相析出物细小

薄板坯连铸减小了铸坯厚度（通常为50~90mm）、提高了连铸拉速（通常为3.5~6.0m/s），增加了铸坯表面积（约为传统厚板坯的3~5倍）。与传统的板坯连铸相比，薄板坯连铸的冷却强度大、凝固速率高[4,5]。传统板坯连铸和薄板坯连铸典型工艺比较如表2-1所示，可见薄板坯连铸的凝固速率比传统板坯连铸的凝固速率高十多倍[6]。薄板坯高的凝固速率改善了铸造组织，使其二次、三次枝晶更短（50mm厚的板坯的二次枝晶间距约为90~120μm，传统厚板坯的二次枝晶间距约为200~500μm），原始的铸态组织晶粒更细、更均匀，为最终组织的细化创造了条件；由于冷却强度大，板坯的微观偏析可得到较大的改善，分布更均匀；快速凝固导致氧化物、氮化物、硫化物等非金属夹杂物的尺寸减小，甚至可以达到纳米级，从而达到阻止奥氏体晶粒长大、细化晶粒和通过沉淀强化提高强度的作用。

**表2-1 传统板坯连铸和薄板坯连铸典型工艺比较**

| 工 艺 | 传统板坯 | 薄板坯 |
|---|---|---|
| 铸坯厚度/mm | 250 | 50 |
| 完全凝固时间/min | 10~15 | 1 |
| 冷却速度/℃·$s^{-1}$ | 0.15 | 2 |
| 轧制前是否发生相变 | 是 | 否 |
| 总变形/% | 99.6 | 96~98 |
| 累计真应变/% | 4.6~5.5 | 3.0~4.1 |

2.1.2.2 采用直接轧制工艺，精轧前原始奥氏体晶粒粗大

传统流程中，铸坯要经过冷装或热装进行再加热的过程，经历：钢水→δ铁素体→γ（1）奥氏体→α铁素体→γ（2）奥氏体的过程，铸坯通过中间冷却、再加热的γ(1)→α→γ(2)的相变过程，细化了晶粒，形成细小的奥氏体组织γ(2)。薄板坯连铸连轧技术采用直接轧制工艺，不存在γ→α相变温度区的中间冷却。铸坯经历：钢水→δ铁素体→γ（1）奥氏体的过程，铸坯组织是粗大的原始奥氏体晶粒γ（1）（约900~1000μm）。传统流程中，进入精轧机的是经过粗轧的中间坯，晶粒均匀、细小（约30~100μm）。在薄板坯连铸连轧技术中，进入热连轧机的是呈铸造枝晶形态的连铸坯，在6~7机架变形中要完成铸造枝晶的碎化、等轴化、均匀化和细化等一系列复杂的过程。图2-2为薄板坯连铸连轧流程与传统流程热履历示意图[7]。

2.1.2.3 铸坯薄，产品最大厚度受到一定的限制

薄板坯连铸连轧技术因铸坯厚度减薄，从铸坯到成品总的变形量减小，通常

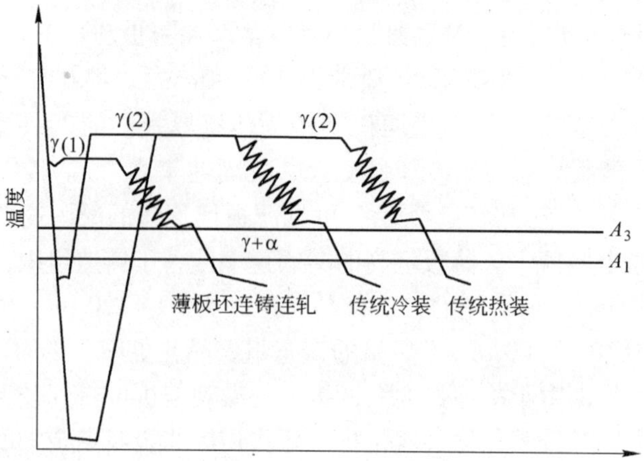


图 2-2　薄板坯连铸连轧流程与传统流程热履历示意图

为传统流程的1/5～1/3，不利于铸态组织的均匀化和细化。但薄板坯连铸连轧流程比传统流程的道次变形量大（最大可达60%）有利于再结晶的进行。相关研究认为，从薄板坯到成品的总的变形率通常分两部分[8]：

$$\varepsilon_{\Sigma} \rightarrow \varepsilon_{R} + \varepsilon_{C} \tag{2-1}$$

式中，$\varepsilon_{\Sigma}$为总的变形量；$\varepsilon_{R}$为使铸坯的铸态组织发生再结晶的临界变形量；$\varepsilon_{C}$为保证直接热装薄板坯的奥氏体组织发生多形性转变的临界变形量，其作用是增加铁素体形核地点，提高 γ→α 的相变驱动力，以便在相变后得到均匀细小的铁素体组织。因此，为确保产品质量，需要对每一轧制道次的变形量进行有效地分配，实验表明达到上述要求的基本条件是：$\varepsilon_{R} \geqslant 50\%$，$\varepsilon_{C} \geqslant 60\% \sim 70\%$，$\varepsilon_{\Sigma} \geqslant 80\%$。由此可以计算不同厚度的薄板坯可生产带钢的最大厚度，如表 2-2 所示[9]。因此，采用薄板坯连铸连轧技术时，产品最大厚度受到一定的限制。

**表 2-2　铸坯厚度与成品厚度的关系**（mm）

| 薄板坯厚度 | 中间坯厚度 | 最大成品带钢厚度 | 薄板坯厚度 | 中间坯厚度 | 最大成品带钢厚度 |
|---|---|---|---|---|---|
| 40 | 20 | 6～8 | 60 | 30 | 9～12 |
| 50 | 25 | 7.5～10 | 70 | 35 | 10.5～14 |

## 2.1.3　薄板坯连铸连轧技术的发展历程[10]

根据薄板坯连铸连轧技术各个不同发展阶段的技术和市场特征，可将薄板坯连铸连轧技术的发展分为下列四个阶段：1984～1989 年为研发阶段、1989～1993 年为引入期、1993～1999 年为成长期、1999 年至今为成熟期。

2.1.3.1 研发阶段

1986年西马克公司建立了一台采用"漏斗型"结晶器的立弯式薄板坯连铸机，并以6m/min的拉速成功地生产出50mm×1600mm的薄板坯，该技术命名为CSP（Compact Strip Production）。几乎同时，德马克公司于1997年采用改进的超薄型扁形水口和平板直弧形结晶器以4.5m/min的拉速成功地生产出60mm×900mm和70mm×1200mm的薄板坯。此外，首次在二冷段采用了液心压下技术，使铸坯出铸机时的厚度可减到40mm，该技术命名为ISP（Inline Strip Production）。奥钢联于1988年在对瑞典阿维斯塔（AVESTA）的传统连铸机进行改造时，采用薄平行板型结晶器及薄型浸入式水口浇出第一块厚度为70mm的不锈钢薄板坯，该技术命名为CONROLL（Continue Casting and Rolling）。此外，达涅利、住友等公司也着手相关的研究工作。

2.1.3.2 引入期

1989年6月世界上第一条薄板坯连铸连轧生产线在美国纽柯公司克劳福兹维尔钢厂建成投产，采用西马克公司的CSP技术，年产80万t，试产10个月后达到月产3.6万t的盈亏平衡点，经过两年半的时间于1991年11月超过设计产量，达到月产8.3万t。由于水口寿命及漏斗型结晶器变截面所带来的坯壳应力问题，使板坯的表面质量和产量一直是困扰该技术发展的难题，表面裂纹、内部夹杂、氧化铁皮轧入、边裂等缺陷没有很好解决，产品的品种也较少。

1992年一条年产50万t的ISP生产线在意大利阿维迪（Arvedi）钢厂建成投产，并于1993年9月达到设计产量。但由于采用平板结晶器和薄壁浸入式水口，产量受到限制，产品质量也遇到与CSP类似的问题。与此同时，达涅利公司的FTSR（Flexible Thin Slab Rolling）技术、住友金属的QSP（Quality Strip Production）技术及奥钢联的CONROLL技术等尚处于半工业试验状态。

2.1.3.3 成长期

针对最先投产的几条生产线所遇到的产量和质量的问题，人们采取了相应的改进措施。西马克公司加大了铸坯的厚度并减小了漏斗型结晶器连续变截面的变化程度，同时在二冷段采用了液心压下技术，目的是在不增加坯厚的情况下，进一步改善铸坯的表面质量和内部质量。另外，为稳定结晶器液面、提高浇铸速度，进一步优化了浸入式水口的形状并采用了结晶器液压振动；为提高带钢的表面质量，开发了压力达40MPa的高压水除鳞装置。

德马克公司将平行板型结晶器改为"橄榄形"，同时优化了浸入式水口的形状，加大了铸坯的厚度。例如，在浦项项目中将铸坯的厚度从60mm增加到75mm，以改善浇铸条件、提高铸坯的内部质量和表面质量、提高产量。另外，放弃了带芯轴的双热卷箱（CREMONA炉），采用无芯轴步进式热卷箱，最后又采用直通式辊底炉，使衔接段技术不断简化、适用。

在西马克、德马克公司完善现有工艺和设备的同时，达涅利公司发展和完善了漏斗型结晶器的设计思想，将漏斗状曲线穿过结晶器，延伸到扇形段，开发出$H^2$结晶器或“凸透镜式”结晶器。这种结晶器降低了由于变截面而引起的坯壳应力，同时由于加大了熔池，可采用较高的拉速，获得更高的产量和产品质量。1995年5月西马克公司在对美国希克曼（Hickman）1号线改造中首次采用漏斗型结晶器，效果显著，为今后的发展奠定了基础。随后，于1997年在加拿大阿尔格马（Algoma）钢厂建成投产了一条完整的薄板坯连铸连轧生产线，采用“三点除鳞”技术，使表面质量显著改善。

2.1.3.4　成熟期

薄板坯连铸连轧技术经过近二十年不断的发展，工艺、设备、自动化系统日趋完善，形成以半无头轧制和铁素体轧制为主要特征的第二代薄板坯连铸连轧技术，产品范围不断扩大，产品质量和生产能力不断提高，标志着薄板坯连铸连轧技术已步入成熟期。代表性的生产线有西马克公司在德国蒂森钢厂、我国马钢和涟钢的CSP机组，德马克公司在荷兰克鲁斯（Corus）钢厂的DSP机组，达涅利公司在埃及的已兹（Ezz）钢厂和我国唐钢的FTSR机组等。

### 2.1.4　薄板坯连铸连轧技术的发展趋势[11]

薄板坯连铸连轧技术最初主要是以低成本生产中、低档次产品为目标，使中小型钢厂进入有史以来一直被大型钢铁联合企业所垄断的扁平材市场。随着薄板坯连铸连轧技术的不断发展和完善，人们逐步认识到薄板坯连铸连轧技术所特有的优势，使人们对薄板坯连铸连轧技术的要求不仅是生产中、低档次产品，而是从品种、质量和产量等方面提出更高的要求。

纵观近20年薄板坯连铸连轧技术发展的历程，面对目前市场对薄板坯连铸连轧技术产品的需求，可预见今后薄板坯连铸连轧技术发展的趋势：

（1）薄板坯连铸连轧技术产品的品种范围不断扩大，质量、产量日趋提高，接近传统生产技术。具体体现在以下几个方面：

1）生产能力提高，实现连铸工序与热轧工序的经济配置。初期的单流薄板坯连铸机的生产能力为50万~80万t/a，如意大利阿维迪钢厂的ISP生产线设计生产能力为50万t/a，美国纽柯（Nucor）公司1号线设计生产能力为80万t/a，目前新建的薄板坯连铸连轧生产线都具有更高的生产能力，如唐钢的FTSR机组单流生产能力为150万t/a，两流生产能力为300万t/a，今后将发展到单流生产能力为140万~180万t/a，两流生产能力为280万~320万t/a。

2）产品范围不断拓宽。西马克公司将热轧带钢产品分为12大类，其中CSP技术进入工业化生产的有10大类，另有两类处于试生产阶段的是奥氏体不锈钢和含C≥0.6%、Mn≥0.45%的高碳钢。随着薄板坯连铸连轧相关技术的不断完善，产品范围不断拓宽。

3）产品质量进一步提高。薄板坯连铸连轧技术开发初期曾定位于低成本生产中、低档次产品，随着技术的不断地发展和完善，特别是薄板坯连铸的核心技术——结晶器的结构和参数的不断的优化、保护渣技术的不断的完善，产品质量已有较大程度地改善并将不断提高。

4）设备配置不断完善。人们在继承和发扬最初的薄板坯连铸连轧技术投资少、生产成本低等优点的同时，随着对产品质量、产品品种的更高的要求，不断地发展和完善原有的技术和装备，设备投资将有所增加。例如，热连轧机的配置由最初纽柯1号线的4机架，逐步发展到现在普遍采用的7个机架配置。近年来，为实现半无头轧制又配置了复杂的高速飞剪和轮盘式卷取机等。

5）机组轧制速度提高。第二代的薄板坯连铸连轧技术采用半无头轧制技术，为此生产线的轧制速度相对于第一代的薄板坯连铸连轧技术有较大幅度的提高，如德国蒂森（Thyssen）钢厂的CSP生产线最高轧制速度为22.7m/s，我国涟钢和马钢的CSP生产线最高轧制速度为22m/s，接近传统热连轧技术的轧制速度。

（2）充分发挥薄板坯连铸连轧技术的优势，开发新的工艺和技术：

1）薄规格或超薄规格产品所占比例不断提高。充分发挥薄板坯连铸连轧技术中连铸坯温度均匀性的优势，批量生产薄规格或超薄规格产品，有效地提高了薄板坯连铸连轧技术的竞争力，为实现以热轧薄带钢替代部分冷轧带钢创造了条件。

2）半无头轧制技术投入工业化生产。薄板坯连铸连轧技术采用直接轧制技术，为连续化生产创造了条件，半无头轧制技术的开发和使用也增强了薄板坯连铸连轧技术的竞争力。为批量地生产薄规格产品，半无头轧制技术将投入工业化生产。

（3）各种薄板坯连铸连轧技术互相渗透，大有殊途同归之势：

1）采用变截面型结晶器。除众所周知的西马克公司采用的漏斗型结晶器外，达涅利公司采用的是被称为$H^2$的长漏斗结晶器，进一步发展了漏斗型结晶器的优势，德马克公司放弃了最初采用的平行板型结晶器，而改为采用被称为“橄榄形”的结晶器。尽管具体的形状和尺寸各异，但采用漏斗型结晶器浇铸薄板坯已被人们所认同。

2）铸坯厚度增加。薄板坯连铸连轧技术开发之初，人们基于近终形连铸的思路，追求尽量薄的连铸坯。但近年来，随着人们对产品质量和产量提出更高的要求，所采用的铸坯的厚度有所增加，达涅利公司和德马克公司基本采用90/70mm铸坯，西马克公司也从最初的50mm增加到70mm。

3）采用软压下技术。最早采用软压下技术的是德马克公司，目前该技术不但被广泛采纳，而且还在不断地开发和完善，如西马克公司开发出LCR1、LCR2以及具有无级软压下的LCR3技术，达涅利公司开发出动态软压下（DSC）技术。

4）衔接段采用辊底式均热炉。德马克公司最早采用的是克日莫那炉，后来改为步进式热卷箱，在南非萨尔达尼亚（Saldana）钢厂和荷兰克鲁斯钢厂也采用了辊底式均热炉。西马克公司是最早采用辊底式均热炉的厂商，达涅利公司和住友金属公司也一直采用辊底式炉。衔接段采用结构简单、维修方便的辊底式均热炉已成定式。

（4）薄板坯连铸连轧技术与传统的转炉炼钢相结合，使薄板坯连铸连轧技术具有更广阔的市场前景。

薄板坯连铸连轧技术进入市场的初期主要是与电炉炼钢技术配合，用于新建中小型钢厂，从而使中小型钢厂以比较低的投资，迅速进入有史以来一直被大型钢铁联合企业所垄断的扁平材市场。随着薄板坯连铸连轧技术的不断发展和完善，人们逐步认识到薄板坯连铸连轧技术的特点，特别是一些大型钢铁联合企业在技术改造和产品结构调整时，开始采用薄板坯连铸连轧技术，如德国蒂森钢厂、荷兰克鲁斯钢厂。转炉工艺提供的优质、低成本的钢水有助于薄板坯连铸连轧生产线生产出高质量、更具竞争力的产品，从而使薄板坯连铸连轧技术具有更广阔的市场前景。我国现有的13套薄板坯连铸连轧生产线除珠钢外其他各条线均采用转炉—薄板坯连铸连轧流程。

薄板坯连铸连轧技术经过近二十年的发展、完善，已从开发初期的以低投资、低成本、生产中等档次产品，帮助中小企业进入扁平材生产领域并取得良好经济效益的初衷，发展到目前与传统的钢铁联合企业的转炉工艺有机结合，以高附加值的薄和超薄规格热轧板卷为主导产品。目前，薄板坯连铸连轧技术已步入成熟期，工艺技术、设备配置的基本框架已经形成，今后一段时间，技术的发展和完善主要是围绕着提高产品质量、生产高附加值的薄和超薄规格热轧产品及提高产量、实现规模经济、提高产品竞争能力、取得良好经济效益做工作。

## 2.2　几种薄板坯连铸连轧技术

目前已投入工业化生产的薄板坯连铸连轧技术有：西马克公司的CSP技术、达涅利公司的FTSR技术、德马克公司的ISP技术、住友金属公司的QSP技术和奥钢联的CONROLL技术。各种薄板坯连铸连轧技术各具特色，同时又相互影响、互相渗透，并在不断地发展和完善。

### 2.2.1　CSP技术

CSP技术是最早投入工业化生产、也是目前应用最广泛的薄板坯连铸连轧技术。近十几年来，随着多条生产线的投入使用，西马克公司在实践中摸索出许多经验，并在工艺技术、设备和自动控制系统等方面不断地发展和完善，形成了以纽柯公司克劳福兹维尔厂 CSP 生产线为代表的第一代 CSP 技术和德国蒂森钢厂 CSP 生产线为代表的第二代 CSP 技术。第一代 CSP 技术的特点是：漏斗型结晶器及与其相适应的浸入式水口、特殊的保护渣、立弯式连铸机、垂直的刚性引锭杆系统、辊底式均热炉、非升速轧制的热连轧机组以及厚度、板形、平直度控制系统、液压踏步式地下卷取机。第二代 CSP 生产线在原有第一代 CSP 生产线基础上，采用了一些新技术，包括：钢包温度跟踪、自动浇铸、等温结晶器（Isothermal mould）、结晶器热成像及热流计算、带钢快速强制冷却、Carousel 卷取机、高速飞剪、铁素体轧制、半无头轧制和改进的 CVC 技术（CVC Plus）等，并进一步扩大了产品的规格和范围，确定在产品中包括较大比例的小于 1.5mm 厚度的薄规格产品，把最小厚度定在 0.8mm 甚至更薄，以取代一部分冷轧产品为目标，拓展了 CSP 技术在生产高合金成分的特殊钢，如不锈钢、硅钢等方面的技术。部分 CSP 生产线的技术参数参见表 2-3，部分代表性的 CSP 机组如图 2-3 所示。

**表 2-3 部分 CSP 机组技术参数**

| 工厂名称 | 珠 钢 | 邯 钢 | 包 钢 | 马 钢 | 涟 钢 | 德国蒂森公司 |
|---|---|---|---|---|---|---|
| 设计年产量/万 $t \cdot a^{-1}$ | 180 | 246 | 220 | 240 | 230 | 240 |
| 坯料厚度/mm | 50、60 | 70/50、90/70 | 70/50 | 70/50、(90/70) | 70/55、(90/70) | 63 ~ 48 |
| 成品厚度/mm | 1.2(1.0) ~ 12.7 | 1.2 ~ 20 | 1.2 ~ 12.7 | 0.8 ~ 8 | (0.8)1.0 ~ 12.7 | 0.8 ~ 6.35 |
| 成品宽度/mm | 1000 ~ 1380 | 900 ~ 1680 | 980 ~ 1560 | 900 ~ 1600 | 900 ~ 1600 | 900 ~ 1600 |
| 炼钢设施 | 150tEAF,<br>150tLF,<br>150tVD | 100tBOF | 230tBOF | 120tBOF,<br>120tLF | 100tBOF,<br>100tLF | 380tBOF,<br>400tLF,<br>400tRH |
| 连铸机流数 | 2 | 2 | 2 | 2 | 2 | 2 |
| 冶金长度/m | 6.34 | 9.33 | 7.14 | 9.7 | 9.7 | 9.7 |
| 炉长/m | 192 | 179 + 70 | 201 | 270 | 291 | 240 |
| 半无头轧制技术 | 不采用 | 不采用 | 不采用 | 采用 | 采用 | 采用 |
| 铁素体轧制技术 | 不采用 | 不采用 | 不采用 | 采用 | 采用 | 采用 |
| 轧机数量及形式 | 6F CVC | 1R + 6F CVC | 6F CVC | 7F $CVC^+$ | 7F $CVC^+$ | 7F $CVC^+$ |
| 最高轧制速度/$m \cdot s^{-1}$ | 12.6 | 12.6 | 12.6 | 22 | 22 | 22.7 |
| 工作辊直径/mm | $F_1 \sim F_3$:<br>$\phi$800/720<br>$F_4 \sim F_6$:<br>$\phi$600/540 | $R_1$:$\phi$880/790<br>$F_1 \sim F_3$:<br>$\phi$800/720<br>$F_4 \sim F_6$:<br>$\phi$600/540 | $F_1 \sim F_4$:<br>$\phi$800/720<br>$F_5 \sim F_6$:<br>$\phi$600/540 | $F_1 \sim F_2$:<br>$\phi$950/820<br>$F_3 \sim F_4$:<br>$\phi$750/660<br>$F_5 \sim F_7$:<br>$\phi$620/540 | $F_1 \sim F_2$:<br>$\phi$950/820<br>$F_3 \sim F_4$:<br>$\phi$750/660<br>$F_5 \sim F_7$:<br>$\phi$620/540 | $F_1 \sim F_2$:<br>$\phi$950/820<br>$F_3 \sim F_4$:<br>$\phi$750/660<br>$F_5 \sim F_7$:<br>$\phi$620/540 |

续表 2-3

| 工厂名称 | 珠　钢 | 邯　钢 | 包　钢 | 马　钢 | 涟　钢 | 德国蒂森公司 |
|---|---|---|---|---|---|---|
| 主电机功率/kW | $F_1 \sim F_2$:5500<br>$F_3 \sim F_6$:7000 | $R_1$:8300<br>$F_1 \sim F_6$:7700 | $F_1 \sim F_6$:7000 | $F_1 \sim F_2$:8500<br>$F_3 \sim F_7$:10000 | $F_1 \sim F_2$:8500<br>$F_3 \sim F_4$:10000 | $F_1 \sim F_2$:8500<br>$F_3 \sim F_4$:10000<br>$F_5$:12500<br>$F_6 \sim F_7$:10000 |
| 近距离卷取机 | 0 | 0 | 0 | (1) | 0 | 1 |
| 标准卷取机/台 | 2 | 2 | 2 | 2 | 2 | 2 |
| 单位卷重/$kg \cdot mm^{-1}$ | 18 | 20 | 18 | 18 | 18.5 | 21 |

注：(　) 中的内容为预留。

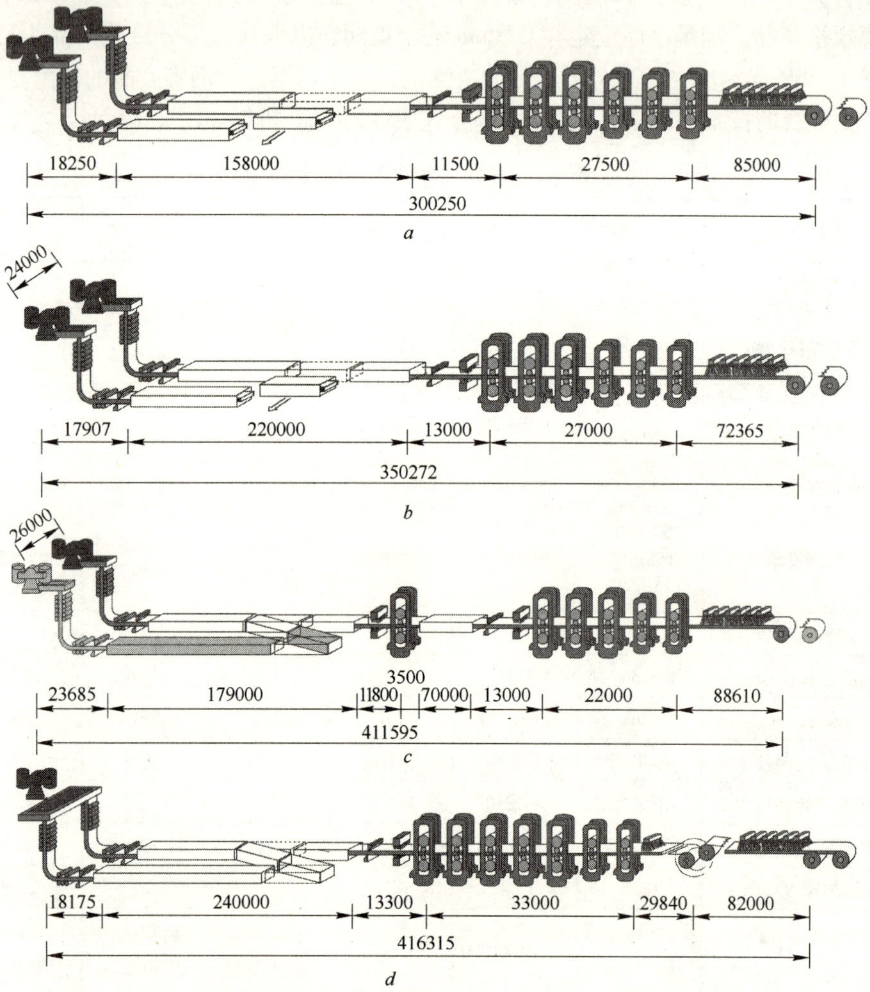


图 2-3　部分代表性的 CSP 机组

*a*—美国纽柯公司克劳福兹维尔的 CSP 机组；*b*—墨西哥希尔萨的 CSP 机组；

*c*—我国邯钢的 CSP 机组；*d*—德国蒂森钢厂的 CSP 机组

图2-3*a*为美国纽柯公司克劳福兹维尔的CSP机组，两流铸机年产量为180万t，铸坯厚度50mm，带钢宽度900～1350mm，带钢厚度1.43～12.7mm，1989年7月投产，该机组采用平移式均热炉，是世界上第一条投入工业化生产的薄板坯连铸连轧生产线；图2-3*b*为墨西哥希尔萨（Hylsa）的CSP机组，两流铸机年产量为150万t，铸坯厚度48mm，带钢宽度790～1370mm，带钢厚度1.0～12.7mm，1995年2月投产，该机组的特点是可大量生产薄规格带钢；图2-3*c*为我国邯钢的CSP机组，两流铸机年产量为200万t，铸坯厚度60～80mm，带钢宽度900～1680mm，带钢厚度1.2～20mm，1999年10月投产，该机组的特点是采用了粗轧机和摆动式均热炉；图2-3*d*为德国蒂森钢厂的CSP机组，两流铸机年产量为240万t，铸坯厚度48～63mm，带钢宽度900～1600mm，带钢厚度0.8～6.35mm，1999年3月投产，该机组采用了第二代的薄板坯连铸连轧技术，包括半无头轧制技术和铁素体轧制技术，以薄规格带钢为主导产品，是目前装备水平较高的CSP机组，采用了摆动式均热炉，两流铸机共用一个70t大容量的中间包。

### 2.2.2 ISP技术

ISP是由德马克公司开发的、较早投入工业化生产的薄板坯连铸连轧技术。德马克公司在薄板坯连铸连轧技术领域开拓性地提出了一些新思路，如液心压下、大压下轧制技术等。按经济的原则设计的意大利阿维迪钢厂的ISP生产线长度仅为175mm，是迄今为止长度最短的薄板坯连铸连轧生产线，同时在生产实践过程中不断发展和完善各项技术，如ISP生产线的铸坯厚度开始为60mm，其后改为75～100mm，经液心压下后为50～80mm；开始采用平行板型结晶器，后改为开口带凸度的结晶器、长度约1000mm；加热和衔接段最早采用感应加热和克日莫那炉，后改为热卷箱，最后采用辊底式均热炉。

近十几年来，ISP技术不断发展和完善，对薄板坯连铸连轧及其相关技术的发展起了较大的作用，从技术的角度给人们较多的启迪，以下以建设的顺序介绍有代表性的ISP机组的情况，从中看到ISP技术发展的过程及其特点。部分ISP机组如图2-4所示，部分ISP机组的技术参数如表2-4所示。

第一条ISP生产线于1992年1月在意大利阿维迪钢厂建成投产，设计能力为50万t/a。采用传统的平行板型结晶器，浇出60mm左右铸坯，经液心压下由60mm降低至40mm，在全凝固状态下经3机架粗轧机将40mm厚度轧成15～25mm，铸坯经克日莫那炉卷取、开卷，送至4机架精轧机，终轧成3mm或更薄的带卷，层流冷却后卷取。生产线布置紧凑，机组全长仅175m。

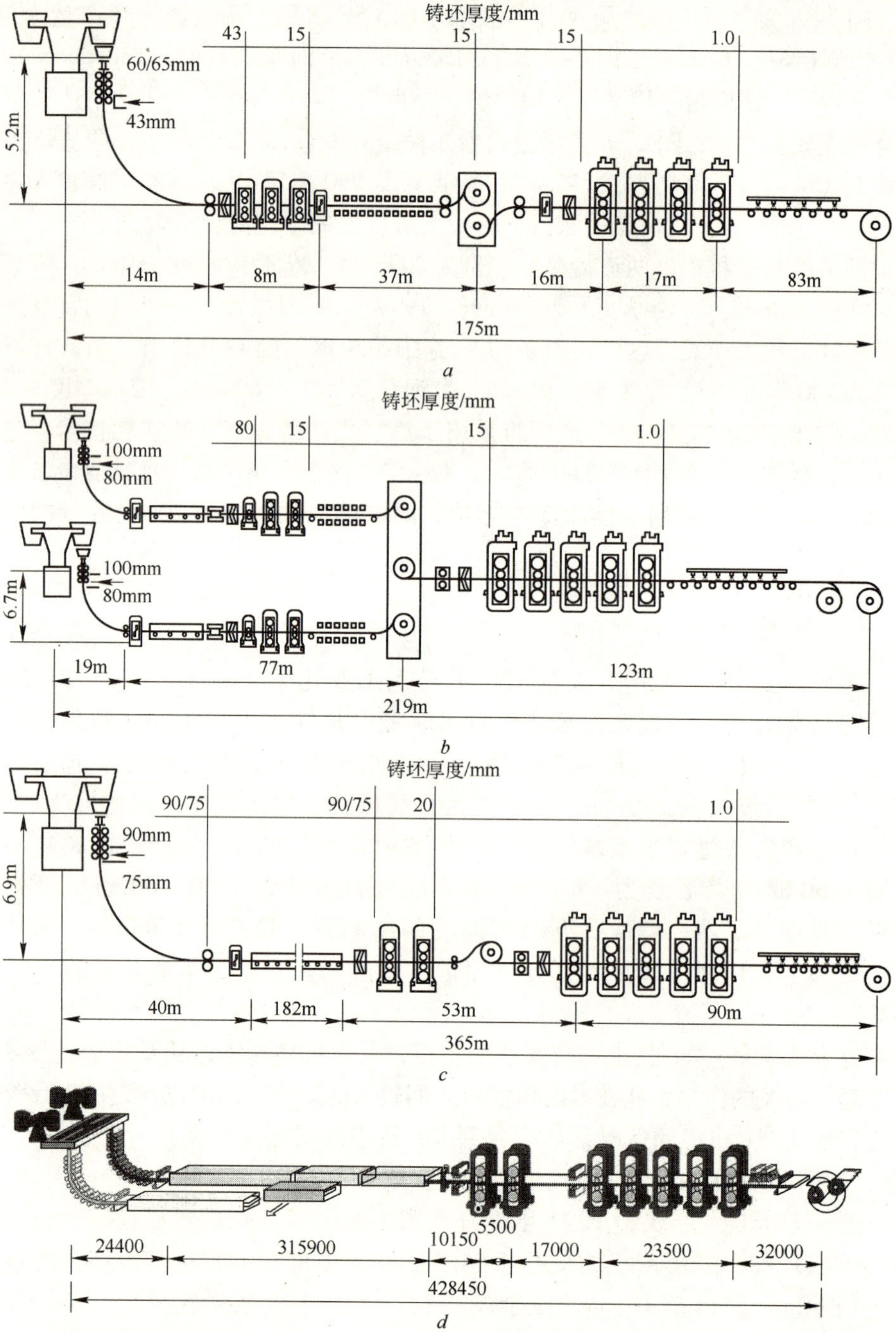


图 2-4　部分 ISP 机组示意图

*a*—阿维迪钢厂的 ISP 机组；*b*—浦项光阳钢厂的 ISP 机组；*c*—萨尔达尼亚钢厂的 ISP 机组；*d*—克鲁斯钢厂的 DSP 机组

**表 2-4 部分 ISP 机组主要技术参数**

| 项　目 | 阿维迪钢厂 | 浦项 1 号线 | 萨尔达尼亚钢厂 | 克鲁斯钢厂 |
|---|---|---|---|---|
| 炼钢设备 | 1 × 100t 电炉 + 钢包精炼炉 | 2 × 130t 电炉（DC）+ 2 × LHF 钢包精炼炉/2 × 双壳 VTD-OB | 1 × 170t 电炉，1 × 加热炉，1 × VOD-OB | 320tBOF，LF、RH |
| 生产能力/万 $t \cdot a^{-1}$ | 70 | 180 | 一期：140<br>二期：250 | 一期：150 |
| 宽度/mm | 650 ~ 1330 | 900 ~ 1350 | 90 ~ 1560 | 750 ~ 1560 |
| 薄板坯厚度/mm | 43 | 60 | 90/75 | 90/70 |
| 中间坯厚度/mm | 15 ~ 25 | 20 ~ 30 | 20/30 | |
| 成品带钢厚度/mm | 1.0 ~ 12.0 | 1.2 ~ 12.7 | 0.8 ~ 10 | 1.0（0.8）~2.5 |
| 铸　机 | 单流，直弧形，多辊矫直，冶金长度 6.5m | 两流，直弧形，冶金长度 12m | 单流，直弧形，冶金长度 15m | 单流，直弧形 |
| 结晶器类型 | 弧形结晶器，弯弧度 | 平行板型，直结晶器 | 平行板型，直结晶器 | 平行板型，直结晶器 |
| 压下装置/粗轧机 | 3 机架四辊轧机 | 2 机架四辊轧机 | 2 机架四辊轧机 | 2 机架四辊轧机 |
| 工作辊/支撑辊直径/mm | $\phi$410/800 | $\phi$600/1150 | $\phi$900/1450 | $R_1$：$\phi$1050/1450<br>$R_2$：$\phi$825/1450 |
| 粗轧机主电机功率/kW | $R_1 \sim R_3$：500 | $R_1/R_2$：500/900 | $R_1/R_2$：9000/12000 | $R_1/R_2$：4300/6300 |
| 加热及衔接装置 | 20MW 感应加热器，克里莫纳炉，气体加热，涨缩芯轴式开卷机 | 14MW 感应加热，卷取系统，自由卷取，5 段式气体加热 | 辊底式均热炉 | 辊底式均热炉 |
| 精轧机 | 4 机架四辊轧机 | 5 机架四辊轧机 | 5 机架四辊轧机 | 5 机架四辊 PC 轧机 |
| 工作辊/支撑辊直径/mm | $F_1$，$F_2$：$\phi$700/1450<br>$F_3$，$F_4$：$\phi$600/1450 | $\phi$700/1450 | $F_1 \sim F_3$：$\phi$840/1450<br>$F_4 \sim F_5$：$\phi$685/1450 | $F_1 \sim F_3$：$\phi$825/1450<br>$F_4 \sim F_5$：$\phi$500/1450 |
| 精轧机主电机功率/kW | $F_1$，$F_2$：6000<br>$F_3$，$F_4$：4000 | $F_1$：5000<br>$F_2 \sim F_4$：6000<br>$F_5$：4000 | $F_1$、$F_5$：7000<br>$F_2 \sim F_4$：9000 | $F_1$：10700<br>$F_2$：11000<br>$F_3$：12000<br>$F_4$：10400<br>$F_5$：7700 |
| 轧制工艺 | 单　坯 | 单　坯 | 单　坯 | 半无头 |
| 成品带钢卷取机 | 1 台地下卷取机 | 2 台地下卷取机 | 1 台地下卷取机 | 1 台轮盘式卷取机 |
| 单位卷重/$kg \cdot mm^{-1}$ | 20 | 18 | 20 | 21 |

1996 年 8 月韩国浦项光阳钢厂的 1 号 ISP 生产线建成投产，年生产能力 100 万 t。该机组在阿维迪钢厂的 ISP 生产线的基础上做了较大的改动，采用宽边平行的结晶器，在结晶器出口处采用液心压下，连铸机后采用两架大压下轧机，出口中间坯厚度达 25mm，采用电磁制动装置，振动器改为液压共振，波形、振幅、频率可调，不用克日莫那炉，改用无芯卷取的炉内卷取、保温炉、炉内开卷装置，感应炉与卷取之间增加加热炉。

荷兰克鲁斯钢厂的 ISP 生产线是 1997 年由克鲁斯、德马克和日本三菱公司联合开发的，称之为 DSP（Direct Strip Production）。该生产线以薄规格产品为主导产品，采用了铁素体轧制技术和半无头轧制技术，装备水平高。厚度范围为 0.8～2.5mm，为实现半无头轧制采用了长度为 315m 的辊底式均热炉，采用半无头轧制时长坯的长度最大可达 270m，是目前世界上衔接段最长的薄板坯连铸连轧生产线。为实现铁素体轧制技术，轧机采用了 2R + 5F 的布置方式，确保带钢的温度在经过两个机架的粗轧和粗轧与精轧间特殊的冷却装置后，进入铁素体区域。为确保薄带钢的产品质量，轧机的配置较高，除 $R_1$ 外的 6 个机架都配置了动态 PC，PC 角动态调整角度为 0°～1.5°。为稳定地卷取采用铁素体轧制技术和半无头轧制技术生产的薄规格带钢，以近距离的方式设置了轮盘式卷取机和高速飞剪，最大剪切速度为 20m/s，剪切的规格为 2.5mm × 1560mm。粗轧与精轧间设有快速冷却装置。

### 2.2.3 FTSR 技术

FTSR 技术铸坯的厚度为 90/70mm、采用 $H^2$ 漏斗型结晶器，长度约 1200mm，结晶器下紧接 7～8 对带辊型的夹持辊（扇形段 0），将带凸度的铸坯压平，夹持辊加结晶器总长约 2100mm；采用直结晶器弧形连铸机，弧形半径为 5m，通常设 8～9 个扇形段，冶金长度为 12.5～15.0m，采用多点弯曲多点矫直；采用动态软压下技术，衔接段采用辊底式均热炉，轧机按 1R + 6F 的模式配置，设置了三台除鳞机，在粗轧机后设保温辊道。具有较大的灵活性，产品范围较宽，可浇铸包晶钢，产品具有良好的表面质量，其主要工艺特点如下。部分机组技术参数见表 2-5，埃及 Ezz 的 FTSR 机组如图 2-5 所示。

（1）采用 $H^2$ 结晶器。达涅利公司在吸取漏斗型结晶器优点的基础上，发展和完善了漏斗型结晶器的设计思想，将漏斗型曲线穿过结晶器，延伸到扇形段，开发出 $H^2$ 结晶器或“凸透镜式”结晶器。这种结晶器降低了由于变截面而引起的坯壳应力，同时由于加大了熔池，可采用较高的拉速，获得更高的产量和产品质量。

（2）设置三点除鳞装置。为确保产品的表面质量，分别在连铸机的出口、粗轧和精轧的入口等三处设置了除鳞机，其中为防止和消除铸坯表面的氧化铁皮，在连铸机出口设有旋转式除鳞机，这是专门设计的高压、低水量（24MPa、

$20m^3/h$）的新型除鳞机，可将原始氧化铁皮清除干净，有效地控制二次氧化铁皮的生成。

**表 2-5　部分 FTSR 机组的主要技术参数**

| 工厂名称 | 加拿大阿尔格马钢厂 | 中国唐钢 | 埃及 Ezz 钢厂 |
|---|---|---|---|
| 炼钢系统 | 380tBOF<br>230tLF | 150tBOF<br>150tLF | 150tEOF<br>150tLF |
| 连铸机流数 | 2 | 2 | 1（1） |
| 坯料厚度/mm | 90/70 | 90/70 | 90/70、70/50、70 |
| 成品厚度/mm<br>成品宽度/mm | （0.8）1.0～16<br>800～1600 | 0.8～4.0（12.0）<br>850～1680 | 0.7～20<br>800～1600 |
| 设计年产量/万 $t \cdot a^{-1}$ | 200 | 250 | 120；160 |
| 炉长/m | 120+70 | 234 | 146 |
| 轧机数量及形式 | 1R+6F，轴向移动 ±150mm，150t 负弯辊，200t 正弯辊 | 2R+5F 架，$F_1$～$F_3$ 动态 PC<br>$F_4$～$F_5$ORG | 1（2）R+5F；WRB，$f^2$CR |
| 最高轧制速度/$m \cdot s^{-1}$ | 15 | 22 | 20 |
| 工作辊直径/mm | $R_1$：$\phi$1200<br>$F_1$～$F_4$：$\phi$810<br>$F_5$～$F_6$：$\phi$700 | $R_1$：$\phi$1050/980<br>$R_2$：$\phi$825/735<br>$F_1$～$F_3$：$\phi$825/735<br>$F_4$～$F_5$：$\phi$680/580 | $R_1$：$\phi$1220<br>$F_1$～$F_3$：$\phi$810<br>$F_4$～$F_5$：$\phi$700 |
| 主电机容量/kW | $R_1$：9200kW<br>$F_1$：5600kW<br>$F_2$～$F_5$：7000kW<br>$F_6$：5000kW | $R_1$～$R_2$：6600<br>$F_1$～$F_4$：10000<br>$F_5$：7500 | $R_1$：11000<br>$F_1$：5600<br>$F_2$～$F_5$：7000 |
| 近距离卷取机 | 0 | 0 | 1 |
| 标准卷取机/台 | 2 | 2 | 1（1） |
| 最大单位卷重/$kg \cdot mm^{-1}$ | 18 | 18 | 18 |

注：（　）中的内容为预留项目。

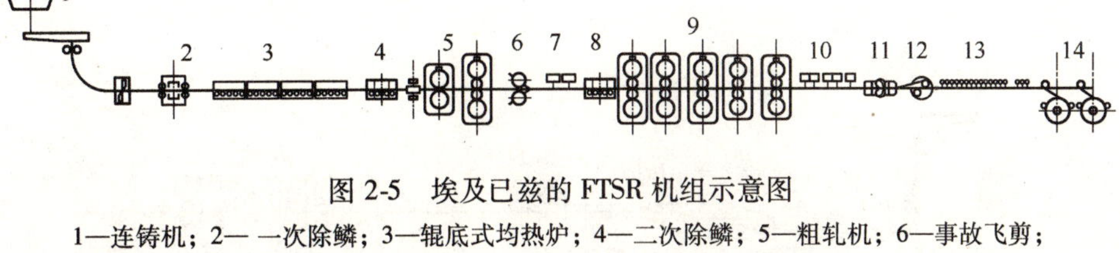


图 2-5　埃及已兹的 FTSR 机组示意图

1—连铸机；2— 一次除鳞；3—辊底式均热炉；4—二次除鳞；5—粗轧机；6—事故飞剪；7—快速冷却装置 1；8—三次除鳞；9—精轧机；10—快速冷却装置 2；11—高速飞剪；12—轮盘式卷取机；13—层流冷却；14—地下卷取机

（3）轧机采用1R+6F的配置。为有效地控制板坯的温度和提高板坯进入精轧机的速度，轧机采用1R+6F的配置，设置了粗轧机，并在粗轧机与精轧机之间设置了便于处理故障的辊底式炉。

（4）采用动态软压下装置（DSR）。软压下是指在扇形段内在铸坯的心部完全凝固以前，通过扇形段的辊列压下，减薄铸坯的厚度，铸坯的心部完全凝固以后，不能再压下，否则将损坏设备，凝固点的确定是关键，而凝固点有又受连铸速度、钢种、冷却条件等多因素影响，也就是说压下结束点是动态的。为此，达涅利公司开发了完善的数学模型，根据连铸速度、钢种、冷却条件等多因素预设定凝固点，确保动态软压下安全、可靠地运行。

### 2.2.4　CONROLL技术

CONROLL技术采用平行板型直结晶器，铸坯厚度为75～125（150）mm，弧形连铸机，连续弯曲连续矫直，弧形半径约5m，冶金长度约15m。衔接段采用步进梁式加热炉或辊底式均热炉，炉子长度160～200mm。轧机与传统板带生产线一样，分为粗轧和精轧两部分，粗轧机架一般为2架，精轧5～6架，粗轧与精轧之间设卷取机，热轧设备可采用热连轧机或炉卷轧机。可生产的品种比较宽，包括低碳钢、包晶钢、高碳钢、管线钢、合金钢和不锈钢。

CONROLL技术的特点是全部采用成熟技术，如采用平行板型结晶器和超低头弧形连铸机。奥钢联认为任何非平行板型的结晶器，都将不同程度地影响产品质量，采用平行板型结晶器是生产高质量产品的先决条件。近年来人们认为，连铸薄板坯从质量与经济性方面考虑，并非越薄越好，而是有一个经济厚度，约为90～100mm左右。这个厚度离传统的板坯厚度较近，可以借用长期积累的成熟技术；板坯较厚因而压缩比大，从而可提高产品质量；由于板坯断面积大可采用较低的拉速，降低了结晶器磨损，减少了漏钢率；在卷重相同的情况下板坯定尺短，输送辊道、加热炉长度均较短，节省了投资，平板结晶器的加工、修复也相对容易。

美国的阿姆科·曼斯菲尔德（Armco Mansfield）钢厂和我国的鞍钢在对原有的旧轧机改造时分别采用了CONROLL技术，捷克的罗威霍特（Nova Hut）新建的连铸连轧生产线也采用了CONROLL技术。相关机组如图2-6所示。

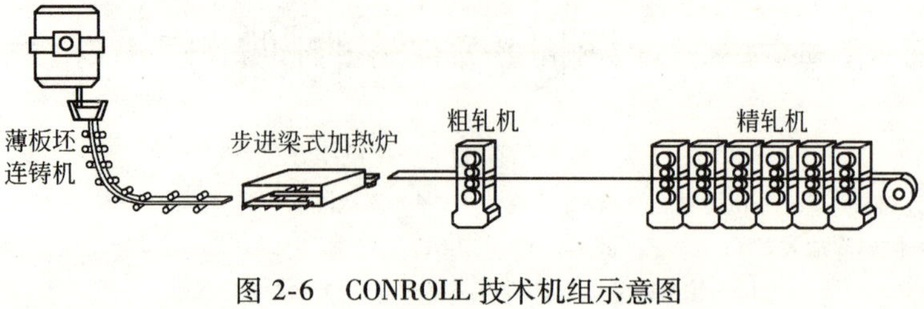


图2-6　CONROLL技术机组示意图

### 2.2.5 QSP 技术

QSP 技术的铸坯厚度为 90/70mm 或 100/80mm，宽度 850～1650mm，采用多锥度平行板型直结晶器，弧形连铸机，最高铸速 5.0mm/min。结晶器下方为弯曲段，长度约 2200mm，经多点弯曲后进入弧形段，通常 7～8 个扇形段，弧形半径 3.5m，冶金长度为 11～15m，6 点弯曲 5 点矫直，也采用液心压下技术。衔接段采用辊底式均热炉，轧机一般由 1～2 架粗轧机和 5～6 架精轧机组成，粗轧机与精轧机之间设卷取装置。由于采用平行板型结晶器，熔池较小，为确保液面的稳定，必须采用电磁制动装置。单流生产能力 100 万～130 万 t/a。住友金属公司开发此项技术的目的在于提高铸机生产能力的同时生产高质量的产品。

目前已采用 QSP 技术的用户有美国的北极星（North Star BHP Steel）和 TRICO 钢厂，以及泰国的暹罗带钢厂（Siam Strip Mill），其主要技术参数如表 2-6 所示。代表性生产厂 TRICO 的机组图如图 2-7 所示。

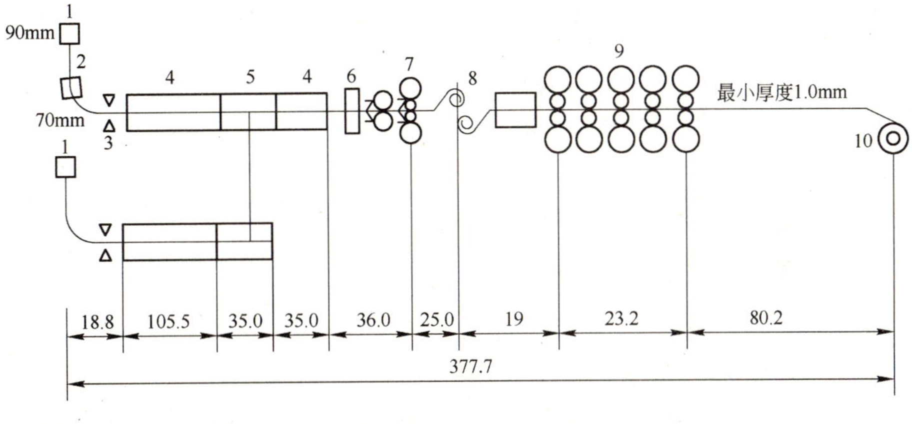


图 2-7 TRICO 厂的 QSP 机组示意图

1—单流连铸机；2—软压下装置；3—剪切机；4—辊底式均热炉；5—可移动段；6—立辊轧边机；7—单流通过 2 机架初轧机、除鳞机；8—除鳞装置；9—5 机架精轧机；10—卷取机

**表 2-6 已建或在建的 QSP 生产线**

| 钢 厂 | 美国北极星 | 美国 Trico | 泰国暹罗带钢 |
|---|---|---|---|
| 生产能力/万 $t \cdot a^{-1}$ | 143 | 200 | 150 |
| 铸坯规格/mm | 90×900～1580 | 90/70×（940～1650） | 100/80×（900～1550） |
| 带钢厚度/mm | 1.4～15 | 1.0～15.8 | 1.0～15 |
| 最大铸速/$m \cdot min^{-1}$ | 5.0（低碳钢）<br>4.0（其他） | 5.0（低碳钢）<br>3.5（其他） | 5.0（低碳钢）<br>3.5（其他） |

续表 2-6

| 钢　厂 | 美国北极星 | 美国 Trico | 泰国暹罗带钢 |
|---|---|---|---|
| 炼钢设备 | 1 × 163tFuchs 双壳交流电弧炉，2 × LF | 2 × 154tNKK 直流电弧炉，2 × LF | 2 × 132t 德马克交流电弧炉，2 × LF |
| 钢包容量/t | 165 | 154 | 132 |
| 流　数 | 1 流 | 2 流 | 1 流 |
| 衔接段 | 辊底式均热炉 | 辊底式均热炉 | 辊底式均热炉 |
| 轧　机 | 2R + 6F | 2R + 5F | 2R + 6F |
| 热卷箱 | 无 | 有 | 有 |
| 建成时间 | 1997 年 2 月 | 1997 年 3 月 | 1999 年 7 月 |

自 1988 年起，住友金属公司为防止板坯内部裂纹的出现做了大量工作，相继开发出大流量的喷嘴、高冷却强度的结晶器，并不断地研究多方面的相关问题，如板坯坯壳在二冷区的弯曲和破裂、拉坯力和多驱动辊的计算、结晶器下口坯壳承受力、利用非金属夹杂物悬浮模型研究坯壳垂直支撑长度、应用结晶器内流场分析模型研究电磁制动装置、用涡流传感器研究结晶器液面控制等，取得了一系列有效的试验结果。

目前住友金属公司开发的薄板坯连铸机拉速为 3.0 ~ 5.0m/min（包晶钢拉速为下限值）。装有电磁制动装置，液面控制精度高，采用非正弦振动曲线，二冷段冷却强度大，喷嘴均为大流量型。中间包配有高热值预热燃烧器，烘烤温度高。现可浇铸低碳铝镇静钢、碳钢、包晶钢、低合金高强度钢等钢种。

### 2.2.6　几种薄板坯连铸连轧技术的比较

几种薄板坯连铸连轧技术的比较如表 2-7 所示，可见各种薄板坯连铸技术的特点主要反映在以下几个方面[12]：

（1）除 CSP 技术采用 50 ~ 70mm 的坯厚外，其他技术均采用 90/70mm 或 100/80mm 的中等坯厚（90mm、100mm 为出结晶器的坯厚，70mm、80mm 为出连铸机的坯厚）；

（2）CSP 技术和 FTSR 技术都采用了不同型式的漏斗型结晶器，而 QSP 技术和 CONROLL 技术采用平行板式结晶器。ISP 技术最初为平行板型结晶器，后采用带凸度的结晶器；

（3）除 CSP 技术采用立弯式机型外，其他技术都采用直结晶器弧形连铸机，因此有可能加大坯厚，延长冶金长度，CSP 技术由于立弯式机型要求较高的厂房高度，进一步加厚铸坯，延长冶金长度受到限制；

（4）经过十多年的实践，衔接段已趋向于采用辊底式均热炉；

（5）采用铁素体轧制技术和半无头轧制技术，并在设备配置和装备上给予充分考虑。

**表 2-7 各种薄板坯连铸连轧技术的主要特点**

| 项 目 | CSP | ISP | FTSR | CONROLL | QSP |
|---|---|---|---|---|---|
| 坯厚($H_1/H_2$)/mm | 50/40<br>80/65<br>63~48 | 65/43<br>100/80<br>90/70 | 60/45<br>90/70 | 75~125 | 90/70<br>100/80 |
| 机 型 | 立弯式 | 直弧形 | 直弧形 | 直弧形 | 直弧形 |
| 结晶器 | 漏斗型结晶器上口 170mm 长 1100mm 漏斗 700mm | 平行板型直结晶器→小漏斗 | $H^2$结晶器上口 190mm 长 1200mm 全长漏斗 | 平行板型直结晶器长 1200mm | 平行板型直结晶器（多锥度）长 950mm |
| 铸坯支撑 | 扇形 1 段上部采用格栅通过 2~4 个垂直扇形段进入弧形弯曲段 | 多点弯曲矫直密排分节辊扇形段，无拉矫机 | 结晶器下 7~8 对带凸度密排分节辊，多点弯曲矫直扇形段密排分节辊 | 渐进弯曲矫直密排分节辊扇形段 | 多点弯曲矫直密排分节辊扇形段 |
| 冷 却 | 水 冷<br>气—水 | 气—水 | 气—水 | 气—水 | 气—水 |
| 弧形半径/m | 顶弯半径<br>3~3.25 | 5~6 | 5 | 5 | 3.5~5.7 |
| 冶金长度/m | 6~9.7 | 11~15.1 | 约 15 | 14.6 | 11.2~15.7 |
| 液心压下 | 未采用→采用 | 最早采用液心压下 | 采用动态软压下 | 无 | 采用或不采用 |
| 拉坯速度/m·min$^{-1}$ | 4~6 | 3.5~5 | 3.5~5.5 | 3~4 | 3.5~5 |
| 均热炉 | 辊底式均热炉 | 感应加热+卷取箱→辊底式均热炉 | 辊底式均热炉+保温辊道 | 步进梁式加热炉 | 辊底式均热炉 |
| 轧机组成 | 5~7F,<br>1R+5（6）F | 2R+5F | 1R+6F | 6F | 2R+5F,<br>2R+6F |

注：表中铸坯厚度 $H_1/H_2$ 表示：$H_1$ 系指结晶器口处的铸坯厚度；$H_2$ 系指采用液心压下后出连铸机的铸坯厚度。

## 2.3 薄板坯连铸连轧连铸技术

与传统流程厚板坯连铸相比，薄板坯连铸显著的特点是拉速高、结晶器熔池小、结晶器铜板间的距离小，导致结晶器中的摩擦力增大；需润滑的比表面积增大；结晶器中钢水量少，加之铸速高，致使结晶器中钢液面易产生波动；结晶器中钢水停留时间短；渣耗急剧减少，渣膜厚度减薄；结晶器出口处坯壳厚度减薄等，这些特点对保护渣提出了更高的要求。高拉速的薄板坯连铸过程中常遇到的两个问题是：黏结漏钢和铸坯表面质量差。针对薄板坯连铸工艺的特点，为确保铸坯质量，薄板坯连铸必须解决结晶器、浸入式水口、保护渣、液心压下、结晶器振动、电磁制动等关键技术问题。

### 2.3.1　结晶器

薄板坯连铸存在浸入式水口与熔池空间狭小的矛盾。为了使薄板坯连铸结晶器容下浸入式水口不产生搭桥，确保水口一定的寿命，人们发明了多种变截面结晶器，如西马克公司的漏斗型结晶器、达涅利公司的 $H^2$ 结晶器等。这类结晶器考虑了坯壳的变形量、变形速率等因素对坯壳可能的破坏，并且有一个临界的最低浇铸速度。

西马克公司的漏斗型结晶器首次突破板坯连铸结晶器任意横截面均为等矩形截面的传统，使结晶器型腔内凝固壳的形状及大小按非矩形截面逐步缩小的规律变化。由于在坯壳下滑（拉坯）过程中沿横向和纵向均产生变形，各变形部位的固液交界面有的受压应力，有的受拉应力。因此，变形过程中这种结晶器务必使坯壳其固液交界面的实际变形率等于或小于产生裂纹的临界应变率。漏斗型结晶器采取了下列措施：（1）坯壳沿横截面由弯变直是一个连续均匀变化的过程，其任意一点的变形率远小于临界应变率；（2）坯壳沿纵向由直变弯时选择的弯曲半径可以满足上述基本原理的要求；（3）结晶器的锥度等于或小于钢液的凝固收缩率。达涅利公司的 $H^2$ 结晶器与西马克公司结晶器的主要区别在于坯壳在结晶器内的变形不是在结晶器的一定高度上完成，而是穿过结晶器进入到扇形段，沿整个高度凝固壳的形状和大小均按非矩形截面逐步缩小的规律变化。

结晶器及其相关技术是薄板坯连铸技术的核心。薄板坯连铸机目前采用的结晶器有两大类：漏斗型和平行板型。采用漏斗型结晶器的有西马克公司、达涅利公司、德马克公司；采用平行板型的有奥钢联、住友公司和三星公司，如图 2-8 所示。漏斗型结晶器的优点是：有足够的钢液，保证保护渣的熔化形成良好的渣熔池；有合理的空间，有利于浸入式水口的合理设计，避免产生搭桥，延长使用寿命，稳定生产，提高作业率；钢液面相对稳定，避免保护渣卷入；结晶器热流均匀，坯壳应力小，有利于坯壳均匀生成。西马克公司开发的漏斗型结晶器长 1100mm、漏斗部分长约 700mm、下部 400mm 为平板式，漏斗上部开口约 170mm。达涅利公司开发的 $H^2$ 结晶器（high speed，high quality）长约 1200mm，出结晶器时铸坯带凸度经 7 ~ 8 对带辊型的夹持辊压平，加上结晶器总长约 2100mm。漏斗上部开口约 1800mm。$H^2$ 结晶器应力更小，钢液量更大，更有利于液面稳定，浇铸 90/70mm，铸坯拉速为 5.5m/min 时不必采用电磁制动装置。采用平行板型结晶器易于确保铸坯质量，由于熔池狭小，大多选用 90/70mm 或 100/80mm 的铸坯，并且采用电磁制动装置。

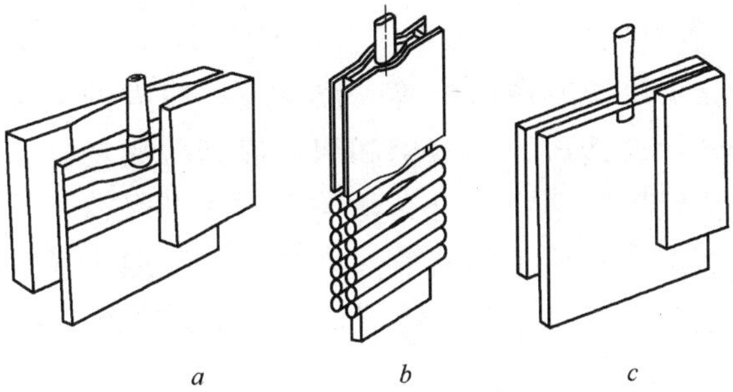

图 2-8 薄板坯连铸结晶器

*a*—CSP 结晶器；*b*—$H^2$ 结晶器；*c*—平板结晶器

## 2.3.2 浸入式水口

薄板坯连铸铸坯厚度通常为 50 ~ 100mm，要求在 3 ~ 6m/min 的高拉速下浇铸，要达到与传统板坯接近的产量，从浸入式水口流出的钢水流量要达到 2 ~ 4t/min，水口内腔直径应能满足此要求。另外，由于薄板坯结晶器几何形状的限制，特别是厚度方向上浸入式水口与铜板间需有一定间隔，水口外部尺寸受此限制；再者水口应有足够的壁厚（最小 10mm），以保证有较长的使用寿命。

浸入式水口的内部和外部形状，尤其是开口的布置和配置，决定了结晶器内钢水的流向和钢流的形状以及注入结晶器后引起的动能分布。通常借助水模型试验来测试各种浸入式水口的使用情况。由图 2-9 可见，由于浸入式水口形状不同，造成的热的钢流在结晶器内的分布情况也不同。图 2-9*a* 表示钢液面处波动太大，容易出现卷渣现象；图 2-9*b* 表示热的钢液无法流到钢液面上，影响了保护渣的熔化，往往出现润滑不良的状况，不利于铸坯的表面质量；理想的情况如图 2-9*c* 所示，既能保持有 20% ~ 30% 的热钢水流向结晶器上部，使得保护渣熔化良好，又能保持结晶器内钢液面波动不大。

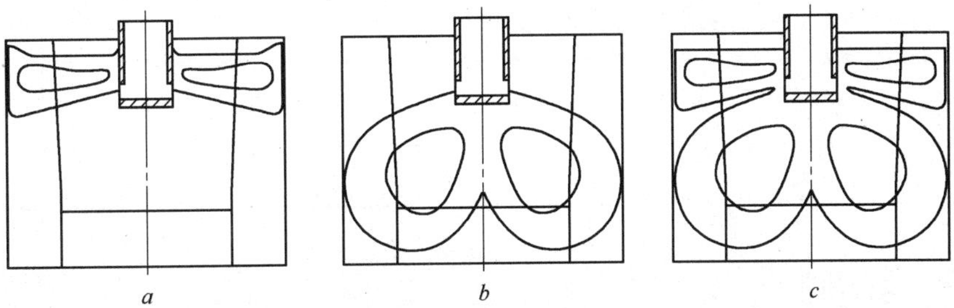

图 2-9 钢流在结晶器内的分布情况

*a*—钢液面波动太大；*b*—热的钢液无法流到钢液面上；*c*—理想的情况

### 2.3.3　保护渣

薄板坯连铸要求保护渣在高拉速或拉速变化较大的情况下仍能维持足够的渣耗，较低的渣耗会造成黏结漏钢和引起纵裂等表面缺陷；工艺要求结晶器壁与坯壳间的渣膜厚度适宜且分布均匀，防止结晶器与坯壳直接接触，同时降低结晶器摩擦阻力并使结晶器散热均匀，从而减少黏结漏钢和产生表面缺陷；要求保护渣具有良好的溶解、吸收夹杂物的能力，并在吸收夹杂后其物性保持稳定。

为适应薄板坯连铸工艺的要求，保护渣应具有较低的黏度、较低的结晶温度、较低的软化及熔融温度，具有合适的碱度及较快的熔化速度。配制薄板坯连铸保护渣时，应限制 $CaF_2$、$Na_2O$ 等助熔剂的加入量，以减少高熔点物的析出。保护渣中加入适量的 BaO、$B_2O_2$、$Li_2O$、$K_2O$、MgO 等助熔剂，可降低熔渣黏度及软化温度，抑制结晶化倾向。高拉速保护渣技术要点如表 2-8 所示[13]。

**表 2-8　高拉速保护渣技术要点**

| 要解决的问题 | 解 决 的 方 法 |
|---|---|
| 满足渣消耗速度增加的要求 | ①提高熔化速度：降低熔化温度；合理地配碳；<br>②控制渣的颗粒度 |
| 提高渣的单位耗量，增加渣膜液渣层厚度 | ①降低渣的凝固温度；<br>②降低渣的析晶温度及黏度 |
| 减小剪切力 | ①增加缝隙中液渣层厚度，以降低速度梯度；<br>②同时降低渣的黏度，以减小 $\mu dv/dx$ 值 |
| 适应高拉速时液面较大的波动 | 提高熔化速度，保证钢液表面有足够的液渣层厚度 |
| 保证高拉速下保护渣在结晶器宽面上的均匀渗入 | ①避免渣圈的形成：合理配碳；选择合理的原材料、合理的渣类型、低的析晶温度；<br>②均匀熔化：选择合理的原材料、合理的渣类型；<br>③高的吸收 $Al_2O_3$ 能力：提高碱性氧化物的含量 |
| 提高结晶器导热量 | 降低渣的熔化温度 |

### 2.3.4　液心压下

液心压下是在铸坯出结晶器下口后，对其坯壳施加挤压，液心仍保留在其中，经二冷段，液心不断收缩直至薄板坯全部凝固。采用液心压下有明显的优

点:

（1）可使铸坯液心部分溶质富集区的钢液挤出，破碎初生的树枝状晶，使其成为人为的结晶核心，从而加速其凝固，扩大等轴晶区，缩小柱状晶区，使偏析显著降低；

（2）液心压下还有利于疏松、缩孔、内裂在高温、高压条件下焊合，从而提高铸坯的力学性能，改变铸坯的质量；

（3）液心部分的变形抗力远小于完全凝固时的变形抗力，故能降低轧制能耗，减少轧制工序的负荷；

（4）在板坯出口厚度一定的前提下，采用液心压下技术，结晶器上口可相应增大，这样有利于长水口的插入，可容纳更多钢水。在通过量不变的情况下，钢水流速减慢、变稳，有利于夹杂物上浮和提高拉速。

液心压下实际上是在黏稠带内加工，它将导致铸坯内部晶粒破碎和滑移，可得到较细的晶粒，使铸坯在相同的轧制温度下获得更好的韧性。试验证实，采用液心压下比相应的减薄结晶器厚度带来的效果更佳。为确保产品质量、不致漏钢，一般液心压下量不超过30%。扇形段的调整考虑了在不同的钢种和浇铸速度下，收缩不同的因素，可据此采用不同的锥度。

### 2.3.5 结晶器振动

结晶器振动的灵活性是改善铸坯表面质量和提高连铸速度的前提条件，即在较宽的浇铸速度范围内，在稳定的浇铸条件下，振幅、振动频率和速度曲线有较多的调整方式。液压振动具有很强的灵活性，如在线调整振幅和频率；在各种条件下，保证渣膜的状态恒定；不在浇铸速度的变化面更换保护渣；振幅可达10mm，振幅可自动选择，最大加速度为6.5m/$s^2$，最大速度145mm/s；自动选择振动曲线，如正弦曲线、非正弦曲线或锯齿形曲线等。

薄板坯连铸结晶器采用液压振动，旨在通过液压振动来改善铸坯表面与结晶器铜壁间的接触状态。图2-10是采用液压振动方式呈现的振动曲线[14]。传统的偏心轮传动使结晶器作机械振动，其波动只达到近似为正弦波，如图2-10*a*所示。在如图2-10*b*所示的负滑脱时间内，连铸保护渣不能够流入坯壳和铜板间的缝隙中，难以形成均匀的保护渣膜。为此，一般均希望尽量缩短负滑脱时间$T_N$，而在机械振动条件下，难以进一步降低$T_N$值，只有采用液压振动形式，才可通过获取非正弦曲线减小$T_N$如图2-10*c*所示。采用液压振动，通过自由选择的非正弦波振动曲线，按选定的运动方程振动，可使负滑脱时间缩短，即减少熔融保护渣进入铸坯和结晶器间接触区域的机会，有利于表面质量的提高。$T_N$的减小也将扩大可浇铸钢种的范围。一般认为负滑脱时间0.1s是取得良好铸坯表面质量的保证值。

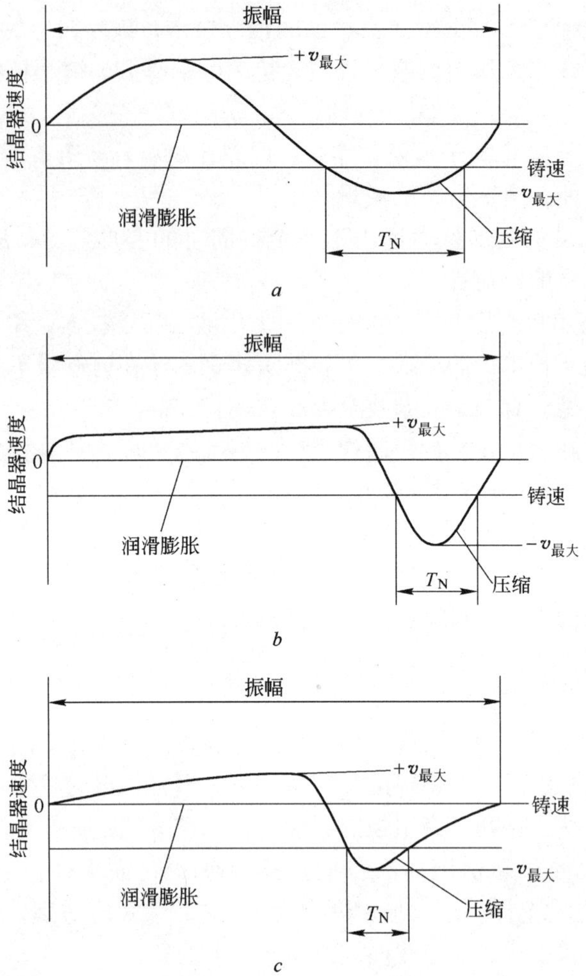


图 2-10　采用液压振动方式呈现的振动曲线

*a*—正弦波；*b*—出现负滑脱；*c*—非正弦曲线

### 2.3.6　电磁制动

在薄板坯连铸中由于结晶器的容积相对较小，板坯拉速较高，通常结晶器内的钢液流速较快，容易对铸坯凝固的外壳形成冲刷，造成卷渣和钢液面的波动。电磁制动是对进入结晶器的钢水施加一个反向的作用力，以降低钢水向下的冲击速度和弯月面处钢水的流动速度，达到去除夹杂物和控制弯月面波动的目的。电磁制动装置减缓了钢液的扰动，使弯月面更平静，可大幅度提高铸坯质量。电磁自动的电流即所需形成的电磁场是根据钢水的过热度、铸坯的宽度、浇铸速度和钢种来设定的。

### 2.3.7 二次冷却系统

薄板坯连铸的拉速一般为4.5~5.5m/min，最大拉速可望达7~8m/min，铸坯凝固时间不足2min，即出结晶器下口后，铸坯必须在极短的时间内完全凝固。因此，薄板坯连铸机的二冷强度比传统板坯连铸机要大得多。

薄板坯连铸机的二次冷却有两种形式：静态二次冷却和动态二次冷却。静态二次冷却是根据钢种确定二次冷却水量与拉速的对应关系，这种二次冷却方式能够满足薄板坯连铸的工艺要求，不足是铸坯的最终凝固点随拉速变化而改变，出铸机的铸坯温度也有一定的波动。动态二次冷却形式首先确定铸坯在铸机上的目标冷却曲线，及时检测实际冷却曲线与目标曲线的偏差，并加以修正，它的特点是铸坯的最终凝固点可保持固定的位置，保证动态液心压下的正常使用及铸坯温度的稳定。

### 2.3.8 主要自动控制及检测功能

薄板坯连铸工艺包括了自动浇铸（Auto Pilot）、结晶器监控系统（MMS）、漏钢预报系统（BPS）、结晶器热成像系统（MTM）、动态凝固技术（DSC）等自动控制功能。

2.3.8.1 自动浇铸 APIL（Auto Pilot）

连铸速度是连铸过程中最为重要的工艺参数，对机组的产量和产品质量有直接的影响，而连铸速度主要是由中间包钢水温度决定的；另外，结晶器窄边和宽边上热流密度的比值是决定产品质量的关键参数，该值由窄边的锥度决定。因此，根据中间包钢水的温度，准确迅速地决定连铸速度，根据窄边热流热密度与宽边热流密度的比值，适当调整窄边的锥度是连铸过程、特别是薄板坯连铸过程中非常重要的。由于薄板坯拉速高，手动操作难以控制开浇过程，因此采用了自动开浇技术。自动浇铸系统通过在线计算中间包的平均温度和测定结晶器窄边的热流密度，调整连铸的速度，在确保铸坯质量的前提下，提高机组的生产能力；根据中间包钢液的温度预设定连铸的速度范围；根据实测的窄边上的热流密度调整结晶器窄边的锥度，确保铸坯的质量。

2.3.8.2 结晶器监控系统 MMS（Mould Monitoring System）

结晶器是连铸机的核心，结晶器的工作状况是决定连铸工艺过程的稳定性、生产效率、产品质量的关键因素，因此加强对结晶器在浇铸过程中的各种工艺参数的监测，特别是对浇铸过程中热行为的了解是最重要的，为此人们开发了结晶器跟踪系统。该系统包括两个子系统：漏钢预报系统 BPS（Breakout Predication System）和结晶器热成像系统 MTM（Mould Temperature Mapping）。这两个子系统都是基于布置在结晶器四周的传感器所检测到的信号进行工作的，使操作人员对结晶器有透彻的了解，即有“透明结晶器”之说。

结晶器热成像系统采用在结晶器四周按一定间距规则布置的热电偶，测量出沿结晶器的宽度和高度方向上各处的温度，并以直观、形象的图像显示出来。图像上不正常的温度分布，可能是由下列原因引起：SEN 没有完全对中、结晶器液面波动、通过 SEN 的钢流不正常（例如结瘤）、渣膜在坯壳和结晶壁间的不均匀分布、在结晶器的宽度和与 SEN 形状配合后的结晶器的外形轮廓上的密度不均匀和窄边锥度优化控制的不理想。工程技术人员可根据所显示出的图像，判断浇铸过程是否正常，并采取相应的措施避免导致不良结果。

漏钢预报系统 BPS 在出现漏钢可能性较大时检测出这种危险，并向操作人员提出警报，以便采取措施避免漏钢的发生，确保连铸过程的稳定性。该系统可减少漏钢（主要是黏结造成的）、提高机组的生产能力，为新工艺、新设备和新产品的研制开发创造了条件。

2.3.8.3　结晶器液面控制 MLC（Mould Level Control）

结晶器内稳定的钢水液面是获得良好铸坯的表面质量的一个重要的先决条件，液面的波动将导致各种缺陷的产生，例如使弯月面的保护渣卷入钢液。结晶器液面控制系统通过调节塞棒的位置实现结晶器内钢水液面的控制，液面是通过放射源$^{60}$Co 来检测的。该系统可根据结晶器液面参考值实现自动开浇。

2.3.8.4　动态凝固控制 DSC（Dynamic Solidification Control）

铸坯凝固段的长度随浇铸速度、钢水温度、浇铸钢种等各种因素的变化而变化，面对不同工艺的条件，铸坯凝固段长度的预计及铸坯在连铸机内各处温度变化的掌握，对于连铸机的设定控制和操作是至关重要的。动态凝固控制基于系列的数学模型对钢水的凝固过程进行动态控制，可有效地控制凝固段的长度，与液心压下系统 LCR 协调一致工作；通过有效的控制使铸流在二冷段内完全凝固；控制铸坯的表面温度，使其接近温度的目标曲线；检查铸坯在辊底式均热炉入口处的温度；检查铸坯在分切剪处的温度，避免由于过低的铸坯温度增加负荷、损坏设备；计算坯壳的厚度等。

## 2.4　薄板坯连铸连轧衔接技术

### 2.4.1　衔接段的作用

薄板坯连铸连轧技术把薄板坯连铸和热轧两个“刚性”的生产工序联系在一起，由于两个工序存在固有的不协调、不匹配的因素，如温度、速度、温度均匀性，以及轧钢工序换辊或出现故障等，因此有必要在两个工序之间设置一个衔接段，协调解决上述诸多不协调的因素，使两个工序有机地联系在一起。因此，衔接段的作用是：

（1）升温、均温。连铸浇铸的薄板坯一般温度在 900 ~ 1050℃，出炉温度根据不同的钢种和不同的规格，一般在 1100 ~ 1150℃，因此衔接段应将铸坯温度提高 50 ~ 250℃，另一方面连铸坯在连铸机中经喷水或水雾冷却后，铸坯表面温度较低，而中心部分温度较高，为确保轧制过程的稳定性、提高热轧板卷的几何精度和力学性能的均匀性，应尽可能提高铸坯温度的均匀性，确保连铸坯的温度及其均匀性满足热轧的要求。

（2）缓冲、储存。轧机换辊或出现事故停机时，衔接段应能提供足够的缓冲时间，例如轧机换辊时，在连铸机不降速的前提下，缓冲时间一般不小于 8min。

（3）物流协调。连铸机的速度一般为 3.0 ~ 6.0m/min，热轧机入口速度最大可达 65m/min，衔接段协调连铸和热轧之间的物流，特别是采用“二流一机”配置时，有机地协调两台连铸机与热连轧机之间的物流。

### 2.4.2 几种衔接技术

薄板坯连铸连轧生产线投入使用的十几年来，各项技术不断地发展和完善，衔接段技术也处在一个发展和完善的过程中，CSP 技术采用辊底式均热炉，开始采用的是横移式，随后又开发出摆动式，目前 CSP 技术主要采用摆动式方案。辊底式均热炉的特点是：工艺简单、中间环节少、操作可靠；设备长度较长，一般在 180 ~ 220m，如采用半无头轧制技术，其长度可能达到甚至超过 300m，因此占地面积也较大，投资相应增加。达涅利公司的 FTSR 技术也采用辊底直通式均热炉。由于 FTSR 技术采用了粗轧机，因此均热炉分作两段，粗轧机后的均热炉考虑到便于处理中间坯跑偏等事故，采用了炉盖可倾翻的特殊结构，邯钢 CSP 生产线采用了类似的衔接方案。

ISP 技术的衔接段在 ISP 技术发展过程中变化比较大。在阿维迪投产的第一条 ISP 生产线采用了感应加热和克日莫那炉的方案，该技术的特点是生产线特别短，只有 175m，但存在的问题是克日莫那炉设备结构复杂，设备工作环境较差，故障率高，且缓冲能小。随后在韩国浦项的 ISP 生产线上改用了感应加热、热卷箱和保温炉的方案，大幅增加缓冲时间，有效提高生产灵活性。该技术的特点也是生产线比较短，例如浦项 1 号线长度为 219m、浦项 2 号线为 196m，但问题是生成的氧化铁皮比较多，设备结构也较复杂。在南非萨尔达尼亚钢厂 ISP 生产线开始采用辊底式均热炉，同时粗轧机和精轧机之间设置了热卷箱。

奥钢联的 CONROLL 技术和住友的 QSP 技术采用中厚板坯铸机，衔接段采用步进式加热炉。该工艺的特点是：设备占地面积少、生产调度灵活、工艺成熟可靠，但不适于薄板坯，因为在钢卷单位卷重一定的情况下，薄板坯的长度较长，如采用步进式加热炉势必会导致固定梁、移动梁太宽，难以正常操作，且造成投资过大。

综上所述，鉴于薄板坯连铸连轧技术设备配置的发展，目前衔接段主要采用两种工艺：对于采用薄板坯的连铸连轧技术（铸坯厚度为45～90mm），例如CSP技术、FTSR技术和ISP技术，都采用辊底式均热炉，具体形式有横移式和摆动式两种，有分作两段的也有一整段的；对于采用中厚坯的连铸连轧技术（铸坯厚度为90～150mm），采用步进式加热炉。

## 2.5　薄板坯连铸连轧热轧技术

薄板坯连铸连轧技术通过衔接段将连铸和热轧两个相对独立的工序有机地联系在一起，实现了近终形连铸和直接轧制的工艺思想，同时也给热轧工序带来了许多值得研究的新问题，如：特殊的速度制度、薄规格产品轧制技术、板形控制技术、自由轧制技术、混合轧制技术、大压下轧制技术、高效除鳞技术和宽度控制技术等。

### 2.5.1　特殊的速度制度

传统的轧制工艺为减小轧制过程中带钢头尾温差和提高轧机生产率，采用升速轧制工艺，而对于薄板坯连铸连轧技术，产量瓶颈在连铸工序，即使不采用升速轧制，轧机能力也有较大富余，采用均热炉后，坯料头尾温差的问题已不存在；另一方面，轧机的大压下带来高负荷，不采用升速轧制，在一定程度上可以降低对轧机的负荷要求。因此，第一代的薄板坯连铸连轧技术采用恒速轧制工艺，最高轧制速度一般为12m/s。第二代的薄板坯连铸连轧技术由于半无头轧制的要求采用升速轧制工艺，最高轧制速度可达23m/s，如蒂森公司的CSP机组最高轧制速度可达22.7m/s，与传统轧制技术的相近，但两者实质有些不同：第二代的薄板坯连铸连轧技术采用升速轧制工艺主要是采用半无头轧制技术生产薄规格带钢时，确保带钢的温度，与产量和中间坯头尾温差无关。

### 2.5.2　薄规格产品轧制技术

目前各薄板坯连铸连轧技术衔接段都趋于采用辊底式均热炉，连铸坯出连铸机后处于加热或均热的环境中，使铸坯在进轧机前具有良好的温度均匀性，如各向温差小于±10℃，良好的温度均匀性是进行均匀热变形的前提条件，因此薄板坯连铸连轧技术更适于生产薄和超薄规格产品。为此，近年开发了多种相关技术，如：辊缝工艺润滑、各机架辊系自动水平调整、最后三架平直度自动控制、强化的板形和凸度控制、各机架快速反应的AGC、高精度质量流控制、带钢边缘罩、带钢边部加热、$F_1$前增设板形仪、活套张力检测，以及半无头轧制技术和铁素体轧制技术等，并取得良好的效果，目前采用薄板坯连铸连轧技术已能生产最薄达0.78mm的超薄规格热轧带钢，并能批量生产1.4～1.8mm的薄规格热轧带钢。

### 2.5.3 板形、凸度、平直度控制及自由轧制技术

薄板坯连铸连轧技术通过辊底式均热炉将连铸和热轧工序直接连接的特殊布置使半无头轧制技术成为可能，半无头轧制技术丰富和完善了薄板坯连铸连轧工艺，同时提出了新的工艺、设备和控制等方面的问题。例如，采用半无头轧制技术时，采用一块完整的长坯使得热凸度的值较大、变化范围也大、轧辊的磨损严重，带钢凸度的控制范围可高达1500μm，是正常范围的4～5倍，要求能够连续补偿半无头轧制过程中工作辊热凸度的变化、具有非常宽的凸度和平直度控制范围的控制装置，并且具有在线调整的特性，即动态特性，如动态CVC轧机、动态PC轧机、$F^2CR$轧机等。另一方面，在半无头轧制过程中，采用定宽轧制工艺，特别是轧辊长时间处于高温轧制状态使轧辊的磨损严重，为确保产品质量，在长坯轧制的过程中应适时地使轧辊的磨损均匀化，因此轧机应配置可有效地均匀轧辊磨损的专用设备和技术，如轴向窜辊技术，如CVC或$F^2CR$以及ORG技术。

### 2.5.4 混合轧制技术

目前，薄板坯连铸连轧技术的合理配置是两台连铸机配一套轧机，在实际生产中两台连铸机可分别生产不同的规格或不同的钢种，对热连轧机来讲就意味着要交替轧制不同规格或不同钢种的带钢，即混合轧制。为生产高精度的产品，特别是薄规格的产品，轧制过程的稳定性是至关重要的，包括温度的稳定、轧辊凸度的稳定以及被轧制带钢的规格和钢种的稳定。因此，薄板坯连铸连轧技术面临着混合轧制的新问题。目前解决问题的办法是使交替轧制的两个工艺过程的有关参数限制在一定的范围，例如某薄板坯连铸连轧机组对交替轧制的两个工艺过程的有关参数限制如下：带钢宽度的变化不大于80mm；带钢厚度的变化不大于25%；带钢凸度的变化不大于15μm；带钢抗张强度的变化不大于15%；终轧温度变化不大于20℃等。

### 2.5.5 大压下轧制技术

薄板坯连铸连轧技术的特殊性，使其在设备配置、变形制度、坯料的选择等方面与传统生产技术有较大的区别，例如传统技术中间坯的厚度一般为30～38mm，薄板坯连铸连轧技术中间坯的厚度一般为50～70mm，显然薄板坯连铸连轧热连轧机的压下量比传统热连轧机的大很多，采用高刚度轧机进行大压下轧制是薄板坯连铸连轧热连轧显著的特点，薄板坯连铸连轧最大道次压下率达60%，终轧道次压下率近24%，高于传统技术的最大道次压下率不超过50%，终轧道

次压下率不超过 20% 的限定。从而对轧机的有关设备配置提出了新的要求，如轧机的刚度、轧辊的直径、主电机功率等。

### 2.5.6　高效除鳞技术

薄板坯连铸连轧特殊的工艺，使得氧化铁皮在板坯表面薄且黏，很难去除。氧化铁皮清除不干净是早期投产的薄板坯连铸连轧机组所生产的带钢表面质量不良的主要原因，为此开发了相关的技术。西马克公司开发的高压水除鳞机示意图如图 2-11 所示，与常规的高压水除鳞装置相比，其特点是：减小了喷嘴与板坯表面之间的距离；水压由原 20MPa 提至 40MPa，实际操作水压为 32 ~ 35MPa；设有防止飞溅水回落板坯表面的收集器。

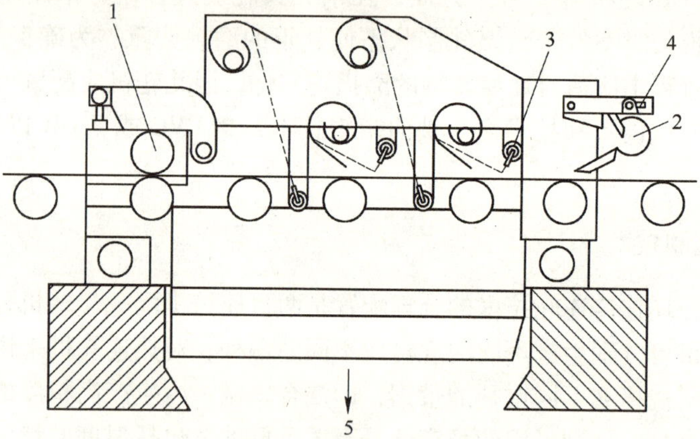


图 2-11　西马克公司高压水除鳞装置示意图
1—挤压辊；2—集水器；3—带喷嘴的喷水管；
4—挡水板；5—铁皮坑

为彻底地清除铸坯或带钢表面的氧化铁皮，达涅利公司采用了“三点除鳞”工艺，即根据薄板坯连铸连轧生产线上各处氧化铁皮的特点，在三处设置了不同的除鳞设施：辊底式均热炉之前的旋转式除鳞机、粗轧机前和精轧机前的除鳞箱。

### 2.5.7　宽度控制技术

尽量简化设备组成、降低工程投资是薄板坯连铸连轧技术开发之初的一个重要的原则，虽然由于产品范围扩大和产品规格减薄的需求使轧机的数量由 5 机架增加到 6 机架，目前已基本确定在 7 个机架，与常规热连轧机组的配置基本相同；同时由于半无头轧制技术的要求，从恒速轧制发展到升速轧制，使主电机装机容量大幅度增加，甚至超过传统热连轧工艺主电机的装机容量。但是薄板坯连铸连轧技术开发至今的近20年来，定宽轧制设备一直没有采用，只是设置了压下量不大的立辊轧机，其目的是将铸坯边部的铸造组织改善为轧制组织，提高板宽精度，减少板边裂纹，改善板边质量；有助于破除板边氧化铁皮；有助于将铸坯对中地导入轧机。立辊轧机最大压下量仅为40mm，传统热连轧机定宽机的约300mm的大压下量相差较大，其目的也完全不同。

## 2.6 薄板坯连铸连轧新技术

近年来，薄板坯连铸连轧技术得到迅速的发展和完善，从工艺、设备和自动控制等方面不断地开发出新的技术。随着对薄板坯连铸连轧技术研究的深入，人们逐步认识到许多最初开发该技术时所没有预料到的优点，如薄板坯连铸连轧技术在薄规格热轧产品生产方面独到的优势等。最近，鉴于市场对薄或超薄规格热轧产品的需求和薄板坯连铸连轧技术的特点，开发出半无头轧制和铁素体轧制技术，形成了以半无头轧制技术和铁素体轧制技术为主要特征的第二代薄板坯连铸连轧技术[15]，并迅速投入工业化生产，例如德国的蒂森厂、荷兰的克鲁斯厂、埃及的已兹厂以及我国的唐钢、马钢和涟钢的薄板坯连铸连轧生产线都采用了这些技术。

### 2.6.1 半无头轧制技术

近十几年来，随着多条薄板坯连铸连轧生产线的投入使用，人们在实践中摸索出许多经验，并在工艺技术、设备和自动控制系统等方面不断地发展和完善。

#### 2.6.1.1 半无头轧制技术的提出

薄板坯连铸连轧单坯轧制技术是薄板坯由设置在连铸机后的摆式剪按卷重的要求切分成相应的定尺，如：对于厚度为50mm的铸坯，最大定尺为47m[16]；对于厚度为70mm的铸坯，最大定尺为33m。切分后的板坯通过均热炉以单坯的方式轧制，每轧制一块板坯都要经过穿带、甩尾的过程，难以保证带钢头尾质量，并且轧机作业率低、损伤严重、轧制过程不稳定、轧辊消耗大，难以经济地生产1.2mm厚度以下或1250mm宽度以上的产品[17,18]。虽然有些采用单坯轧制技术的薄板坯连铸连轧生产线已能批量生产薄规格板卷，但成材率较低，增加了成本，板形质量较差，如某薄板坯连铸连轧生产线在生产0.92~1.2mm厚的产品时，其堆钢率为1.5%，而其平均堆钢率为0.28%。

为解决单坯轧制技术存在的问题，人们在薄板坯连铸连轧机组上开发了半无头轧制技术。所谓半无头轧制技术是指在薄板坯连铸连轧机组上采用相当于普通板坯最大长度4~6倍的板坯，实现连续轧制，再由卷取机前的飞剪将其分切成所要求重量钢卷的轧制工艺，如图2-12所示[19]。

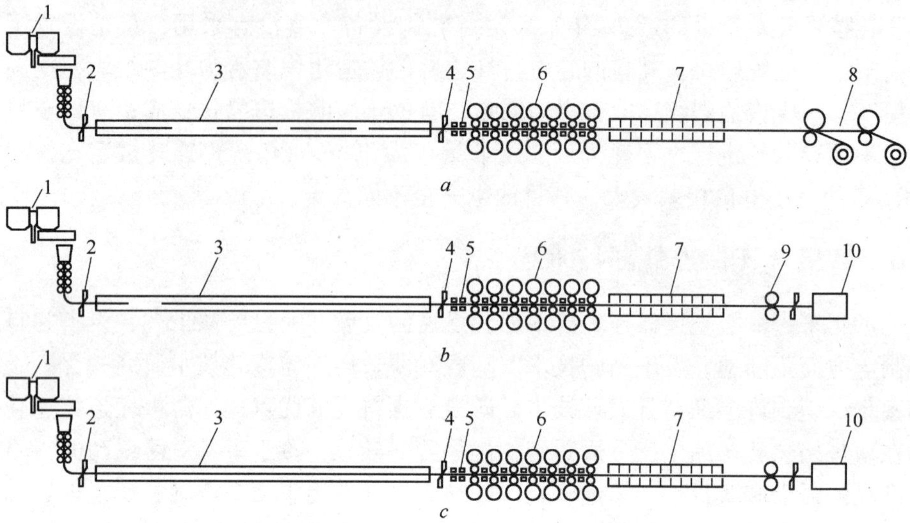


图 2-12 单坯、半无头、全无头轧制技术原理图

*a*—单坯轧制；*b*—半无头轧制；*c*—全无头轧制

1—薄板坯连铸机；2—切分剪；3—辊底式均热炉；4—事故剪；5—高压水除鳞装置；6—热连轧机；7—快速冷却装置；8—地下卷取机；9—飞剪；10—轮盘式卷取机

半无头轧制技术适于生产超薄带钢和宽薄带钢，拓宽了产品大纲[20]，如：厚度0.8mm时，宽度可达1200mm；厚度1.2mm时，宽度可达1600mm。半无头轧制技术减少了频繁穿带和甩尾带来的问题，降低了废品率和设备故障率，提高了收得率和生产率；减少了轧辊的消耗和换辊时间，提高了生产率，降低了生产成本；轧制条件稳定，便于提高产品质量和收得率；可以采用几乎全长度的工艺润滑轧制提高带钢表面质量[12~14]。因此，半无头轧制技术对于薄板坯连铸连轧生产线，特别是以薄规格和超薄规格产品为主导产品的薄板坯连铸连轧生产线在确保质量、降低成本、提高竞争能力等方面具有重要的意义。

#### 2.6.1.2 半无头轧制技术的特点及其相关技术

半无头轧制技术具有显著的特点：采用宽度恒定的长坯使热凸度及其变化范围较大，同时轧辊的磨损严重；在薄带生产过程中，为确保带钢具有合适的轧制温度需采用升速轧制工艺；连续的带钢生产需特殊设计的剪切、通板和卷取设备。鉴于上述特点，为实现半无头轧制技术，必须配置以下相关技术和设备：

（1）生产薄规格产品时，为便于穿带、甩尾，减少故障，提高成材率，采用动态变规格技术FGC（Flying Gauge Control）；

（2）能够连续补偿半无头轧制过程中工作辊热凸度的较大变化、具有较宽的凸度和平直度控制范围，为此采用动态 CVC 轧机、动态 PC 轧机、$F^2CR$ 轧机等；

（3）轧机应配置可有效地均匀轧辊磨损的专用设备和技术，如轴向窜辊技术 CVC 或 $F^2CR$ 以及 ORG 技术，在长坯轧制的过程中适时地使轧辊的磨损均匀化；

（4）特殊设计的飞剪、穿带装置和卷取机[21]；

（5）特殊设计的轧机主传动系统；

（6）衔接段长度的合理确定；

（7）如果设置近距离的卷取机，在末架轧机和飞剪之间配置冷却速度约为 300℃/s 的带钢快速冷却系统，确保卷取温度；

（8）优化铸坯长度与拉坯速度，有效地控制生产线节奏，特别是在两流铸机供坯时，合理地优化两流铸机所供坯料的长度，减少两流铸机之间的干扰，最大限度地提高机组的生产率；

（9）生产薄规格产品时，采用工艺润滑可有效地降低轧制负荷，降低能耗，同时提高产品的几何精度和表面质量，特别适合生产对表面质量有特殊要求的产品；另一方面半无头轧制技术为工艺润滑创造了条件，使工艺润滑取得更好的效果；

（10）合理设计钢卷运输系统的动作周期，采用半无头轧制技术后，带钢将连续不断地在两个卷取机上轮流地卷取，因此钢卷运输系统的动作周期比单坯轧制技术更短。在确定钢卷运输系统的最小动作周期时，主要考虑卷取最小卷重钢卷时的动作周期。

#### 2.6.1.3　动态变规格技术

用半无头轧制技术生产薄规格带钢时，为使轧制过程稳定，通常采用动态变规格轧制技术 FGC，即以较厚的带钢和较低的速度穿带，卷取张力建立并稳定地轧制完一个钢卷后，调整带钢的厚度和轧制速度，满足薄规格带钢对压下和温度的要求，在接近带尾或还剩一个钢卷时，调整带钢的厚度和轧制速度，以较厚的带钢和较低的速度甩尾。例如，为稳定地生产 0.8mm 的带钢，在穿带的时候采用 1.2mm，生产了一个 1.2mm 的钢卷后，采用 FGC 功能将厚度从 1.2mm 变到 1.0mm，生产出一个 1.0mm 的钢卷后，再由 1.0mm 变到 0.8mm 稳定地生产。甩尾的时候由薄变厚，也是通过 FGC 功能实现。为使轧制过程稳定，每次动态调整的最大调整量一般不超过 0.3mm。

FGC 功能是在轧制过程中调整各个机架的辊缝和轧制速度，为便于稳定地轧制薄规格带钢，FGC 设计的基本原则是：（1）确保调整过程中带钢的张力恒定；（2）调整过程中过渡段的长度尽可能地短。FGC 功能实质上是在目前的轧制规程和即将调整到的目标的轧制规程之间设定了一个中间轧制规程。假定现有的轧制规程为规程 A，目标规程为规程 B，中间规程为规程 C。当 FGC 调整点离开 $i$ 机架，还没有进入 $i+1$ 机架之前，$i+1$ 机架的入口和出口的厚度以及前后张力都维持规程 A 的数值，当 FGC 调整点通过 $i+1$ 机架时，$i$ 机架的前张力变成规程 C 的数值，同时 $i$ 机架的出口厚度按目标规程 B 设定。

在用半无头轧制技术生产薄规格带钢时，可采用三种不同的轧制策略来实现动态变规格，即变厚变速轧制模式、恒厚度变速轧制模式和变厚度恒速轧制模式。在轧制 0.8mm × 850 ~ 1200mm、1.0mm × 850 ~ 1400mm、1.2mm × 1300 ~ 1600mm、1.5mm × 1500 ~ 1680mm 的薄且宽的带钢时，需以厚规格穿带再变化到薄规格，同时为保证薄规格带钢的轧制温度需升速轧制，宜采用变厚度变速轧制模式。在轧制 1.2mm × 850 ~ 1200mm、1.5mm × 850 ~ 1400mm 规格的带钢时，温降较大，为保证终轧温度，宜采用恒厚度变速轧制模式。在出口速度调整时，由于层流冷却系统反应滞后将导致滞后时间内带钢温度偏差，影响产品的性能，为此对于温度敏感性较高和对产品性能要求较高的产品，采用变厚度恒速轧制模式。

图 2-13 为某薄板坯连铸连轧生产线采用 FGC 技术生产厚 0.8mm、宽 1200mm 超薄板的轧制工艺。该机组的轧机采用 2R + 5F 的布置方式，采用 FGC 的半无头轧制工艺。

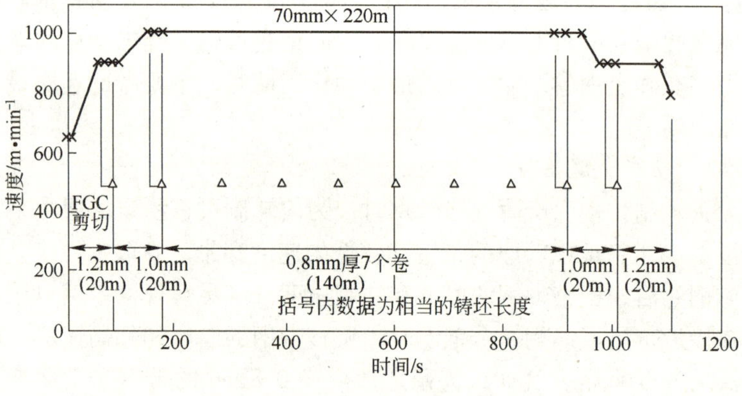


图 2-13　采用 FGC 的半无头轧制工艺

### 2.6.1.4　轧辊凸度变化及平直度控制的特点

半无头轧制过程中轧辊凸度的变化与单坯轧制相比有较大的区别，如表 2-9 所示。对于半无头轧制而言，轧机应具有更大的轧辊凸度的调整范围和有效的均匀或补偿轧辊磨损的措施，更重要的是这些措施必须有动态的特性，即在轧制过程中进行有效的调整，如动态的 $CVC^+$、动态 PC 和具有动态的调整轧辊角度和轴向移动距离的 $F^2CR$ 技术、ORG 技术等。

**表 2-9 半无头与单坯轧制技术轧辊凸度变化的比较**

| 轧制形式 | 单坯轧制 | 半无头轧制 |
|---|---|---|
| 由于轧制力变化，导致轧辊变形的变化 | 大<br>在一个轧制计划中，钢种和规格变化较大 | 中<br>在一个轧制计划中，钢种和规格变化较小 |
| 热凸度变化 | 小<br>轧辊在轧制间隙中得到冷却 | 大<br>轧制时间长而用于轧辊冷却的间隙时间短 |
| 轧辊磨损 | 均匀<br>在一个轧制计划中轧制各种宽度 | 不均匀<br>在一个轧制计划中轧制一种宽度 |

#### 2.6.1.5 特殊设计的飞剪、通板装置和卷取机

经过半无头轧制的带钢在高速下经高速飞剪切分，通过特殊设计的通板装置导入，由两台地下卷取机或旋转式卷取机在高速下交替卷取。高速飞剪、特殊的通板装置及快速转换的地下卷取机是实现半无头轧制技术的关键设备[22]。

高速飞剪：卷取机前高速飞剪的速度可达 20～23m/s，例如德国蒂森 CSP 机组的最大剪切速度达 22.7m/s。飞剪不但速度要求高，保证带钢高速剪切的可靠性，而且更重要的是能保证带钢在通板过程表面不会产生划伤等缺陷。

高速带钢通板装置：热轧薄带钢在高速运动中头部容易产生“漂浮”，从而导致不能正常进入卷取机前的夹送辊，导致卷取失败。因此，在卷取机前的侧导板上增设了高速带钢通板装置。采用压缩空气或高压水向下喷射，可以避免出现高速剪切后带钢头部“漂浮”的现象。

快速转换的地下卷取机：卷取机能否成功地将高速切分后的带钢进行卷取的关键在于卷取机前的夹送辊的高速切换开闭状态。常规的夹送辊在进行开闭状态切换时动作时间太长。采用单坯轧制技术时，由于前后两块带钢的相隔时间长，并不影响卷取机的正常切换。当采用半无头轧制技术时，前后带钢相间的距离短小，使前后两次卷取的时间很短（在 0.5s 以下），因此要求其夹送辊具有高速切换性能。通常采用具有高速切换性能的两台地下卷取机或一台轮盘式卷取机。

#### 2.6.1.6 卷取设备的布置

根据产品大纲的特点和所采用的轧制工艺，半无头轧制可采取不同形式的卷取机和冷却装置，并采取不同的布置形式，如图 2-14 所示。图 2-14*a* 采用快速冷却、飞剪和轮盘式卷取机，卷取机与末架精轧机之间的距离约为 32m，称为近距离布置方式。这种配置用于采用奥氏体轧制技术或铁素体轧制技术生产低碳薄规格产品，针对性较强，荷兰克鲁斯公司的 DSP 机组采用了这种方式，产品厚度为 0.8～2.5mm；图 2-14*b* 采用快速冷却、飞剪和轮盘式卷取机，以及层流冷却、飞剪和两台地下卷取机，1 号地下卷取机与末架精轧机之间的距离约为 110m，称为远距离布置方式。这种配置适合采用奥氏体轧制技术或铁素体轧制技术灵活地生产各种钢种、各种规格的产品，具有较强的适应能力，投资较高，德国蒂森公司

的 CSP 机组采用了这种方式；图 2-14*c* 采用层流冷却、飞剪和两台地下卷取机，1 号地下卷取机与末架精轧机之间的距离约为 65 ~ 70m，称为中距离布置方式。这种配置适合生产较大范围的钢种和较大范围规格的产品，我国唐钢的 FTSR 机组和马钢、涟钢的 CSP 机组都采用了这种方式。

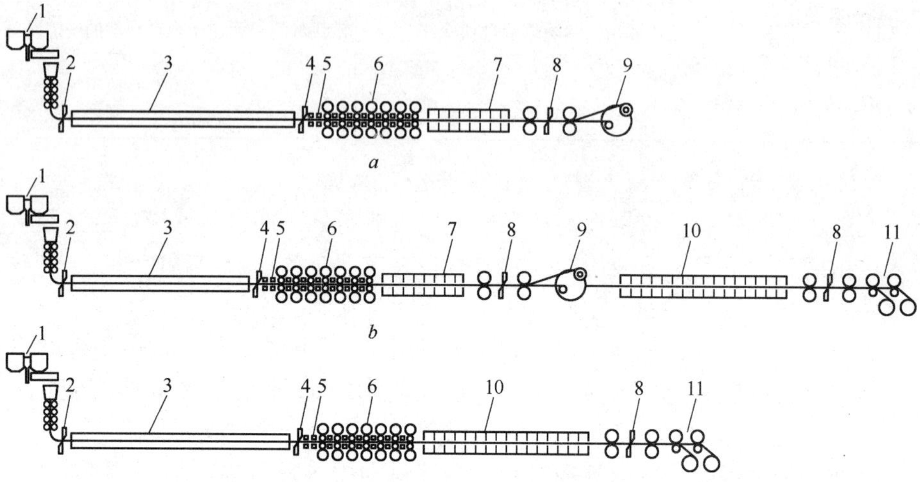


图 2-14 采用半无头轧制技术的机组的设备配置

*a*—近距离布置方式；*b*—远距离布置方式；*c*—中距离布置方式

1—薄板坯连铸机；2—切分剪；3—辊底式均热炉；4—事故剪；5—高压水除鳞装置；6—热连轧机；7—快速冷却装置；8—飞剪；9—轮盘式卷取机；10—层流冷却装置；11—地下卷取机

#### 2.6.1.7 轧机主传动系统的特点

采用单坯轧制技术的第一代薄板坯连铸连轧机组采用恒速轧制工艺，精轧机主传动系统的装机容量一般为 4 万 ~5 万 kW，如某 CSP 机组 $F_1$ ~ $F_2$ 主电机容量为 5500kW，$F_3$ ~ $F_6$ 的为 7000kW。第二代薄板坯连铸连轧机组采用半无头轧制技术，相对于单坯轧制技术而言，情况有较大的变化。一方面为确保薄规格产品的轧制温度，采用升速轧制工艺；另一方面，长坯轧制时电机持续发热的时间较长，电机过负荷系数应取得较低，电机的额定容量应较大，精轧机主传动系统的装机容量一般约为 7 万 kW。例如某采用半无头轧制技术的 CSP 机组 $F_1$ ~ $F_2$ 主传动电机为 8500kW，$F_3$ ~ $F_7$ 的为 10000kW，传动系统组件均设计成可在电机 115% 过载情况下连续工作，在电机过载 150% 情况下工作 240s，在 180% 过载情况下，工作 10s。

#### 2.6.1.8 衔接段长度及其方式的合理确定

为提高半无头轧制技术的效率，衔接段应有足够的长度，采用单坯轧制技术的第一代薄板坯连铸连轧机组的炉长约为 180 ~ 200m，而采用半无头轧制技术的第二代薄板坯连铸连轧机组的炉长增加较多。例如，荷兰克鲁斯公司的DSP机组炉长为315m，是迄今为止世界上最长的，我国涟钢的CSP机组炉长为297m。半无头轧制技术对衔接段长度没有严格的规定，要综合考虑厂区条件、全厂总图布置、工艺流程以及半无头轧制技术的需要。另外，半无头轧制技术对两个衔接段之间的衔接方式没有严格的规定，只要能满足生产调度的要求，确保机组的生产率即可。如德国蒂森公司的CSP机组、我国马钢和涟钢的CSP机组都采用摆动式，荷兰克鲁斯公司的DSP机组、埃及已兹公司的FTSR机组以及我国唐钢的FTSR机组都采用横移式。

### 2.6.2 铁素体轧制技术

#### 2.6.2.1 铁素体轧制技术的发展和现状

铁素体轧制技术是由比利时钢铁研究中心于20世纪90年代初开发成功的，主要目的是生产超薄规格、具有良好深冲性能的热轧板卷，取代部分冷轧产品。早在70年代Appell首先在Munkfors研究了几种碳钢在铁素体区控轧的可行性，Hayashi等人在日本住友金属公司进行了用铁素体区热轧工艺生产深冲钢板的实验；90年代初比利时的Cockerill Sambre首先将铁素体轧制技术用于工业化生产，1994年采用铁素体轧制技术生产的热轧带钢已达每年60万t；美国LTV钢公司于1993年开始了铁素体区热轧的工业试验并取得了工业化生产的成功经验[23]；意大利Arvedi钢公司的ISP机组采用铁素体轧制技术生产的超薄规格热轧板卷具有与传统冷轧退火产品相当的组织和性能；宝钢2050mm热连轧机采用了铁素体轧制技术，主要用于生产IF钢；其他企业，如德国的蒂森和埃轲（EKO）、墨西哥的希尔萨、泰国的暹罗带钢等企业也都已采用铁素体轧制技术进行工业化生产，并取得良好的经济效益。

薄板坯连铸连轧技术为铁素体轧制技术的应用创造了条件，近十多年来建成的50多条薄板坯连铸连轧生产线中，已有部分采用了铁素体轧制技术，特别是近年来建成或在建的第二代的薄板坯连铸连轧生产线无一例外都采用或预留了铁素体轧制技术。

#### 2.6.2.2 铁素体轧制技术及其特点

所谓铁素体轧制是指轧件进入精轧机前，完成$\gamma \rightarrow \alpha$的相变，精轧过程完全在铁素体范围内进行。粗轧仍在全奥氏体状态下完成。通过精轧机和粗轧机之间的超快速冷却系统，带钢温度在进入精轧机前降低到$A_{r3}$以下[10]。与传统的奥氏体轧制技术不同，铁素体轧制技术将变形过程分成两个阶段：第一阶段在奥氏体区完成，第二阶段在铁素体区完成，如图2-15所示。

A 适用条件

铁素体轧制技术要求轧制温度控制在$A_{r3}$线以下，而对于不同的材料，变形阻力随温度降低而变化的规律是不同的，如图2-16所示。

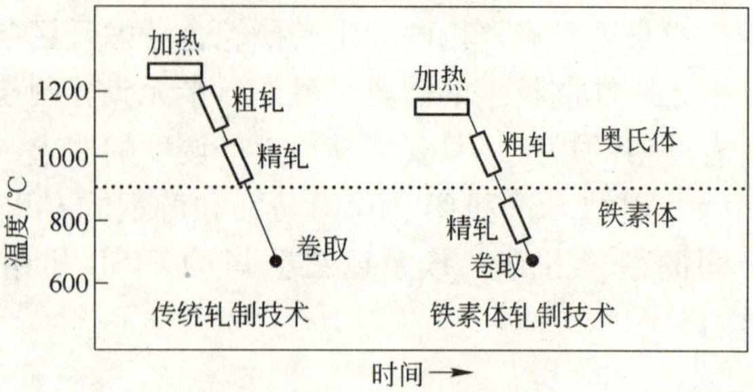


图2-15　传统轧制技术与铁素体轧制技术的比较

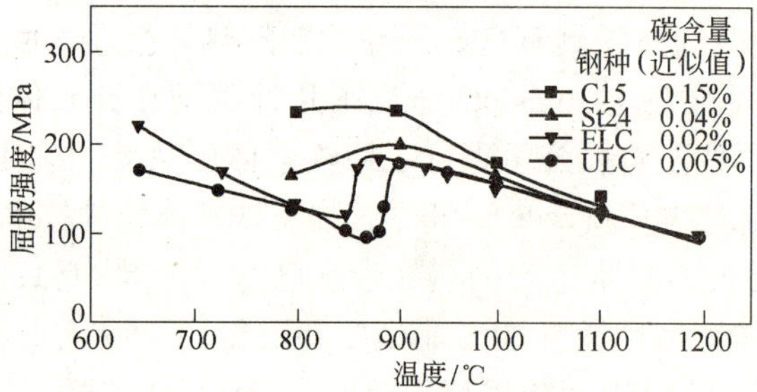


图2-16　不同钢种屈服强度随温度变化的比较

由图2-16可见，只有含碳量小于0.04%的钢种，在850～900℃的温度范围内，屈服强度才会随温度的降低而降低。而对于含碳量高于0.04%的钢种则会随温度的降低而升高，导致轧制压力升高，变形困难，无法确保轧制过程的稳定进行。根据铁碳相图，723℃时纯铁素体区域的含碳量小于0.02%，通常可将碳的含量放宽到0.035%，此时铁素体的比例至少有97.5%，奥氏体占2.5%，实际操作中碳含量控制在0.04%以下。因此，铁素体轧制技术适用于超低碳钢、铝镇静钢（C＝0.015%～0.04%，Mn＜0.3%）和极低碳钢、无间隙原子钢（C＜0.005%，Mn＜0.2%）[24,25]。

对于低碳铝镇静钢，随铁素体区轧制温度的升高，各种形变织构强度显著增加；而IF钢铁素体区轧制温度对形变织构强度影响不大。因此，从工业化生产的角度看，铁素体轧制技术更适于生产IF钢，而对于低碳钢而言，铁素体轧制技术生产的产品与冷轧产品性能有一定差别[26]。

B　产品组织和性能特点

采取铁素体轧制技术可获得晶粒较大的铁素体组织，具有较低的屈服强度和抗拉强度、略低的$r$值。日本住友金属公司认为与采用常规的奥氏体轧制技术生产的产品相比，采用铁素体轧制技术生产的产品的屈服强度下降20% ~25%、抗拉强度下降10% ~15%、伸长率基本相当[27]。LTV钢铁公司是北美最大的超低碳钢生产企业，根据LTV的经验：采取铁素体轧制技术生产的钢的伸长率下降1% ~2%，横向的 $r$ 值略有下降，但45°方向的 $r$ 值略有提高，其他性能指标大致相同。表2-10列出了该公司采用奥氏体轧制技术和铁素体轧制技术生产的超低碳钢板力学性能的情况[28]。

**表2-10 铁素体轧制与奥氏体轧制产品性能比较**

| 工 艺 | $\sigma_s$/MPa | $\sigma_b$/MPa | $\delta$/% | $n$ | $r$ |
|---|---|---|---|---|---|
| 铁素体区轧制 | 125 | 307 | 42.9 | 0.289 | 1.59 |
| 奥氏体区轧制 | 140 | 307 | 45.8 | 0.286 | 1.82 |
| 铁素体区轧制 | 130 | 290 | 42.1 | 0.278 | 1.62 |
| 奥氏体区轧制 | 136 | 307 | 45.9 | 0.288 | 1.66 |
| 铁素体区轧制 | 151 | 305 | 42.0 | 0.300 | 1.70 |
| 奥氏体区轧制 | 155 | 305 | 45.3 | 0.266 | 1.87 |
| 铁素体区轧制 | 163 | 302 | 43.2 | 0.200 | 1.60 |
| 奥氏体区轧制 | 176 | 315 | 44.0 | 0.241 | 1.77 |

注：钢种：超低碳钢；终轧温度：793℃；卷取温度：538℃。

C 铁素体轧制技术的优势

与传统的奥氏体轧制技术相比，铁素体轧制技术在经济、技术等方面有其特点：钢坯加热温度低，可较大幅度降低加热能耗，提高加热炉的产量；低的加热温度可降低氧化烧损，提高成材率；低的加热温度可减少轧辊温升，减少由热应力引起的疲劳龟裂和断裂，降低轧辊磨损；低温轧制可降低二次氧化铁皮的量20% ~37%[29]，提高热轧产品的表面质量，同时也可提高酸洗线的运行速度；铁素体区轧制可生产出晶粒较大、屈服强度、硬度均比较低的带材，提高冷轧变形率，平均可达87.5%，并且对铁素体区轧制钢卷进行冷轧时生产率可提高20%；低碳钢不需添加钛、铌等元素，直接可生产热轧深冲带钢，可实现热轧产品替代冷轧产品，降低成本；并可扩大冷轧产品范围，生产极薄及宽度大的冷轧板及深冲钢。

### 2.6.2.3 铁素体轧制技术的分类、产品及其用途

根据卷取温度和冷却制度的不同，可制定三种典型的铁素体轧制技术，生产出三种铁素体组织的产品。三种铁素体轧制技术及产品用途如图2-17和表2-11所示。

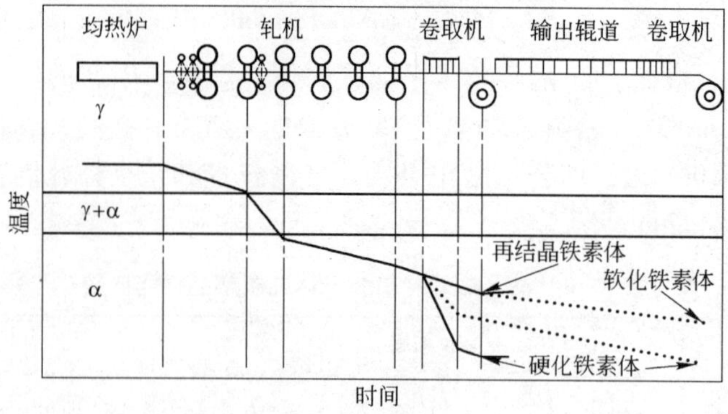


图 2-17　几种典型的铁素体轧制技术

**表 2-11　几种典型的铁素体轧制技术及其产品、用途**

| 微观组织 | 软化铁素体 | 完全再结晶铁素体 | | 加工硬化铁素体 | |
|---|---|---|---|---|---|
| 终轧温度/℃ | >700 | >700 | | <600 | |
| 卷取温度/℃ | 650~700 | >700 | | <500 | |
| 带钢厚度/mm | <1.5 | <2 | >2 | <2 | |
| 卷取机的位置 | 常规/近距离（取决于软化程度） | 近距离 | 常规/近距离（取决于冷轧速度） | 常规或（近距离+快速冷却） | |
| 用　途 | 直接使用的热轧超薄带 | 超薄带“以热代冷” | 冷轧和退火 | 退火后直接使用 | 冷轧和退火 |
| 质量标准 | HR | CQ | DQ/DDQ | CQ/DQ | DQ/DDQ |
| 热　轧 | 稳定热轧超薄带的生产 | 稳定的软的热轧超薄带钢的生产 | 由于采用厚的热带降低生产成本 | 稳定热轧超薄带的生产 | 如果采用辊缝润滑，可减小辊耗,降低生产成本 |
| 酸　洗 | | | 高产量 | | |
| 冷　轧 | | | 提高最大变形量，减少轧制道次（可逆式轧机） | | 较小的压下率 |
| 退　火 | | | | 由于快速再结晶而获得高的产量 | 由于快速再结晶而获得高的产量 |
| 采用近距离卷取机的原因 | 提高卷取的稳定性和卷取质量 | 在低的冷轧温度下，使温度损失最小，以达到高的卷取温度 | | 在快速再结晶退火处理之前，保持应变时效，而没有较大程度的软化 | |

在轧制低碳钢时，如果终轧温度高于700℃，卷取温度低于700℃，带钢的微观组织是软化的铁素体。以这种技术生产的产品，可满足目前大部分市场的需求，可作为热轧带钢直接进入市场，满足后序各种深加工的要求。这种带钢与采用奥氏体轧制的同等厚度的产品相比，具有更低的屈服应力。如果终轧温度低于600℃，所得到的是具有加工硬化的铁素体组织，这类产品可用于酸洗、直接退火或镀锌，可直接进入市场不需冷轧工序，如果用作冷轧的原料，由于具有低的变形抗力，可提高轧制力、提高生产率。

#### 2.6.2.4 铁素体轧制技术的制定

##### A 温度制度的制定

在奥氏体轧制技术中，铝镇静钢一般采用“三高一低”的温度制度，即高的加热温度、高的开轧温度、高的终轧温度和低的卷取温度。而铁素体轧制技术为得到软的、粗大的组织则要求奥氏体区的变形尽量发生在低的温度范围，而采用低温加热、低温轧制和高温卷取的技术。表2-12列出了比利时的Cockerill Sambre厂铁素体轧制技术所采用的温度制度[30]。

**表2-12 比利时Cockerill Sambre厂铁素体轧制技术温度制度**

| 钢 种 | 加热温度/℃ | 粗轧温度/℃ | 精轧温度/℃ | 卷取温度/℃ |
|---|---|---|---|---|
| IF钢 | 1100 | 950 | 800~700 | 720，620 |
| 低碳铌钢 | 1300/1020 | 1000 | 870~600 | |
| IF钢 | | 1050 | 840~500 | |
| 超低碳钢 | 1100 | | 830，860 | 700，650，600 |
| 超低碳钢 | 1150 | | 780，750 | 700，650 |
| 超低碳钢 | | | 793 | 538 |

##### B 变形制度的制定

为获得均匀、粗大的铁素体晶粒，铁素体区域内的总的变形量不宜小于50%~60%。某薄板坯连铸连轧机组采用铁素体轧制技术生产0.8mm热轧板带所采用的轧制规程如表2-13所示。可见，完成由奥氏体向铁素体转化的冷却水设在$F_3$~$F_4$之间。因此，带钢在$F_1$~$F_3$之间是在奥氏体区域轧制，$F_4$~$F_7$之间是在铁素体区域轧制，铁素体区域内的总的压下量为83.36%。

**表2-13 某厂铁素体轧制技术轧制规程**

| 参 数 | $F_1$ | $F_2$ | $F_3$ | $F_4$ | $F_5$ | $F_6$ | $F_7$ |
|---|---|---|---|---|---|---|---|
| 入口厚度/mm | 55.00 | 23.27 | 9.62 | 4.81 | 2.56 | 1.54 | 1.04 |
| 出口厚度/mm | 23.27 | 9.62 | 4.81 | 2.56 | 1.54 | 1.04 | 0.80 |
| 道次压下率/% | 57.00 | 58.67 | 49.94 | 44.95 | 41.70 | 32.42 | 23.39 |

续表 2-13

| 参　数 | $F_1$ | $F_2$ | $F_3$ | $F_4$ | $F_5$ | $F_6$ | $F_7$ |
|---|---|---|---|---|---|---|---|
| 入口温度/℃ | 991 | 922 | 841 | 830 | 820 | 810 | 789 |
| 出口温度/℃ | 966 | 924 | 848 | 835 | 825 | 798 | 766 |
| 机架间冷却水量/$m^3 \cdot h^{-1}$ | 0 | 80 | 272 | 0 | 0 | 0 | 0 |

C　速度制度的制定

速度制度应根据温度制度的要求确定。铁素体轧制技术温度制度的基本思路是低温轧制、高温卷取，轧制温度与卷取温度之间的温差较小。由于层流冷却段长度的设计要满足多种产品的要求，在采用铁素体轧制技术时，层流冷却段一般采用空冷，同时采取相应的轧制速度，确保卷取温度。

D　其他相关工艺的制定

在铁素体区轧制的过程中，轧辊和带钢之间的摩擦力使带钢在辊缝中的剪切应力分量增加，带钢由于受剪切力而产生剪切带，在带材的表面生成剪切织构，降低带钢的 $r$ 值，同时由于织构具有遗传性，上述织构将保留到后部深加工工序，带来不良影响。润滑轧制可有效地降低轧制压力，提高轧机的可靠性和工艺的稳定性，因此，各企业在采用铁素体轧制技术时，一般都采用润滑轧制工艺。

2.6.2.5　铁素体轧制技术在薄板坯连铸连轧生产线上的应用

薄板坯连铸连轧技术所生产的板坯与传统厚板坯所生产的铸坯相比，更适于铁素体轧制技术生产薄规格热轧产品。一方面，薄板坯连铸连轧技术所生产的板坯具有较高的温度均匀性，能满足铁素体轧制技术对铸坯温度均匀性的要求；另一方面，薄板坯连铸连轧技术所生产的板坯的组织是铸造奥氏体（A1），而传统流程生产的板坯组织是经后续冷却和再加热过程发生多次相变的奥氏体组织（A2），氮、碳化物在铸造奥氏体（A1）中的溶解度高，降低了对微合金元素的需求，降低了生产成本。近年来建成或在建的第二代的薄板坯连铸连轧生产线无一例外都采用或预留了铁素体轧制技术，如德国蒂森公司的 CSP 机组、荷兰克鲁斯公司的 DSP 机组、埃及已兹公司的 FTSR 机组以及我国唐钢的 FTSR 机组、马钢和涟钢的 CSP 机组等。

薄板坯连铸连轧生产线采用铁素体轧制技术，要解决三个关键技术问题：一是为实现带钢冷却，即实现奥氏体向铁素体转变，机架间距离及冷却装置的设置；二是精轧机与卷取机间距离的设置；三是带钢轧后冷却方式的选择以确保卷取温度。

蒂森公司为了满足铁素体轧制技术的要求，在炼钢工序采用了 RH 真空处理装置，卷取设备做了重点的考虑：对于厚度大于 1.2mm 的带钢采用常规的地下卷取机，对于厚度小于 1.2mm 的带钢采用近距离的旋转式卷取机，为确保近距离卷取时的卷取温度在 $F_7$ 与近距离卷取机之间设置了特殊设计的快速冷却装置，冷却水流量达 3500m³/h。1997 年 7 月蒂森公司的 CSP 生产线曾经试生产过一炉 IF 钢，质量良好，主要用作轿车内板和少部分暴露件。

克鲁斯公司的 DSP 生产线是一条专业化生产薄规格和超薄规格的低碳和超低碳的热轧板卷的专业化生产线，铁素体轧制是其采用的主要生产技术之一，为此轧机的布置上充分考虑了铁素体轧制技术的要求。轧机采用 2R + 5F 的布置方式，在两个机架的粗轧机上完成奥氏体轧制，通过粗轧机和精轧机之间设置的快速冷却装置使带钢快速冷却，完成由奥氏体向铁素体的相变，粗轧机和精轧机之间的距离约 17m，布置快速冷却装置和保温罩等有关设备。采用铁素体轧制技术时，粗轧机前的入口温度为 1150℃，通过快速冷却入精轧机的温度为 850℃，终轧温度为 780℃，卷取温度为 580 ~ 770℃。

### 2.6.3 结语

薄板坯连铸连轧半无头轧制技术一方面避免了传统热连轧机组无头轧制技术的投资和焊接质量的问题，另一方面由于采用辊底式均热炉，可获得高的温度均匀性，为采用连续化轧制技术生产高质量的薄规格产品创造了条件。连续轧制技术始于传统的热连轧生产技术，但同薄板坯连铸连轧技术相结合后，既使连续化轧制技术更具生命力，又丰富和完善了薄板坯连铸连轧技术，使薄板坯连铸连轧技术具有更强的竞争力。

今天人们已大胆地提出了基于薄板坯连铸连轧的全无头轧制技术，如图 2-12c 所示。在薄板坯连铸连轧机组上实现全无头轧制技术的最根本的条件是薄板坯连铸机具有足够的拉速，使铸坯出连铸机的速度能满足铸坯进轧机的速度要求，使单流铸机的产量能与热连轧机组的能力基本匹配，因此首先要解决高拉速带来的一系列的问题，以及连铸与热连轧两个刚性环节连接的相关问题。

铁素体轧制技术是经济地生产具有良好性能的超薄规格热轧板卷的一项有效的生产技术。近十几年来，经过人们不断的理论研究和工业化实践，铁素体轧制技术已基本形成了一套较完善的技术体系。随着薄板坯连铸连轧及其相关技术的不断的发展和完善，基于薄板坯连铸连轧的新技术将不断涌现，随着市场对超薄规格、良好深冲性能的热轧薄板需求的日益增长，半无头轧制技术和铁素体轧制技术将具有更广阔的市场前景。

## 参 考 文 献

1 殷瑞钰，苏天森．中国薄板坯连铸连轧的发展特点和方向．钢铁，2007，42(1)：1 ~ 7

2 Bald W，Kneppe G，Rosenthal D，et al. Innovative technologies for strip production. In：5th World Steel Conference，London，1999

3 毛新平．薄板坯连铸连轧技术综述．冶金丛刊，2004，4：35 ~ 39

4 Cobo S J，Sellars C M. Microstructural evolution of austenite under conditions simulating thin slab

casting and hot direct rolling. Ironmaking and Steelmaking, 2001, 29(3): 230 ~ 236
5 Priestner R, Zhou C. Simulation of microstructural evolution in Nb-Ti microalloyed steel during hot direct rolling. Ironmaking and Steelmaking, 1995, 22(4): 326 ~ 332
6 Gadellaa I R F, Piet D I, Kreijger J, et al. Metallurgical aspects of thin slab casting and rolling of low carbon steels. MENEC Congress'94, Dusseldof, 1994: 382 ~ 389
7 康永林,傅杰,柳得橹,等. 薄板坯连铸连轧钢的组织性能控制. 北京:冶金工业出版社,2006
8 Flemming G, Hensger K E. Extension of product range and perspective of CSP technology. MPT, 1999, 22(5): 94 ~ 98
9 唐荻, 米振莉, 蔡庆伍. 薄板坯连铸连轧产品的质量控制. 轧钢, 1999, (10): 53 ~ 54
10 毛新平. 薄板坯连铸连轧技术及其发展. 中国冶金, 2003, (5): 1 ~ 7
11 毛新平. 薄板坯连铸连轧技术及其发展. 冶金设计, 2002, 1: 18 ~ 29
12 何国梁, 陈士杰. 薄板坯（中厚板坯）连铸连轧技术的发展及应用. 钢铁厂设计, 2001, (增刊): 1 ~ 16
13 张贺林, 朱果灵. 薄板坯连铸用保护渣. 钢铁, 1995, (2): 23 ~ 27
14 田乃媛. 薄板坯连铸连轧, 第 2 版. 北京: 冶金工业出版社, 2004
15 Kneppe G, Rosenthal D. Hot rolling technology: tasks for the new century. MPT, 1998, 3: 56 ~ 67
16 毛新平, 李卫. 珠钢 CSP——国内第一条薄板坯连铸连轧生产线. 轧钢, 2000, 17(1): 34 ~ 36
17 唐荻, 刘文仲, 田荣彬. 薄板坯连铸连轧技术的新发展. 钢铁, 2001, 37(9): 61 ~ 66
18 侯宝张. 薄规格热轧带钢的轧制技术. 钢铁, 1998, 33(5): 73 ~ 76
19 张绍贤. 薄板坯连铸连轧工艺技术发展的概况. 炼钢, 2000, 6(1): 51 ~ 55
20 田乃媛, 唐洪华, 宋立东. 薄板坯连铸连轧的最新发展. 钢铁, 2001, 36(5): 69 ~ 72
21 刘军, 张志勤. 日本热轧带钢无头轧制工艺与设备的开发. 鞍钢技术, 2000, 8: 18 ~ 22
22 张成瑞. 半无头轧制的关键技术和装备. 轧钢, 2002, 19(2): 35 ~ 36
23 刘正东, 杨钢, 房昕, 等. 铁素体区热轧的研究与应用. 轧钢, 2002, (4): 37 ~ 38
24 Haggerty C, Rock T. Ferrite rolling of IF steels for exposed Galvanized/ Galvanneal applications. GALVATECH'95, 1995: 75 ~ 79
25 Sam K Chang, Hee J Kang. Hot direct rolling in ferrite region in extra low-carbon steel. Steel Research, 1995, 66(11): 463 ~ 469
26 Dario Fabro. The innovation of thin slab continuous casting and rolling technology. In: 1998 Shanghai International Metallurgical Industry Exhibition, 1998
27 Barnert M R, Jonas J J. Influence of ferrite rolling temperature on grain size and texture in annealed low C and IF steel. Steel Research, 1997, 68(11): 479 ~ 486
28 McManus G J. Ferrite rolling of hot rolled sheet: successful use of new technology could open doors. Iron and Steel Engineer, 1995, (8): 53 ~ 54
29 Appell B. Ferrite rolling. J. Mech. Work Tech. , 1978, (2): 197 ~ 203
30 Barnert M R, Jonas J J. Influence of ferrite rolling temperature on microstructure and texture in deformed low C and IF steels. ISIJ Intenational, 1997, 37(7): 695 ~ 705

# 3 薄板坯连铸连轧钛微合金化技术

## 3.1 概述

### 3.1.1 钛微合金化技术发展概况

钛是地壳中分布最广的元素之一。钛及其氧化物、合金产品是重要的涂料、新型结构材料、防腐材料，被誉为“继铁、铝之后处于发展中第三金属”和“战略金属”，在航空、航天、舰船、军工、冶金、化工、机械、电力、海水淡化、交通运输、轻工、环境保护、医疗器械等领域有着广泛的应用。

金属钛除主要用于生产工业纯钛和钛合金外，还在钢铁工业中用于生产钛铁合金和含钛钢。钛在钢中作为微合金添加元素，可以提高钢的性能，使钢在同样的回火温度下具有更高的强度和硬度，或在同样硬度要求下回火到更高的温度。目前，含钛钢有高强度低合金钢、结构钢、不锈钢、耐热合金、超高强度钢和磁钢等钢种系列，广泛用于汽车、船舶和石油钻探等方面。

20 世纪 20 年代以前，微合金高强度钢的用途很有限。钛作为一种微合金元素可以提高和改进微合金高强度钢性能，但钛作为微合金化元素应用则比较少[1]。20 世纪 20 年代以后，在制造金属结构时，人们日益广泛地采用焊接技术，这给微合金高强度钢的发展带来了深远的影响。钛作为一种碳氮化物形成元素，对提高钢的焊接性能有着重要的意义。焊接技术在节约金属、减少劳动量和简化工序等的同时，也带来了母材受焊接热影响引起的硬化和开裂，以及整个焊接部位的延性恶化等。因此，在降低碳含量的同时，选择对焊接热影响较小的合金元素，并采用较为便宜的合金元素开发微合金钢十分重要。锰和硅是提高强度最便宜的合金元素，因此锰钢和锰硅钢得到了广泛的应用。以德国 St 52 钢为代表的锰硅低合金高强度钢，为了改善韧性，加入了少量铝，并在此基础上加入了少量碳化物形成元素钛，生产出了屈服强度达到 390MPa 以上的钢板。

1951 ~ 1958 年，Hall 和 Petch 对力学性能与晶粒尺寸的基本关系进行了非常重要的研究。研究表明：随着晶粒尺寸 $d$ 的不断减小，屈服强度将不断增高，同时冲击韧—脆转变温度不断降低，并明确指出了晶粒细化是提高强度同时又是提高韧性的唯一手段[2,3]。60 年代初，Morrison 和 Woodhead 以及其他研究人员的大量研究表明：在适当的条件下，低合金高强度钢中可以形成一定体积的尺寸为纳米级的碳氮化物粒子，因而获得较强的沉淀强化效果。晶粒细化强化和沉淀强化两种强化机制为开发钛微合金钢提供了重要的理论依据[1]。20 世纪 60 年代以后，钛微合金高强度钢的产量不断提高，品种也不断增加，用途也越来越广。20 世纪 80 年代，高温再结晶控制轧制工艺的开发证实了钛、钒在控制轧制过程中的有益作用，解决了需要较长的道次间隔及轧机寿命短和生产效率低等问题。控制冷却工艺不仅影响转变温度和铁素体晶粒尺寸，而且能抑制转变前的奥氏体晶粒的长大，从而进一步减小晶粒尺寸。它还能控制沉淀强化的强度，而且在较快速度时带来某些位错强化效应。控制轧制和控制冷却工艺对开发新一代的钛微合金钢起了关键性的作用。

国外对钛微合金化技术的研究比较早，主要开发的钢种以日本新日铁开发的钛含量在 0.08% ~0.09% 的汽车大梁钢 NSH 52T、德国的 QStE 系列钢（含钛量 ≤0.16%）、美国杨森（Youngstown）公司生产的热轧带钢 YS-T50 为代表。我国微合金高强度钢的生产和研制起步比较晚。1957 年，鞍山钢铁公司试制成功 St 52 钢，这是我国发展微合金高强度钢的开端。1959 ~ 1960 年开发了造船用屈服强度 390MPa 级的 15MnTi 钢，开始了我国钛微合金钢的生产，并研究了微量元素铝、钛对强度和韧性的影响。微钛处理技术也开始应用于生产舰艇壳体用钢，后来又推广到锅炉、容器等方面使用。随着控制轧制、控制冷却工艺的引进，钛微合金钢也逐渐得到广泛应用。目前我国已经形成了钛微合金钢系列钢种，比如含钛量 0.07% ~0.16% 的船体结构用 14MnVTiRE 钢板（GJB 458）；含钛量 0.07% ~0.20% 的汽车大梁用热轧钢板 06TiL、08TiL、10TiL（GB 3273）；钢筋混凝土用钢中的含钛量 0.02% ~0.05% 的Ⅲ级钢筋 RL400、含钛量 0.02% ~0.08% 的Ⅳ级钢筋 RL540（GB 1499）；含钛量 0.01% ~0.05% 的冷轧带肋钢筋 24MnTi（GB 13788）以及耐候钢 09CuPTi 等[4]。

### 3.1.2 钛微合金化技术的特点

在低合金高强度钢中加入微量钛，可以提高钢的强度，改善钢的冷成形性能和焊接性能。钛在细化晶粒的同时，还能提供可观的沉淀强化效果。由于钛的化学活性很大，所以易和氮、氧、硫、碳等形成化合物。钛和氧有着很强的亲和力，钢液必须用铝充分脱氧后，才能加入钛铁，否则形成氧化钛将降低有效钛含量，减小随后钛的细化晶粒和沉淀强化的作用[5]。钛与氧、氮、硫、碳等形成的化合物使钛在钢中的作用主要有以下几点：

（1）微钛处理（≤0.02%）时，钛主要与氮结合，形成的 TiN 在加热时阻止晶粒长大，细化初始奥氏体晶粒，如图 1-4 所示，可改善钢板韧性和焊接性，但提高强度的作用不大。TiN 的固溶度非常低，在钛含量适宜（0.01% ~0.02%）时才能同时满足各方面的要求，更低的钛含量将不能得到足够体积分数的 TiN 来有效阻止晶粒粗化。

（2）钛与硫有较强的亲和力，可生成 $Ti_4C_2S_2$，被用来进行夹杂物形态控制，改善钢板的纵横向性能差。

（3）钛与碳结合生成 TiC 可起到沉淀强化的作用。超出 Ti/N 理想化学配比的钛固溶在钢中或以细小 TiC 质点形式析出，起到沉淀强化的作用。对于钛含量较高的钢（钛微合金钢），轧制时在奥氏体高温区析出的 Ti(C,N)粒子阻止奥氏体的再结晶过程，因此最终细化了铁素体晶粒；而冷却和卷取过程中相间沉淀或相变后在铁素体内析出的 TiC 粒子非常细小，可达到5nm 水平，能产生强烈的沉淀强化效果。

与铌、钒微合金化技术相比，目前钛微合金化技术没有得到广泛应用，主要原因是钛微合金钢的性能波动较大，限制了钛微合金化技术的推广应用。图 3-1 为杨森公司生产的 345MPa 级带钢的力学性能，可见屈服强度的波动超过 100MPa[6]。

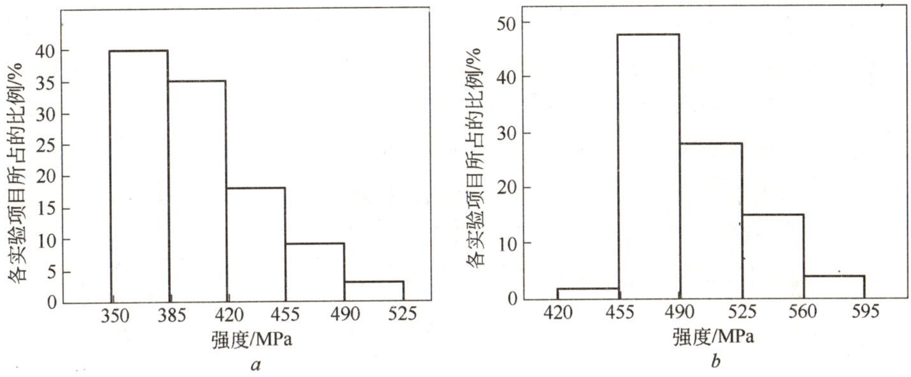


图 3-1　杨森公司屈服强度 345MPa 级含钛钢的力学性能

*a*—屈服强度；*b*—抗拉强度

传统流程生产的钛微合金钢性能波动大主要有两方面的原因：一方面，由于钛的性质活泼，易与钢中的氧、氮、硫等杂质元素结合形成尺寸较大的化合物，它们既不能细化晶粒，也不能起到沉淀作用，因此钢中氧、氮、硫元素含量的波动造成钢带化学成分的波动，最终导致产品性能波动；另一方面，铸坯（或带钢）在热连轧过程各向的温度波动较大。对钢带性能影响最大的是热连轧过程 TiC 的析出导致的沉淀强化作用，而 TiC 的析出对温度和冷却速度非常敏感，容易造成不同炉次钢板或同一炉次钢板不同部位力学性能的波动。然而，随着近些年冶金工艺控制水平的提高，特别是近年来洁净钢冶炼工艺技术的成熟发展，合理控制钢中有害元素，同时随着对轧制工艺与冷却工艺的精确控制，以往钛微合金钢生产存在的问题有望得到解决。

## 3.2 钛微合金化理论基础

### 3.2.1 钛的化合物形成倾向

钛元素在元素周期表中位于第 4 周期 $\mathrm{IV_B}$ 族，原子序数为 22，原子量为 47.88。钛属于过渡族金属元素，在钢中可以形成一系列的氧化物、硫化物、碳化物、碳氮化物和氮化物等固溶化合物。钛与合金元素的亲和力从大到小的顺序是：氧、氮、硫、碳，即钛的各类化合物稳定性递减的顺序为 $Ti_2O_3 \rightarrow TiN \rightarrow Ti_4C_2S_2 \rightarrow Ti(CN) \rightarrow TiC$[7]。由此可见，钛较容易形成氧化物，在脱氧完全的情况下，先后形成氮化物、碳硫化物、碳氮化物和碳化物。

### 3.2.2 含钛析出物的沉淀析出规律

钢中钛基本全部析出，钛的析出过程同时受到动力学和热力学因素的影响。当钛含量较低时，钛首先结合钢中的氮，几乎全部形成 TiN（$Ti \approx 3.4N$），此时不能形成 $Ti_4C_2S_2$，钢中的硫以 MnS 形态存在；当钛含量增加并超过 3.4N% 时，开始形成 $Ti_4C_2S_2$，此时 MnS 与 $Ti_4C_2S_2$ 并存；当钛继续增加到可将钢中的氮和硫全部固定时，即钛含量超过 $Ti\% = 3.4N\% + 3S\%$ 时，MnS 将全部被 $Ti_4C_2S_2$ 所代替，此时钛的沉淀强化作用很小；当钛含量继续增加时，多余的钛与碳结合形成 TiC，细小而弥散的 TiC 在低温时析出起沉淀强化作用。

TiN 在铁素体和奥氏体中的溶度积公式分别为[8]：

$$\lg K_{TiN}^{\alpha/\delta} = -17205/T + 5.56 \tag{3-1}$$

$$\lg K_{TiN}^{\gamma} = -15490/T + 5.19 \tag{3-2}$$

TiC 在铁素体和奥氏体中的溶度积分别为[9]：

$$\lg K_{TiC}^{\alpha} = -9575/T + 4.40 \tag{3-3}$$

$$\lg K_{TiC}^{\gamma} = -7000/T + 2.75 \tag{3-4}$$

液态析出的 TiN 一般比较粗大，尺寸为微米级。如果要利用 TiN 作为钢液形核核心，TiN 的析出颗粒必须细小、弥散，其工艺的关键是钢液浇铸时过热度要小。例如控制在液相线以上 10～15℃范围内；氮、钛浓度积应控制在该温度的平衡浓度积以上；需要控制冷却速度，增加冷却速度有利于晶粒细化和减小 TiN 对钢性能的不利影响。通过控制钢液浇铸温度，氮、钛浓度积及冷却速度，使微合金钢液中弥散析出 TiN，有可能得到等轴细晶的铸态组织[10,11]。

由式 3-1 与式 3-2 可知，TiN 在钢中的溶解度很低，在传统厚板坯的凝固过程或在高温奥氏体区即可析出，如图 1-1 所示[12]。高温下稳定的 TiN 能显著提高对晶粒粗化的抵抗力，有效抑制奥氏体晶粒长大。化学成分分别为 Ti 0.055%-N 0.01%、Ti 0.075%-N 0.0102%、Ti 0.021%-N 0.0105% 的钢，在相同的奥氏体化条件（1230℃，10min）下，奥氏体晶粒尺寸分别为 95μm、90μm 和 29μm。可以看出，最有效阻止奥氏体晶粒长大的 Ti/N 理想化学配比接近于 2[13]。

在奥氏体中析出的 TiN 粒子由于 Ostwald 熟化而长大，粒子粗化动力学可以由式 1-2 来描述，可见，TiN 粒子的粗化速率随着固溶钛的数量增加而增大。钛含量高（Ti/N 高）的钢和其他氮含量高的钢相比，带钢中 TiN 粒子显著粗化[14]。当钛含量超过 Ti/N 理想化学配比时，多余的钛与碳结合形成 TiC，在轧制过程中析出的 TiC 会在 TiN 颗粒上外延生长，尺寸增大，但只有少量的钛可以形成 TiC，强化效果并不明显。随着钛含量的继续增加，剩余的钛在较低温度下以细小而弥散的 TiC 质点形式析出，起到强烈的沉淀强化效果。

连铸后在薄板坯心部和表面，TiN 粒子尺寸的差距很小，而和厚板坯相比，薄板坯心部和表面的 TiN 粒子均更细。均热后 TiN 和铸造后相比粗化，但是平均颗粒尺寸仍旧小于 50nm，能够有效钉扎奥氏体晶界；另外均热后薄板坯心部比表面的 TiN 尺寸更粗大。TiN 有理想的钉扎效果，足以抑制奥氏体晶粒粗化，但无法阻止静态再结晶发生。

根据皮特森（Peterson）对传统厚板坯的研究[15]，TiN 在未变形的奥氏体中析出缓慢。由于薄板坯的均热时间较短，TiN 没有完全析出，处于固溶状态的钛在轧制后可以形成细小弥散沉淀。另外，Ti/N 高的钢中，轧制过程中析出的 TiC 会在 TiN 颗粒上外延生长，粒子尺寸增大。但是由于大部分的钛和氧、氮、硫结合，只有少量的钛可以形成 TiC。为了避免热装轧制时铸坯表面裂纹，如果通过添加微合金元素钛争夺钢中的氮形成 TiN，使铝仍处于固溶状态，这样就消除了晶界析出问题。

### 3.2.3 含钛析出物沉淀析出的相关因素

#### 3.2.3.1 温度与钛的化合物沉淀析出的关系

肖锋的研究表明，钛在温度低于 1200℃ 后主要以 Ti(C,N) 第二相质点形式存在（约占总量的 80%～95%）。质点平均尺寸及数量随温度的变化曲线如图 3-2、图 3-3 所示。随着温度降低，析出质点的平均尺寸开始时增加，而后下降，出现一个极大值；析出质点数量开始时减少，而后增加，出现一个极小值[16]。

#### 3.2.3.2 变形量与含钛析出物沉淀析出的关系

Ti(C,N) 第二相析出质点平均尺寸及数量随变形量的变化关系如图 3-4 和图 3-5 所示[17]。γ 相热变形期间，钛的溶质原子对塑性变形的阻碍作用比基体大，这就使溶质原子周围微区内的 γ 相基体要发生更大的弹塑性畸变，该微区内的形

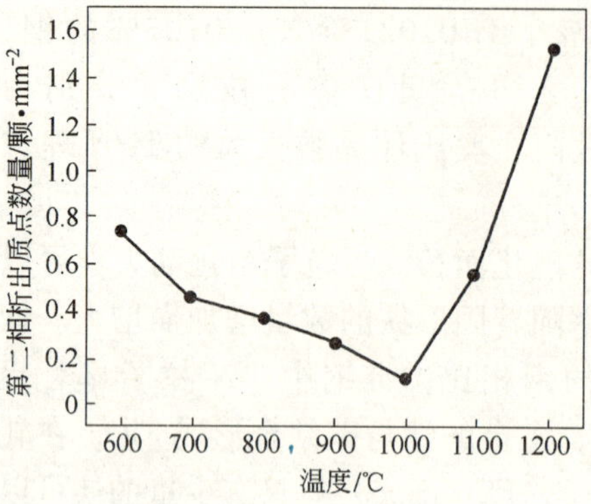


图 3-2　质点平均尺寸随温度的变化曲线

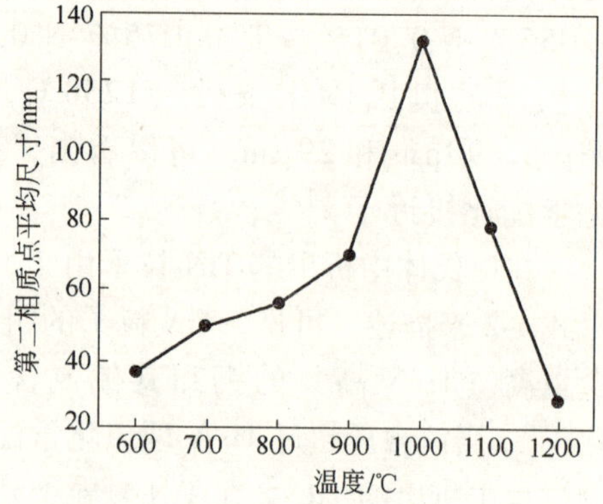


图 3-3　质点数量随温度的变化曲线

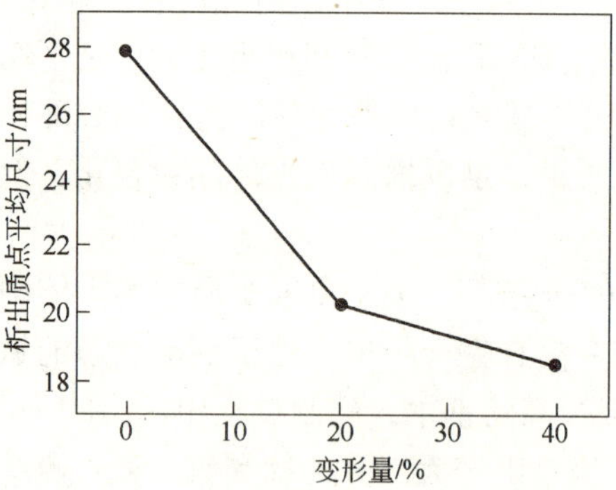


图 3-4　析出质点平均尺寸与变形量的关系

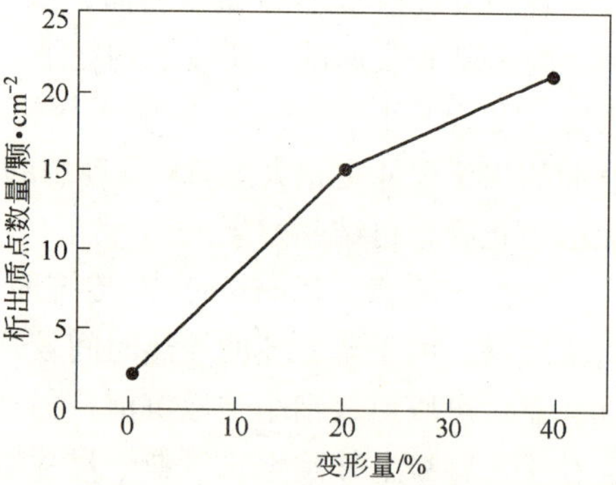


图 3-5　析出质点数量与变形量的关系

变储存能明显高于基体中的平均形变储存能。当钛原子就地析出或扩散到其他地方析出时，这一微区内的形变储存能的很大一部分将被释放出来，从而促进析出反应的进行。另一方面，应变 γ 相中析出的 Ti(C,N) 总是在晶体点阵畸变较大的地方如晶界、亚晶界、位错等缺陷处优先形核析出，这些点阵缺陷处的形变储存能比基体的平均形变储存能高得多，形核反应中这些形变储存能的很大一部分将被释放出来，促进析出反应的进行。变形奥氏体中沉淀的析出至少比未变形奥氏体快一个数量级。

在确定的变形温度及其他条件下，变形量越大，γ 相基体的平均形变储存能越高，且钛溶质原子及其他晶体缺陷处的形变储存能也越高，这就使析出反应化学自由能的变化值增加越大。

应变对析出质点尺寸有十分显著的影响。应变使析出微区内的形变储存能显著升高，这在一定程度上使析出相临界核心尺寸有所减小；更重要的是，由于基体内位错密度的明显增高，Ti(C,N)质点形核位置密度随之明显增大，析出开始时间显著缩短，从而使析出质点尺寸明显减小。由此，应变诱导析出的Ti(C,N)质点的平均尺寸将明显小于无应变状态下析出的质点尺寸，且应变量越大，析出质点尺寸越细小。

3.2.3.3 变形速率与含钛析出物沉淀析出的关系

变形速率提高，瞬时蓄积的能量将增大，内部势能不平衡程度将提高，析出物形核部位会增多，析出颗粒临界尺寸就变小。因此，第二相质点密度增大、尺寸减小[18]。

3.2.3.4 终轧温度与含钛析出物沉淀析出的关系

降低终轧温度能提高普碳钢的屈服强度，但对钛微合金钢来说结果却是相反的。原因是降低钛微合金钢的终轧温度将使铁素体晶粒细化，对提高屈服强度有利；终轧温度的变化减少相变前奥氏体晶粒尺寸，从而细化铁素体晶粒，导致细晶强化组分增加；终轧温度的降低将诱发更多的Ti(C,N)在奥氏体区析出，这种析出物尺寸较大，对强度贡献较小，却降低了溶解在奥氏体中的Ti(C,N)，削弱了在低温区析出粒子的数量，使沉淀强化组分随终轧温度下降而降低；此外终轧温度的降低，使γ→α转变温度升高，沉淀的质点增大，削弱了沉淀强化的作用。总之，降低终轧温度使沉淀强化作用大为减弱，其对屈服强度减小的作用超过了晶粒细化提高屈服强度的作用。

同时，采用低的终轧温度，并在终轧机架上增加变形量，可以降低韧脆冲击转变温度，如图3-6所示。为了防止奥氏体晶粒长大和控制铁素体的晶粒度，在终轧之后要迅速冷却到低的卷取温度[18]。

3.2.3.5 卷取温度和轧后冷却速率与含钛析出物沉淀析出的关系

钛微合金钢的强度随卷取温度升高呈现一个峰值[19]。在微合金元素的析出温度范围内，随着温度下降，第二相质点析出逐渐增加。原因是卷取温度可以看作是铁素体中的TiC的沉淀温度，而沉淀温度是控制沉淀析出物尺寸的主要因素之一。沉淀温度越低，沉淀形核的临界核心尺寸越小，沉淀析出物也越细小，由于钛扩散慢所以其长大速率将减小。然而从动力学角度考虑，由于钛的扩散激活能高，Ti(C,N)

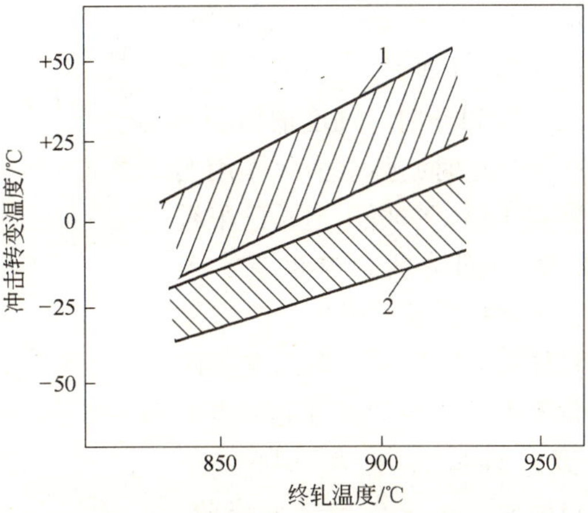


图3-6 终轧温度对韧脆转变温度的影响

1—屈服强度为550MPa；2—屈服强度为345MPa

析出过程是钛长程扩散的结果，需要充分的时间才能充分析出。如果冷却速率较快，将抑制第二相质点的析出过程；同时，其固溶量也将提高，对析出过程不利，引起析出量减少。雍岐龙研究表明：600℃左右沉淀析出时质点最为细小，可起到最大的沉淀强化作用[20]。

如果冷却速率较慢，轧后延迟水冷，水冷起始温度降低将延长相变前奥氏体在高温区的停留时间，并提高奥氏体分解的平均温度，使得在高温区析出的Ti(C,N)数量增加，铁素体晶粒变粗[21]。因此，细晶强化和沉淀强化都随着起始水冷温度的降低而下降。轧后延迟水冷工艺中，卷取温度对沉淀强化影响不大，这是由于大部分Ti(C,N)都在高温区（奥氏体或相间沉淀）析出，卷取后析出物的数量相对减少。

### 3.2.4　钛对钢组织性能的作用

#### 3.2.4.1　钛对力学性能的作用

美国杨森公司研制出厚度为1.8～9.5mm、屈服强度为345～550MPa级的热轧带钢。对于345MPa级钢，所加入的钛量为0.09%；对于550MPa级钢则为0.22%。厚度小于6.4mm的钢板锰含量在0.40%～0.55%范围；较厚的钢板，为了达到较大的固溶强化，锰含量增加到0.75%～1.0%。为了提高钛的回收率，需要用铝脱氧。在这些钢中，钛是用来控制夹杂物形状和作为沉淀硬化剂而加入的。钛含量与屈服强度关系如图3-7所示。

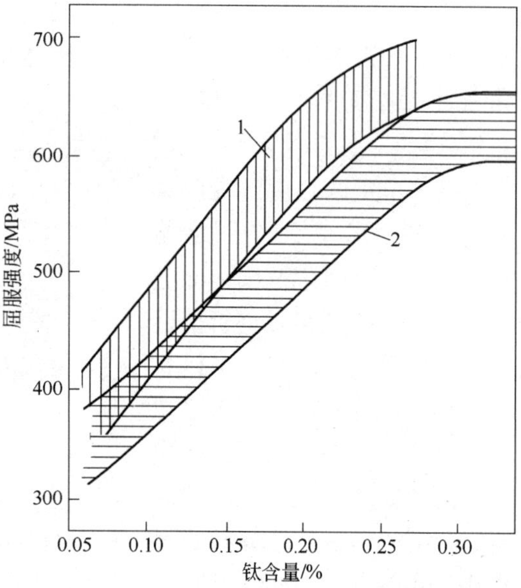


图3-7　钛含量与屈服强度的关系
1—含0.05%～0.11%碳、0.70%～0.85%锰；
2—含0.05%～0.11%碳、0.40%～0.55%锰

研究表明，随钛含量增加，钢的抗拉强度和屈服强度增加，如图3-8*a*、*b*所示[22]。但当钛含量大于0.11%时，强度增加已不很明显，这时起弥散强化作用的细颗粒Ti(C,N)析出增长已很缓慢，钢中固溶钛含量也基本不变，因而造成钛大于0.11%时钛含量增加而抗拉强度和屈服强度变化不大的结果。由图3-8*c*也可看到，当钛含量为0.05%～0.11%时，$\sigma_b \times \delta_5$有最大峰值，表现出最佳的强塑性配合，同时屈强比较低。对于用钛进行强化

和改善夹杂物形态的钢而言，钢中的有效钛应为下列钛量的总和，即钢中用来析出细颗粒 Ti(C,N) 而阻止晶粒长大和起弥散强化作用的钛量与结合钢中的硫而改变硫化物形态所用钛量的总和。如果钢中的总钛量增加，对强度无任何贡献，并可能使成形性能受损害的粗大 Ti(C,N) 颗粒增加。这样既浪费钛，又影响性能，因而控制钛含量的上限是十分必要的。

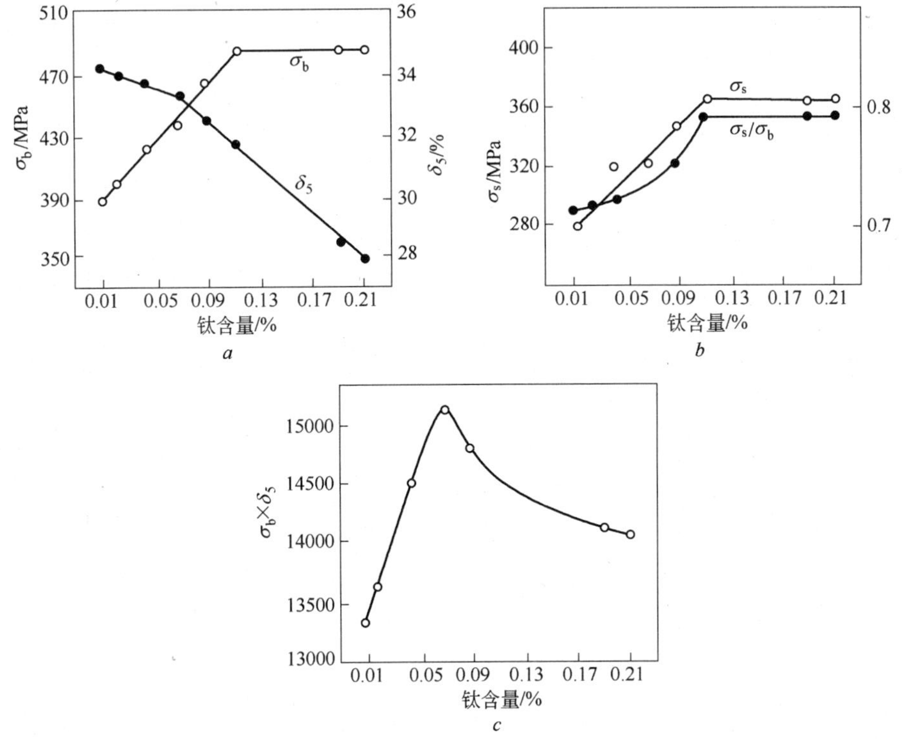


图 3-8 钛含量与钢拉伸性能的关系

*a*—抗拉强度与伸长率；*b*—屈服强度与屈强比；*c*—抗拉强度与伸长率乘积（$\sigma_b \times \delta_5$）

杨才福等研究了不同钛含量对钒、钛微合金化汽车大梁钢力学性能的影响，结果如图 3-9 所示。随钛含量增加，屈服强度和抗拉强度升高，伸长率降低，加入钒、钛后，屈强比提高，所有纵横向冷弯试验 $d = a$ 的 180°冷弯性能良好[22]。

马施普（Massip）等人的试验结果表明，0.01% 的酸溶钛产生的沉淀强化效果约为 40MPa。微钛含量时，钛主要形成 TiN，而形成 TiC 的钛含量很少，此时钛的沉淀强化作用很小。随钛含量增加，细小 TiC 的数量增加，沉淀强化作用导致钢的强度随钛含量增加而显著升高。钢中细小 TiC 析出受转变温度影响，转变温度越高，析出颗粒失去共格性关系的倾向就越大，并通过扩散长大，减弱沉淀

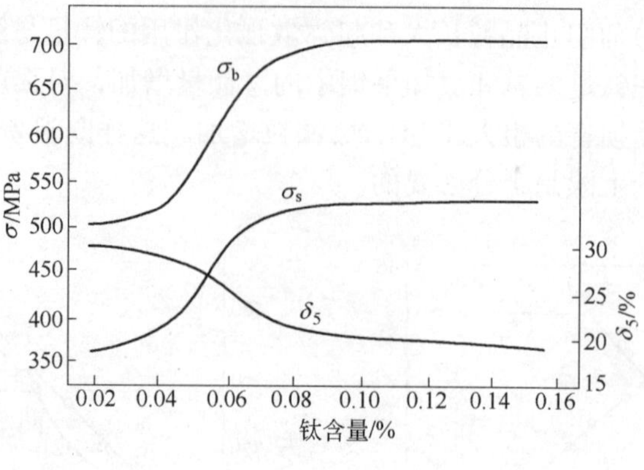


图 3-9　钛含量对钢力学性能的影响

强化。马施普等人指出锰含量约为0.9%的铁素体—珠光体钢中，酸溶钛很难超过0.1%。因此，钛含量较高时，非共格析出物数量增加，减弱了沉淀强化效果，钢的强度增加趋平缓。在高钛含量钢中，钛还与硫结合生成颗粒状分布的$Ti_4C_2S_2$，改变了硫化物夹杂形态，同时也减弱了钛的沉淀强化[23]。

钢中的硫含量对含钛钢的性能影响很大，钢中有效钛是指与碳结合形成 TiC 的钛，其主要含量取决于硫、氮的含量，如式3-5所示[24]：

$$\text{Ti(有效钛)\%} = \text{Ti(全)\%} - 3.4\text{N\%} - 3\text{S\%} \tag{3-5}$$

硫、氮含量越低，则有效钛的含量越高。从上式可以看出，只有当钢中钛的含量超过 Ti% =3.4N% +3S%时，TiC 粒子的沉淀强化作用才体现出来。

3.2.4.2　钛对热塑性的作用

1964 年，奥佩尔（Opel）等指出，在含有 AlN 的钢中加入适量的钛即可消除 AlN 对热塑性的不利影响。在 Nb-Al-N 钢中加入钛，能明显改善这种钢的热塑性，但不如无铌加钛钢的热塑性好，结果如图3-10所示。钛不能彻底消除铌的影响，金相组织晶界普遍存在二次析出物，而 C-Mn-Ti-Al 钢的 TiN 析出物则多存在于晶粒内部，奥氏体晶界处无此类析出物。这就说明，在一定应变速率下，热塑性低谷区的出现与晶界析出有关，这些析出物

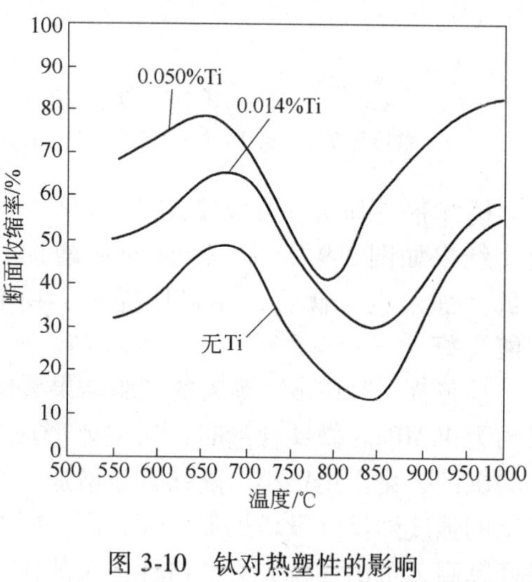


图 3-10　钛对热塑性的影响

是通过阻碍动态再结晶过程使热塑性下降的。当钛加入钢中时，由于它与氮原子的亲和力比铝和铌大，因此在高温下钛先与氮结合成 TiN，降低钢中游离氮含量，减少或避免 AlN 或 NbN 在奥氏体晶界上（晶界能量起伏、成分起伏较高有利于第二相形核）的析出。TiN 的析出温度高于变形奥氏体的再结晶温度，防止了它在再结晶奥氏体晶界上的析出，从而保证了钢的热塑性[25]。

#### 3.2.4.3 钛改变夹杂物形貌和改善钢的横向冲击韧性的作用

刘清友等研究了钛在汽车轮辐轮辋用钢中的作用，结果表明钛与硫的亲和力要强于锰与硫的亲和力，因而随钛含量增加，钢中的 $Ti_4C_2S_2$ 化合物逐渐增多并取代 MnS 夹杂。即钛的加入夺取了 MnS 中的硫而与之形成更为稳定的 $Ti_4C_2S_2$，减少了 MnS 的析出[26,27]。

$Ti_4C_2S_2$ 化合物较硬，在轧制中不易变形，这样钢中的长条状 MnS 夹杂物便因 $Ti_4C_2S_2$ 的形成而逐渐被取消，改变成可改善材料的韧性和成形性的球状夹杂物。当钛含量大于 0.11% 时，钢中硫基本上完全与钛结合形成 $Ti_4C_2S_2$ 而无长条形 MnS 存在；当钛仅为 0.026% 时，钢中硫化物仍以长条形 MnS 形式存在；当钛达 0.046% 时，已有部分 $Ti_4C_2S_2$ 形成，并且硫化物形态已开始得到改善。

在轧制过程中，由于钢中夹杂 MnS 被拉长，导致钢材垂直轧制方向的横向冲击韧性最低。钢中钛含量较低时，钛主要与钢中的碳结合生成 TiC，引起弥散沉淀强化效应，随着钛含量的增加，硬而脆的粒状夹杂物 $Ti_4C_2S_2$ 完全取代长条状塑性夹杂物 MnS，从而提高了钢的横向冲击韧性。

#### 3.2.4.4 钛微合金化与氮含量的关系

在钛微合金钢中，氮可视为一种有价值的合金元素。稳定的细小弥散的 TiN 质点能防止通过反复再结晶而细化的奥氏体粗化。钒和钛复合加入到非调质钢中，钒主要起强化作用，钛起抑制晶粒长大作用以改善韧性。钢中的氮含量也要适当控制，氮太低时在均热温度下固溶的钛量将增大，且 TiN 的粗化速率增大；而钛太高时又有可能形成液析 TiN，且超出理想化学配比的钛将可能增大 VN 的应变诱导析出倾向，从而提高钢的完全再结晶温度。因此，钢中的钛含量应适量，对微钛处理的钢大致控制在 0.015% 左右。

对于微钛处理钢，化学成分中 Ti/N 稍低于理想化学配比时，细化奥氏体晶粒的效果最佳，同时对 TiN 颗粒的观察也表明，此时 TiN 颗粒的尺寸最细小、最稳定。因为钢中 N 含量适当时，比理想化学配比稍低的钛量，限制了钛在基体中的溶解度，减少了颗粒长大所必需的溶解原子扩散流，阻碍了 TiN 颗粒的长大[28]。固然，钢中实际 Ti/N 过小，含钛严重不足，高温下 TiN 颗粒数目太少，阻碍奥氏体晶粒长大的作用有限。而 Ti/N 过大，钛大量溶入基体，一方面强化基体降低了韧性；另一方面钢液中析出的少量 TiN 颗粒特别粗大，不能有效地阻碍奥氏体晶粒长大。

3.2.4.5　钛对焊接热影响区（HAZ）组织及韧性的作用

金属结构件要求焊缝与母材有牢固的结合，强度不低于母材，焊缝的热影响区有较高的韧性，没有焊接裂纹。因加入合金元素而恶化工程结构钢的焊接性的因素有：增加钢的淬透性，焊接冷却时发生马氏体相变，升高内应力；钢中含碳量增高马氏体的比容和硬度，引起内应力增加；降低马氏体相变温度等[29]。

一般认为，铝镇静钢的韧性最低的部位是位于焊接热影响区（HAZ）的粗晶区。目前，在设计供大线能量焊接用钢时，人们普遍采用在低碳结构钢中添加钛、铌、钒等微合金化元素，以改善焊接热影响区的韧性。微合金化元素钛的少量加入能形成钛化物，以致在焊缝凝固以后的冷却期间钛和氮结合形成一种细小的氮化钛的长方体。这些沉淀物是稳定的，并且相对来说不受随后的热处理、机械加工的影响。在焊接热影响区的热循环期间，这些细的沉淀物钉扎在奥氏体晶界，能抑制奥氏体晶粒边界的运动，限制奥氏体晶粒尺寸的长大，形成一种改善了的较细的焊接热影响区组织，提高了钢的综合性能。钢中 TiN 质点的数量、大小、分布特点以及在焊接热循环过程中的溶解、析出行为等对高温奥氏体晶粒度的影响很大[30]。在热输入焊接的中焊接热影响区，用钛处理的钢已经达到了极佳的焊接热影响区韧性[31]。

## 3.3　薄板坯连铸连轧钛微合金化技术的研究与开发

由于受钛含量波动大、热加工过程中温度不稳定等因素的影响，传统流程钛微合金钢不同炉次、沿板卷通长不同部位性能波动性大（通常屈服强度波动在 70～140MPa），限制了钛微合金化技术的广泛应用。

随着现代冶金技术的进步和薄板坯连铸连轧技术的发展，过去在传统流程上存在的问题有望在薄板坯连铸连轧流程上得以解决。一方面，洁净钢冶炼技术的进步使钢中钛含量的稳定控制成为可能；另一方面，在薄板坯连铸连轧流程中，铸坯的温度可控制在 ±10℃，使热加工能在稳定的温度条件下进行。这些条件为薄板坯连铸连轧流程开发钛微合金钢创造了良好的条件。因此，钛微合金化技术与薄板坯连铸连轧流程具有良好的适应性，长期困扰钛微合金化技术发展的关键技术难题通过采取相关措施可在薄板坯连铸连轧流程上得以解决。

钛微合金化技术在薄板坯连铸连轧流程上具有广阔的应用前景。目前，随着薄板坯连铸连轧技术的推广应用，基于薄板坯连铸连轧流程采用微钛处理技术与钛微合金化技术人们开发了系列的钛微合金化钢，如微钛处理的焊接高强钢、钛微合金冲压钢，钛微合金高强耐候钢系列[32,33]，Nb-Ti 复合微合金化 QStE 系列汽车用钢、系列石油管线钢、石油套管用钢 J55 等[34]。

传统流程中微合金碳氮化物析出规律的研究已较为深入[35,36]，而薄板坯连铸连轧流程存在许多有别于传统流程的冶金学特点，这些特点将对含钛微合金钢碳氮化物的析出行为产生影响。因此，在薄板坯连铸连轧工艺条件下，研究钛微合金钢的各类析出物，阐明其析出规律，对丰富钛微合金化技术、拓展薄板坯连铸连轧技术具有重要的科学意义和实用价值[37]。

本节将系统阐述薄板坯连铸连轧流程钛微合金钢含钛析出物在薄板坯连铸、均热、热连轧、冷却和卷取过程中的溶解与析出规律及其对再结晶、相变和晶粒细化的影响；薄板坯连铸连轧钛微合金化钢的强化机理；薄板坯连铸连轧流程钛微合金钢的生产技术。

### 3.3.1 薄板坯连铸连轧含钛析出物的析出规律

下文阐述应用扫描电子显微镜（SEM）、透射电子显微镜（TEM）和 X 射线能谱仪（XEDS）等分析手段研究不同钛含量高强钢中的各类析出物，采用物理化学相分析的方法研究钛微合金高强钢中析出相，以及对钛微合金高强钢碳氮化物析出的热力学和动力学进行分析的结果[38~41]。

3.3.1.1 钛微合金高强钢成品板中的析出物

A 成品板中的 TiN

在钛微合金高强钢的成品板上截取小块试样，沿纵断面（平行于轧向）将这些试样磨平、机械抛光、用 3% 的硝酸酒精溶液侵蚀后在扫描电子显微镜（SEM）下观察分析。SEM 装备有超薄窗口 X 射线能谱（XEDS）分析系统。

扫描电镜观察表明，在 C 0.05%-Si 0.45%-Mn 0.45%-P 0.08%-S 0.005%-Ti 0.07% 的钛微合金高强钢成品板组织中存在尺寸微米级的颗粒，这些颗粒是方形或不规则形状。能谱分析表明，这些颗粒是以 TiN 为主的析出物。析出物形态和能谱分析结果如图 3-11、图 3-12 所示。

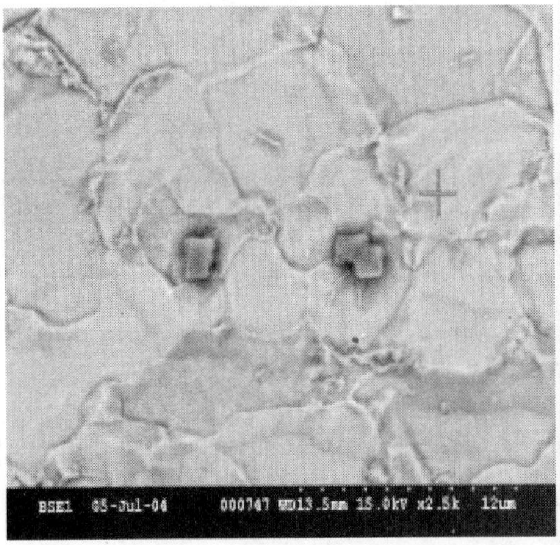

*a*

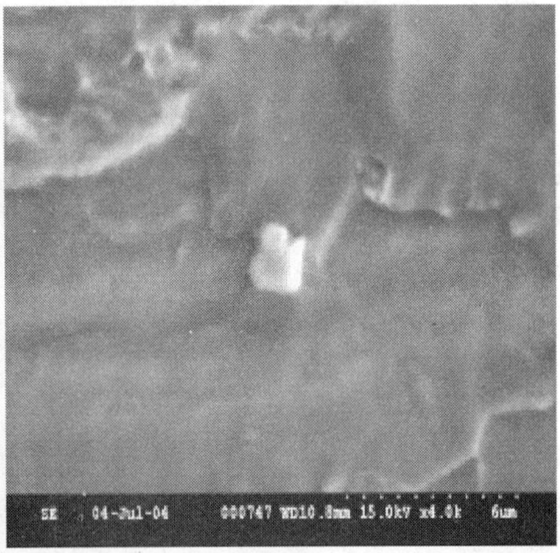

*b*

图 3-11 钛微合金钢中析出物形貌的扫描电镜观察

*a*—视场 1；*b*—视场 2

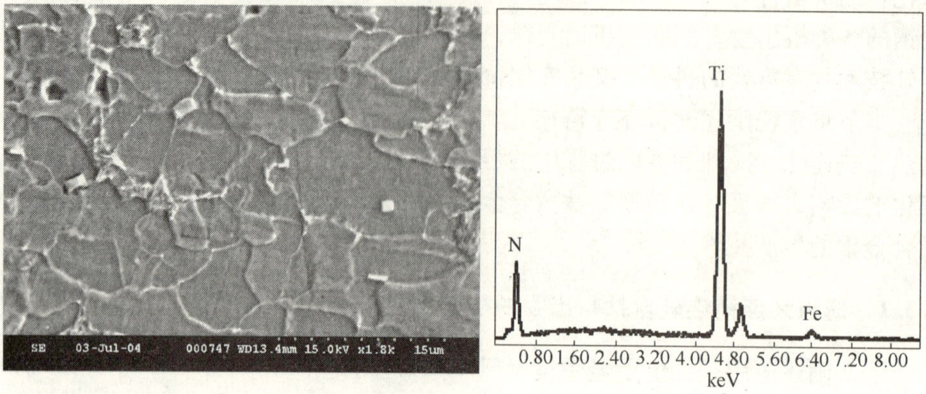


*a*　　　*b*

图 3-12　钛微合金钢中 TiN 的形貌及能谱分析

*a*—TiN 的形貌；*b*—能谱分析

有些析出物并不是单独形成的,而是两个或几个粒子共同存在,如图 3-11*a* 左侧粒子和图 3-11*b* 中粒子。另外钢中有的析出物粒子聚集呈团状,形貌如图 3-13 所示。

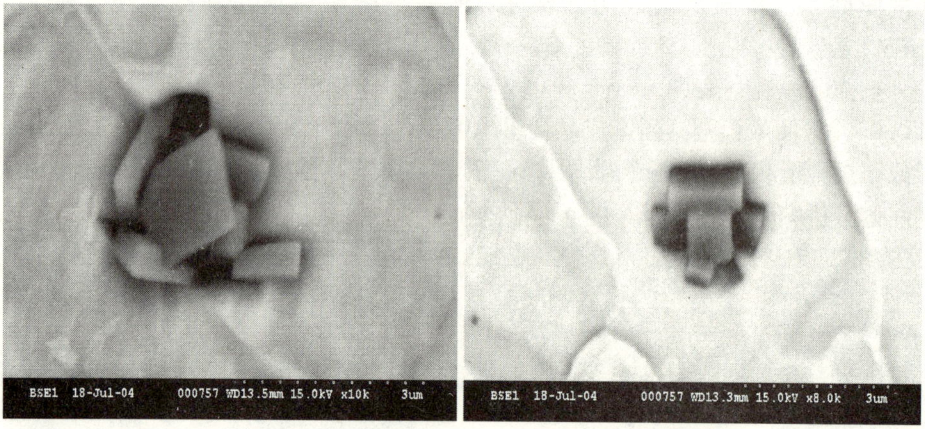


*a*　　　*b*

图 3-13　钢中的某些 TiN 析出物粒子聚集成团

*a*—视场 1；*b*—视场 2

另外有的 TiN 和氧化物共同存在，如图 3-14 所示，图中析出物位于成品板组织的晶界处，尺寸为几微米，有可能对钢材的性能造成不利影响。上述 TiN 颗粒由于尺寸较大，既不能阻止奥氏体晶粒长大，也起不到沉淀强化作用，相反会降低钛的细化晶粒和沉淀强化作用。从颗粒的尺寸看，这些析出物应该是在液相状态下形成的。

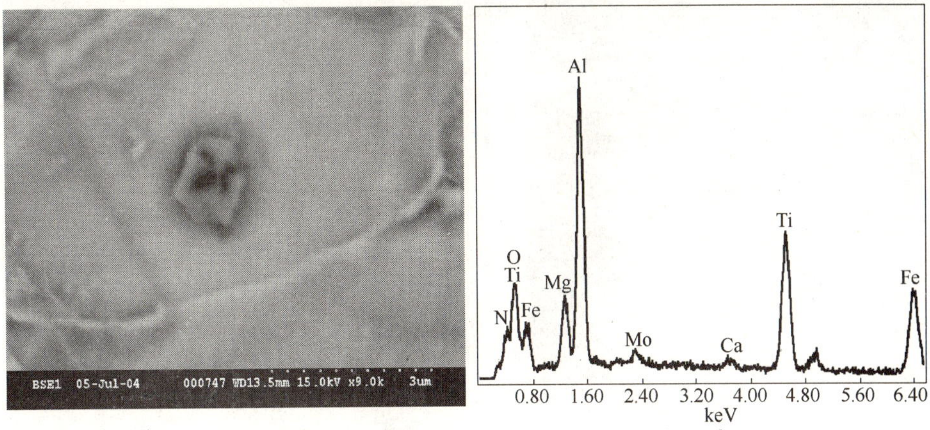


*a* *b*

图 3-14 TiN 和氧化物共同存在的 TiN 形貌及其能谱分析

*a*—TiN 和氧化物共同存在的 TiN 形貌；*b*—能谱分析

图 3-15 中的 TiN 粒子呈不规则四边形，其尺寸约为 320nm × 240nm，明显小于前述的微米级的 TiN，表明其析出温度较低，应属固态析出机制。

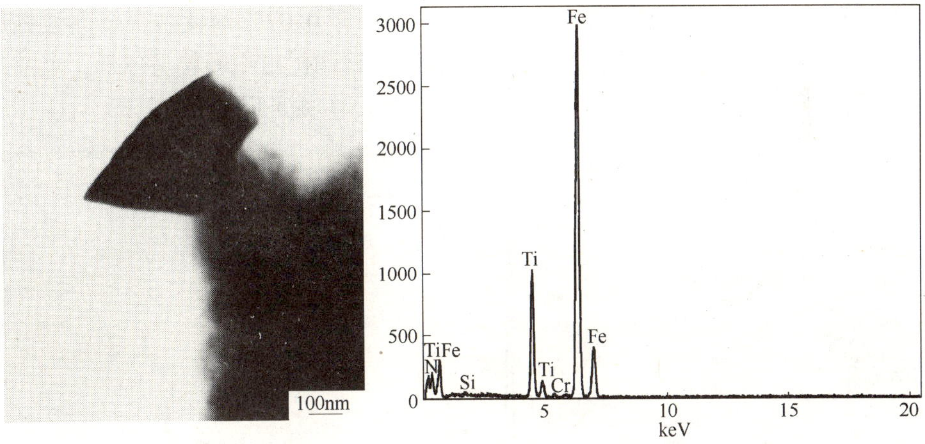


*a* *b*

图 3-15 钛微合金钢中尺寸为几百纳米的 TiN 粒子与能谱分析

*a*—几百纳米的 TiN 粒子；*b*—能谱分析

此外将钛微合金高强钢制备成薄膜和萃取复型试样，分别在 JEOL2000FX 透射电镜上进行高倍组织观察。图 3-16 给出了 Ti(C,N)的透射电镜照片，由于随温度降低化合物形成的先后顺序不同，某些 Ti(C,N)粒子是 TiC 以 TiN 为核心外

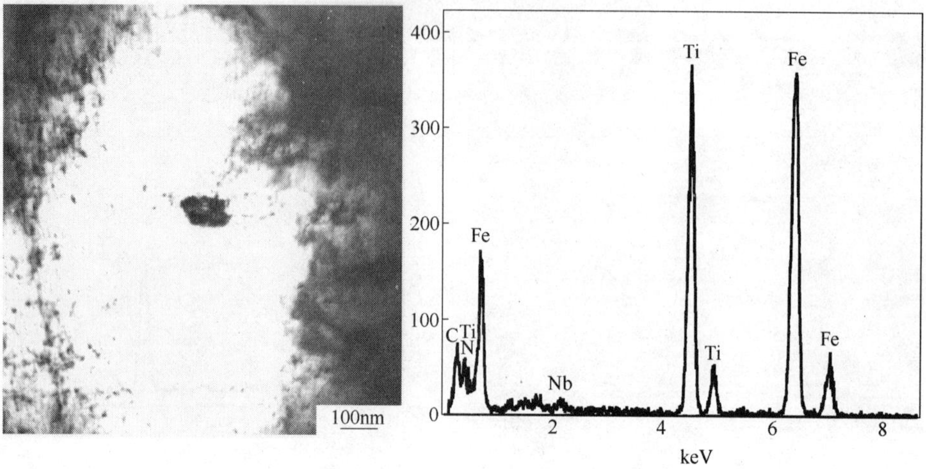


*a*　　*b*

图 3-16　钛微合金钢中的 Ti(C,N)粒子与能谱分析

*a*—Ti(C,N)粒子；*b*—能谱分析

延生长形成的。

B　成品板中的 TiC 析出粒子

在透射电子显微镜下对金属薄膜试样和萃取复型试样进行分析，发现 C 0.05%-Si 0.45%-Mn 0.45%-P 0.08%-S 0.005%-Ti 0.07% 的钛微合金高强钢成品板中存在大量细小、弥散的第二相析出粒子。这些析出物颗粒呈球形，尺寸从十几纳米到几十纳米不等，能谱分析结果为 TiC，如图 3-17 所示。

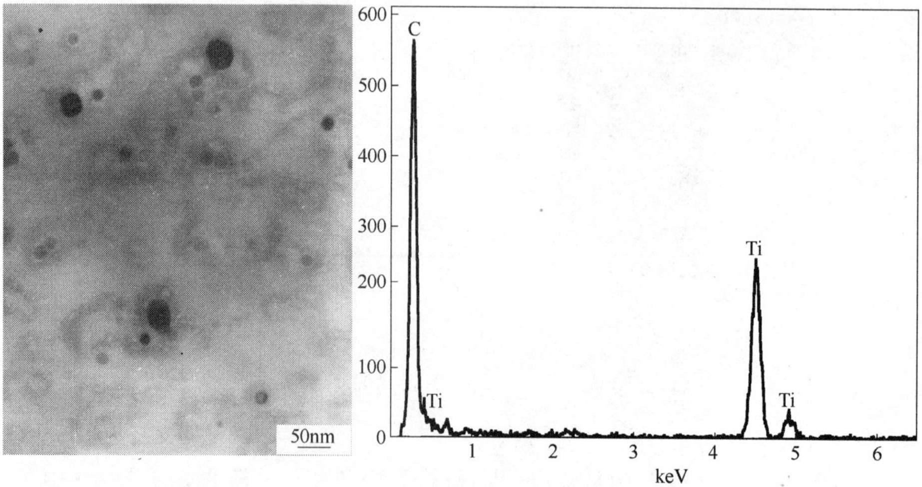


*a*　　*b*

图 3-17　钛微合金钢中的 TiC 颗粒和能谱分析

*a*—TiC 颗粒；*b*—能谱分析

在图 3-18 中同样可以看到这样的析出物粒子，这些纳米尺度的析出物颗粒能够起到细化晶粒和沉淀强化的作用。在图 3-18 的中心部位存在尺寸为 50nm 以上的 $Ti_4C_2S_2$ 析出物粒子，根据化合物形成的热力学稳定性，$Ti_4C_2S_2$ 介于 TiN 和 Ti(C,N)之间，其形成温度也应该比 TiC 要高一些。

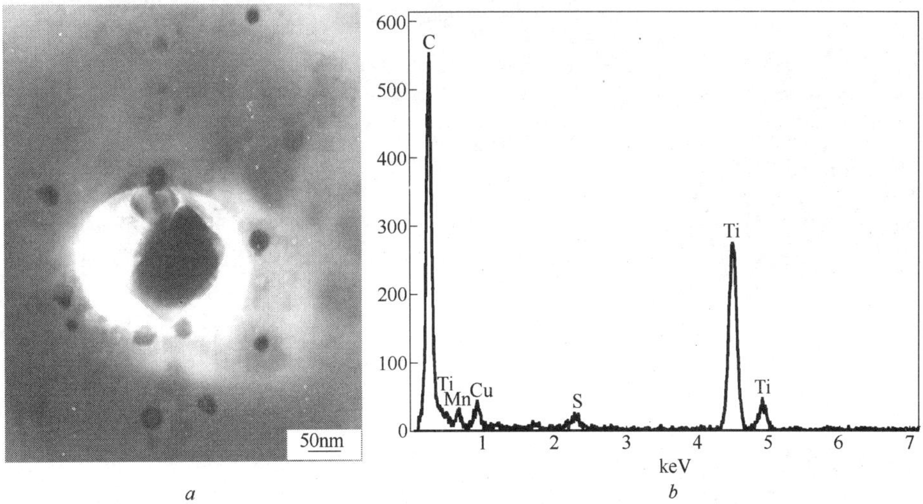


图 3-18 钛微合金钢中的 $Ti_4C_2S_2$ 和 TiC 粒子及其能谱分析

*a*—$Ti_4C_2S_2$ 和 TiC 粒子；*b*—能谱分析

另外从图 3-19 和图 3-20 中可以看到尺寸更小而数量更多的析出物粒子在铁素体晶界内部和位错线上分布，其形状接近球形，直径约为 20nm。金属薄膜试

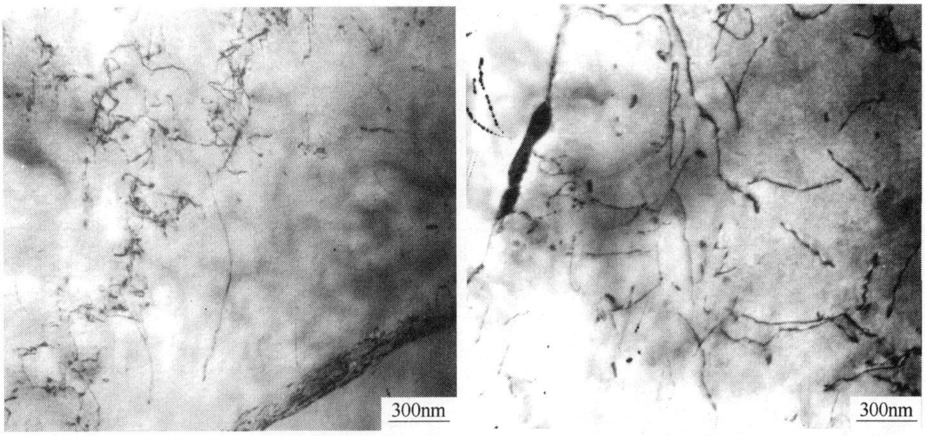


图 3-19 分布在铁素体基体和位错上的析出粒子（透射电镜明场像）

*a*—分布位置为铁素体基体；*b*—分布位置为位错

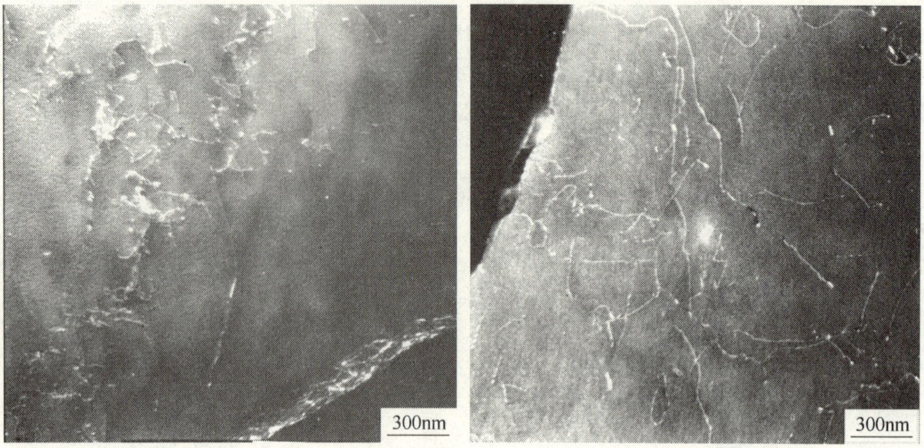


a　　b

图 3-20　分布在铁素体基体和位错上的析出粒子（透射电镜暗场像）
a—分布位置为铁素体基体；b—分布位置为位错

样由于受到基体的影响，难以确定析出物的化学组成，但是从粒子的尺寸、形貌、数量和分布来看，这些析出物应为 TiC。从图 3-21 所示的透射电镜照片中可看到大量 10nm 左右的析出物粒子，其能谱分析结果为 TiC。存在于基体和位错上的 TiC 粒子能阻止位错的移动，通过 Orowan 机制可以起到明显的沉淀强化作用，这是钛微合金高强钢强度提高的主要机制。

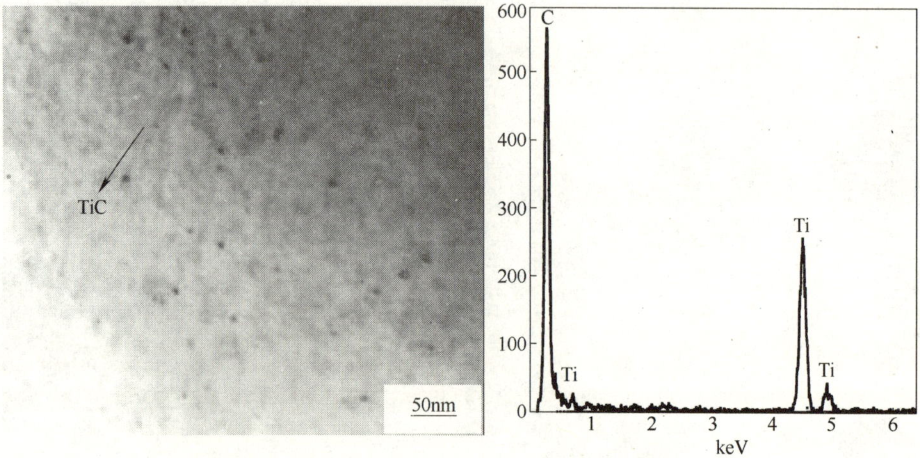


a　　b

图 3-21　试样中的 TiC 析出物及其能谱分析
a—TiC 析出物；b—能谱分析

图3-22为C 0.05%-Si 0.45%-Mn 0.45%-P 0.08%-S 0.005%-Ti 0.121%的钛微合金高强钢钢板中的“相间沉淀”碳氮化物。这些沉淀是在$\gamma \rightarrow \alpha$相变过程中在两相界面处发生的沉淀，随着$\gamma$和$\alpha$相界面的推移，析出的碳氮化物粒子记录了一系列的界面位置。由于在相变过程中试样温度不断下降，元素的扩散变慢，相界面的推移速度变化，沉淀列的间距也随之变化。在图3-22中碳氮化物沉淀列的间距在50~100nm之间，这些列状的沉淀质点能显著提高钢的强度。

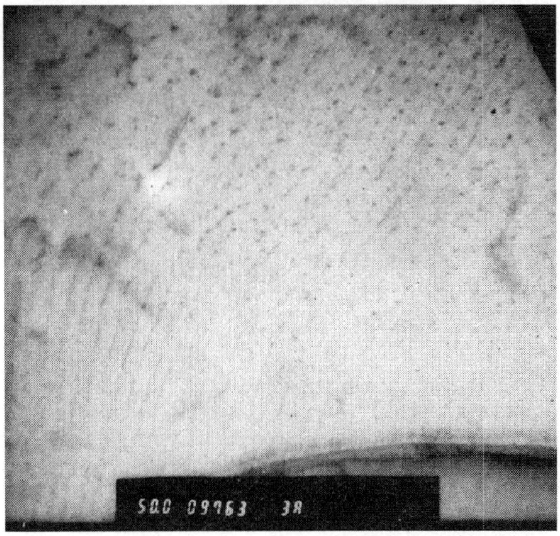


图3-22 钢板心部薄膜试样的TEM像

从微观分析的结果来看，钛微合金钢成品板中存在大量形态各异的析出物粒子，尺寸分布范围较宽，从几个纳米到数微米。能谱分析结果表明，这些析出物主要是TiC、$Ti_4C_2S_2$、TiN等含钛化合物。

C 铸坯中的析出物

为了进一步明确钛微合金高强钢成品板中析出物粒子是在哪个阶段析出的，取C 0.05%-Si 0.45%-Mn 0.45%-P 0.08%-S 0.005%-Ti 0.07%的钛微合金高强钢连铸后均热前铸坯试样，用扫描电镜观察并用X射线能谱作分析，结果如图3-23和图3-24所示。由图3-23可以看到，许多方形的氮化钛粒子尺寸在2μm以下，其中一个方粒子心部有暗色的“芯”，方形粒子的XEDS能谱证实为氮化钛，其心部为硫化物，可见，该氮化钛粒子是以硫化物为核心生长的。在空冷的铸坯中还观察到棒状的硫化钛粒子，如图3-24所示，XEDS能谱表明是钛的硫化物，可能还含有锰、铁。

可见，钛微合金高强钢在连铸后均热前的铸坯中就已经析出氮化物和硫化物，其中氮化钛粒子尺寸在2μm以下，这也说明成品板中的大颗粒氮化物和硫化物粒子是在铸坯进均热炉之前的中间包、连铸、铸坯拉矫等过程中析出的。

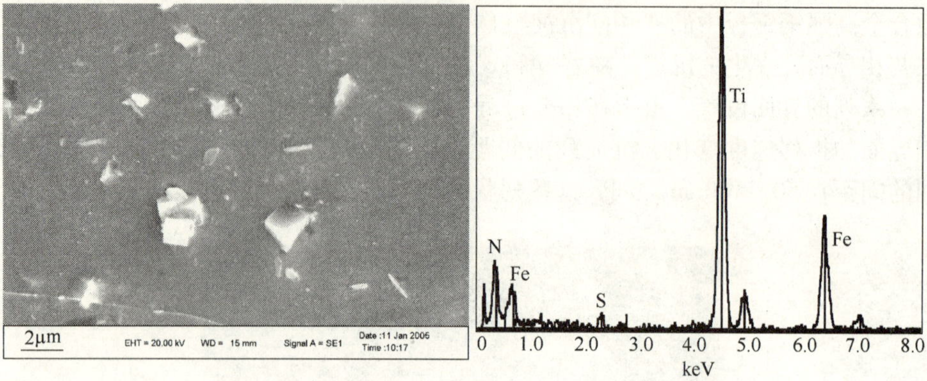


*a*　　*b*

图 3-23　铸坯均热前试样的 SEM 像和 XEDS 能谱分析

*a*—SEM 像；*b*—能谱分析

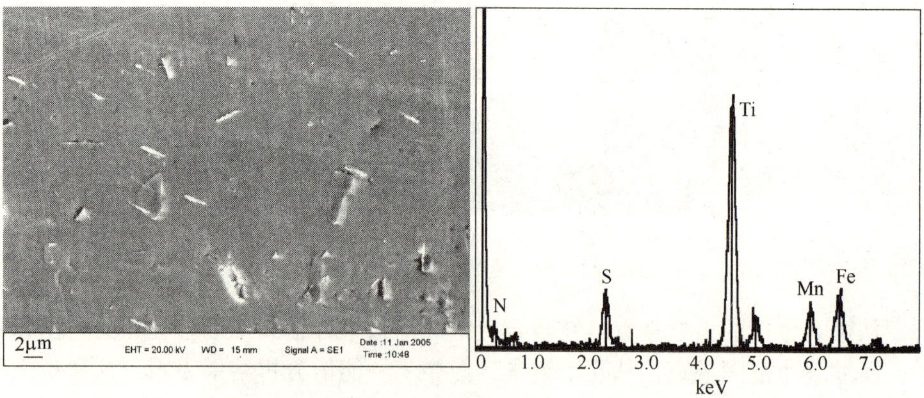


*a*　　*b*

图 3-24　铸坯中钛的硫（氮）化物析出粒子和能谱分析

*a*—硫（氮）化物析出粒子；*b*—能谱分析

3.3.1.2　物理化学相分析

运用电子显微镜与 X 射线能谱仪相结合的方法可以研究析出相的成分、分布和形貌特征，但难以对析出物进行定量分析，而物理化学相分析的方法弥补了上述不足。利用 KCl 低温电解及抽滤收集的方法获得钢中的析出相，首先用 X 射线衍射花样定性鉴定析出相的组成，然后采用化学溶解方法分离和定量测定析出相，最后用小角度散射定量测定析出相（MC）的粒度和质量分数。对三种含钛量不同的高强钢进行了物理化学相分析，相分析的内容包括：析出相类型、MC 和 $M_3C$ 相中各元素占钢的质量分数、MC 相的粒度分布等[42]。样品的编号和化学成分如表 3-1 所示。

**表 3-1 化学相分析采用的样品的化学成分（%）**

| 编号 | 厚度/mm | C | Si | Mn | P | S | Cu | Ni | Cr | Ti | N |
|---|---|---|---|---|---|---|---|---|---|---|---|
| 1号 | 2.0 | 0.051 | 0.40 | 0.44 | 0.086 | 0.003 | 0.26 | 0.193 | 0.426 | 0.016 | 0.007 |
| 2号 | 4.0 | 0.06 | 0.41 | 0.48 | 0.079 | 0.003 | 0.26 | 0.19 | 0.44 | 0.041 | 0.007 |
| 3号 | 6.0 | 0.052 | 0.42 | 0.43 | 0.09 | 0.002 | 0.26 | 0.195 | 0.421 | 0.052 | 0.007 |
| 4号 | 1.6 | 0.050 | 0.41 | 0.45 | 0.087 | 0.002 | 0.26 | 0.196 | 0.42 | 0.052 | 0.007 |
| 5号 | 6.0 | 0.049 | 0.41 | 0.45 | 0.077 | 0.001 | 0.25 | 0.195 | 0.426 | 0.068 | 0.0059 |
| 6号 | 4.0 | 0.049 | 0.41 | 0.45 | 0.077 | 0.002 | 0.25 | 0.196 | 0.423 | 0.075 | 0.006 |
| 7号 | 4.0 | 0.056 | 0.44 | 0.42 | 0.084 | 0.001 | 0.26 | 0.19 | 0.415 | 0.096 | 0.006 |
| 8号 | 2.0 | 0.052 | 0.40 | 0.42 | 0.082 | 0.001 | 0.28 | 0.186 | 0.401 | 0.126 | 0.006 |
| 9号 | 6 | 0.052 | 0.42 | 0.42 | 0.080 | 0.001 | 0.27 | 0.192 | 0.414 | 0.127 | 0.006 |

表3-2列举了1号和5号试样中析出相结构分析结果，可以看出，两者的析出相类型存在着较大差别。1号和5号试样除钛外其余元素含量基本相同，钛含量由0.016%（质量分数）增加到0.068%（质量分数），1号试样中的TiN被Ti(C,N)代替，另外5号试样中增加了TiC和$Ti_4C_2S_2$。由于钒在高强钢中为残余元素，所以析出相VC不作考虑。图3-25给出了不同钛含量微合金高强钢的相分析结果。

**表 3-2 钛微合金高强钢中析出相结构分析结果**

| 样品编号 | 析出相结构分析结果 | | |
|---|---|---|---|
| | 相类型 | 点阵常数/nm | 晶　系 |
| 1号 | $M_3C$ | $a_0=0.4515$，$b_0=0.5079$，$c_0=0.6748$ | 正　交 |
| | TiN | $a_0=0.423\sim0.424$ | 面心立方 |
| | VC | $a_0=0.415\sim0.416$ | 面心立方 |
| 5号 | TiN | $a_0=0.423\sim0.424$ | 面心立方 |
| | VC | $a_0=0.415\sim0.416$ | 面心立方 |
| | TiC | $a_0=0.432\sim0.433$ | 面心立方 |
| | $Ti_4C_2S_2$ | $a_0=0.3210$，$c_0=1.1203$，$c/a=3.50$ | 六　角 |

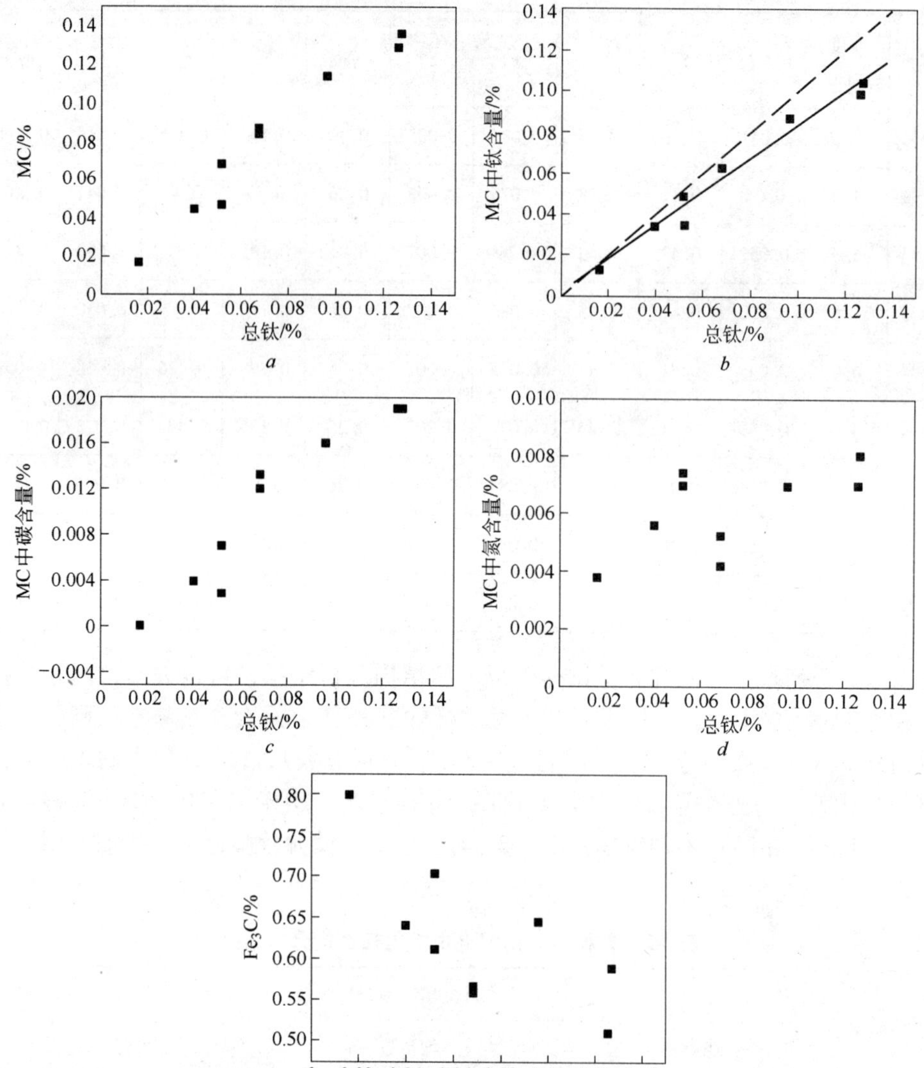


图 3-25 不同钛含量钢物理化学相分析结果

*a*—MC 相占钢的质量分数；*b*—MC 中钛占钢的质量分数；*c*— MC 中碳占钢的质量分数；*d*—MC 中氮占钢的质量分数；*e*—$M_3C$ 相占钢的质量分数

由图 3-25 可见：

（1）随钛含量增加，钢中 MC 相及 MC 相中的钛、碳元素占钢的质量分数均表现为线性增加，如图 3-25*a* ~ *c* 所示。

（2）钛含量为0.016%时，MC相中碳在钢中含量为0，说明MC相为纯TiN，如图3-25*c*所示。

（3）钢中绝大部分钛存在于MC相中，少量存在于$Ti_4C_2S_2$相中或固溶于铁素体中，如图3-25*b*所示。随钛含量增加，存在于$Ti_4C_2S_2$相中或固溶于铁素体中钛含量有增加的趋势，如图3-25*b*所示。$Ti_4C_2S_2$数量在硫被消耗完毕后不再增加，主要是固溶钛的增加。

（4）MC相中氮占钢的质量分数随钛含量增加先是增加然后趋于稳定，这是由于钢中氮已完全被钛固定的缘故，如图3-25*d*所示。

（5）随着钢中钛含量增加，$M_3C$的质量分数减少（图3-25*e*）。这是由于随着钢中钛含量增加，奥氏体中析出的和相间析出的TiC增加而使奥氏体中的碳含量降低所导致的。

一般认为沉淀强化的作用主要来源于MC相，随着钛含量增加，MC相的质量分数发生了改变，析出相的尺寸和分布如何变化，可以通过X射线小角度散射法来测定，MC相的粒度分布如表3-3所示。

**表3-3 钢中析出相的粒度分布**

| 粒子尺寸间隔/nm | 质量分数/% | | | | | 累积质量分数/% | | | | |
|---|---|---|---|---|---|---|---|---|---|---|
| | 试样编号 | | | | | 试样编号 | | | | |
| | 1号 | 2号 | 4号 | 5号 | 6号 | 1号 | 2号 | 4号 | 5号 | 6号 |
| 1~5 | 1.1 | | 12.0 | 17.1 | 19.2 | 1.1 | | 12.0 | 17.1 | 19.2 |
| 5~10 | 2.8 | 2.2 | 21.1 | 41.3 | 44.2 | 3.9 | 2.2 | 33.1 | 58.3 | 63.4 |
| 10~18 | 1.9 | 3.9 | 0.1 | 2.3 | 0.7 | 5.8 | 6.2 | 33.2 | 60.7 | 64.1 |
| 18~36 | 9.8 | 11.0 | 3.5 | 8.6 | 5.9 | 15.6 | 17.2 | 36.7 | 69.2 | 70.1 |
| 36~60 | 16.5 | 22.4 | 9.8 | 5.9 | 5.4 | 32.1 | 39.5 | 46.5 | 75.1 | 75.4 |
| 60~96 | 13.5 | 16.1 | 16.2 | 6.7 | 7.3 | 45.6 | 55.6 | 62.7 | 81.9 | 82.7 |
| 96~140 | 9.0 | 9.2 | 13.4 | 5.5 | 5.5 | 54.6 | 64.9 | 76.1 | 87.4 | 88.3 |
| 140~200 | 8.4 | 6.8 | 8.3 | 5.0 | 4.6 | 63 | 71.6 | 84.4 | 92.3 | 92.8 |
| 200~300 | 10.9 | 7.6 | 15.6 | 7.7 | 7.2 | 73.9 | 79.2 | 100.0 | 100.0 | 100.0 |
| 300~430 | 8.6 | 5.9 | | | | 82.5 | 85.1 | | | |
| 430~620 | 17.5 | 14.9 | | | | 100 | 100 | | | |

图3-26比较了其中两种不同钛含量钢（2号与6号）的粒度分布结果。从表3-3中可以看出，1号和2号钢中小于18nm的析出物很少，前者只占总析出物质量分数的5.8%，后者仅占6.2%；5号和6号高强耐候钢中小于10nm的析出物则有大幅度的提高，分别占总析出物质量分数的58.3%和63.4%。这是由于当钛含量小于0.045%时，主要形成尺寸较大的TiN或$Ti_4C_2S_2$，而当钛含量进一步

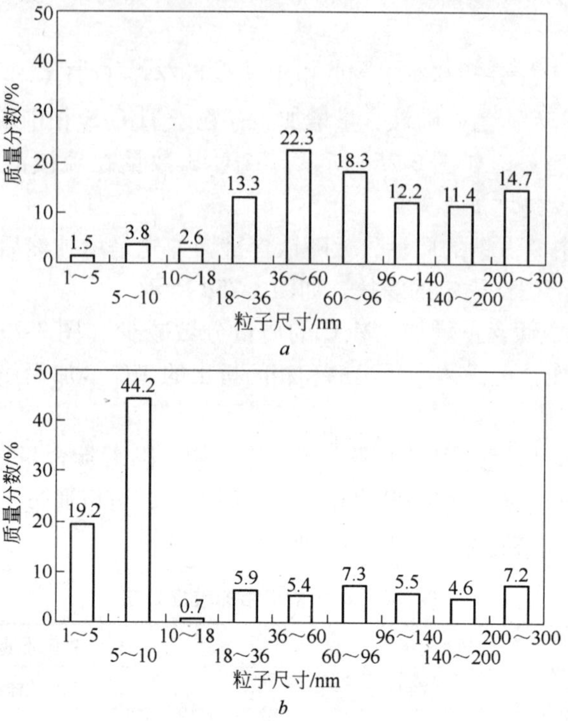


图 3-26　不同直径范围 MC 相粒子质量占 MC 总质量的百分数

*a*—0.041% Ti；*b*—0.075% Ti

增加时，细小的 TiC 析出量增多，导致其比例增加。而 4 号钢则在二者之间，其小于 10nm 的析出物占总析出物质量分数的 33.1%。

3.3.1.3　钛的碳氮化物析出的热力学分析

微合金化元素钛加入钢液中，析出的顺序依次为：$Ti_2O_3$→TiN→$Ti_4C_2S_2$→Ti(C,N)→TiC。MnS 的化学稳定性介于 $Ti_4C_2S_2$和 Ti(C,N)之间，因此钢中钛优先于锰与硫元素反应，这会引起钛的消耗，减少了形成 Ti(C,N)或 TiC 的数量，此外过高氮含量会导致粗大的 TiN 形成。因此只有严格控制钢中氧、硫、氮的含量，才能充分发挥微合金元素钛的作用。

A　TiN 液析

低碳钢的液相线温度 $T_l$和固相线温度 $T_s$可以由下式进行计算[43]：

$$T_l = 1536 - (90[\%C] + 6.2[\%Si] + 1.7[\%Mn] + 28[\%P] + 40[\%S] + 2.6[\%Cu] + 2.9[\%Ni] + 1.8[\%Cr] + 5.1[\%Al]) \quad (3\text{-}6)$$

$$T_s = 1536 - (415.3[\%C] + 12.3[\%Si] + 6.8[\%Mn] + 124.5[\%P] + 183.9[\%S] + 4.3[\%Ni] + 1.4[\%Cr] + 4.1[\%Al]) \quad (3\text{-}7)$$

表3-4列出了普通耐候钢板的化学成分。

**表3-4　普通耐候钢板的化学成分（%）[44]**

| 成分 | C | Si | Mn | P | S | Cu | Ni | Cr | Al(t) |
|---|---|---|---|---|---|---|---|---|---|
| 含量 | 0.04～0.06 | 0.35～0.42 | 0.40～0.50 | 0.08～0.10 | ≤0.010 | 0.25～0.29 | 0.18～0.22 | 0.40～0.45 | 0.030～0.040 |
| 计算取值 | 0.05 | 0.40 | 0.50 | 0.08 | 0.005 | 0.25 | 0.20 | 0.42 | 0.030 |

由表3-4中的化学成分计算，普通耐候钢的液相线温度和固相线温度分别为1524℃和1494℃，中间包钢水的过热度为20～30℃，上台温度在1580℃左右。而液态钢水中TiN的溶度积公式为：

$$\lg([\%Ti][\%N])_l = 5.90 - 16586/T \tag{3-8}$$

根据式3-8和上述4个温度作出液态钢水中TiN的热力学稳定性图，如图3-27所示。

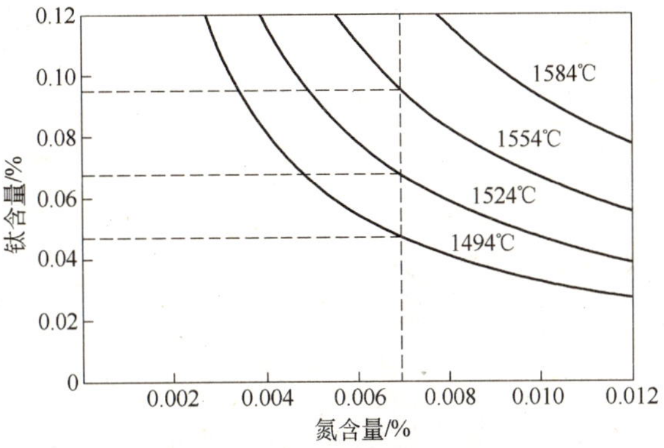


图3-27　不同温度钢液中TiN的热力学稳定性图

图3-27中虚线分别指示了不同温度下与该氮含量平衡的钛的含量。可以看出：在固相线温度，含钛量为0.047%时TiN即可析出；液相线温度下TiN平衡析出需要的钛含量为0.068%；只有钛含量达到0.10%，中间包钢水中才可能有TiN形成；钢水在钢包中，即使钛含量超过0.12%，TiN也不会形成。从另一个角度分析，随着钢中钛含量增加，TiN的平衡析出温度升高。如果钛含量过高（≥0.10%），在中间包甚至更高温度TiN就会形成，由于液相中原子扩散能力很强，这些TiN粒子极易长大，消耗了钢中的钛。

液析TiN既无沉淀强化作用也无细化晶粒作用，它使钢中有效钛含量降低。因此，有必要了解液析TiN所消耗的钛含量。设钢中总钛含量为Ti，总氮含量为N，液析TiN中钛、氮含量满足理想化学配比3.42，则有：

$$\frac{Ti - [Ti]}{N - [N]} = 3.42 \tag{3-9}$$

式中，Ti 为钢中总钛含量；N 是钢中总氮含量；［Ti］为液析后钢中钛含量；［N］为液析后钢中氮含量。

根据式 3-8 和式 3-9，可以计算出在钛微合金高强钢固相线温度（约为 1492℃）下不同钛、氮含量钢水中液析 TiN 消耗的钛含量（TiN%），计算结果举例如图 3-28 所示。可以看到，随钛、氮含量增加，液析 TiN 消耗的钛含量增加。可进一步计算出液析 TiN 消耗的钛含量占总钛含量的百分比，如图 3-29 所示。可以看出，液析 TiN 消耗的钛含量并不高，例如，若钢中总钛、氮含量分别为 0.06% 和 0.0075%，则液析 TiN 消耗的钛含量仅占总钛含量的 9.3%，即 0.0056% 钛以 TiN 形式析出。可见，含钛钢尽管可能会发生 TiN 液析（尤其是对于较高氮含量的电炉钢），但其消耗的钛含量并不高，通常不超过总钛含量的 15%。

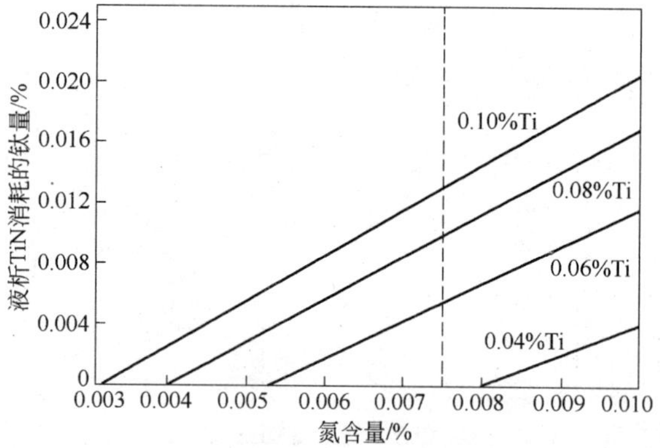


图 3-28　液析 TiN 消耗的钛含量与钢液中总钛、氮含量的关系

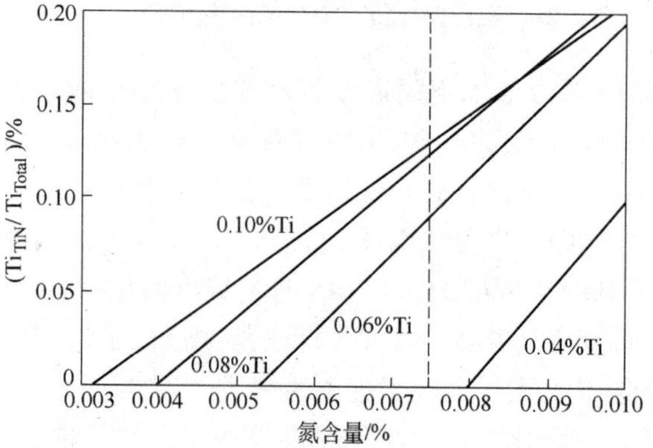


图 3-29　液析 TiN 消耗的钛含量占总钛含量的百分数与钢液中总钛、氮含量的关系

需要指出的是上述结论是建立在热力学计算的基础之上的，事实上钢液的化学成分并不是完全均匀，局部钛浓度偏高会提高 TiN 的析出温度。而由于薄板坯具有凝固和冷却速度快的特点（比传统板坯连铸快一个数量级），从钢水进入结晶器到完全凝固，需要的时间较短，在这一降温过程中 TiN 缺乏足够的时间析出，过饱和的钛将在固态中完成析出过程。

B　TiN 固态析出

薄板坯在连铸后经历了均热、连轧、层流冷却后卷取成材，钢的组织经历了 $\delta \rightarrow \gamma \rightarrow \alpha$ 等一系列固态相变过程，而 TiN 将继续在过饱和的固溶体中完成析出过程。

根据 TiN 在 δ 铁素体中和在 γ 中的溶度积公式（式 3-1 和式 3-2），计算出在 1450℃、1350℃、1250℃和 1150℃时 TiN 在钢中的溶解度曲线，如图 3-30 所示。可以看出，TiN 在奥氏体高温区的溶解度较低，在低温奥氏体区更低，均热温度下（1100℃）TiN 在奥氏体中的溶度积仅为：$[\%Ti][\%N]=8.1\times10^{-7}$，这意味着绝大部分 TiN 已经析出。尽管薄板坯的凝固和冷却速度较快，可能抑制 TiN 的析出，但铸坯在均热炉内停留 20min 以上，有足够的时间完成析出过程。TiN 中钛和氮的理想化学配比为 3.42，以电炉钢为例，按钢中氮含量为 0.007% 计算，并且假设所有的氮元素都参与了 TiN 的析出，则消耗掉的钛含量为 0.024%。

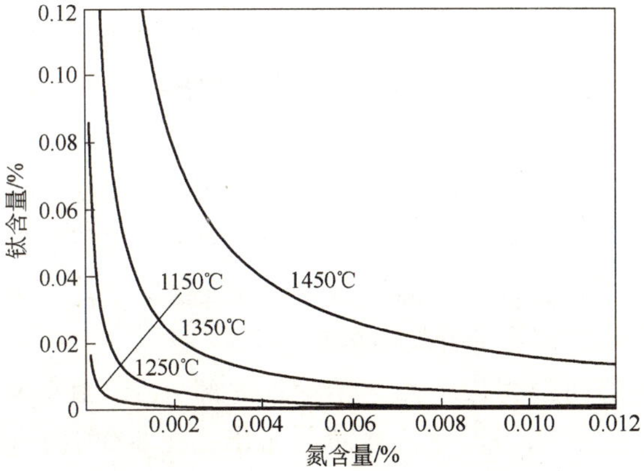


图 3-30　奥氏体中 TiN 的热力学稳定性图

根据上面的计算，连轧前 TiN 的析出过程已基本完成。在随后的生产过程中，剩余的钛将以其他形式的化合物继续完成析出。

C　固态钢中 Ti(C,N) 和 TiC 的析出

按照热力学稳定性降低的顺序，随着温度降低，钢中 TiN 先析出、TiC 后析出，TiC 在铁素体和奥氏体中的溶解度积如式 3-3 和式 3-4 所示。

根据式 3-3 和式 3-4，计算出钢中 TiC 的溶解度曲线，如图 3-31 所示。虚线

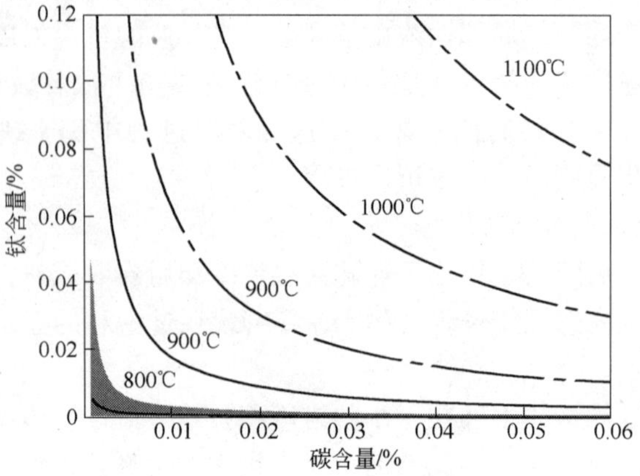


图 3-31　钢中 TiC 的热力学稳定性图

表示奥氏体中不同温度下 TiC 的溶解度；细线表示铁素体中不同温度下 TiC 的溶解度。在均热温度 1100℃时，试验钢的组织状态为奥氏体，如果钢中固溶的碳含量为 0.05%，则与之平衡的钛含量为 0.09%。考虑到均热前 TiN 或 $Ti_4C_2S_2$的析出，即使在钢中加入 0.10% 以上的钛，在热连轧前也不会有 TiC 析出。随着温度降低，TiC 在奥氏体中的溶解度减小，900℃时（接近于连轧结束温度），TiC 在奥氏体中的溶度积为：$[\%Ti][\%C]=6.0\times10^{-4}$，如果此温度下钢中固溶碳含量为 0.05%，平衡钛含量仅为 0.012%。热力学计算表明，大部分 TiC 在热连轧过程中析出。

由 Fe-C 相图可知，含碳量为 0.05% 的钢中 γ→α 相变温度接近 900℃。由图 3-31 可以看出，这一温度下 TiC 在铁素体中的溶解度比奥氏体中小得多，因此在 γ→α 相变过程中，TiC 会发生相间析出。当温度继续下降到 800℃，TiC 已经基本完成析出过程，图中阴影部分的面积极小。

根据热力学计算可以得出下面的结论：大部分 TiC 在热连轧温度范围内析出；在 γ→α 相变过程中，TiC 会发生相间析出；在 800℃时析出过程基本完成。但上述结论是建立在平衡反应的基础之上，由于连轧节奏很快，轧后层流冷却迅速降低钢板温度，在这一过程中 TiC 也许来不及析出，而在层流冷却后大量析出，由于析出温度降低增加了过冷度，形成大量细小的析出物。而部分 TiC 也会在 TiN 颗粒上外延生长，形成 Ti(C,N)。

#### 3.3.1.4　Thermo-Calc 软件的计算结果

为了验证基于固溶度积公式的热力学分析结果，用 Thermo-Calc 软件进行了计算。计算以表 3-4 中耐候钢板的化学成分为基础，在钢中分别加入 0.02%、0.05%、0.10% 的钛，计算结果如图 3-32 所示。从图中可以看出下面的规律：

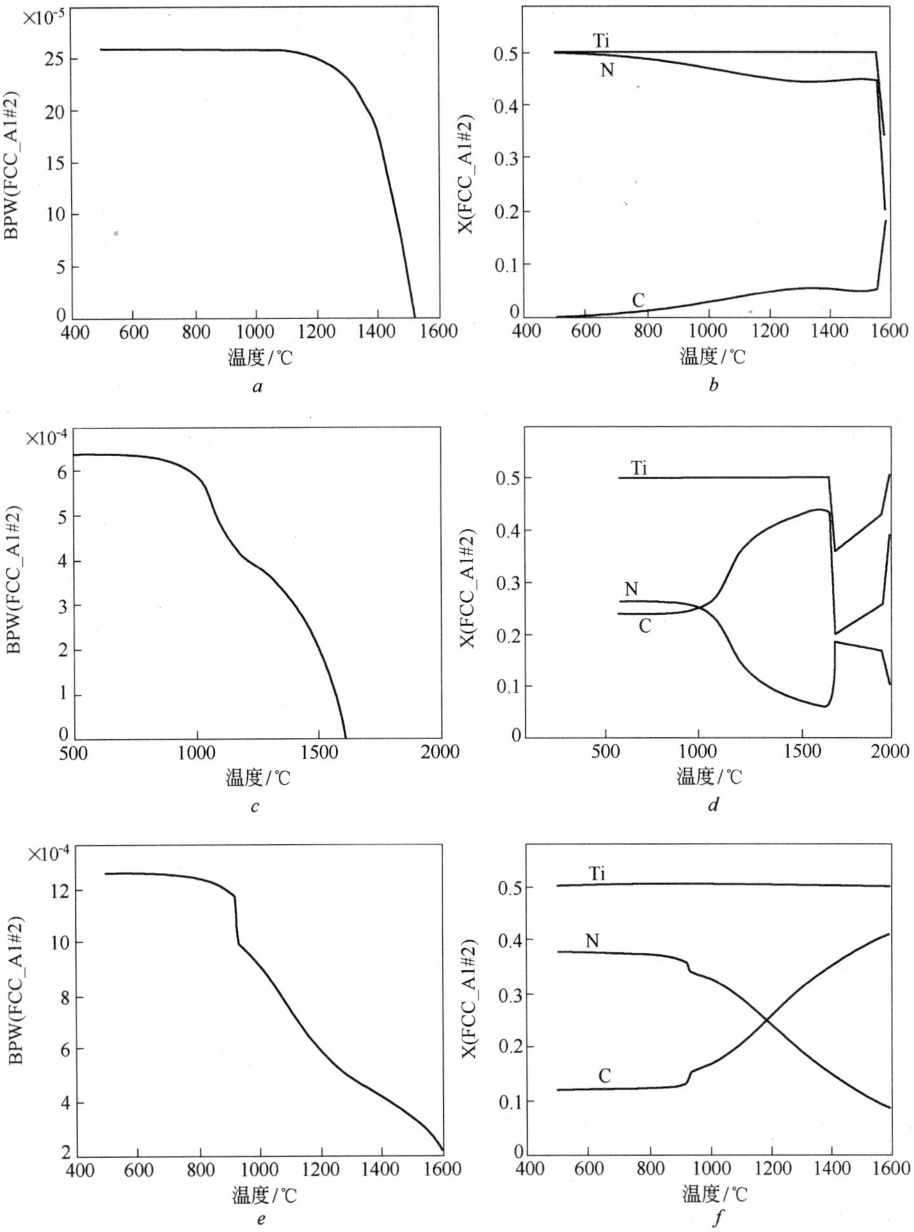


图 3-32 不同温度下平衡状态 Ti(C,N)的质量分数和相组成

*a*—0.02% Ti 时 Ti(C,N)的质量分数；*b*—0.02% Ti 时 Ti(C,N)的相组成；
*c*—0.05% Ti 时 Ti(C,N)的质量分数；*d*—0.05% Ti 时 Ti(C,N)的相组成；
*e*—0.10% Ti 时 Ti(C,N)的质量分数；*f*—0.10% Ti 时 Ti(C,N)的相组成

（1）随着钛含量增加，Ti(C,N)的开始析出温度升高。0.10%钛钢中Ti(C,N)的开始析出温度在1600℃以上，这说明增加钢中的钛含量，提高了TiN的液态析出温度，并且使液态析出的Ti(C,N)增加。

（2）某一温度$T_e$以下析出物的质量分数保持稳定，不再增加，在此平衡温度以下，Ti(C,N)会完全析出。

（3）0.02%钛钢的$T_e$在1100℃附近，这一温度正是薄板坯铸坯的均热温度，析出相组成结构式为$TiC_{0.08}N_{0.92}$，几乎为纯TiN，这证明了前面关于热连轧前TiN析出已基本完成的结论。

（4）钢中含钛量为0.05%和0.10%时，$T_e$为800～900℃。根据前面计算，0.007%氮消耗掉的钛为0.024%，其余的钛以TiC的形式析出，在热连轧结束析出过程基本完成，$T_e$恰恰在终轧温度范围之内。

（5）随着温度降低，相组成结构式$TiC_xN_y$发生变化，基本规律是$x$逐渐增大，而$y$减小。需要指出，图3-32是在平衡状态下测得Ti(C,N)的质量分数和相组成，而生产中是一个降温过程，由于TiN和TiC的稳定性不同，析出的前后顺序也不同。TiN先行析出，TiC析出物随温度降低而增加，因此出现图中的趋势。

以表3-4中耐候钢板的化学成分为基础，含钛量为0.05%，改变硫元素的含量，分别取为0.002%和0.005%，计算$Ti_4C_2S_2$的质量分数，结果如图3-33所示。硫含量升高增加了钢中$Ti_4C_2S_2$的质量分数。在$T_e$温度以下，含0.005%S的钢中$Ti_4C_2S_2$的质量分数为0.018%，含0.002%S的钢中$Ti_4C_2S_2$的质量分数只有0.008%。随着钢中硫含量增加，$Ti_4C_2S_2$的质量分数增多，消耗了更多数量的钛，降低了参与形成TiC的钛含量，使沉淀强化增量减小。因此，生产中严格控制硫

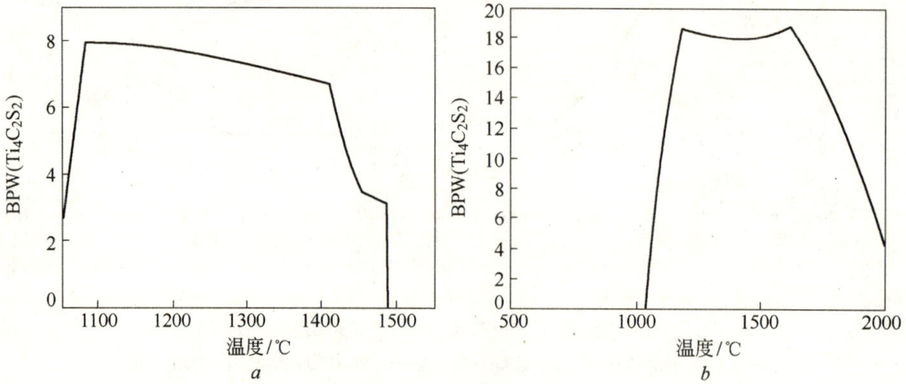


图3-33　$Ti_4C_2S_2$的质量分数

*a*—0.002%S；*b*—0.005%S

含量是很有必要的。另一方面，随硫含量升高，$Ti_4C_2S_2$的开始析出温度升高，硫含量为0.002%时，在1490℃时开始析出；硫含量为0.005%时，在2000℃时已有可能析出0.004%的$Ti_4C_2S_2$。可见，硫含量从0.005%到0.002%的变化，对$Ti_4C_2S_2$析出的影响是非常明显的。

#### 3.3.1.5 钛的碳、氮化物析出的动力学分析

##### A TiN的析出过程

上节通过热力学计算分析了钛微合金高强钢中碳氮化物的析出规律，但是第二相粒子析出的动力学决定了钢中的实际析出过程，因此还需要进行碳氮化物析出的动力学分析。

传统流程冷装工艺中，铸坯在凝固后的冷却过程中，随着溶解度的降低，TiN将在钢中析出。TiN在钢中的溶解度很低，在传统厚板坯的凝固过程或高温奥氏体区即可析出。这些大尺寸颗粒只有在温度高于1300℃时开始溶解，并且直到液态都无法完全溶解，因此在传统生产中部分微合金化元素的细化奥氏体晶粒和沉淀强化的作用没有发挥出来。

而采用薄板坯连铸连轧工艺，由于薄板坯的凝固和冷却速度更快，把相变推向低温，显著提高了形核率。和厚板坯连铸相比，均热前薄板坯中的析出物没有足够的时间长大，因此薄板坯中析出的TiN粒子更加细小。薄板坯进均热炉后，TiN颗粒将粗化，但由于均热的时间较短，TiN平均尺寸仍旧小于50nm，能够有效钉扎奥氏体晶界，足以抑制轧前奥氏体晶粒粗化，但无法阻止静态再结晶发生。因此薄板坯连铸连轧工艺中析出TiN颗粒的主要作用是阻止轧前奥氏体晶粒粗化。

###### a 形核

TiN的形核驱动力和两个因素密切相关：（1）过冷度；（2）基体中溶质钛和氮的过饱和度。由于薄板坯凝固后的冷却速度比传统厚板坯快10倍以上，相变范围被推向低温，增加了过冷度，同时使溶质钛和氮处于过饱和状态。研究表明TiN的形核功（$\Delta G^*$）及临界核半径（$r^*$）和过冷度$\Delta T$存在下面的关系[45]：

$$r^* \propto 1/\Delta T \quad \Delta G^* \propto 1/\Delta T^2 \tag{3-10}$$

对于固态相变中的均匀形核，形核率$I$为[46]：

$$I = n_V A^* \nu \exp\left(-\frac{\Delta G_m}{kT}\right)\exp\left(-\frac{\Delta G^*}{kT}\right) \tag{3-11}$$

式中，$n_V$为单位体积中能够形成核的原子位置数；$A^*$为临界核的表面能接受原子的原子位置数；$\nu$为原子振动频率；$\Delta G_m$为原子迁动激活能；$\Delta G^*$为临界核的形核功；$T$为发生析出的绝对温度；$k$为玻耳兹曼常数。

由式3-11可见，形核率随着形核功的减小而增大，即随过冷度增加而显著增大。和传统流程生产的厚板坯相比，薄板坯具有更短的凝固时间和凝固后更高

的冷却速率（比传统铸坯约快 10 倍），因此 TiN 在奥氏体中形核时具有更大的过冷度，随过冷度增加，形核功（$\Delta G^*$）及临界核半径（$r^*$）都减小，显著提高了形核率。

b　长大

新相形核后的长大过程就是新相界面向母相迁移的过程，析出相稳定核心形成后，周围基体中的溶质原子贫化，在基体中形成浓度梯度，基体中远离析出相核心的溶质原子通过长程扩散向其迁移，使得析出颗粒长大。球形析出粒子的长大遵循下面的关系[47]：

$$d = \alpha \sqrt{Dt} \tag{3-12}$$

其中：

$$\alpha = \left(2\frac{C_{\mathrm{Ti}}^{0} - C_{\mathrm{Ti}}^{\gamma}}{C_{\mathrm{Ti}}^{\mathrm{TiN}} - C_{\mathrm{Ti}}^{\gamma}}\right)^{1/2} \tag{3-13}$$

$$D = 1.5\exp(-251.2 \times 10^3/(RT)) \times 10^{-5} \tag{3-14}$$

式中，$d$ 为经时间 $t$ 长大后粒子的直径；$\alpha$ 为过饱和度的函数；$D$ 为钛在奥氏体中的扩散系数（$m^2/s$）；$C_{\mathrm{Ti}}^{0}$、$C_{\mathrm{Ti}}^{\gamma}$和 $C_{\mathrm{Ti}}^{\mathrm{TiN}}$分别为钛在基体中的初始浓度、平衡浓度以及在析出相中的浓度。

连铸后到均热前的时间很短，只有不到两分钟，计算时取温度为1150℃，假设基体中钛的过饱和度不变，粗略计算均热前 TiN 析出物颗粒可以长大到约 20nm。

c　粗化

TiN 从过饱和的固溶体 γ 中沉淀完成后，在随后的冷却和均热过程中，会发生小质点溶解而大质点长大，以释放过剩的表面自由能。由此造成 TiN 析出颗粒的平均半径随时间的延长而不断长大，即所谓的 Ostwald 熟化。在扩散是控制性因素的条件下，TiN 析出粒子的平均半径和时间的关系如式 1-2 所示。

根据式 1-2 计算 0.04% Ti、0.008% N 和 0.06% Ti、0.008% N 钢中 TiN 粗化速率 $m$ 与温度的关系，结果如图 3-34 所示。随温度的降低，TiN 粗化速率减小；在均热温度，析出物颗粒的粗化速率很小，均热过程中粒子仅长大几个纳米。

B　TiC 的析出过程

热力学计算表明：大部分 TiC 在热连轧温度范围内析出；在 γ→α 相变过程中，TiC 发生相间析出；在 800℃ 时析出过程基本完成。但上述结论是建立在平衡反应的基础之上，而连轧过程中 TiC 的析出过程比较复杂，不仅和温度有关系，并受到形变速率、形变量和道次间隔时间的影响，下面对其

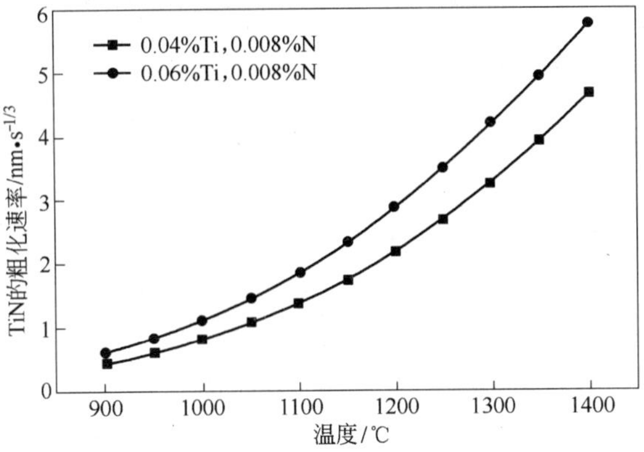


图 3-34 钢中 TiN 粗化速率 $m$ 与温度的关系

进行定性的分析。

热连轧过程的塑性变形引发了相当数量的位错，原奥氏体晶界、变形带和奥氏体亚晶界处的高位错密度为 TiC 的析出提供了条件，提高了析出相的形核率，细化了析出相。形变诱导微合金碳氮化物的直径通常小于 15nm，因而具有较强的细化晶粒和沉淀强化作用。

一般认为，变形奥氏体中沉淀的析出至少比未变形奥氏体快一个数量级，这是由于变形增加位错密度，因此增加了形核密度，同时加快沉淀形成元素的扩散。因此在薄板坯连铸连轧条件下，TiC 开始析出的速度加快。但是析出物形核需要孕育期，并且从沉淀开始到沉淀结束有时间间隔。现代轧机由于轧速快，道次间隔时间短，这对析出过程是不利的。研究表明：由于薄板坯连铸连轧过程的轧制速度快，Ti（C,N）没有足够的时间析出，其孕育期比带钢在轧机中的停留时间还长一些。因此，连轧节奏很快抑制了 TiC 在连轧过程中的析出，轧后层流冷却迅速降低钢板温度，析出温度降低增加了形核的过冷度，从而形成大量细小的 TiC 析出物，起到沉淀强化的作用。

#### 3.3.1.6 钛的碳氮化物的析出过程

综上所述，钛的碳氮化物的析出可分为如下阶段：（1）连铸及冷却阶段，发生 TiN 和 $Ti_4C_2S_2$ 粒子的液析及固相析出；（2）均热阶段，主要发生 TiN 和 $Ti_4C_2S_2$ 粒子的粗化；（3）连轧阶段，发生 TiC 在奥氏体中的形变诱导析出；（4）层流冷却阶段，发生 TiC 的相间析出；（5）卷取阶段，发生 TiC 在铁素体中的析出。上述各个阶段示意图如图 3-35 所示。

应当指出，由于 TiN 和 TiC 可以无限互溶，因而除了液析 TiN 外，实际上并不存在单纯的 TiN 或 TiC，其存在形式应为 $Ti(C_xN_{1-x})$。但由于 TiN 在奥氏体中的固溶度积远远大于 TiC 的固溶度积（大两个数量级），因而在较高温度下 $x$ 接

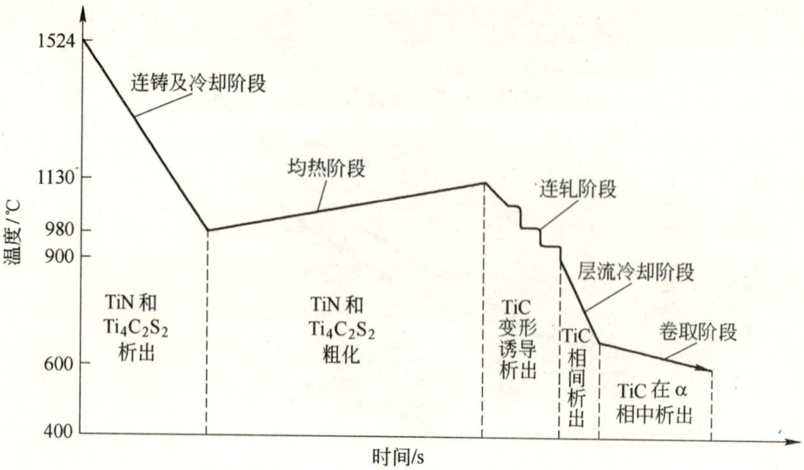


图 3-35　钛的碳氮化物各个阶段固相析出示意图

近于0，即形成富氮的 Ti(C,N)，而在较低温度下形成富碳的 Ti(C,N)。

可见，在薄板坯连铸连轧流程生产钛微合金钢的过程中，应当创造条件使钛的析出物颗粒主要在热连轧及以后的工序中发生。由于 TiN 析出温度高，高温析出过程很难完全避免，但可通过降低氮含量、提高铸坯冷速和降低均热温度等工艺措施尽量减少高温析出量，细化析出物尺寸。

### 3.3.1.7　薄板坯连铸连轧含钛析出物的析出规律小结

薄板坯连铸连轧含钛析出物的析出规律有以下几条：

（1）微观分析表明，钛微合金高强钢中存在 TiN、TiC 和 $Ti_4C_2S_2$ 等大量析出物。TiN 形貌为方形或不规则，尺寸从几十纳米到数微米；$Ti_4C_2S_2$ 为几十纳米的形状不规则的颗粒；TiC 呈球形，尺寸从十几纳米到几十纳米不等，它在铁素体基体中和位错线上大量弥散分布。

（2）薄板坯连铸连轧工艺条件下钛的碳氮化物的析出可分为如下阶段：连铸及冷却阶段，发生 TiN 和 $Ti_4C_2S_2$ 液析及固相析出；均热阶段，主要发生 TiN 和 $Ti_4C_2S_2$ 粒子的粗化；连轧阶段，发生 TiC 在奥氏体中的形变诱导析出；层流冷却阶段，发生 TiC 的相间析出；卷取阶段，发生 TiC 在铁素体中的析出。

（3）薄板坯凝固和冷却速度快的特点增加了 TiN 形核的过冷度，显著提高了形核率，析出粒子长大时间短，粗化不明显，因此采用薄板坯连铸连轧工艺生产的高强钢中 TiN 粒子更加细小；由于轧制节奏快，层流冷却使带钢迅速降温，TiC 在较低温度大量析出，形成细小、弥散的纳米级析出物，起到沉淀强化作用。

（4）物理化学相分析表明：高强钢中的析出相类型主要有 $M_3C$、Ti(C,N)、

TiN、TiC 和 $Ti_4C_2S_2$等；随着钢中钛含量增加，$M_3C$ 相的质量分数减少，MC 相的质量分数增加，而 MC 相中 TiC 明显增多，而 TiN 的体积分数基本保持不变；钛含量增加改变了 MC 相的粒度分布，小尺寸粒子的体积分数显著增加，沉淀强化效果明显增强。

（5）热力学计算结果表明：钢中可能发生 TiN 液析，但其消耗的钛含量不超过总钛含量的15%；连轧前 TiN 的析出过程已基本完成，钢中钛含量的增加提高了 TiN 的平衡析出温度，增加了液态析出的可能性。

### 3.3.2 薄板坯连铸连轧钛微合金钢的组织演变规律

#### 3.3.2.1 钛含量对铁素体晶粒尺寸的影响

工业生产中不同钛含量（0 ~ 0.12%）的 4.0mm 厚的钢板的显微组织如图 3-36所示，钛含量与铁素体晶粒尺寸的关系如图 3-37 所示。由图 3-36 和图 3-37 可见，随钛含量的增加，珠光体量逐渐减少，这一点与 3.3.1 节中化学相分析的

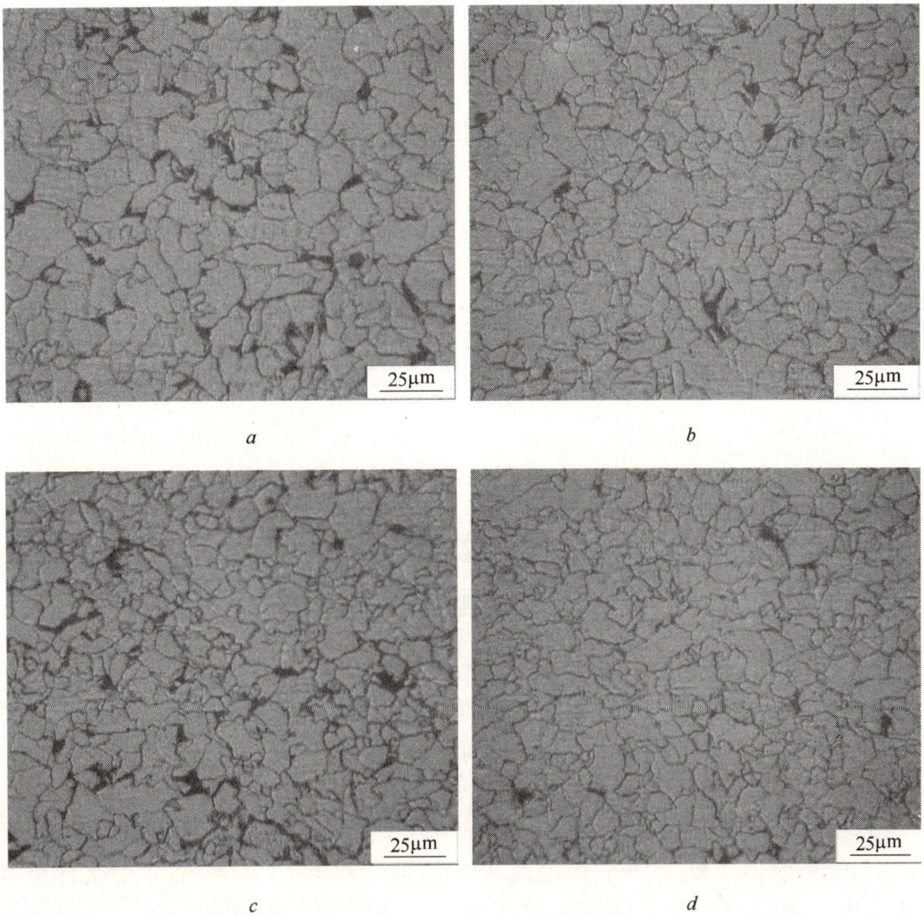

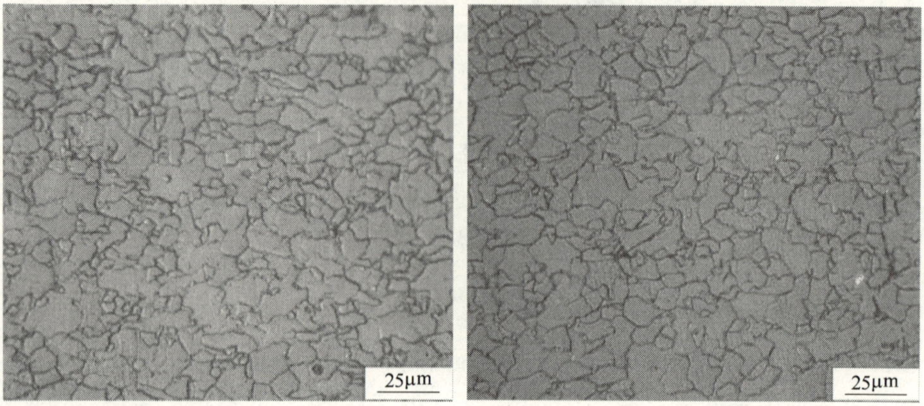


*e*　　*f*

图 3-36　不同钛含量高强钢心部的显微组织（板厚为 4. 0mm）

*a*—Ti 0%；*b*—Ti 0. 018%；*c*—Ti 0. 040%；

*d*—Ti 0. 068%；*e*—Ti 0. 096%；*f*—Ti 0. 12%

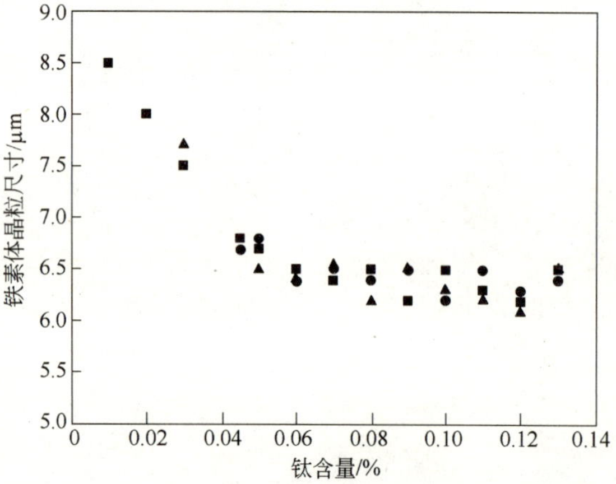


图 3-37　铁素体晶粒尺寸与钛含量的关系（板厚为 4mm）

结果一致；当钛含量小于 0. 04% 时，随着钛含量的增加，晶粒逐渐细化；当钛含量大于 0. 04% 时，晶粒尺寸基本保持不变[48]。

3. 3. 2. 2　成品厚度对铁素体晶粒尺寸的影响

图 3-38 给出了相同成分条件下含 0. 058% Ti 不同成品厚度钢板的组织照片，图 3-39 给出了铁素体平均晶粒尺寸的测定结果[49]。可见，在钛含量和铸坯厚度一定的情况下，随成品厚度减小，铁素体晶粒不断细化。这是由于

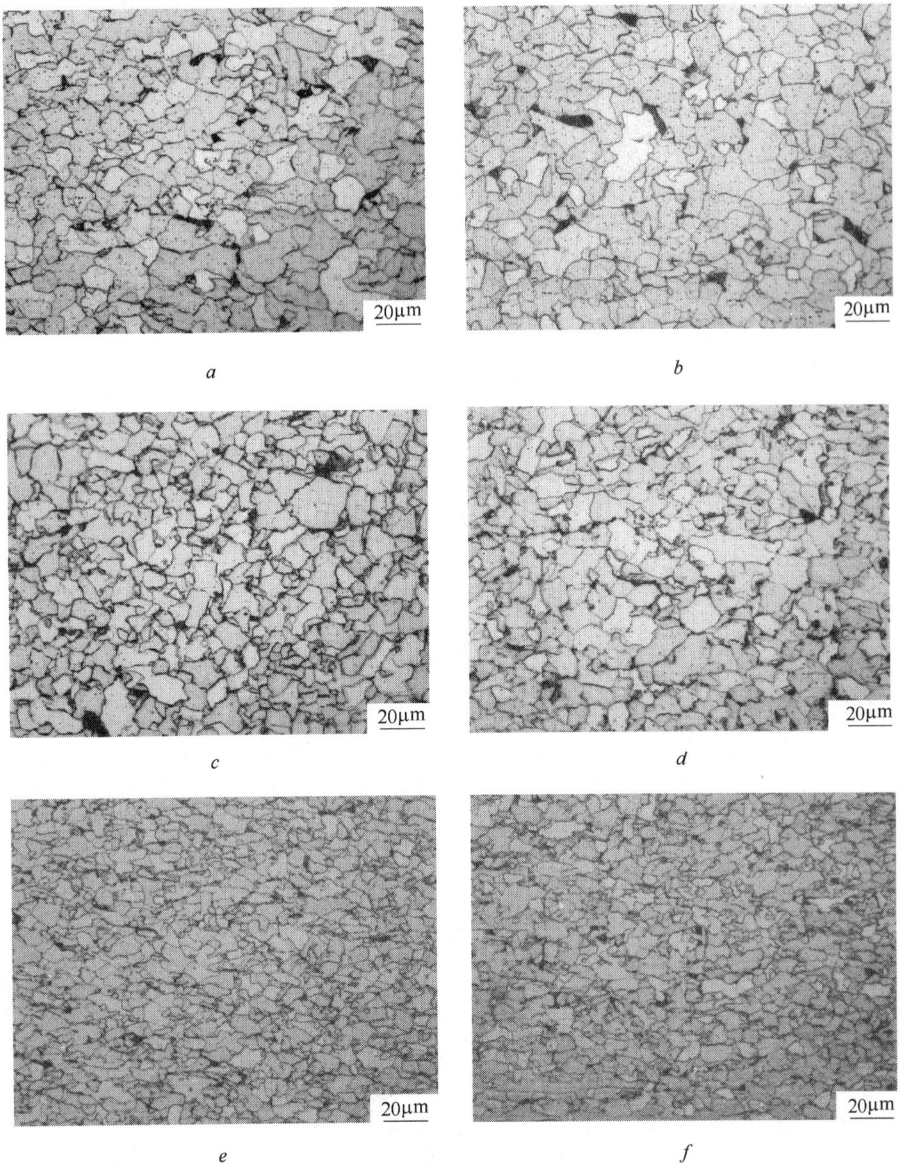


图 3-38 0.058% Ti 不同成品厚度高强钢板的组织照片

*a*—6mm1/4；*b*—6mm 心部；*c*—4mm1/4；*d*—4mm 心部；

*e*—1.6mm1/4；*f*—1.6mm 心部

随总压缩比的增大，再结晶奥氏体的晶粒尺寸减小，同时钢带运行速度加快，冷速增加，导致相变过冷度增大。上述两个因素共同导致了铁素体晶粒的细化。

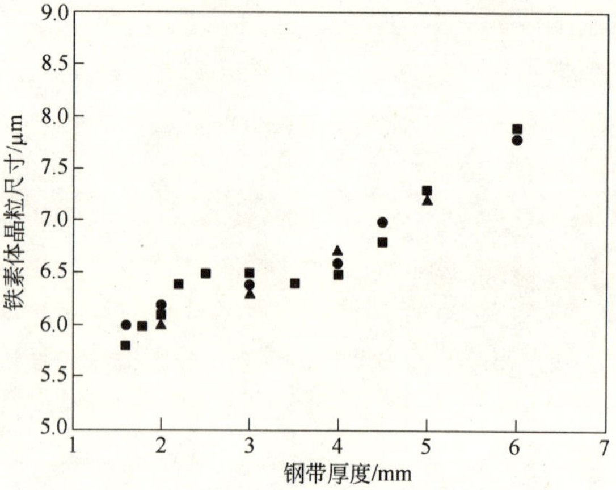


图 3-39　含 0.058% Ti 成品厚度与铁素体平均晶粒尺寸的关系

### 3.3.3　薄板坯连铸连轧钛微合金钢的强韧化机理

3.3.3.1　钛含量对屈服强度的影响规律

钢板屈服强度与钛含量和成品厚度的关系如图 3-40 所示。可见，钛对强度的影响分三个阶段：当钛含量低于 0.045% 时，屈服强度随着钛含量的增加而缓慢上升；当钛含量大于 0.045% 而小于 0.095% 时，随着钛含量的增加，屈服强度随钛含量增加呈线性递增趋势；当钛含量大于 0.095% 时，屈服强度基本保持不变。钛含量增加可显著提高钢板的屈服强度，屈服强度最高达到了 720MPa。在钛含量相同条件下，成品厚度越薄，屈服强度越高[50]。

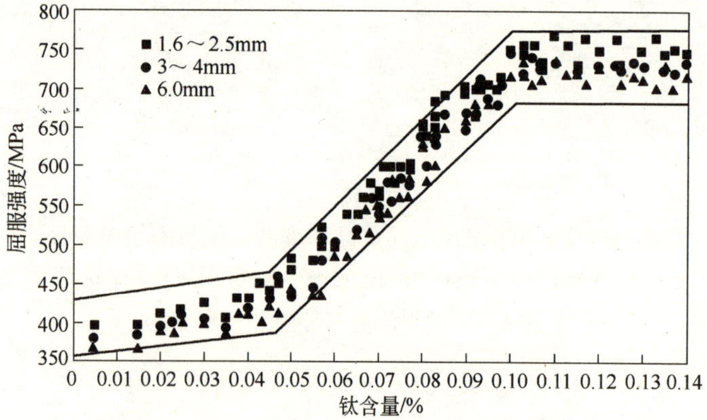


图 3-40　钢板屈服强度与钛含量和成品厚度的关系

3.3.3.2 控制轧制方式分析

微合金控制轧制钢的晶粒细化方式有两种：一是再结晶控制轧制，二是未再结晶控制轧制。前者通过热连轧过程中的奥氏体反复再结晶细化奥氏体晶粒，最终细化铁素体晶粒。其中微合金元素的作用是控制各个机架间以及轧后再结晶奥氏体晶粒的粗化，有代表性的钢种是 V-N 或 V-Ti-N 微合金钢。而对于未再结晶控制轧制，在整个精轧过程中或精轧后几个机架奥氏体不发生再结晶，形成了具有较高缺陷密度的扁平状奥氏体，提高了铁素体的形核率，进而细化了最终铁素体晶粒。由于 Nb 元素对奥氏体再结晶的强烈抑制作用，因而几乎所有的未再结晶控制轧制钢中都含铌。钛对再结晶的抑制作用介于铌和钒之间，如图 1-3 所示[51]。若终轧温度为 900℃ 左右，令 $T_{nr}=900℃$，则对应的钛原子百分数为 0.08%，换算成质量分数为 0.07%。液析 TiN 和连铸中析出的 TiN 及 $Ti_4C_2S_2$ 由于尺寸较大对再结晶几乎没有影响，钢水中的氮、硫含量分别取 0.007% 和 0.005%，则在 900℃ 终轧时仍能完成再结晶的钛含量为 0.11%。因此可初步认为：当钛含量低于 0.11% 时，连轧过程中奥氏体能够完成再结晶，钢的晶粒细化方式为再结晶控制轧制；而当钛含量高于 0.11% 时，在前几机架连轧过程中奥氏体能够完成再结晶，其晶粒细化方式为再结晶控制轧制，在后几机架间产生应变累积，其晶粒细化方式为未再结晶控制轧制。

3.3.3.3 钛微合金高强钢的强化机理研究

根据扩展 Hall-Petch 公式，钢的屈服强度可由下式给出：

$$\sigma_y = \sigma_i + \sigma_s + \sigma_p + \sigma_d + \sigma_g \tag{3-15}$$

式中，$\sigma_i$ 为内部晶格强化，对低碳钢而言为 48MPa；$\sigma_s$ 为固溶强化；$\sigma_d$ 为位错强化；$\sigma_p$ 为沉淀强化；$\sigma_g$ 为晶粒细化而引起的强化，$\sigma_g = Kd^{-1/2}$。

A 固溶强化

固溶强化的主要微观作用机制是弹性相互作用。溶质原子进入基体晶体点阵中，将使晶体点阵发生畸变，畸变产生一弹性应力场，该弹性应力场与位错周围的弹性应力场将发生相互作用。固溶强化作用的大小与溶质原子的量有关，通常认为在一定的化学成分范围内固溶强化元素的固溶强化效果正比于固溶原子量，相应的比例系数即每 1% 质量分数固溶元素在铁素体中产生的屈服强度增量 $k_M$ 可通过大量的实验统计测定，雍岐龙[20]总结了常用的强化作用系数值，如表 3-5 所示。

对于在钢中仅以固溶状态存在的元素而言，固溶量就等于该元素在钢中的含量；对于既可以固溶状态存在也可以第二相状态存在的元素而言，必须根据其热历史和不同温度下的平衡溶解度对固溶量和处于第二相中的量进行理论计算或通过相应的实验确定。固溶强化增量仅与固溶量［M］有关。

**表 3-5　每 1% 质量分数固溶元素在铁素体中产生的屈服强度增量 $k_M$（MPa）**

| C（固溶量小于 0.2%） | N（固溶量小于 0.2%） | P | Si | Ti | Cu | Mn | Mo | V | Cr | Ni | Sn | 备注 |
|---|---|---|---|---|---|---|---|---|---|---|---|---|
| | | 247 | 82 | | 96 | 70 | 8 | | | 33 | 113 | |
| | 354.2 | | 83 | | | 32 | | | | | | |
| | 2918 | | 83 | | | 37 | | | | | | |
| | | 677 | 59 | | | 40 | | | | | | |
| | | | 84 | | | 33 | | | | | | |
| 4370 | 3750 | 350 | 86 | | 39 | 50 | 22 | | | | | |
| 4570 | 4570 | 67.6 | 84 | 80 | 38 | 32 | 11 | 3 | -30 | 0 | | |
| | | 468 | | | | | | | | | | |
| 5000 | 5000 | 680 | 84 | | 38 | 32 | 11 | | -30 | 33 | | |
| | 5197 | | | | | | | | | | | |
| 4570 | 4570 | 470 | 83 | 80 | 38 | 37 | 11 | 3 | -30 | 0 | 113 | 推荐值 |

大量的实验研究工作证实，在一般的稀固溶体中，因溶质的固溶而造成的屈服强度的增量可以用下式表示：

$$\sigma_s = 37[Mn] + 83[Si] + 59[Al] + 38[Cu] + 11[Mo] + 33[Ni] - 30[Cr] + 680[P] + 2918[N] \tag{3-16}$$

式中，[M] 为固溶态元素的质量分数。

在上述各元素中，氮主要被钛所固定形成 TiN，即使在钛含量较低的情况下，氮也会被铝固定形成 AlN，因此钢中固溶氮含量很低，可以忽略不计。钢中钛主要与碳、氮、硫元素结合形成各种化合物，固溶钛含量也很低，可以忽略不计。而对于碳，部分与钛结合形成 Ti(C,N)，部分形成渗碳体 $Fe_3C$，但仍有相当数量的碳固溶于铁素体中，因此不能忽略其强化作用。根据对钛微合金高强钢的成品样化学相分析的结果，铁素体中固溶碳含量 [C] 取为 0.01%。锰、铜、硅、磷、铬、镍等元素在钢中均以固溶态存在，其固溶元素含量由钢的化学成分得到。由此可计算出钢的固溶强化增量约为 120 ~ 140MPa。

B　位错强化

位错强化也是金属材料中有效的强化方式之一。金属材料的流变应力与位错密度 $\rho$ 之间的关系如下：

$$\sigma_d = M\alpha\mu b\rho^{1/2} \tag{3-17}$$

式中，$M$ 为取向因子；$\alpha$ 为比例系数。位错密度主要和变形量有关，一般说来，压下量越大，终轧温度越低，位错密度越高，则位错强化对屈服强度的贡献越大。在多边形铁素体形成的转变温度范围内，$\sigma_d$很小，不超过45MPa。于浩测得1.0mm厚ZJ330B成品板中的位错密度为$2.80\times10^{13}m/m^3$，计算出位错强化对屈服强度的贡献为46.1MPa[52]。对于钛微合金高强钢，不同厚度的钢板其位错强化的贡献也不相同。终轧温度越低，钢板厚度越薄，则强化值越大。对不同厚度的钛微合金高强钢板，取20～40MPa。

C 细晶强化

由于晶粒细化是唯一能够同时提高钢强度和韧性的方法，故人们一直利用各种方法致力于晶粒的细化研究与生产。细晶强化可以用Hall-Petch公式来描述[53]：

$$\sigma_g = k_y d^{-1/2} \tag{3-18}$$

式中，$d$为有效晶粒尺寸；$k_y$为比例系数。有效晶粒尺寸是指材料中对位错的滑移运动起阻碍作用而使之产生位错塞积的界面所构成的最小的晶粒的尺寸，由于亚晶界附近一般不会产生位错的塞积，因而就不能成为有效晶粒。钛微合金高强钢为铁素体—珠光体钢，有效晶粒尺寸为铁素体晶粒尺寸。理论估算结果表明钢铁材料中$k_y$的数值约为24.7MPa·mm$^{1/2}$，大量的实验结果证实了Hall-Petch公式的正确性，根据这些实验结果也可以得到$k_y$的数值。结果表明，对钢铁材料的屈服强度而言，当应变速率范围在$6\times10^{-4}\sim1s^{-1}$之间，晶粒尺寸在3μm到数毫米范围时，钢铁材料中$k_y$的数值在14.0～23.4MPa·mm$^{1/2}$之间，低碳钢中常采用17.4MPa·mm$^{1/2}$。

4.0mm钢板的细晶强化增量与含钛量的关系如图3-41所示。可见，随钛含量的增加，细晶强化强度增量先是增加，当钛含量高于0.045%后逐渐达到一稳定值（约210MPa）；成品厚度减小，会使细晶强化强度增量升高，如图3-42所示。

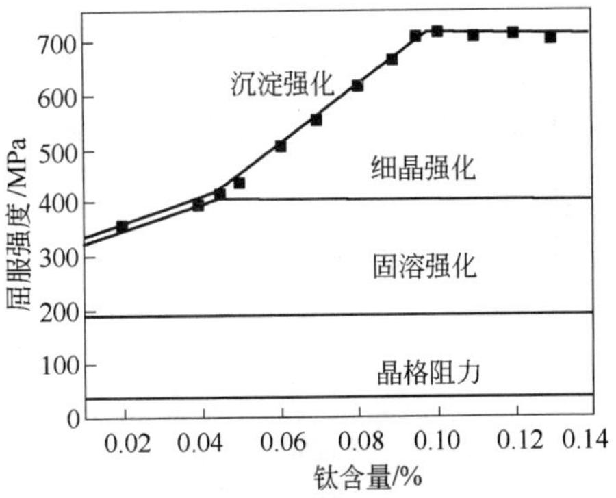


图3-41 4.0mm钢板各种强化增量与含钛量的关系

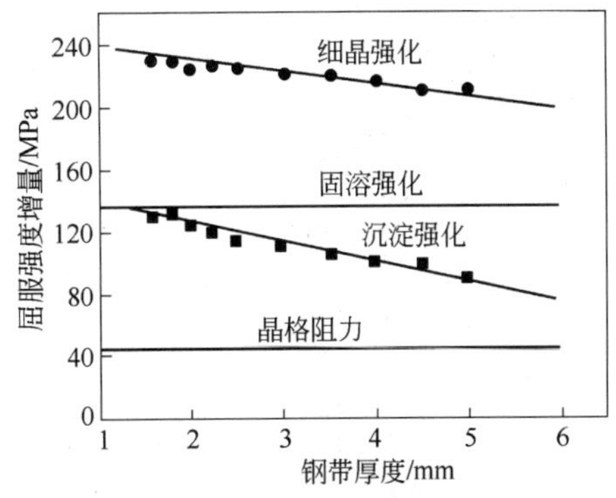


图3-42 含0.058%钛钢各种强度增量与成品厚度的关系

D　沉淀强化

由式 3-15 可知，钢的沉淀强化增量可由屈服强度减去固溶强化增量、细晶增量和纯铁的点阵力之和获得。钛微合金高强钢 4.0mm 钢板的沉淀强化增量与含钛量的关系如图 3-41 所示。随钛含量的增加，沉淀强化增量先是缓慢增加，当钛含量超过 0.045%，增加较快；当钛含量超过 0.095%，强度增加又趋缓。

钛的含量小于 0.045% 时，钢中的钛主要与氮和硫结合，形成尺寸为几十纳米到几百纳米的 TiN 和 $Ti_4C_2S_2$ 颗粒，其中尺寸较小的析出物通过阻碍再结晶奥氏体晶粒的长大来细化晶粒，起到细晶强化的作用，同时具有较小的沉淀强化作用。

当钛含量继续增加时，多余的钛将依次以奥氏体中析出、相间析出和铁素体中析出的方式形成尺寸从几纳米到几十纳米不等的呈球形的 TiC，它们在铁素体基体中和位错线上大量弥散分布，沉淀强化的效果显著。尤其是铁素体中析出的 TiC 粒子，由于其析出温度最低，因而粒子直径最小，沉淀强化作用最大。因此，当钛含量大于 0.045% 时，随钛含量的增加，屈服强度显著提高。

铁素体中碳含量较低，因而在铁素体中析出 TiC 的数量有一定限度。当钛含量增加到一定程度时，铁素体中的碳将完全与钛结合形成 TiC，其强化作用也将趋于饱和。继续增加钛含量，进一步强化完全来自于在奥氏体中析出和相间析出的 TiC 粒子，但由于钛含量较高时析出温度也较高，TiC 粒子容易长大和粗化，因而其强化效果不及铁素体中析出粒子的强化效果显著。当钛含量超过 0.095%，强度增加又趋缓。

根据 Fe-C 二元相图，铁素体中可溶解的最高碳含量为 0.0218%（出现在共析温度），而合金元素的加入通常减小该数值。根据 Thermo-Cal 计算出了钛微合金高强钢的 Fe（Mn，Cr，Si，P，S，Cu，P）-C 相图，结果如图 3-43*a* 所示。图 3-43*b* 为铁素体单相区的局部放大，从中可清楚看到碳在铁素体中的溶解度曲线，同时可见碳在铁素体中的最大平衡溶解度为 0.011%。而在实际非平衡的冷却条

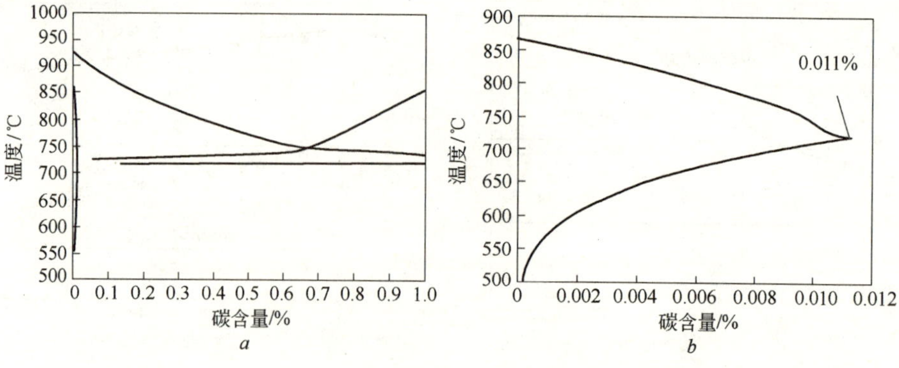


图 3-43　Fe（Mn，Cr，Si，P，S，Cu，P）-C 相图与铁素体单相区的局部放大

*a*—相图；*b*—铁素体区局部放大

件下，碳的最大溶解度要略大一些。另外，铁素体中碳含量应该低于实际最大溶解度。基于上述考虑，可粗略地假设铁素体中的碳含量为 0.01%，则它可与 0.04% 钛结合形成 TiC。考虑到与氮、硫结合的钛以及在奥氏体中析出和相间析出的钛含量，强度增加趋缓的拐点（第二个拐点）所对应的钛含量应不小于 0.085%，与生产大量数据所得到的 0.095% 基本吻合。

另外，在含钛量一定时，成品厚度减小会使沉淀强化增量升高，如图 3-42 所示。这是由于钢板厚度减小使冷速加快，导致沉淀析出的 Ti(C,N) 更加细小的缘故。

钛微合金高强钢中加了较多的钛，钛与碳结合生成 TiC，在轧后冷却和卷取过程中析出的 TiC 粒子非常细小，可达到 10nm 数量级，能产生强烈的沉淀强化效果。根据 Gladman 等的理论，采用 Ashby-Orowan 修正模型，模型以位错线在滑移面上两个相邻粒子之间弓出，第二相粒子混乱分布为依据，对沉淀强化有：

$$\sigma_p = 5.9 f^{-1/2} \times \ln(4000d)/d \tag{3-19}$$

式中，$d$ 为粒子直径，μm；$f$ 为第二相粒子的体积分数。

根据式 3-19 可定量地计算出沉淀强化的贡献，以含 0.068% 钛的钛微合金高强钢为例，TiC 质量分数为 0.0865%，密度为 $4.907\text{g/cm}^3$，可计算出其体积分数为 0.1387%，则 10nm 以下的粒子体积分数则为 0.088%，平均粒子直径按 5nm 计算，则 10nm 以下粒子对强度的贡献约为 105MPa，可见小于 10nm 的粒子对强度的贡献比较大。

由上述分析可以估算出薄规格高强钢中各强化分量，如图 3-41 所示[54]。可以看出沉淀强化的贡献的最大值大约在 250MPa 左右。此外，不同厚度规格钢的冷却速度不同会导致析出粒子的大小和质量分数的不同，也会使得沉淀强化的贡献不同。钛含量与屈服强度的关系如图 3-40 所示。

由图 3-40 可见，在 0.045% 钛和 0.095% 钛处有两个拐点。原因是在诸多强化分量中，与钛含量有关的只有细晶强化和沉淀强化。

当钛含量小于 0.045% 时，随着钛含量的增加，高强钢的屈服强度增加缓慢，这主要是因为：一方面随着钛含量的增加，晶粒细化会导致屈服强度增加约 20MPa；另一方面 TiN 和 $Ti_4C_2S_2$ 粒子也起一定的沉淀强化作用，但是由于这些粒子在高温下析出，粒子尺寸比较大（约几十纳米至上百纳米），其沉淀强化的增量比较小。

当钛含量大于 0.045% 时，晶粒不再随着钛含量的增加而细化。此时强度的增加主要源于 TiC 粒子的析出而导致的沉淀强化。由于弥散细小的 TiC 粒子的析出贡献比较大，使强度随钛含量的增加而迅速增加。

当钛含量高于 0.095% 后，屈服强度不再增加。其原因在于较高的钛含量会导致 TiC 在轧制前在奥氏体中析出，由于应变诱导析出和在铁素体中析出的 TiC

粒子的质量分数基本保持不变，从而使得高强钢的强度基本保持不变。

### 3.3.4　薄板坯连铸连轧钛微合金钢的铸坯元素偏析及其影响因素

本节阐述在薄板坯连铸连轧工艺条件下，采用原位统计分布分析技术研究铸坯元素偏析分布状况，研究钛微合金钢铸坯元素偏析状况，分析元素在铸坯上的分布规律。

原位统计分布分析技术（Original Position Statistic Distribution Analysis，OPA）是金属材料研究及质量判据的一项新技术[55~57]。它不同于现有的宏观分析技术（平均含量测定）及组织结构分析技术，而是以测量信息的原始性、原位性及统计性为特征，反映金属材料较大尺度范围内（$cm^2$）化学组成及组织形态的定量统计分布规律[58~61]。它是以火花光谱无预燃、连续激发及高速采集解析技术为基础，可有效地实现金属材料的原位统计定量分布分析。它可以获得关于材料的许多新信息，例如，各元素在材料中不同位置含量的统计定量分布；材料中各元素偏析度的准确定量计算；材料均匀度的表征——元素不同含量在材料中所占的原位置权重比率、统计均匀度、统计偏析度；材料疏松度的定量表征——统计致密度及表观密度；材料中夹杂物的统计定量分布以及材料中夹杂物不同粒度的统计定量分布等[62~64]。

采用金属原位分析仪对薄板坯连铸连轧工艺生产的 C 0.05%、Si 0.45%、Mn 0.45%、P 0.08%、S 0.005%、Ti 0.07% 的钛微合金高强钢的铸坯横截面进行碳、硅、锰、磷、硫、钛元素偏析分析、疏松度检测和铝类夹杂物分布及含量的测定。取样如图 3-44 所示，其中 1 号、13 号样宽度为 95mm，2 ~ 12 号样宽度为 90mm。

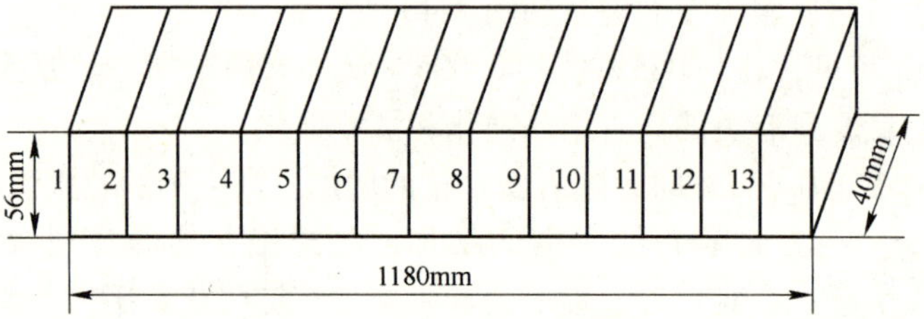


图 3-44　铸坯取样示意图（1 号、13 号宽度为 95mm，2 ~ 12 号宽度为 90mm）

#### 3.3.4.1　碳、硅、锰、磷、硫、钛元素偏析情况分析

将 13 个铸坯样品的各元素成分二维等高图分别拼接在一起，得到铸坯横截面各种元素成分二维等高图，从中可以观察到铸坯横截面各种元素成分的偏析情况，有助于从整体把握铸坯的质量情况。

图3-45为碳、硅、锰、磷、硫、钛各元素沿铸坯横截面二维等高图。可以看出，碳元素在铸坯中心处形成一条明显的“偏析带”，偏析最大；其次是磷和

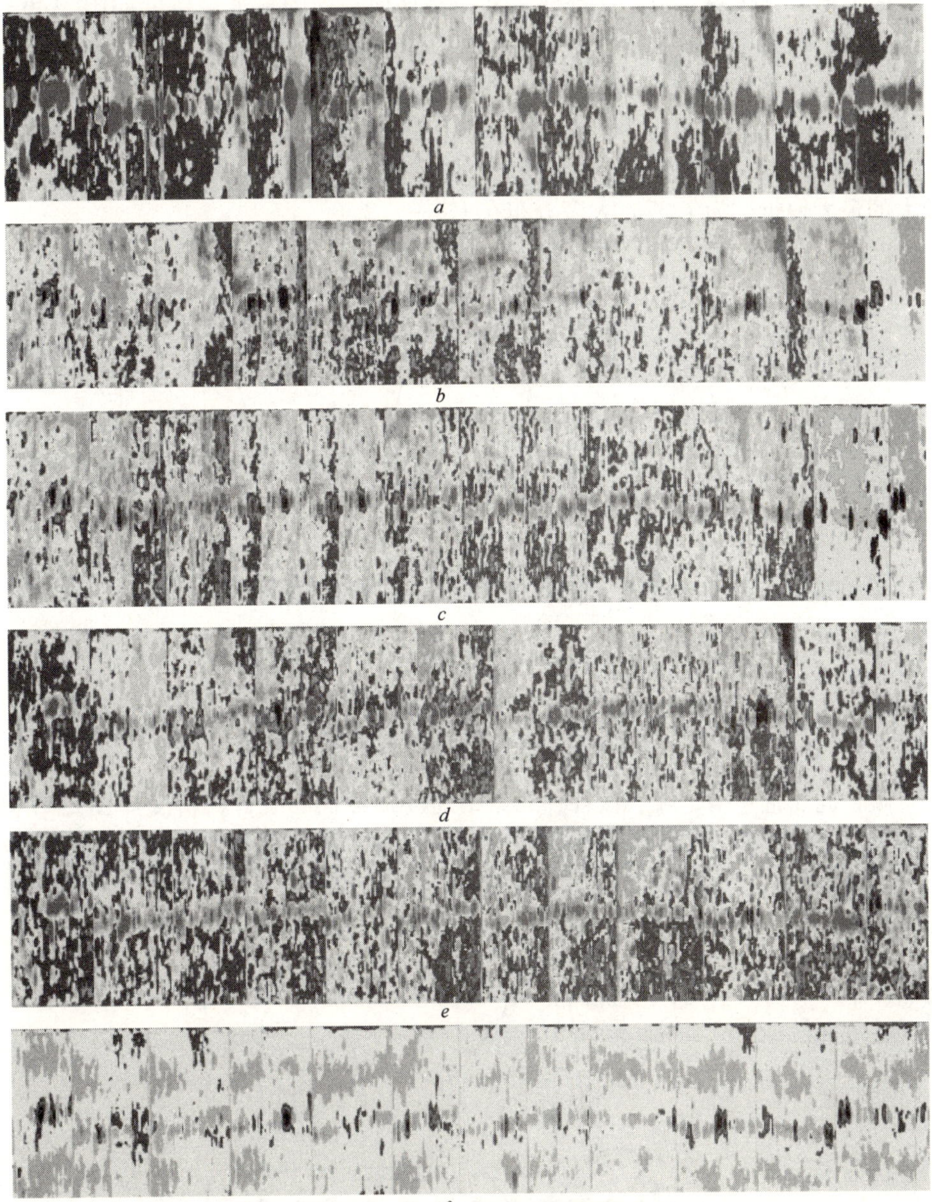

*a*

*b*

*c*

*d*

*e*

*f*

图3-45 C、Si、Mn、P、S、Ti各元素沿铸坯横截面二维等高图

*a*—C元素沿铸坯横截面二维等高图；*b*—Si元素沿铸坯横截面二维等高图；
*c*—Mn元素沿铸坯横截面二维等高图；*d*—P元素沿铸坯横截面二维等高图；
*e*—S元素沿铸坯横截面二维等高图；*f*—Ti元素沿铸坯横截面二维等高图

硫，这两种元素在铸坯中心处也形成了“偏析带”，但没有碳元素形成的偏析带明显；硅、锰和钛 3 种元素的偏析轻微，在铸坯中心处没有形成“偏析带”。

碳、硅、锰、磷、硫、钛各种元素沿铸坯横截面的最大偏析度如图 3-46 所示。可见：碳元素的最大偏析度最大，最大值达到 42，大多分布在 20 ~ 30；硫、磷有偏析，硫最大的最大偏析度为 8.8，大多分布在 1.5 ~ 2，磷最大的最大偏析度为 11，大多分布在 1 ~ 2；硅、锰、钛的偏析很小，硅最大的最大偏析度为 1.2，大多分布在 1 ~ 1.1，锰最大的最大偏析度为 1.14，大多分布在 1 ~ 1.1，钛最大的最大偏析度为 1.37，大多分布在 1.1 ~ 1.2。

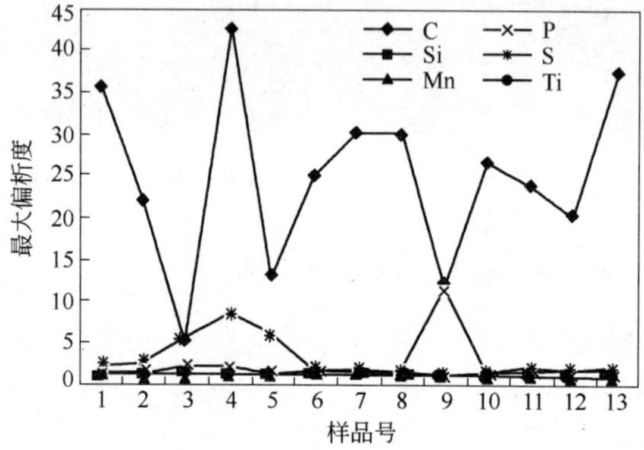


图 3-46　碳、硅、锰、磷、硫、钛各种元素沿铸坯横截面的最大偏析度

碳、硅、锰、磷、硫、钛各种元素沿铸坯横截面的统计偏析度如图 3-47 所示。可见：碳元素的统计偏析度最大，最大的统计偏析度达到 604%，大多分布

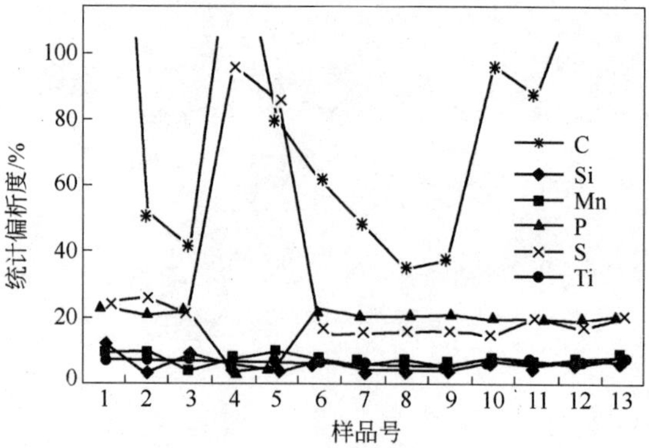


图 3-47　碳、硅、锰、磷、硫、钛各种元素沿铸坯横截面的统计偏析度

在50% ~120%；硫元素的统计偏析度次之，最大的统计偏析度为96%，大多分布在15% ~20%；磷元素最大的统计偏析度为23%，大多分布在19% ~20%；硅元素最大的统计偏析度为10%，大多分布在3% ~6%；锰元素最大的统计偏析度为10%，大多分布在5% ~7%；钛元素最大的统计偏析度为7%，大多分布在4% ~6%。

碳、硅、锰、磷、硫、钛各种元素沿铸坯横截面的统计均匀度如图3-48所示。可见：磷元素的统计均匀度最小，最小的统计均匀度达到69%，大多分布在75% ~80%；硫元素的统计均匀度次之，最小的统计均匀度为77%，大多分布在98% ~99.7%；碳元素最小的统计均匀度为89%，大多分布在98% ~99.7%；硅元素最小的统计均匀度为90%，大多分布在98% ~99.8%；锰元素最小的统计均匀度为94%，大多分布在97% ~99%；钛元素的统计均匀度都为100%。

(1)碳元素偏析情况分析。从图3-49可以看出：碳元素在铸坯两端的偏析

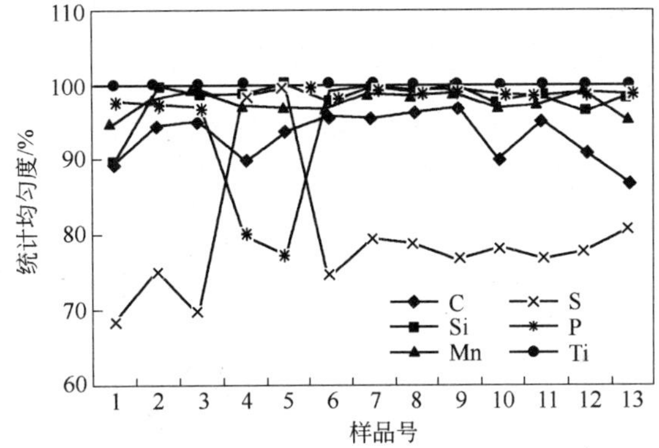


图3-48 碳、硅、锰、磷、硫、钛各种元素
沿铸坯横截面的统计均匀度

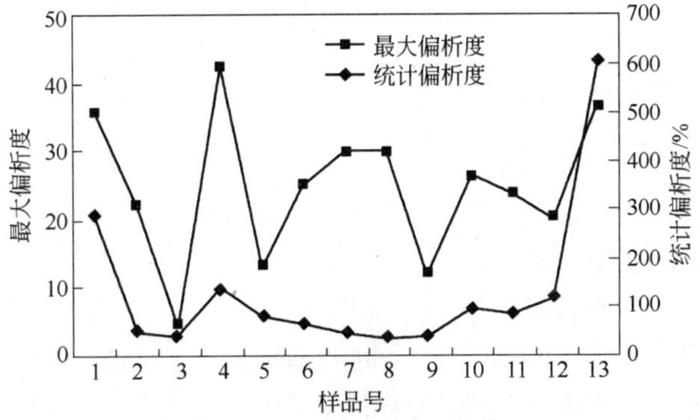


图3-49 横向C元素统计偏析度、最大偏析度曲线图

远大于中央的，偏析最严重的点出现在 4 号样品上。

（2）硅元素偏析情况分析。从图 3-50 可以看出：铸坯中央和边缘的偏析相差不大，上下波动属于正常范围；偏析最严重的点出现在 3 号样品上。

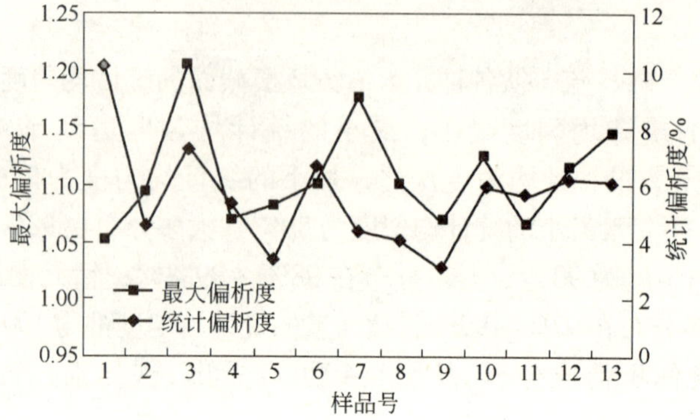


图 3-50　横向 Si 元素统计偏析度、最大偏析度曲线图

（3）锰元素偏析情况分析。从图 3-51 可以看出：锰元素的偏析情况和硅差不多，成分波动很小；偏析最严重的点也是出现在 8 号样品上。

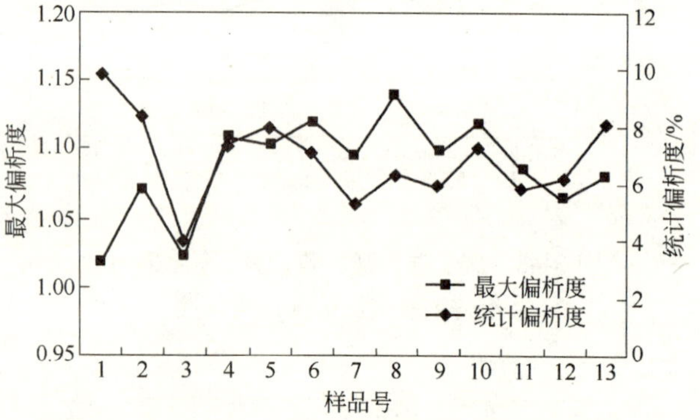


图 3-51　横向 Mn 元素统计偏析度、最大偏析度曲线图

（4）磷元素偏析情况分析。从图 3-52 可以看出：除 4、5 号样品偏析特别小外，其余样品的统计偏析度均在 20 上下波动；偏析最严重的点出现在 9 号样品上，且远远大于其他样品的最大偏析度。

（5）硫元素偏析情况分析。从图 3-53 可以看出：硫元素在 4、5 号样品上出现偏析高峰，为其他样品的 4～5 倍，同时偏析最严重的点也出现在 4 号样品上，出现这种情况可能是在 4、5 号样品上形成了大颗粒硫化物夹杂。

（6）钛元素偏析情况分析。从图 3-54 可以看出：钛元素沿铸坯宽度方向上分布比较均匀，偏析很小，边缘偏析略比中间高；偏析最严重的点出现在7号样品上，但与其他样品相差不大，最大偏析度相差不到0.3。

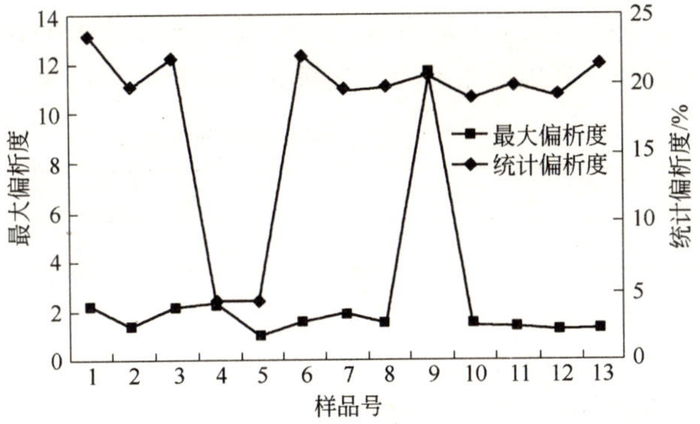


图3-52　横向P元素统计偏析度、最大偏析度曲线图

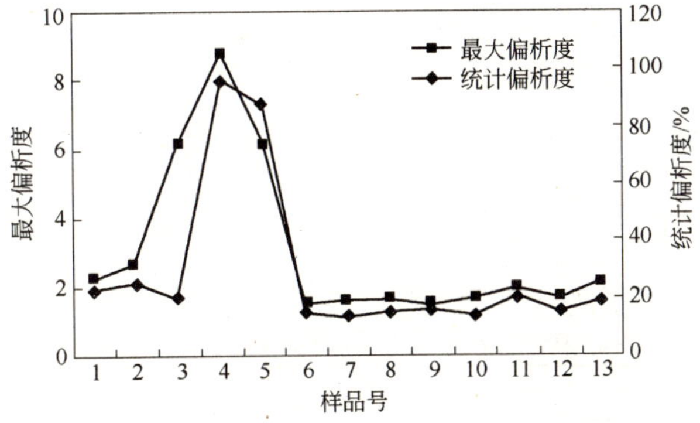


图3-53　横向S元素统计偏析度、最大偏析度曲线图

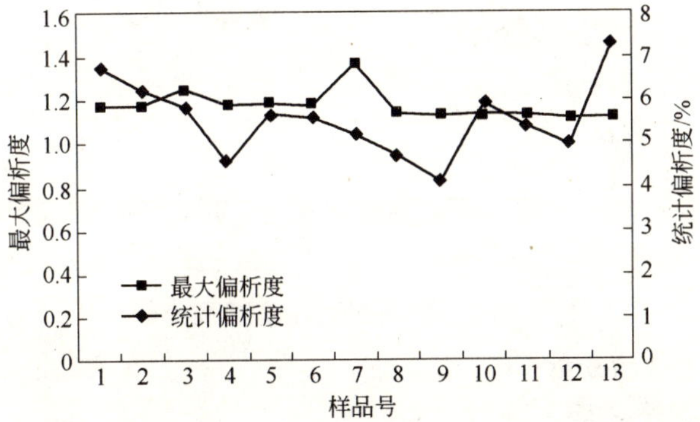


图3-54　横向Ti元素统计偏析度、最大偏析度曲线图

原位统计分析结果表明：碳元素在铸坯中偏析最严重，其次是硫、磷元素，这3种元素都在铸坯中心形成了“偏析带”；硅、锰、钛、铜、铬、镍6种元素在铸坯中偏析很小。

由表3-6可以得到：各元素偏析最严重的点出现位置基本集中在铸坯横截面1/4~1/3处；除硫外，其他元素都是在铸坯边缘偏析最为严重。

**表3-6　偏析分布规律统计表**

| 元　素 | C | Si | Mn | P | S | Ti |
|---|---|---|---|---|---|---|
| 偏析最严重的点出现位置 | 4号 | 3号 | 8号 | 9号 | 4号 | 7号 |

#### 3.3.4.2　致密度分析

致密度是疏松度的表现，对致密度的分布比较可以得到铸坯的疏松、缩孔情况。连铸坯横截面致密度、统计疏松度分布情况如表3-7所示，沿铸坯横截面致密度分布如图3-55所示。可见：统计疏松度很低，为0.045%~0.120%；致密度比较高，为0.924%~0.955%，各样品致密度相差不大，上下波动不超过0.04，且在铸坯横截面中心，样品上没有出现致密度急剧减少的情况，说明中心几乎没有疏松和缩孔。原位统计分析结果表明，铸坯基本没有中心疏松和缩孔。

**表3-7　连铸坯横截面致密度、统计疏松度分布情况（%）**

| 项　目 | 样品号 | | | | | | | | | | | | |
|---|---|---|---|---|---|---|---|---|---|---|---|---|---|
| | 1 | 2 | 3 | 4 | 5 | 6 | 7 | 8 | 9 | 10 | 11 | 12 | 13 |
| 致密度 | 0.9244 | 0.9415 | 0.9331 | 0.9447 | 0.9238 | 0.9534 | 0.9556 | 0.9418 | 0.9407 | 0.9556 | 0.9406 | 0.9527 | 0.9518 |
| 统计疏松度 | 0.1119 | 0.0612 | 0.0664 | 0.0699 | 0.0651 | 0.0699 | 0.0487 | 0.0515 | 0.0484 | 0.0907 | 0.0537 | 0.0775 | 0.1204 |

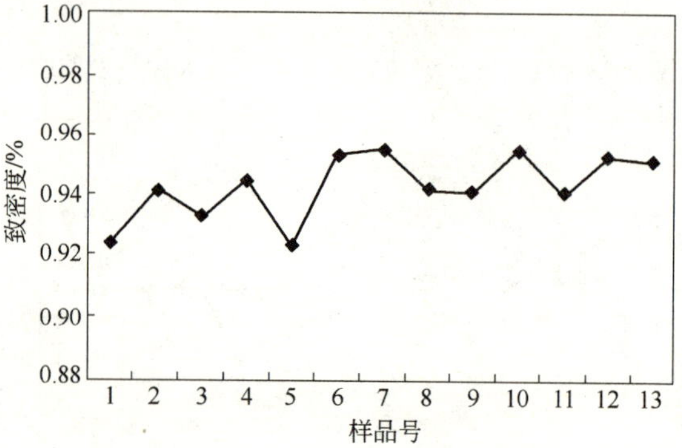


图3-55　沿铸坯横截面致密度分布

#### 3.3.4.3　夹杂物分析

##### A　铝类夹杂物分析

为分析连铸坯铝类夹杂物的分布情况，对连铸坯样品进行了原位统计分布分析，表3-8为铝类夹杂物含量分布统计表，图3-56为铝类夹杂物含量分布图。可以看出，铝类夹杂物在连铸坯横截面上均匀分布，夹杂物含量在0.0014%~0.0022%波动，符合夹杂物存在特性，波动幅度在正常范围内。

**表3-8 横向铝类夹杂物含量分布统计表**

| 项目 | 样品号 | | | | | | | | | | | | |
|---|---|---|---|---|---|---|---|---|---|---|---|---|---|
| | 1 | 2 | 3 | 4 | 5 | 6 | 7 | 8 | 9 | 10 | 11 | 12 | 13 |
| 含量/% | 0.0014 | 0.0017 | 0.0022 | 0.0015 | 0.0015 | 0.0016 | 0.0010 | 0.0016 | 0.0015 | 0.0017 | 0.0018 | 0.0017 | 0.0015 |

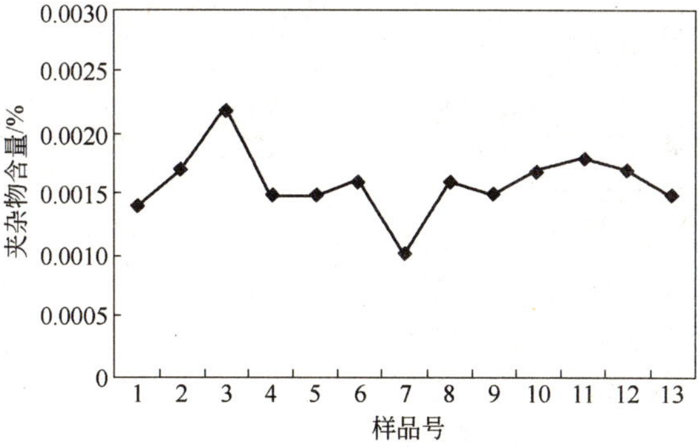


图3-56 铝类夹杂物含量分布图

B 钛类夹杂物分析

为分析连铸坯钛类夹杂物的分布情况，对2号连铸坯样品进行了原位统计分布分析，铝类夹杂物在连铸坯横截面上均匀分布，夹杂物含量分别为0.0003%、0.0002%，符合夹杂物存在特性，波动幅度在正常范围内。

3.3.4.4 液心压下对铸坯元素偏析的作用

液心压下（liquid core reduction）是在铸坯出结晶器下口后，对其坯壳施加挤压，液心仍保留在其中，经二冷扇形段，液心不断收缩直至薄板坯全部凝固。

采用液心压下装置对60mm的铸坯压下5mm，得到经过液心压下的试样，编号为1号；在同一铸坯上取未采用液心压下试样，编号为2号。采用金属原位分析仪对1、2号铸坯横截面进行碳、硅、锰、磷、硫、钛元素偏析分析、疏松度检测和夹杂物含量及分布的测定。对铸坯沿板坯宽度的1/2处、1/4处及右端取3个样品，铸坯取样示意图如图3-57所示，每个样品用46号树脂砂纸快速磨出新鲜表面。样品编号：1号铸坯1、2、3号样品分别编为11号、12号、13号，2号铸坯1、2、3号样品分别编为21号、22号、23号。样品厚度1号样为55mm、2号样为60mm，长度为100mm，宽度为25mm。

A 偏析情况分析

a 碳元素偏析情况

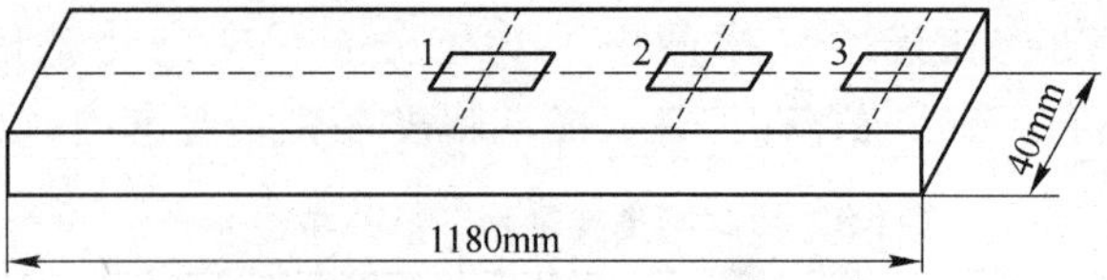


图 3-57　液心压下铸坯取样示意图

表 3-9 为碳元素解析结果。由表 3-9 可以看出经过液心压下的 1 号铸坯中央偏析程度比未经液心压下的 2 号铸坯中央偏析有很大的改善，碳元素分布更加均匀，但铸坯的 1/4 处偏析变化不大，而铸坯右端偏析加剧。

**表 3-9　碳元素解析结果**

| 项　目 | 样　品　号 | | | | | |
|---|---|---|---|---|---|---|
| | 11 | 12 | 13 | 21 | 22 | 23 |
| 平均含量/% | 0.040 | 0.040 | 0.039 | 0.038 | 0.039 | 0.039 |
| 最大偏析度 | 4.405 | 1.943 | 11.856 | 29.42 | 3.893 | 3.546 |
| 统计偏析度/% | 40.9 | 22.43 | 85.56 | 144.64 | 36.94 | 33.87 |
| 统计均匀度/% | 95.04 | 99.29 | 90.85 | 84.78 | 96.95 | 95.93 |

b　硅元素偏析情况

表 3-10 为硅元素解析结果。由表 3-10 可以看出经过液心压下的 1 号铸坯的 3 个取样处的偏析程度比未经液心压下的 3 个取样处的偏析没多大改善，只是偏析相对较为分散；1 号和 2 号铸坯相应位置的最大偏析度、统计均匀度、统计偏析度大致相同。

**表 3-10　硅元素解析结果**

| 项　目 | 样　品　号 | | | | | |
|---|---|---|---|---|---|---|
| | 11 | 12 | 13 | 21 | 22 | 23 |
| 平均含量/% | 0.428 | 0.428 | 0.423 | 0.434 | 0.433 | 0.435 |
| 最大偏析度 | 1.137 | 1.068 | 1.155 | 1.114 | 1.119 | 1.180 |
| 统计偏析度/% | 3.49 | 3.33 | 3.77 | 3.95 | 3.91 | 3.84 |
| 统计均匀度/% | 99.19 | 99.33 | 98.94 | 98.55 | 99.23 | 98.55 |

c　锰元素偏析情况

表 3-11 为锰元素解析结果。由表 3-11 可以看出 1 号铸坯中央处偏析比 2 号铸坯中央处偏析改善明显，且 2 号铸坯中央处存在局部负偏析；1/4 处偏析两者相差不大，1 号铸坯略为好一点，而在铸坯右端的情况刚好相反，1 号铸坯的偏析比 2 号铸坯略大一点。

表 3-11 锰元素解析结果

| 项 目 | 样品号 | | | | | |
|---|---|---|---|---|---|---|
| | 11 | 12 | 13 | 21 | 22 | 23 |
| 平均含量/% | 0.434 | 0.436 | 0.432 | 0.431 | 0.430 | 0.429 |
| 最大偏析度 | 1.067 | 1.078 | 1.117 | 1.045 | 1.150 | 1.152 |
| 统计偏析度/% | 3.61 | 5.7 | 6.86 | 6.48 | 6.12 | 5.36 |
| 统计均匀度/% | 99.86 | 96.82 | 95.28 | 96.10 | 94.18 | 95.33 |

d 磷元素偏析情况

表 3-12 为磷元素解析结果。由表 3-12 可以看出经过液心压下后磷元素在中间处偏析改善不明显，3/4 处和端部有所改善。

表 3-12 磷元素解析结果

| 项 目 | 样品号 | | | | | |
|---|---|---|---|---|---|---|
| | 11 | 12 | 13 | 21 | 22 | 23 |
| 平均含量/% | 0.077 | 0.079 | 0.078 | 0.081 | 0.080 | 0.080 |
| 最大偏析度 | 1.342 | 1.219 | 1.235 | 1.391 | 1.349 | 1.478 |
| 统计偏析度/% | 8.74 | 8.1 | 11.09 | 8.66 | 10.84 | 9.38 |
| 统计均匀度/% | 98.64 | 98.38 | 96.84 | 98.57 | 96.76 | 97.23 |

e 硫元素偏析情况

表 3-13 为硫元素解析结果。从表 3-13 可以看出经过液心压下后硫元素在中间处偏析加剧，1/4 处和端部偏析情况改善。

表 3-13 硫元素解析结果

| 项 目 | 样品号 | | | | | |
|---|---|---|---|---|---|---|
| | 11 | 12 | 13 | 21 | 22 | 23 |
| 平均含量/% | 0.007 | 0.007 | 0.007 | 0.008 | 0.008 | 0.008 |
| 最大偏析度 | 1.992 | 1.345 | 2.195 | 1.503 | 1.443 | 1.908 |
| 统计偏析度/% | 18.84 | 10.89 | 13.55 | 12.61 | 12.88 | 15.2 |
| 统计均匀度/% | 98.40 | 99.69 | 97.38 | 97.98 | 99.25 | 97.54 |

f 钛元素偏析情况

表 3-14 为钛元素解析结果。由表 3-14 可以看出经过液心压下后，铸坯各处偏析都有所改善，钛化物分布比较均匀。

表 3-14 钛元素解析结果

| 项 目 | 样品号 | | | | | |
|---|---|---|---|---|---|---|
| | 11 | 12 | 13 | 21 | 22 | 23 |
| 平均含量/% | 0.063 | 0.064 | 0.066 | 0.066 | 0.064 | 0.064 |
| 最大偏析度 | 1.157 | 1.123 | 1.087 | 1.262 | 1.199 | 1.382 |
| 统计偏析度/% | 5.48 | 4.28 | 5.4 | 6.28 | 6.85 | 7.93 |
| 统计均匀度/% | 99.86 | 99.99 | 95.25 | 99.57 | 99.55 | 98.78 |

综上所述，经过液心压下后，碳元素在铸坯中心点的偏析改善非常显著，1/4处不明显，端部偏析加剧；锰元素的情况与碳元素相似，但程度不像碳元素那样明显；磷元素在中点处改善不明显，3/4 处和端部稍有改善；硫元素在中点处偏析加剧，3/4 处和端部偏析情况改善；钛元素和硅元素的偏析在各处都有所改善，但不够显著[65]。

B 致密度分析

1、2 号铸坯对应位置致密度如图 3-58 所示，由图可见，经液心压下后，铸坯的致密度得到了显著的改善，这说明液心压下可以减少铸坯的疏松度。

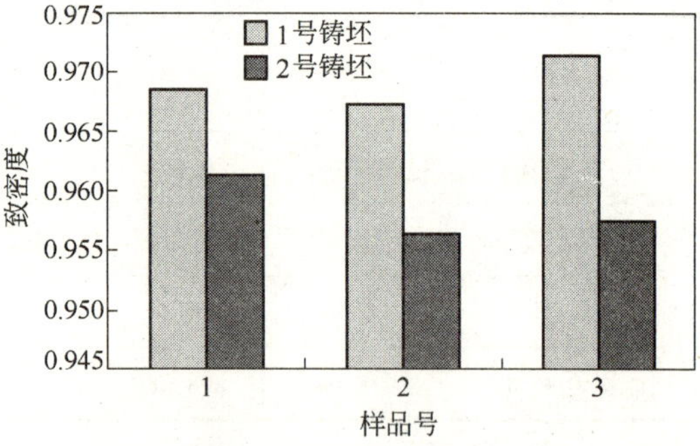


图 3-58 1、2 号铸坯对应位置致密度

3.3.4.5 相关试验结果分析

液心压下实际上是对黏稠区（两相区）施予压力，它将导致铸坯内部晶粒破碎和滑移，可得到较细的晶粒，使得铸坯在相同轧制温度下获得更好的韧性。通过液心压下可以产生以下作用：（1）压下过程中，铸坯内钢液流动速度加快，钢水过热度消失加快，柱状晶端部温度梯度减小，等轴晶开始缓慢生长，从而扩大了等轴晶区，有效减轻了中心偏析；（2）压下造成的钢液流动冲刷已形成的树枝晶，树枝晶尖端被冲断进入钢液，部分重熔，另一部分则作为晶核，随钢液的流动近似均匀分布于液相穴中，起到扩大等轴晶区、均匀成分、分散偏析分布的作用。

碳元素在铸坯右端处产生严重的负偏析，初步推断是压下后产生的钢液流动，带走了枝间富集溶质液体，使得枝间钢液溶质浓度下降，这样枝间钢液凝固后得到的凝固组织浓度也下降了，从而产生宏观负偏析。如果第二个或第三个压下段也进行压下，可减轻碳元素在铸坯边缘的负偏析。

铸坯致密度增大是由于等轴晶区扩大所造成的。在液心即将凝固形成内界面之前，当铸坯外壳尚未达到所需厚度时，对铸坯的轻压下不会降低液心的偏析水平。当铸坯内凝固的比例过高时，由于残剩在枝晶间的钢液被搭桥分隔，故对铸坯的轻压下会导致树枝晶间产生裂纹，偏析程度也不会得到改善。轻压下的理想时间应是铸坯受挤压而不破裂之时。如果不在理想时间进行轻压下或过了理想时间继续轻压下，铸坯由于柱状晶过分生长不能再破碎而产生内裂纹。因此，不在合适的时刻进行轻压下，不但不能改善铸坯的组织，反而由于内裂纹损害内部质量。此外，如果控制不当，轻压下后的铸坯会发生鼓肚，由于抽吸作用，浓缩的钢水重新回到中心部位。为防止轻压下后鼓肚，凝固末端应控制在轻压下区内。

液心压下技术的关键是通过所浇钢种、铸坯断面、中间包温度、拉速、结晶器冷却及工艺参数来测算和控制铸坯液相穴长度，浇钢过程中计算凝固终点，使最后的压下终点在固相率合适的液穴末端，并合理分配各扇形段的压下量，以获得最佳的减少偏析及中心疏松而提高铸坯质量的效果[6]。

### 3.3.5 相关因素对钛微合金钢性能的作用

为了深入系统地研究相关因素如板坯出炉温度、压下制度、终轧温度、卷取温度、层流冷却方式等主要工艺参数以及钛的加入量，对钛微合金钢产品组织、性能的影响，特别是对产品强度性能的影响规律，确定强度与各主要工艺参数的定量关系，进而确定钛微合金钢的热连轧生产工艺，设计了多个试验，并进行了多次现场工业试验，获得了大量的试验数据。应用 SPSS（Statistical Program for Social Sciences）专业统计分析软件，对试验数据进行定量统计分析，研究影响试验钢强度的主要因素，得到强度与各因素之间的回归方程[66]。

#### 3.3.5.1 相关因素对钛微合金钢性能作用的试验研究及分析

##### A 钛含量和成品厚度对强度的作用

钢中的钛含量和成品厚度是影响钛微合金高强钢强度变化的最显著的因素，通过调整钢中的钛含量，得到不同强度级别的钢种。在相同成分条件下（同一炉次）进行不同成品厚度规格的轧制，可以得到同一钛含量下不同成品厚度规格对强度的影响，在相同轧制条件下轧同一厚度规格，可以分析不同钛含量对强度的影响，从而通过数据分析得到不同厚度规格、不同强度级别条件下，钢中需要加入的钛含量。由图 3-59 与图 3-60 可见，在成品厚度一定的前提下，随着钛含量的增加，强度显著增加；在钛含量一定的前提下，随着成品厚度的减小，强度显著增加。

钛在钢中首先形成 TiN，TiN 颗粒大小与其析出过程有关。粗大的 TiN（>0.5μm）是液态或钢液凝固过程中的析出相，由于粗大且稀疏分布，不能有效地阻止晶粒长大，不起强化作用。钢液凝固后析出细小的 TiN 颗粒，这些细小的 TiN 颗粒很稳定，能够有效地阻止奥氏体晶粒长大，从而细化组织。随着钛含量

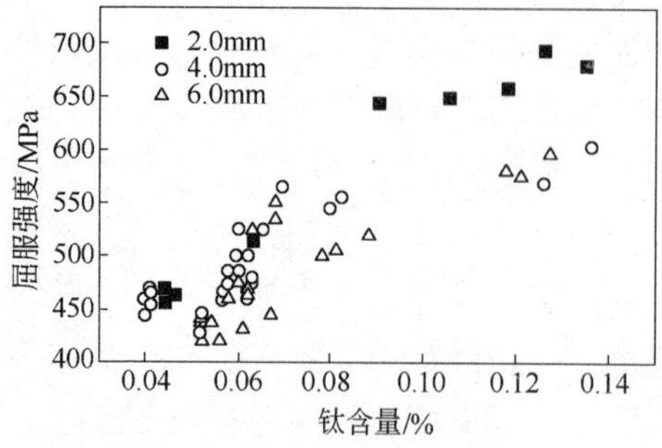


图 3-59　钛含量和成品厚度与屈服强度的关系

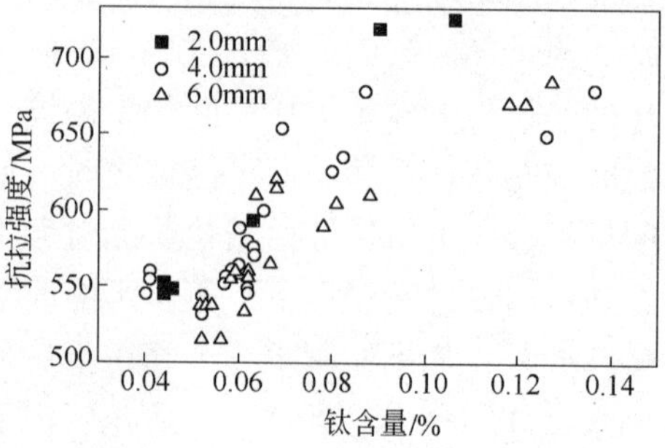


图 3-60　钛含量和成品厚度与抗拉强度的关系

增加，TiN 颗粒粗化，细小 TiC 的数量增加，沉淀强化作用导致钢的强度随钛含量增加而显著升高。钢中细小的 TiC 析出受转变温度影响，转变温度越高，析出颗粒失去共格关系的倾向就越大，并通过扩散长大，减弱沉淀强化。因此，较高钛含量时，非共格析出物数量增加，减弱了沉淀强化效果，钢的强度增加趋平缓。

在铸坯厚度一定的前提下，成品厚度越小，轧制压缩比越大，使再结晶奥氏体晶粒尺寸减小；另一方面，成品厚度越小，使带钢的运行速度增加，冷速加快，最终获得的铁素体晶粒尺寸减小，即是通过细化晶粒提高强度。另外，较大的压缩比促使更多细小的 Ti(C,N)粒子从奥氏体中沉淀析出，进而产生了较强的沉淀强化作用，即通过沉淀强化提高强度。

B　铸坯厚度对强度的作用

压缩比是轧制过程影响强度变化的最显著因素之一。随着铸坯厚度的增大，强度呈下降的趋势。一方面是因为铸坯越薄，原始铸态组织晶粒尺寸越小和越均匀，轧制后的晶粒尺寸就越小；另一方面是因为对于含钛钢，铸坯越薄，铸坯的冷却速度越快，减少了 TiN 在高温下的析出数量，就会使更多的钛在较低温度以 TiC 的形式析出，提高了沉淀强化效果。铸坯厚度与强度的关系如图 3-61 与图3-62所示，

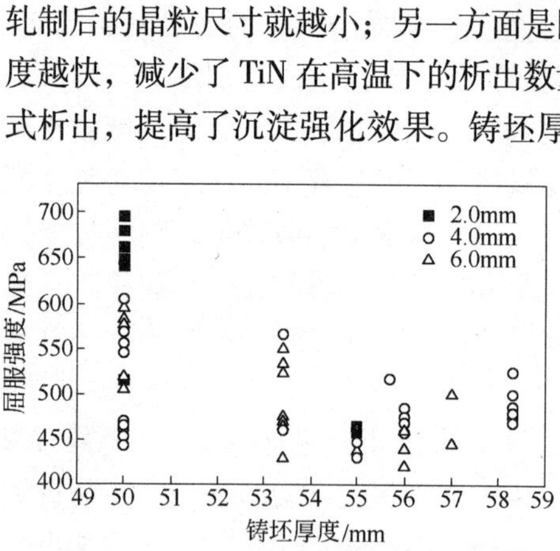


图 3-61　铸坯厚度与屈服强度的关系

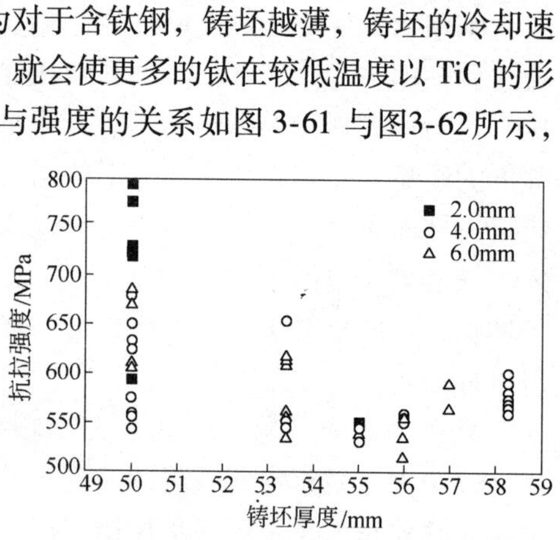


图 3-62　铸坯厚度与抗拉强度的关系

由图可见在成品板厚度一定的情况下，铸坯越薄，强度越高。

C 钢中氮、硫含量对强度影响

图3-63与图3-64为钢板强度与氮含量的关系图。由图可知，随着氮含量的增加，强度呈下降趋势。图3-65与图3-66为钢板强度与硫含量的关系图。可以看出，随着硫含量的增加，强度也呈较明显的下降趋势。根据钛在钢中的存在形式和析出规律，钛加入以后会跟氮和硫结合分别形成TiN和$Ti_4C_2S_2$，减少了低温TiC的沉淀析出量，损失了一部分钛对强度的贡献。

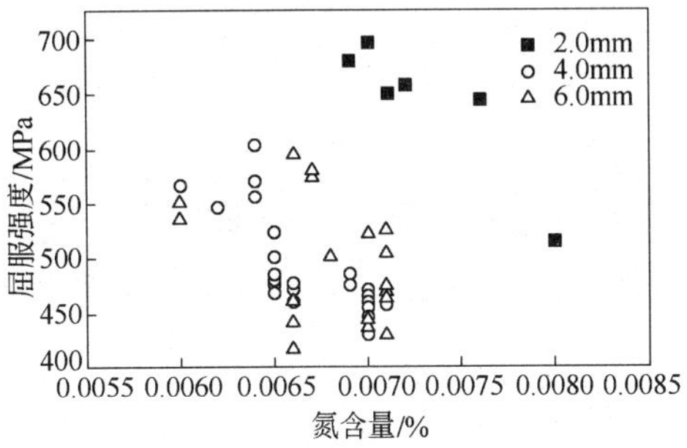


图3-63 成品板中氮含量与屈服强度的关系

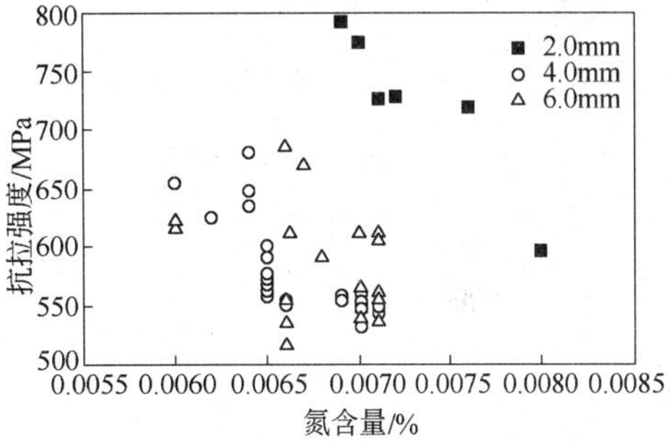


图3-64 成品板中氮含量与抗拉强度的关系

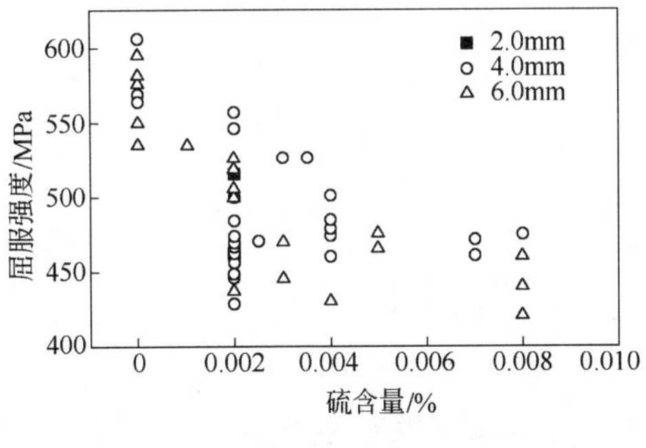


图3-65 成品板中硫含量与屈服强度的关系

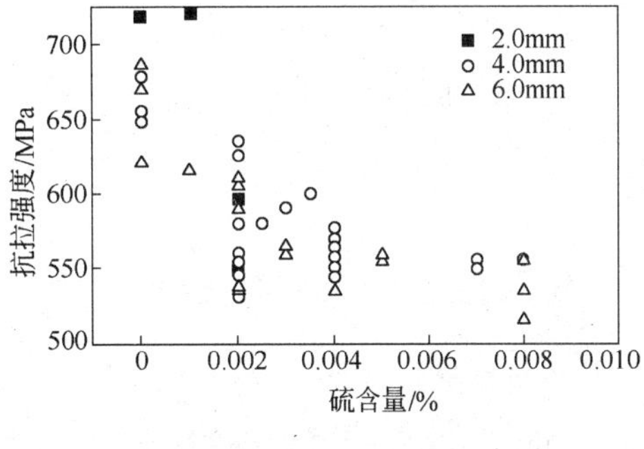


图3-66 成品板中硫含量与抗拉强度的关系

D 出炉温度对强度的作用

图3-67与图3-68分别为出炉温度与强度的关系，试验温度选择在1080℃以上，由图可以看出出炉温度对强度的影响没有明显的规律。为了降低TiN在均热过程中的长大和粗化倾向，也为了尽量减少TiN在高温的析出量，使更多的钛在较低温度下析出，从而细化析出相尺寸，应选择较低均热温度，考虑到现有轧机的承载能力和轧制稳定性等因素，均热炉出炉温度选择为1100℃以上。

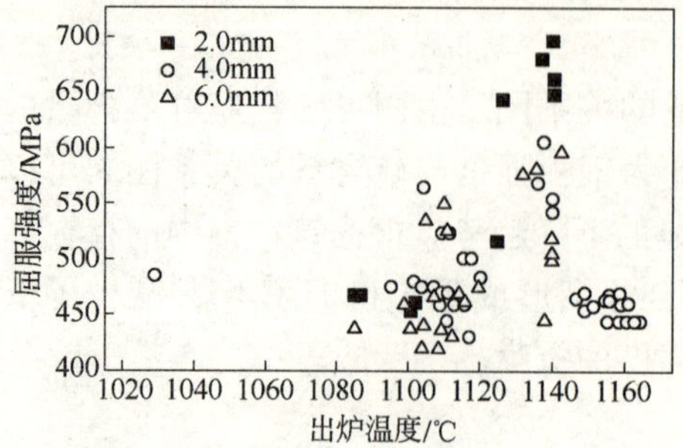


图 3-67　出炉温度与屈服强度的关系

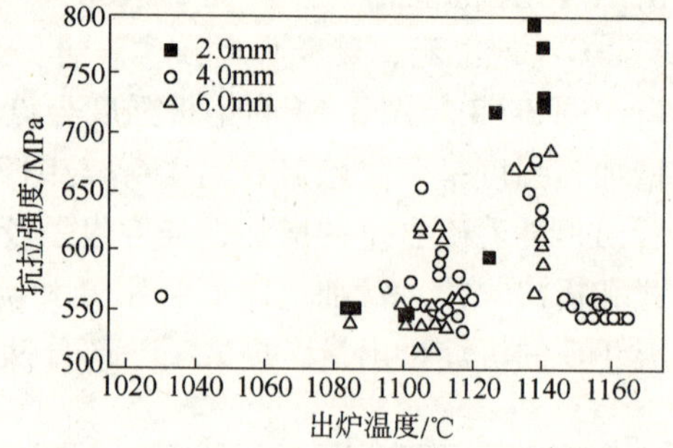


图 3-68　出炉温度与抗拉强度的关系

E　终轧温度对强度的作用

终轧温度与强度的关系的试验结果如图 3-69 与图 3-70 所示。降低终轧温度有利于奥氏体晶粒的细化，但对 TiC 的沉淀强化作用不利，所以要综合两者的因素，找到合适的温度取得强度最大值。

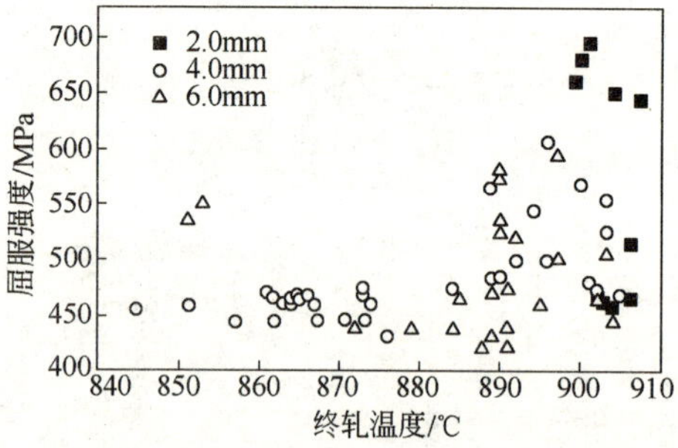


图 3-69　终轧温度与屈服强度的关系

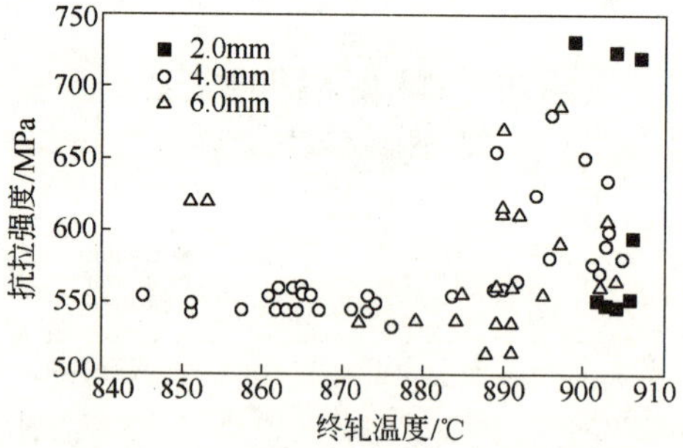


图 3-70　终轧温度与抗拉强度的关系

F　卷取温度对强度的作用

卷取温度与终轧温度的差值配合层流冷却模式决定了板卷的冷却速度，冷却速度越大，TiC 沉淀析出质点越细小，可起到的沉淀强化作用越大。卷取温度与强度的关系的试验结果如图 3-71、图 3-72 所示。由图可见，卷取温度在 580 ~ 610℃时钢板强度具有最大值。

G　压下制度对强度的作用

采用不同的压下制度对同一炉次板坯进行对比试验结果如表 3-15 所示，压下制度对强度的影响不明显。为了使粗大的原始奥氏体晶粒发生再结晶，$F_1$、$F_2$机架尽量采用 50% 以上的大压下率，一方面有利于奥氏体晶粒细化；另一方面也有利于轧制过程中析出细小的 Ti(C,N) 粒子，抑制奥氏体晶粒的长大。

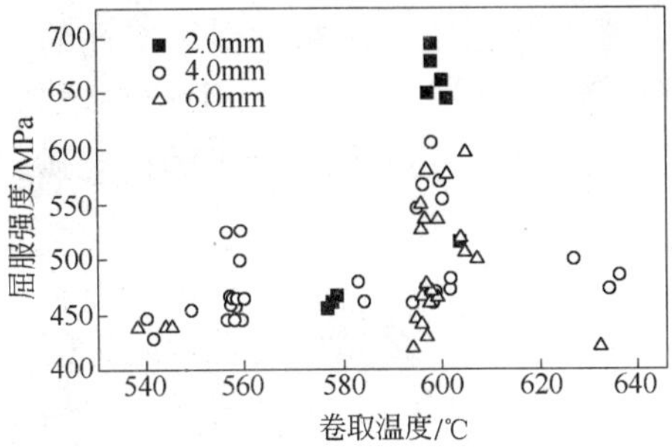


图 3-71 卷取温度与屈服强度的关系

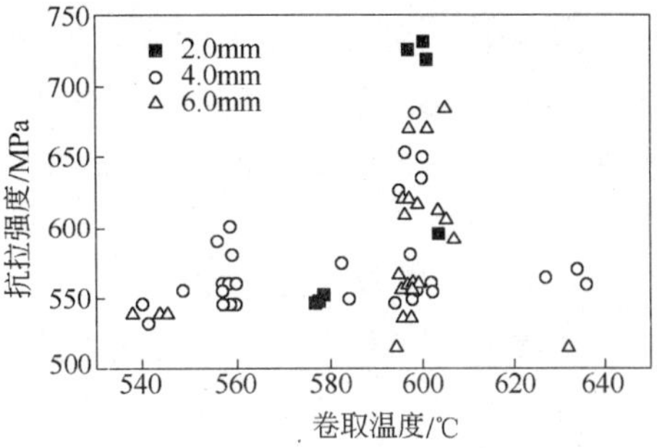


图 3-72 卷取温度与抗拉强度的关系

**表 3-15 压下制度与强度关系的实验数据**

| 炉号 | 卷号 | 成品 Ti /% | 厚度 /mm | 各机架压下率/% | | | | | | 屈服强度 /MPa | 抗拉强度 /MPa |
|---|---|---|---|---|---|---|---|---|---|---|---|
| | | | | $F_1$ | $F_2$ | $F_3$ | $F_4$ | $F_5$ | $F_6$ | | |
| 1 | 1 | 0.062 | 6.0 | 41.58 | 44.23 | 31.85 | 25.65 | 21.23 | 14.62 | 470 | 560 |
| | 2 | 0.062 | 6.0 | 55.39 | 53.03 | 0 | 34.18 | 0 | 19.48 | 465 | 560 |
| | 3 | 0.062 | 6.0 | 52.78 | 56.46 | 0 | 32.58 | 0 | 20.04 | 465 | 555 |
| | 4 | 0.060 | 6.0 | 52.78 | 56.22 | 0 | 32.72 | 0 | 20.32 | 475 | 560 |
| | 5 | 0.063 | 6.0 | 53.20 | 56.39 | 0 | 32.06 | 0 | 20.06 | 525 | 610 |
| 2 | 1 | 0.068 | 6.0 | 41.60 | 43.37 | 31.87 | 25.67 | 21.24 | 15.81 | 535 | 615 |
| | 2 | 0.068 | 6.0 | 48.57 | 47.60 | 34.97 | 0 | 23.31 | 17.35 | 550 | 620 |
| | 3 | 0.068 | 6.0 | 48.05 | 48.20 | 35.14 | 0 | 23.16 | 17.33 | 535 | 620 |

H 层流冷却模式对强度的作用

钛微合金钢采用较快的轧后冷却方式，有利于 TiC 的析出，所以试验选择头部冷却方式中的两种冷却模式。在其他因素基本相同的情况下，采用不同的层流冷却方式对比分析其对钢板强度的影响如表 3-16 所示。可见，层流冷却方式采用头部间隔冷却比采用头部连续冷却强度明显提高。

**表 3-16 冷却方式与强度关系的实验对比（相同炉号）**

| 卷 号 | 坯厚/mm | 卷厚/mm | Ti/% | N/% | S/% | 冷却方式 | 屈服强度 /MPa | 抗拉强度 /MPa |
|---|---|---|---|---|---|---|---|---|
| 1 | 56 | 6.0 | 0.058 | 0.0066 | 0.008 | 头部间隔 | 460 | 555 |
| 2 | 56 | 6.0 | 0.052 | 0.0066 | 0.008 | 头部间隔 | 440 | 535 |
| 3 | 56 | 6.0 | 0.052 | 0.0066 | 0.008 | 头部连续 | 420 | 515 |
| 4 | 56 | 6.0 | 0.056 | 0.0066 | 0.008 | 头部连续 | 420 | 515 |

3.3.5.2　相关因素对钛微合金钢性能作用的统计分析

通过试验研究了相关因素对钛微合金高强钢的强度的影响并做了定性的分析，为更准确的掌握各因素的影响程度，进而确定定量的关系，采用逐步回归方法对各次工业试验所获得的大量的数据进行统计分析，建立屈服强度和抗拉强度的数学模型。

A　逐步回归方法

逐步回归方法是在“先收后剔”、“逐步引入”方法的基础上发展起来的一种建立最优回归方程的方法，应用非常广泛。逐步回归方法的基本思想是根据自变量对因变量影响的重要性，把它们逐个地选入回归方程中。首先，建立只包含一个自变量的回归方程，接着是建立两个自变量的回归方程。此后反复进行两个步骤：第一，对已经进入回归方程中的自变量进行显著性检验，显著的保留，最不显著的一个从回归方程中剔除；第二，对不在回归方程中的自变量挑选最重要的一个引入回归方程，直到回归方程中所有自变量对因变量均有显著影响，而在方程外的自变量对因变量均无显著影响时为止。这时的回归方程用最少的自变量，最大限度地在线性关系的范围内，描述了因变量的平均变化情况。

B　回归分析

由3.3.5.1节分析可知，钛含量、板坯厚度 $H$、板厚 $h$、成品板中的氮含量、硫含量、出炉温度 $T_f$、终轧温度 $T_r$ 和卷取温度 $T_c$ 等工艺参数是影响带钢强度（包括屈服强度和抗拉强度）的主要因素。在下面的屈服强度和抗拉强度的回归分析中将以上述各工艺参数设为自变量，采用逐步回归分析的方法进行。

a　屈服强度回归分析

设屈服强度 $\sigma_s$ 为因变量，钛含量、板坯厚度 $H$、板厚 $h$、成品板中的氮含量、硫含量、出炉温度 $T_f$、终轧温度 $T_r$ 和卷取温度 $T_c$ 为自变量，对试验数据进行逐步线性回归，得回归系数方程为：

$$\sigma_s = 1.781\mathrm{Ti} - 3.192H - 12.202h - 24.916\mathrm{N} - 5.151\mathrm{S} + 0.362T_c + 575.499 \tag{3-20}$$

其中，$40 \leqslant \mathrm{Ti} \leqslant 140$，$50\mathrm{mm} \leqslant H \leqslant 60\mathrm{mm}$，$1.6\mathrm{mm} \leqslant h \leqslant 6.0\mathrm{mm}$，$\mathrm{S} \leqslant 10$，$540℃ \leqslant T_c \leqslant 640℃$。公式中的Ti、S分别为钢中的实际钛、硫含量的1000倍，假如实际钢中钛含量为0.045%，则公式中代入45。板厚 $h$ 单位为mm，温度的单位为℃。

多元线性回归中，需要对每个回归系数的显著性进行检验，以便使模型中只保留那些对因变量有显著影响的因素。假设显著性水平 $\alpha = 0.05$，一般取 $t_{0.05/2} = 2$，$t$ 检验值小于2的自变量均被排除在回归方程以外。检验值说明Ti、$H$、$h$、N、S和卷取温度 $T_c$ 是影响屈服强度的显著因素，而出炉温度和终轧温度则为不显著因素。$F$ 检验是检验整个回归关系的显著性。回归方程的 $F = 90.782 > F_{0.05} = 2.33$，F检验通过表明回归方程具有显著性。$R^2$ 是样本回归线对样本数据点拟合程度的测定，$R^2$越接近1，表明拟合程度越高。计算得到多元线性回归方程的多重可决系数 $R^2=0.860$，说明得到的回归方程式对样本数据点的拟合程度较高，所得的回归方程较准确地反映了各因素对屈服强度的影响。

b 抗拉强度回归分析

设抗拉强度 $\sigma_b$ 为因变量，钛含量、板坯厚度 $H$、板厚 $h$、成品板中的氮含量、硫含量、出炉温度 $T_f$、终轧温度 $T_r$ 和卷取温度 $T_c$ 为自变量进行逐步多元线性回归，得回归系数方程为：

$$\sigma_b = 1.777\text{Ti} - 3.271H - 10.343h - 21.161\text{N} - 4.784\text{S} + 0.260T_c + 694.549 \tag{3-21}$$

其中，$40 \leqslant \text{Ti} \leqslant 140$，$50\text{mm} \leqslant H \leqslant 60\text{mm}$，$1.6\text{mm} \leqslant h \leqslant 6.0\text{mm}$，$\text{S} \leqslant 10$，$540℃ \leqslant T_c \leqslant 640℃$。公式中的 Ti、S 分别为钢中的实际钛、硫含量的1000倍。

与屈服强度回归结果一样，Ti、$H$、$h$、N、S 和卷取温度 $T_c$ 也是影响抗拉强度的显著因素，而出炉温度和终轧温度也同样为不显著因素。这说明影响屈服强度和抗拉强度的因素是基本相同的。回归方程的显著性检验 $F=103.624>F_{0.05}=2.33$，$F$ 检验通过表明方程的回归效果显著。多元线性回归方程的多重可决系数 $R^2=0.875$，所得的回归方程较准确地反映了各因素对抗拉强度的影响。

### 3.3.6 薄板坯连铸连轧钛微合金钢的生产技术

#### 3.3.6.1 成分设计

薄板坯连铸连轧流程上采用钛微合金化技术生产高强钢在成分设计上要考虑三个方面的因素：(1) 避开碳含量的包晶区0.08%~0.16%；(2) 钢中氧、硫、氮含量的严格控制；(3) 钛含量的合理选择。

避开碳含量的包晶区根本措施是控制 C≤0.07%，可保证生产顺行不漏钢，降低纵裂纹的发生几率，同时又可保证铸坯的表面质量及产品的力学性能。严格控制［O］、［S］、［N］含量，保证钢水的洁净度，减少钢水成分的波动。

三个因素中最关键的是选择合适的钛含量。综合考虑沉淀强化和细晶强化的作用，根据钛微合金高强钢的不同强度级别选择不同的钛含量，范围在0.04%~0.14%之间。

#### 3.3.6.2 冶炼生产技术

钛是化学活性很大的一种元素，易和钢中氧、硫、氮、碳等形成化合物。为确保产品的组织性能稳定，必须研究开发降低氧、硫、氮等元素的含量，提高钛的回收率，准确控制钛的工艺技术[67]。

在钛的各类化合物中，TiC 粒子对沉淀强化贡献最大，其他各类析出物对沉淀强化贡献不大。可见，为确保钛的沉淀强化的效果，提高钛的利用率，要最大限度地降低钢水中氧、硫、氮的含量。另外，由于钛微合金高强钢产品的组织和性能与成品板卷中 TiC 的含量有直接的关系，对于同样的钛含量，由于氧、硫、氮各元素含量的波动，将直接影响 TiC 的含量，导致最终产品性能的波动。因此，对于钛微合金高强钢，为达到提高强度、稳定产品性能的目的，冶炼的关键环节是：降低钢水中氧、硫、氮各元素的含量，同时将各元素稳定地控制在一定的范围。

薄板坯连铸对钢水质量的要求严格，一般要求残余元素总量小于 0.15%、[N] <0.007%、[S] <0.015%、[O] <0.003%。对于钛微合金高强钢，为提高钛的利用率、提高钛微合金高强钢组织性能的稳定性，对氧、氮、硫等元素要严格控制，要求[O] <0.0025%、[N] <0.007%、[S] <0.005%。为此，各薄板坯连铸连轧企业研究了低氧、氮、硫钢的生产工艺技术，包括深脱氧工艺技术、深脱硫工艺技术、低氮钢的生产技术、钢水残余元素控制技术[68]。

A　钛微合金高强钢脱氧工艺

钢中氧含量多少是评价钢质量的重要指标之一，直接决定钢中氧化物夹杂的多少，并影响其大小、形状和分布状态。钢包炉（LF）精炼法由电弧加热、吹氩搅拌、碱性白渣精炼等几项成熟技术组合而成，可使钢中的氧含量大幅度降低，从而生产出高洁净度钢。在用 LF 精炼法生产低氧含量钢时，必须首先用强脱氧元素（如铝）脱氧。对于铝镇静钢，钢水经过出钢脱氧后，钢水中控制［O］的平衡元素由［C］变为［Al］，其反应式如下：

$$2[\mathrm{Al}] + 3[\mathrm{O}] \rightarrow (\mathrm{Al_2O_3}) \tag{3-22}$$

根据热力学数据，钢水［O］与［Al］的关系式为：

$$\lg(a_{[\mathrm{Al}]}^2 a_{[\mathrm{O}]}^3) = -\frac{62780}{T} + 20.17 \tag{3-23}$$

1600℃ 时：
$$a_{[\mathrm{Al}]}^2 a_{[\mathrm{O}]}^3 = 4.5 \times 10^{-14}$$

根据式 3-23 计算的钢中酸溶［Al］含量和溶解［O］含量的关系示于表3-17和图 3-73。由图 3-73 可见，当 $\mathrm{Al_s}$含量小于 0.02% 时，随着钢中 $\mathrm{Al_s}$含量的增加，钢中氧含量显著减少；当 $\mathrm{Al_s}$含量在 0.02 %～0.035 % 时，随着钢中 $\mathrm{Al_s}$含量的增加，钢中氧含量基本没有变化；当 $\mathrm{Al_s}$含量大于 0.035 % 时，随着钢中 $\mathrm{Al_s}$含量的增加，钢中氧含量几乎没有变化。而当钢中铝含量超过 0.030 % 时，钢中的铝很容易与渣中氧结合，也会还原渣中的 $\mathrm{SiO_2}$ 和 MnO 等化合物，使钢液中聚集的 $\mathrm{Al_2O_3}$增加。过高的铝还会增加钢液在浇铸时的二次氧化，产生停留在成品中的 $\mathrm{Al_2O_3}$夹杂。因此，同时考虑下一步脱硫的需要，残铝量控制在 0.04%～0.05% 之间较为适宜。钢中的氧绝大部分以夹杂物的形式存在。由于脱氧产物 $\mathrm{Al_2O_3}$在渣中，其活度小于 1，与钢水中不同铝含量相平衡的溶解氧将更低。试验结果表明，如果铝镇静钢中的酸溶铝在 0.04%～0.05% 之间，平衡溶解氧极低，可把氧脱到 0.0003%～0.0005% 范围之内。

**表 3-17 1600℃时与钢中酸溶 [Al] 含量相平衡的溶解 [O] 含量**

| [Al] /% | 0.001 | 0.01 | 0.015 | 0.02 | 0.025 | 0.03 | 0.035 | 0.04 |
|---|---|---|---|---|---|---|---|---|
| [O] /% | 0.003557 | 0.000766 | 0.000585 | 0.000483 | 0.000416 | 0.000368 | 0.000332 | 0.000304 |
| [Al] /% | 0.045 | 0.05 | 0.055 | 0.06 | 0.07 | 0.08 | 0.09 | 0.1 |
| [O] /% | 0.000281 | 0.000262 | 0.000246 | 0.000232 | 0.000209 | 0.000192 | 0.000177 | 0.000165 |

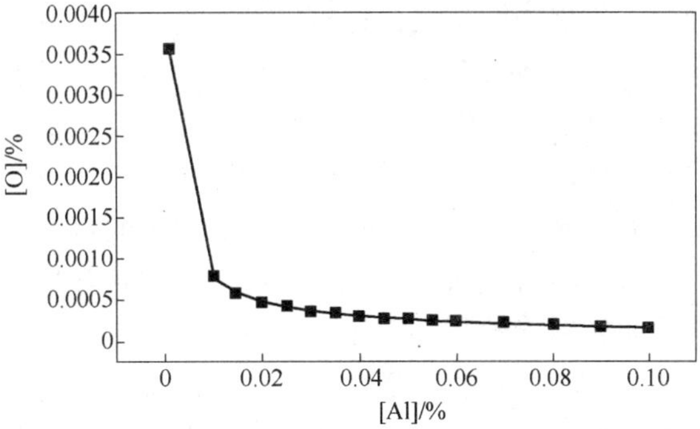


图 3-73 1600℃时，钢中酸溶 [Al] 含量与溶解 [O] 含量的关系

脱氧工艺主要为出钢过程脱氧与 LF 过程脱氧，绝大部分氧在出钢过程脱除，LF 过程脱氧主要是脱除精炼渣中的少量氧与脱氧产物从钢水中上浮进入渣中，最终，钢水中总氧量约小于 0.0025%，主要是以 $Al_2O_3$ 为主的脱氧产物，溶解在钢水中的氧仅约为 0.0003% 左右，符合连铸工艺与产品质量要求。钢水中的 [Al] 来自于出钢过程加入的铝块、精炼时喂入的铝线。

B 钛微合金高强钢脱硫工艺

由于 CaO 的稳定性强于 CaS，若钢水中的 [O] 含量较高时，其必将氧化渣中的（CaS），使其转化为（CaO）与 [S]，因此，CaO 脱硫的前提条件必须是钢水脱氧完全，强脱氧剂参与脱硫，造白渣使钢水中存在一定量的溶解铝。因此，对于铝镇静钢，脱硫基本反应为：

$$3[S] + 2[Al] + 3(CaO) \xlongequal{\quad} (Al_2O_3) + 3(CaS) \qquad (3\text{-}24)$$

因此，在精炼脱硫过程要求采取的控制措施有：(1) 控制钢水中铝含量，保证钛的回收率；(2) 要求强脱硫还原渣；(3) 提高冶炼温度；(4) 适当吹氩。

C 钛微合金高强钢低氮工艺

在生产超洁净钢时，由于大多数情况下氮的存在使钢材产生时效，影响钢的深冲性能、焊接性能、热加工性能，影响钢的延展性；氮还可降低钢材的冷加工性能、加剧钢材的冷脆、造成铸坯开裂及引起晶间腐蚀。目前低氮钢大多采用转炉法生产，因为转炉钢的氮含量较低，一般为 0.002% ~0.004%，而电炉钢一般为0.006% ~0.01%。

氮在钢中有两种存在形式：自由氮原子［N］和结合氮（如 AlN 和 TiN）。自由氮原子［N］在钢中的溶解度遵循西华特定律：氮含量与氮分压的平方根成正比，1600℃，101.3kPa 氮气下纯铁中氮的溶解度为0.045%。钢液中的合金元素影响氮的溶解度，元素锆、钛、铌、钒、铬等增加氮的溶解度，元素碳、硅、氧、硫等降低氮的溶解度[69]。当钢中与氮结合力强的元素（如铝、钛、锆、钒）的含量达到一定量后，钢液中即有氮化物析出[70]。

有关文献研究了电炉冶炼过程中氮含量的变化，如图 3-74 所示。A 表示电极穿孔过程，氮含量没有变化；B 表示第一批加料且有较小熔池形成，由于废钢熔化时表面积大，又无熔渣覆盖，早期形成的熔池从电极区吸入大量的氮使熔池中的氮增加；C 表示第二批料加入后，由于熔池中钢水的量不断增加，同时渣量也增加，增氮减少，且不断熔化的钢水冲稀了钢水中的氮含量，致使氮有下降的趋势；D 表示熔清并加热到碳沸腾，由于没有脱氮过程，钢中氮含量没有变化；E 表示碳剧烈沸腾过程，去除大量的氮；F 表示埋弧加热到出钢温度，由于碳氧反应终止，氮含量不再变化；G 表示出钢过程因钢水与大气接触而增氮；H 表示钢包中镇静氮含量没有变化；I 表示浇铸过程氮含量略有增加[71]。

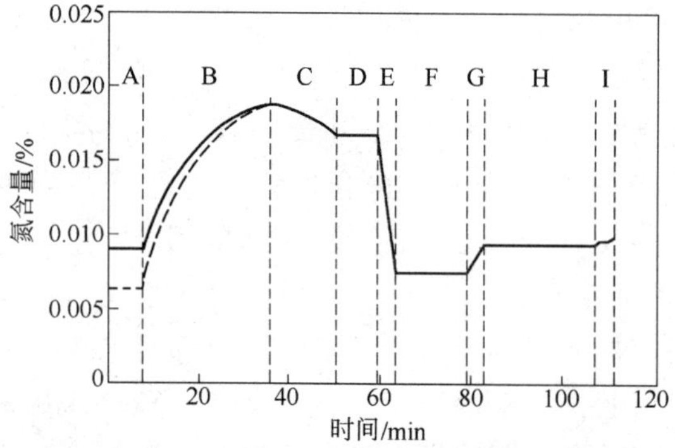


图 3-74　电炉冶炼过程中氮含量的变化

原材料中废钢带来的氮含量对电炉熔清氮含量的影响比较大，如图 3-75 所示[72]。电炉原材料中的氮主要是钢铁料中的氮含量，为了保证电炉钢铁料带入的较少的氮量，必须进行合理的配料[73]。

含钛高强度钢加入的合金多，带入的氮也多，同时钛与其他合金元素会增加氮的溶解度，使氮的控制难度比普碳板更大。因此，要控制钛微合金高强钢中的氮必须控制好增氮的各个环节，采取相应的技术措施：

(1) 电炉冶炼过程中降低氮含量。电炉冶炼过程中，钢液的增氮主要有原材料带入的氮、电弧使弧区大气电离的氮进入钢水以及出钢过程钢液的增氮。因

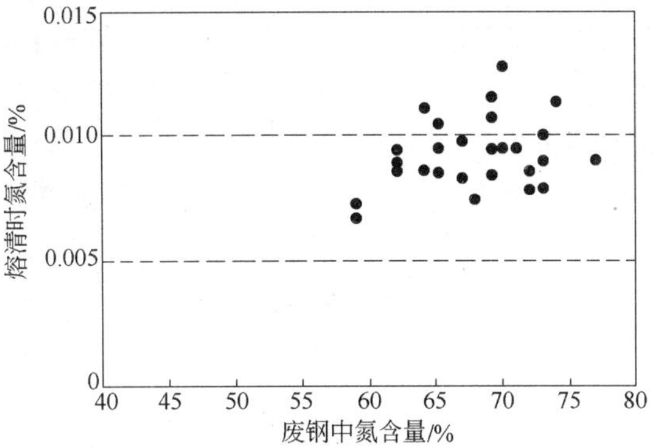


图 3-75 废钢中氮含量对熔清氮含量的影响

此，采取的主要措施是进行合理的配料，降低钢铁料带入的氮量；在电炉冶炼过程中造好泡沫渣，防止弧区钢液面裸露，避免从大气中吸氮；采用合成渣快速化渣覆盖钢液面，隔绝大气与钢水的接触，降低出钢过程中的吸氮量。电炉冶炼过程中通过脱碳产生大量 CO 气泡，形成熔池强烈沸腾可带走氮，脱氮量随着脱碳量或 CO 气泡生成量的增加而提高。为保证有较高的脱氮能力，应采用高配碳（通过加生铁、HBI）、提高供氧强度的操作制度。

（2）LF 过程减少吸氮量。LF 精炼过程增氮的主要原因是钢液通过与大气的接触增氮，特别是弧区增氮。精炼加热采用短弧埋弧渣技术，使钢液迅速升温。同时注意精炼过程的搅拌强度控制，即在精炼前期温度低加温时采用强搅拌均匀钢水成分和温度并脱硫，此时钢液面可能会裸露吸一些氮；当温度升高后进行有效脱硫，同时搅拌强度改为中等，钢液面不会裸露；在后期成分和温度都基本调整好后，切换成弱搅拌，中后期氩气能把前期吸入的氮大量地去除，这样整个精炼过程增氮量不会超过 0.0005%。

（3）连铸过程减少吸氮量。连铸过程增氮的主要原因是钢液通过与大气的接触增氮。为最大限度地减少和防止钢水受二次污染，钢水连铸要实行全过程保护浇铸，即钢水完成精炼后，即投加钢包覆盖剂保护钢液面，钢包同时加盖保温，减少温降；采用长水口氩封，即在长水口与钢包下水口之间形成一个氩气氛围，隔绝钢水与空气接触，减少和防止空气对钢水的污染；中间包钢水采用中间包覆盖剂保护钢液面。通过采取上述措施，电炉连铸钢水［N］一般可控制在 0.006% 左右。

D 钛微合金钢钛收得率的控制

在钛微合金钢冶炼中最关键的一点就是如何提高和稳定钛铁的收得率，并据此制定相应的工艺制度。通过采取有效的深脱氧技术、深脱硫技术、低氮钢的生产技术和钢水残余元素控制技术，当钢水脱氧良好的情况下加入钛铁，可以使精炼过程中加入的钛铁平均收得率稳定控制在65% ~75%。随着钢水进入连铸平台进行浇铸，虽然目前在薄板坯连铸连轧工艺条件下有保护浇铸措施，但钢水刚进入中间包时还是无法避免部分钢水发生氧化，尤其是含钛高的钢水就更易造成钛的氧化，降低了钛的收得率，冶炼-连铸过程的平均收得率比精炼降低约5%；而在浇铸到成品的过程中钛的收得率进一步下降，是因为高温下TiN会发出液析，由于液相中原子扩散能力很强，这些TiN粒子极易长大，消耗了钢中的钛，造成浇铸到成品大约有2%的钛的损失，最终使冶炼到成品钛的平均收得率为60% ~70%。

#### 3.3.6.3 连铸生产技术

与传统板坯连铸相比，薄板坯连铸工艺显著的特点是拉速高、结晶器熔池小、结晶器铜板间的距离小。高拉速薄板坯连铸过程中常遇到的两个问题是黏结漏钢和铸坯表面质量差。

钛微合金高强钢，特别是耐候钢中铜、磷、铬、镍、钛等元素的存在提高了钢的耐腐蚀能力，同时也缩小了凝固过程中两相区的宽度，使凝固坯壳的收缩量增加，裂纹敏感性增强。加上铜、磷元素含量较高，钢的裂纹敏感性进一步增强。磷是影响钢裂纹敏感性的重要元素，特别是在连铸坯的成形过程中，铸坯一方面受到强制冷却产生的热应力作用，另一方面又受到拉坯和矫直产生的机械应力作用，当钢中磷含量较高时，裂纹更容易诱发产生。铜容易在铸坯表面上产生网状裂纹，从而使铸坯表面质量恶化。因此，钛微合金化高强耐候钢的浇铸过程中，铸坯容易产生裂纹，严重时可导致裂纹漏钢，影响连铸生产的正常进行。

为确保连铸生产顺行、不漏钢和铸坯质量符合钢种要求，除了炼钢过程必须控制好钢水成分、洁净度和夹杂物形态之外，连铸过程必须解决好浇铸温度制度、过程保护、振动曲线和二次冷却制度的设定、保护渣优化、温度和拉速的匹配等方面的问题，确保铸坯表面质量和内部质量良好。

##### A 连铸生产技术控制措施

（1）浇铸温度制度的制定。制定合理的浇铸温度制度对确保连铸过程顺行、改善铸坯质量是十分重要的。浇铸温度过高容易使中心偏析加重，结晶器弯月面初生坯壳不均匀性增加，出结晶器坯壳变薄从而增加裂纹产生甚至拉漏的机会；浇铸温度过低则钢水流动性差，保护渣熔化不好，两者都容易引起纵裂。中间包钢水过热度控制在合适的范围，可有效防止浇铸过程漏钢，获得良好的铸坯表面质量。

（2）连铸全过程保护浇铸。为最大限度地减少和防止钢水受二次污染，确保铸坯质量，钛微合金高强钢钢水连铸实行全过程保护浇铸，包括：钢包钢水保护、钢包长水口氩封、中间包钢水保护和浸入式水口（SEN）等。中间包钢水采用中间包覆盖剂保护钢液面。

（3）选用良好的结晶器保护渣。只有保护渣各项性能稳定，才能使连铸坯表面质量良好，才能满足工业生产使用要求。

（4）连铸拉速的合理控制。连铸拉速不但要考虑浇铸钢种对裂纹的敏感程度和与钢水温度的合理匹配，也要考虑生产环节的衔接。多炉连浇时，拉坯速度常常受到精炼时间的制约。

（5）合适的结晶器振动形式。

（6）结晶器热流密度的合理控制。结晶器热流密度及窄边热流密度与宽边热流密度的比率是浇铸状态的重要参考数据。其反映了铸坯的初期凝固情况，对判断保护渣的性能变化、钢水的质量、浇铸的状态等情况有重要的参考价值，特别是在浇铸时保持稳定的合适的比率数值，则基本上可保证铸坯的凝固质量。调整结晶器锥度，使铸坯窄边维持合理的冷却强度，对避免窄边的质量问题（如热脆裂纹等）有较好的效果。

B 铸坯质量分析

通过制定合理的浇铸温度制度，实行全过程保护浇铸，研究选用合适的结晶器保护渣、结晶器振动曲线和二次冷却曲线，钢水温度与拉速的良好匹配以及结晶器热流控制等一系列薄板坯连铸工艺技术的研究，钛微合金高强钢连铸过程铸坯容易产生裂纹的技术难题可以得到解决。采用液心压下技术能够有效地改善铸坯中各种元素的偏析，提高铸坯的致密度，细化原始铸态组织，如图 3-76 与图 3-77 所示。

图 3-76 钛微合金高强钢铸坯的宏观组织

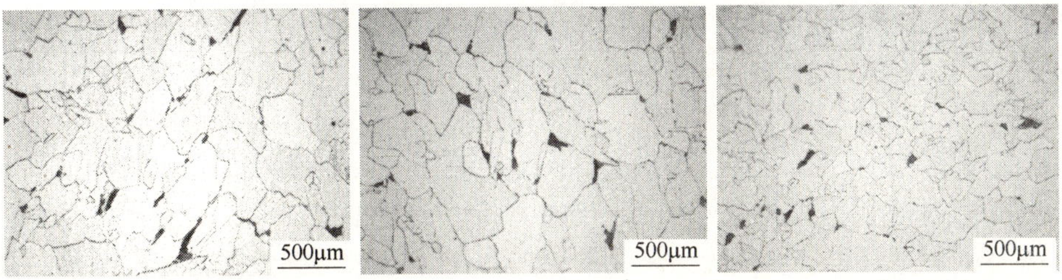


图 3-77 铸坯显微组织

*a*—中心；*b*—1/4 处；*c*—边部

#### 3.3.6.4　热轧生产技术

根据Ti(C,N)析出规律，设定合理的温度制度和冷却制度，保证细小的Ti(C,N)粒子充分析出。在保证设备安全的情况下，制定合理的加热制度，实现高精度大变形负荷分配，有利于Ti(C,N)的形变诱导析出，抑制热变形过程中奥氏体晶粒的长大，提高沉淀强化作用。

A　加热制度

对于连续式加热炉，炉长方向上的炉膛温度变化情况，即是加热温度制度，它随不同的钢种和不同的轧制规格而变化。对于钛微合金高强钢，考虑多种因素的影响，温度制度设计为三段式，即加热段、缓冲段和保温段，如图3-78所示，适度缩短加热段，延长保温段。

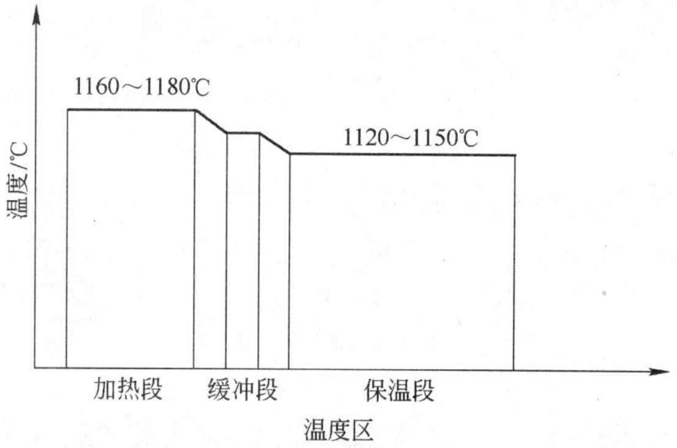


图3-78　辊底式均热炉试制钢的温度制度简图

B　压下制度

对于钛微合金钢，获得高强度高成形的热轧板的关键是细化铁素体晶粒，在轧制过程中提高Ti(C,N)的形变诱导析出，在冷却卷取过程中控制TiC的析出量、尺寸以及分布，提高沉淀强化效果。

在热轧变形中，初始晶粒尺寸和变形温度对奥氏体再结晶临界变形量有着重要的影响。将薄板坯连铸连轧流程与传统流程进行对比，薄板坯近终形浇铸产生良好的细化铸造组织，显微偏析小，组织细小且分布均匀。板坯厚度减小，冷却速率提高，可使二次枝晶间距减小。同时轧前原始奥氏体晶粒比传统工艺再加热后的晶粒尺寸要粗大，并且取消了$\gamma \to \alpha$相变温度区的中间冷却，热轧变形是在粗大的奥氏体组织上直接进行；而传统的所谓冷装或热装工艺，通过中间冷却的$\gamma \to \alpha \to \gamma^*$相变过程，形成较为细化的新的奥氏体组织。奥氏体动态再结晶一般在应变速率比较低、变形温度较高的情况下发生。薄板坯的奥氏体晶粒尺寸为700～1000μm，由于薄板坯的奥氏体晶粒尺寸粗大，缺少作为再结晶形核位置的晶界区域，使再结晶的发生变得困难，所以在高温奥氏体区$F_1$、$F_2$机架尽量采用

50%以上的大变形量，促使动态再结晶形核过程的发生，细化奥氏体晶粒。

C 温度制度

薄板坯连铸连轧工艺连铸坯出连铸机的温度一般为950～1050℃，在此温度范围内，根据热力学条件TiN将析出，从电镜观察的结果也可观察到TiN的析出物。为减缓TiN粒子的粗化，加热温度宜控制在较低的范围。另一方面，当温度低于1083℃时铜元素开始在晶界富集，并在轧制过程中产生边裂等表面缺陷，为防止或减缓板坯入炉后在加热过程中所引起的铜元素的富集，加热温度宜控制在1083℃以上。

终轧温度的变化可改变相变前奥氏体的组织，降低终轧温度，可减小相变前奥氏体晶粒尺寸，细化铁素体晶粒，增加细晶强化组分；另一方面，降低终轧温度，将诱发更多的TiC在奥氏体区析出，这种析出物尺寸较大，对强度贡献较小，却降低了溶解在奥氏体中的TiC，削弱了在低温区析出粒子的数量，使沉淀强化组分随终轧温度下降而减少。此外，由于终轧温度降低，使形变能升高，形变能作为相变的驱动力导致$\gamma \rightarrow \alpha$相变转变温度升高，沉淀的质点增大，削弱了沉淀强化的作用。因此，终轧温度的变化对沉淀强化和晶粒细化有不同的作用。

卷取温度是影响试制钢析出物的关键因素，因此确定卷取工艺的关键是合理地确定卷取温度。根据高强钢的不同性能的要求，为保证沉淀强化的效果，应采用不同的卷取温度。

控制冷却通过控制热轧过程中和轧后钢材的冷却速度，细化奥氏体组织，控制TiC质点的析出尺寸、数量及分布，提高强度，达到改善组织和性能的目的。薄板坯连铸连轧控制冷却工艺采用层流冷却方式。冷却系统布置在输出辊道的上部和下部，冷却水从喷嘴流出的速度比较低，形成平滑、连贯的水流直接落到板材表面，并在钢板表面形成层流，因此总的冷却强度较大。对于钛微合金高强钢，从动力学角度考虑，由于钛的扩散激活能高，TiC析出过程是钛长程扩散的结果，需要一定的时间才能充分析出。如果冷却速率过快，将抑制TiC的析出过程；同时，钛的固溶量也将提高，对析出过程不利，使析出量减少。

## 3.4 薄板坯连铸连轧钛微合金化技术的应用

### 3.4.1 焊接高强度钢方面的应用

焊接高强度钢在中国钢的分类标准GB/T 13304中称为可焊接低合金高强度结构钢。焊接高强度钢的广泛应用，在工农业和国防的各个领域取得了十分明显的经济效益和社会效益。这类钢由于强度高，为节约钢材和减轻设备自重创造了前提。采用焊接高强度钢可以促进各类工程及设备向大型、轻量、高效能方向发展。同时由于这类钢的高强度和良好综合性能，又可以大大提高设备的耐用性，延长其使用寿命。

薄板坯连铸连轧由于其自身特有的特点，使开发生产的焊接用高强度钢，与传统流程同样强度级别钢相比，碳含量更低，所用合金元素更少，钢板的焊接性能更强，生产成本更低。

薄板坯连铸连轧流程生产的焊接高强度钢主要有通用焊接高强度钢、压力容器用钢、船体结构用钢等，主要用于通用焊接结构、焊接气瓶、汽车、造船等。

对于通用的焊接用高强度钢，特别是一般强度级别的钢种，利用薄板坯连铸连轧的特点，生产3mm以下薄规格钢板可以不添加微合金元素。强度级别高的钢种以及生产规格比较厚（6～15mm）的钢板，需要采用微合金化技术，以提高钢板的强度，改善钢板的力学性能。对于电炉—薄板坯连铸连轧流程，由于钢水氮含量较高，采用钛微合金化处理不仅能降低氮高带来的不良影响，而且可改善钢板的焊接性能和成形性能，特别是显著改善厚规格钢板的冷弯性能。

#### 3.4.1.1　微钛处理技术的基本原理

##### A　微钛处理对改善焊接性能的作用

微钛处理时，钛与氮结合形成的TiN在加热时阻止奥氏体晶粒长大。因此，在设计供大线能量焊接用钢时，加入少量钛形成钛氮化物。在焊缝凝固以后的冷却期间，钛和氮结合形成的一种细小的氮化钛的长方体，TiN非常稳定并不受随后的热处理、机械加工处理的影响。在焊接热影响区的热循环期间，TiN钉扎在奥氏体晶界，能抑制奥氏体晶粒边界的运动，从而限制奥氏体晶粒尺寸的长大，形成一种较细的焊接热影响区组织，从而改善焊接热影响区的韧性，提高钢的综合性能。

##### B　微钛处理对改善冷弯性能的作用

冷弯性能是热轧板力学性能的重要指标之一，冷弯裂纹是影响薄板坯连铸连轧企业厚规格产品质量的难题。冷弯裂纹产生的原因分析如下：

（1）硫化物夹杂对冷弯性能的影响。钢中的硫和锰较易形成含有少量硫化铁等夹杂的硫化锰固溶体，MnS是一种容易变形的夹杂物，其变形指数接近于1。在轧制过程中MnS发生变形，并延伸成带状，使钢材的横向塑性大幅度下降。MnS夹杂破坏了钢的连续性，当板材受到外加载荷时，夹杂物引起应力集中，导致钢板提前产生裂纹。在冷弯时，因试样上部受到应力，拉应力方向与轧向垂直，而轧向硫化物细长，变形时不能协调，就会在两者的界面处由于应力集中的作用形成显微空穴。随着变形的进行，显微孔洞易相连而层状向内发展，从而导致冷弯裂纹或裂断。

（2）钢中气体含量对冷弯性能的影响。在低碳钢中，氮在钢中的作用有其不利的一面，如$Fe_4N$的析出导致时效和蓝脆等现象；氮含量超过一定限度，易在钢中形成气泡和疏松；与钢中的铝元素形成带棱角而性脆的夹杂群等。氮含量升高，碳、氮钉扎位错使$r$值降低，同时固溶氮是造成成品板失效的主要原因。氮化铝的析出会造成奥氏体晶界的脆化，将在板坯的振痕处引起横向裂纹。皮下气泡往往分布在距铸坯表面很近的表层里，在加热过程中很容易烧穿氧化，致使轧制时难以焊合，形成垂直于横向试样的表皮细小裂纹，冷弯时以此为裂源扩展。

（3）带状组织对冷弯性能的影响。在高温奥氏体状态下，钢中碳的分布比较均匀，而富含锰等溶质的元素仍处于枝晶间，锰可以扩大奥氏体相区，使 $A_3$ 线降低。钢在热变形后，从奥氏体相区冷却时，铁素体将首先在 $A_3$ 温度较高的枝干部位产生，随着铁素体晶核长大，碳不断向富含碳锰等溶质、$A_3$ 温度较低的枝间扩散，最后使富含碳锰等杂质的奥氏体转变为珠光体，从而使钢轧后呈带状组织，而带状组织使钢横向塑性明显变坏。

采用钛微合金化处理，能降低氮高带来的不良影响。钛在脱氧良好的情况下加入，在钢中首先形成 TiN，钢液凝固后析出细小的 TiN 颗粒，这些细小的 TiN 颗粒很稳定，能够有效地阻止奥氏体晶粒长大，细化组织，提高强度。强度的增加对高锰汽车板来说，可以适当减少锰含量，再通过控制连铸和轧制工艺，降低浇铸过热度，适当提高拉坯速度，轧后快速冷却，则可减轻或避免带状组织的形成，改善冷弯性能。

钛的加入可以形成更为稳定的 $Ti_4C_2S_2$，减少了 MnS 的析出。$Ti_4C_2S_2$ 化合物较硬，在轧制中不易变形，钢中的长条状 MnS 夹杂物便因 $Ti_4C_2S_2$ 球状夹杂物的形成而减少，从而改善钢板的韧性和纵横性能差，改善冷弯性能。

3.4.1.2 微钛处理技术的实施效果

微钛处理技术主要应用在改善普通焊接高强度钢厚规格产品冷弯性能，在各钢种的厚规格产品上采用钛微合金化工艺后，冷弯裂纹问题得到了很好的解决，弯裂率降到了 5% 以下，同时消除及减少了高锰钢带状组织。

以电炉—薄板坯连铸连轧流程为例，微钛处理技术（钛含量 0.015% ~ 0.020%）对改善普通耐候钢板的冷弯性能有显著的效果，如图 3-79 所示。

*a*

*b*

图 3-79 普通耐候钢板微钛处理前后冷弯性能对比

*a*—改善前的冷弯质量情况；*b*—改善后的冷弯质量情况

表3-18为某电炉—薄板坯连铸连轧流程企业采用钛微合金化生产的各钢种厚规格带钢前后冷弯合格率的统计数据。从表3-18和图3-80可以很清晰地看出，厚规格带钢采用钛微合金化技术后，各钢种的冷弯合格率明显提高，合格率接近100%。

**表3-18　各钢种厚规格（$h \geq 5$mm）采用钛微合金化技术前后冷弯合格率（%）**

| 钢　种 | 未采用前某时段1 | 未采用前某时段2 | 采用钛微合金化后 |
|---|---|---|---|
| SPA-H | 66.67 | 57.14 | 98.04 |
| 汽车大梁板 | 79.00 | 94.74 | 100.00 |
| SS330 | 42.86 | 63.64 | 97.60 |
| SS400 | 29.73 | 36.36 | 98.75 |

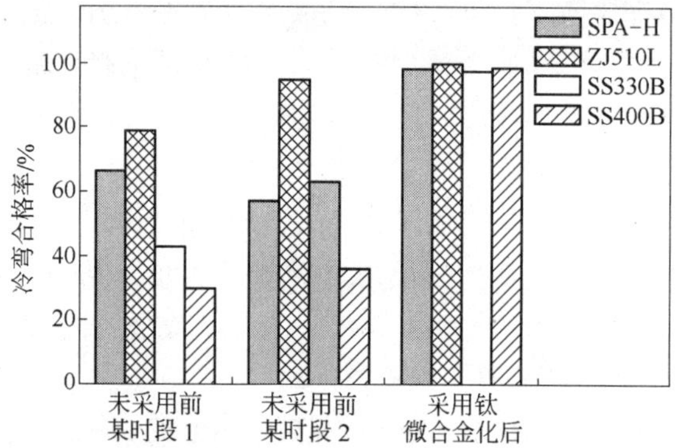


图3-80　各钢种微钛处理后冷弯合格率变化统计图

微钛处理技术同时可以消除或减少高锰钢带状组织。对汽车板（0.16% C，1.22% Mn，0.3% Si）用光学显微镜和扫描电子显微镜观察带钢纵剖面和沿轧面的表面组织。图3-81与图3-82为观察到的典型带状组织金相照片，图中白色区

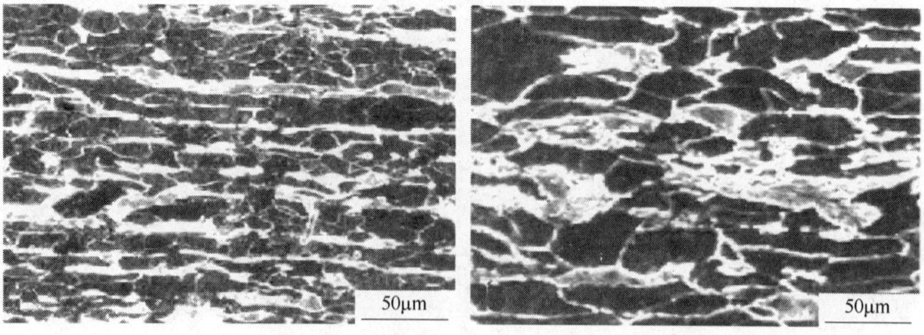


图3-81　汽车板（0.16% C，1.22% Mn，0.3% Si）纵剖面试样的铁素体/珠光体带状组织（*a*、*b*为不同视场）

是铁素体，黑色区为珠光体。这种铁素体/珠光体带的波长约为10～20μm。

表面带状有两种，一种是表面层的铁素体/珠光体带状组织；另一种是由粗晶粒铁素体带和细晶粒铁素体带相间组成的。对带状组织进行XEDS能谱分析得出硅和锰含量均明显高于钢的平均成分，证实了表面带状组织是由于成分偏聚造成的，这是造成钢板冷弯裂纹的主要原因。而且，钢板厚度越大，产生裂纹的情形越严重。但是当钢板厚度小于某一个临界值时，即使存在带状组织，也不会造成表面开裂。采用微钛处理技术以后，汽车板16MnL钢中高锰钢带状组织可以消除或减少，如图3-83所示带状组织明显消除。

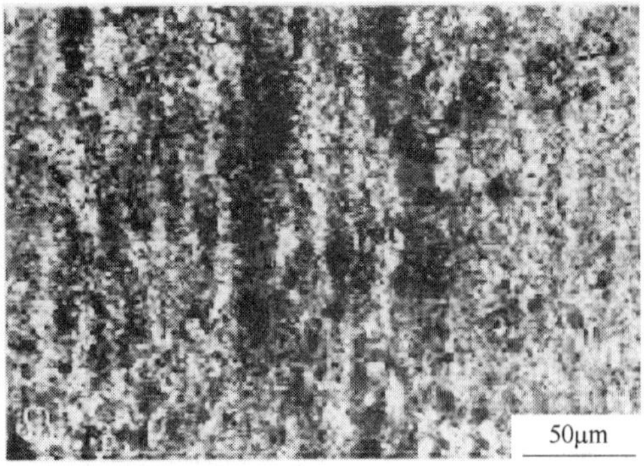


图3-82　汽车板（0.16% C，1.22% Mn，0.3% Si）表面带状组织

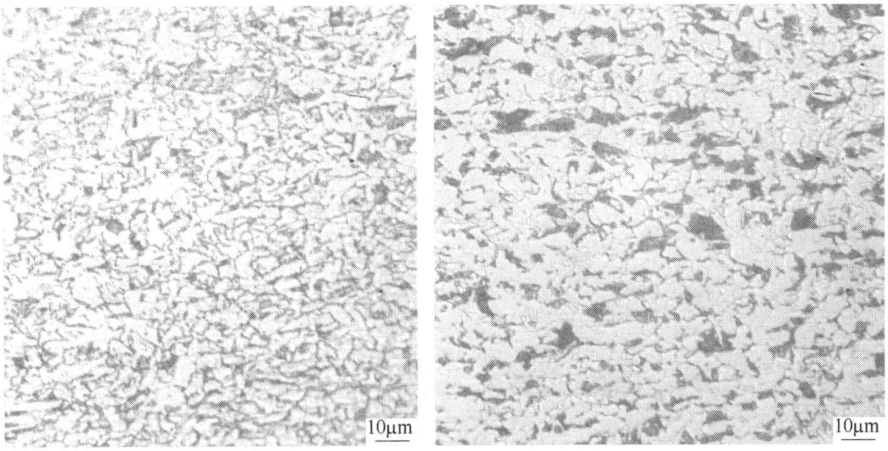


*a*　　　　*b*

图3-83　汽车板16MnL显微组织

*a*—厚度6.5mm；*b*—厚度7.8mm

对各种普通焊接高强度钢厚规格产品进行微钛处理后，冷弯性能得到了改善，同时强度的富余量得到了提高，如表3-19所示。

表 3-19　普通耐候钢板微钛处理前后力学性能指标对比

| 项　　目 | 微钛处理前 | 微钛处理后 |
| --- | --- | --- |
| 抗拉强度≥500MPa 的比率/% | 65 | 90 |
| 冷弯合格率/% | 80 | 100 |

### 3.4.2　微合金冲压钢方面的应用

微合金高强度冲压钢是近 30 年来迅速发展起来广泛用于国民经济的钢种，其中应用最多的是汽车用高强度冲压钢[1]。随着汽车工业的发展，能源消耗成了举世瞩目的问题。为提高汽车的安全性和实现自身的轻量化，高强度汽车冲压钢成为汽车工业发展的必然产物。汽车工业对钢板质量与品种的不断追求，推动了钢铁工业生产技术的进步。特别是薄板坯连铸连轧技术的发展，薄规格热轧产品的生产和新技术的采用同样使汽车工业受益。

汽车用高强度钢板可以分为两大类：一类是高强度热轧板，主要用于汽车的结构件如汽车大梁、车轮、桥壳等。这类钢要求强度高、韧性好、耐疲劳，同时具有良好的冲压成形性能与焊接性能。另一类是高强度冷轧板。

汽车用高强度热轧钢板不仅要求优良的成形性和高的强度，同时必须具备良好的焊接性、化学处理性及疲劳特性。在组成冲压件时焊接性能的好坏与添加合金元素的种类和数量有密切关系。例如，为了防止在闪光对焊时焊缝发生裂纹，最好不要使用过量的氧化物形成元素硅和锰。汽车结构件涂漆时底层用磷酸盐进行化学处理，使钢板表面所形成的磷酸盐薄膜的晶粒细化，为涂层耐腐蚀性创造良好的条件。钢中固溶的锰和 MnS、MnO 量有利于形成优良的磷酸盐薄膜性能。

薄板坯连铸连轧技术由于其自身特有的特点，在生产汽车用高强度热轧钢板上有独特的优势：规格薄，强度高。薄板坯连铸连轧技术生产的高强度钢金相组织主要为铁素体—珠光体钢。降低卷取温度可以使钢的强度增加，这种钢的抗拉强度最高可以达到 540MPa 级，如果要超过这个强度极限，必须采用铌、钒、钛等微合金化元素单独加入或复合添加。对于薄板坯连铸连轧技术生产抗拉强度 510MPa 级、550MPa 级的汽车大梁用高强度钢，在 4mm 以上的钢板可采用钛微合金化处理技术，以提高强度和改善钢的综合性能。

#### 3.4.2.1　钛微合金高强汽车大梁钢的成分设计

细晶强化是既能使材料强度提高又不降低韧性的唯一强化机制，细晶强化是钛微合金化高强汽车大梁钢的成分设计和控制轧制控制冷却工艺制定的基本目标。基于薄板坯连铸连轧技术特性，在 C-Mn 钢成分的基础上，合理调整化学成分、优化热连轧工艺及控制冷却工艺，使组织细化，生产出力学性能良好的抗拉强度 510MPa 级、550MPa 级的汽车大梁用高强度钢[74,75]。汽车大梁用高强度钢的化学成分见表 3-20。

表 3-20 ZJ510L、ZJ550L 钢的成分设计（%）

| C | Si | Mn | P | S | Cu | Ti | $Al_t$ |
|---|---|---|---|---|---|---|---|
| 0.16～0.19 | ≤0.50 | ≤1.40 | ≤0.020 | <0.008 | ≤0.12 | ≤0.06 | <0.040 |

### 3.4.2.2 钛微合金高强汽车大梁钢的组织与性能

钛微合金高强汽车大梁钢 ZJ510L 的屈服强度和抗拉强度均较高，屈服强度在 402～455MPa，平均屈服强度为 435MPa，抗拉强度均在 555～605MPa 之间，平均抗拉强度达到了 573MPa，全部达到了标准的要求。尤其是厚度规格为 6.5mm 钢板的屈服强度达到了 455MPa，抗拉强度达到了 605MPa。而且屈强比均较低，在 0.70～0.78 之间，平均屈强比为 0.75 左右。钢板的伸长率较高，部分钢板的伸长率达到了 37%。在 $d = a$，$B = 35$mm 时，钢板的冷弯性能全部合格，如表 3-21 所示和图 3-84 所示。

表 3-21 ZJ510L 和 ZJ550L 的钢板力学性能

| 钢 种 | $\sigma_s$/MPa | $\sigma_b$/MPa | 平均 $\delta$/% | 冷弯 180°，$d = a$，$B = 35$mm |
|---|---|---|---|---|
| ZJ510L | 402～455 | 555～605 | 27.5 | 良 好 |
| ZJ550L | 465～525 | 590～670 | 29.0 | 良 好 |

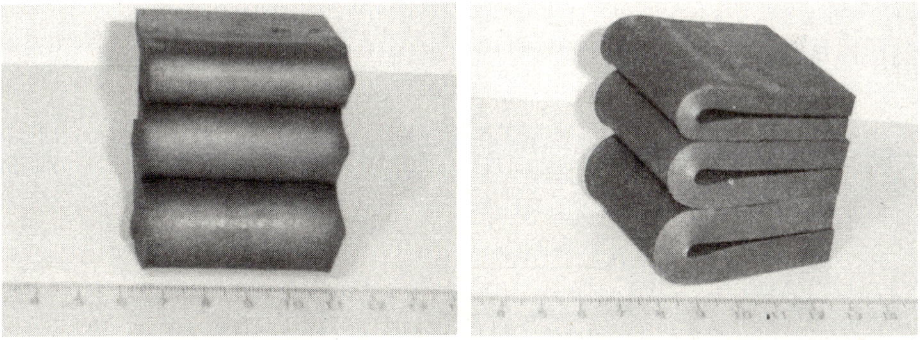

图 3-84 ZJ510L（板厚 6mm、8mm、10mm）冷弯检验试样

钛微合金化高强汽车大梁钢 ZJ550L 钢板屈服强度在 465～525MPa 之间，平均屈服强度为 491MPa，钢板的抗拉强度在 590～670MPa 之间，平均抗拉强度为 624MPa。所有钢板的屈强比较低，在 0.77～0.83 之间，均符合屈强比不大于 0.84 的要求，而且伸长率相对较高，均在 22.0～38.6 之间，伸长率的平均值为 29.0%。在 $d = a$，$B = 35$mm 时，钢板的横向冷弯性能全部合格，如表 3-22 所示。

**表 3-22　不同厚度规格 ZJ510L 晶粒度及带状组织评定**

| 厚度/mm | 横　向 | | 纵　向 | | 带状组织评定级别 |
|---|---|---|---|---|---|
| | 平均晶粒尺寸/μm | 晶粒度 | 平均晶粒尺寸/μm | 晶粒度 | |
| 5.0 | 5.3 | 11.8 | 5.8 | 11.6 | 2.0 |
| 6.0 | 6.0 | 11.5 | 5.8 | 11.6 | 1.5 |
| 6.5 | 5.1 | 11.9 | 5.2 | 11.9 | 0 |
| 8.0 | 7.3 | 10.9 | 6.6 | 11.2 | 1.0 |
| 8.0 | 5.7 | 11.6 | 6.5 | 11.2 | 1.5 |
| 10.0 | 8.1 | 10.6 | 7.5 | 10.8 | 1.0 |

钛微合金化高强汽车大梁钢 ZJ510L 的组织如图 3-85 所示。可见板带的组织为多边形铁素体加部分珠光体组成，平均铁素体晶粒大小较为均匀，随着产品板厚尺寸的减小，试样晶粒尺寸逐渐减小，晶粒细化。其中 6.0mm 厚钢板板面平均晶粒尺寸最为细小，用平均截线法测得其平均铁素体晶粒尺寸为 5.5μm 左右，如表 3-22 所示。10.0mm 厚试制钢板的平均铁素体晶粒尺寸较大为 6.2μm。横向平均铁素体晶粒尺寸为 5.1 ~ 8.1μm，纵向部分多边形铁素体晶粒沿轧制方向拉长，晶粒尺寸在 5.2 ~ 7.5μm 之间，晶粒度约为 10 ~ 12 级。表层晶粒尺寸较小，由表层向中心方向逐渐增大，表层平均晶粒尺寸与 1/2 厚度处相差 1.5μm 左右。

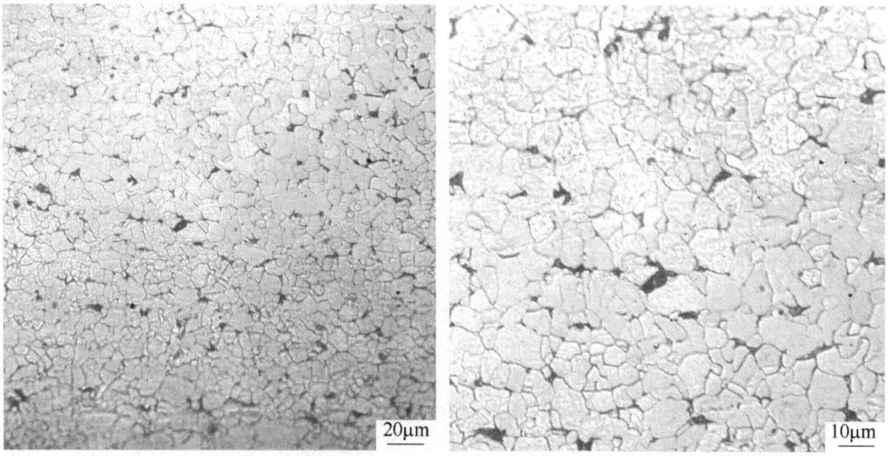


*a*　　*b*

图 3-85　6.0mm 厚 ZJ510L 不同部位的显微组织

*a*—板面；*b*—纵向

钛微合金化高强汽车大梁钢 ZJ550L 的组织，如图 3-86 所示，可见试样的显微组织以较细小的尖角形铁素体为主和少量的珠光体，平均铁素体晶粒尺寸约为

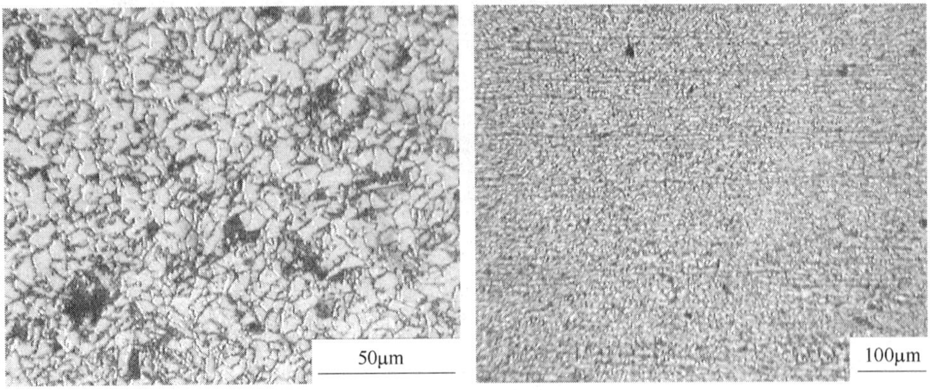


图 3-86 5.0mm 厚 ZJ550L 不同部位的显微组织

a—板面；b—纵向

5.3~5.8μm。对于同一试样做对比分析可发现，无论其轧向组织还是横向组织，晶粒尺寸由表层向中心方向逐渐粗大，表层与中心的平均晶粒尺寸相差 1.0μm 左右。在光学显微镜下测定部分试样平均晶粒大小并评定晶粒度级别指数 *G* 如表 3-23 所示。另外，在 100 倍光学显微镜下的金相显微组织可以看出，钢板的带状组织不明显，约为 1.5 级。

**表 3-23 不同厚度规格 ZJ550L 晶粒度及带状组织评定**

| 厚度/mm | 横向 | | 纵向 | | 带状组织评定级别 |
|---|---|---|---|---|---|
| | 平均晶粒尺寸/μm | 晶粒度 | 平均晶粒尺寸/μm | 晶粒度 | |
| 4.0 | 5.2 | 11.9 | 4.9 | 12.0 | 2.0 |
| 4.0 | 5.0 | 12.0 | 4.9 | 12.1 | 1.5 |
| 5.0 | 5.3 | 11.8 | 5.8 | 11.6 | 1.5 |
| 6.5 | 5.1 | 11.9 | 5.2 | 11.9 | 0 |
| 8.0 | 5.7 | 11.6 | 6.5 | 11.2 | 1.0 |

对钛微合金化高强汽车大梁钢 ZJ510L 与 ZJ550L 进行室温至 -100℃的系列温度冲击试验(20℃、0℃、-20℃、-40℃、-60℃、-80℃、-100℃)。测定其冲击吸收功如表 3-24 所示，得到不同厚度规格试制钢的韧脆转变温度如表 3-25 所示。

**表 3-24 四种规格试制钢 ZJ510L、ZJ550L 在不同温度下的夏比冲击功 $A_{KV}$ (J)**

| 钢种 | 厚度/mm | 室温 | 0℃ | -20℃ | -40℃ | -60℃ | -80℃ | -100℃ |
|---|---|---|---|---|---|---|---|---|
| ZJ510L | 6.0 | 52 | 48 | 44 | 43 | 33.5 | 25.5 | 6 |
| ZJ550L | 5.0 | 52 | 51 | 50 | 49 | 42.5 | 28.5 | 27 |
| ZJ550L | 6.5 | 63.5 | 57.5 | 56 | 53 | 33 | 17 | 7.5 |
| ZJ550L | 8.0 | 60 | 57 | 55 | 45 | 35 | 23.5 | 9.5 |

**表 3-25　四种规格 ZJ510L 和 ZJ550L 的韧脆转变温度**

| 钢　种 | 厚度规格/mm | 韧脆转变温度/℃ | 钢　种 | 厚度规格/mm | 韧脆转变温度/℃ |
|---|---|---|---|---|---|
| ZJ510L | 6.0 | -81 | ZJ550L | 6.5 | -77 |
| ZJ550L | 5.0 | -90 | ZJ550L | 8.0 | -60 |

应变硬化指数 $n$ 表示真实塑性应变随着真实应力成比例增加的能力，在实际工程应用中，$n$ 值反映金属材料在塑性变形过程中形变强化能力的一种量度，是判断材料深冲压性能的一个重要参数。对低碳高强汽车板 ZJ510L、ZIJ550L，采用平行宽度 20mm 的比例试样在万能材料试验机上测定其 $n$ 值，如表 3-26 所示，$n$ 值较高，在 0.176 ~0.250 之间。

**表 3-26　低碳高强汽车板 ZJ510L 和 ZJ550L 的 $n$ 值**

| 牌　号 | 板厚度/mm | 试样方向 | $n$ 值 | 平均值 | 牌　号 | 板厚度/mm | 试样方向 | $n$ 值 | 平均值 |
|---|---|---|---|---|---|---|---|---|---|
| ZJ510L | 6.0 | 90° | 0.245 | 0.250 | ZJ550L | 6.5 | 90° | 0.175 | 0.176 |
| | | | 0.255 | | | | | 0.176 | |
| ZJ550L | 5.0 | 90° | 0.201 | 0.221 | ZJ550L | 8.0 | 90° | 0.228 | 0.223 |
| | | | 0.241 | | | | | 0.218 | |

高强汽车板在冲压成形时，板材的回弹问题使得加工成形困难，为此采用自行设计的 V 形弯曲模具进行板材回弹值的测定。通过将试样弯曲成 60°后卸载，然后测量试样角度，两个角度之差即为所测板材的回弹值，试验装置示意图和试样尺寸简图分别如图 3-87 与图 3-88 所示。

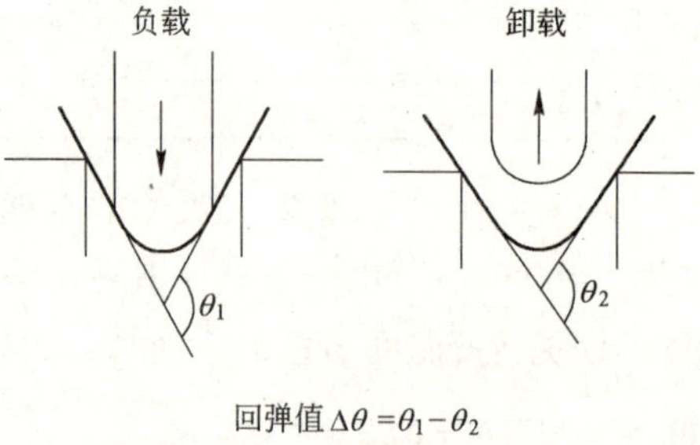


图 3-87　回弹值测量示意图

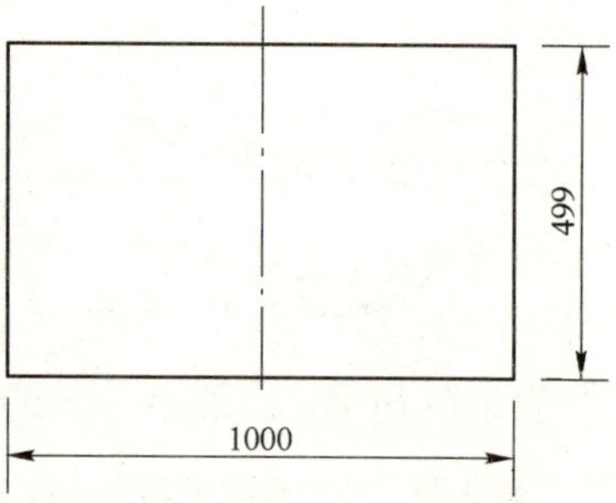


图 3-88　回弹值测量试样简图

从表 3-27 的回弹值试验结果来看，钢板的回弹值较小，而且随着板厚的增加其回弹值逐渐减小，10.0mm 厚度钢板的压弯至 60°的平均回弹角仅为 0.5°[76]。

表 3-27 低碳高强汽车板 ZJ510L 的回弹值

| 厚度规格/mm | 冲头圆弧半径/mm | 回弹值/(°) | 厚度规格/mm | 冲头圆弧半径/mm | 回弹值/(°) |
|---|---|---|---|---|---|
| 6.0 | 5 | 3.0 | 8.0 | 8 | 1.8 |
| | | 4.5 | | | 2.1 |
| | 8 | 4.0 | 10.0 | 8 | 0.6 |
| | | 3.0 | | | 0.4 |

### 3.4.2.3 钛对低碳锰钢的带状组织及其冷弯性能的影响

铁素体/珠光体带状组织是热轧钢中常见的一个现象，在生产低碳高强度汽车板 ZJ510L 和 ZJ550L 钢中有一定程度的带状组织产生。带状组织对钢的使用性能有很大影响。带状组织的存在，增加了钢的各向异性，从而使钢的性能具有方向性，导致钢板横向冲击韧性明显降低，并使横向塑性变差，宽向冷弯性能降低，在冷加工成形过程中易于开裂，出现裂纹。通过合理调整化学成分，钛微合金化处理和调整控制轧制、控制冷却工艺，汽车大梁钢板的带状组织消除或明显减少。

带状组织形成的原因是钢液凝固时的分凝效应造成了枝晶间偏聚，凝固组织中富含扩散较慢并且降低奥氏体向铁素体转变温度的元素的富溶质区和相邻的贫溶质区经大变形量轧制后变成带状区，轧后冷却时贫溶质区先转变为铁素体，伴随着铁素体晶粒的生长，碳、锰等元素进一步向残余的奥氏体中扩散，导致富溶质区的碳、锰等元素浓度继续增加，直到在较低温度变为珠光体。

### 3.4.2.4 钛微合金高强钢大梁钢的应用

钛微合金高强汽车大梁钢板 ZJ510L 和 ZJ550L，广泛应用于挂车、半挂车、重型车、载重车的大梁、车架、车厢等结构件。应用钛微合金高强汽车大梁钢板 ZJ510L 和 ZJ550L 可以采用不退火工艺，冲制挂车纵梁和形状最复杂变形方向多维的发动机二横梁，一次冲成率达到98%以上，可解决车厂用国内同类产品冲制发动机二横梁需退火且强度指标不达标问题，相关产品如图 3-89 和图 3-90 所示。

图 3-89 ZJ510L 汽车板冲压的重型车纵梁

图 3-90 ZJ510L 汽车板冲压的重型车横梁

应用钛微合金高强汽车大梁钢板 ZJ510L 和 ZJ550L 应用于车厢厂生产 5t 车车架中支柱、左右横梁。在实际冲压过程中，钢板经酸洗后，表面光滑，质量良好，冲成率高，没有出现类似产品常见的开裂、尺寸超差等现象，便于成形工艺参数的控制、车架总成的装配和生产管理，适合于制造汽车梁类等冷弯成形结构件，如图 3-91 和图 3-92 所示。冲压的横梁和车厢边板中支柱成形件没有出现成形缺陷和表面裂纹等成形问题，成形件回弹较小，钢板具有较高的强度、低屈强比和良好的冲压成形性能。

图 3-91 ZJ510L 汽车板冲压的卡车横梁成形件及焊接组装件

图 3-92 ZJ550L 汽车板冲压的卡车中支柱成品件

### 3.4.3 高强耐腐蚀钢方面的应用

高强度耐候钢是指 $\sigma_s \geqslant 450$MPa 的耐候钢，这类钢在特种集装箱及高速火车车厢的制造上有着广阔的应用前景。由于高强度耐候钢在要求高的耐蚀性的同时，还需要高的强度级别、较好的成形性能和焊接性能，因此对冶金工艺过程和设备控制水平要求很高，目前国外只有很少国家能生产。国内近年耐候钢板的需求量越来越大，高强度耐候钢（尤其是高强度集装箱板）的需求也呈上升趋势。高强耐候钢目前在国内外还没有形成一个统一的比较成熟和完整的标准。

结合薄板坯连铸连轧生产工艺特点，在细晶强化和沉淀强化等强化机理研究基础上，通过钛微合金化成分设计与冶炼、连铸连轧工艺优化，我国已经研制开发出屈服强度 450～700MPa 级的高强度耐候钢板[6,7,77]。该系列产品的各项性能指标达到国内外同级别产品的先进水平，产品得到了广泛应用。

#### 3.4.3.1 成分设计

A 成分设计指导思想

鉴于薄板坯连铸连轧工艺产品组织性能的特点，以及目前生产的普通集装箱板的具体情况，确定了下列成分设计的基本原则：

（1）借鉴薄板坯连铸连轧生产普通集装箱板采用 Cu-P-Cr-Ni 系列耐候钢生产技术的经验，在开发高强耐候钢时，可采用 Cu-P-Cr-Ni 系列耐候钢生产技术确保耐候性能。

（2）提高钢材产品强度的技术路线主要有两个：一是晶粒细化，二是微合金化。通过充分发挥薄板坯连铸连轧工艺产品晶粒细小、强度偏高的特点，目前薄板坯连铸连轧生产的普通集装箱板的屈服强度达到了 400MPa 以上，但是要达到屈服强度 450～700MPa 的目标，尚有较大的差距，必须采用微合金化技术。微合金化元素在细化晶粒的同时，还能提供可观的沉淀强化效果，目前微合金化已成为高强度钢板生产的主流技术。

B　耐候钢相关标准与开发高强耐候钢的性能要求

日本标准 JIS G3125 是目前使用最为广泛的集装箱板的标准，日本标准 JIS G3125—1987 中牌号为 SPA-H 的集装箱钢的化学成分和性能要求分别如表 3-28 和表 3-29 所示。开发高强耐候钢的性能要求如表 3-30 所示。

**表 3-28　JIS G3125—1987 中 SPA-H 集装箱钢的化学成分（%）**

| C | Si | Mn | P | S | Cu | Ni | Cr |
|---|---|---|---|---|---|---|---|
| ≤0.12 | 0.25～0.75 | 0.20～0.5 | 0.07～0.15 | ≤0.040 | 0.25～0.60 | ≤0.65 | 0.30～1.25 |

**表 3-29　JIS G3125—1987 中 SPA-H 集装箱钢的性能**

| 屈服强度/MPa | 抗拉强度/MPa | 伸长率/% | 180°冷弯试验 | |
|---|---|---|---|---|
| ≥345 | ≥480 | ≥22 | ≤6mm，$d=a$ | >6mm，$d=1.5a$ |

**表 3-30　各强度级别高强耐候钢的力学性能要求**

| 牌　号 | 屈服强度/MPa | 抗拉强度/MPa | 伸长率/% | 冷弯 180° |
|---|---|---|---|---|
| ZJ450W | ≥450 | ≥520 | ≥20（$h$≤6mm） | $d=1.0a$ 合格 |
| ZJ500W | ≥500 | ≥580 | ≥18（$h$≤6mm） | $d=1.0a$ 合格 |
| ZJ550W | ≥550 | ≥620 | ≥16（$h$≤6mm） | $d=1.5a$ 合格 |
| ZJ600W | ≥600 | ≥660 | ≥14（$h$≤6mm） | $d=2.0a$ 合格 |
| ZJ650W | ≥650 | ≥710 | ≥12（$h$≤4mm） | $d=2.0a$ 合格 |
| ZJ700W | ≥700 | ≥750 | ≥10（$h$≤4mm） | $d=2.5a$ 合格 |

C　高强耐候钢各元素的设计

日本标准 JIS G3125—1987 中牌号为 SPA-H 的集装箱钢的合金元素主要有铜、磷、铬、镍、锰、硅等，如表 3-28 所示。根据耐候钢中各种合金元素的作用和特点，选择合金元素使用范围。

a　铜

铜是耐大气腐蚀钢中对提高耐大气腐蚀性能最主要的、最普遍使用的合金元素。铜在钢中具有良好耐候性能的原因是在钢的腐蚀过程中，铜起着活性阴极的作用，在一定条件下可以促进钢产生阳极钝化，从而降低钢的腐蚀速度；另一种观点是铜在锈层中的富集能够改善锈层的保护性能，从而提高钢的耐腐蚀性能。铜与其他元素（如磷、铬等）复合使用时，提高耐大气腐蚀性能效果更好。

钢中铜对耐大气腐蚀的作用随大气环境的不同而不同，钢中最佳含铜量也随大气环境而变化，在我国北方干燥大气地区为0.15%～0.20%，在我国南方潮湿大气及中部工业大气地区为0.3%～0.35%。为提高耐大气腐蚀性能，同时也减小含铜钢的热加工敏感性问题，在低合金钢中的铜含量一般规定在0.2%～0.5%。

b 磷

磷可以和铜、铬形成磷酸物，包附在晶体外表，充斥在晶界间，起到了抗表面腐蚀与抗晶界腐蚀的作用，是耐候板的有益元素。磷是合金元素中提高耐大气腐蚀性能最有效的元素，即使单独使用也有很好的效果，但通常与其他合金元素，特别是铜和铬或同时与铜、铬等配合使用，以提高钢的耐大气腐蚀性能。

钢中含磷会恶化钢的韧性，特别是剧烈降低钢的低温冲击韧性。但是，细化晶粒可以改善和提高钢的低温冲击韧性，减缓磷对钢的低温冲击韧性的影响。通常，在高耐大气腐蚀钢中，磷的含量限制在0.15%以下。

c 铬

铬是提高钢的耐大气腐蚀性能的合金元素。铬本身并不能显著地提高钢的耐腐蚀性能，铬的耐大气腐蚀的作用在很大程度上取决于钢中有无其他合金元素及其含量。如果铬与磷，铬与铜，铬与铜、磷、硅等元素配合使用，其耐大气腐蚀的能力将显著提高。一般耐大气腐蚀钢中铬的含量为0.4%～1.0%。

d 镍

镍通过形成简单的置换固溶体起着强化铁素体的作用，可提高钢的强度和韧性，进一步细化晶粒。与铜形成Cu-Ni合金，提高析出温度，克服铜的热脆，辅以二冷水工艺控制，降低边部的冷却强度，防止在二冷区出现边部裂纹。镍是耐大气腐蚀的有效元素，镍对耐大气腐蚀性能的效果随其含量增加而增大。

e 硅

硅是改善耐大气腐蚀性能的元素。硅与铜、磷、铬元素配合使用，可以较好地改善耐大气腐蚀性能。耐候钢中硅含量一般都在1.0%以下。

f 锰

锰的主要作用是通过固溶强化和细晶强化提高强度，适度提高淬透性，提高韧性又提高加工性能，锰使硫造成的热脆性减到最小。锰对改善钢的耐大气腐蚀性能的效果不大。

g 硫

硫是对耐大气腐蚀性能有害的元素，应尽可能降低。硫是判断钢水洁净度的一个尺度。脱硫不好，意味着精炼前期脱氧不够，在钛微合金化高强度耐候钢中钛首先与钢中的氮结合形成 TiN，剩余的钛将结合钢中的硫形成 $Ti_4C_2S_2$，钛与硫的亲和力要强于锰与硫的亲和力，随钛含量增加，钢中的 $Ti_4C_2S_2$ 化合物逐渐增多并取代 MnS 夹杂，因此要严格控制钢水中的硫含量。硫对钙处理的效果有影响，喂钙之前的硫含量应不大于 0.008% 才能保证钙丝的有效性，才能将 $Al_2O_3$ 夹杂球化，又避免生成新的 CaS 夹杂。

h 碳

碳的成分设计时主要应考虑避开钢的包晶区，即碳含量设计为 0.08% ~ 0.16%，这是确保生产顺行不漏钢，降低纵裂纹的发生几率，同时又保证铸坯的表面质量及产品的力学性能的重要措施。同时考虑到钢水在钢包炉精炼完毕、送到连铸、浇铸成铸坯这一过程各种增碳因素，设定精炼终点碳控制在不大于 0.06%。

i 钛

钛加入钢中有两个目的，即晶粒细化和沉淀强化。两种作用都是由微合金碳化物、氮化物或碳氮化物的析出引起的。在低合金高强度钢中加入微量钛，可以提高钢的强度，改善钢的冷成形性能和焊接性能。由于钛与氧的亲和力很强，钢液必须用铝充分脱氧后，才能加入钛铁。

D 高强耐候钢钛含量的选择依据

钢微钛处理后细化晶粒，据统计，普通集装箱板铁素体晶粒尺寸为 10μm，假设微钛处理后细化到 7μm，则由 Hall-Petch 公式可知屈服强度增加 $17.4 \times (0.007^{-1/2} - 0.01^{-1/2}) = 20.5\text{MPa}$。钛含量的增加，产生沉淀强化，导致钢板强度提高。

根据 Orowan 机制，第二相粒子的沉淀强化增量 $\Delta\sigma_p$ 可由下式表示：

$$\Delta\sigma_p = 8.995 \times 10^3 \frac{f^{1/2}}{d} \ln(2.417d) \tag{3-25}$$

式中，$f$ 为第二相体积分数；$d$ 为第二相粒子的直径，nm。

假设钢中总钛含量为 Ti，能够产生沉淀强化的钛为有效的 Ti，称为 Ti（有效），钢中的氮为 0.007%，硫为 0.005%，Ti（有效）= Ti − 3.4N − 3S = Ti − 3.4 × 0.007 − 3 × 0.005 = Ti − 0.03889。设有效 Ti 全部以 TiC 形式存在，则根据有效 Ti 的质量分数，可得到 TiC 的质量分数：

$$\text{TiC\%} = \left[(\text{Ti} - 0.03889) \times \frac{A_{\text{TiC}}}{A_{\text{Ti}}}\right]\% = \left[(\text{Ti} - 0.03889) \times \frac{59.9}{47.9}\right]\% \tag{3-26}$$

式中，$A$ 为原子量或分子量。根据 TiC 和 Fe 的密度（分别为 $4.944\mathrm{g/cm^3}$ 和 $7.87\mathrm{g/cm^3}$）可以将质量分数转化为体积分数：

$$f = \left[(\mathrm{Ti} - 0.03889) \times \frac{59.9}{47.9}\right]\% \times \frac{\rho_{\mathrm{Fe}}}{\rho_{\mathrm{TiC}}} \tag{3-27}$$

假设沉淀析出 TiC 粒子的直径分别为 5nm、10nm 和 15nm，将式 3-27 及粒子直径 $d$ 代入到式 3-25 中，可获得不同尺寸粒子产生的沉淀强化增量与钛含量的关系，如图 3-93 所示。

普通集装箱板的屈服强度为 401～450MPa，因此若要生产超过 450～700MPa 的高强度耐候钢，则至少应增加 50～250MPa，扣除细晶强化产生的 20.5MPa，则沉淀强化增量应为 30～230MPa。通常形变诱导析出或从铁素体中析出的 TiC 直径为 5～10nm，由图 3-93 可见，钢中钛含量应为 0.04%～0.14%。

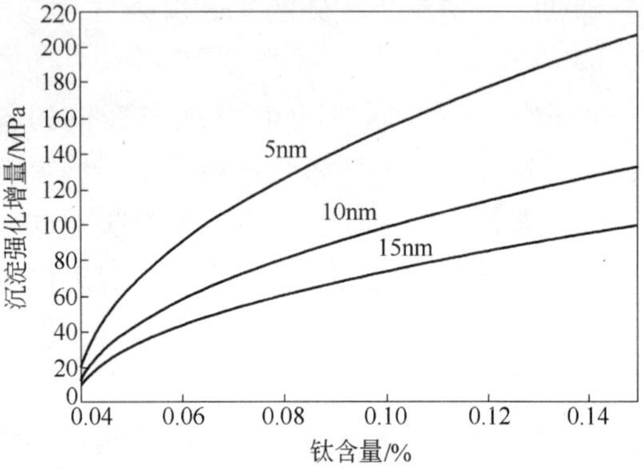


图 3-93　不同尺寸粒子产生的沉淀强化增量与钛含量的关系

#### 3.4.3.2　钛微合金高强耐候钢的力学性能

按国标钢材力学及工艺性能试验取样规定 GB 2975—82 以及国标金属材料室温拉伸试验方法 GB/T 228—2002，对屈服强度 450～700MPa 级高强耐候钢系列产品进行力学检验及统计分析，结果如图 3-94、图 3-95 和表 3-31 所示，试样平行部分原始宽度 $b_0$ 为 12.5mm。

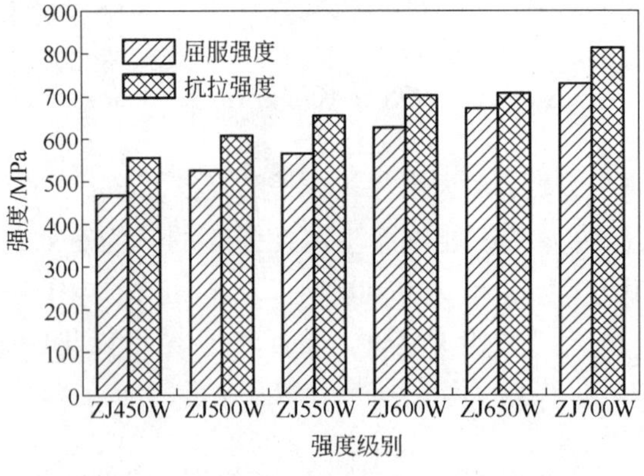


图 3-94　不同屈服强度级别的高强耐候钢

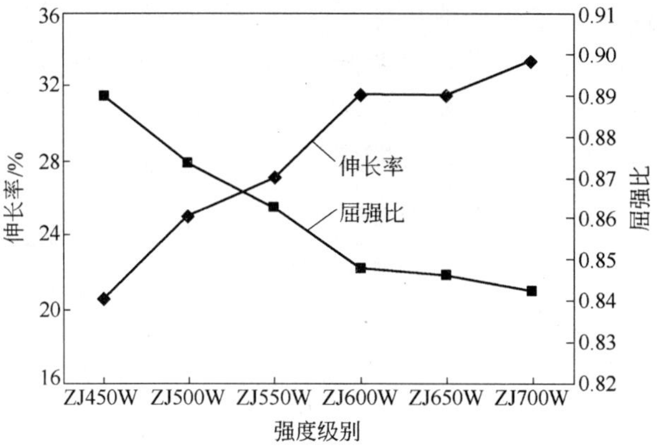


图 3-95 高强耐候钢的伸长率和屈强比

**表 3-31 钛微合金化高强耐候钢的拉伸性能**

| 钢种 | $\sigma_s$ /MPa | $\sigma_b$ /MPa | $\delta$ /% | 屈强比 | 备注 | 钢种 | $\sigma_s$ /MPa | $\sigma_b$ /MPa | $\delta$ /% | 屈强比 | 备注 |
|---|---|---|---|---|---|---|---|---|---|---|---|
| ZJ450W | 455 | 540 | 27.0 | 0.81 | 最小值 | ZJ600W | 605 | 680 | 19.0 | 0.88 | 最小值 |
| | 495 | 605 | 35.0 | 0.87 | 最大值 | | 645 | 720 | 23.0 | 0.90 | 最大值 |
| | 466 | 555 | 31.4 | 0.84 | 平均值 | | 628 | 705 | 20.3 | 0.89 | 平均值 |
| ZJ500W | 500 | 565 | 21.0 | 0.83 | 最小值 | ZJ650W | 650 | 725 | 19.0 | 0.86 | 最小值 |
| | 545 | 635 | 32.0 | 0.89 | 最大值 | | 695 | 795 | 25.0 | 0.90 | 最大值 |
| | 526 | 609 | 27.7 | 0.86 | 平均值 | | 675 | 758 | 21.8 | 0.89 | 平均值 |
| ZJ550W | 550 | 620 | 21.0 | 0.83 | 最小值 | ZJ700W | 715 | 760 | 17 | 0.86 | 最小值 |
| | 595 | 715 | 34.0 | 0.90 | 最大值 | | 770 | 850 | 25 | 0.91 | 最大值 |
| | 571 | 656 | 26.1 | 0.87 | 平均值 | | 740 | 820 | 20 | 0.89 | 平均值 |

从表 3-31 可以看出，ZJ450W 的屈服强度在 450MPa 以上，抗拉强度在 530 以上，断裂总伸长率在 28% 以上，屈强比在 0.82～0.87 之间；ZJ500W 的屈服强度在 500MPa 以上，抗拉强度在 565MPa 以上，断裂总伸长率在 21% 以上，屈强比在 0.83～0.89 之间；ZJ550W 的屈服强度在 550MPa 以上，抗拉强度在 620MPa 以上，断裂总伸长率在 21% 以上，屈强比在 0.86～0.90 之间；ZJ600W 的屈服强度在 600MPa 以上，抗拉强度在 680MPa 以上，断裂总伸长率在 19% 以上，屈强比在 0.88～0.90 之间；ZJ650W 的屈服强度在 660MPa 以上，抗拉强度在 720MPa 以上，断裂总伸长率在 19% 以上，屈强比在 0.86～0.90 之间；ZJ700W 的屈服强度在 715MPa 以上，抗拉强度在 760MPa 以上，断裂总伸长率在 17% 以上，屈强比在 0.86～0.91 之间。

从表 3-31 和图 3-95 中也可以看出，钛微合金化高强耐候钢随着强度的提高，伸长率有下降的趋势，屈强比则升高。

为考察钛微合金钢的通卷力学性能，对 550MPa 级耐候钢钢卷的不同位置进行了力学性能测试。钢板的通卷力学性能如表 3-32 和图 3-96 所示。可见钢板的通卷性能稳定屈服强度差最大为 30MPa，抗拉强度差最大为 25MPa。

**表 3-32 550MPa 级耐候钢钢卷的通卷力学性能**

| 取样位置，距头部/m | 截面尺寸 /mm × mm | 屈服强度 $\sigma_s$ /MPa | 抗拉强度 $\sigma_b$ /MPa | 伸长率 $\delta$/% | 冷 弯 |
|---|---|---|---|---|---|
| 0 | 1.61 × 12.98 | 565 | 630 | 25.2 | 合 格 |
| 32 | 1.59 × 12.98 | 570 | 635 | 24.7 | 合 格 |
| 79 | 1.61 × 12.98 | 555 | 620 | 22.5 | 合 格 |
| 137 | 1.57 × 13.00 | 570 | 645 | 25 | 合 格 |
| 210 | 1.59 × 12.98 | 575 | 645 | 25.9 | 合 格 |
| 295 | 1.60 × 12.98 | 565 | 635 | 25.7 | 合 格 |
| 474 | 1.59 × 12.98 | 575 | 645 | 27 | 合 格 |
| 529 | 1.56 × 12.98 | 570 | 640 | 30.5 | 合 格 |
| 560 | 1.59 × 12.98 | 560 | 630 | 25.1 | 合 格 |
| 570 | 1.56 × 12.98 | 570 | 650 | 25 | 合 格 |
| 650 | 1.58 × 12.98 | 545 | 615 | 22.7 | 合 格 |
| 708 | 1.59 × 12.98 | 545 | 615 | 27.6 | 合 格 |
| 766 | 1.60 × 12.98 | 565 | 635 | 22.2 | 合 格 |
| 824 | 1.59 × 13.00 | 560 | 625 | 24 | 合 格 |
| 882 | 1.59 × 13.00 | 555 | 620 | 24.5 | 合 格 |
| 940 | 1.59 × 13.00 | 565 | 635 | 26.6 | 合 格 |
| 998 | 1.60 × 12.98 | 555 | 625 | 23 | 合 格 |
| 1056 | 1.60 × 12.98 | 570 | 635 | 28.1 | 合 格 |
| 1114 | 1.60 × 13.00 | 550 | 615 | 26.6 | 合 格 |
| 1172 | 1.59 × 12.98 | 570 | 635 | 22.7 | 合 格 |
| 1198 | 1.59 × 13.00 | 565 | 630 | 24.6 | 合 格 |
| 1224 | 1.60 × 12.98 | 565 | 635 | 22.8 | 合 格 |
| 1250 | 1.59 × 13.00 | 575 | 640 | 26.2 | 合 格 |
| 1276 | 1.58 × 13.00 | 570 | 635 | 24 | 合 格 |
| 1302 | 1.58 × 12.98 | 575 | 640 | 20.5 | 合 格 |

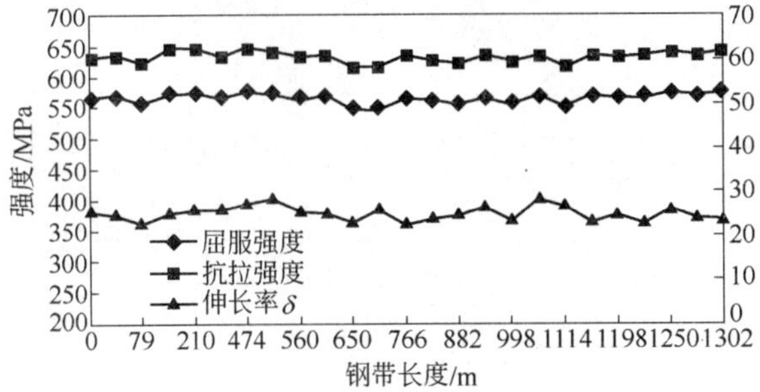


图 3-96　550MPa 级高强耐候钢的通卷力学性能

3.4.3.3　金相组织

从钛微合金化高强耐候钢上切取金相试样，用砂纸打磨，抛光后用4%硝酸酒精溶液侵蚀，在光学显微镜下观察试样的显微组织，并用截线法测定晶粒尺寸。

在其他条件相同情况下，不同厚度钢板的典型金相组织如图 3-97 ~ 图 3-100 所示，晶粒尺寸如图 3-101 所示。由图 3-97 ~ 图 3-100 和图 3-101 可见，随着钢板厚度的减小（铸坯的压缩比增加），铁素体晶粒变细，钢板越薄（1.6mm 与 2mm），心部与表面的晶粒尺寸相差越小；钢板越厚，心部与表面的晶粒尺寸相差越大。不同厚度的高强耐候钢的显微组织都多为多边形铁素体加部分珠光体组成，铁素体晶粒均匀细小。

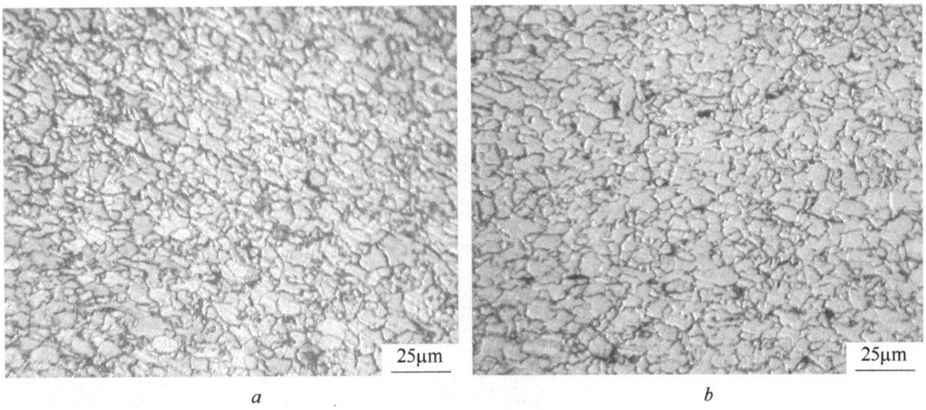


图 3-97　厚度 1.6mm 钢板的显微组织
*a*—表面；*b*—心部

同时比较不同钛含量、相同厚度钢板，轧向显微组织如图 3-102 和图 3-103 所示，晶粒尺寸如图3-104所示。由图3-104可以看出，随着钛含量的增加，晶粒尺寸增加不明显，钢板心部与表面晶粒度有一定的差距。

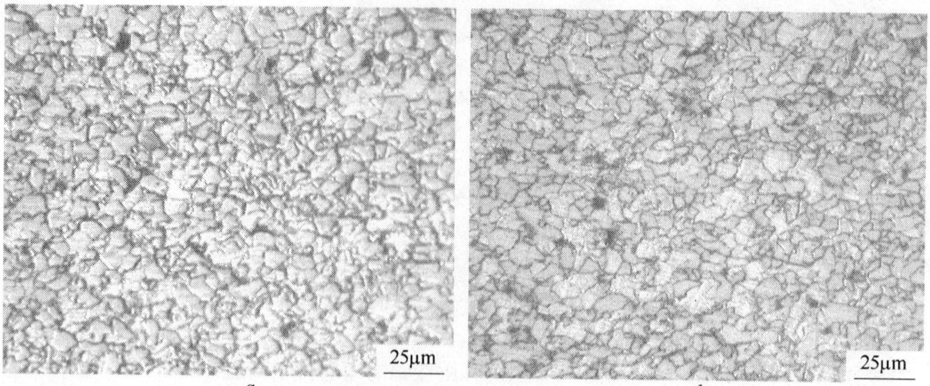


a　　b

图 3-98　厚度 2.0mm 钢板的显微组织

a—表面；b—心部

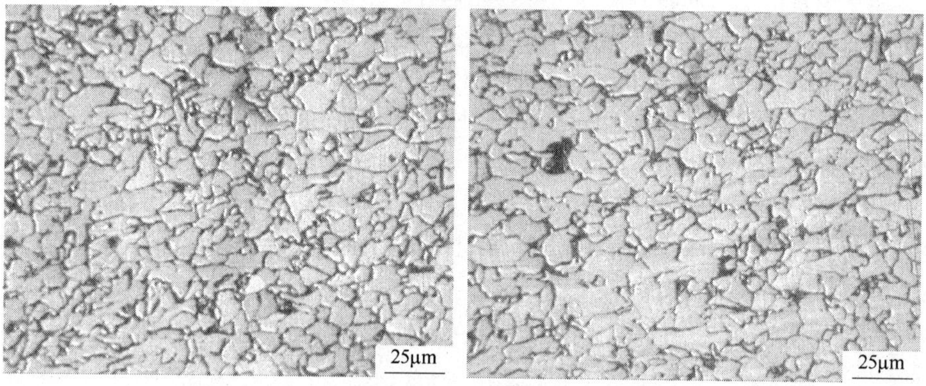


a　　b

图 3-99　厚度 4.0mm 钢板的显微组织

a—表面；b—心部

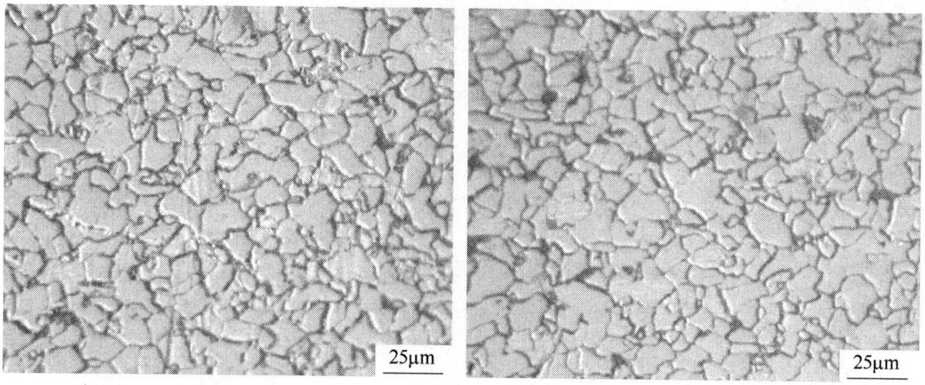


a　　b

图 3-100　厚度 6mm 钢板的显微组织

a—表面；b—心部

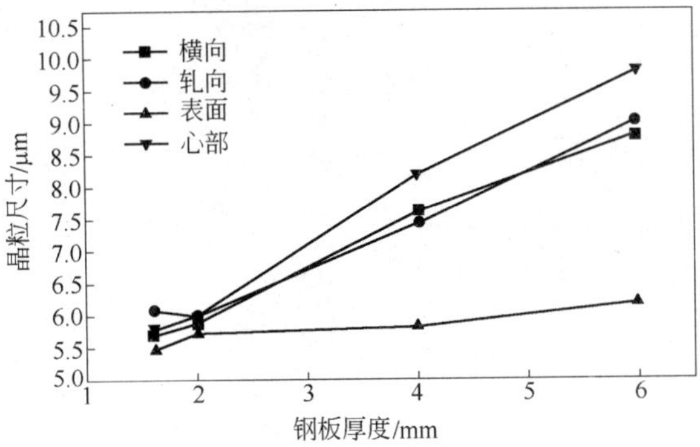


图 3-101 不同厚度的钛微合金耐候钢在
不同截面上晶粒尺寸的关系

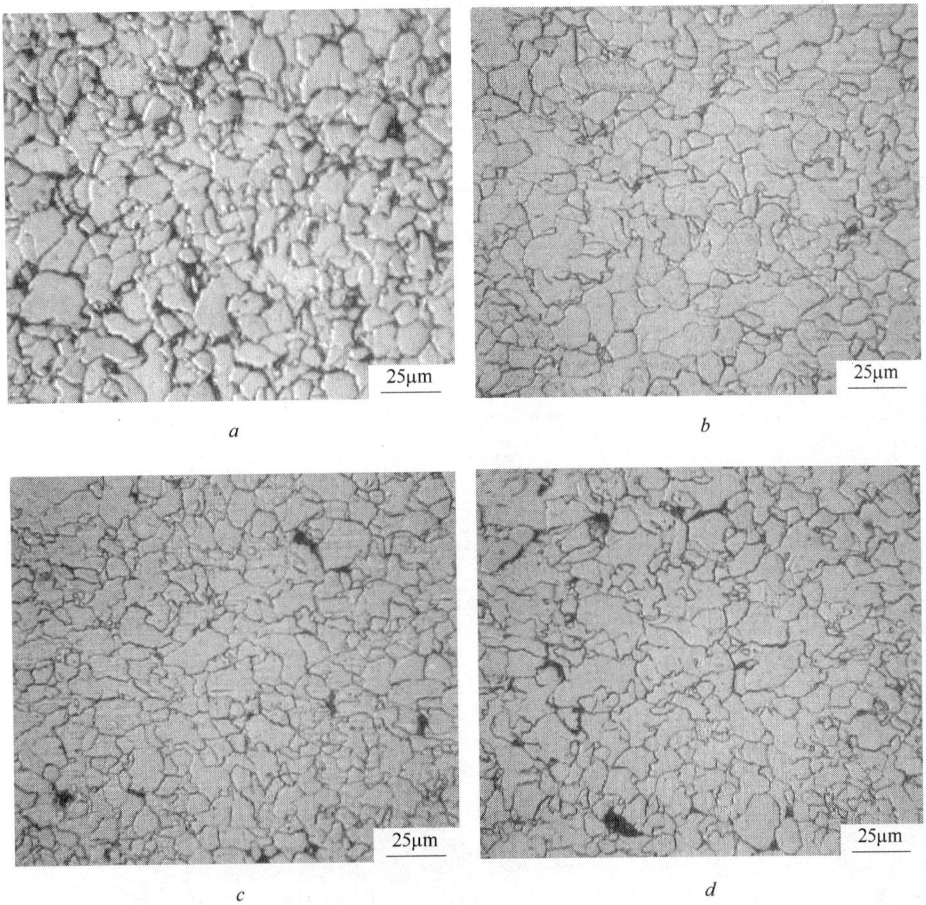

*e*　*f*

图 3-102　不同钛含量高强耐候钢心部的显微组织（4.0mm）

*a*—Ti 0.04%；*b*—Ti 0.054%；*c*—Ti 0.063%；

*d*—Ti 0.076%；*e*—Ti 0.096%；*f*—Ti 0.12%

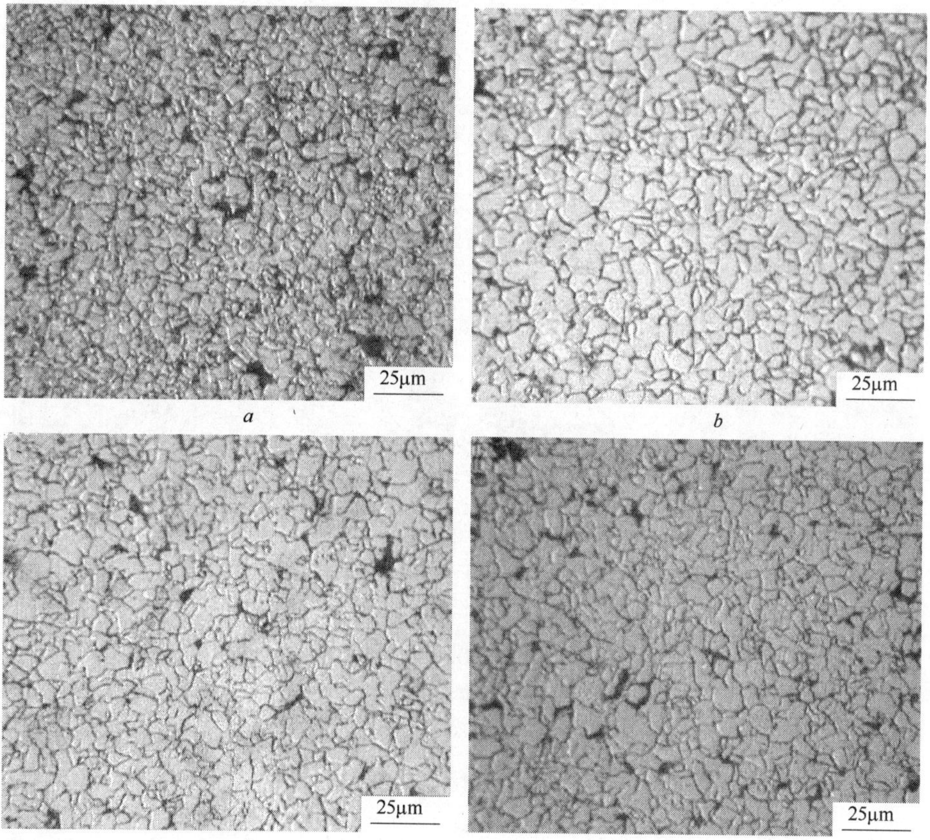


*a*　*b*

*c*　*d*

*e*　　　　*f*

图 3-103　不同钛含量高强耐候钢表面的显微组织（4.0mm）

*a*—Ti 0.04%；*b*—Ti 0.054%；*c*—Ti 0.063%；

*d*—Ti 0.076%；*e*—Ti 0.096%；*f*—Ti 0.12%

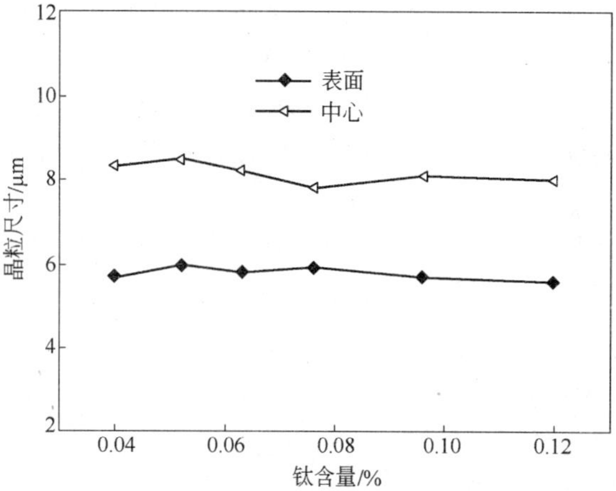


图 3-104　晶粒尺寸与钛含量的关系（4mm）

### 3.4.3.4　耐候性能

高强耐候集装箱板主要用于远洋运输集装箱的制造。在长途货物运输中，海洋气候的恶劣与海浪的侵蚀，对集装箱板的耐腐蚀性能提出了较高标准。耐候性能是高强耐候钢的一个重要的指标，根据中华人民共和国铁道行业标准 TB/T 2375—93 和国家标准 GB/T 10125—1997，采用周期浸润实验和盐雾实验，定性和定量测定了钛微合金化高强集装箱板的耐腐蚀性能。

将试制钛微合金化高强耐候钢（1 号为 ZJ550W，2 号为 ZJ450W）和常规集装箱钢板（3号）各加工3块试样同时进行周期浸润试验，试验数据如表3-33所示。

**表3-33　试制钢和常规集装箱板的周期浸润实验数据**

| 试样编号 | 长度/mm | 宽度/mm | 厚度/mm | 表面积/$mm^2$ | 原始质量/g | 腐蚀后质量/g | 失重/g | 失重率/g·$(m^2·h)^{-1}$ | 平均值/g·$(m^2·h)^{-1}$ |
|---|---|---|---|---|---|---|---|---|---|
| 1A | 50.04 | 40.12 | 3.24 | 4599.446 | 49.5474 | 48.6013 | 0.9461 | 1.224 | 1.268 |
| 1B | 50.08 | 40.06 | 3.22 | 4592.911 | 49.432 | 48.4319 | 1.0001 | 1.296 | |
| 1C | 50.04 | 40 | 3.20 | 4579.456 | 49.4438 | 48.4555 | 0.9883 | 1.284 | |
| 2A | 50.00 | 40.06 | 3.74 | 4679.649 | 57.4514 | 56.4532 | 0.9982 | 1.269 | 1.259 |
| 2B | 50.22 | 40.06 | 3.70 | 4691.698 | 57.6033 | 56.6385 | 0.9648 | 1.224 | |
| 2C | 50.10 | 40 | 3.66 | 4667.532 | 57.5223 | 56.5172 | 1.0051 | 1.281 | |
| 3A | 50.20 | 40.18 | 1.30 | 4269.06 | 19.9545 | 19.013 | 0.9415 | 1.312 | 1.295 |
| 3B | 50.24 | 40.18 | 1.52 | 4312.163 | 23.2305 | 22.3485 | 0.882 | 1.217 | |
| 3C | 50.30 | 40.06 | 1.56 | 4311.959 | 23.9786 | 22.9977 | 0.9809 | 1.354 | |

从表3-33可以看出，钛微合金高强耐候钢1号、2号和常规集装箱钢3号的失重率在1.21～1.35g/($m^2$·h)之间，其平均值在1.25～1.3g/($m^2$·h)之间，与别的耐候钢在相同实验条件下的失重率相仿，并且1号、2号和3号钢的失重率相差不大。实验结果表明，钛微合金高强钢的耐腐蚀性能与普通集装箱钢SPA-H相同。

将钛微合金高强钢ZJ700W、Q195、普通集装箱板各加工3块试样进行了72h周浸对比腐蚀试验，试验结果如图3-105所示。可见钛微合金高强耐候钢的耐候性不低于普通耐候钢。

#### 3.4.3.5　焊接性能

为了评价钛微合金高强耐候钢钢板的焊接性能以及焊接后的晶粒尺寸和组织变化情况，根据试验钢的强度级别和化学成分选取适当的焊条进行焊接试验，试验选取HTW-50焊条，直径ϕ1.0mm焊丝，采用$CO_2$保护焊。将焊后的钢板按照国标GB 2649—89焊接接头力学性能试验取样法和GB 2651—89焊接接头拉伸试验方法切取横向拉伸试

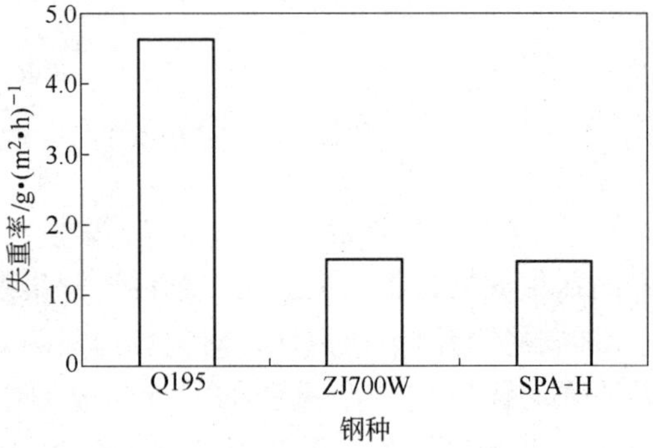


图3-105　ZJ700W与相关材料72h周侵腐蚀实验结果

样，进行了焊后金属拉伸试验和金相组织检验。高强耐候钢的焊接试样在拉伸后均在母材部位断裂。焊接试样的拉伸性能如表 3-34 所示，可以看出试制钢板焊接后仍然有较好的拉伸性能，说明其焊接性能良好。

**表 3-34 550MPa 级高强耐候钢焊接前后拉伸性能**

| 尺寸/mm | 焊接前 | | | 焊接后 | | |
|---|---|---|---|---|---|---|
| 4.0mm | 屈服强度/MPa | 抗拉强度/MPa | 伸长率/% | 屈服强度/MPa | 抗拉强度/MPa | 断裂位置 |
| | 605 | 680 | 23 | 585 | 670 | 断母材 |

焊接后取样做金相检验，如图 3-106 所示。由此可见，试制钢焊接性能良好，焊接前后力学性能变化较小，金相组织均匀细小，并不因为焊接后组织晶粒尺寸出现较大变化。

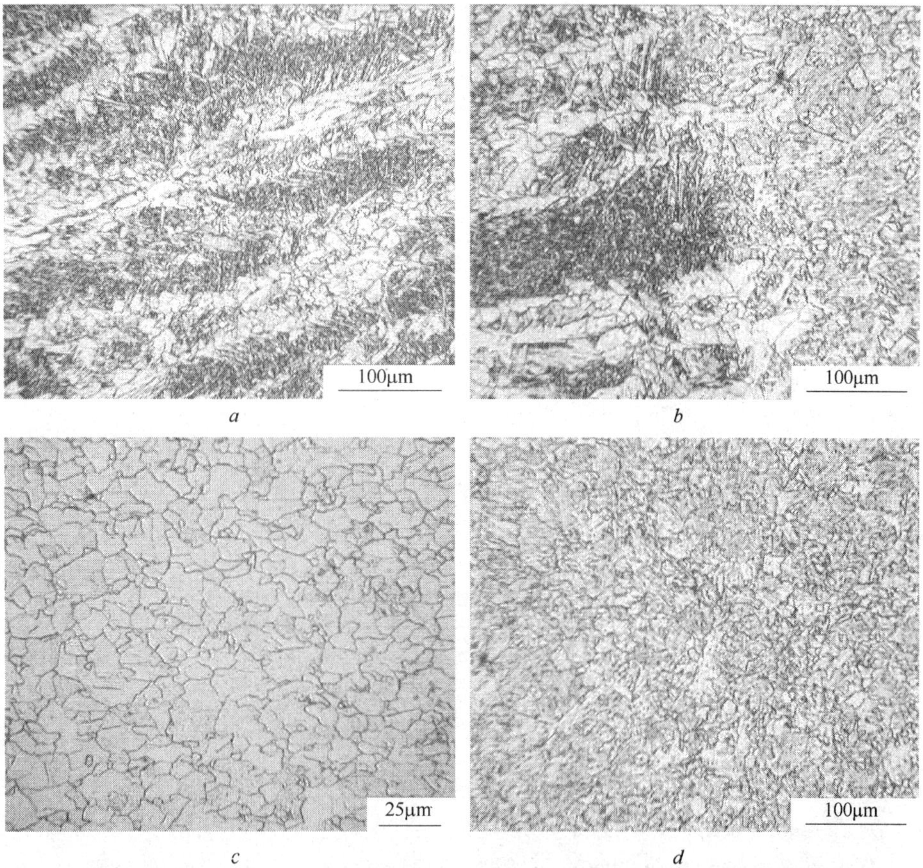


a b c d

图 3-106 550MPa 级高强耐候钢焊接显微组织

*a*—焊缝；*b*—焊缝和过渡区；*c*—基体；*d*—过渡区

### 3.4.3.6 成形性能

A 应变硬化指数（*n*）

在万能材料试验机上测定了不同钛含量高强耐候钢的 *n* 值，其结果如表 3-35 和图 3-107 所示，由图 3-107 中可以看出，当钛含量小于 0.055% 的时候，*n* 值呈下降趋势；当钛含量大于 0.055% 时，*n* 值基本保持不变。

**表 3-35 钛微合金高强耐候钢和普通耐候钢的 *n* 值**

| 钛含量/% | 普通耐候钢 | 高强耐候钢 | | | |
|---|---|---|---|---|---|
| | 0.016 | 0.038 | 0.055 | 0.062 | 0.069 |
| *n* 值 | 0.206 | 0.188 | 0.143 | 0.153 | 0.142 |

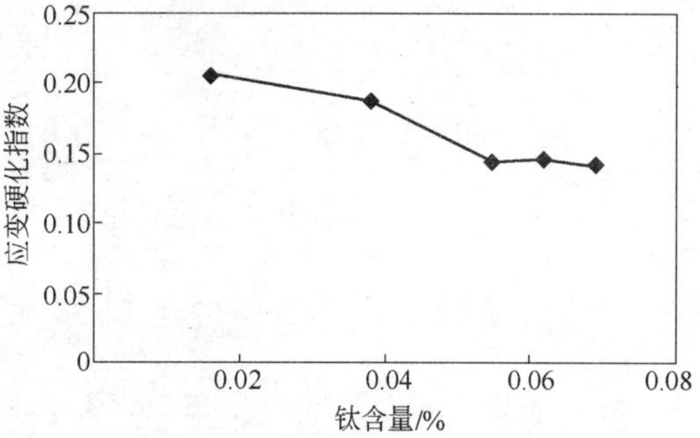


图 3-107 不同钛含量高强耐候钢与应变硬化指数的关系

B 回弹性能

采用自行设计制造的 V 形弯曲模具进行了板材回弹值的试验测定，试验装置示意图和试样尺寸简图分别如图 3-87 和图 3-88 所示。从表 3-36 可以看出，钛微合金化高强耐候钢钢板的回弹值较小。

**表 3-36 550MPa 级高强耐候钢的回弹角度**

| 试样厚度/mm | 1.6 | 2.0 | 4.0 | 6.0 |
|---|---|---|---|---|
| 圆弧半径/mm | 2 | 2 | 5 | 5 |
| 回弹角度/（°） | 4 | 5 | 2.5 | 1.5 |

C 冷弯性能

为了衡量高强耐候钢钢板的成形性，对于 4 种不同厚度规格的 550MPa 级钛微合金化高强耐候钢板分别取轧向试样进行冷弯试验，试样宽度 *B* 分别为 20mm 和 40mm，弯心半径为 $d=0$，弯曲 180°，结果如图 3-108 所示。结果表明所有试样的宽冷弯性能良好，适合工业制造冲压成形。

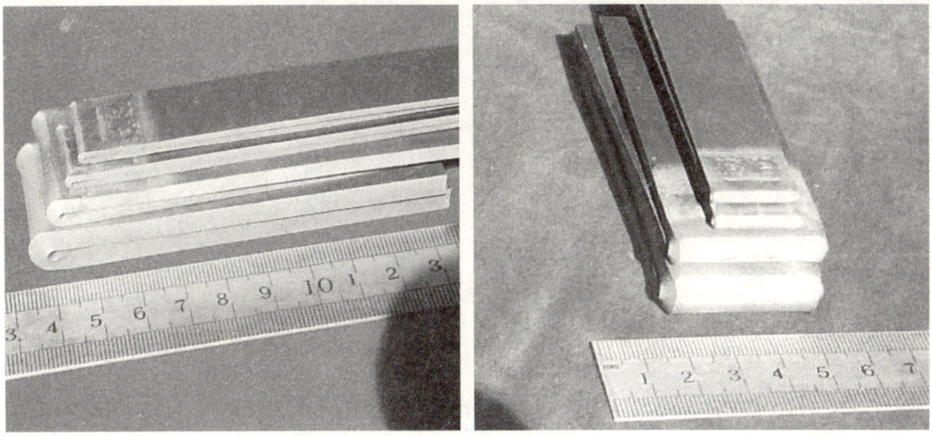


图 3-108 550MPa 级钛微合金化高强耐候钢的冷弯检测试样（$d=0$）

3.4.3.7 冲击性能

为了评价高强耐候钢的低温韧性，进行室温至 -100℃ 的系列温度冲击试验（20℃、0℃、-20℃、-40℃、-60℃、-80℃、-100℃）。根据国标金属夏比缺口冲击试验方法 GB/T 229—1994，沿垂直于轧制方向取小尺寸试样。金属夏比 V 型缺口冲击试验试样的 V 型缺口深度为 2mm。对 700MPa 级钛微合金化高强耐候钢的冲击韧性试验检测表明，钢的韧脆转变温度在 -50℃左右，具有良好的低温韧性，如图 3-109 所示。

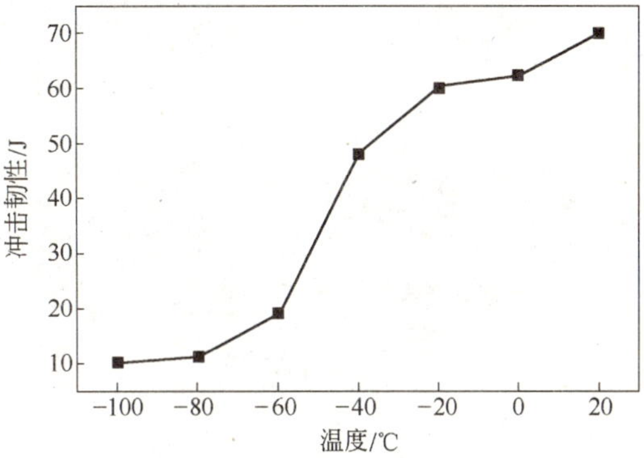


图 3-109 700MPa 级高强耐候钢 ZJ700W 的冲击韧性和温度的关系
（试样尺寸：5mm×10mm×55mm）

3.4.3.8 钛微合金高强耐候钢的应用

开发的高强耐候钢已在国内外相关集装箱和汽车制造厂家批量使用。应用于特种集装箱的门板、顶板、四波板、底横梁、宽边底横梁、前/后角柱等零件，各部分零件组装成箱，通过了整箱测试、堆码试验、叉槽试验、纵向栓固试验，满足了客户的需求。700MPa 级高强耐候钢主要用于出口北美欧洲特种集装箱的侧板、门板、顶板、底横梁、前/后角柱、立柱等，冲压加工性能良好，焊接性能良好。图 3-110 为 550MPa 级钛微合金化高强耐候钢应用于特种集装箱的零件的情况。

图 3-111 为 700MPa 级高强耐候钢的使用情况。

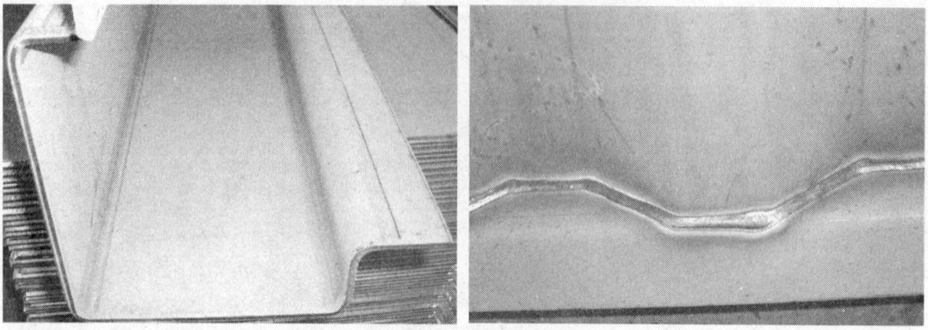

*a*　*b*

图 3-110　应用于特种集装箱的零件

*a*—高强耐候钢冲压成形件；*b*—侧板四波板和顶上梁方管焊接件

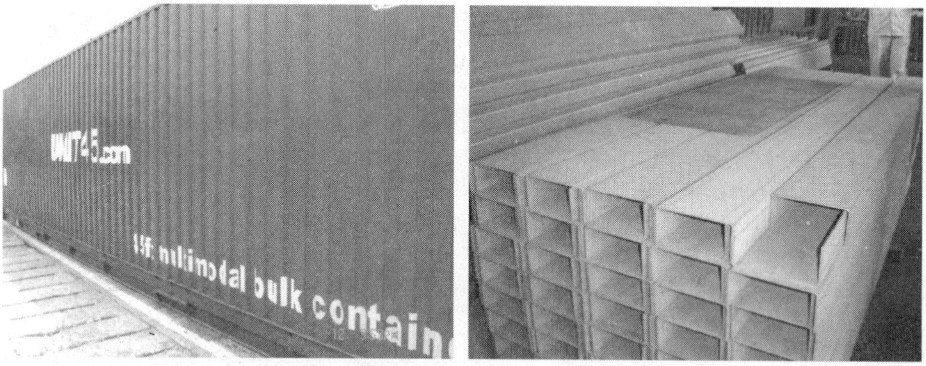

*a*　*b*

图 3-111　700MPa 级高强集装箱板在特种集装箱上的应用

*a*—特种集装箱；*b*—立柱（3.5mm）

## 参 考 文 献


1　王祖滨，东涛．低合金高强度钢．北京：原子能出版社，1996

2　Petch N J. JISI，1953，174：25

3　Hall E O. Proc. Phn. Soc.，1951，B64：747

4　滕长岭．中国钢分类．北京：中国标准出版社，1997

5　Fletcher F E. High-Strength Low-Alloy Steels—Status Selection and Physical Metallurgy. Battelle Press，1983

6　毛新平．薄板坯连铸连轧 Ti 微合金化高强耐候钢研究：［博士学位论文］．北京：北京科技大学，2005

7　Lutz Meyer. 钛在低碳钢中作为一种强化元素和控制硫化物元素．徐新华，译．宝钢情报，

1989，(增刊)：149 ~ 158
8 Joachim Kunze. Solubility of titanium nitride in delta. Iron. Steel Research.，1991，62(10)：430 ~ 432
9 Taylor K A. Solubility Products for titanium-，vanadium-，and niobium-carbide in ferrite. Scripta Metallurgica et Materialia，1995，32(1)：7 ~ 12
10 傅杰，朱剑，迪林，等．微合金钢中 TiN 的析出规律研究．金属学报，2000，38(8)：801 ~ 804
11 傅杰，朱剑，迪林，柳得橹，王元立．微合金钢中 TiN 的析出研究．金属学报，2001，36(8)：801 ~ 806
12 兰纳伯格 R，等著．钒在微合金钢中的作用．杨才福，等编译．钢铁研究总院，2000（内部资料）
13 Cuddy L J. Microstructure developed during thermomechanical treatment of HSLA steels. Metall. Trans. A.，1981，12A(7)：1313 ~ 1320
14 杨才福，张永权，王宇杰．钛含量对热轧带钢力学性能的影响．钢铁，1995，30(8)：48 ~ 51
15 Carboni A，Ruzza D W，Feldbauer S L. Quenching for improved direct hot charging quality. Iron Steelmaker，1999，26(8)：39 ~ 42
16 肖锋．微钛处理钢中 Ti（C、N）第二相质点析出、长大行为及其对晶粒长大的阻止作用研究．四川冶金，1998，4：46 ~ 49
17 Hansen S S，Vander Sande J B，Morris Cohen. Niobium carbonitride precipitation and austenite recrystallization in hot-rolled microalloyed steels. Metallurgical Transactions A.，1980，11A(3)：387 ~ 402
18 谢利群，毛新平，霍向东．Ti 对钢的组织性能的影响．冶金丛刊，2005，(2)：1 ~ 4
19 张秀芳，马成甫，钟定钟，等．汽车用含钛 T52（L）钢板控制轧制控制冷却工艺研究与应用．钢铁研究，1994，81(6)：14 ~ 22
20 雍岐龙，马鸣图，吴宝榕．微合金钢—物理和力学冶金，北京：机械工业出版社，1989
21 赵嘉蓉，唐文胜，等．终轧温度和轧后冷却对含钛微合金钢屈服强度的影响．钢铁，1996，31(5)：30 ~ 35
22 杨才福，张永权，刘天军，等．微量 Ti 对热轧宽带钢力学性能的影响．特钢技术，1995，(1)：51 ~ 54
23 Massip A，Meyer L. Thyssen Technische Berichte，1989，Heft 1：11 ~ 20
24 王霆．优化含钛热轧汽车大梁钢板化学成分及工艺研究．鞍钢技术，1996，(9)：32 ~ 39
25 齐长发，刘洪兵．浅谈微合金化元素对低合金钢热塑性的影响．河北冶金，1999，111(3)：6 ~ 9
26 刘清友，陈红桔，张永权，等．钛对汽车车轮用钢组织和性能的影响．钢铁研究学报，1994，6(1)：49 ~ 54
27 Yang Gao. Effect of Mn and Ti precipitates on the hot ductility of low carbon and ultra low carbon steel. ISIJ International，1995，35(7)：914
28 Adrian H，Rickering F B. Materials Science and Technology，1991，7：176 ~ 182

29 吴承建，陈国良，强文江．金属材料学．北京：冶金工业出版社，2000
30 尹桂全，高甲生，等．微量 Ti 对焊接热影响区奥氏体晶粒长大倾向的影响．上海金属，1998，(1)：24～28
31 许祖泽．新型微合金钢的焊接．北京：机械工业出版社，2004
32 毛新平，康永林，李烈军，林振源，等．一种应用薄板坯连铸连轧生产 Ti 微合金化高强耐候钢板的工艺．中国专利：200510036889. X
33 毛新平，林振源，李轲新，高吉祥，等．一种基于薄板坯连铸连轧采用 Ti 微合金化工艺生产 700MPa 级高强耐候钢的方法．中国专利：200610123458. 1
34 毛新平，霍向东，刘清友，等．薄板坯连铸连轧微合金化技术及其应用．钢铁，2006，41(增刊 1)：113～121
35 Meyer L, Heisterkamp F, Lauterbom D. Processing and properties of low carbon steel. TMS-AIME, 1973：297
36 林滋泉，敖列哥，郝森．鞍钢钒、钛、铌微合金钢的应用与开发．钢铁钒钛，2001，22(1)：1～6
37 Bai Mingzhou, Liu Delu, Mao Xingping, et al. Effects of Ti addition on low carbon hot strips produced by CSP process. Journal of University of Science and Technology Beijing, 2006, 13(3)：230～234
38 周建，康永林，毛新平．Ti 微合金化高强腐蚀钢的析出相观察和物理化学相分析．钢铁研究学报．2005，17(增刊)：85～90
39 柳得橹，毛新平，等．CSP 工艺 Ti 微合金化钢中的碳氮化物沉淀．钢铁，2006，41（增刊 1)：235～240
40 毛新平，霍向东，康永林，等．TSCR 流程生产钛微合金化高强耐候钢中的析出物．北京科技大学学报，2006，28(11)：1023～1028
41 周建，康永林，毛新平，等．CSP 流程生产 Ti 微合金化高强钢的析出行为研究．见：北京国际材料周（2006BIMW）钢铁分会论文集，北京，2006：76～80
42 周建，康永林，毛新平，等．钛微合金钢的成分及工艺对显微组织和力学性能的影响．钢铁，2006，41(增刊 1)：343～350
43 Han Z Q, Cai K K, Liu B C. Prediction and analysis on formation of internal cracks in continuously cast slabs by mathematical models. ISIJ International, 2001, 41(12)：1473～1480
44 王中丙，李烈军，傅杰，康永林，等．一种生产集装箱板的方法．中国专利：ZL 01114640. 0
45 Martain J W. Micromechanisms in Particle-Hardened Alloys. 1st ed. Cambridge University Press, 1980
46 余永宁，编．金属学原理．北京：冶金工业出版社，2000
47 Liu W J, Jonas J J. Ni(CN) precipitation in microalloyed austenite during stress relaxation. Metall. Trans. A., 1988, 19A：1414～1425
48 毛新平，孙新军，康永林，等．EAF-CSP 流程钛微合金化高强钢板的组织和性能研究．钢铁，2005，40(9)：65～68
49 周建，康永林，毛新平，等．Ti 对高强耐候钢力学性能的影响．北京科技大学学报，

2006, 28(10): 926 ~ 930

50 Huo Xiangdong, Mao Xinping, Li Liejun, Lin Zhenyuang, et al. Strengthening mechanism of Ti micro-alloyed high strength steels produced by thin slab casting and rolling. Iron and Steel, 2005, 40(Supplement): 464 ~ 468

51 Cuddy L J. The effect of microalloy concentration on the recrystallization of austenite during hot deformation. Plastic Deformation of Metals. New York: Academic Press, 1975: 129

52 于浩. CSP 热轧低碳钢板组织细化与强化机理研究: [博士学位论文]. 北京: 北京科技大学, 2003

53 曲英. 炼钢学原理, 第 2 版. 北京: 冶金工业出版社, 1994

54 毛新平, 孙新军, 康永林, 林振源. 薄板坯连铸连轧 Ti 微合金化钢的物理冶金学特征. 金属学报, 2006, 42(10): 1091 ~ 1095

55 王海舟. 原位统计分布分析——材料研究及质量判据的新技术. 中国科学 (B 辑), 2002, 32(6): 481 ~ 484

56 王海舟. 21 世纪冶金分析的若干问题. 钢铁, 2000, 35(1): 73 ~ 78

57 王海舟. 面向新世纪的冶金材料分析. 理化检验——化学分册, 2001, 37(1): 1 ~ 4

58 王海舟. 金属原位分析系统. 中国冶金, 2002, (6): 20 ~ 22

59 陈吉文, 王海舟, 杨志军, 等. 火花数字光谱解析技术. 见: 第十届全国光谱分析学术年会论文集, 北京: 中国金属学会理化检验委员会, 全国冶金分析信息网, 2000: B119 ~ B122

60 杨志军, 王海舟. 火花光谱原位分析技术对连铸方坯质量分析的应用研究. 钢铁, 2002, (增刊): 189 ~ 193

61 杨志军, 王海舟. 用原位分析方法研究连铸板坯的偏析和夹杂. 钢铁, 2003, 38(3): 61 ~ 63

62 高宏斌, 贾云海, 王海舟. 钢中不同状态铝的光谱行为研究. 见: 第十届全国光谱分析学术年会论文集, 北京: 中国金属学会理化检验委员会, 全国冶金分析信息网, 2000: B1 ~ B5

63 王海舟, 李美玲, 陈吉文, 等. 连铸钢坯质量的原位统计分布分析研究. 中国工程科学, 2003, 5(10): 34 ~ 42

64 杨志军, 王海舟. 不同结晶态低合金钢方坯的原位分析. 钢铁, 2003, 38(9): 67 ~ 71

65 苏亮, 田乃媛, 毛新平, 等. 液芯压下对高强耐候钢组织和力学性能的影响. 见: 薄板坯连铸连轧技术交流与开发协会第四次技术交流会论文集, 中国, 马鞍山, 2006: 538 ~ 543

66 毛新平, 林振源, 谢利群, 等. 薄板坯连铸连轧工艺 Ti 微合金化高强钢屈服强度影响因素回归分析. 钢铁. 2006, 41(增刊 1): 274 ~ 277

67 毛新平, 陈学文, 李烈军, 等. EAF—LF—CSP 流程 Ti 微合金化钢炼钢工艺研究. 钢铁. 2006, 41(增刊 1): 217 ~ 221

68 毛新平, 林振源, 李烈军, 谢利群, 等. 一种在钛微合金化高强耐候钢冶炼和连铸过程中提高并稳定钛回收率的工艺. 中国专利: 200510102239.0

69 Pehlke R D, Elliott J F. The Solubility of Nitrogen in liquid iron alloys. I. Thermodynamics. Trans. Mct. Soc. Of AIME, 1960, 218: 1088 ~ 1101

70　Turkdogan E T. Causes and effects of nitride and carbonitride precipitation in HSLA steels in relation to continuous cooling . Steelmaking Conference Proceedings. ISS, 1997, 70: 399 ~ 416
71　Pillild C F. Variables affecting the nitrogen content of carbon and low alloy acid electric arc furnace steel. In: Electric Furnace Conference Proceedings. ISS 1988, 46: 107 ~ 110
72　Thomas J, Scheid C, Geiger G. Nitrogen control during EAF steelmaking. I & SM, April 1993-January 1994
73　Liewellyn D T. Nitrogen in steel. Iron making and steel making. 1993, 20(1): 35 ~ 40
74　康永林，赵征志，谷海容，于浩，毛新平，等. 低碳高强度汽车板 ZJ510L 力学性能及强化机理. 汽车工艺与材料，2004，(6)：54 ~ 56
75　赵征志，康永林，于浩，毛新平，陈贵江，林振源. CSP 流程生产低碳高强度汽车板组织性能的研究. 汽车工艺与材料，2006，(4)：189 ~ 192
76　康永林，傅杰，等. 薄板坯连铸连轧钢的组织性能控制. 北京：冶金工业出版社，2006
77　毛新平，高吉祥，康永林，等. 薄板坯连铸连轧高强集装箱板的开发与应用. 见：薄板坯连铸连轧技术交流与开发协会第四次技术交流会论文集，中国，马鞍山，2006：124 ~ 134

# 4 薄板坯连铸连轧钒微合金化技术

## 4.1 概述

### 4.1.1 钒微合金化技术发展与应用概况

钒是瑞典科学家 N. G. Sefstrom 博士在 1830 年发现的。在 19 世纪与 20 世纪相交之际，随着冶金工艺技术的发展，钒铁合金实现了商业化生产。为了促使钒作为合金化元素在钢中应用，英国谢菲尔德大学的 Arnold 教授率先研究了钒在各种钢中的合金化作用。Arnold 等人研究发现，钒的碳化物高硬度及其高温稳定性在钒的应用中起关键作用。20 世纪初，英国和法国的研究工作表明，钒合金化能使碳钢的强度大幅提高，尤其是在淬火加回火的工艺条件下，性能改善更为明显。

20 世纪初，很多钢种添加 0.1% ~0.2% 的钒以提高钢材的强度和淬透性。1916 年，Bullens 报道了在低碳钢中加入 0.12% ~0.20% 的钒；美国钒公司在 30 年代研制的碳锰钢的化学成分为 C 0.18%，Mn 1.45%，V 0.08% ~0.10%，具有大于 345MPa 的屈服强度。

早期开发的钒微合金钢是 VAN80 钢，其屈服强度达到 560MPa，并首次采用在线控制加速冷却工艺，通过利用微合金的析出增加了晶粒细化和强化作用。

德国的 Neumeister 和 Wiester 在 1945 年就认识到含钒低碳钢中氮的重要性。美国伯利恒公司的 Frame 和 Melloy 在 1962 年报道了钒和氮在屈服强度为 310 ~345MPa 的轧制态软钢生产中的复合作用。最初，用于关键部位的结构型钢必须正火处理。到 60 ~70 年代，一种低碳的钒微合金钢(C 0.15% ~0.20%，V 0.10% ~0.15%，N 0.010% ~0.015%)得到广泛应用，如厚壁油气管线钢。

1965 年左右，控制轧制工艺发展达到了商业化生产的水平。采用铌微合金化，可以阻止热连轧过程中的再结晶，因此随压下量的增加奥氏体晶粒逐步被拉长，通过这种工艺，奥氏体可以转变为非常细小的铁素体。同时，人们发现采用钒微合金化有利于提高强度。这类控制轧制铌钒复合微合金钢已广泛应用于管线钢的制造。

20 世纪 80 年代，根据铌微合金钢采用奥氏体未再结晶控制轧制、轧制力增大和旧轧机需改造的特点，人们开发了一系列采用钒微合金化生产高强度微合金钢的再结晶控制轧制工艺。通过多道次变形后的奥氏体再结晶，可以同样达到上述未再结晶控制轧制方法的晶粒细化效果。该工艺可采用较高的终轧温度，因此轧机的轧制力没有明显增加，这不但提高生产率，同时还能在轧制力较弱的轧机上实现细晶粒钢的生产。该工艺非常适合钒钛微合金钢的生产，因为这两种元素对再结晶的抑制作用都较弱，能够实现轧制过程奥氏体的反复再结晶[1]。

20 世纪 90 年代初钒微合金化技术率先应用于薄板坯连铸连轧流程，现在北美已广泛采用钒微合金化技术生产高强度结构钢，国内也采用钒微合金化技术基于薄板坯连铸连轧流程开发生产了高强度结构钢和石油管线用钢。

自 20 世纪 60 年代以来，钒在钢铁工业中的应用量急剧增加，到 1988 年已占钒消耗量的 85%，其中钒在高强度低合金钢中的消耗所占比例为 25%[2]。钒微合金化高强度低合金钢以其良好的综合性能广泛应用于石化、交通运输、机械制造等行业。截至 2000 年，我国已经有钒钢 139 种，钒钢在中国是主导钢种[3]。

### 4.1.2 钒微合金化技术的特点

钒在奥氏体中的固溶度大，在常规的加热温度下钒易固溶于钢中。因此，钒微合金钢铸坯在加热或均热炉中的加热或均热温度相对较低。这一特点适合薄板坯连铸连轧流程均热炉均热温度低、均热时间短的工艺特性。

钒对形变奥氏体基体的再结晶过程阻碍作用较小，并且奥氏体再结晶温度区间较宽，因此钒微合金钢广泛采用再结晶控制轧制工艺。同时，钒微合金钢可以实现粗大奥氏体组织完全再结晶碎化，适合薄板坯连铸连轧流程铸造组织直轧的特点。

V(C,N)析出温度低，经过输出辊道上的快速冷却，在典型的卷取温度下，V(C,N)将在转变后的铁素体中大量析出，产生显著的沉淀强化。通过再结晶控制轧制和控制冷却工艺以及钒和氮的配合，可以得到最大晶粒细化率（$D_\gamma/D_\alpha$），在薄板坯连铸连轧流程甚至可得到超细晶组织，实现钒微合金钢细晶强化[4]。

钒与钢中的自由氮结合，消除了自由氮带来的时效性[5]。同时提高钢中的氮含量，可以显著地促进钒的析出，在奥氏体中析出的 VN 能够抑制再结晶奥氏体晶粒长大[6]；在铁素体区析出的 VN，可以增加晶内铁素体的形核核心[7]，两方面共同促进铁素体晶粒细化。同时钢中增加氮含量，使低温析出 V(C,N)的数量增多、尺寸减小且使粒子粗化的趋势减小，显著提高钒的沉淀强化效果[8,9]。因此钒在一定程度上解决了电炉炼钢氮含量高的问题，同时氮使钒的微合金化作用得到充分发挥。

## 4.2 钒微合金化理论基础

### 4.2.1 钒的化合物形成倾向

钒是位于元素周期表第四周期（第一长周期）第 $V_B$ 族的过渡族金属元素，

是强的碳化物和氮化物形成元素，钒难以形成氧化物和硫化物。因此，钒在钢中主要形成碳化钒、氮化钒和碳氮化钒。

碳、氮原子半径与钒原子半径的比值分别约为 0.57 和 0.52，均小于 0.59，因此钒的碳化物和氮化物均为简单点阵结构的间隙相。钢中通常存在的碳化钒和氮化钒为 NaCl 型面心立方结构的间隙相，其中的间隙原子（特别是碳原子）常会发生一定程度的缺位，使其化学组成式中 C 或 N 的系数成为小于 1 的小数，如碳化钒的化学式可从 $VC_{0.5}$变化到 VC。长期以来国内很多文献均将钢中存在的碳化钒写作 $V_4C_3$。然而，根据有关的实验结果，钢中存在的碳化钒极少为 $V_4C_3$，主要为 $V_8C_7$($VC_{0.875}$)和 $V_6C_5$($VC_{0.833}$)，且因碳原子的有序缺位而形成有序化合物。而氮化钒则因氮原子缺位甚少故通常仍将其认为是完整的 VN[10]。钢中形成的碳化钒和氮化钒具有相同的晶体结构且点阵常数相近，因而也可以无限制地互溶形成碳氮化物 $VC_xN_{1-x}$（$x$ 的值为 0 ~ 1）。因此，本书中给出的 VC 和 V(C,N) 并不是钒的碳化物和碳氮化物的化学式，而是析出物种类的描述。

### 4.2.2 钒在钢中的固溶规律

人们对钒在钢中的固溶规律做了大量研究工作。然而不同人或不同方法得到的碳化钒和氮化钒固溶度积差别很大，如图 4-1 所示[11]。通常采用的二元相碳化钒和氮化钒在奥氏体中的固溶度积公式为[12]：

$$\lg([\%V][\%C])_\gamma = 6.72 - 9500/T \tag{4-1}$$

$$\lg([\%V][\%N])_\gamma = 3.63 - 8700/T \tag{4-2}$$

式中，[%V]为钒元素在奥氏体中固溶的质量分数；[%C]为碳元素在奥氏体中固溶的质量分数；[%N]为氮元素在奥氏体中固溶的质量分数；$T$ 为绝对温度。

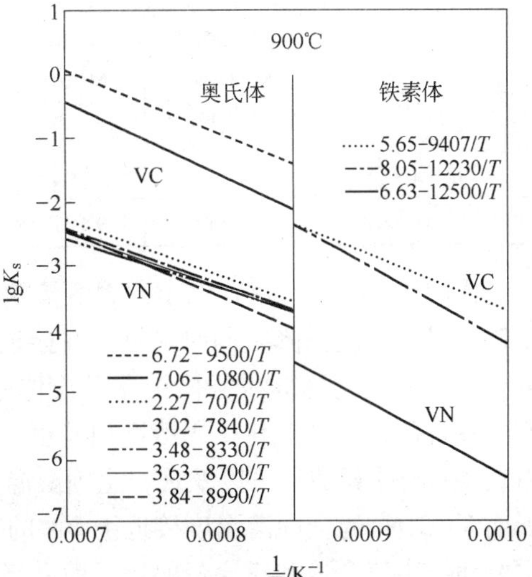


图 4-1 VC 和 VN 固溶度数据

尽管目前所测得的碳化钒和氮化钒在奥氏体中的固溶度数据有较大差异，但规律是相同的，在奥氏体内碳化钒的固溶能力比氮化钒的固溶能力高得多，如图4-1及式 4-1 和式 4-2 所示。碳化钒比其他微合金元素的碳化物和氮化物的固溶度高得多，甚至可以在低温奥氏体区充分固溶[13]。

碳化钒和氮化钒在铁素体中的固溶度积非常小，实验难以测定。目前仅有由热力学数据推导而得到的平衡固溶度积公式[14]：

$$\lg([\%V][\%C]^{0.875})_{\alpha} = 5.65 - 9340/T \tag{4-3}$$

$$\lg([\%V][\%N])_{\alpha} = 2.45 - 7830/T \tag{4-4}$$

式中，[%V]为钒元素在铁素体中固溶的质量分数；[%C]为碳元素在铁素体中固溶的质量分数；[%N]为氮元素在铁素体中固溶的质量分数；$T$为绝对温度。

根据上述固溶度积公式和碳化钒及氮化钒的理想化学配比值可计算出钒微合金钢中任一温度下的固溶钒量[%V]、固溶碳量[%C]或固溶氮量[%N]，通过计算还可得出任一温度下碳氮化钒的化学式（即 $VC_xN_{1-x}$ 或 $VC_{0.875x}N_{1-x}$ 中的 $x$）[15]。反之，根据钢的化学成分、固溶度积公式和碳化钒及氮化钒的理想化学配比值可以计算出钢中碳氮化钒的全固溶温度。钒微合金钢中碳氮化钒的全固溶温度，对实际生产过程中热连轧工艺参数的设置具有重要的指导意义。雍岐龙曾对碳含量分别为 0.02%、0.05%、0.10%、0.20%，氮含量分别为 0.0025%、0.005%、0.01%、0.02%，钒含量分别为 0.05%、0.10%、0.15%、0.20% 的一系列钒微合金钢中 $VC_xN_{1-x}$ 全固溶温度及在全固溶温度时化学式 $VC_xN_{1-x}$ 中系数 $x$ 进行了理论计算，结果如表 4-1 所示[16]。

**表 4-1　钒微合金钢中碳氮化钒的全固溶温度及化学式中系数 $x$ 的计算结果**

| 钢　种 | C0.02%, N0.02%, V0.10% | C0.05%, N0.02%, V0.10% | C0.10%, N0.02%, V0.10% | C0.20%, N0.02%, V0.10% | C0.10%, N0.0025%, V0.10% |
|---|---|---|---|---|---|
| 全固溶温度/℃ | 1101.9 | 1102.4 | 1103.1 | 1104.5 | 940.1 |
| $x$ | 0.0030939 | 0.0076957 | 0.015263 | 0.030027 | 0.12925 |
| 钢　种 | C0.10%, N0.005%, V0.10% | C0.10%, N0.01%, V0.10% | C0.10%, N0.02%, V0.05% | C0.10%, N0.02%, V0.15% | C0.10%, N0.02%, V0.20% |
| 全固溶温度/℃ | 987.6 | 1042.0 | 1040.6 | 1142.5 | 1171.8 |
| $x$ | 0.065500 | 0.031935 | 0.016250 | 0.014714 | 0.014336 |

由图 4-1 可见，钒在钢中的固溶量随温度的升高而迅速增大，而碳化钒和氮化钒的量则相应下降。同时可见，在接近 $\gamma\rightarrow\alpha$ 相变点温度时，钒的固溶量骤然减小，原因是碳化钒和氮化钒在奥氏体中的固溶度远大于其在铁素体中的固溶度。并且碳化钒和氮化钒固溶度相差很大，VN 的固溶度积比 VC 小两个数量级。由表 4-1 的计算结果可以发现，全固溶温度下 V(C,N)化学组成相当接近于 VN，因而 V(C,N)的全固溶温度接近于 VN 的全固溶温度，即 V(C,N)的全固溶温度主要随钢中氮含量和钒含量的增大而升高；而当钢中钒、氮元素含量确定时，碳元素的含量对碳氮化钒的全固溶温度影响很小。

### 4.2.3　碳氮化钒析出的热力学驱动力

只有存在热力学驱动力的条件下，即在母相和转变产物之间存在自由能差时，析出过程才会进行。驱动力决定稳态形核率，要计算或估计形核率，必须计算驱动力。图4-2给出了由Thermo-Calc数据库计算得到的钒微合金钢中碳化钒和氮化钒形核的化学驱动力[13]。由图4-2可见，随温度下降，驱动力单调增加，

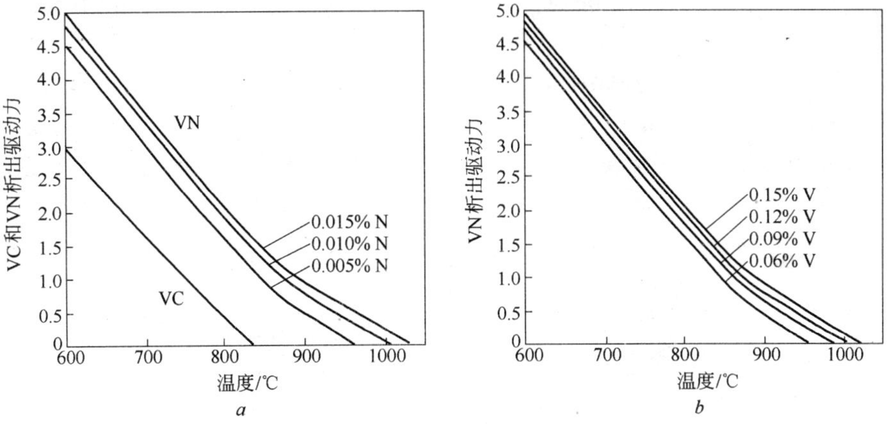


图4-2　钒微合金钢中VC和VN析出的化学驱动力

*a*—氮含量对C0.1%，V0.12%钢中VC和VN析出驱动力的影响；

*b*—钒含量对C0.1%，N0.01%钢中VN析出驱动力的影响

在$\gamma \rightarrow \alpha$相变之后其斜率发生变化，而且在其他条件相同的情况下随氮含量增加，其氮化钒形核驱动力显著增大。氮对氮化钒形核驱动力影响大，主要是由于氮化钒固溶度远小于碳化钒。另外，随着钒含量的增加，氮化钒析出驱动力也增加，只是每浓度单位的效应较氮少得多，如图4-2所示。添加钒会急剧地增加合金成本，但使用氮促进V(C,N)析出，则只需增加较少费用。

铁素体中平衡态和亚平衡态碳含量对650℃时V(C,N)析出驱动力的影响，如图4-3所示[13]。在相同氮含量的钢中，铁素体中过饱和的碳显著提高V(C,N)析出驱动力。

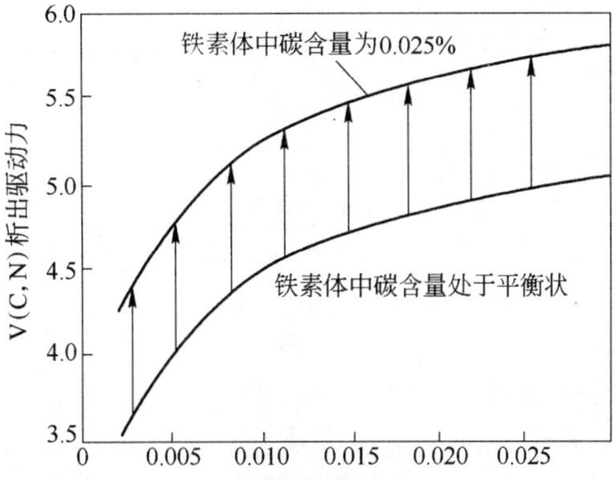


图4-3　铁素体中平衡态和亚平衡态碳含量对650℃时V(C,N)析出驱动力的影响

### 4.2.4　钒微合金钢中析出相的化学组成

4.2.4.1　单一钒微合金化钢中析出相的化学组成

图4-4给出了钒微合金钢中平衡状态析出V(C,N)化学组成的热力学计算结果[13]。在这些计算中，碳、氮、钒与钢中其他元素的交互作用参数取自Thermo-Calc软件的SSOL和TCFE数据库[13]。图4-4给出了在不同温度、不同氮含量（由无氮到超过化学计量含氮量）条件下，碳氮化钒中钒的质量分数和氮的摩尔分数变化的情况。可见，在氮含量富余的情况下（V/N<3.64，即完全形成VN而固定钢中所有的钒之后钢中氮含量仍有富余），钒几乎以纯氮化物形式开始在奥氏体内析出，并且氮化钒开始析出温度都主要依赖氮含量。对于V0.10%-N0.03%钢，析出物开始析出温度约1100℃，而氮含量为0.003%时，开始析出温度降到950℃以下。随着钢中氮含量减少和析出温度降低，析出相有一个由富氮相向形成碳氮化物渐变的过程，如图4-4*b*所示。

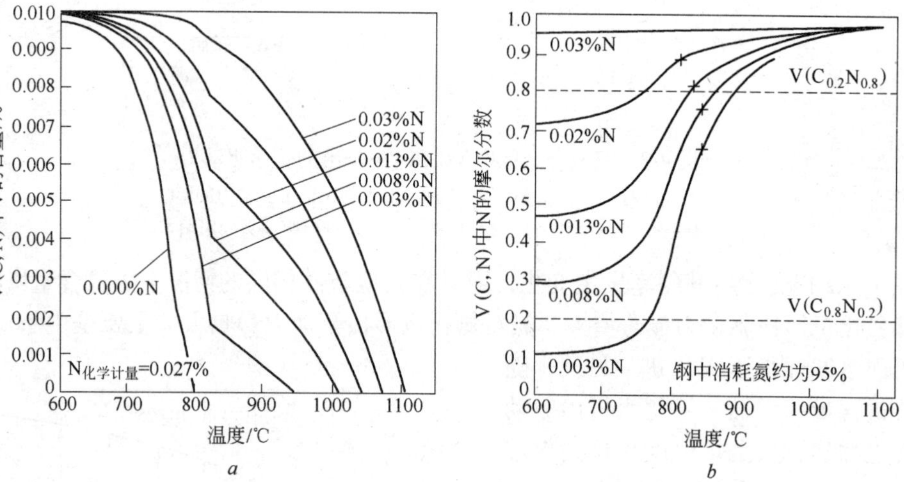


图4-4　C0.1%，V0.10%钢在不同氮含量水平下氮化物、富氮的碳氮化物和碳化物析出的计算结果

*a*—碳氮化物中钒摩尔分数的变化；*b*—碳氮化物中氮摩尔分数的变化

从热力学角度来看，氮化钒的形成较碳化钒的形成有更大的化学驱动力，因此在铁素体或奥氏体内优先析出富氮的V(C,N)[18]。在V0.1%钢中，只有当氮含量低于约0.005%时，V(C,N)中的碳含量才会明显增加，如图4-5所示[18]。同时，较高温度下的析出相富氮，而较低温度下的析出相的碳含量则不断增高[13]。

#### 4.2.4.2 复合微合金化钢中析出相的化学组成

碳化物和氮化物晶体结构的相似性使它们能够互溶。除(V,Zr)N 外，其他所有的钛、铌、锆和钒的碳化物和氮化物都表现出连续或无限互溶。由于钒和锆的原子尺寸差异较大，它们的化合物只表现出有限互溶。此外，铝在钢中不形成碳化物，只形成氮化物（AlN），并且具有不同的晶体结构（密排六方）。因此，AlN 与具有 NaCl 型立方晶体结构的钒、铌、钛的碳、氮化物不能互溶。在涉及到能互溶的几种合金系时，钢中实际析出的应是这几种合金系互溶的一种复合微合金碳氮化物。在确定的化学成分和沉淀温度下，这种微合金碳氮化物的化学式是不变的，但随化学成分和沉淀温度的变化，其化学式也发生改变。

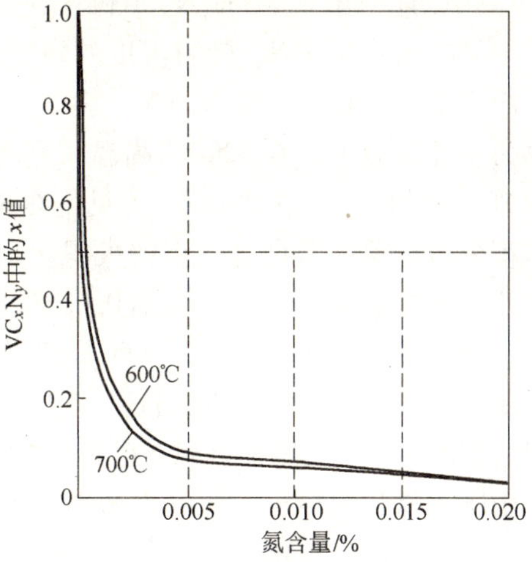


图 4-5 $VC_xN_y$成分随铁素体中固溶氮含量变化的热力学计算结果

当钒微合金钢中同时加入钛或铌时，将得到$(Ti_yV_{1-y})(C_xN_{1-x})$或$(Nb_yV_{1-y})(C_xN_{1-x})$这样的复合微合金碳氮化物沉淀相。铌、钛、钒复合微合金钢在不同的奥氏体化温度下的析出相组成不同，析出顺序为 Ti(C,N)→(Nb,Ti)(C,N)→(Nb, Ti, V)(C, N)[19]。图 4-6*a* 给出了 C0.1%-Si0.3%-Mn1.4%-Ti0.01%-Nb0.03%-Al0.035%-V0.08%-N0.0105% 钢中钒、铌、钛和铝复合微合金钢中碳、氮化物析出的计算结果，这里溶质组元表示为随温度变化的函数[13]。在图

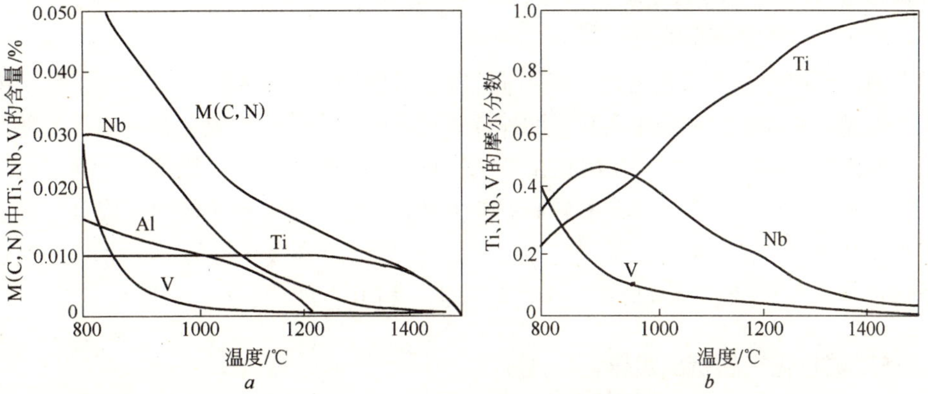


图 4-6 M（C, N）中微合金元素含量随温度的变化

*a*—M(C,N)中微合金元素质量分数随温度的变化；*b*—M(C,N)中微合金元素摩尔分数随温度的变化

4-6*b* 中，还给出了 M(C,N) 中钒、铌、钛的摩尔分数随温度的变化关系[13]。高温主要析出物是 TiN，随着温度的降低，析出物以 Nb(C,N) 为主。因此，在奥氏体中主要析出物是(Ti,Nb)N，其中铌、钛的含量取决于钢的成分和析出温度。热力学计算显示，在1200℃高温，复合微合金化钢中(Ti,Nb,V)N 析出颗粒约含铌20%和钒5%。由图4-6*a* 可见，在 V-Nb-Ti 钢中高温时微合金氮化物析出相的体积分数较单一微合金化钢的大得多；其他微合金元素在 AlN（密排六方结构）中几乎不能溶解；当钢中含铝0.035%时，AlN 约在1200℃开始析出。

在微钛处理的（Ti<0.02%）钒微合金高强度钢中，凝固后的早期弥散析出物是细小的 TiN。大量的试验研究已证明，在较低的温度下，当超过 V(C,N) 的固溶度时，V(C,N) 析出相在已形成的 TiN 颗粒上复合析出。当然，低温奥氏体区由于碳氮化物析出的驱动力增加，新的富钒乃至纯钒的碳氮化物形核的可能性也增加。但前者粒度较大，后者粒度较小[13]。

图4-7[20]为 V-Nb-Ti 钢在不同温度变形20%后并经100s 应力松弛后的微合金碳氮化物的组成。在1200℃时，析出相中主要元素为钛和极少量的钒、铌；在1200℃以下，析出相中铌的含量增加，而钛的含量降低；在1000℃以下，钒的含量增加。可见，试验研究结果与计算结果有相近的规律。

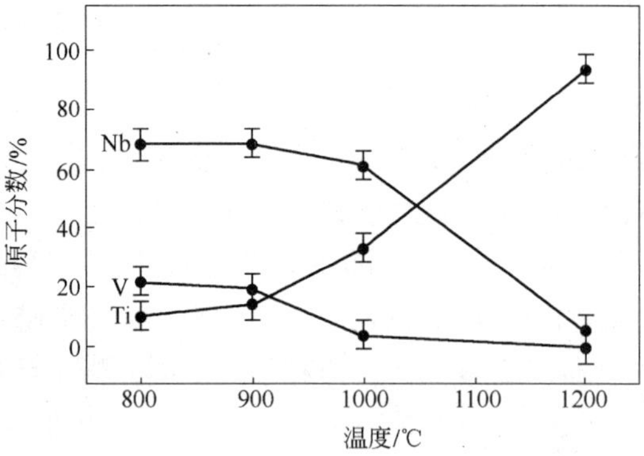


图4-7　试验钢在不同温度变形20%并经100s 应力松弛后的微合金碳氮化物的组成

需要指出的是，热力学计算得到的第二相粒子的成分是均匀的，通常与实际情况并不一致。钢中的析出粒子通常是包心的，具有高温稳定性的富钛和富氮的化合物在粒子内部，而铌、钒等析出相富集在粒子的外部。这表明首先形成的氮化物可以作为随后的低温析出相的核心，如 VN 沉积在 TiN 核心上。在微钛处理的钒微合金钢中也观察到了类似的结果，由于 TiN 有较高的热力学稳定性，部分粒子的化学成分呈梯度分布，其外层富钒而内部富钛[21]。铌、钒、钛复合微合金化钢的另一个非常重要的特征是，在后续的热机械加工中得不到铌、钒共存的(Ti,Nb,V)N 粒子[13]。

## 4.2.5　碳氮化钒的析出规律

### 4.2.5.1　碳氮化钒在奥氏体中的析出规律

由于 V(C,N) 在奥氏体中形成的动力学过程缓慢，实际上对于低氮钒微合金钢，在高于1000℃终轧时，几乎所有的钒都将在铁素体中析出。在950℃时钒的碳化物在奥氏体中的溶解量较大，到1000℃时，钒几乎全部溶入奥氏体中[19]。目前比较清楚的是VC由于在奥氏体中的固溶度积较大，因而一般微合金钢中不会发生VC在奥氏体中的析出，而有一些试验结果指出了VN或V(C,N)在奥氏体中能够发生应变诱导沉淀[1]。

A 析出晶体学——位向关系

微合金碳氮化物在奥氏体中析出时，与基体奥氏体之间存在着平行的位向(cube-on-cube) 关系[1]：

$$(100)_{MCN}//(100)_{\gamma} \qquad [010]_{MCN}//[010]_{\gamma} \tag{4-5}$$

碳化钒、氮化钒及碳氮化钒与基体奥氏体之间也存在着同样的位向关系。

B 析出相的典型形貌和分布

根据上述位向关系，在奥氏体中析出的碳氮化物将具有立方对称的形状如立方体或球形。若界面能的作用比较显著，析出相应为球形，故在微合金碳氮化物的形核过程中析出核心基本上都保持球形。但若界面能的作用不占主导地位，如当析出相质点充分长大之后，界面能的作用就越来越小，且这时界面上的台阶处将成为新扩散来的原子的最佳附着反应位置，这时析出相将逐步转变为立方体。显然，只有在很高温度下就已存在的质点才有可能充分长大，且比界面能小的沉淀相较为容易转变为立方形状，因此奥氏体中析出的V(C,N)主要为球形。

高温变形后，在静态再结晶过程中析出的析出相位置是随意的，既可以是晶内，也可以是晶界；在未再结晶区变形，诱导析出相主要在各种晶体缺陷如晶界、亚晶界、位错线上形核并长大。图4-8为试验钢在900℃变形、应力松弛为10s的情况下，析出相在位错线上形核的透射电镜照片[22]。

C 析出量

若达到平衡沉淀状态，则析出量显然主要取决于固溶度积公式，这已被大量的试验结果所证实。然而，也有许多试验结果指出，在应变诱导沉淀的情况下，奥氏体中析出的微合金碳氮化物量将有可能超出平衡固溶度积公式所预测的，或者说，形变将使析出量增大，就是使微合金碳氮化物在奥氏体中的固溶度积降低，且形变析出温度越高，这种差异越明显。对钒微合金钢来说，在整个变形温度范围内，只有

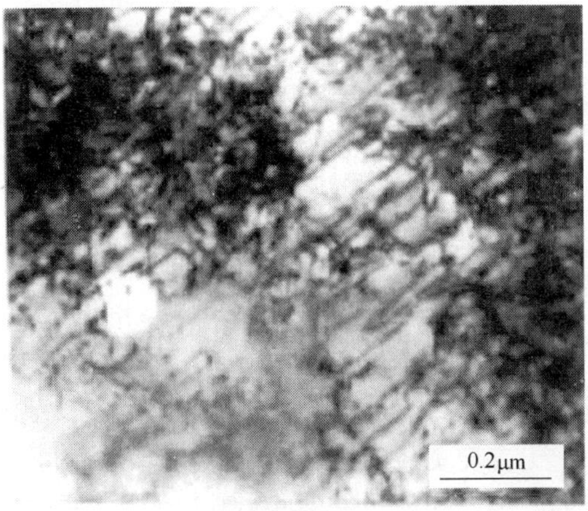


图4-8 微合金碳氮化物在位错线上形核

极少量的应变诱导V(C,N)析出[13]。

D　析出动力学过程与 PTT 曲线

沉淀析出动力学曲线为典型的 Avrami 型式的 S 曲线，从沉淀开始至沉淀反应基本结束大约需要 1.5 个时间数量级。

沉淀析出—温度—时间（PTT）曲线为典型的 C 曲线，具有一个最快沉淀析出温度（析出的“鼻子温度”）。VN 在奥氏体中沉淀析出的最快温度在大约 875 ~900℃范围内[1]，大森章夫等人研究结果表明 900℃是 VN 在奥氏体中沉淀析出的最快温度[23]。图 4-9 给出了 900℃和 1000℃进行热连轧的钒氮钢的透射电镜照片[22]。可见在 900℃轧制时，奥氏体晶界上和晶内都有 VN 析出，而在 1000℃轧制时几乎没有 VN 析出。

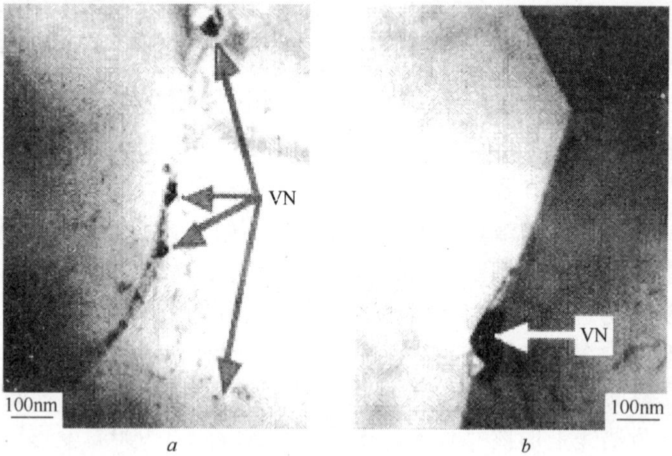


图 4-9　温度对 VN 在奥氏体中析出的影响
*a*—900℃热连轧；*b*—1000℃热连轧

碳含量和氮含量对 PTT 曲线具有显著的影响，如图 4-10 所示[24]。在预应变量为 0.1 的条件下，当碳含量从 0.06% 增加到 0.20% 时，试验钢的 PTT 曲线显著向左侧移动，如图 4-10*a* 所示。以 870℃的开始析出时间为例，碳含量为 0.06% 时开始析出时间为 140s；碳含量为 0.11% 时开始析出时间为 70s 左右；碳含量增加到 0.20% 时开始析出时间仅为 7s。从图 4-10*b* 可见，增加氮含量也会使 PTT 曲线明显地向左移动。同样以 870℃为例，氮含量为 0.0036% 时开始析出时间为 400s，而氮含量增加到 0.0140% 时开始析出时间急剧减小到 70s 左右，相差近一个数量级。但是，碳含量和氮含量对最快沉淀析出温度没有显著的影响。

无应变奥氏体中微合金碳氮化物的沉淀析出相当缓慢，即使在最快的沉淀析出温度下，一般也需要 100 ~ 1000s 才有可能开始沉淀，因而实际工业生产中在冷却至开轧温度期间完全不会发生沉淀反应。图 4-11 给出了 S. Zajac 等人得出的

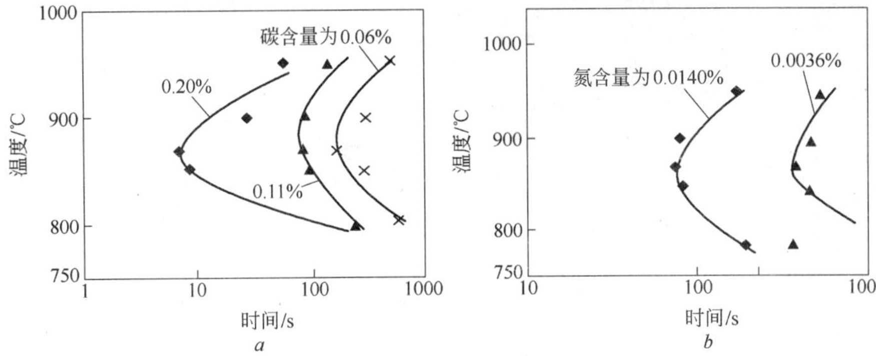


图 4-10 碳含量和氮含量对 PTT 曲线的影响

*a*—碳含量对 PTT 曲线的影响；*b*—氮含量对 PTT 曲线的影响

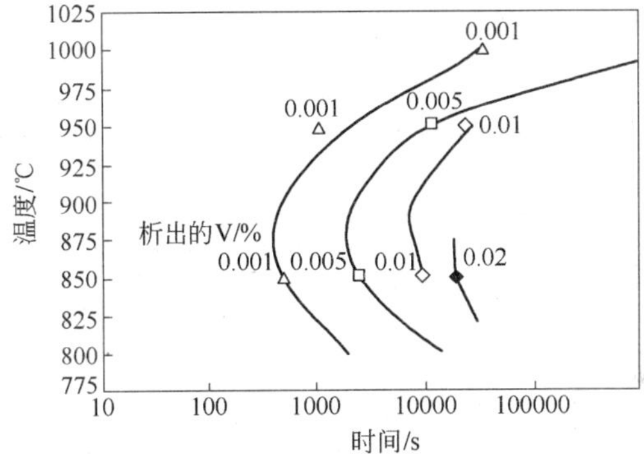


图 4-11 未变形奥氏体中 VN 的 PTT 曲线

C 0.1%-V 0.12%-N 0.0082% 钢未形变奥氏体中 VN 析出的 PTT 曲线[25]。可见，VN 在未变形（再结晶）奥氏体内的沉淀过程非常缓慢。在 850℃ 保温 1h 后（钒本来可以在这个温度下析出），以 VN 析出的钒低于平衡析出量的 10%。

形变显著加速微合金碳氮化物沉淀析出过程，30% ~ 50% 的形变一般可使微合金碳氮化物的沉淀析出反应在 10s 以内开始。图 4-12 给出了 S. Zajac 等人得出的变形奥氏体中 VN 析出的 PTT 曲线[26]。可见形变对最快沉淀析出温度并无明显影响，但是变形会使 PTT 曲线显著左移，减小了析出的孕育时间。

#### 4.2.5.2 碳氮化钒在铁素体中的析出规律

钒是一种既可以在奥氏体向铁素体转变过程中相间析出，又可以在铁素体中随机析出的元素[27]。V(C,N) 跟随着 γ/α 界面的移动在铁素体内随机沉淀，即为一般析出；或者平行于 γ/α 界面，以一定的间距形成片层状分布的相间析

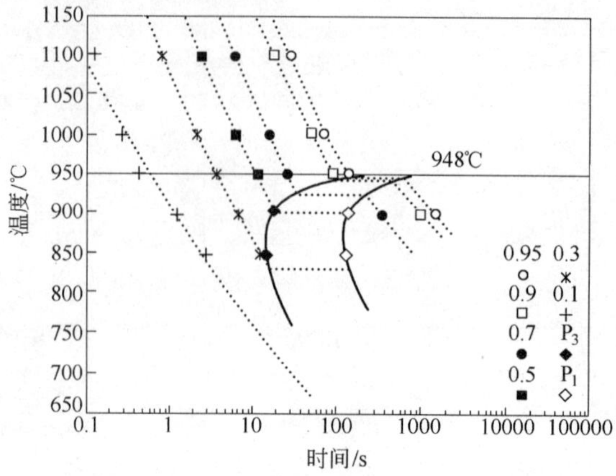


图 4-12　变形奥氏体中 VN 析出的 PTT 曲线

（$\varepsilon=0.35$，变形速率 $0.91s^{-1}$）

出[28~30]。大量的研究表明，对于典型结构钢，一般析出产生于较低温度区域，通常低于 700℃，而相间析出在较高温度形成。对于典型成分的钒微合金化结构钢（C0.10%-V0.10%），650~850℃发生相间析出，从大约 700℃开始，出现不完全的相间沉淀。随温度的下降，从 $\gamma\rightarrow\alpha$ 相变后的过饱和铁素体中均匀沉淀将逐渐占据主要地位，如图 4-13 所示[31]。运用电子显微镜研究表明，V(C,N)也可以在珠光体的铁素体中析出[32]。由于珠光体的转变温度较低，这类析出物通常更细小，不仅发生一般析出，也有相间析出[13]。

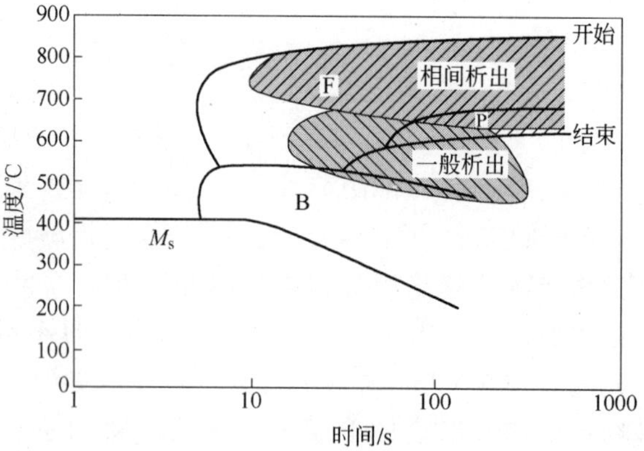


图 4-13　V(C,N)在铁素体中相间析出和一般析出的温度区间

碳氮化物在铁素体中沉淀析出时，与铁素体的位向关系是由 Baker 和 Nutting 首先确定的[33]，因而被称为 Baker-Nutting 关系，即：

$$(100)_{MCN}//(100)_{\alpha} \qquad [010]_{MCN}//[010]_{\alpha} \tag{4-6}$$

由于立方对称性的原因，该位向关系存在三个完全相同的亚型，即：

$$(001)_{MCN}//(001)_{\alpha} \qquad [010]_{MCN}//[110]_{\alpha} \tag{4-7}$$

$$(010)_{MCN}//(010)_{\alpha} \qquad [100]_{MCN}//[101]_{\alpha} \tag{4-8}$$

$$(100)_{MCN}//(100)_{\alpha} \qquad [001]_{MCN}//[011]_{\alpha} \tag{4-9}$$

由于在 $[001]_{MCN}//[001]_{\alpha}$ 方向的错配度明显大于在 $[010]_{MCN}//[110]_{\alpha}$ 和 $[100]_{MCN}//[110]_{\alpha}$ 方向的错配度，碳氮化物将以基面直径明显大于厚度的圆盘状或碟片状在铁素体中析出，而其基面平行于 $(001)_{MCN}//(001)_{\alpha}$ 面。大量的电镜研究结果表明，在铁素体中一般析出的微合金碳氮化物可同时出现三种位向亚型，而相间析出的微合金碳氮化物一般仅呈现出 B-N 位向关系中的某一种亚型[18]。当铁素体和奥氏体的位向符合 K-S 关系即 $(100)_{\gamma}//(110)_{\alpha}$ 时，相间析出的 V(C,N) 将选择与 γ、α 和 V(C,N) 三相的密排面相平行，此时 V(C,N) 的形核自由能最小；当奥氏体和铁素体没有特定的晶体学取向关系时，如非共格关系，V(C,N) 的析出将会尽可能靠近 γ/α 相界，从而使自由能最小化。此外，由于 V(C,N) 在各种微合金碳氮化物中的点阵常数最小因而与铁素体的错配度相对最小，其碟片的径厚比较最大，理论计算表明约在 2.4～4.4 之间，只有在特殊的位相关系上才能观察到碟片状的 V(C,N) 析出[13]。

A 相间析出及其机制

a 相间析出

随 γ→α 相变前沿不断向奥氏体推进，V(C,N) 质点平行于 γ/α 界面反复形核，最终形成片层状分布的相间析出特征，如图 4-14[34] 所示。

尽管相间析出与 γ/α 相界迁移有明显关系，但对于相间析出是发生在 γ/α 相界上还是在相界前方的奥氏体内或是在相界后方的铁素体内仍存在争论。而确凿的实验证据已证实相间析出的形核发生在相界上[32]。在可以稳定奥氏体到室温的高合金钢中，通过电镜能直接观察到 V(C,N) 在 γ/α 相界上的析出。从 V(C,N) 析出驱动力角度分析，在高温条件下 V(C,N) 析出反应的化学驱动力小，自然选择那些能量上最有利于形核的位置形核，即在相界处。低温时，驱动力增大，铁素体基体内部也能发生形核。

有研究者曾提出异议，认为在 γ→α 相变的过程中，在 γ/α 相界的奥氏体内有碳的富集，从而在此位置有利于形成微合金碳化物。然而，根据 Hillert 的准仲平衡（pseudo-para-equilibrium）理论，在正常情况下，碳的扩散促使 γ→α 相变，产生局部平衡（相对于碳和钒），从而使得 V(C,N) 在靠近相界的铁素体和奥氏体内的析出具有相同的化学驱动力[35]。因此，相界前碳的富集导致的高碳奥氏

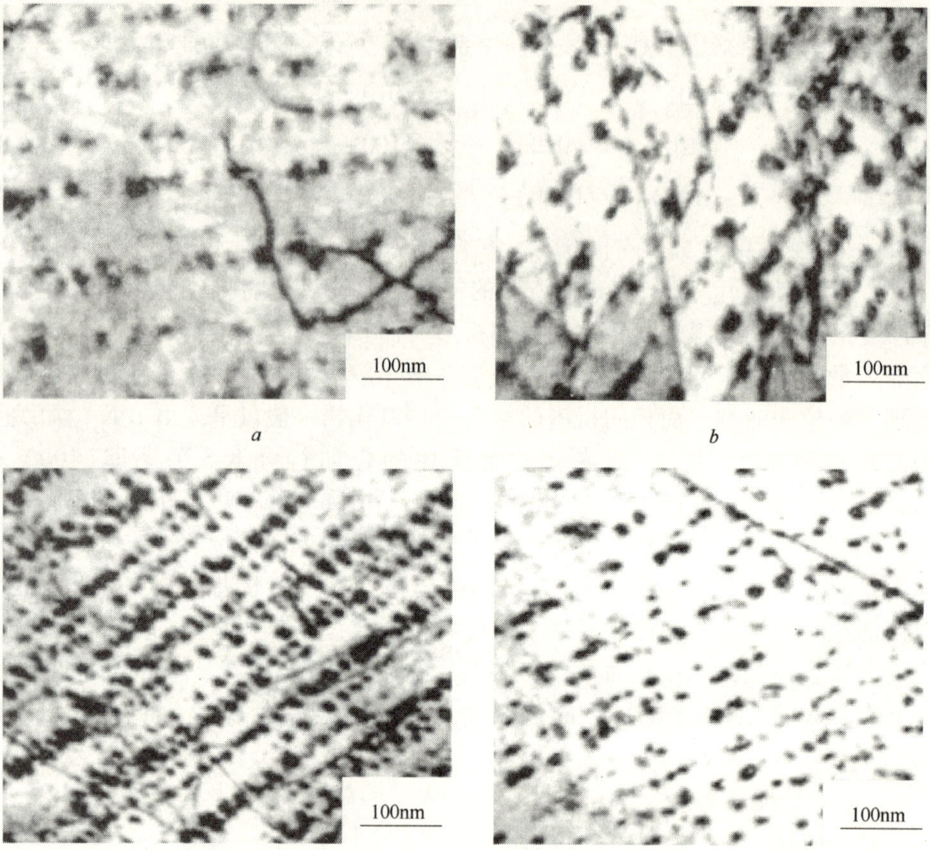


*a*　*b*　*c*　*d*

图 4-14　750℃等温 500s 时，V 0.12% 钢中 V(C,N)相间析出的典型形貌
*a*—C 0.10%，N 0.0051%；*b*—C 0.10%，N 0.0082%；
*c*—C 0.10%，N 0.0257%；*d*—C 0.04%，N 0.0095%

体的狭窄区域，加上 γ/α 相界的快速移动使奥氏体不能成为析出相优先形核的理想位置。这样，相界处的非均匀形核成为最有利的位置。此外，V(C,N)的析出选择 B-N 取向关系中的某一种，从另一方面证明了相间析出是在 γ/α 相界上形核。

在 800℃相变温度较高的情况下，相间析出的层间间距分布不规则，并且通常是 V(C,N)微粒的弯曲片层[36]。随着温度降低，沉淀物弯曲片层减少，主要方式为规则间隔的微粒平面片层[36]。从大约 700℃开始，相间析出变得不完整了。

相间析出的特征是，随温度降低，析出物变细小，层间间距也减小，如图

4-15所示[34,37]；同一层内的粒子间距比层间间距要小得多；而且在同一个试样中，甚至同一晶粒内，析出模式多种多样[38]。在820℃的较高的相变温度下，一般析出也会产生三种 Baker-Nutting 晶体学位向关系的变化。这种异常现象的原因是先形成的铁素体长大速度过快，抑制了相间析出的发生，导致铁素体过饱和而发生随后的一般析出[39]。此外，钢中氮含量对层间间距也有很大的影响，如图4-14 和图4-15*b* 所示，C 0.12%-V 0.12% 钢在750℃时氮含量由0.005%提高至0.026%，析出相的层间间距缩小至原来的1/3。

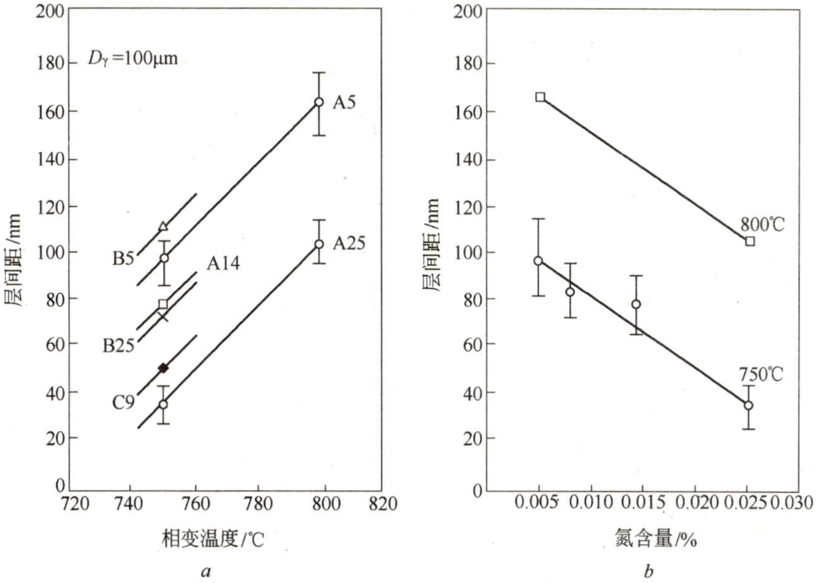


图4-15 相变温度和氮含量对 V(C,N)相间析出的层间间距的影响

*a*—相变温度对层间距的影响；*b*—氮含量对层间距的影响

b 相间析出机制

解释相间析出这一现象的模型可广义地分为两类：台阶机制模型和基于溶质扩散控制模型。Honeycombe 及其合作者首先对相间析出做了深入的研究[36]，他们认为相间析出非均匀地在 γ/α 界面上形成，使其在垂直于相界方向上的迁移受到钉扎。相界的局部突出将形成可移动的台阶，台阶向前迁移，使得析出相重新形核，形成新的析出层，此时相界的剩余部分仍保持静止。在这个机制中，层间间距由台阶高度决定。台阶机制难以令人信服地解释层间间距随温度、钢的成分（如钒、碳和氮）的变化而变化的事实，并且也难以看出这些参数是如何影响台阶高度的。

在基于扩散控制的模型中，Roberts 的溶质消耗模型（solute-depletion model）

是最主要和令人信服的一个模型。Langneborg 和 S. Zajac 进一步发展此模型，对溶质消耗模型进行了定量描述[13]。此描述主要考虑了铁素体晶粒向奥氏体晶粒内的长大过程，这一过程受到奥氏体内碳扩散的控制，并且在界面上保持局部平衡。从长大这一特定角度分析了两种因素的相互作用：一种因素是，V(C,N)粒子在 γ/α 界面上的形核，并伴随有析出相周围贫钒区域的长大过程；另一种因素是，γ/α 界面由析出相片层向外连续迁移的过程。在形核之后的瞬间，贫钒区的长大速率无限大，但随着时间的延长，它将按抛物线关系逐渐下降，即粒子半径 ∝ 时间$^{1/2}$。铁素体的长大也遵循相似的抛物线规律，但相对于铁素体晶粒尺寸而言，析出相层间间距的短距离范围内铁素体的长大速度可以认为是常数。这意味着，在析出相初始形核之后，γ/α 界面处在贫钒区内，但最终将移出这个不断长大的贫钒区，此时界面又进入初始钒含量的区域，重新开始新一层析出相的形核过程。

B　一般析出

一般析出主要形成于低温过饱和铁素体中。对于典型成分的钒微合金化钢（C 0.10%-V 0.10%），一般析出发生在 700℃ 及以下的温度范围内，在高于此温度也可以局部发生一般析出，原因是先形成的铁素体长大速度过快，抑制了相间析出的发生，导致铁素体中发生一般析出[39]。

钢中氮含量对一般析出有显著的影响。钢中增加氮含量会使析出颗粒密度提高，如图 4-16 所示[34]；同时增加氮含量会使析出颗粒尺寸大幅度减小，如图 4-17所示[34]。在图 4-17 中的试验温度和保温时间下，C 0.1%-V 0.12% 钢中铁素体相对于 V(C,N)仍处于过饱和状态。因此，高、低氮钢中观察到的析出相长大的差别应解释为：高氮钢中富氮 V(C,N)较大的化学析出驱动力增加了形核率，导致贫钒区较早地接触，进而降低了析出相长大速率，由此而产生高、低氮钢析出相长大的差别。这种推理由图 4-18 中析出长大的计算曲线得到证实，在计算

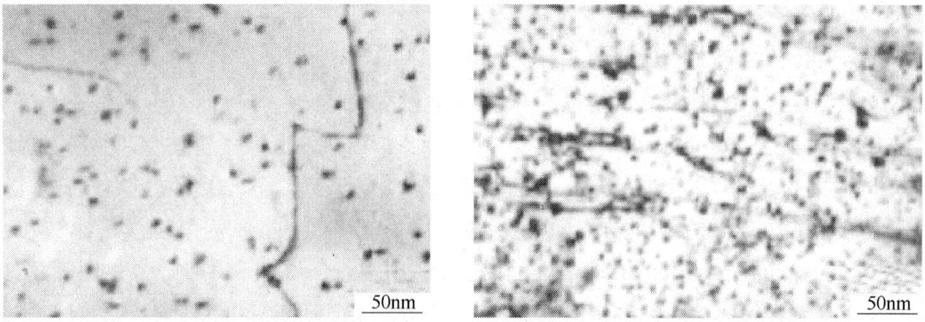


*a*　　*b*

图 4-16　在 650℃ 等温 500s 时氮含量对 V(C,N)析出相密度的影响

*a*—N 0.005% 钢；*b*—N 0.025% 钢

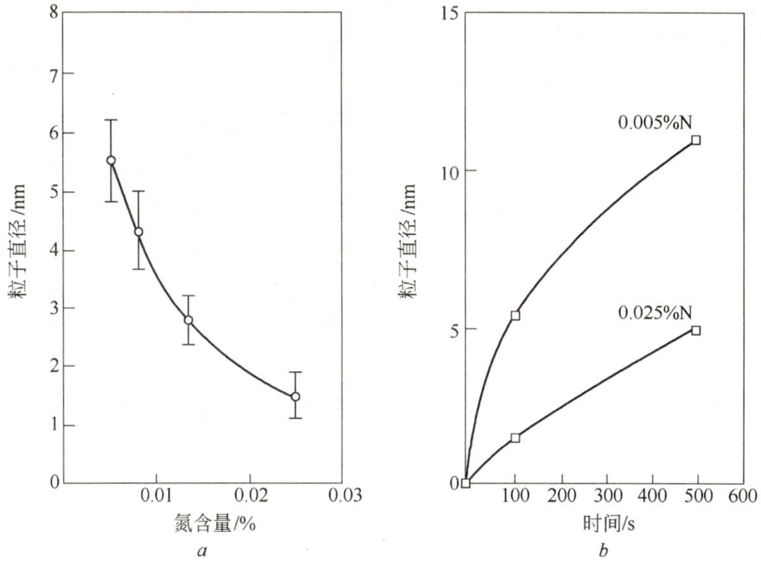


图 4-17 650℃相变后，V(C,N)析出物尺寸随钢中氮含量和时间的变化

*a*—相变时间 100s，氮含量对析出物尺寸的影响；*b*—氮含量和时间对析出物尺寸的影响

中假设溶质消耗区域不相互接触[13]。很明显，这个计算结果能很好地解释析出相密度较小的低氮钢中的颗粒长大，而对高氮钢，由于这种溶质消耗区相互接触的影响，颗粒长大速率不到低氮钢的一半。图 4-18 与图 4-16 中析出相密度对比表明，在高氮钢中，早在时效至 500s 之前溶质消耗区就已发生了相互接触，而在低氮钢中，这种情况几乎还没有开始。

具有不同碳和氮含量的钢种，在 650℃等温相变后，析出相大小的详细测量

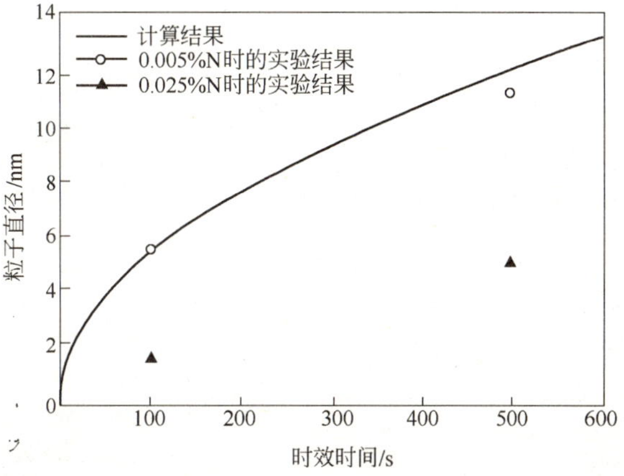


图 4-18 由钒扩散控制的 V(C,N)650℃时长大的计算结果

的最新结果如图 4-19 和图 4-20 所示[13,40]。可见，氮含量和碳含量增加都使得析出相的尺寸减小了，同时析出相密度增大，由此得出在某一给定相变温度下的最小平面间距。对于 N 0.005%-C 0.1% 钢，析出相对稀疏，平均直径约 11nm。随着氮含量的增加，析出相变得更小，且更密集。在氮含量为 0.022% 时，析出相平均直径达到约 6nm。无论氮含量高低，碳含量从 0.10% 增加到 0.22% 时，析出相得到大幅度细化（大约细化 1/2）。说明碳在 V(C,N) 沉淀上起了重要的作用，这与亚稳定碳含量增加了铁素体内的超饱和程度论述是一致的。

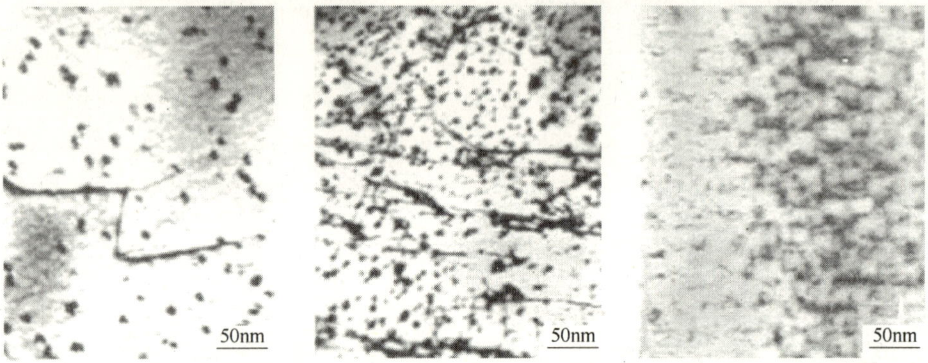


图 4-19　不同碳含量 V 0.12%，N 0.013% 钢在 650℃ 等温相变后 V(C,N) 沉淀情况
*a*—碳含量为 0.04%；*b*—碳含量为 0.10%；*c*—碳含量为 0.22%

另有研究表明，对 V 0.11% 钢氮含量由 0.00085% 增加到 0.018%，钢中以碳氮物析出的钒由约 35.5% 增至 56.4%，钒碳氮物的平均尺寸由 107nm 减小至 73.7nm，且 1 ~ 10nm 细小析出物质量比由 21.1% 提高到 32.3%[9]。

对钒微合金钢大量研究已表明，尽管有大量的钒与固溶在铁素体中的碳相结合，但观察到的沉淀强化似乎只来源于富氮的 V(C,N)[41]。这种现象的一般解释是，当首先形成的富氮析出相消耗了所有的氮时，进而形成富碳的 V(C,N) 的化学驱动力太小，不能促使大量的析出发生，因而观察不到进一步的强化。因此得出结论：通常在铁素体内产生沉淀时，碳含量被认为与沉淀强化无关。得出这个结论是基于碳在铁素体内的固溶

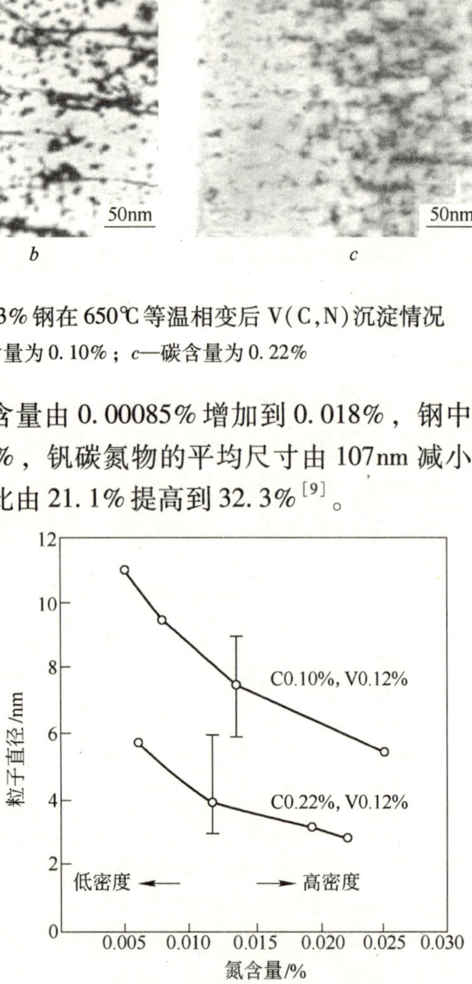


图 4-20　在 650℃ 等温相变保持 500s 时，氮和碳对 V(C,N) 大小及密度的影响

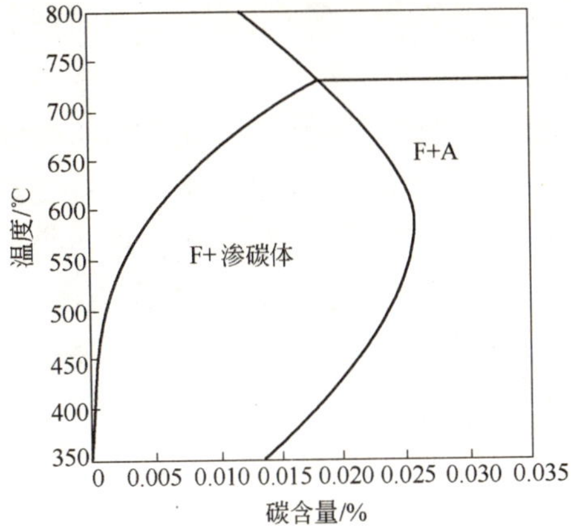


图4-21　碳在铁素体与渗碳体和奥氏体的平衡固溶线

度非常有限（通常铁素体被认为与钢中的总碳含量无关）。这一事实有研究认为，在一定条件下，钢中碳含量能对沉淀强化起重要的作用，沉淀强化随着钢中碳含量的增加而显著增加[40]。图4-21说明，在$A_1$温度以下，当在γ/α或渗碳体/铁素体平衡区域内，铁素体内碳溶解力的差别很大[42]。600℃时，在γ/α平衡区域的溶解力比在渗碳体/铁素体平衡区域的要大5倍多。铁素体以及过冷奥氏体之间的亚稳定平衡，可以极大地增加铁素体内碳的溶解力，因此有利于V(C,N)微粒大量形核。V(C,N)形核的化学驱动力，以溶解碳含量的两个不同水平计算，即相当于平衡铁素体/珠光体或亚稳定铁素体/奥氏体，如图4-3所示。在极端情况下，铁素体内0.025%的碳与650℃时的平衡含量相比形核的化学驱动力增加了大约25%～30%。可见，V(C,N)形核数量实际上是铁素体内溶解的碳含量的函数。因此，碳能增加铁素体中富碳V(C,N)析出的原因是，碳含量的增加延迟了珠光体的形成，与铁素体/渗碳体的情况相比较，更高含量的固溶碳可在与奥氏体/铁素体平衡相关的铁素体内维持更长的时间，允许更多V(C,N)颗粒形核，相应地产生更密集的沉淀析出[40]。

### 4.2.6　钒及其碳氮化物的作用

#### 4.2.6.1　阻止高温奥氏体晶粒长大

不同微合金钢中奥氏体晶粒的粗化行为如图1-4所示，可见钒微合金钢中碳氮化物仅能在约1000℃以下温度阻止奥氏体晶粒粗化。含钒为0.12%的钢轨钢（PD3钢）与不含钒而其他成分相同的钢样在不同温度下保温淬火，测定其奥氏体晶粒大小，如图4-22所示[43]。结果表明，含钒样在1000℃以下，晶粒比无钒样细小，在1000℃以上与无钒样基本一样。

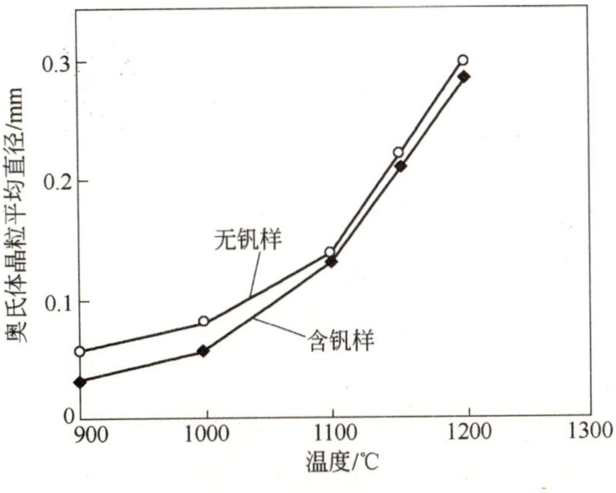


图4-22　奥氏体晶粒大小随温度变化曲线

#### 4.2.6.2　对奥氏体再结晶的影响

微合金元素及其微合金碳氮化物通过析出物的钉扎机制和溶质拖曳效应两种机理对奥氏体再结晶过程产生影响。由图1-3中可见，在几种微合金元素中钒对奥氏体再结晶过程溶质拖曳作用最小。固溶钒的溶质拖曳作用很小，而钒的碳氮化物在奥氏体中的固溶度积公式又决定了其不能在热连轧温度范围大量应变诱导沉淀析出，因而钒在800℃以上的温度对形变奥氏体再结晶的阻止作用很小，但在800℃以下的温度则由于碳氮化钒的沉淀析出可有效阻止形变奥氏体再结晶，若钢中氮含量提高，则钒有效阻止形变奥氏体再结晶的温度将提高。总体上，钒对再结晶的阻碍作用是最小的，即使钒含量达到0.10%，其再结晶终止温度也就略高于800℃[44]。

#### 4.2.6.3　对γ→α相变行为的影响

钒是强铁素体形成元素之一，使铁的γ相区缩小，强烈地提高$A_1$和$A_3$点的温度。含钒较高的钢有明显的中温转变区，在中、低碳钢中，随着含钒量的逐渐增多，正火处理也易出现贝氏体组织[45]。

钒对γ→α相变的影响，主要取决于钒在钢中所存在的状态。当钒溶入固溶体时，降低碳的扩散速度，自身也需要时间扩散，因此使相变进行得缓慢；相反，若钒以碳化物微颗粒存在时，它使钢晶粒细化，同时这些颗粒的存在，既可作为新相的核心，又固定了钢中一部分的碳和钒使之不参与相变，从而使固溶体中碳和钒的实际含量减少，因此加速相变进行[46,47]。固溶于奥氏体中的钒既可降低γ→α相变温度又在一定程度上抑制等轴状铁素体组织的形成[1]。

钒微合金钢处于铌微合金钢的再结晶和未再结晶线中间，如图4-23所示[30]。因此只要有效奥氏体晶界面积（$S_V$）足够大，钒微合金钢也可以达到与铌钢相同的细化效果，即获得大约4.0μm的细小晶粒。而且实验进一步证明，采用再结晶控制轧制（RCR）工艺，即在热加工过程中通过反复再结晶，在钒钛钢中可得到与铌微合金钢采用低温大变形的传统控制轧制工艺相同的细小的铁素体晶粒尺寸。

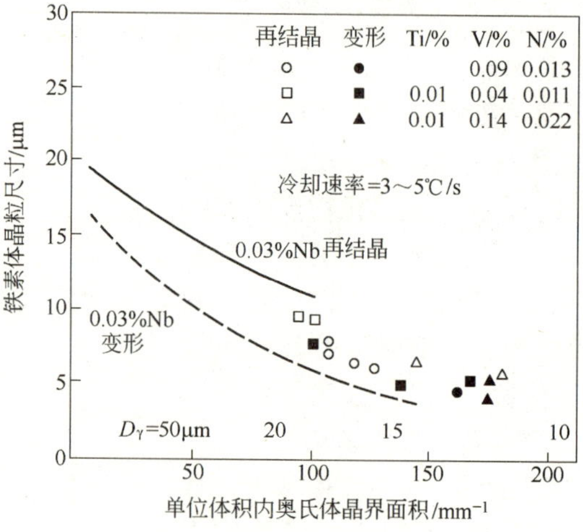


图4-23　铁素体晶粒尺寸与有效奥氏体晶界面积的关系（数据点表示钒钛钢和钒钢，曲线表示铌钢）

对铌微合金钢，人们发现在相同的$S_V$情况下，从未再结晶的形变扁平奥氏体相变产生的铁素体要比从再结晶的等轴奥氏体相变产生的铁素体更细。这种差别是因为铁素体在大变形的奥氏体内形变带上形核，从而增加铁素体的形核率。但是，对钒微合金钢和钒钛钢进行相同的实验时，却未发现这种差别，形变的未再结晶奥氏体相变产生的铁素体晶粒尺寸与等轴的再结晶奥氏体相变得到的铁素体晶粒尺寸基本相同。因此可以说，钒微合金钢的铁素体晶粒尺寸与奥氏体晶粒形状无关[12]。

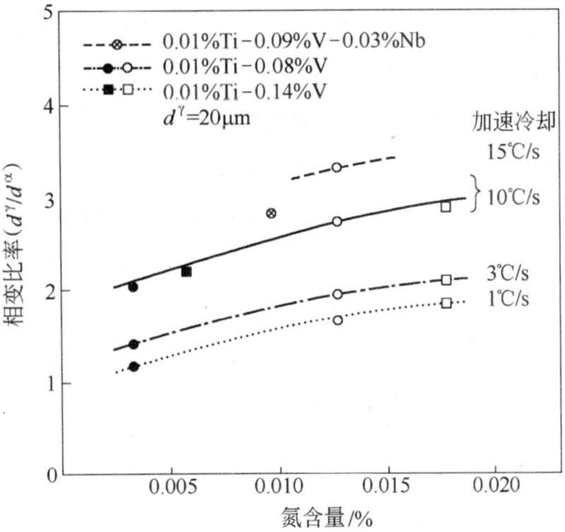


图 4-24　氮对钢 γ→α 相变过程中铁素体晶粒细化的影响

在氮含量大于 0.003% 时，继续增加钒钛钢中氮含量将进一步细化 γ→α 相变后的铁素体组织，如图 4-24 所示[48]。这种行为可通过 V(C,N) 的相间析出得到解释，由于 V(C,N) 相间析出，它延缓 γ→α 相变并为铁素体形核提供充足的时间；另一原因可能是由于沿“扇形”奥氏体晶界有大量的铁素体形核。钢铁研究总院的研究结果也表明，钢中增加氮含量具有明显的细化铁素体晶粒效果，在钒含量相同的情况下，增氮可使普通工艺生产的钢筋钢的晶粒尺寸细化到 5.8μm[9]。

过去人们一直认为，只有固溶于奥氏体中的钒才有可能发挥显著的相变细化铁素体晶粒的作用。然而最近研究发现，在奥氏体中析出的 VN 可能促使铁素体晶内形核，从而细化铁素体晶粒。

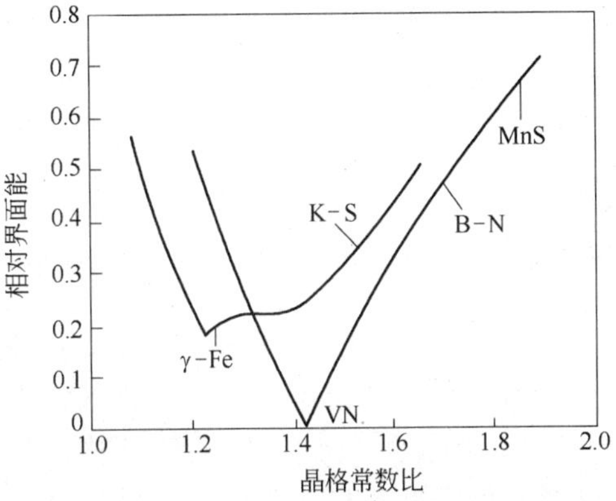


图 4-25　IGF 与 VN 的相对界面能与晶格常数比关系曲线

在此简要分析 VN 对晶内铁素体形成的影响。在 γ→α 相变过程中，以奥氏体晶粒内的夹杂或其他细小析出物为核心，形成的铁素体相，一般称为晶内铁素体（IGF），它的形成可以有效地细化铁素体晶粒，由此提供了提高钢强韧性、发展新型铁素体—珠光体钢的新途径[49]。

图 4-25 给出了相对界面能（以参数 $R$ 来表示）和晶格常数比（Lattice parameter ratio）的函数关

系[50]。其中，L. P. R = $a_{ppt}/a_{\alpha}$，$a_{ppt}$ 是 VN（$a_{VN}$ = 0.414nm）、MnS 等立方结构的晶格常数，$a_{\alpha}$ 是 bcc 结构的铁素体晶格常数（$a_{\alpha}$ = 0.287nm）。在计算界面能时，惯习面按 B-N 关系取为$(001)_{ppt}$和$(001)_{\alpha}$。由图 4-25 可见，如果满足 B-N 关系，铁素体和 VN 之间的界面能会非常低。雍岐龙给出了各种常见析出相与铁素体的错配度，并指出 VN 与 bcc-Fe 共格性最好[51]。两方面均表明 VN 可以为 IGF 形核提供有利的位置。对第二相导致的铁素体界面能及形核驱动力的变化进行计算，其结果表明在各类第二相中 VN 与 TiN 有最高的促进铁素体形核能力[52]。

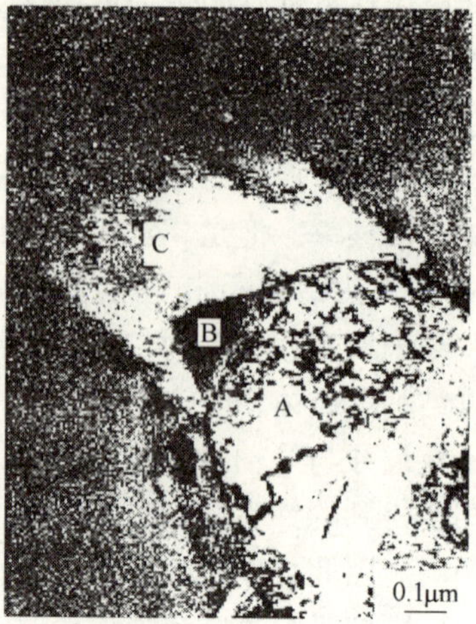


图 4-26　中碳钒氮钢淬火试样的 TEM 明场像

F. Ishikawa 等人在研究中发现，IGF 可以在 MnS 颗粒上析出的 VN 为核心形核，并且 IGF 与 VN 具有 Baker-Nutting 位相关系，图4-26和图 4-27 分别给出了其 TEM 形貌和电子衍射照片[7]。

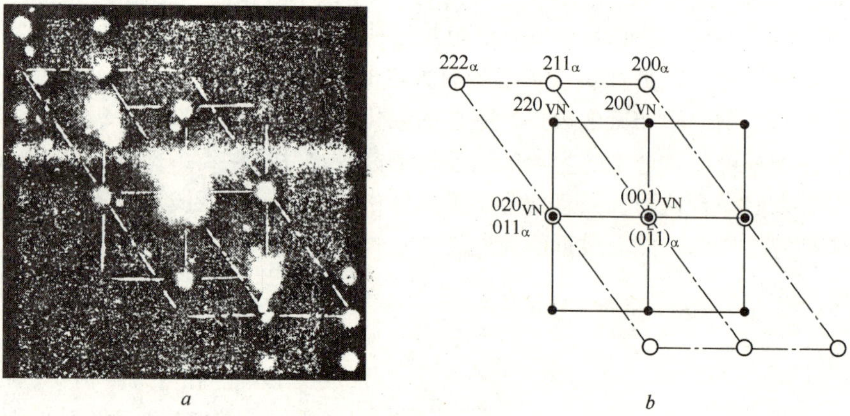


图 4-27　图 4-26 中 B 区域和 C 区域的电子衍射图及其标定（VN 与 α 成 B-N 关系）
*a*—电子衍射图；*b*—标定图

对中碳钒微合金钢连续转变相图研究表明，IGF 的形成有一定的温度和冷速范围[52]。对 IGF 转变的研究，证实 650℃ 是其最佳转变温度，如图 4-28 所示[23]。T. Kimura 等人分别研究了钒氮钢和铌钢在不同温度时的铁素体转变规律，其统计结果如图 4-29 所示[7]。可见，650℃ 是钒氮钢中 IGF 形成比较有利的温度，而且钒氮钢中的铁素体数量和 IGF 的相对数量都远远高于铌钢，可见 VN 的析出对铁素体形核有明显的促进作用。

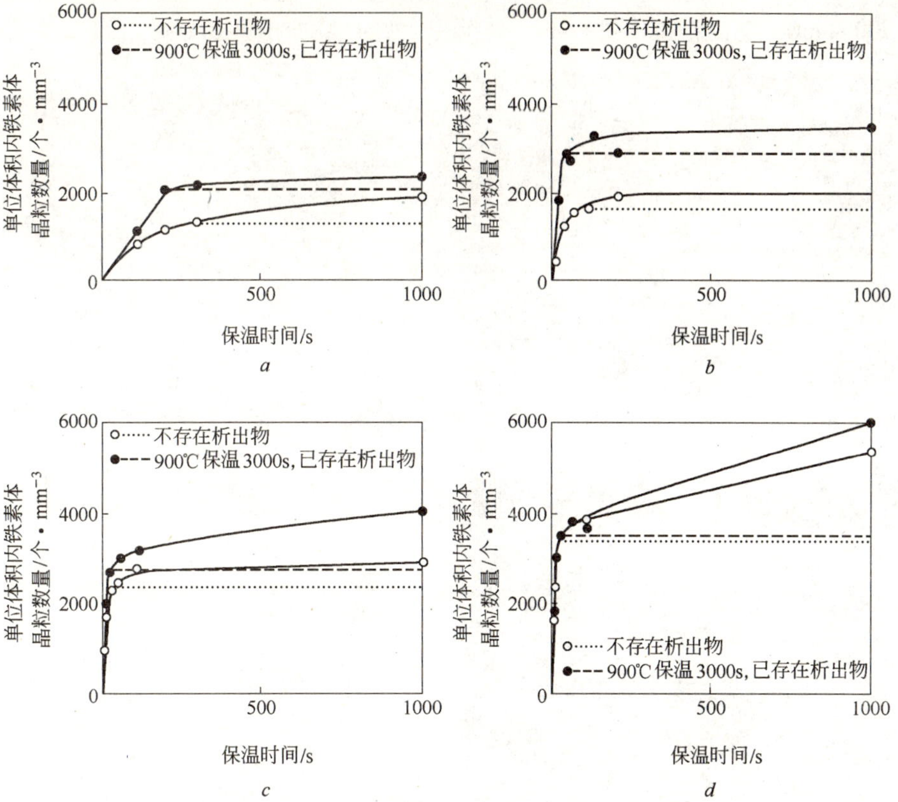


图4-28 相变温度和保温时间对铁素体形成的影响

*a*—725℃保温；*b*—700℃保温；*c*—675℃保温；*d*—650℃保温

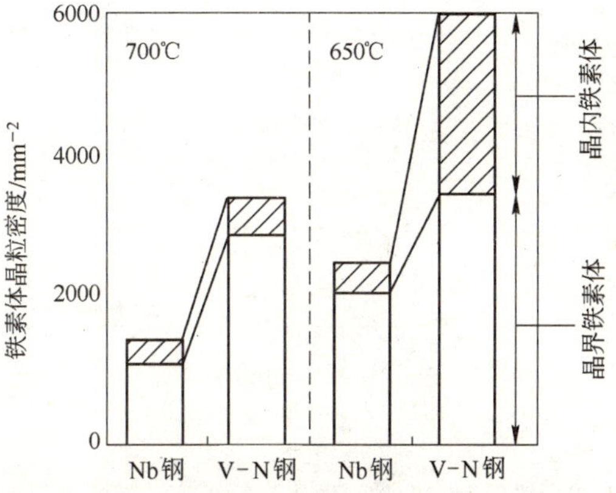


图4-29 钒氮、铌以及相变温度对晶内铁素体和晶界铁素体相对分数的影响

S. Zajac 等人将钒氮钢试样在 850℃ 等温处理 1h（在奥氏体中析出 VN），并在 700 ~ 450℃ 温度范围内进行不完全相变，图 4-30 给出了其显微组织以及晶内、

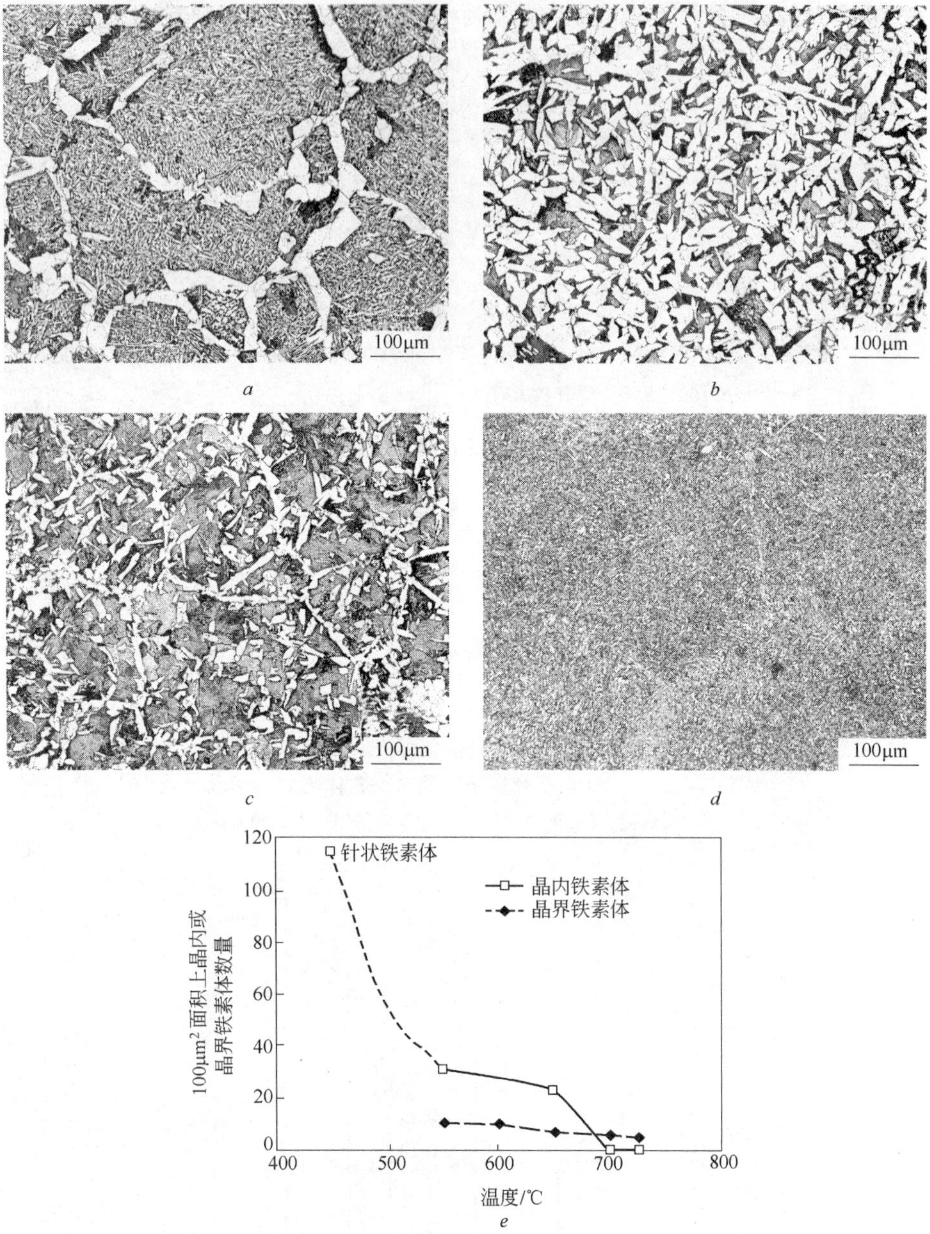


图 4-30　钒氮钢在四种温度下进行不完全转变的显微组织

*a*—在 700℃ 进行不完全转变；*b*—在 650℃ 进行不完全转变；*c*—在 600℃ 进行不完全转变；*d*—在 450℃ 进行不完全转变；*e*—晶界铁素体和晶内铁素体的数量

晶界铁素体数的统计结果[24]。S. Zajac 等人还观察到了在钒氮钢中 IGF 的形核示意图，如图 4-31 所示[26]。

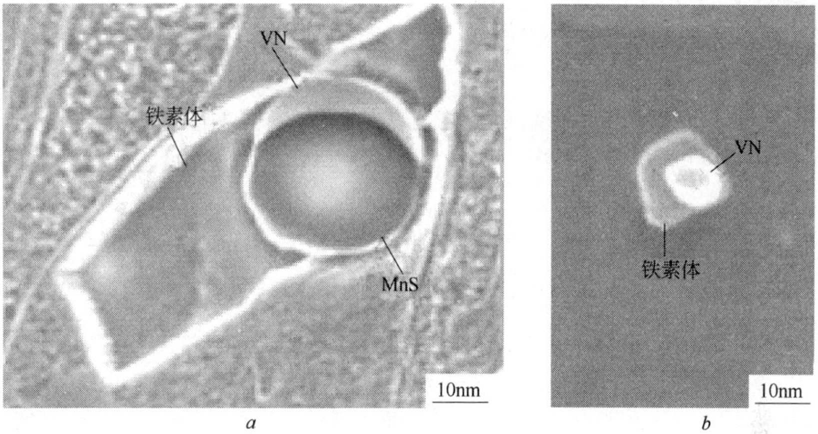


图 4-31 IGF 形核示意图

*a*—在 VN + MnS 复合粒子上形核示意图；*b*—在单个 VN 粒子上形核示意图

4.2.6.4 沉淀强化作用

结构钢正常含量的钒能在相对低的温度下溶入奥氏体，当钢冷却至铁素体区域时，绝大部分的钒参与沉淀强化。因此，钒通常是起沉淀强化作用的元素。钢中添加 0.10% 钒，能产生 250MPa 以上的沉淀强化增量，在特殊情况下甚至能达到 300MPa，如图 4-32 和图 4-33 所示，其中图 4-32 是 C 0.12%-Si 0.35%-Mn 1.35%-V 0.09%-Al 0.02% 钢[34,53]。这些数据显示了钒钢的另外一个基本特征，即少量的氮可以极大地增加沉淀强化的效果。

大量的研究结果表明，碳、氮被用来形成 V(C,N) 而起沉淀强化作用时，它

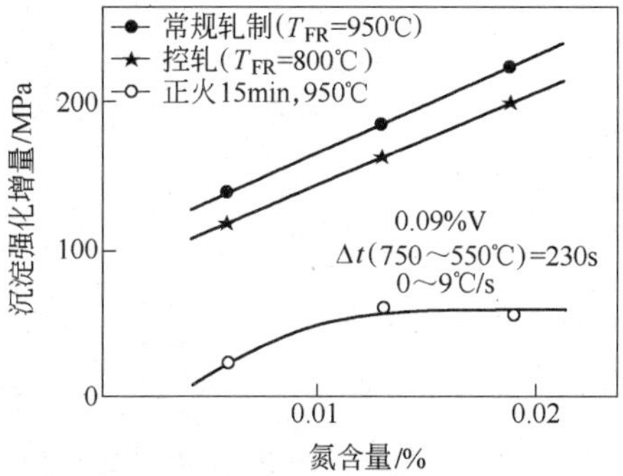


图 4-32 制造工艺对于 V(C,N) 沉淀强化的影响

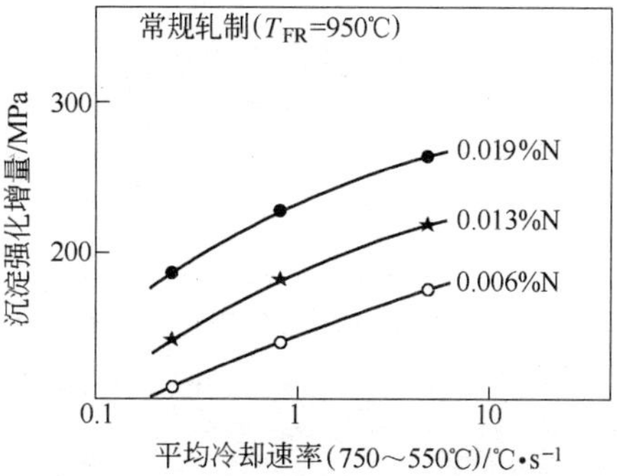


图 4-33 冷却速率对含 V0.09% 钒钢沉淀强化的影响

们的作用是不同的。含氮钢的一个很重要的优势是大量的氮能在较大的温度范围内（800～350℃）固溶于铁素体中。这种优势再与 VN 比 VC 的溶解度低的特点相结合，使碳和氮结合特别有利于沉淀强化作用。大量试验结果表明：在钒和碳含量相同及热处理工艺相同的情况下，随着钢中氮含量的增加，沉淀强化增量增加，如图 4-34 所示[40,54]。这可以由氮使析出化学驱动力增加来解释：析出化学驱动力增加，使析出相的数量增多且尺寸减小，从而沉淀强化增量增加。由图 4-34 还可以发现，在获得相同强度的条件下，将钢中氮含量从 0.005% 提高到 0.015%，可使钒含量从 0.12% 降低至 0.06%。可见，增加钢中氮含量，可以充分发挥钒的沉淀强化作用。

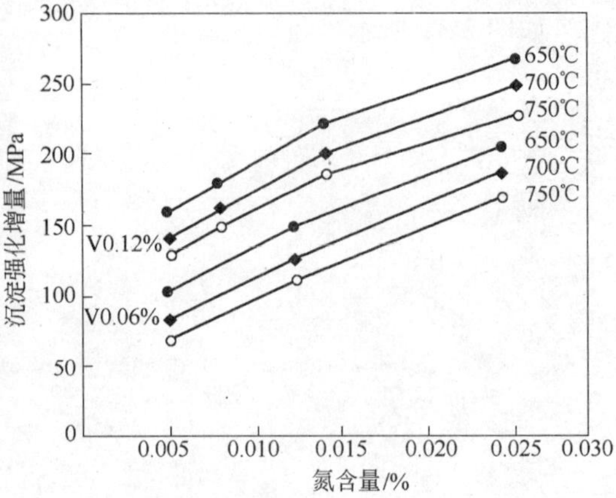


图 4-34　在不同温度下、500s 等温时效后，C 0.1%-V-N 钢中钒、氮以及相变温度对于沉淀强化的影响

在钢中大部分氮被耗尽后，要控制轧制和利用碳含量来形成富碳的 V(C,N) 产生强化作用是困难的。因为铁素体中固溶碳含量，是影响沉淀的相关参数，取决于奥氏体向铁素体、珠光体和渗碳体的相变过程，并且相互关系比较复杂。因此，人们一直认为钢中的总碳含量对微合金碳氮化物影响很小，或根本就没有任何影响。而最近的研究发现，钒微合金钢的沉淀强化随着钢中的碳含量的增加而急剧增加。所观察到的沉淀强化，与氮含量和碳含量之间的关系如图 4-35 所示[8,42]。研究结果

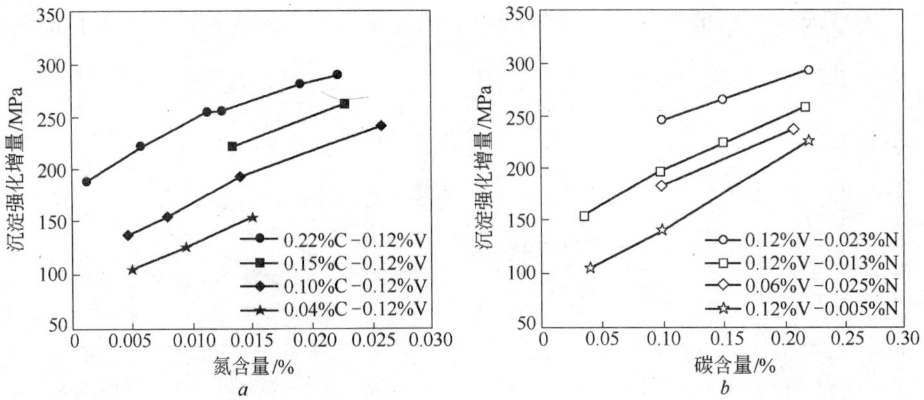


图 4-35　650℃等温相变时效 500s 后，钒微合金钢中氮和碳含量对沉淀强化增量的影响
*a*—氮含量对沉淀强化增量的影响；*b*—碳含量对沉淀强化增量的影响

表明，钢中碳含量每增加0.01%，沉淀强化量增加约5.5MPa，而氮含量每增加0.001%，沉淀强化增加约6MPa[8,42]。碳的这个重要作用以前未曾注意到原因是，在估计沉淀强化增量时，珠光体对强度的贡献以及其从所测得的屈服强度中扣除总存在不确定性。这些问题最近得到了改善，而且进行了纳米硬度测量，以便展示铁素体内沉淀强化。V0.12%钢在650℃等温相变时效500s后，碳和氮含量对于纳米硬度的影响如图4-36所示[13]。

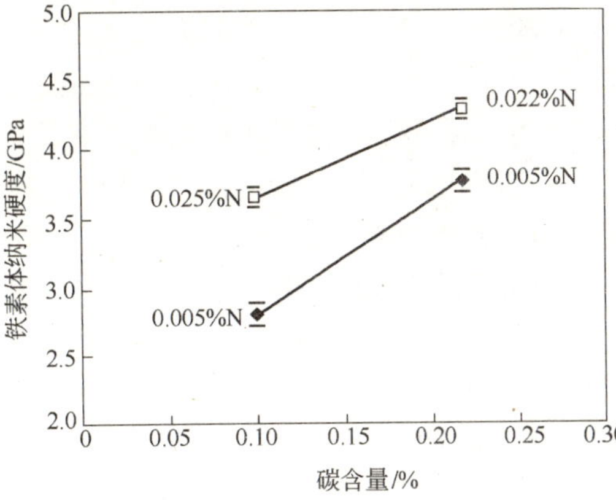


图4-36 碳和氮含量对于纳米硬度的影响

钛加入到C0.22%-V0.12%钢中，使钢的屈服强度降低，原因一方面是在奥氏体中形成了V-Ti(N)颗粒，减少了在铁素体中提供弥散强化的钒和氮的量；另一方面是钛的加入使γ→α相变加快，使含钛钢中较早地出现珠光体[41]。

4.2.6.5 对高温热塑性影响

众所周知，在一定的温度范围内，铸坯存在一个塑性低谷，此时易发生铸坯边部表面裂纹。微合金钢中这一问题比普通碳锰钢要严重得多。塑性低谷通常存在于700~1000℃的温度范围内，其中最主要的是塑性降低的上临界温度，随着铸坯的连续冷却，其表面、边缘、角等各个部分的温度在降到该临界温度之前必须完成连铸坯的弯曲矫直。因此研究钒微合金钢的高温热塑性对连铸工艺的设计具有重要的指导作用。

图4-37 钒钛微合金钢铸坯中沿奥氏体晶界扩展的裂纹照片

铸坯塑性降低形成的裂纹通常沿奥氏体晶界分布，图4-37给出了角裂纹在钒钛微合金钢中的分布[55]。微合金钢容易产生裂纹的原因主要是：奥氏体晶界上粗大的碳氮化物粒子处形成空洞；细小的碳氮化物沉淀强化了晶内；在变形亚结构中的析出阻止了动态再结晶，阻止了晶界处应力释放[56,57]。

关于不同钢种的高温塑性行为已经做了大量的研究，如图 4-38 所示。图 4-38*a*为 Mintz 和 Abushosha 的研究结果，预加热温度 1330℃[58]；图 4-38*b* 为取自凝固试样的研究结果[59]；图 4-38*c* 为 Karjalainen 等人的研究结果[60]；图 4-38*d* 为 Crowther 等人采用了铸造后不同温度下弯曲的 50mm 铸坯中最大裂纹长度来衡量热塑性的研究结果[61]。从塑性低谷宽度及其存在温度范围两方面来看，普通碳锰钢对裂纹并不敏感，钒微合金钢介于普碳钢和铌微合金钢之间。图 4-39 显示了不同钒含量 N 0.005% 钢的热塑性，可以发现随钒含量增加，塑性低谷区变宽、变深，但较 Nb 0.029% 钢塑性好。钒钢中高的氮含量增加热裂纹敏感性，原因是增加氮含量提高了 VN 析出的温度范围[62]。较高的氮含量扩大了含钒钢的塑性低谷区，特别是使塑性低谷向高温度方向移动。Mintz 和 Abushosha 的研究结果还表

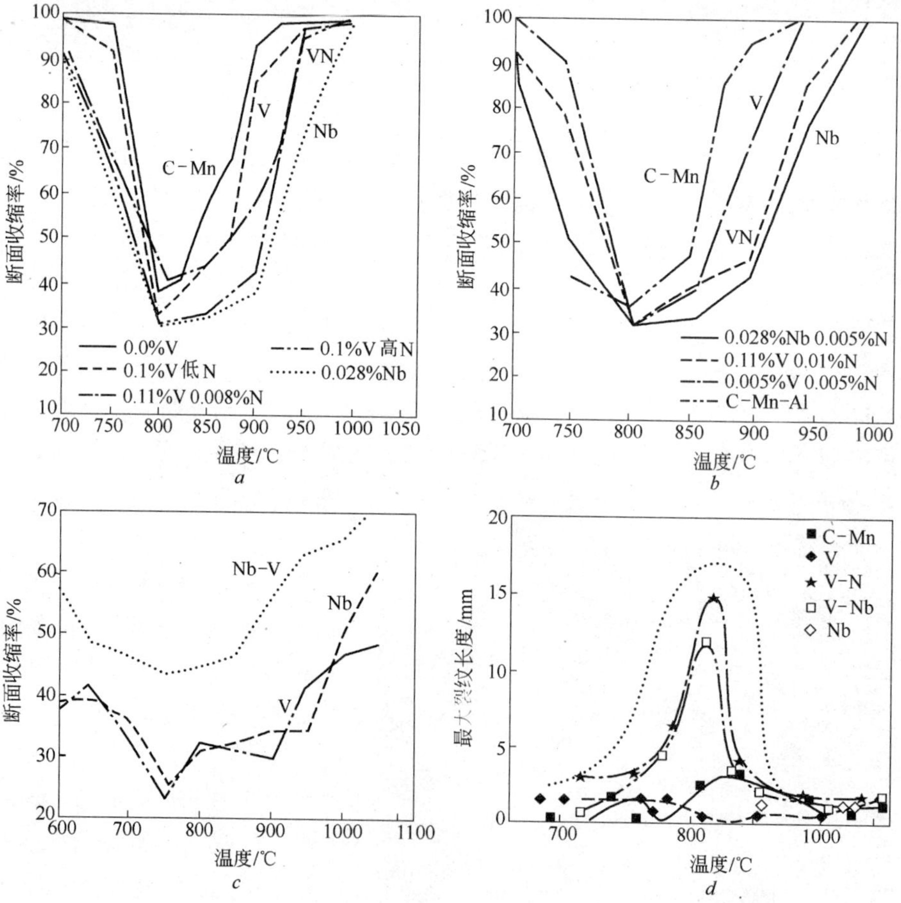


图 4-38　不同文献中钢的热塑性数据的比较

*a*—Mintz 和 Abushosha 的研究结果；*b*—取自凝固试样的研究结果；*c*—Karjalainen 等人的研究结果；*d*—Crowther 等人的研究结果

明，如果钢中钒和氮水平能够满足[%V][%N] <1.2×10$^{-3}$的要求，钒微合金钢的热塑性优于铌微合金钢，如图4-40所示[58]。造成这一现象的原因是：在连铸条件下，V(C,N)的粗化比Nb(C,N)快得多，因此对热塑性的有害影响比铌小得多。任何增加析出粒子的体积分数都可能降低材料的高温热塑性。并且细小的析出相比粗大的析出相具有更大的强化作用，因此细小的析出对热塑性降低的作用更大[61]。铌微合金钢中添加钒，伴随析出相尺寸的增加，钢的热塑性得到改善。

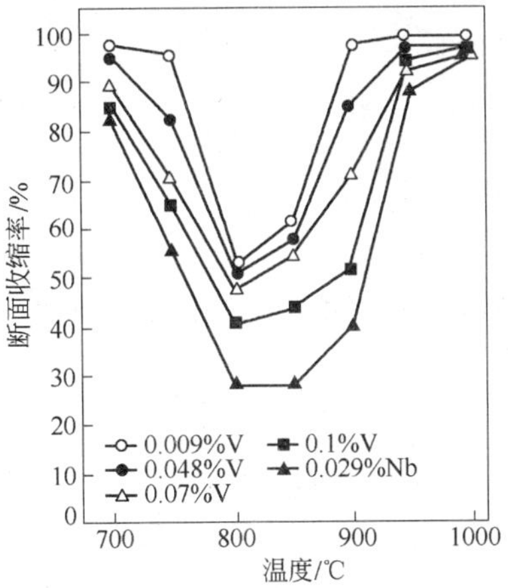


图4-39　含钒钢热塑性曲线

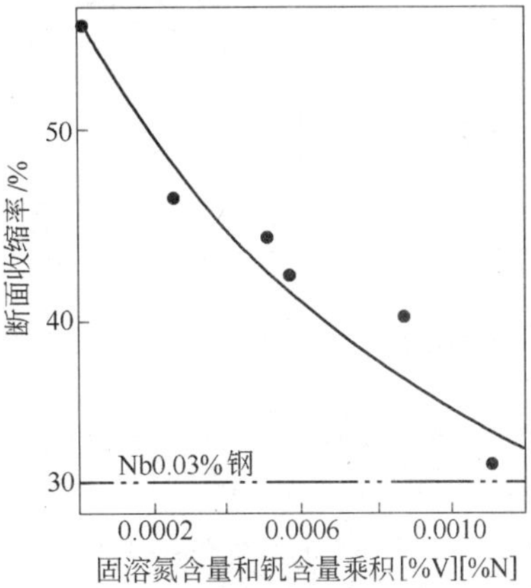


图4-40　850℃时全部钒和氮含量的乘积对面积收缩率的影响

钒微合金钢热塑性研究表明，对V <0.1%、N <0.008%的常用钒微合金钢，可以进行连铸而不产生严重的横向裂纹。但是，如果钒和氮的含量都比较高，那么连铸时产生严重裂纹的几率显著增大[63]。

### 4.2.7　钒微合金钢的焊接性能

#### 4.2.7.1　热影响区组织

图4-41给出了模拟焊接中，不同微合金钢晶粒粗化行为[13]。可见，单一钒微合金化钢的奥氏体晶粒粗化行为最为显著。P. Hansson研究表明，钒微合金钢焊接过程奥氏体晶粒粗化仍然比碳锰钢要好[64]。大量的研究结果表明，在钒微合金钢中加入微量的钛，会明显抑制焊接热影响区奥氏体晶粒粗化现象。

钒微合金钢中增加氮含量，其热影响区奥氏体晶粒会细化，如图4-42所示[65]。由图可见，N0.003%钢在高于1250℃温度时就出现晶粒显著长大现象，而N0.013%钢在1350℃的高温下仍能保留小晶粒。主要是因为氮的加入提高了VN的析出温度，使VN在高温析出，抑制晶粒粗化。

钒对热影响区相变开始温度和终止温度没有显著的影响，对相变产物影响较大。在模拟焊接（奥氏体晶粒尺寸为110～130nm，将其再加热到1350℃，在

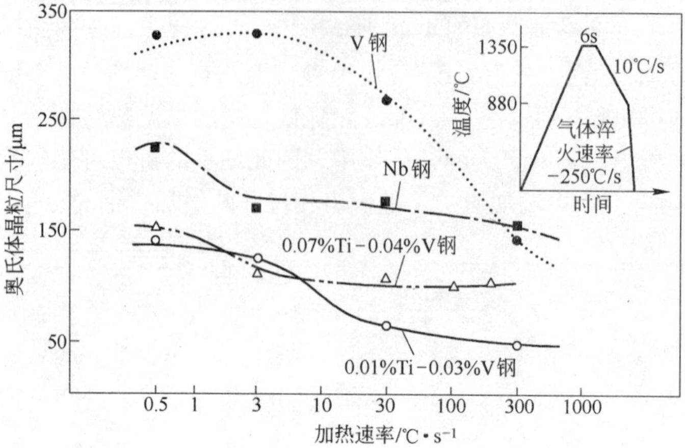


图4-41　各种高强度低合金钢经焊接模拟后奥氏体晶粒尺寸与加热速率的关系

800～500℃区间内冷却，冷却时间为6～250s）条件下，C0.14%-Mn1.4%钢中钒含量由0增加到0.1%对热影响区相变开始温度没有任何影响[63]。钒微合金钢热影响区相变速率和观察到的普通碳锰钢类似，相变终止温度也相近，但是微观组织有显著的不同，尤其是焊接热输入较大而冷却时间较长时，与碳锰钢相比，钒钢具有很少的不规则及侧板条铁素体，而晶界多边形铁素体稍多一点[63]。

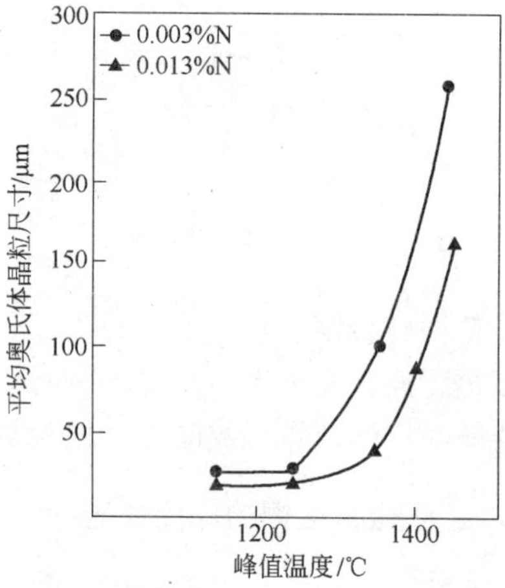


图4-42　奥氏体晶粒长大与热影响区峰值温度之间的关系（持续时间1s）

#### 4.2.7.2　热影响区韧性

人们对钒微合金钢焊接热影响区韧性进行了大量的研究。Hannerz等人研究发现，在冷却时间 $t_{8/5}<100s$ 时，钒含量增高到0.1%对焊接热影响区韧性没有显著影响[66]。但是，在更高钒含量钢中观察到韧性有些降低。陈颜堂等人研究表明，钢中添加0.05%左右的钒热影响区具有良好的强韧性配合，添加0.10%以上的钒将恶化焊接热影响区的韧性[67]。Li Y. 等人研究表明，钢中钒含量由0.05%增加到0.10%，钢焊接热影响区韧性显著恶化，50J时韧脆转变温度由-35℃升高到-10℃，裂纹尖端张开位移为0.1mm时韧脆转变温度由-60℃升高到-25℃[68]。Mitchell等人的研究发现，在多道焊时钒含量增加到0.16%的钢焊接热影响区冲击韧性得到改善，但裂纹尖端张开位移转变温度有

所增加，如图 4-43 所示[69]。其韧性的改善特别是 V 型缺口冲击转变温度的改善，是含有 IGF 显微组织形成所致，IGF 可以抵消因沉淀强化造成的转变温度的升高。

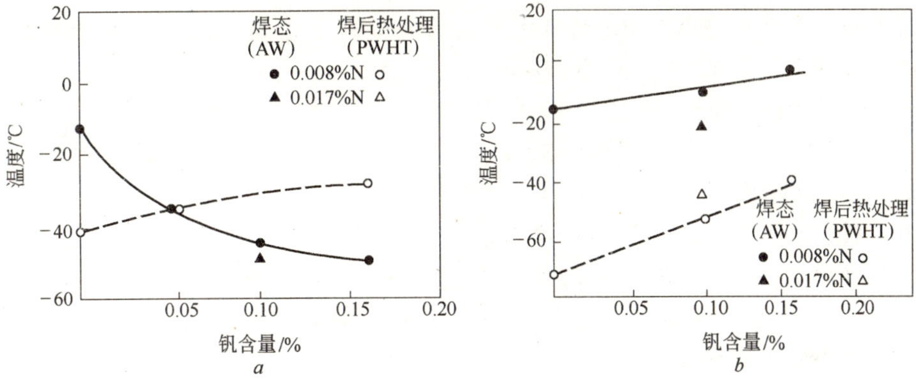


图 4-43 钒对多道次焊接 C12%-Mn1.6%钢韧性的影响（热输入 2kJ/mm，$t_{8/5}=12s$）

*a*—钒对 40J 冲击转变温度的影响；*b*—钒对 0.25mm 裂纹尖端张开位移转变温度的影响

图 4-43 还描述了 600℃加热 1h 的焊后热处理的影响。当母材回火后，沉淀强化变得更突出，这时钒对 V 型缺口转变温度的影响几乎是对焊接状态的一个反映。因此，当钒含量在 0.06%或更低的水平时，其韧性等于或优于焊态的韧性，而当钒含量超过这一水平时，转变温度会略有增加，最多不过 20℃。另外，焊后热处理将导致裂纹尖端张开位移有 30～50℃的改善。

在高热输入量单道焊时钒微合金钢的冲击转变温度随氮含量增加而提高，但对低和中等热输入量多道焊时，冲击转变温度值基本不变，如图 4-44 所示[70]。认为引起这种现象的原因是：在多道次焊接过程中，前几道次溶解的 VN 在随后的道次中重新析出，这些颗粒阻止晶粒粗化并通过相变得到细晶粒铁素体所致。进一步研究也证实，对于高氮含量的钢（氮含量高达 0.018%）焊接时输入热量不能过高，只有在低输入热量的循环焊接条件下，高氮钢才能获得较好的冲击韧性[71]。因此，采用恰当的焊接工艺可以避免钢中氮对钢焊接性能的不利影响。

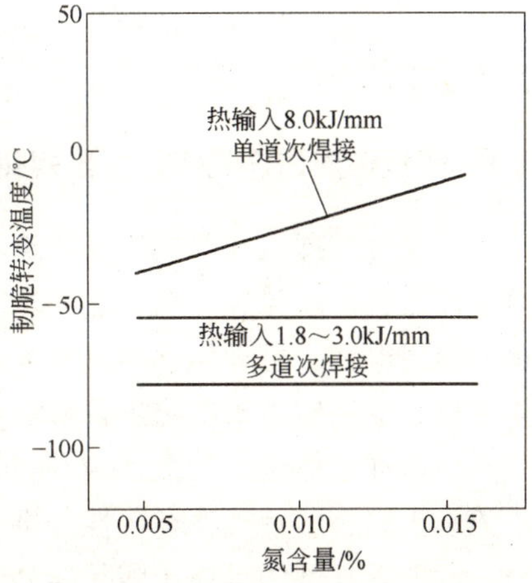


图 4-44 氮对 V0.1%钢焊接热影响区韧性的影响

在钒微合金钢中，添加微量钛热影响区韧性将进一步改善。在很高温度下，铌、钒和铝的氮化物都会溶解，而 TiN 仍很稳定。因此，钢中添加钛可以更有效阻止晶粒长大，从而使与熔合线相接的焊接热影响区的韧性提高。

Mitchell 等人研究发现，较高热输入量（ >2kJ/mm）对裂纹尖端张开位移韧性有正面影响，而对 40J 冲击转变温度有负面影响[69]。这是由于粗大晶界铁素体体积分数显著增加及 V(C,N)在晶界铁素体中析出所致。

为了研究钢板生产工艺路线对热影响区韧性影响，采用 RCR、RCR + ACC 和 CR 工艺路线生产的高氮(0.013%)和低氮(0.003%)商业 Ti 0.01%-V0.08% 钢板，在高、中、低热输入量焊接条件下，热影响区温度为 1350℃，模拟 25mm 厚钢板热影响区的热循环实验[64]。图 4-45 给出了热模拟得到的 25mm 厚 Ti 0.01%-V 0.08% 钢的热影响区冲击韧性变化曲线。可见，钢板的热机械控制轧制工艺参数对焊后粗晶热影响区韧性没有明显影响。

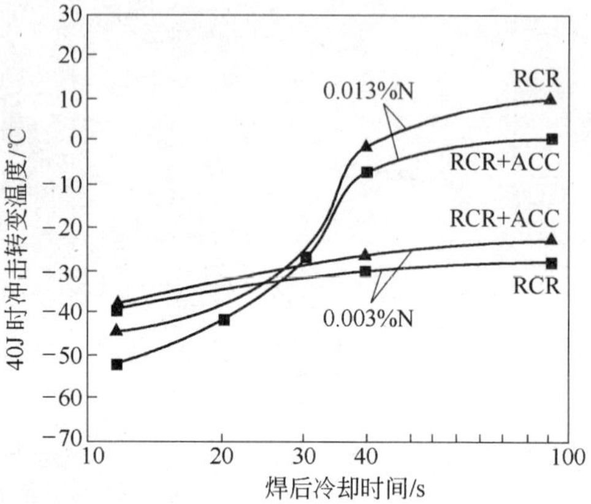


图 4-45　热连轧工艺对 N0.003% 和 N0.013% 钢板焊接热影响区 40J 时冲击转变温度的影响

## 4.3　薄板坯连铸连轧钒微合金化技术的研究与开发

本章阐述了薄板坯连铸连轧流程钒的碳氮化物析出规律、钒微合金钢的组织演变规律和强韧化机理，特别是组织超细化机理，以及基于薄板坯连铸连轧流程钒微合金钢的生产技术。

### 4.3.1　薄板坯连铸连轧钒的析出规律

为了充分发挥钒在薄板坯连铸连轧流程中的作用，必须全面掌握钒在薄板坯连铸连轧流程中连铸、均热、热连轧等各个工艺阶段的析出情况。人们运用扫描电镜、透射电镜、物理化学相分析等方法对连铸出坯样、均热出炉样、热连轧过程中试样、成品样中析出物进行形貌观察定性分析和定量分析。薄板坯连铸连轧流程在线取样具体位置如图 4-46 所示。为了保留相应的析出物状态，取样后立即水淬。析出物形貌观察和定性分析用试样的制备方法如下：透射电镜用碳复型试样，萃取碳复型的具体步骤是样品经机械研磨、抛光后，用 3% 硝酸酒精溶液浸蚀，然后在样品的侵蚀表面喷炭，再用 3% 硝酸酒精溶液浸泡样品直至炭膜脱落，用 0.0475mm（300 目）的铜网捞取炭膜，并在酒精水溶液中展平炭膜即可。

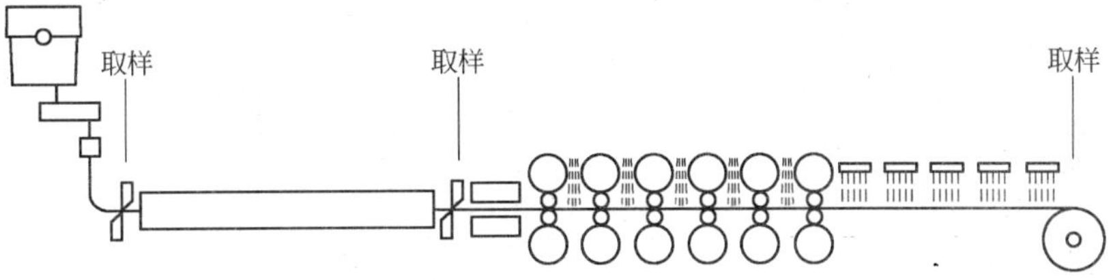


图 4-46 研究钒析出规律取样位置示意图

扫描电镜用试样制备方法是样品经机械研磨、抛光后，3% 硝酸酒精溶液浸蚀。

4.3.1.1 连铸过程中的析出

对 C 0.06%-V 0.12%-N 0.024% 钢在薄板坯连铸连轧流程进行钒析出规律研究[6,72]。采用适合的连铸拉速和结晶器二次冷却水强度，使连铸出坯的温度达到 950～1000℃，然后取样水淬。在带 EDAX 的扫描电镜上观察试样，判别连铸出坯后铸坯中析出物情况和定性分析其成分，同时进行物理化学相分析，分析其析出物的组成、数量和大小。在带 EDAX 的扫描电镜上观察，发现连铸出坯后铸坯中有大量的含钒微合金析出物，如图 4-47 所示。采用 Thermo-Calc 热力学软件计算 C0.06%-V0.12%-N0.024% 钢中 V(C,N)析出量与温度关系曲线，如图4-48所示，V(C,N)开始析出温度约 1140℃。因此，在薄板坯连铸过程中，铸坯中有 V(C,N)析出符合热力学规律。化学相分析结果表明，析出物以 V(C,N)为主，并有少量(TiV)(C,N)复合析出，如表 4-2 所示。铸坯中析出的钒质量分数为 0.115%，即钢中的钒在连铸过程中已大量析出。对化学萃取析出物进行小角度衍射分析，结果如图 4-49 所示。因薄板坯连铸冷却速度快，析出物粒度较小，大部分析出物的粒度小于 60nm，100nm 以上的大粒度颗粒量较少，析出物平均粒度约为 40nm。

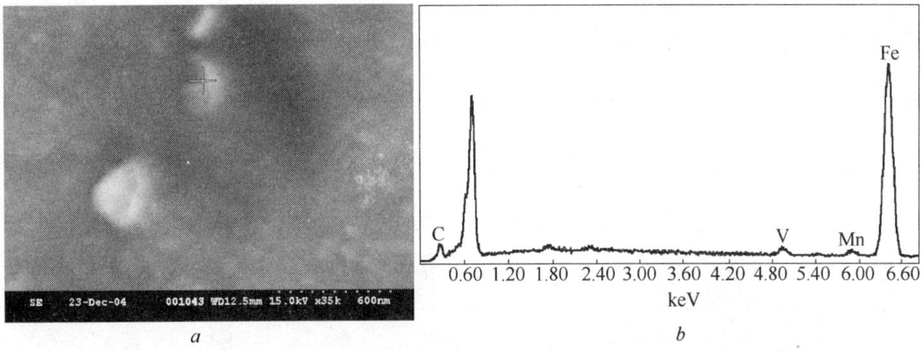


图 4-47 连铸出坯后铸坯析出形貌及能谱分析结果

*a*—析出物形貌；*b*—析出物的能谱图

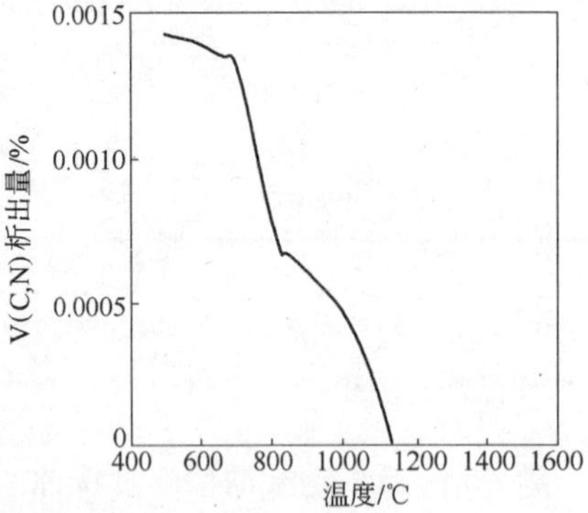


图 4-48　C 0.06%，V 0.12%，N 0.024% 钢中 V(C,N)析出量与温度关系曲线

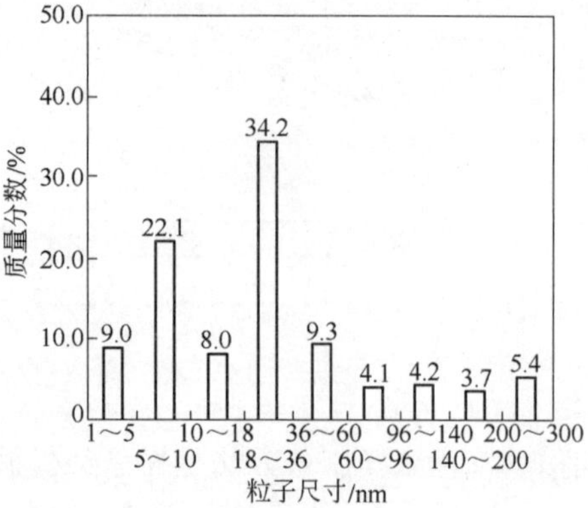


图 4-49　铸坯中沉淀析出物的粒度分布

**表 4-2　连铸出坯后铸坯析出物化学相分析结果**

| M(C,N)，MN 相中各元素占合金的质量分数/% | | | | | | | M(C,N)，MN 相的组成结构 |
|---|---|---|---|---|---|---|---|
| V | Ti | Mo | Cr | C① | N | Σ | |
| 0.1151 | 0.0040 | 0.0021 | 0.0024 | 0.0140 | 0.0174 | 0.1550 | $(V_{0.973}Ti_{0.035}Cr_{0.019}Mo_{0.009})(C_{0.485}N_{0.515})$ |

①数据是计算结果。

潘涛等人对 V 0.11%-N 0.020%-Ti 0.004% 钢进行热模拟实验，研究铸坯经过二冷段和进均热炉前钒的析出情况[73,74]。实验用钢取自实际工业试制薄板坯连铸连轧铸坯，加工成 $\phi$8mm×12mm 的 Gleeble 1500D 热模拟试样。然后在 Gleeble 1500D 热模拟实验机上以 10℃/s 的速度将试样升温至 1300℃ 保温 5min 取样水淬，模拟刚经过二冷段铸坯中析出物情况。在 JEM-2000 透射电镜上观察碳复型试样中的析出情况，发现刚经过二冷段的铸坯中存在一些小颗粒析出物，形状以正方形为主，如图 4-50*a* 所示。能谱分析结果表明，这些方形析出物均为钛的析

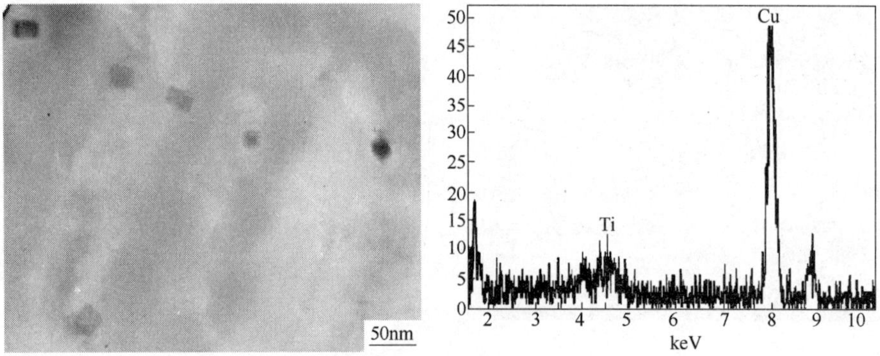


*a*　　*b*

图 4-50　在连铸初期第二相粒子的析出情况

*a*—TiN 析出物形貌；*b*—TiN 析出物的能谱图

出物，如图4-50$b$所示。从析出温度和钢中的碳、氮含量可以推断，这些钛的析出物为TiN而不可能是TiC，这说明钒在刚从二冷段经过的铸坯没有析出，而且从热力学角度分析TiN析出也是合理的。试样在Gleeble 1500D热模拟实验机上以10℃/s的速度升温至1300℃保温5min后以1.5℃/s冷却至950℃取样水淬，模拟连铸出坯后铸坯中析出物情况。从形状上看，析出物主要是圆形，同时也保留有许多方形、三角形和菱形析出物，如图4-51$a$所示。图4-51$b$和图4-51$c$的能谱分析发现，这些析出物基本可分为两类，一类是基本不含钛的V(C,N)粒子，一类是含钛的富钒析出物，即(Ti,V)(C,N)粒子。前者的颗粒直径较小，平均尺寸约为20nm左右；而后者的颗粒较大，平均尺寸约为36nm左右。在铸坯中很难再发现纯的TiN粒子，而多以(Ti,V)(C,N)复合颗粒存在。这说明TiN是钒的有效的形核核心，诱导V(C,N)的析出，形成(Ti,V)(C,N)复合粒子。X射线能谱仪(EDS)分析表明，含钛的复合颗粒中钒在M(C,N)中的平均质量分数V/(Ti+V)达70%，可见复合颗粒中已经以钒的析出物为主了。假设铸坯中(Ti,V)(C,N)粒子数量和V(C,N)粒子数量相同，连铸出坯后铸坯析出钒的总量估算为0.02%。

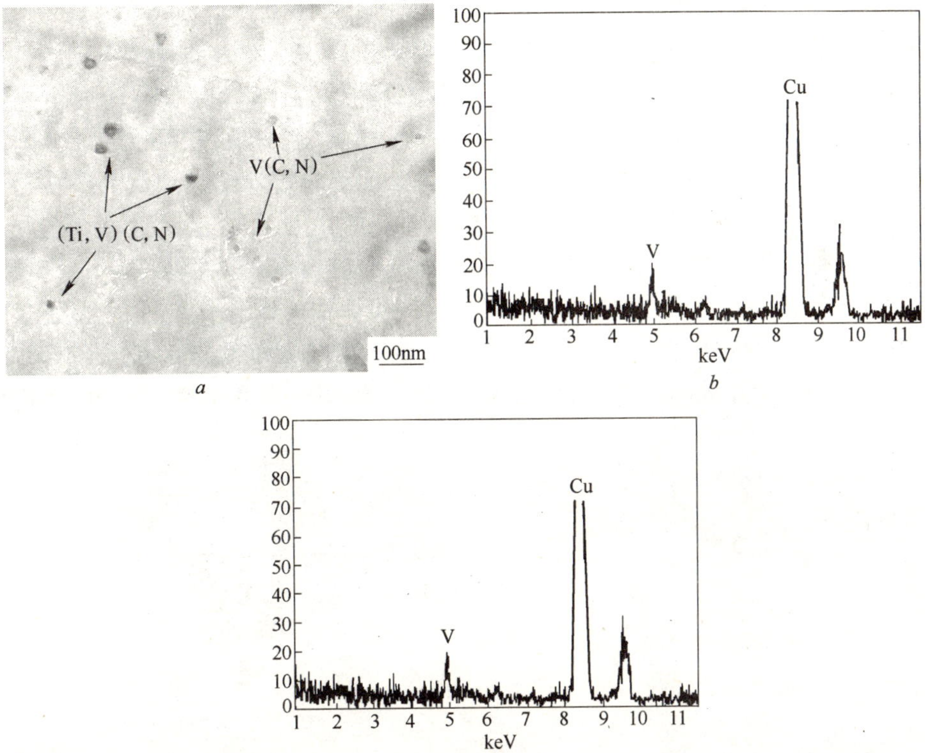


图4-51 连铸坯进入均热炉前第二相粒子的析出情况

$a$—析出物形貌；$b$—V(C,N)颗粒的能谱图；$c$—(Ti,V)(C,N)颗粒的能谱图

Li Y. 等人对于 V0.10%、V0.10%-N0.02%、V0.11%-Nb0.03%、V0.10%-Ti0.01%-N0.017%和 V0.11%-Nb0.031%-Ti0.007%等五种钢进行实验室模拟，研究几种微合金钢在模拟薄板坯连铸过程中微合金元素的析出情况[75,76]。实验钢在空气炉中熔炼，然后采用模铸的方法将其浇铸成50mm 厚的钢锭，钢锭心部的典型冷却速度是3.5℃/s。钢锭进均热炉前取样水淬处理以研究铸坯中的析出物情况。采用碳复型试样在带能量色散 X 射线仪（EDAX）的飞利浦 EM-400 型分析透射电镜上研究析出物。采用 EDAX 和真空振荡 HB5 型显微镜的平行电子能量损失谱仪分析了析出物的成分。在安装 Image-Pro Plus 软件的图像分析仪上对 TEM 显微照片进行了定量分析，测量了析出物的尺寸。对于 V0.10%、V0.10%-N0.02%和 V0.11%-Nb0.03%钢连铸出坯后进均热炉前在铸坯中均只观察到了氧化物和硫化物。对 V0.10%-Ti0.01%-N0.017%钢来说，主要析出物呈不规则的颗粒状如图 4-52 所示，通常成行排列，颗粒尺寸在 40～200nm 之间。这些不规则的颗粒同时含有钒和钛，两者原子比为 V/(Ti+V)=0.5。还观察到了少部分的富钛(V/(Ti+V)≈0.07)长方形颗粒，此外，发现了一些复杂的枝晶状颗粒，其晶核和枝干中有相似的 V/(Ti+V)原子比，即 0.3～0.4。对 V0.11%-Nb0.031%-Ti0.007%钢而言，在铸坯中的主要析出物是较大的枝晶状颗粒，如图 4-53 所示，其成分包括钒、铌、钛和氮，其中 V/(V+Nb+Ti)的原子比是 0.25，Ti/(V+Nb+Ti)之比是 0.38。另外，该析出物的晶核和枝干的成分是一致的，还发现了一些针状的 V-Nb-Ti(N)颗粒。此实验结果表明，钛的存在会导致钒在铸坯中析出。基于 Turkdogan 和 Rose 推荐的在钒、铌和钛复合微合金化钢中碳化物和氮化物的固溶度积公式，应用 ChemSage 热力学软件包，Li Y. 等人计算了这几种钢中碳氮化物的固溶温度。V 0.10%钢的碳氮化物的固溶温度是 1049℃，V 0.10%-N 0.02% 钢是 1106℃，V 0.11%-Nb 0.03% 钢是 1158℃，V 0.11%-Nb 0.031%-Ti 0.007%钢是 1339℃，V 0.10%-Ti 0.01%-N 0.017%钢是

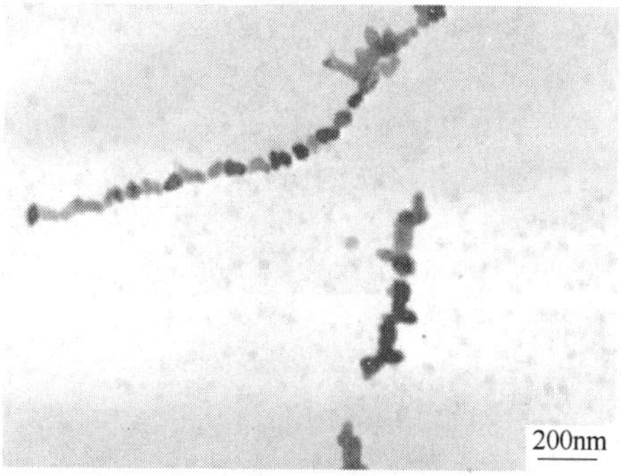


图 4-52　V-Ti-N 钢铸后不规则颗粒的 TEM 照片

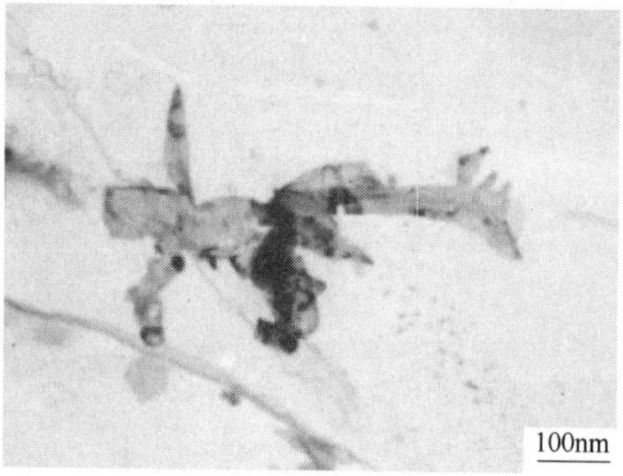


图 4-53　V-Nb-Ti 钢铸后枝晶状颗粒的 TEM 照片

1443℃。碳氮化物的固溶温度解释了这几种钢在进均热炉前铸坯中没有大量钒析出，尤其V 0.10%、V 0.10%-N 0.02%和V 0.11%-Nb 0.03%钢没有钒析出的原因是入均热炉前铸坯的温度高于其碳氮化物的固溶温度。

综上所述，薄板坯连铸后的冷却过程中，含钒粒子已析出。一种情况是钒独立形核长大，粒子细小；另一种情况是钒依附TiN粒子形核长大，尺寸较大。此外，钛的存在促进钢中钒析出。

#### 4.3.1.2 均热过程中的溶解与析出

采用1150℃的均热温度在均热炉内对C 0.06%-V 0.12%-N 0.024%钢连铸坯进行均热，均热20～30min后，取样水淬，以研究薄板坯连铸连轧流程均热过程钒的溶解与析出情况[6,72]。在带EDAX的扫描电镜上观察试样，判别均热后铸坯中析出物情况和定性分析其成分，发现铸坯均热后仍有大量的析出物，如图4-54和图4-55

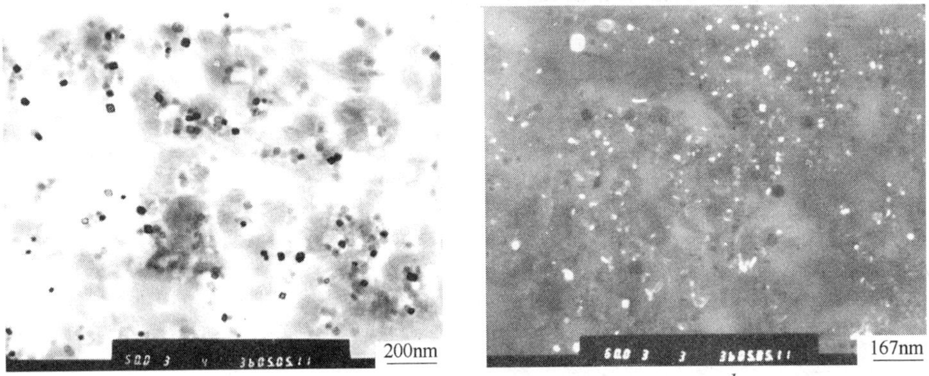


*a* *b*

图4-54 均热后铸坯中析出物的TEM照片

*a*—明场照片；*b*—暗场照片

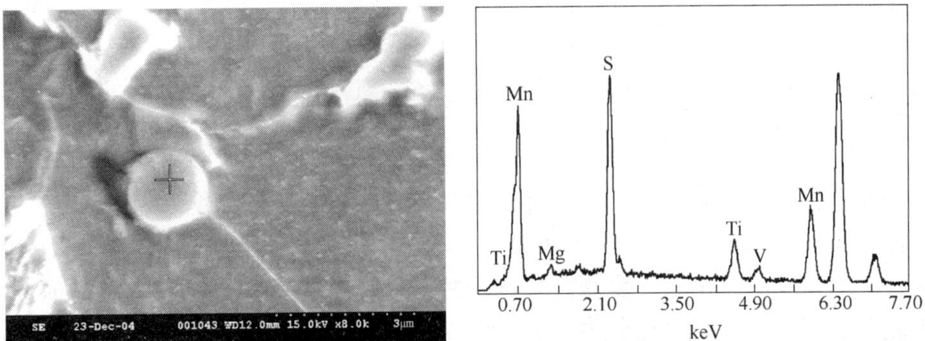


*a* *b*

图4-55 均热后铸坯中析出物的形貌及能谱分析结果

*a*—析出物形貌；*b*—析出物的能谱图

所示。物理化学相分析结果表明，析出物以 V(C,N)为主，有少量(Ti,V)(C,N)复合析出物。铸坯中析出的钒质量分数为 0.0573%，与均热前相比较铸坯中析出物约一半重新溶解，如表 4-2 和表 4-3 所示。对化学萃取析出物进行小角度衍射分析，结果如图 4-56 所示。因均热温度低和均热时间短，析出物仍保持较小的粒度，大部分析出物的粒度小于 60nm，平均粒度为 44nm。与均热前铸坯中析出物比较，均热后析出物数量减少，粒度也略有增加，这说明在薄板坯连铸连轧流程均热过程中析出物发生了溶解和长大。均热后铸坯中析出物分析结果与均热条件是一致的，1150℃的均热温度略高于此钢中 V(C,N)沉淀析出温度（1140℃，如图 4-48 所示），导致 V(C,N)粒子溶解和长大，而均热时间短使已析出的 V(C,N)粒子不可能全部溶解和充分长大。

**表 4-3　均热后铸坯析出物化学相分析结果**

| M(C,N),MN 相中各元素占合金的质量分数/% | | | | | | | M(C,N),MN 相的组成结构 |
|---|---|---|---|---|---|---|---|
| V | Ti | Mo | Cr | C① | N | Σ | |
| 0.0573 | 0.0043 | 0.0024 | 0.0022 | 0.0049 | 0.0122 | 0.0833 | $(V_{0.877}Ti_{0.070}Cr_{0.033}Mo_{0.020})(C_{0.321}N_{0.679})$ |

①数据是计算结果。

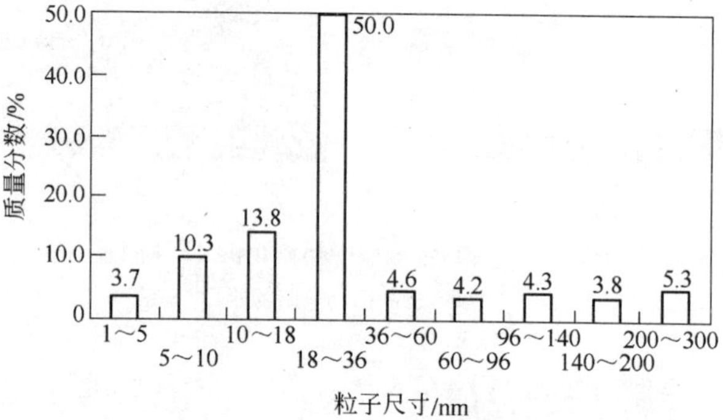


图 4-56　均热后铸坯析出物粒度分布

潘涛等人对 V0.11%-N0.020%-Ti0.004% 钢进行热模拟实验，模拟薄板坯连铸连轧过程中的均热工序，研究均热后铸坯中析出物的情况[73,74]。碳复型试样在 JEM-2000 透射电镜上观察发现，铸坯在 1150℃均热 10min 后析出物的形状较均热前没有发生明显变化，如图 4-57*a* 所示。图 4-57*b* 和图 4-57*c* 的成分分析表明，第二相粒子仍然分为(Ti,V)(C,N)和 V(C,N)两类，但含钛、钒的碳氮化物中钒的含量较均热前有一定程度下降，钒在 M(C,N)中的平均质量分数 V/(Ti+V)由均热前的 70% 降至 30% 左右。单独形核的 V(C,N)粒子比例也减少了许多，而且尺寸开始变大，如表 4-4 所示。铸坯均热温度达到该钢

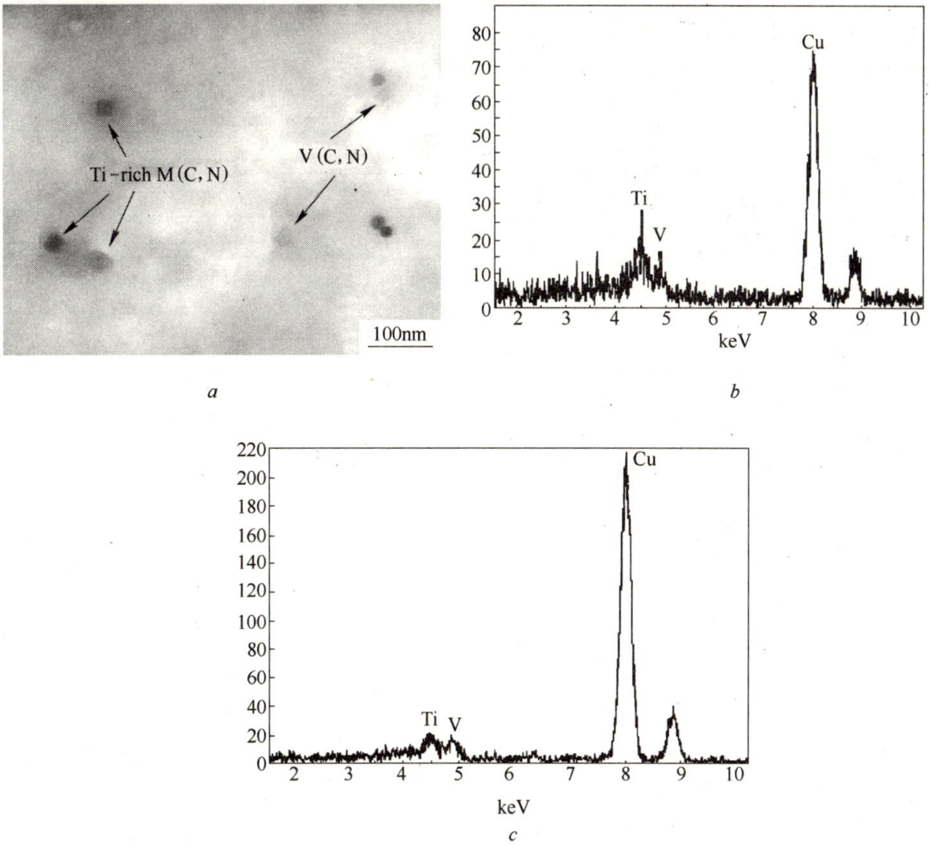


图 4-57 连铸坯进入均热炉前第二相粒子析出的情况

*a*—析出物形貌；*b*—V/（Ti + V）% = 11% 析出物的能谱图；*c*—V/（Ti + V）% = 32.25% 析出物的能谱图

V(C,N)的溶解条件（理论计算 V0.11%-N0.020%-Ti0.004% 钢 V(C,N)粒子溶解温度为 1130℃），V(C,N)开始向基体溶解。但是，V(C,N)粒子的溶解不太可能进行得很完全，一方面的原因是析出物的溶解是一个动力学过程，需要一定的过热度和时间，另一方面的原因是钛提高了颗粒的溶解温度。单独形核的 V(C,N)粒子则分为两类，一类为小直径的粒子，另一类为大直径的粒子。小直径的粒子在过大的附加界面能的作用下变得不稳定，趋于回溶于钢中，使钢中 V(C,N)粒子总量减少，而少量大直径的粒子有可能更稳定，不但没有完全溶解，而且在热的作用下开始长大，从而使 V(C,N)粒子尺寸变大。假设在铸坯中(Ti,V)(C,N)粒子数量和 V(C,N)粒子数量相同，铸坯均热后析出钒的总量估算为 0.01%。

**表 4-4　铸坯中不同阶段析出物的分析**

| 模拟的工艺 | (Ti,V)(C,N) | | V(C,N) | | V(C,N)粒子在全部粒子中的比例/% |
|---|---|---|---|---|---|
| | 平均尺寸/nm | V/(Ti+V)/% | 平均尺寸/nm | 相同面积内数量/个 | |
| 经过二冷 | 18 | 0 | | 0 | 0 |
| 进均热炉前 | 36 | 69.7 | 20 | 17 | 47 |
| 均热后 | 29 | 24.7 | 27 | 5 | 20 |

注：V/(Ti+V)值为10%以下的粒子可以认为是能谱背景扣除不净造成的，认为是纯TiN粒子，而不是V，Ti复合粒子。

Li Y. 等人对于 V 0.10%、V 0.10%-N 0.02%、V 0.11%-Nb 0.03%、V 0.10%-Ti 0.01%-N 0.017%和 V 0.11%-Nb 0.031%-Ti 0.007%钢进行实验室研究[75]。钢锭出铸模后直接送到均热炉，分别在1200℃、1100℃和1050℃温度均热30～60min，取样水淬，研究均热后铸坯中析出物的情况。析出物情况如下：

（1）V 0.10%钢和V 0.10%-N 0.02%钢的析出物。在1120℃和1100℃两个温度下均热，两种钢铸坯中均没有微合金碳氮化物析出；而在1050℃均热时，在V 0.10%-N 0.02%钢中观察到了原始奥氏体晶界上的长方形VN析出颗粒，颗粒的尺寸为10～80nm，平均尺寸为24nm，如图4-58所示。还发现了一些VN颗粒与MnS夹杂伴生出现。

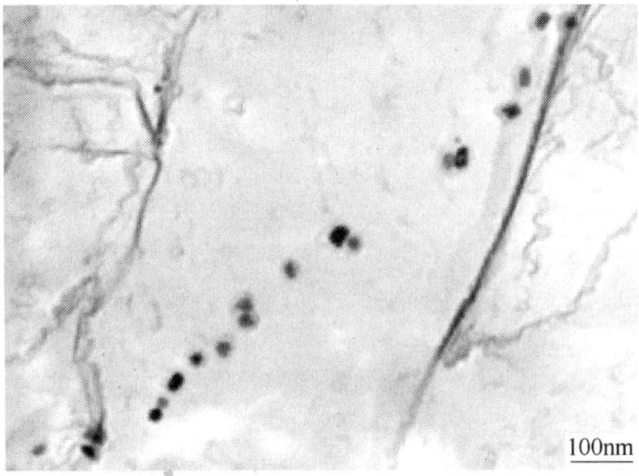

图 4-58　V0.10%-N0.02%钢1050℃均热后长方形颗粒的TEM照片

（2）V 0.11%-Nb 0.03%钢的析出物。在1200℃均热时，铸坯中没有微合金碳氮化物析出；在1100℃均热时，原奥氏体晶界上有长方形颗粒，尺寸为50～110nm，平均尺寸为68nm，基体内还有大块复合颗粒。这种长方形颗粒既含钒也含铌，其V/(V+Nb)原子比为0.29。复合颗粒则由钒、铌、铝和氧等组成，V/(V+Nb)原子比为0.41；在1050℃均热时，观察到了原始奥氏体晶界上的长方形颗粒，这种长方形颗粒为(V,Nb)(C,N)，V/(V+Nb)原子比为0.35，颗粒的尺寸为40～100nm，平均尺寸为62nm。

（3）V 0.11%-Nb 0.031%-Ti 0.007%钢的析出物。在1200℃均热时基体上发现了成行排列的长方形颗粒和十字形颗粒，但是颗粒密度要比1050℃和

1100℃均热后的小得多。其中，长方形颗粒的尺寸为 10 ~ 70nm，平均尺寸为 27nm，V/(V+Nb+Ti)原子比为0.29；十字形颗粒臂长约为 30 ~ 60nm，平均尺寸为42nm，成分和长方形颗粒相似。

在1100℃均热时的主要析出物是分布在原始奥氏体晶界上的长方形颗粒，如图4-59*a* 所示。一些长方形颗粒有长大的十字形颗粒的外貌特征。长方形颗粒的尺寸为 10 ~ 60nm，平均尺寸为 27nm，V/(V+Nb+Ti)原子比为 0.32，Ti/(V+Nb+Ti)原子比为0.38。长方形颗粒的 EDAX 谱如图 4-59*b* 所示。在钢的基体上还观察到了十字形颗粒，十字形颗粒臂长在 10 ~ 60nm 之间变动，平均臂长为27nm，十字形颗粒的成分与长方形颗粒相似，如图4-60 所示。

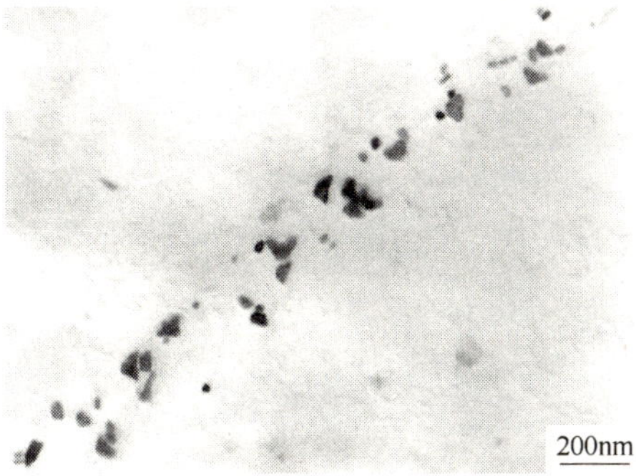


*a*

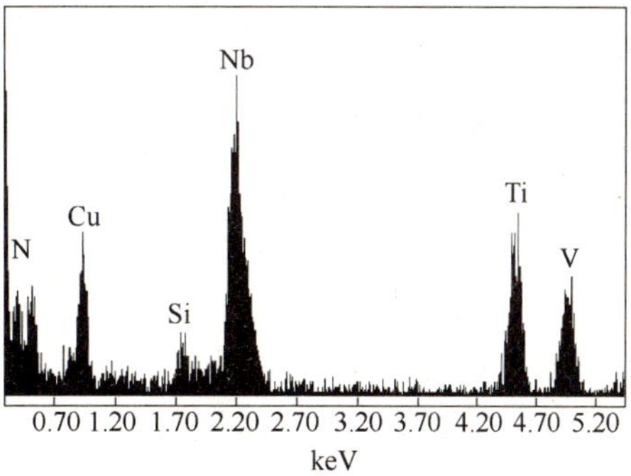


*b*

图4-59 V 0.11%-Nb 0.031%-Ti 0.007%钢1100℃均热后长方形颗粒 TEM 形貌和 EDAX 能谱
*a*—长方形颗粒 TEM 形貌；*b*—长方形颗粒 EDAX 能谱

(4) V 0.10%-Ti 0.01%-N 0.017%钢的析出物。在 1200℃均热时基体上发现有球形的氮化物颗粒。这些氮化物颗粒的尺寸约为 20 ~ 50nm，V/(Ti+V)原子比为 0.6。在 1100℃均热时，主要析出物为十字形颗粒，分布在原始奥氏体的晶界上，基体内也有一部分，如图4-61 *a* 所示。十字形颗粒臂长约在 30 ~ 150nm 之间，析出物为(V,Ti)N，其原子比 V/(Ti+V)为0.6。十字形颗粒的 EDAX 谱如图4-61*b* 所示。

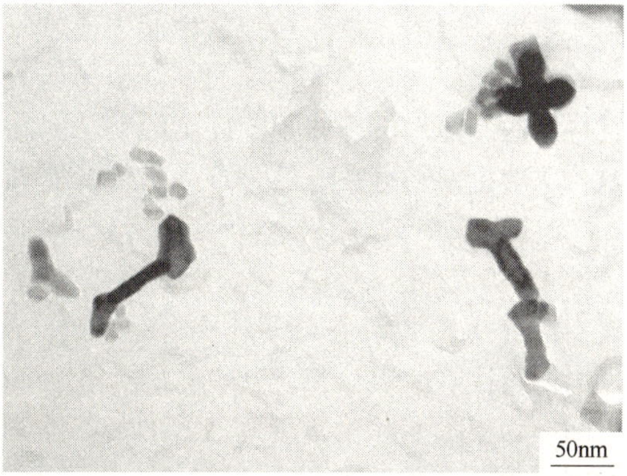


图4-60 V 0.11%-Nb 0.031%-Ti 0.007%钢 1100℃均热后十字形颗粒 TEM 照片

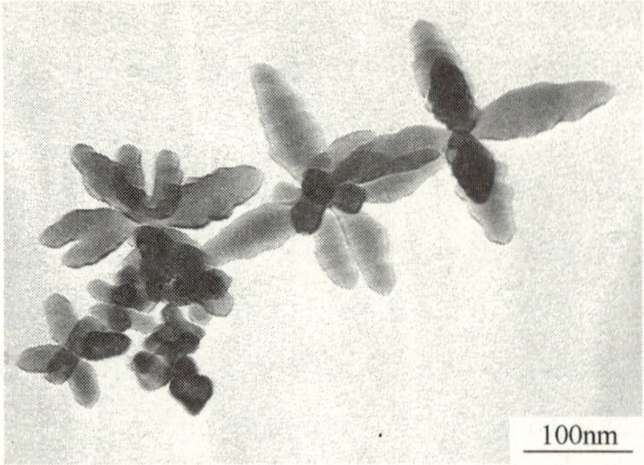

a

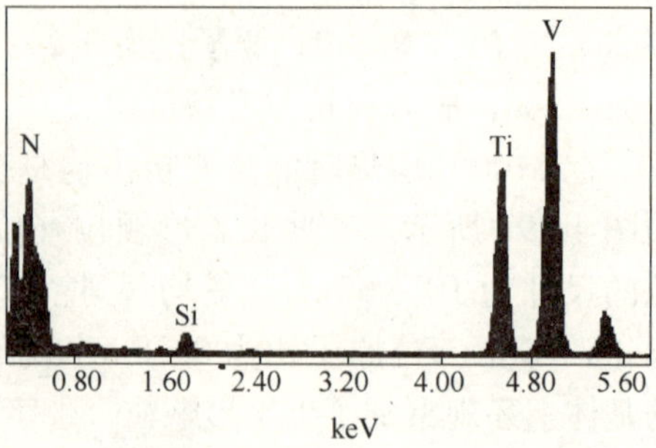

b

图 4-61　V 0.10%-Ti 0.01%-N 0.017% 钢 1100℃均热后十字形颗粒 TEM 形貌和 EDAX 能谱

*a*—十字形颗粒 TEM 形貌；*b*—十字形颗粒 EDAX 能谱

对 V0.11%-Nb0.031%-Ti0.007% 钢和 V0.10%-Ti0.01%-N0.017% 钢两种含钛钢，1050℃均热时主要析出物与 1100℃均热时是一致的。不过，在 1050℃均热的颗粒尺寸要小一些，并且钒含量也更高。V0.10%-Ti0.01%-N0.017% 钢十字形颗粒的臂长约在 20～50nm 之间，V/(Ti + V) 原子比为 0.7。V0.11%-Nb0.031%-Ti0.007% 钢的颗粒尺寸普遍要更小一些，长方形颗粒为 10～40nm（平均为 22nm），十字形颗粒为 20～40nm（平均臂长为 33nm）。

PEELS 测量结果表明，V-N 钢中均热时形成的析出物几乎是纯 VN，而在 V-Ti-N 钢、V-Nb 钢和 V-Nb-Ti 钢中基本上分别是 V-Ti、V-Nb 或 V-Nb-Ti 的氮化物。Li Y. 等人研究结果与 PEELS 测量结果相一致，研究结果还表明，钛的存在促进钒沉淀析出，且均热温度越低析出物量越大尺寸越小。

众所周知，在传统流程中，铸坯上析出的微合金沉淀物可通过高温加热使微合金元素重新固溶，并在热连轧生产中通过应变诱导析出和卷取时过冷析出影响钢带的组织演变和力学性能。而在薄板坯连铸连轧流程中，由于铸坯均热温度低而且均热时间短，析出物不能完全溶解。因此，在热连轧开始前，铸坯上已有一定量含钒的析出物存在，这种现象与传统流程有较大差别。

#### 4.3.1.3　热连轧、冷却和卷取过程中的析出

Li Y. 等人研究了几种微合金钢中微合金元素在热连轧、冷却和卷取过程中的析出情况[75]。钢坯在可逆轧机上经 5 道次轧制成 7mm 厚的钢板。为了便于取样，第四道次轧制以后在 870℃左右停留约 25～40s。终轧温度在 850～870℃范围之间。为模拟实际输出辊道上的冷却条件，轧制完成后在钢板喷水冷却。为模拟卷取过程，冷后钢板迅速送进 600℃炉子缓冷，600～400℃之间冷却速度为 35℃/h。分别在第四道次轧制后以及卷取后取试样。研究发现，尽管轧制温度低于计算的含钒实验钢碳氮化物固溶温度，但在轧制开始到第四道次轧制结束没有

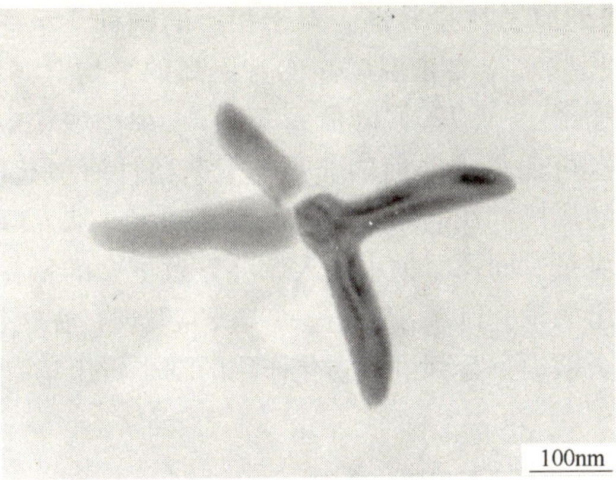


图 4-62 V-Ti-N 钢第四道次轧制后破碎的十字形颗粒的 TEM 照片

发生大量的析出行为，均热过程中产生的析出物在轧制过程中或轧制后发生了长大，如图 4-61 和图 4-62 所示。潘涛等人采用热模拟实验方法研究 V0.11%-N0.020%-Ti0.004% 钢轧制过程析出物的析出情况，实验结果显示在轧制过程中有细小的 V(C,N) 析出[73,74]。同时认为，热连轧过程析出的 V(C,N)粒子可能促进晶内铁素体的形核，提高铁素体的形核率。这一过程是否存在还需进一步的研究。

Li Y. 等人在最终钢带中都观察到了分布在基体上的细小析出物，粒子直径小于 15nm 如图 4-63 所示[75]。细小析出物中的 V/金属、Nb/金属、Ti/金属、N/金属和 C/金属的原子比如表 4-5 所示。从中可以看出铁素体中的细小析出物基本上是富钒的氮化物。计算结果表明这些钢中铁素体中的细小析出物应该是富碳的碳氮化物，而实验结果却显示是富氮的碳氮化物如表 4-5 所示。N/金属的原子比较高的原因是卷取前的非平衡工艺条件引起的。现在已经获得广泛认同的是，不管是在铁素体还是奥氏体中，VN 的固溶度都要比 VC 低得多。VN 形核的化学驱动力要比 VC 高很多，因此只要基体内有足够的氮，VN 或者富氮的 V(C,N) 就优先析出。S. Zajac 等人指出只有在固溶体中的氮含量小于 0.005% 时，大部分的 V(C,N) 才可能是富碳的，而且，即使在这种条件下，由于需要在低温和低驱动力下发生反应以达到平衡，所以一般也不出现富碳的 V(C,N)[36]。在轧制期间钢中没有大量析出产生，$\gamma \to \alpha$ 相变前固溶体中的含氮量（>0.005%）高于按 ChemSage 计算出的平衡条件下的含氮量。这就会导致在铁素体中形成富氮的 V(C,N) 颗粒。此外，发现添加 Ti、降低均热温度或者是提高水冷终止温度都会降低这些颗粒中的 N/金属的原子比。析出物中的 N/金属的原子比与钢中的含氮量有关。含氮量比较高的钢

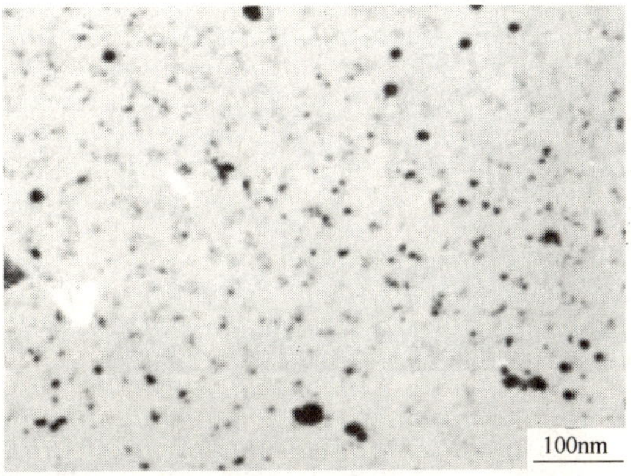


图 4-63 V-Nb-Ti 钢带中细小颗粒的 TEM 照片

中，相应地细小颗粒的平均 N/金属的原子比也较高。对于相同的钢种，水冷终止温度低的试样中的细小颗粒会比那些水冷终止温度高的有更高的平均 N/金属原子比[77]。以钒氮钢为例，水冷终止温度从 720℃降低到 511℃，细小颗粒中的 N/金属原子比就会增加大约 0.1，这可能是卷取前的非平衡工艺条件所引起的。低温均热时，在奥氏体中以氮化物的形式存在的氮比经高温均热的多，从而降低了在铁素体中析出细小颗粒所需的氮量。同样，钢中加入钛会导致更多的氮在高温奥氏体区析出，从而减少低温析出的量。Li Y. 等人进一步研究发现，在钒钢、钒氮钢和含有富钒氮化物复合微合金钢中，起到沉淀强化作用的细小析出物（直径为 2～16nm）主要是钒的氮化物[76]。

**表 4-5　铁素体中细小析出物的成分**

| 钢　种 | V/金属 | Nb/金属 | Ti/金属 | N/金属 | C/金属 |
|---|---|---|---|---|---|
| V | 0.96 | | | 0.63 | 0.17 |
| V-N | 0.92 | | | 0.82 | 0.14 |
| V-Ti-N | 0.88 | | 0.12 | 0.82 | 0.12 |
| V-Nb | 0.73 | 0.27 | | 0.77 | 0.19 |
| V-Ti-Nb | 0.69 | 0.23 | 0.07 | 0.66 | 0.27 |

为了研究钢带厚度对析出物的影响，采用薄板坯连铸连轧流程六机架热连轧机组将 C0.06%-V0.12%-N0.024% 钢 60mm 厚薄板坯轧制成厚度分别 1.8mm，3.2mm 和 6.3mm 的钢带，轧制规程详见表 4-6 所示[6,72,78]。在扫描电镜上观察，发现试验钢带中均有大量的析出物，EDAX 分析结果表明主要是含钒的析出物，如图 4-64、图 4-65 和图 4-66 所示。化学相分析结果表明，1.8mm、3.2mm 和 6.3mm厚度钢带析出钒的质量分数分别为 0.0943%、0.0772% 和 0.0580%，

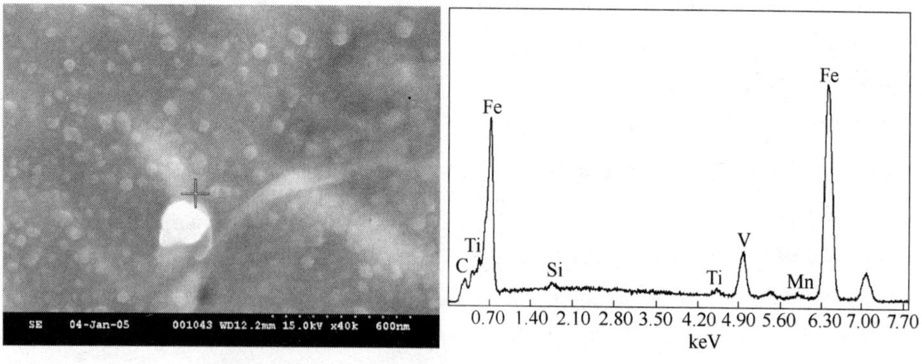


*a*　　*b*

图 4-64　1.8mm 厚度钢带析出形貌及能谱分析结果

*a*—析出物形貌；*b*—析出物的能谱图

**表 4-6 试验钢轧制规程**

| 各机架压下率及机架间冷却水/% | | | | | | | |
|---|---|---|---|---|---|---|---|
| 参 数 | | $F_1$ | $F_2$ | $F_3$ | $F_4$ | $F_5$ | $F_6$ |
| 相对压下率/% | $h \geq 4.0$ | 45 ~ 55 | 50 ~ 55 | 40 ~ 50 | 0 | 20 ~ 25 | 15 ~ 20 |
| | $h < 4.0$ | 45 ~ 55 | 45 ~ 55 | 40 ~ 50 | 30 ~ 40 | 25 ~ 30 | 20 ~ 25 |
| 机架间冷却水/% | $h \geq 4.0$ | $F_{1-2}=0$ | $F_{2-3}=0$ | $F_{3-4}=50$ | $F_{4-5}=50$ | $F_{5-6}=50$ | |

注：*h* 表示钢带厚度，mm。

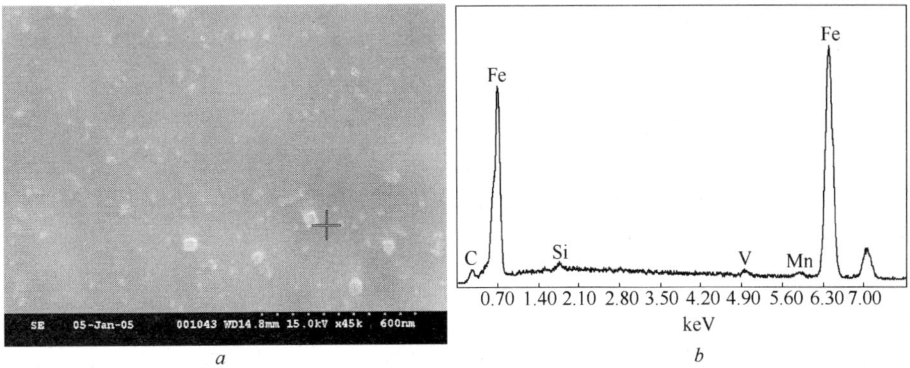


*a* *b*

图 4-65 3.2mm 厚度钢带析出形貌及能谱分析结果

*a*—析出物形貌；*b*—析出物的能谱图

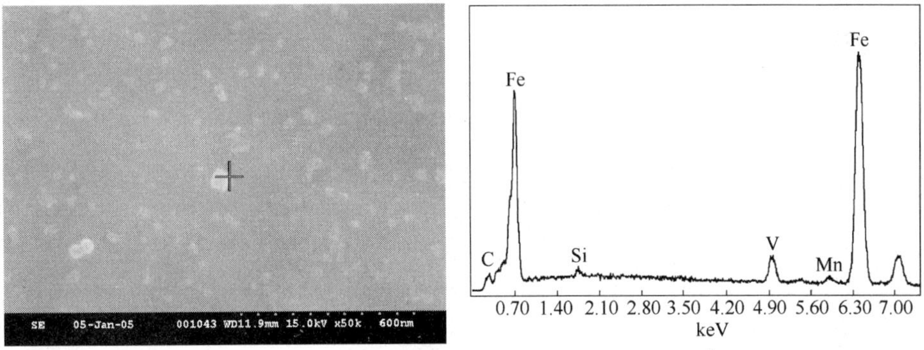


*a* *b*

图 4-66 6.3mm 厚度钢带析出形貌及能谱分析结果

*a*—析出物形貌；*b*—析出物的能谱图

详见表 4-7。对化学萃取粒子进行了小角度衍射分析，结果如图 4-67 所示，其中 1.8mm 厚度钢带析出物平均尺寸 57nm，3.2mm 厚度钢带析出物平均尺寸 52nm，6.3mm 厚度钢带析出物平均尺寸 59nm。结果表明，厚规格（6.3mm）钢带的析出物数量与均热后铸坯中析出物数量基本相同，但粒度大，说明钢带的微合金析出物主要是在连铸过程中析出，在热连轧、层流冷却和卷取过程中，析出物略微长大。分析结果还表明，钢带越薄，即轧制变形量越大，析出物数量越多，说明变形有利于粒子析出，或者冷却强度大有利于析出，或者两者的作用都有。

**表 4-7　钢带析出物化学相分析结果**

| 规格/mm | M(C,N),MN 相中各元素占合金的质量分数/% | | | | | | | M(C,N),MN 相的组成结构 |
|---|---|---|---|---|---|---|---|---|
| | V | Ti | Mo | Cr | C① | N | Σ | |
| 1.8 | 0.0943 | 0.0041 | 0.0023 | 0.0022 | 0.0097 | 0.0168 | 0.1294 | $(V_{0.924}Ti_{0.043}Cr_{0.021}Mo_{0.012})(C_{0.401}N_{0.599})$ |
| 3.2 | 0.0772 | 0.0039 | 0.0024 | 0.0022 | 0.0070 | 0.0152 | 0.1079 | $(V_{0.911}Ti_{0.049}Cr_{0.025}Mo_{0.015})(C_{0.348}N_{0.652})$ |
| 6.3 | 0.0580 | 0.0038 | 0.0023 | 0.0023 | 0.0041 | 0.0132 | 0.0837 | $(V_{0.885}Ti_{0.062}Cr_{0.032}Mo_{0.019})(C_{0.267}N_{0.733})$ |

①数据是计算结果。

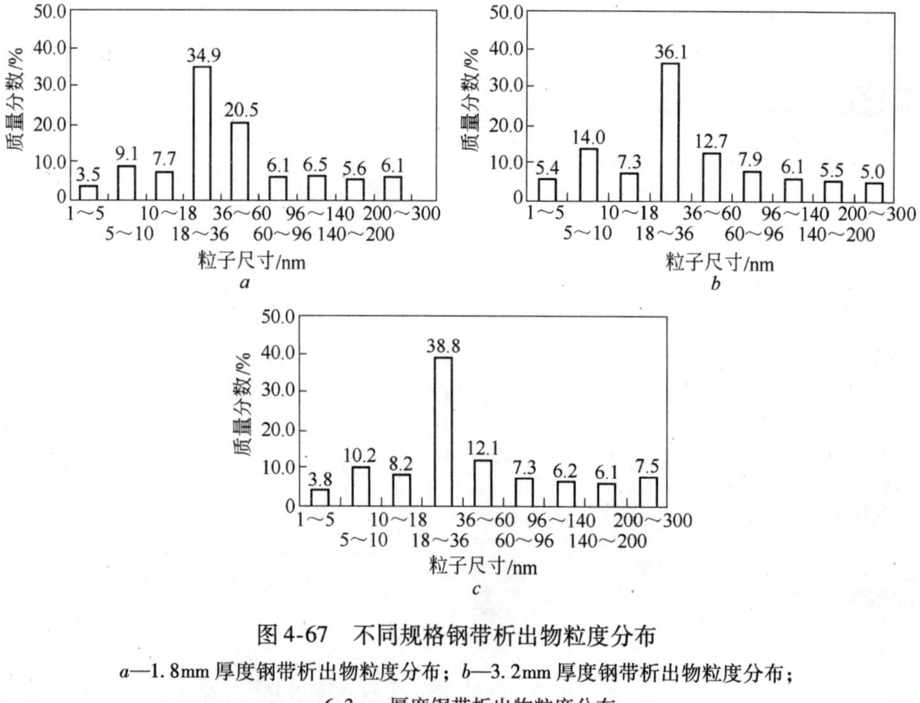


图 4-67　不同规格钢带析出物粒度分布

*a*—1.8mm 厚度钢带析出物粒度分布；*b*—3.2mm 厚度钢带析出物粒度分布；*c*—6.3mm 厚度钢带析出物粒度分布

### 4.3.2　薄板坯连铸连轧钒微合金钢的组织演变规律

为了探索薄板坯连铸连轧流程钒微合金钢的组织演变规律，人们运用光学显微镜观察了均热出炉样、热连轧过程中试样和成品样的微观组织，利用截线法测量晶粒尺寸，另外对连铸出坯样和均热出炉样进行了低倍组织观察。取样位置分别是连铸出坯后进均热炉之前、出均热炉后、热连轧过程中、卷取后，为了保留相应的组织状态，取样后立即水淬。试样制备方法如下：铸坯低倍组织试样，样品经机械研磨后，用酸浸腐蚀；铸坯微观组织试样，样品经机械研磨、抛光后，用饱和苦味酸浸蚀；中间品和成品试样，样品经机械研磨、抛光后，3%硝酸酒精溶液浸蚀。

#### 4.3.2.1 铸态组织特征

##### A 铸坯低倍组织

图4-68为C0.06%-V0.12%-N0.024%钢铸坯均热前和均热后的低倍组织图。连铸出坯进均热炉前铸坯温度为950～1000℃，均热温度为1150℃，均热时间为20～30min，铸坯厚度为60mm。由图可见，钒微合金钢的铸坯组织形貌主要特征为一次枝晶间距较小、铸坯的表面没有明显的细晶区，中心也没有明显的等轴晶区。均热前的低倍分析显示铸坯的中心偏析较为严重，但经均热后铸坯的中心偏析得到明显改善。

*a*

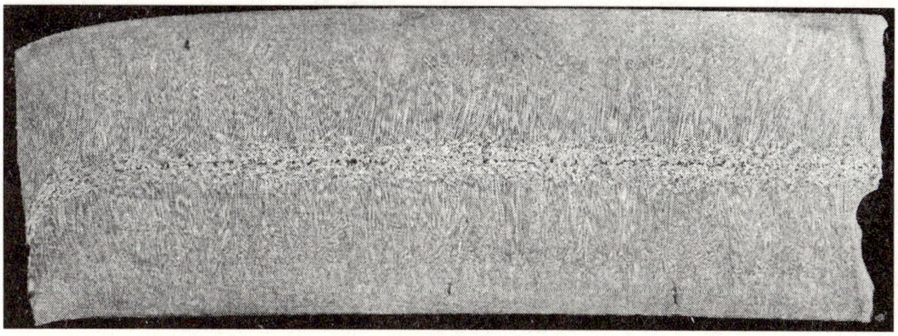

*b*

图4-68 铸坯的低倍组织图

*a*—均热前(出坯温度950～1000℃)；*b*—均热后(均热温度1150℃，均热时间20～30min)

##### B 铸坯微观组织

铸坯取样位置示意图如图4-69所示。分别在*A*、*B*、*C*三处取横向样，依次为边部样、1/4处样和心部样。图4-70为C 0.06%-V 0.12%-N 0.024%钢60mm厚度铸坯在1150℃均热20～30min后的原始奥氏体微观组织[6]。由图可见，在整

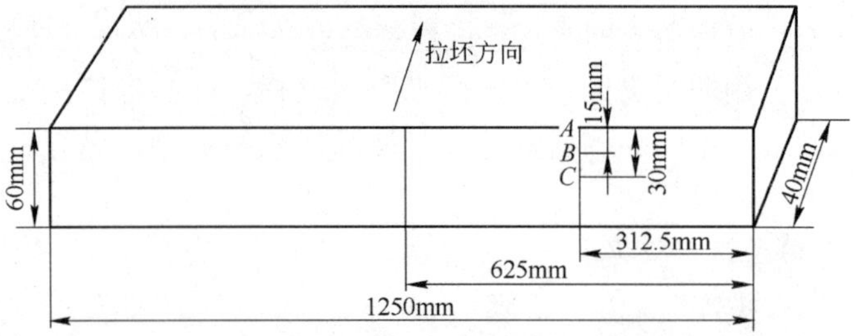


图 4-69　铸坯取样位置示意图

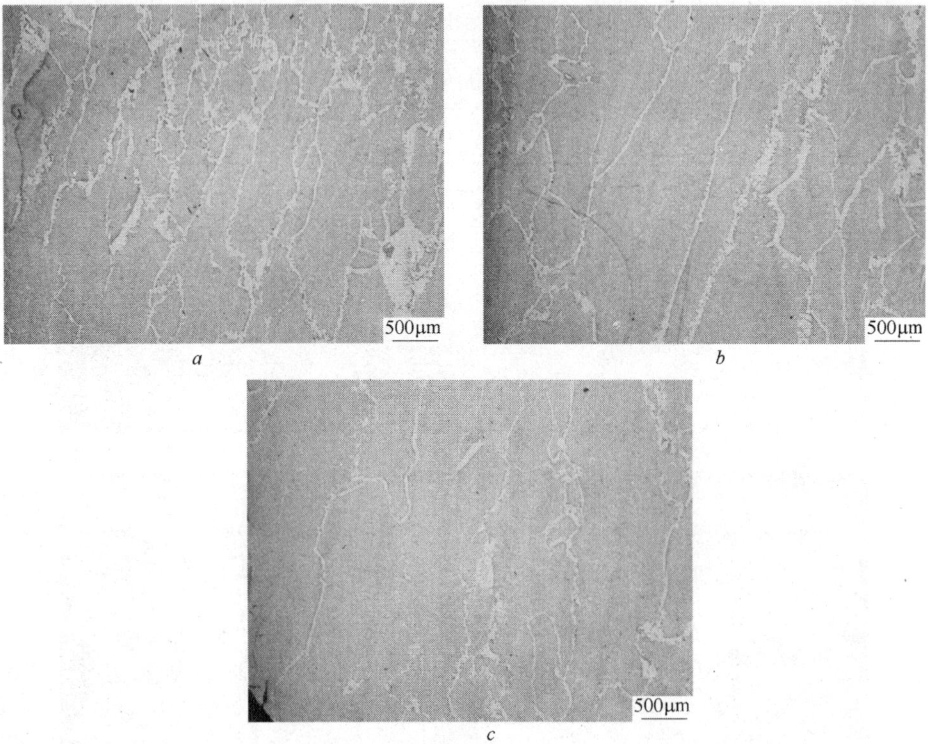


图 4-70　采用 1150℃ 均热温度，均热 20 ~ 30min 后原始奥氏体组织

*a*—边部原始奥氏体组织；*b*—心部原始奥氏体组织；*c*—1/4 处原始奥氏体组织

个铸坯横截面奥氏体组织存在明显的不同，边部原始奥氏体晶粒较小，平均约 300μm；心部和 1/4 处组织基本相同，原始奥氏体组织相对粗大，平均达 700 ~ 800μm。造成铸坯横截面奥氏体晶粒不同的原因是，铸坯边部冷却速度快，而 1/4处和心部冷却速度慢。

铸坯组织分析结果表明，在薄板坯连铸连轧流程中热连轧开始前的原始奥氏体组织状态与传统流程差异较大，尤其是奥氏体晶粒粗大。因此，如何在薄板坯连铸连轧流程热连轧过程中实现粗晶奥氏体的细化是热连轧工艺控制的关键。

4.3.2.2 轧制过程奥氏体组织

Li Y. 等人研究表明，V0.10%、V0.10%-N0.02%、V0.11%-Nb0.03%、V0.10%-Ti0.01%-N0.017%和V0.11%-Nb0.031%-Ti0.007%钢经过四道次轧制后，获得了细小的、均匀的奥氏体组织，奥氏体晶粒尺寸为16~51μm，如图4-71所示[75]。研究结果表明在轧制过程中1mm的铸态奥氏体发生了再结晶，并且重复再结晶消除了原始粗大的铸态组织；高温奥氏体中的析出物对延迟再结晶作用不显著，但是它们在轧制过程中或轧后阻碍再结晶奥氏体晶粒的长大，这种作用在复合微合金钢中更加明显，如图4-72所示。在1050℃均热的钒铌微合金钢中，观察到了混合奥氏体组织（90%再结晶晶粒，10%变形晶粒），说明发生了部分再结晶。与钒微合金钢和钛微合金钢相比，钒铌微合金钢混晶组织要归因于铌对再结晶的抑制作用。与钒微合金钢和钒氮微合金钢相比，复合微合金钢的奥氏体晶粒更加细小，尤其是在1050℃均热时表现更加明显。均热温度影响第四道次轧制后的奥氏体晶粒尺寸，随着均热温度的升高，晶粒尺寸略有增大。均热温度升高，前四道次轧制温度也相应升高，而轧制温度的变化影响再结晶后奥氏体晶粒的长大速度，也就影响到再结晶后的奥氏体晶粒尺寸。在1200℃均热条件下，经第四道次轧制后的奥氏体晶粒要比在1050℃或1100℃均热的晶粒要大一些，如图4-72所示。

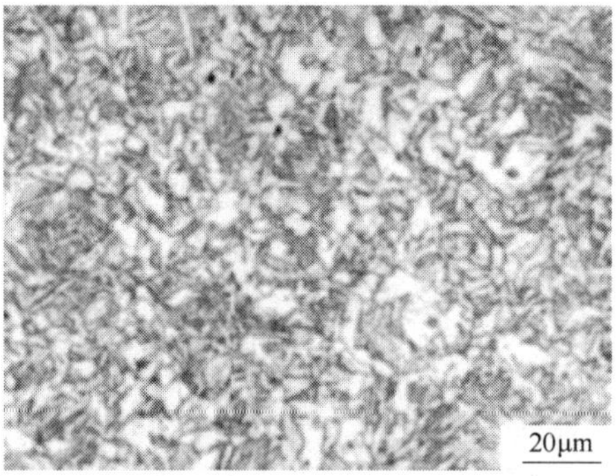


图4-71 四道次轧制后钒铌微合金钢的微观组织

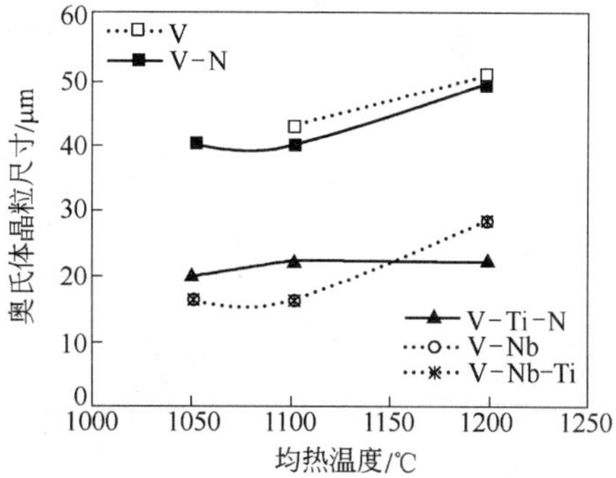


图4-72 均热温度和微合金化元素对第四道次轧后奥氏体晶粒尺寸的影响

4.3.2.3 成品的微观组织

图4-73为基于薄板坯连铸连轧流程利用表4-6轧制规程生产的4种厚度规格的C0.06%-V0.12%-N0.024%钢带的显微组织[6,79]。由图4-73可见，成品钢带组织由铁素体和少量珠光体组成，不同厚度成品钢带的组织均实现了超细化，铁素体晶粒平均尺寸为3.0~4.0μm。

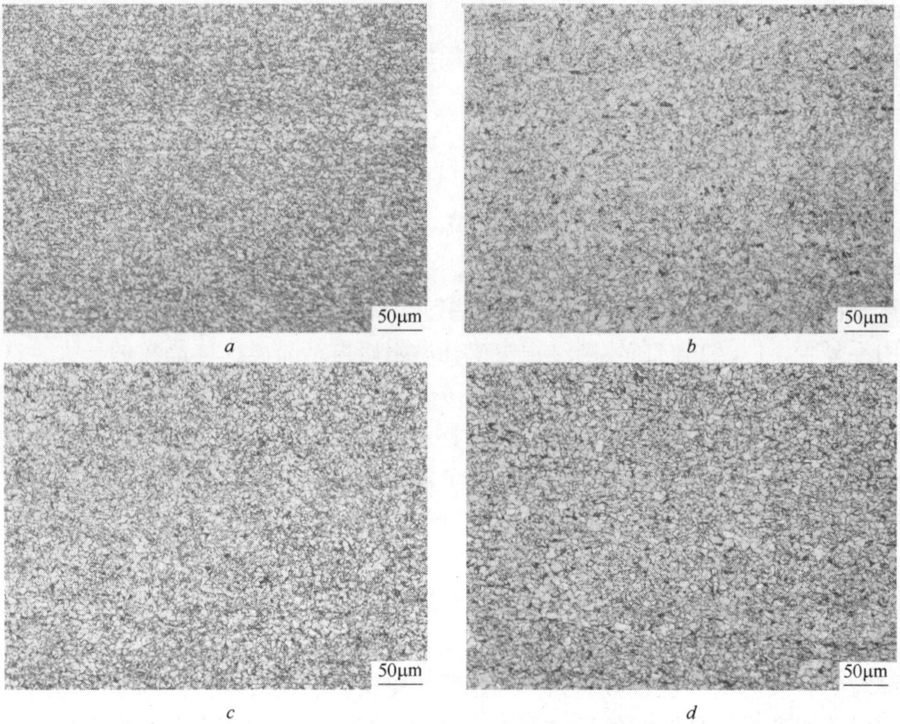


图 4-73　不同厚度规格钒微合金钢的显微组织

*a*—1. 8mm 厚度钢带显微组织；*b*—2. 5mm 厚度钢带显微组织；
*c*—3. 2mm 厚度钢带显微组织；*d*—6. 3mm 厚度钢带显微组织

在实验室模拟条件下，钒微合金钢带的微观组织也由铁素体和珠光体组成，如图 4-74 所示，铁素体晶粒平均尺寸 4. 5 ~ 7. 2μm，如表 4-8 所示[75]。可以发现

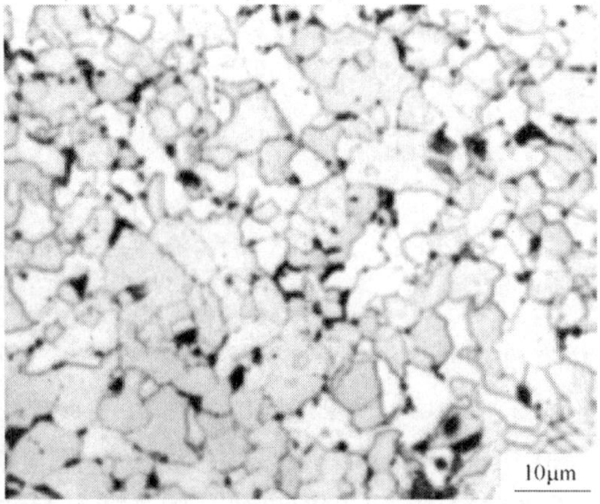


图 4-74　钒氮钢带的微观组织

这样一个趋势：随着均热温度和水冷终止温度的升高，铁素体晶粒也相应长大。但是，在相同均热温度或相近水冷终止温度条件下，复合微合金化的钢中铁素体晶粒都会比钒和钒氮钢中的略微细小一些，这是由 γ→α 相变前奥氏体晶粒的差异所致。

**表 4-8 成品钢带中的铁素体晶粒尺寸**

| 钢 种 | 均热温度/℃ | 水冷终止温度①/℃ | 铁素体晶粒尺寸/μm |
|---|---|---|---|
| V | 1100 | 603 | 5.6 |
| V-N | 1050 | 750 | 6.2 |
| | | 602 | 6.2 |
| | | 764 | 6 |
| | 1100 | 720 | 5.3 |
| | | 511 | 5.7 |
| | 1200 | 646 | 7.2 |
| | | 700 | 6.8 |
| V-Ti-N | 1050 | 609 | 6 |
| | | 590 | 5.7 |
| | 1100 | 537 | 4.8 |
| | 1200 | 643 | 6.6 |
| V-Nb | 1050 | 693 | 4.5 |
| | 1100 | 647 | 5.8 |
| | 1200 | 558 | 5.5 |
| V-Nb-Ti | 1050 | 678 | 5.9 |
| | 1100 | 603 | 4.8 |
| | 1200 | 504 | 5.2 |

①轧制完成，喷水后、进 600℃炉子缓冷前的温度称为水冷终止温度。

### 4.3.3 薄板坯连铸连轧钒微合金钢的组织超细化机理

组织超细化是薄板坯连铸连轧流程生产的高氮钒微合金钢最显著的特征[6,72,79]。热连轧开始前铸坯中有大量钒微合金析出物，如表 4-3 所示。根据 Gladman 提出的第二相粒子钉扎晶界时解钉的判据（式 1-4），铸坯中大量细小钒微合金析出物，对再结晶奥氏体晶界具有钉扎作用。式 1-4 中晶粒不均匀性因子 $Z$（最大晶粒与平均晶粒尺寸之比）取 1.7[1]，可以计算出奥氏体晶粒尺寸与析出物直径的关系，如图 4-75 所示[6]。计算结果表明，虽然热连轧前铸坯中析出物平均尺寸较大，但由于析出量多，对再结晶奥氏体晶粒长大的钉扎作用十分显著。热连轧开始前奥氏体中析出物的平均粒度为

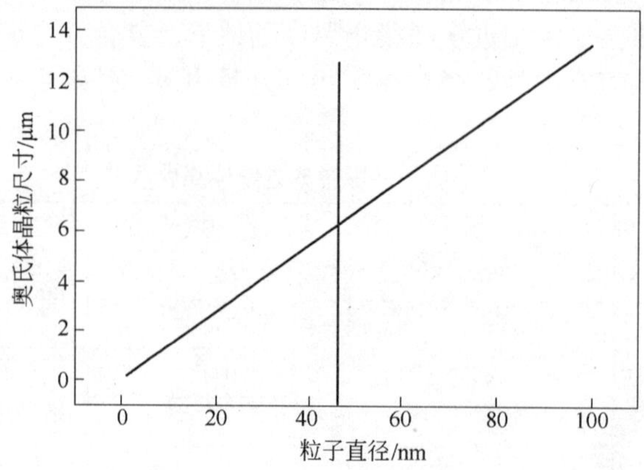


图 4-75　铸坯析出物对奥氏体晶粒尺寸的影响

44nm，据此计算出铸坯中大量析出物可将变形后再结晶奥氏体晶粒尺寸钉扎到 6μm 左右。因此，热连轧前铸坯中大量的 V(C,N)析出物能阻止热连轧过程中再结晶奥氏体晶粒的长大。

为进一步研究 C0.06%-V0.12%-N0.024% 钢铸坯中纳米 V(C,N)粒子对热连轧过程中再结晶奥氏体晶粒长大的抑制作用，进行了 Gleeble 热模拟实验。实验用钢取自工业化生产的薄板坯。作为比较，同时对碳锰钢进行了试验。实验钢在 1150℃ 加热 100s 后分别冷却至 1000℃ 和 900℃，以 $1s^{-1}$ 应变速率压下 50% 后等温不同时间，然后淬水。样品经机械研磨、抛光后，用饱和苦味酸浸蚀出奥氏体组织，用截线法测量奥氏体晶粒尺寸。实验结果如图 4-76 所示。由图可见，相同的变形和保温工艺下，钒氮钢和碳锰钢再结晶晶粒长大行为截然不同：

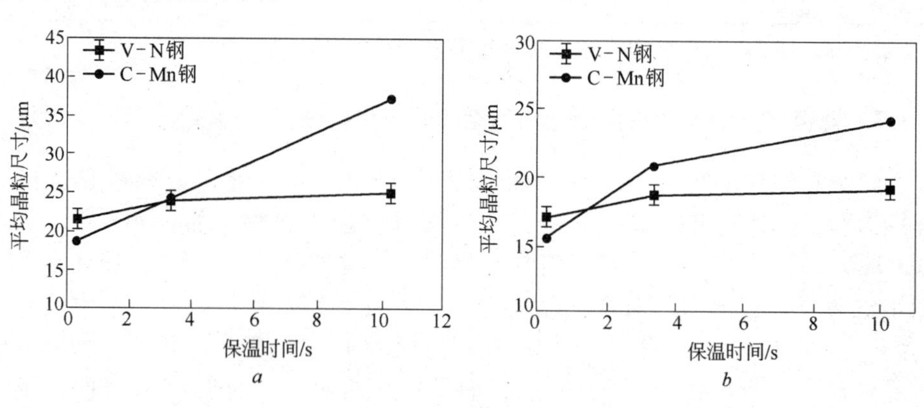


图 4-76　钒氮钢和碳锰钢再结晶奥氏体晶粒长大过程比较

*a*—1000℃ 变形后保温；*b*—900℃ 变形后保温

（1）对钒氮微合金钢，再结晶晶粒在保温初期，由于基体残余形变储能（畸变能）作用而略微发生长大；在保温的后期，由于第二相颗粒的钉扎，奥氏体晶粒长大速率大大降低，晶粒尺寸趋向于稳定；

（2）对碳锰钢，由于基体中没有大量有效的第二相颗粒的钉扎作用，再结晶晶粒在随后的保温过程会迅速长大。

由此可见，铸坯中析出物确实会起到抑制热连轧中再结晶奥氏体晶粒长大的作用，从而为相变后铁素体的细化创造良好的条件。应当指出的是，模拟实验中析出物所钉扎的奥氏体晶粒尺寸为20μm左右，比其所钉扎的最小平均奥氏体晶粒尺寸（不大于10μm）要大。这是由于模拟实验中再结晶奥氏体晶粒尺寸本来就较大，而在实际热连轧多道次大变形的条件下，再结晶奥氏体的晶粒尺寸要远小于单道次模拟试验，析出物所钉扎的奥氏体晶粒尺寸也将小于单道次模拟试验。Li Y. 等人研究结果也表明，铸坯中析出物能抑制再结晶奥氏体晶粒长大[75]。

潘涛等人对表4-9中的三种钢进行实验研究，C-Mn钢、V钢、V-N1钢在1200℃保温600s进行固溶处理后，以10℃/s冷到870℃变形5%并保温900s，然后分别水淬和650℃等温200s后水淬到室温；另外制备了钒氮钢（V-N2钢），在870℃变形5%后未经保温900s直接水淬和650℃等温200s后水淬到室温得到的奥氏体、铁素体组织，测量其晶粒尺寸如图4-77所示[80]。可以发现，经过高温

**表4-9 三种实验钢化学成分（%）**

| 编号 | C | Si | Mn | P | S | V | N | 标识 |
|---|---|---|---|---|---|---|---|---|
| C1 | 0.20 | 0.45 | 1.35 | 0.01 | 0.006 | 0.10 | 0.014 | V-N钢 |
| C3 | 0.11 | 0.41 | 1.32 | 0.01 | 0.006 | 0.11 | 0.014 | |
| C4 | 0.06 | 0.41 | 1.32 | 0.01 | 0.006 | 0.11 | 0.014 | |
| N1 | 0.09 | 0.42 | 1.30 | 0.01 | 0.006 | 0.10 | 0.0036 | V钢 |
| B1 | 0.10 | 0.41 | 1.40 | 0.01 | 0.006 | | 0.0032 | C-Mn钢 |

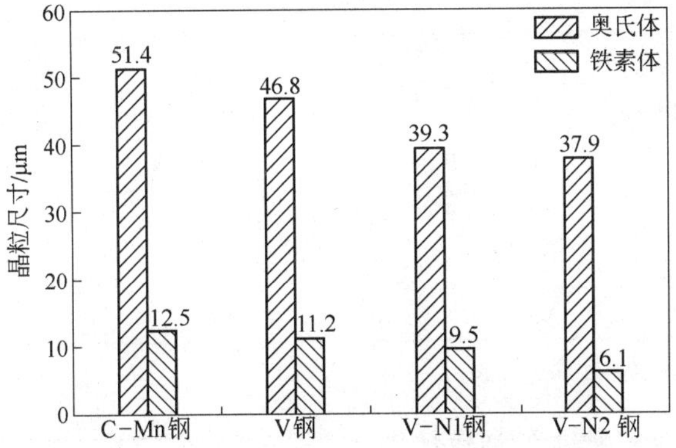


图4-77 四种试样的奥氏体、铁素体晶粒尺寸

析出处理的钒氮钢（V-N1 钢）奥氏体晶粒最细小，同样经过高温析出处理钒钢与碳锰钢的奥氏体晶粒则比较粗大。而未经过高温析出处理的钒氮钢（V-N2 钢），虽然没有经过高温长时间保温的奥氏体晶粒长大过程，但其奥氏体晶粒尺寸仍然比经过析出处理钒氮钢（V-N1 钢）的略微粗大，表明铸坯中析出的V(C,N)具有明显的阻碍再结晶奥氏体晶粒长大的作用。

热连轧前铸坯中大量细小的V(C,N)析出物能够抑制再结晶奥氏体晶粒长大，细化奥氏体晶粒而最终导致钢带铁素体晶粒细化。铸坯中析出的V(C,N)粒子除了通过抑制再结晶奥氏体晶粒长大而对最终铁素体晶粒细化做出贡献外，还可能通过促进晶内铁素体形成的方式来提高铁素体形核率，使最终钢带组织细化。这一过程是否存在还有待进行进一步的研究。

V(C,N)粒子除了在铸坯中析出外，还在热连轧和卷取过程中析出。由表4-8可见，虽然不同厚度钢带中的微合金沉淀量不同，但钢带的最终晶粒尺寸却基本一致，这说明在热连轧以及卷取过程中析出的微合金沉淀物对钢带的组织细化影响较小。铸坯中的沉淀析出物是导致钢带组织超细化的主要原因[6]。

### 4.3.4 薄板坯连铸连轧钒微合金钢的强韧化机理

#### 4.3.4.1　钒微合金钢性能的特点

在薄板坯连铸连轧流程采用再结晶控制轧制控制冷却工艺（如表 4-9 所示）生产的 C0.06%-V0.12%-N0.024% 钢带，性能如表 4-10 所示[6]。结果表明，在薄板坯连铸连轧流程中采用钒微合金化技术可实现较高强度级别钢带的生产。所有钢带的屈服强度均在 550MPa 以上，同时具有良好的塑性和成型性能。钢带的纵、横向力学性能差异较小，且力学性能随厚度规格变化的变化也较小，性能十分稳定。对 6.3mm 厚度规格钢带的韧性分析表明，薄板坯连铸连轧流程生产的钒微合金钢具有良好的韧性。

**表 4-10　试验钢带的力学性能**

| 钢带规格 /mm | $\sigma_b$/MPa | | $\sigma_{0.2}$/MPa | | $\delta_5$/% | | 宽冷弯 | 夏比 V 型缺口冲击韧性/J | |
|---|---|---|---|---|---|---|---|---|---|
| | 纵向 | 横向 | 纵向 | 横向 | 纵向 | 横向 | $b=35$mm，$d=2a$，180° | 0℃ | -20℃ |
| 1.8 | 685 | 670 | 620 | 605 | 29 | 27 | 完好 | | |
| 2.5 | 675 | 695 | 600 | 625 | 29 | 27 | 完好 | | |
| 3.2 | 665 | 660 | 600 | 590 | 30 | 27 | 完好 | | |
| 6.3 | 675 | 665 | 610 | 605 | 28 | 26 | 完好 | 81 | 70 |

注：冲击试样尺寸为 5mm×10mm×55mm。

#### 4.3.4.2　高氮钒微合金钢强韧化机理

以下对基于表 4-6 轧制规程在薄板坯连铸连轧流程生产的 C 0.06%，

V 0.12%，N 0.024%钢带进行强韧化机理研究[6,79]。

采用 Hall-Petch 关系及扩展屈服强度计算经验公式（式 4-10[81]）以及钢带铁素体晶粒尺寸 3～4μm 和钢带屈服强度（表 4-10 所示）等前提条件，计算出细晶强化对屈服强度的贡献为 300～320MPa，晶格阻力、固溶强化以及珠光体组织强化的综合贡献约 200MPa，则沉淀强化对屈服强度的贡献为 60～100MPa。

$$YS = 63 + 23\text{Mn} + 53\text{Si} + 700\text{P} + 5000N_{\text{free}} + \left(15.4 - 30\text{C} + \frac{6.095}{0.8 + \text{Mn}}\right) f d_{\alpha}^{-1/2} + (360 + 2600\text{C}^2)(1 - f) \tag{4-10}$$

为了进一步验证上述方法计算的沉淀强化对屈服强度的贡献，采用第二相的体积分数 $f$、粒度 $d$ 和第二相强化机理计算沉淀强化量。根据物理化学相分析结果和粒度分析结果，计算出钢带中不同粒度范围内的 V(C,N) 的体积分数如表 4-11所示。根据第二相强化机理，采用 Orowan 机制，应用式 4-11 和不同粒度范围内的 V(C,N) 的体积分数，计算出钢带中这些不同粒度的 V(C,N) 的沉淀强化量，对每个粒度范围的沉淀强化量采用均方根叠加得到综合沉淀强化量约为60～80MPa，如表 4-12 所示。

$$YS_{\text{p}} = 8.995 \times 10^3 \frac{f^{1/2}}{d} \ln(2.417d) \tag{4-11}$$

**表 4-11 不同粒度的 V(C,N) 的体积分数（%）**

| 厚度/mm \ 粒度/nm | 1～5 | 5～10 | 10～18 | 18～36 | 36～60 | 60～96 |
|---|---|---|---|---|---|---|
| 1.8 | $5.51\times10^{-5}$ | $1.43\times10^{-4}$ | $1.21\times10^{-4}$ | $5.49\times10^{-4}$ | $3.22\times10^{-4}$ | $9.75\times10^{-5}$ |
| 3.2 | $7.21\times10^{-5}$ | $1.83\times10^{-4}$ | $9.53\times10^{-5}$ | $4.66\times10^{-4}$ | $1.64\times10^{-4}$ | $1.04\times10^{-4}$ |
| 6.3 | $3.77\times10^{-5}$ | $9.87\times10^{-5}$ | $8.03\times10^{-5}$ | $3.76\times10^{-4}$ | $1.17\times10^{-4}$ | $6.97\times10^{-5}$ |

**表 4-12 不同粒度的 V(C,N) 的沉淀强化量（MPa）**

| 厚度/mm \ 粒度/nm | 1～5 | 5～10 | 10～18 | 18～36 | 36～60 | 60～96 | $\sqrt{\sum y^2}$ |
|---|---|---|---|---|---|---|---|
| 1.8 | 44.07 | 41.57 | 24.90 | 32.61 | 16.00 | 5.97 | 75.14 |
| 3.2 | 50.44 | 46.99 | 22.09 | 30.05 | 11.39 | 6.17 | 79.44 |
| 6.3 | 36.49 | 34.52 | 20.28 | 27.00 | 9.64 | 5.04 | 61.49 |

可见，通过两种计算方法计算的结果基本吻合。细晶强化提供了 50%～54%的屈服强度，沉淀强化提供了 10%～16.5%的屈服强度。因此，薄板坯连铸连轧流程高氮钒微合金钢的强化机制是以细晶强化为主，沉淀强化为辅的综合强化机制。

根据实验室模拟薄板坯连铸连轧实验结果计算不同工艺不同钢种钢的沉淀强

化增量和细晶强化增量，如表 4-13 所示[75,76]。细晶强化增量为 205～251MPa，沉淀强化增量为 86～424MPa。分析表 4-13 中的数据发现，对于同一成分的钒微合金钢，采用高均热温度（1200℃）低终冷温度（低于 560℃）工艺的钢带较采用其他工艺的钢带沉淀强化增量大。这说明高均热温度使微合金元素充分溶解，为低温析出提供化学驱动力，低的终冷温度可以促使细小沉淀物大量析出，从而提供较大的沉淀强化增量。而在实际的薄板坯连铸连轧流程生产中均热炉的均热温度较传统流程的均热温度低，一般在 1150℃左右，而且均热时间较短，一般为 20～30min，使铸坯中均热前析出的沉淀物无法溶解，从而使起沉淀强化作用的微合金元素含量降低，即沉淀强化作用减小。此外，热连轧前析出的沉淀物在轧制过程中阻止再结晶奥氏体晶粒长大（如图 4-75 所示），以及终轧后快速冷却，为最后获得细小的铁素体提供了有利条件，显著地提高细晶强化。

**表 4-13　不同工艺不同钢种钢的强化机理**

| 钢　种 | 工艺条件 | | 沉淀强化增量/MPa | 细晶强化增量/MPa |
|---|---|---|---|---|
| | 均热温度/℃ | 终冷温度/℃ | | |
| V | 1100 | 603 | 113 | 233 |
| | 1200 | 537 | 424 | |
| V-N | 1050 | 602 | 200 | 221 |
| | 1050 | 750 | 163 | 221 |
| | 1050 | 764 | 106 | 225 |
| | 1100 | 511 | 236 | 230 |
| | 1100 | 720 | 145 | 239 |
| | 1200 | 646 | 149 | 205 |
| | 1200 | 700 | 173 | 211 |
| V-Ti-N | 1050 | 590 | 86 | 230 |
| | 1050 | 609 | 87 | 225 |
| | 1100 | 537 | 137 | 251 |
| | 1200 | 643 | 110 | 214 |
| V-Nb | 1050 | 693 | 166 | 259 |
| | 1100 | 647 | 166 | 228 |
| | 1200 | 558 | 247 | 235 |
| V-Nb-Ti | 1050 | 678 | 109 | 227 |
| | 1100 | 603 | 147 | 251 |
| | 1200 | 504 | 197 | 241 |

注：沉淀强化增量是实测的屈服强度数值减去依据 Hall-Petch 公式计算的屈服强度数值。

在薄板坯连铸连轧流程采用钒微合金化技术生产的强度高达350～550MPa的低碳当量高强度微合金钢其强化机理是细晶强化和沉淀强化。这两种强化机制提供了高强度低合金钢65%～70%的屈服强度。在C0.05%-Mn1%-V0.08%-N0.023%钢中，细晶强化和沉淀强化提供了66.4%的屈服强度[82]。在薄板坯连铸连轧流程生产的C0.06%-V0.12%-N0.024%钒微合金钢的强化机制是以细晶强化为主要强化机制，沉淀强化为次要强化机制，细晶强化和沉淀强化共提供了约66%的屈服强度。

### 4.3.5 薄板坯连铸连轧钒微合金钢的生产技术

#### 4.3.5.1 钢中增氮的方法

钒微合金钢中增加氮可以显著地提高钒的利用率和充分发挥钒的微合金化作用。钢中增氮的方法有四种：吹氮、添加氰氨化钙（$CaCN_2$）、添加富氮锰铁和添加钒氮合金。

钢中吹氮是最简便的一种增氮方法，但氮的回收不稳定，引起性能波动大。目前，一般不采用这个方法增氮。添加氰氨化钙（$CaCN_2$）是一种低成本的增氮方法，但氰氨化钙（$CaCN_2$）有毒，添加到钢中与钢水发生强烈反应，并产生大量有害烟气，氮的收得率低，约为10%～30%，且不稳定。通过采用包芯线的方法来加入氰氨化钙（$CaCN_2$）虽然能够解决上述回收率的问题，但这样又大大提高了生产成本。添加富氮锰铁是较为常用的增氮方法，该方法氮收得率约为50%。主要缺点是富氮锰铁价格高，约为普通锰铁的三倍，增加了钢的成本。含钒钢中较为经济可靠的增氮方法是采用钒氮合金（Nitrovan® Vanadium），钒氮合金的化学成分如表4-14所示[83]。利用这种钒氮合金，在进行钒微合金化的同时，增加了氮。该方法添加方便，钒氮回收率高，一般钒的回收率可达到95%，氮的回收率可达到70%左右。根据大量的生产实践，采用Nitrovan®12 Vanadium进行钒氮微合金化，每增加0.01%的钒可带入钢中0.001%的氮。

**表4-14 钒氮合金的化学成分（%）**

| 合　金 | V | N | C | Al |
|---|---|---|---|---|
| Nitrovan®12 Vanadium | 77～81 | 10～14 | ≤10 | 0.15 |
| Nitrovan®16 Vanadium | 76～81 | 14～18 | ≤6 | 0.15 |

#### 4.3.5.2 冶炼工艺

钒微合金钢的基础化学成分与普通低合金高强度钢相同，仅在其中添加了微量的钒，由于加入量很小，因而一般不会对钢的冶炼过程产生明显的影响，因此，钒微合金钢的冶炼生产工艺与普通低合金高强度钢基本相同。

由于钒微合金钢的使用性能比普通低合金高强度钢明显提高，为了保证钢材在高强度情况下仍具有足够高的韧性和塑性，因此要求严格地控制钢中的有害杂质含量和夹杂物的含量及其性质、尺寸与分布状态。这要求钒微合金钢冶炼过程中必须进行惰性气体弱搅拌及对夹杂物进行改性处理。

钒与氧的亲和力弱于铝、钛、碳、硅，因此在正常条件下，钒很容易进入钢水中。实验结果也表明，在不同温度、钢水条件和渣量及正常氧势（$[O] < 50 \times 10^{-6}$）下，钒的收得率相当稳定，基本上都在95%以上[84]。但当氧势较高时（$[O] > 100 \times 10^{-6}$），钢水中的钒会逐渐被氧化，钒的收得率也将明显降低，表现在收得率仅为80%左右，随着实验时间的推移，钢水中的钒继续被氧化，30min后钒的收得率由初始的80%降低到30%左右。在钢水正常过热度条件下，温度对钒氮合金中氮的收得率影响很小；钢水中钒、碳含量、覆盖剂渣量对氮收得率的影响均可忽略不计。钢水中的氧势对氮的收得率有显著的影响。氮的收得率与钢水氧势的回归关系如式4-12所示，随钢水氧势增大，氮的收得率明显降低[84]。因此，为了提高钒和氮的收得率，钒氮合金应在钢水脱氧良好的情况下加入。

$$y = 35.89 + 48.82e^{-0.013x} \tag{4-12}$$

式中，$y$为氮的收得率；$x$为钢水氧势。

钒氮合金加入时机有两个，一个是在精炼后期钢水脱氧良好的情况下加入钢包中，另一个是在出钢过程中即出钢三分之一后在脱氧良好的情况下随钢流加钒氮合金到钢包中。精炼后期加入钒氮合金，使钢包上部的小范围内钢液中氮处于过饱和状态，导致小部分氮以氮气的形式从钢液中溢出，降低了氮的收得率；出钢过程中加入钒氮合金，使钒氮合金在钢流的冲击下迅速熔化并均匀分布在钢液中，可提高氮的收得率。

电炉—薄板坯连铸连轧流程在精炼脱氧良好的情况下加入Nitrovan®12 Vanadium合金，钒和氮的收得率情况如表4-15和表4-16所示。批号为113340的钢水氧含量略高，导致钒的收得率有所降低，而氮的收得率没有受到影响。在电炉—精炼炉生产实践中，人们发现在精炼炉脱氧良好的情况下加入Nitrovan®12 Vanadium合金可使钒的收得率稳定控制在90%以上，氮的收得率控制在60%～70%范围内。

**表4-15 Nitrovan®12 Vanadium合金中钒的收得率**

| 批 号 | 出钢量/t | 初始钒含量/% | 全氧/% | 终点钒含量/% | 增加钒含量/% | Nitrovan®12 Vanadium加入量/kg | 钒收得率/% |
|---|---|---|---|---|---|---|---|
| 113330 | 155 | 0.0035 | 29.41 | 0.113 | 0.1095 | 235 | 94.22 |
| 113340 | 153.8 | 0.001 | 36.96 | 0.146 | 0.131 | 320 | 90.51 |

表 4-16 Nitrovan®12 Vanadium 合金中氮的收得率

| 批号 | 出钢量 /t | 初始氮含量 /% | 全氧 /% | 终点氮含量 /% | 增加氮含量 /% | Nitrovan®12 Vanadium 加入量/kg | 氮收得率 /% |
|---|---|---|---|---|---|---|---|
| 113330 | 155 | 0.0080 | 29.41 | 0.020 | 0.012 | 235 | 65.96 |
| 113340 | 153.8 | 0.0072 | 36.96 | 0.024 | 0.0168 | 320 | 67.28 |

#### 4.3.5.3 连铸工艺

钒微合金钢的使用性能比普通低合金高强度钢明显提高，为保证钢材在高强度情况下仍具有足够高的韧性和塑性，要求严格地控制钢中的有害杂质含量和夹杂物，这就对钒微合金钢的连铸工艺提出了更高的要求：

（1）保护浇铸，如钢水包到中间包之间采用严格的氩气保护（中间包氩封）以防止钢水二次氧化和吸氮。

（2）结晶器液面控制，结晶器液面波动较大将使保护渣卷入钢水造成夹渣并使保护渣粉剂不均匀流入引起纵裂，可采用涡流式结晶器液面传感器和滑动水口组合将液面波动范围控制在 ±2mm 以内。近年来广泛应用的电磁制动（EMBr）技术是结晶器内钢流流态控制的有效手段；而采用液心压下（LCR）技术不仅可使结晶器液面稳定，还具备潜在的提高连铸拉速的可能。

（3）特殊保护渣，如对铝镇静钢，保护渣应有吸收 $Al_2O_3$ 的能力且消耗量稳定。

（4）结晶器振动技术，对易产生振动缺陷的钢材，在保证稳定操作的范围内，尽量缩短负滑脱时间（结晶器下降速度与拉拔速度之差）。

（5）二次冷却技术，二次冷却对纵裂和横裂等表面裂纹均有影响，一般采用窄辊距，以减少辊子间鼓肚。采用弱冷却方式，以保证铸坯表面温度均匀而提高表面质量。

氮含量对钒微合金钢的热塑性影响较大，采用 50mm 厚度的铸坯在三点弯曲试验机上进行弯曲试验，发现钒微合金钢中氮含量从 0.007% 提高到 0.02% 会导致铸坯形成热裂纹的倾向显著增大，但是产生裂纹的温度区间明显比含铌 0.04% 钢的窄[85]。因此钒微合金钢热塑性优良，连铸过程中具有较低的横向裂纹敏感性。但是，如果钒和氮的含量都比较高时，就应在连铸过程采取相关的控制措施。

浇铸钒和氮的含量都比较高的钢时，应注意浇铸温度制度、二次冷却水制度和拉速的匹配问题[86]。浇铸温度制度对确保连铸工艺顺行、改善铸坯质量是十分重要的。浇铸温度过高容易使中心偏析加重，结晶器弯月面初生坯壳不均匀性增加，出结晶器坯壳变薄从而增加产生裂纹甚至拉漏的机会；浇铸温度过低则钢水流动性差，保护渣熔化不好，容易引起纵裂。中间包钢水过热度控制在 20 ~

35℃时，可有效防止浇铸过程漏钢，获得良好的铸坯表面质量。根据试验钢的化学成分范围，为避免铸坯在塑性低谷区变形，防止铸坯矫直裂纹的产生，铸坯表面温度应高于高温塑性开始降低的温度，这要求有适当高的拉坯速度。根据高氮钒钢的生产实践，当中间包钢水过热度在20～35℃范围时，高氮钒微合金高强度钢连铸拉速控制在4.2～4.5m/min的范围是比较合理的。

4.3.5.4 均热工艺

VC及VN在奥氏体中都具有较高的溶解度，即使达到V 0.15%和N 0.024%时VN的平衡溶解温度也有1140℃（根据VN的溶解度积公式计算得），因此单一的钒微合金钢可以采用相对较低的均热温度。然而，对于复合微合金钢（如铌钒复合微合金钢），情况则较为复杂。

采用实验室模拟的方法研究均热温度对V 0.11%-N 0.15%-Nb 0.02%钢性能的影响，发现在1130℃、1150℃和1200℃均热30～45min后材料的性能发生了显著的变化，如表4-17所示[85]。可以发现当均热温度从1130℃升高到1200℃时，屈服强度增加了60MPa，抗拉强度增加了38MPa。同时，－20℃冲击吸收功从64J降低到15J、13J，冲击转变温度从－80℃升高到－20℃。随着均热温度的升高，铁素体晶粒尺寸从5.1μm变化到5.9μm，稍有粗化的趋势。对沉淀强化增量的计算表明当均热温度由1130℃上升到1200℃时，该增量也从87MPa增大到165MPa，几乎增长了一倍。碳萃取复型实验进一步研究也表明，均热温度为1130℃时析出物呈双峰型，主要是由含钒、铌的10～20nm的细小析出物组成，也有一些含铌钒的尺寸为100～200nm的相对粗大析出物；当均热温度为1200℃时，则均为含钒铌的10～20nm的细小析出物[85]。Li Y. 等人研究也发现，对于钒微合金钢，随均热温度升高，沉淀强化作用增强[76]。

**表4-17 均热温度对V0.11%-N0.15%-Nb0.02%钢性能的影响**

| 铸坯厚度/mm | 均热温度/℃ | 下屈服强度/MPa | 上屈服强度/MPa | 抗拉强度/MPa | －20℃冲击吸收功/J | 13J冲击转变温度/℃ | 晶粒尺寸/μm | 沉淀强化增量/MPa |
|---|---|---|---|---|---|---|---|---|
| 50 | 1130 | 498 | 510 | 601 | 64 | －80 | 5.1 | 87 |
| | 1150 | 509 | 535 | 613 | 52 | －55 | 5.4 | 97 |
| | 1200 | 558 | 571 | 639 | 15 | －20 | 5.9 | 165 |

另有实验模拟结果进一步证明，均热温度升高，屈服强度增加，冲击吸收功减小，如图4-78所示[87]。均热温度由1050℃升高到1200℃，屈服强度增加约15MPa，20℃时冲击吸收功减小约8J。另外，随着均热温度变化屈服强度的构成也发生明显的变化，随均热温度升高，沉淀强化量增加，细晶强化量减小，如图4-79所示[87]。均热温度由1050℃升高到1200℃，沉淀强化量由143MPa增至

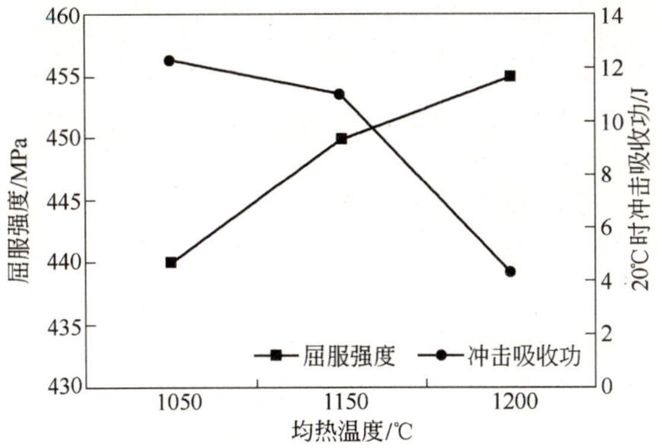


图 4-78 均热温度对屈服强度和冲击吸收功的影响

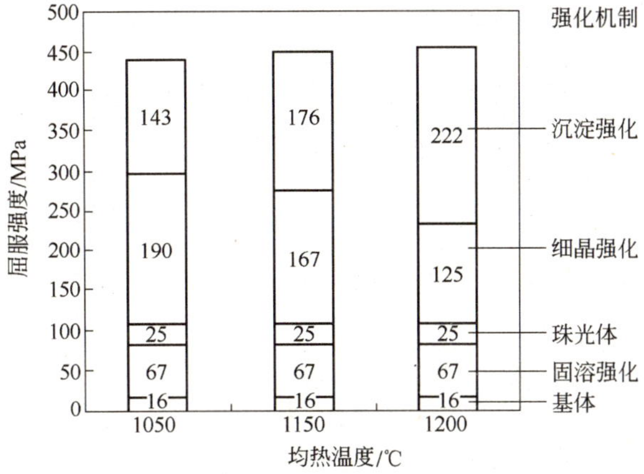


图 4-79 均热温度对强化机制的影响

222MPa，细晶强化量由 190MPa 减至 125MPa。图 4-80 为不同均热温度下的显微组织，可见 1200℃均热时，晶粒尺寸明显变得粗大起来[87]。

随着均热温度的升高，轧制前固溶体中微合金元素量越多，在随后的铁素体中析出的碳氮化钒粒子越多，沉淀强化效果就越明显。均热温度升高，轧前或轧制初期奥氏体晶粒粗化，导致相变后的铁素体晶粒尺寸增大，细晶强化的效果变弱。考虑沉淀强化和细晶强化二者的综合作用，沉淀强化的增量高于细晶强化的损失，因此表现为均热温度升高，屈服强度增加；而随着均热温度的升高，沉淀强化的增加和细晶强化的减弱导致冲击韧性降低。尤其在均热温度为 1120℃时，冲击韧性明显下降[87]。

因此，均热温度要根据钢种对性能的要求确定，高的均热温度使热连轧前钒的固溶量增大，使沉淀强化增量增大，但冲击性能一定程度上会恶化。由图 4-78

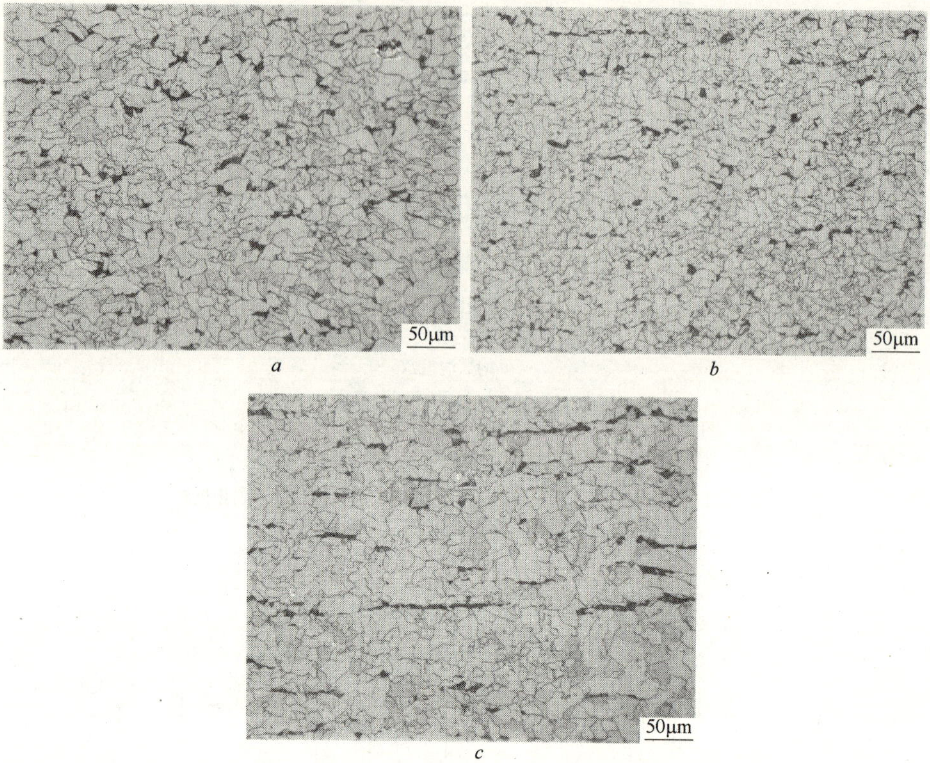


图 4-80　不同均热温度下的显微组织

*a*—均热温度为 1050℃；*b*—均热温度为 1150℃；*c*—均热温度为 1200℃

可以发现均热温度为 1150℃时，强度和韧性均处于中等水平。采用高氮钒微合金化成分设计生产 400 ~ 500MPa 强度级别高强钢时，均热温度可以采用 1100℃，要达到 550MPa 强度级别高强钢时，均热温度则需升高到 1150℃[85]。

传统流程中，富钒的 V(C,N)相通常会在热连轧前长时间的高温加热过程中溶解，在最终的轧制组织中很难看到粗大的共析相，正如人们所期望的，微合金元素起到了沉淀强化作用。对于薄板坯连铸连轧流程，热连轧前的温度较低，保温时间也较短，容易使粗大的颗粒保留下来并影响最终性能。

#### 4.3.5.5　控制轧制控制冷却工艺

针对薄板坯连铸连轧流程均热后铸坯组织的特征，为了使粗大奥氏体组织最大程度地碎化，通常薄板坯连铸连轧流程热连轧过程中前段机架采用高温大变形。根据钒碳氮化物析出规律、钒对奥氏体再结晶的影响及热连轧前铸坯特征，薄板坯连铸连轧流程钒微合金钢通常采用再结晶控制轧制和加速冷却的控制轧制控制冷却工艺，即通过高温大变形使奥氏体的反复再结晶碎化，在道次间隔以及在冷却至$A_{r3}$点的过程中，得到细小的奥氏体组织，在随后的相变过程中，再通过加速冷却得到细小的铁素体晶粒，实现组织细晶；此外，通过加速冷却获得细小弥散分布第二相颗粒，实现沉淀强化。

图 4-81 为生产 C0.056% ~ 0.075%，V0.12% ~ 0.13%，N0.0150% ~ 0.0205%，Mo0.010% ~ 0.055% 钢所采用的典型 RCR-ACC 热机械控制轧制(TMCP)的工艺路线[88]。将计算的再结晶终止温度（$T_{nr}$）、奥氏体到铁素体的相变温度（$A_{r3}$）以及$A_{r1}$温度加到图 4-81*a* 和图 4-81*b* 中，可以很清楚地看到，钢带轧制在高温区内进行，即从进入第一道次以及随后各道次轧制均在再结晶温度以上进行。正如所预料的，热连轧过程中变形条件的改变，导致钢带的显微组织相应发生变化，对钢带的流变应力和所需轧制力产生影响。图 4-82 给出了 $F_1$ 到 $F_6$ 精轧机组的流变应力计算值随 Zener-Holloman 参数（温度补偿应变率）变化曲线[88]。由图 4-82 可见，流变应力在 $F_1$ 到 $F_3$ 之间保持不变，而 $F_4$ 到 $F_6$ 过程中流变应力和 Zener-Holloman 参数呈强烈的正线性关系。显然，钢带奥氏体晶粒的差别是导致 $F_1$ ~ $F_3$ 和 $F_4$ ~ $F_6$ 流变应力特性不同的原因。从 $F_1$ 到 $F_3$ 的轧制过程中，由于粗大铸造组织被打破，经过反复的完全再结晶，晶粒得到细化，其奥氏体晶粒要比 $F_4$ 到 $F_6$ 道次的奥氏体晶粒粗。在热轧制前段（$F_1$ ~ $F_3$），因 Zener-Holloman 参数的增加，流变应力曲线斜率为零（恒定值）；而在热轧制后段（$F_4$ ~ $F_6$），流变应力的增加与 Zener-Holloman 参数增加成线性关系。这一现象反映了从完全再结晶向部分再结晶的过渡。在轧制过程中，部分再结晶区域内流变应力的增加，一方面是由于轧制速度增加造成 Zener-Holloman 参数的增加，另一方面，经 $F_3$ 道次轧制后，奥氏体完全再结晶，晶粒在剩余的几个

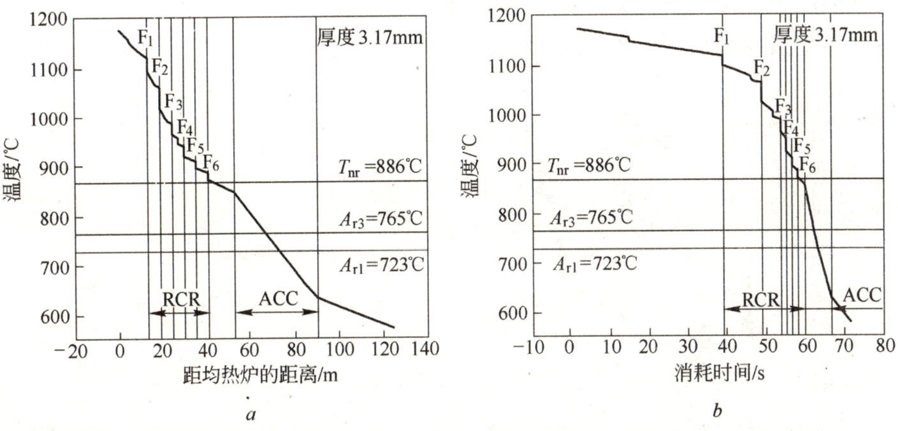


图 4-81 生产 C0.056% ~0.075%，V0.12% ~0.13%，N0.0150% ~0.0205%，Mo0.010% ~0.055% 钢所采用的典型工艺路线

*a*—热机械控制轧制工艺路线中距均热炉的距离与平均带钢温度计算值曲线；

*b*—热机械控制轧制工艺路线中时间段与平均带钢温度计算值曲线

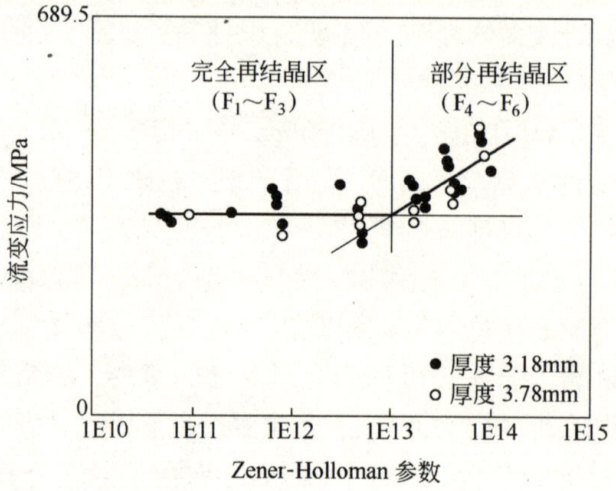


图 4-82　流变应力与 Zener-Holloman 参数关系曲线

轧制道次中进一步细化[88]。

图 4-83 给出了钢带屈服强度与 $F_1$ ~ $F_3$ 道次累积应变之间的关系，其中 $F_1$ 到 $F_3$ 的累积应变定义为 $F_1$、$F_2$ 和 $F_3$ 变形应变之和[88]。由图 4-83 可见，屈服强度对累积应变非常敏感并与之呈线性关系。由图 4-83 可以清楚地看到，钢带在完全再结晶区域的大变形将导致较高的屈服强度。为通过反复的完全再结晶细化铸造组织，需在 $F_1$ ~ $F_3$ 加 50% 或更大的压下量。在达到最低完全再结晶温度前，钢带已被显著地细化了。屈服强度较高时，强度的增加是沉淀强化增加造成的，这也将导致伸长率和韧性降低，如图 4-84 所示[88]。另一方面，钢带在部分再结晶区域内的大压下量和变形，将增加粗细不均的奥氏体混合组织，这种奥氏体组织最终转变成明显的带状和铁素体晶粒尺寸不均匀的混合组织，并导致强度与韧

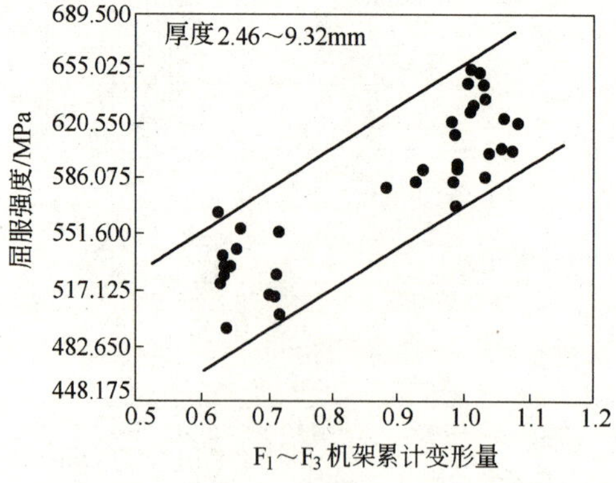


图 4-83　钢带屈服强度与 $F_1$ ~ $F_3$ 机架累计变形量关系图

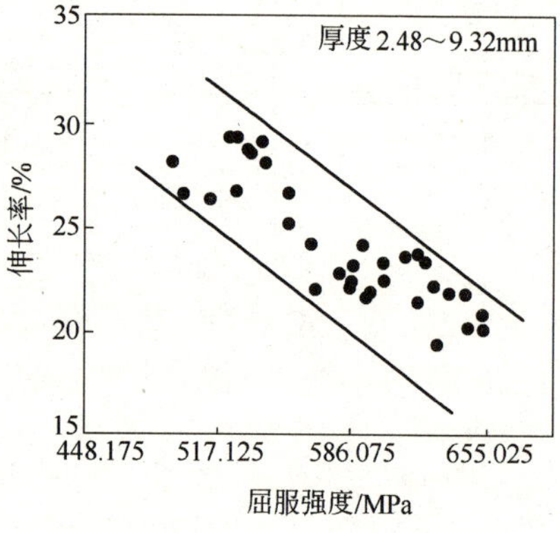


图 4-84　屈服强度对伸长率的影响

性的损失。因此，在薄板坯连铸连轧流程轧制钒微合金钢时，前段机架应采用高温大变形，避免在奥氏体部分再结晶区大变形，最大限度地碎化粗大的奥氏体组织，在相变前获得均匀细小的奥氏体晶粒。

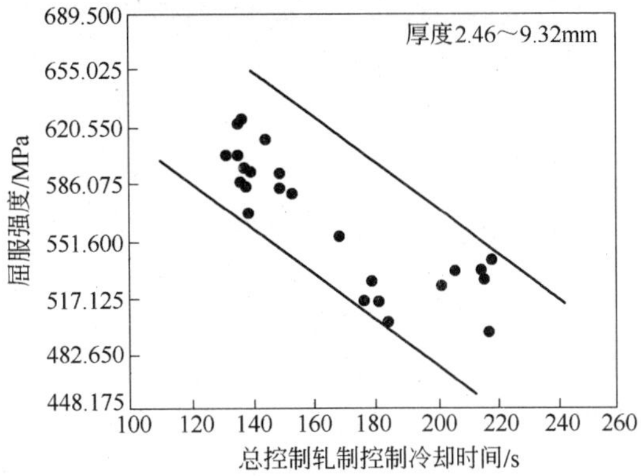


图 4-85 处理时间对屈服强度的影响

图 4-85 为总控制轧制控制冷却时间对屈服强度的影响[88]。可以看出，屈服强度的增加与总处理时间减少成反比，换句话说，较高的轧制速度对改善屈服强度是有利的。这是由于各道次间隔时间较短，抑制了再结晶后的晶粒长大。另外，较短的处理时间可以有效抑制应变诱导析出的微合金碳氮化物在输出辊道上过早出现。

图 4-86 给出了钒钢和钒氮钢模拟不同终轧温度直接淬火到室温的奥氏体晶粒尺寸。可见钒氮钢终轧温度在 900℃左右时，奥氏体晶粒平均尺寸最小；钒钢终轧温度在 850 ~ 900℃范围时，奥氏体晶粒平均尺寸最小。图 4-87 为钒钢和钒氮钢在 800 ~ 920℃经 5% 变形保温 900s 后，以 1℃/s 控制冷却到室温的铁素体晶粒平均尺寸。可见，钒氮钢在 900℃左右时铁素体晶粒平均尺寸最小，钒钢在 850℃左右时铁素体晶粒平均尺寸最小。因此，C0.06%-V0.12%-N0.024% 钢采用 900℃终轧温度，获得较高的屈服强度（600MPa 左右）、较好的韧性（ -20℃，半尺寸冲击试样，冲击吸收功为 70J）、改善成型性能的高强度结构钢[6,78]。在具体钒微合金钢开发时，应根据钢对性能具体要求确定合理的终轧温度，以保证良

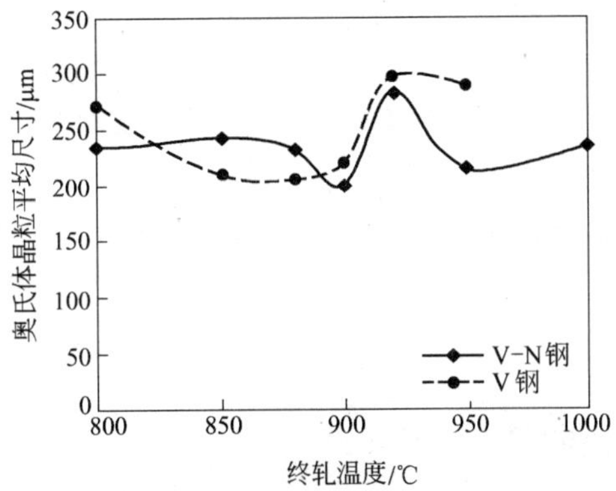


图 4-86 不同终轧温度变形后的奥氏体晶粒尺寸

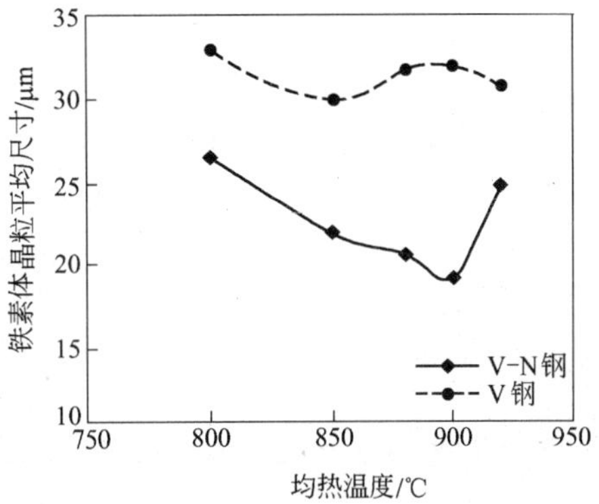


图 4-87 不同温度模拟终轧后控制冷却到室温的铁素体晶粒尺寸

好的综合性能。目前，商业生产韧性、成型性能一般的400～550MPa级别高强微合金钢终轧温度为850℃左右[85]。

图4-88给出了在800～500℃范围冷却速度对含V0.08%-Nb0.05%-Ti0.1%的C0.09%-Mn 1.8%-Si0.25%-Cu0.2%-Ni0.1%钢屈服强度的影响。由图4-88可见，在此温度范围内随冷却速度的增大，钢的屈服强度呈线性增加，冷却速度每增加1℃/s屈服强度增加4.1MPa[63]。图4-89给出了C0.056%～0.075%，V0.12%～0.13%，N0.0150%～0.0205%，Mo0.010%～0.055%钢冷却速度变化与钢屈服强度变化的关系，随冷却速度的增加，屈服强度增加[88]。原因是冷却速度增加将降低奥氏体向铁素体转变的温度，导致相变后珠光体片层间距减小，且提高铁素体的形核速度，使铁素体晶粒更细小，改善钢的强度和韧性；抑制钒在相变前或相变过程中析出，促进微合金碳氮化物在多边形铁素体内的迅速弥散析出，显著地提高了沉淀强化的有效性。当然由于细化的晶粒不能完全补偿强度的增加，冲击韧性会略有下降。为了避免形成贝氏体或马氏体恶化冲击韧性，冷却终止温度应严格控制并保证高于贝氏体或马氏体形成温度。因此，在冲击韧性允许的情况下，应尽量提高冷却速度，以最大限度地提高强度。

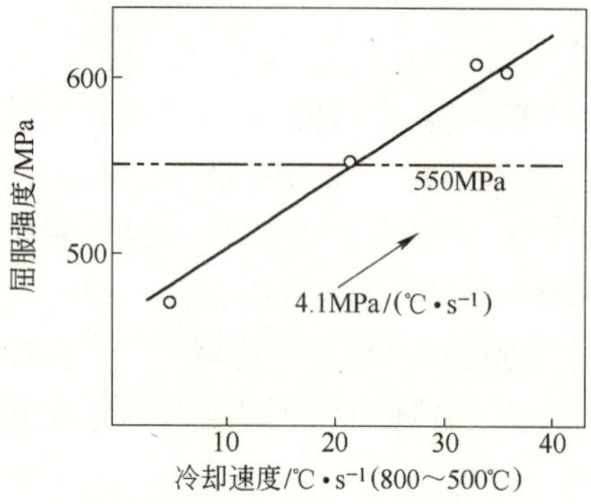


图4-88　冷却速度对API 5LX80钢屈服强度的影响

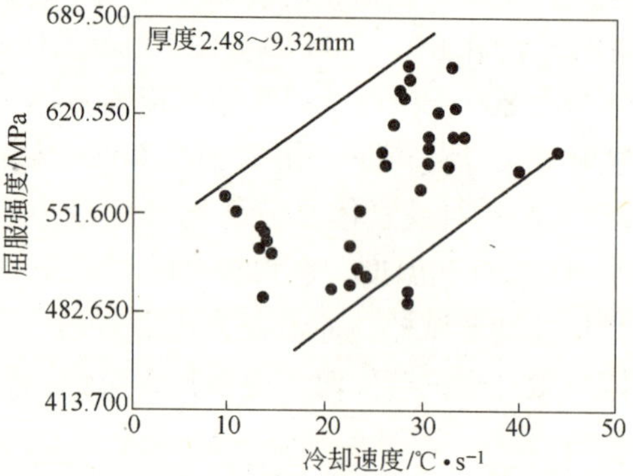


图4-89　冷却速度对屈服强度的影响

对钒微合金钢，为充分利用V(C,N)的析出特性，轧制时要确定合理的终轧温度范围，避免V(C,N)在轧制过程中析出；轧制后通过加速冷却，将卷取温度控制在580～620℃，可以获得弥散而细小的V(C,N)颗粒[89]。

## 4.4　薄板坯连铸连轧钒微合金化技术的应用

### 4.4.1　高强度结构钢方面的应用

最初将钒微合金化技术应用于薄板坯连铸连轧流程生产高强度结构钢的是美

国 Nucor 公司 Crawfordsville 薄板坯连铸连轧厂，该厂从 1991 年开始试验用钒作为薄板坯连铸连轧流程生产高强度结构钢的微合金化元素，同时利用电炉氮含量高的特点，生产屈服强度为 345MPa 的热连轧钢带。成分设计上考虑了薄板坯连铸连轧流程快速浇铸还不能生产包晶碳含量（0.075% ~0.15% C）钢，碳含量上限定为0.07%。在钒微合金化高强度结构钢的试验开始阶段，便发现高氮钒钢的铸坯表面质量较好，经过化学成分微调和轧制工艺微调后，钢的屈服强度达到了 345MPa。接着采用高氮钒微合金化开发出了屈服强度为 380MPa 和 410MPa 的钢种，当屈服强度为 410MPa 钒微合金钢作为替代材料出现时，用户使用结果证明这种薄板坯连铸连轧产品在断裂韧性上达到传统铌微合金钢的指标。事实证明，采用低碳成分，结合钒微合金化技术路线，在薄板坯连铸流程能够生产出具有均匀细晶微观组织的各强度级别高强度结构钢。薄板坯连铸连轧流程生产的钒微合金化高强度钢广泛用于螺旋焊水管和正方结构管、集装箱、铁路车辆、重载货车、工程机械、冲压成型产品等的制造。

#### 4.4.1.1 屈服强度 350 ~410MPa 级高强度结构钢

表 4-18 列出美国 Nucor 公司 Crawfordsville 厂采用电炉—薄板坯连铸连轧厂开发的屈服强度 350 ~410MPa 级高强度结构钢化学成分范围[90,91]。钢的典型力学性能水平如表 4-19 所示。可以看出，屈服强度为 350 ~410MPa 级的系列高强度结构钢均采用了低碳（<0.07%）和高氮钒微合金化的合金设计技术路线。通过适当调整锰和钒的含量，还开发了屈服强度为 275MPa 和 310MPa 级的钢种。屈服强度 350 ~410MPa 级高强度结构钢的应用情况，详见表 4-20 所示。

**表 4-18 屈服强度 350 ~410MPa 级高强度结构钢的化学成分（%）**

| 最小屈服强度/MPa | C | Si | Mn | V | N | Al |
|---|---|---|---|---|---|---|
| 275 | 0.04 ~0.07 | ≤0.03 | 0.30 ~0.35 | 0.015 ~0.030 | 0.009 ~0.013 | 0.02 ~0.05 |
| 310 | 0.04 ~0.07 | ≤0.03 | 0.50 ~0.60 | 0.025 ~0.035 | 0.01 ~0.014 | 0.02 ~0.05 |
| 340 | 0.04 ~0.07 | ≤0.03 | 0.70 ~0.80 | 0.045 ~0.055 | 0.012 ~0.016 | 0.02 ~0.05 |
| 380 | 0.04 ~0.07 | ≤0.03 | 1.00 ~1.15 | 0.055 ~0.065 | 0.013 ~0.017 | 0.02 ~0.05 |
| 410 | 0.04 ~0.07 | ≤0.03 | 1.20 ~1.30 | 0.075 ~0.085 | 0.015 ~0.019 | 0.02 ~0.05 |

**表 4-19 屈服强度 350 ~410MPa 级高强度结构钢的力学性能**

| 规格/mm | 化学成分/% | | | | 屈服强度/MPa | 抗拉强度/MPa | 伸长率/% | $d_\alpha$/μm |
|---|---|---|---|---|---|---|---|---|
| | C | Mn | V | N | | | | |
| 6.0 | 0.04 | 0.9 | 0.08 | 0.0136 | 460 | 522 | 27 | 6.5 |
| 9.6 | 0.04 | 0.7 | 0.05 | 0.0120 | 420 | 500 | 25 | 11.5 |
| 9.6 | 0.05 | 0.6 | 0.03 | 0.0100 | 364 | 462 | 36 | 11.9 |

**表 4-20　屈服强度 350 ~ 410MPa 级高强度结构钢的应用情况**

| 最小屈服强度/MPa | 应　用 |
| --- | --- |
| 275 | 支架、底座、各种汽车冲压件 |
| 310 | 安全带回收座，门窗框，汽车减震器，各种汽车冲压件 |
| 340 | 座椅支架，各种卡车零件，工作台，机罩铰链，各种汽车冲压件 |
| 380 | 矿用顶板，安全带轨，机罩铰链，各种汽车冲压件 |
| 410 | 安全带回收座，机罩铰链，卡车拖车备用轮固定板，平板卡车，农机具，前置式装料机 |

国内某转炉—薄板坯连铸连轧厂采用低碳钒微合金化成分设计和热机械控制轧制工艺（TMCP），开发并生产了 Q345D 高强度结构钢[92]。Q345D 的化学成分和力学性能，分别见表 4-21 和表 4-22 所示。在 Q345D 的生产过程中，对厚度不小于 5.5mm 规格的钢带进行了系列冲击的检验，韧脆转变温度点在 -50 ~ 60℃范围内，-40℃时半尺寸冲击试样（5mm × 10mm × 55mm）的冲击吸收功为 100 ~ 120J。可以发现，Q345D 的冲击性能富余量较大。该厂在生产实践中发现薄板坯连铸连轧流程生产的从普通低碳钢到微合金钢产品，屈服强度较高，提高铁素体—珠光体组织钢的抗拉强度有一定难度。Q345D 一般屈服强度富余量较大，抗拉强度却接近产品标准要求的下限。鉴于钢中适当的增加氮含量对于充分发挥钢中钒的沉淀强化作用有利，因此在 Q345D 生产过程中进行了两炉增加氮含量的试验，化学成分详见表 4-23 所示，其中编号 1-1、1-4、2-1、2-4 的是高氮含量的 Q345D，编号 3 是低氮含量的 Q345D。表 4-24 为不同氮含量 Q345D 的组织、晶粒度及晶粒尺寸。发现不同氮含量 Q345D 的组织均为铁素体加少量珠光体，其铁素体晶粒尺寸为 4.49 ~ 8.70μm。不同氮含量 Q345D 的成品力学性能如表4-25所示。可以发现，在不改变轧制工艺的情况下，Q345D 中平均值氮含量由 3 号试样的 0.00456% 增加到 0.00996%，铁素体晶粒平均尺寸由 3 号试样 8.70μm 减小到 4.78μm，屈服强度平均增加了 59MPa，抗拉强度平均增加了 46MPa，同时平均伸长率和系列冲击功稍有降低。

**表 4-21　Q345D 化学成分及标准要求（%）**

| 标　准 | C | Si | Mn | P | S | V |
| --- | --- | --- | --- | --- | --- | --- |
| GB/T 1591 | ≤0.18 | ≤0.55 | 1.00 ~ 1.60 | ≤0.025 | ≤0.025 | 0.02 ~ 0.15 |
| 控制范围 | ≤0.07 | ≤0.30 | 1.40 ~ 1.60 | ≤0.02 | ≤0.008 | ≤0.07 |

**表 4-22　Q345D 力学性能统计及标准要求**

| 标　准 | $\sigma_s$/MPa | $\sigma_b$/MPa | $\delta$/% | 20℃冲击吸收功/J |
| --- | --- | --- | --- | --- |
| GB/T 1591 | ≥345 | 470 ~ 630 | 21 | ≥34 |
| 实　际 | 447 | 517 | 28.1 | 110 ~ 130① |

①冲击试样尺寸为 5mm × 10mm × 55mm。

表 4-23 不同氮含量 Q345D 的化学成分（%）

| 试样编号 | C | Si | Mn | P | S | V | N |
|---|---|---|---|---|---|---|---|
| 1-1 | 0.06 | 0.08 | 1.5 | 0.008 | 0.004 | 0.05 | 0.00958 |
| 1-4 | 0.05 | 0.08 | 1.46 | 0.007 | 0.006 | 0.05 | 0.0103 |
| 2-1 | 0.05 | 0.09 | 1.45 | 0.006 | 0.007 | 0.04 | 0.01053 |
| 2-4 | 0.05 | 0.09 | 1.44 | 0.006 | 0.006 | 0.04 | 0.00943 |
| 3 | 0.05 | 0.068 | 1.50 | 0.008 | 0.008 | 0.046 | 0.00456 |

表 4-24 不同氮含量 Q345D 的组织、铁素体晶粒度评级及晶粒平均尺寸

| 编 号 | 规格/mm | 显微组织 | 铁素体晶粒度评级 | 铁素体平均尺寸/μm |
|---|---|---|---|---|
| 1-1 | 7.50 | 铁素体+少量珠光体 | 12.10 | 4.83 |
| 1-4 | 7.50 | | 12.31 | 4.49 |
| 2-1 | 9.50 | | 11.92 | 5.14 |
| 2-4 | 9.50 | | 12.20 | 4.67 |
| 3 | 7.50 | | 10.40 | 8.70 |

表 4-25 不同氮含量 Q345D 的成品力学性能

| 编 号 | 规格/mm | $\sigma_s$/MPa | $\sigma_b$/MPa | δ/% | 纵向系列冲击吸收功/J | | | | |
|---|---|---|---|---|---|---|---|---|---|
| | | | | | 常温 | 0℃ | -20℃ | -40℃ | -60℃ |
| 1-1 | 7.50 | 460 | 530 | 29.5 | 116 | 122 | 120 | 109 | 95 |
| 1-4 | 7.50 | 450 | 525 | 32 | 117 | 126 | 120 | 108 | 80 |
| 2-1 | 9.50 | 465 | 505 | 25 | 116 | 130 | 119 | 111 | 106 |
| 2-4 | 9.50 | 445 | 475 | 27.5 | 120 | 133 | 126 | 113 | 107 |
| 3 | 7.50 | 395 | | 34 | 136 | 129 | 125 | 123 | 115 |

注：冲击试样尺寸为5mm×10mm×55mm。

国内某转炉—薄板坯连铸连轧厂采用铌、钒、钛复合微合金化成分设计，碳含量控制在0.17%以上以避开包晶区，同时采用低温轧制和快速冷却技术，开发并生产了 Q460D 高强度结构钢[92]。Q460D 的化学成分如表 4-26 所示。Q460D 的组织为铁素体+珠光体+粒状贝氏体，组织细小均匀，其中铁素体晶粒平均尺寸为5μm。Q460D 的力学性能详见表 4-27 和图 4-90 所示。Q460D 屈服强度为475~510MPa，抗拉强度为580~610MPa，伸长率为24%~27.5%。采用半尺寸冲击试样(5mm×10mm×55mm)，在-60℃低温冲击吸收功大于50J。由于 Q460D 采用的是低温轧制工艺，轧后采用快速冷却和低温卷取，使组织中出现了粒状贝氏体，多相组织的出现有利于提高钢板强度和成形性能，在屈服强度达到平均490MPa时，Q460D 的屈强比平均为0.82，相对通常的高强度低合金钢屈强比较低，在细晶强化的基础上，粒状贝氏体组织的形成有助于进一步提高抗拉强度。

表 4-26　Q460D 的化学成分及标准要求（%）

| 标　准 | C | Si | Mn | P | S | Nb + V + Ti |
|---|---|---|---|---|---|---|
| GB/T 1591 | ≤0.20 | ≤0.55 | 1.00 ~ 1.70 | ≤0.030 | ≤0.030 | 至少加入其中一种 |
| 控制范围 | ≤0.20 | ≤0.30 | ≤1.60 | ≤0.020 | ≤0.008 | ≤0.10 |

表 4-27　Q460D 的力学性能及标准要求

| 标　准 | 规格/mm | $\sigma_s$/MPa | $\sigma_b$/MPa | δ/% | 0℃冲击吸收功/J |
|---|---|---|---|---|---|
| GB/T 1591 | ≤16 | ≥460 | 550 ~ 720 | 17 | ≥34 |
| Q460D | 7.5 | 490 | 600 | 25.6 | 85① |

①冲击试样尺寸为 5mm × 10mm × 55mm。

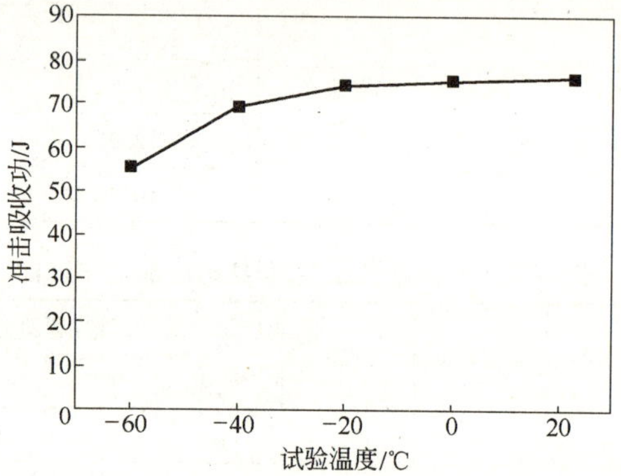


图 4-90　Q460D 系列冲击性能

4.4.1.2　屈服强度 550MPa 级高强度结构钢

近年来，国内在电炉—薄板坯连铸连轧流程上采用高氮钒微合金化及再结晶控制轧制控制冷却工艺路线成功地开发并生产出符合“热轧碳素结构钢、低合金高强度钢和改善成形性能的高强度低合金钢热轧钢薄板和钢带”ASTM A1011/A1011M—2002 标准的 550MPa 级改善成形性能高强度结构钢，钢号为 HSLAS-F80[78,86]，其化学成分设计采用了低碳（<0.07%）、高锰、高氮、钒微合金化的技术路线，化学成分如表 4-28 所示，力学性能要求如表 4-29 所示。

表 4-28　HSLAS-F80 钢带的化学成分（%）

| 标　准 | C | Si | Mn | P | S | V | $Al_s$ | N |
|---|---|---|---|---|---|---|---|---|
| ASTM A1011/A1011M—2002① | ≤0.15 | | ≤1.65 | ≤0.020 | ≤0.025 | | | |
| 控制成分 | ≤0.07 | ≤0.5 | ≤1.6 | ≤0.03 | ≤0.02 | ≤0.15 | ≥0.015 | 0.02 ~ 0.03 |

①这类钢含有一种或多种下列元素：钒、钛、铌；可以有其他合金元素，但不作要求。

**表 4-29 ASTM A1011/A1011M—2002 标准对 HSLAS-F80 性能要求**

| 标 准 | 屈服强度/MPa | 抗拉强度/MPa | 伸长率/% | ≥90°，$d=2a$，冷弯① |
|---|---|---|---|---|
| ASTM A1011/A1011M—2002 HSLAS-F80 | ≥550 | ≥620 | ≥18 | 完好 |

①$d$ 为弯心半径，$a$ 为钢带厚度。

HSLAS-F80 钢带显微组织均匀细小，是由超细晶铁素体和少量珠光体组成，铁素体晶粒平均尺寸为 3～4μm，不同厚度规格钢带组织差异很小，如图 4-91 所示。

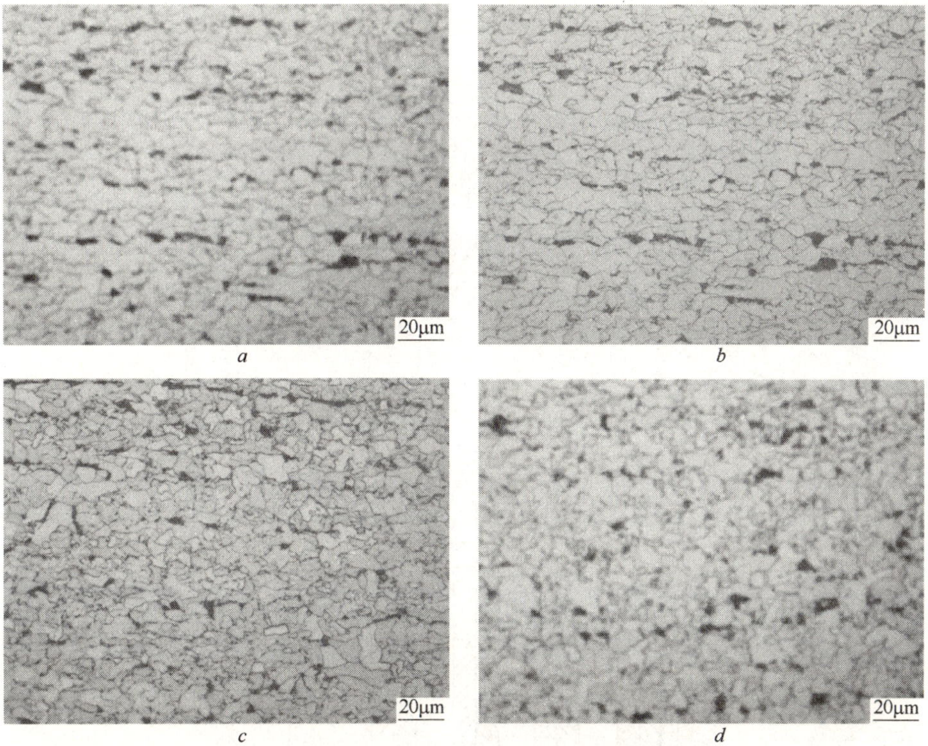


图 4-91 HSLAS-F80 钢带显微组织

*a*—1.8mm 厚度钢带显微组织；*b*—2.5mm 厚度钢带显微组织；
*c*—3.2mm 厚度钢带显微组织；*d*—6.3mm 厚度钢带显微组织

图 4-92 给出了 HSLAS-F80 钢带的拉伸性能，可见 HSLAS-F80 钢带的拉伸性能均满足标准要求，并且有较大的富余量。可以发现，不同厚度规格钢带性能变化小，同规格纵横向性能波动小，性能十分稳定。图 4-93 给出了 HSLAS-F80 钢带冷弯性能检验结果（试样宽度为 38mm、弯心为 $2a$、冷弯角度为 180°），可见弯曲试样的外表面没有出现裂纹。HSLAS-F80 钢带具有良好的冲击韧性，在 -20℃条件下半尺寸试样 V 型冲击吸收功 65～85J，如图 4-94 所示。

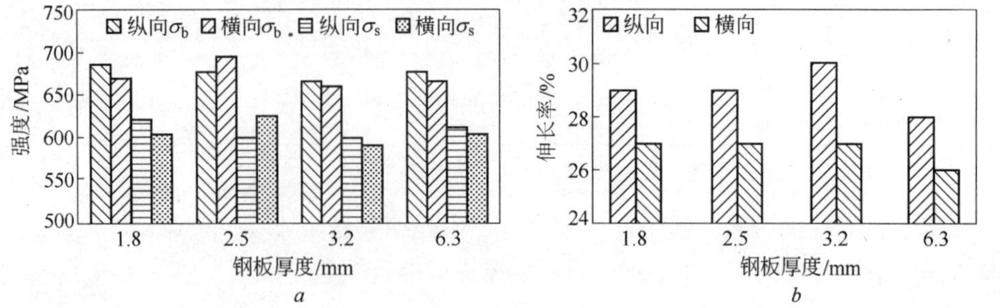


图 4-92　HSLAS-F80 钢带的拉伸性能

*a*—钢带强度；*b*—钢带伸长率

图 4-93　HSLAS-F80 钢带冷弯性能检验照片

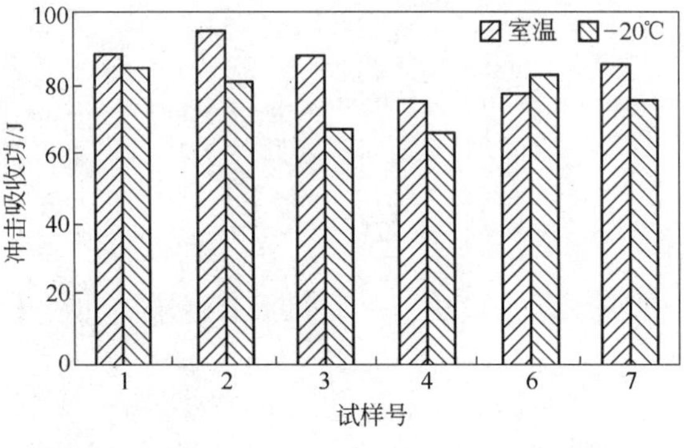


图 4-94　6.3mm 厚度 HSLAS-F80 钢带的冲击性能

对 HSLAS-F80 钢带进行焊接性能检验，各规格钢带焊接热影响区组织没有出现明显的粗化现象。6.3mm 厚度规格钢带焊接组织如图 4-95 所示。焊接区域硬度分布情况如图 4-96 所示。各厚度规格 HSLAS-F80 钢带的焊接热影响区均未出现明显的软化现象。可见，HSLAS-F80 钢带具有较好的焊接性能。

目前，HSLAS-F80 钢带主要应用在出口北美半挂车和欧洲铆接车型的侧立柱、滑轨梁、纵梁及横梁等一些重要部件上，如图 4-97 所示。在使用过程中，

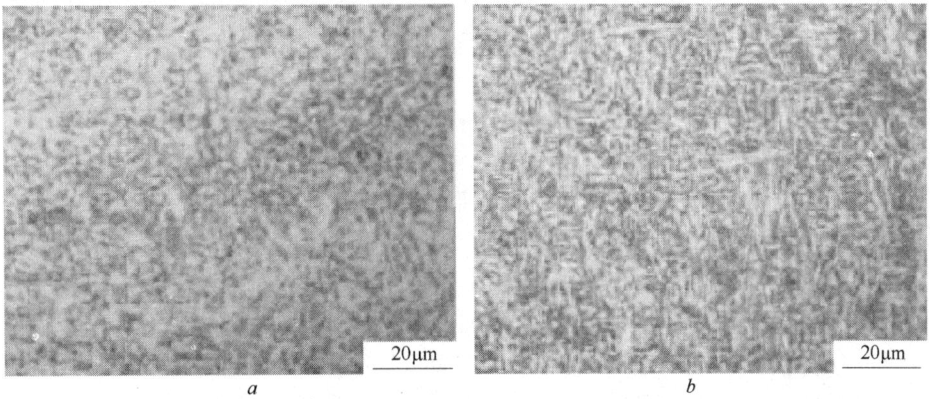


图 4-95 6.3mm 厚度 HSLAS-F80 钢带焊接显微组织

*a*—焊接热影响区显微组织；*b*—焊缝显微组织

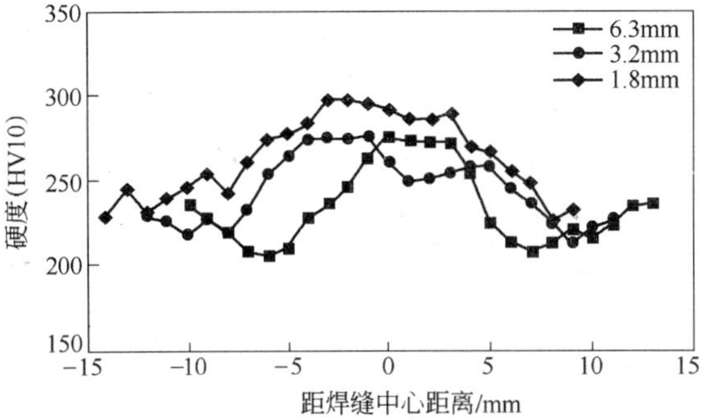


图 4-96 不同规格 HSLAS-F80 钢带焊接区域硬度分布曲线

图 4-97 HSLAS-F80 钢带应用零部件图

*a*—6.3mm 半挂车用乙字形滑轨梁；*b*—2.5mm、3.2mm 无主梁式箱体底横梁

钢板无开裂、翘曲等现象，所有零件尺寸、表面质量满足用户装配要求。使用结果表明，HSLAS-F80 钢带性能稳定，屈服强度均在 550 MPa 以上，具有优良的冷冲压成形性能、良好的塑性和焊接性能，各项性能均符合现场加工试制要求，完全可应用于对成形性和焊接性有较高要求的工程机械、交通运输和车辆制造行业。目前，国内开发生产的 HSLAS-F80 钢带内在性能和质量已经达到美国同类型钢板的要求，已经替代部分进口钢板使用在出口北美的半挂车上。

美国 Crawfordsville 薄板坯连铸连轧厂和 Gallatin 薄板坯连铸连轧厂开发并生产了屈服强度 550MPa 级高强度结构钢，化学成分如表 4-30[88,90,91] 所示。其中 Crawfordsville 薄板坯连铸连轧厂生产了屈服强度 550MPa 级高强度结构钢，合金设计是在高氮钒微合金化的基础上添加了微量的铌，在不损害热塑性的前提下进一步细化铁素体晶粒，显著提高了钢的强度。钢的典型力学性能水平如表 4-31[90,91]。Gallatin 薄板坯连铸连轧厂合金设计是在钒氮微合金化的基础上，添加 0.010% ~0.055% 的钼，运用高温大变形（$F_1$ 到 $F_3$ 机架变形量不小于 50%，$F_1$ 机架轧制温度 1040 ~1080℃）和加速冷却的控制轧制控制冷却工艺，开发并生产出 550MPa 级高强度结构钢[88]。钢带的组织均匀细小，铁素体晶粒平均尺寸在 10.5 ~11.5μm 范围内。

**表 4-30 屈服强度 550MPa 级高强度结构钢的化学成分（%）**

| 厂 家 | C | Si | Mn | V | N | Al | Nb | Mo |
|---|---|---|---|---|---|---|---|---|
| Crawfordsville | 0.03 ~0.06 | 0.30 ~0.40 | 1.45 ~1.55 | 0.110 ~0.130 | 0.018 ~0.022 | 0.02 ~0.05 | 0.015 ~0.025 | |
| Gallatin | 0.056 ~0.075 | 0.02 ~0.15 | 1.25 ~1.45 | 0.12 ~0.13 | 0.015 ~0.0205 | 0.013 ~0.035 | | 0.010 ~0.055 |

**表 4-31 屈服强度 550MPa 级高强度结构钢的典型力学性能**

| 规格/mm | 化学成分/% | | | | | 屈服强度 /MPa | 抗拉强度 /MPa | 伸长率 /% | $d_\alpha$/μm |
|---|---|---|---|---|---|---|---|---|---|
| | C | Mn | V | Nb | N | | | | |
| 4.8 | 0.06 | 1.5 | 0.11 | 0.02 | 0.0193 | 597 | 681 | 24 | 4.8 |

#### 4.4.1.3 屈服强度 700MPa 级高强度结构钢

图 4-98[85] 给出了钒、氮含量对高强度结构钢屈服强度的影响。可以看出，采用低温卷取（<500℃）后，Mo-V-N 钢和 Mo-V-Nb 钢可以达到屈服强度 700MPa 级的要求。因此，通过在低碳钢中添加 V0.15%、N0.02% 或 Nb0.02%，并且同时添加了 Mo0.5%，适当提高锰含量（1.8%），可以轧制出屈服强度达到 700MPa 级的高强度结构钢[85]。

目前，基于薄板坯连铸连轧流程，采用钒微合金化技术生产屈服强度 350 ~550MPa 级高强度结构钢的技术基本成熟，屈服强度 700MPa 级高强度结构钢的生产技术有待进一步开发和完善。

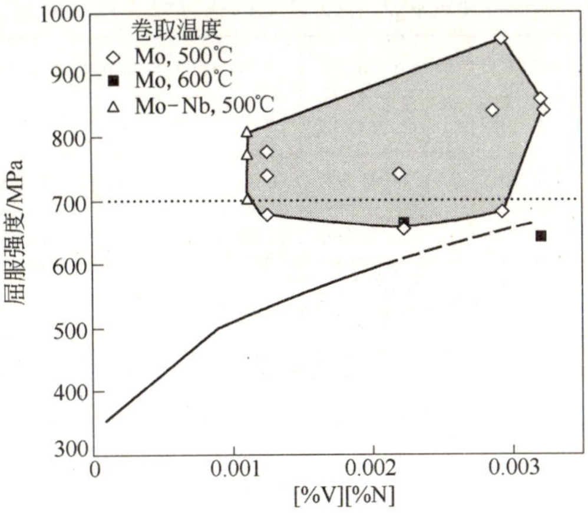


图 4-98 钒、氮含量对含 Mo-V-N 钢和 Mo-V-Nb 钢屈服强度的影响

### 4.4.2 石油管线用钢方面的应用

钒是传统流程生产管线钢常采用的微合金元素，早期开发的管线钢曾采用单一钒微合金化技术，但目前由于管线用钢对韧性提出了更高的要求，为此较普遍地采用了铌、钛复合微合金化技术。在薄板坯连铸连轧流程中，生产高铌含量的钢面临“混晶”的问题。因此，在薄板坯连铸连轧流程开发生产高钢级（X60 ~ X70）管线钢有两条技术路线，一条技术路线是铌、钒、钛复合微合金化，另一条技术路线是钒氮复合微合金化。铌、钒、钛复合微合金化技术路线设计思路是在不影响管线钢韧性的情况下加入适量的钒，钒主要发挥沉淀强化的作用，铌发挥细晶强化的作用。钒氮复合微合金化技术路线的设计思路是发挥钒、氮的细晶强化的作用，其沉淀强化作用是辅助作用。

国外 20 世纪 90 年代初期采用电炉—薄板坯连铸连轧流程生产出 7mm 厚的铌、钒、钛复合微合金化 X65 管线钢[93]，钢板化学成分如表 4-32 所示。最近，埃及 Ezz 钢厂在电炉—薄板坯连铸连轧流程上采用铌、钒、钛复合微合金化生产出北极高寒冷地区用 10mm 厚度规格的 X70 管线钢，其化学成分如表 4-33 所示[94]。

**表 4-32 X65 管线钢化学成分及标准要求**

| 标 准 | C/% | Mn/% | Si/% | P/% | S/% | Ni/% | Cr/% | Nb/% | V/% | Ti/% | Cu/% | Pcm/% |
|---|---|---|---|---|---|---|---|---|---|---|---|---|
| API Spec 5L | ≤0.22 | ≤1.45 | | ≤0.025 | ≤0.015 | | | | | ≤0.06 | | 0.25 |
| 实 际 | 0.04 | 1.25 | 0.24 | 0.015 | 0.009 | 0.06 | 0.03 | 0.05 | 0.05 | 0.01 | 0.14 | 0.124 |

**表 4-33　不同浇铸炉次 X70 管线钢实际化学成分及标准要求**

| 标 准 | C/% | Si/% | Mn/% | P/% | S/% | Cr/% | Ni/% | Cu/% | Nb/% | Ti/% | V/% | Al/% |
|---|---|---|---|---|---|---|---|---|---|---|---|---|
| API Spec 5L | ≤0.22 | | ≤1.65 | ≤0.025 | ≤0.015 | | | | | ≤0.06 | | |
| B | 0.064 | 0.39 | 1.48 | 0.013 | 0.001 | 0.03 | 0.08 | 0.16 | 0.050 | 0.020 | 0.045 | 0.031 |
| C | 0.054 | 0.38 | 1.44 | 0.022 | 0.002 | 0.03 | 0.07 | 0.14 | 0.045 | 0.018 | 0.042 | 0.026 |

国内采用铌、钒、钛复合微合金化成分设计和控制轧制控制冷却工艺，在薄板坯连铸连轧流程生产出了满足用户及 API 标准要求的 X60 管线钢和 J55 石油套管用钢[95~97]。目前，正在采用铌、钒、钛复合微合金化技术路线研制 X70 级管线钢[96,98]。

国内某转炉—薄板坯连铸连轧厂采用钒氮微合金化技术路线开发、生产了 X60 管线钢，其化学成分见表 4-34 所示[99]。X60 管线钢的拉伸力学性能和系列冲击吸收功如表4-35所示。钢的拉伸性能波动小，在不低于 -40℃ 的情况下冲击吸收功平均大于 109J，即使在 -60℃ 冲击吸收功平均也达 93J 以上。可见，X60 管线钢的各项性能均符合 API Spec 5L 标准的要求，低温冲击韧性较好，具有优良的综合力学性能。X60 管线钢的典型微观组织如图 4-99 所示。可见，X60 管线钢的微观组织主要由多边形铁素体和珠光体组成，铁素体的形状很不规则，珠光体的含量比较少，珠光体主要分布在晶界上（图 4-99*a*），在铁素体晶粒内部（图 4-99*b*）较少。晶粒尺寸的测定结果表明，1、2、3 号试样铁素体晶粒的平均尺寸分别为 4.8μm、4.5μm、5.1μm，实现了组织超细化。X60 管线钢析出相的

**表 4-34　X60 管线钢的化学成分（%）**

| 试样编号 | C | Si | Mn | P | S | $Al_t$ | $Al_s$ | V | N |
|---|---|---|---|---|---|---|---|---|---|
| 1 | 0.06 | 0.08 | 1.50 | 0.008 | 0.004 | 0.03 | 0.028 | 0.05 | 0.00958 |
| 2 | 0.05 | 0.08 | 1.46 | 0.007 | 0.006 | 0.023 | 0.019 | 0.05 | 0.0103 |
| 3 | 0.05 | 0.09 | 1.45 | 0.006 | 0.007 | 0.025 | 0.022 | 0.04 | 0.01053 |

**表 4-35　X60 管线钢的力学性能**

| 标 准 | $\sigma_s$/MPa | $\sigma_b$/MPa | $\delta$/% | 冲击吸收功（纵向）/J | | | | |
|---|---|---|---|---|---|---|---|---|
| | | | | 20℃ | 0℃ | -20℃ | -40℃ | -60℃ |
| API Spec 5L | 414~565 | 517~758 | ≥23 | | ≥41 | | | |
| 1 | 460 | 530 | 29.5 | 116 | 122 | 120 | 109 | 95 |
| 2 | 450 | 525 | 32.0 | 117 | 126 | 120 | 108 | 80 |
| 3 | 465 | 525 | 25.0 | 116 | 130 | 119 | 111 | 106 |

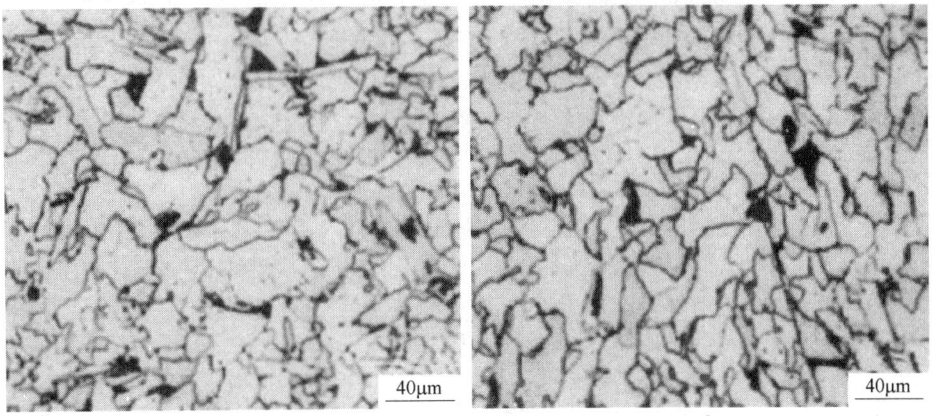


*a* *b*

图 4-99 X60 管线钢的微观组织

*a*—晶界上珠光体分布；*b*—铁素体晶内珠光体分布

TEM 照片如图 4-100 所示。可见，钢中有非常细小的 V(C,N) 粒子析出，基体上析出的V(C,N)粒子很少（图 4-100*a*），大部分在位错线上析出（图 4-100*b*），说明V(C,N)是优先在位错线上形核的。另外，V(C,N)析出量比较少，计算得 V(C,N)沉淀产生的强化增量约为 60 MPa，纳米夹杂产生的强化增量约为 40MPa，合计强化增量为 100MPa。因此 X60 管线钢的主要强化机制为细晶强化。

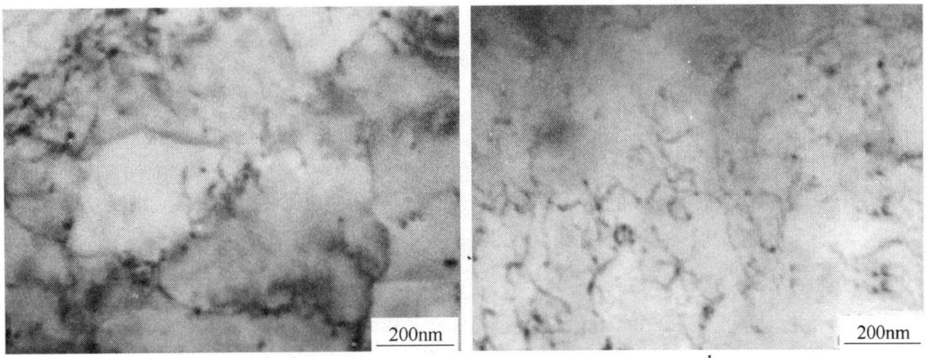


*a* *b*

图 4-100 X60 管线钢析出相的 TEM 形貌

*a*—基体上析出相分布；*b*—位错线上析出相分布

目前，薄板坯连铸连轧流程生产的管线钢还不具有抗氢致开裂和抗 $H_2S$ 应力腐蚀的性能。今后输送的天然气不再是经脱水、脱 $H_2S$ 的“甜气”（$p_{H_2S} \leqslant$ 300MPa），将是未经处理的“富气”（$p_{H_2S} \geqslant$ 300MPa）。因此，开发具有抗氢致开

裂和抗 $H_2S$ 应力腐蚀性能的 X52 ~ X70 钢级管线钢和高钢级石油套管用钢如 N55、N80 等的工作有待进行。

## 参 考 文 献


1 雍岐龙，马鸣图，吴宝榕．微合金钢——物理和力学冶金．北京：机械工业出版社，1989

2 The Economics of Vanadium. Roskill Information Services Ltd. , England , 1992

3 曹荫之，付俊岩．中国含钒低、微合金化钢的开发与前景．钢铁钒钛，2000，21（3）：1 ~ 11

4 Michael Korchynsky. 薄板坯连铸技术的战略重要性．见：2002 年薄板坯连铸连轧国际研讨会会议论文集，中国金属学会，中国，广州，2002：169 ~ 176

5 Robert J Glodowski. 薄板坯连铸技术生产钒微合金化高强度钢．见：2002 年薄板坯连铸连轧国际研讨会会议论文集，中国金属学会，中国，广州，2002：262 ~ 269

6 刘清友，毛新平，林振源，等．CSP 流程 V-N 微合金钢冶金学特征研究．钢铁，2005，40（12）：4 ~ 8

7 Ishikawa F，Takahashi T，Ochi T. Intragranular ferrite nucleation in medium-carbon vanadium steels. Metallurgical and Materials Transactions A. , 1994, 25A（5）：929 ~ 936

8 Lagneborg R，Siwecki T，Zajac S，Hutchinson B. The role of vanadium in microalloyed steels. Scandinavian Journal of Metallurgy, 1999, 28（5）：186 ~ 241

9 杨才福，张永权，柳书平．钒、氮微合金化钢筋的强化机制．钢铁，2001，36（5）：55 ~ 58

10 雍岐龙，阎生贡，裴和中，等．钒在钢中的物理冶金学基础数据．钢铁研究学报，1998，10（5）：63 ~ 66

11 Gladman T. The Physical Metallurgy of Microalloyed Steels. The Institute of Materials, 1997

12 Narita K. Physical chemistry of the groups $Ⅳ_A$（Ti, Zr），$Ⅴ_A$（V, Nb, Ta）and the rare earth elements in steel. Trans. ISIJ, 1975, 15：145 ~ 152

13 兰纳伯格 R，等著．杨才福，柳书平，张永权，等编译．钒在微合金钢中的作用．钢铁研究总院，2000（内部资料）

14 Woodhead J H. Vanadium in High Strength Steel（Chicago）. Vanitec, London, 1980

15 雍岐龙，吴宝榕，孙珍宝，等．二元微合金碳氮化物的化学组成及固溶度的理论计算．钢铁研究学报，1989，1（4）：47 ~ 52

16 雍岐龙，刘正东，孙新军，等．钒微合金钢中碳氮化钒固溶量及化学组成的计算与分析．钢铁钒钛，2005，26（2）：20 ~ 24

17 Sundman B，Jansson B，Andersson J O. Thermocalc databank system. CALPHAD, 1985, 9：153 ~ 159

18 Roberts W，Sandberg A，Siwecki T. Precipitation of V（C，N）in HSLA steels microalloyed with V. In：Proc. Conf. Vanadium Steels, Krakow, Vanitec, 1980：D1 ~ D12

19 章守华．合金钢．北京：冶金工业出版社，1981

20 王邵东，曲锦波，刘相华，等．松弛法研究微合金钢碳氮化物的应变诱导析出行为．金属学报，2000，36（6）：618 ~ 621

21 Roberts W. Recent innovations in alloy design and processing of microalloyed steels. Contribution to the 1983 Int. Conf. on Technology and Application of High Strength Low Alloy（HSLA）Steel,

Philadelphia, PA, 1983, 10 (3~6): 67~84
22 木村達已，等. Material Japan, 1999, 38 (2): 160~163
23 大森章夫，等. Effect of VN precipitates on formation of grain boundary and intragranular ferrite in a high N-V bearing steel. 鉄と鋼, 1998, 84 (11): 35~41
24 龚维幂，杨才福，张永权. 低碳钒氮微合金钢中V（C，N）在奥氏体中的析出动力学. 钢铁研究学报, 2004, 16 (6): 41~46
25 Zajac S. 钒微合金钢中的铁素体晶粒细化和析出强化. CSP品种与钒氮微合金化. 钢铁研究总院钒氮钢发展中心, 2003: 67~79（内部资料）
26 Grain Refinement by Intragranular Ferrite Nucleation in V-N Steels. In: 2nd Progress Report for VANITEC. Swedish Institute of Metals Research (Internal Report), 2001
27 王祖滨，东涛. 低合金高强度钢. 北京：原子能出版社, 1996
28 Kwon O, DeArdo A J. Interactions between recrystallization and precipitation in hot-deformed microalloyed steels. Acta Metal. Mater., 1991, 39: 529~538
29 DeArdo A J. Mictoalloyed strip steels for the 21st century. Microalloying in Steels Mat. Sc. Forum, 1988, 284~286: 15~26
30 Zajac S, Siwecki T, Hutchinson W B, Attlegard M. Recrystallization controlled rolling and accelerated cooling for high strength and toughness in V-Ti-N steels. Metall. Trans. A., 1991, 22A: 2681~2694
31 Lagneborg R. The significance of precipitation reactions in microalloyed steels. HSLA steels. 见：2000第四届国际低合金高强度会议论文集, Metallurgical Industry Press, 2000: 125~132
32 Khalid F A, Edmonds D V. Interphase precipitation in microalloyed engineering steels and model alloy. Mat. Sci. Techn., 1993, 9: 384~396
33 Baker R G, Nutting J. The tempering of a Cr-Mo-V-W and Mo-V steel precipitation processes in steels. ISI Report No. 64, London, 1969: 1~22
34 Zajac S, Siwecki T, Mkorchynsky. Importance of nitrogen for precipitation phenomena in V-microalloyed steels. Int. Symp. on Low Carbon Steels for the 90's, 1993 ASM/TSM Materials Week, Pittsburgh, USA, 1993: 139~150
35 Hillert M. Phase Equilibria Phase Diagrams and Phase Transformations. Cambridge Univ. Press, 1998
36 Honeycombe R W K. Transformation from austenite in alloy steels. Metall. Trans. A., 1976, 7A: 915~936
37 Zajac S, Lagneborg R, Siwecki T. The role of nitrogen in microalloyed steels. Contribution to the Int. Conf. Microalloying 95, Iron and Steel Society Inc., Pittsburgh, PA, 1995: 321~338
38 Smith R M, Dunne D P. Structural aspects of alloy carbonitride precipitation in microalloyed steels. Materials Forum, 1988, 11: 166~181
39 Davenport A T, Honeycombe R W K. Precipitation of carbides at austenite/ferrite boundaries in alloy steels. In: Proc. Roy, Soc. London, 1971, 322: 191~205
40 Zajac S, Siwecki T, Hutchinson W B, Lagneborg R. The role of carbon in enhancing precipitation strengthening of V-microalloyed steels. Contribution to the Int. Symp., Microalloying in Steels:

New Trends for the 21st Century, San Sebastian, Spain, 1998: 295 ~ 302
41 Davenport A T, Honeycombe R W K. Precipitation of carbides at austenite/ferrite boundaries in alloy steels. In: Proc. Roy, Soc. London, 1971, 322: 191 ~ 205
42 Zajac S, Siwecki T, Hutchinson W B, et al. Strengthening mechanisms in vanadium microalloyed steels intended for long products. ISIJ International, 1998, 38 (10): 1130 ~ 1139
43 梅东生，邓建辉，刘天模，等．钒对 PD3 钢珠光体组织形态的影响．钢铁，2003，38 (4): 56 ~ 59
44 Leslie W C. High Strength Low Alloy Steel. The Physical Metallurgy of Steels. New York: McGraw-Hill, 1982: 189 ~ 206
45 刘勇，张中平，张芮，等．钒对高强度低合金钢相变组织的影响分析．见：钒在板带钢中应用技术国际研讨会论文集，中国，苏州，2005：201 ~ 204
46 孙珍宝，朱谱藩，林慧国，等．合金钢手册．北京：冶金工业出版社，1984
47 林慧国，傅代直．钢的奥氏体转变曲线——原理、测试与应用．北京：机械工业出版社，1988
48 Siwecki T, Zajac S. Recrystallization controlled rolling and accelerated cooling of Ti-V-(Nb)-N microalloyed steels. In: The 32nd Mechanical Working and Steel Processing Conf., Cincinnati, USA, 1990: 441 ~ 451
49 Liu W J, Jonas J J. Ti (C, N) precipitation in microalloyed austenite during stress relaxation. Metallurgical Transactions A., 1988, 19A: 1415 ~ 1424
50 Ishikawa F, Takahashi T. The formation of intragranular ferrite plates in medium-carbon steels for hot-forging and its effect on the toughness. ISIJ International, 1995: 1128 ~ 1133
51 雍岐龙，著．钢铁材料中的第二相．北京：冶金工业出版社，2006
52 Kimura T. Heavy gauge H-shapes with excellent seismic resistance for building structures produced by the third generation TMCP. In: International Symposium on Steel for Fabricated Structures Conference Proceedings, ASM International, Materials Park, OH, USA, 1999: 1 ~ 4
53 Roberts W, Sandberg A. The composition of V (C, N) as precipitated in HSLA steels microalloyed with vanadium. Swedish Institute for Metals Research (Internal Report), IM-1489, 1980
54 Zajac S, Siwecki T, Hutchinson W B. Precipitation phenomena in V-microalloyed 0.15-0.22% C structural steels. Swedish Institute for Metals Research (Internal Report), Im-3453, 1996
55 Bruce H. Transverse corner cracks in continuously cast microalloyed steels. Swedish Institute for Metals Research (Internal Report), IM-2568, Swedish, 1990
56 Suzuki H G, Nishimura S, Yamaguchi S. Characteristics of hot ductility in steels subjected to melting and solidification. Trans. ISIJ, 1982, 22: 48 ~ 56
57 Mintz B, Arrowsmith J M. Hot ductility behaviour of C-Mn-Nb-Al steels and its relationship to crack propagation during the straightening of continuously cast strand, Met. Technol., 1979, 6: 24 ~ 32
58 Mintz B, Abushosha R. Influence of vanadium on hot ductility of steel. Ironmaking and Steelmaking, 1993, 20: 445 ~ 452
59 Mintz B, Abushosha R. The hot ductility of V, Nb/V and Nb containing steels. Materials Science

Forum, 1998, 284 ~ 286: 461 ~ 468

60 Karjalainen L P, Kinnunen H, Porter D. Hot ductility of certain microalloyed steels under simulated continuous casting conditions. Materials Science Forum, 1998, 284 ~ 286: 477 ~ 484

61 Crowther D N, Green M J W, Mitchell P S. The influence of composition on the hot cracking susceptability during casting of microalloyed steels processed to simulate thin slab casting conditions. Materials Science Forum, 1998, 284 ~ 286: 469 ~ 476

62 Mohamed Z. Hot ductility behavior of vanadium containing steels. Materials Science and Engineering, 2002, A326: 255 ~ 260

63 Mitchell P S, Morrison W B. 含 V 钢的生产、性能及焊接性. 钒氮微合金化钢的开发与应用. 钢铁研究总院, 2002: 87 ~ 99 (内部资料)

64 Hansson P, Ze X Z. The influence of steel chemistry and weld heat input on the mechanical properties in Ti-microalloyed steels. Swedish Institute for Metals Research (Internal Report), IM-2300, 1988

65 Zajac S, Siwecki T, Svensson L E. The influence plate production processing route, heat input and nitrogen on the toughness in Ti-V microalloyed steel. Intern. Symp. on Low Carbon Steel at Material Week 93, Pittsburgh, USA, Ed. by DeArdo A J, TSM, 1993: 511 ~ 523

66 Hannerz N E. Weld metal and HAZ toughness and hydrogen cracking susceptibility of HSLA steels influenced by Nb, Al, V, Ti and N. In: Proc. from Conf. Welding of HSLA (Microalloyed) Structural Steels, Rome, 1976: 365 ~ 385

67 Chen Yantang, Xi Yantang, Guo Aimin, et al. Influence of vanadium on mechanical properties and microstructure of simulated heat affected zone of Nb-V treated HSLA steels. In: International Seminar 2005 on Application Technologies of Vanadium in Flat-rolled Steels, Suzhou China, 2005: 165 ~ 171

68 Li Y, Crowther D N, Green M J W, et al. The effect of vanadium and niobium on the properties and microstructure of the intercritically reheated coarse grained heat affected zone in low carbon microalloyed steels. ISIJ International, 2001, 41 (1): 46 ~ 55

69 Mitchell P S, Hart P H M, Morrison W B. The Effect of Microalloying on HAZ Toughness, Microalloying 95, Eds. M. Korchynsky, et al. I&SS, Pittsburgh, USA, 1995: 149 ~ 162

70 Hansson P. Influence of nitrogen content and weld heat input on Charpy and COD toughness of the grain coarsened HAZ in vanadium microalloyed steels. Swedish Institute for Metals Research (Internal Report), IM-2205, 1987

71 方芳, 杨才福, 张永权, 等. V-N 钢焊接粗晶区的组织和韧性研究. 见: 全国低合金钢、微合金非调质钢学术年会论文集, 中国金属学会低合金钢学术委员会等, 中国, 成都, 2006: 172 ~ 177

72 毛新平, 李春艳, 刘清友, 等. 薄板坯连铸连轧流程 V 微合金化 HSLA 钢的开发. 特殊钢, 2006, 27 (5): 51 ~ 52

73 Pan Tao, Yang Caifu, Zhang Yongquan. Research of laboratorial simulation on the production of V-N microalloyed CSP steel. Iron and steel, 2006, 41 (supplement1): 143 ~ 148

74 潘涛, 杨才福, 毛新平, 等. V-N 微合金化 CSP 带钢中的析出物研究. 钢铁钒钛, 2007, 28

(2): 21 ~ 26

75 Li Y, Wilson J A, Crowther D N, et al. 钒（铌，钛）对薄板坯铸钢微观组织和力学性能的影响. 见：2002 年薄板坯连铸连轧国际研讨会会议论文集，中国金属学会，中国，广州，2002：177 ~ 191

76 Li Y, Wilson J A, Craven A J, et al. Dispersion strengthening in vanadium, microalloyed steels processed by simulated thin slab casting and direct rolling. Iron and steel, 2006, 41 (supplement1): 155 ~ 160

77 Li Y, Crowther D N, Wilson J A, et al. The evolution of precipitation during the processing of thin slab cast. ISIJ International, 2002, 42 (6): 636 ~ 644

78 毛新平，高吉祥，刘清友，等. 屈服强度 550MPa 级高强度高成形性钢板的开发研究. 汽车工艺与材料，2006，(11)：1 ~ 5

79 Mao Xinping, Huo Xiangdong, Liu Qingyou, et al. Research and application of microalloying technology based on thin slab casting and direct rolling process. Iron and Steel, 2006, 41 (Supplement1): 109 ~ 118

80 潘涛，杨才福，龚维幂，等. V（C，N）的高温析出行为及其对晶粒细化的作用. 见：2005 年薄板坯连铸连轧品种与工艺技术研讨会论文集，先进钢铁材料国家工程研究中心，中国，扬州，2005：78 ~ 85

81 Choquet P, Febregue P, Giusti J, et al. Modeling of force, structure and final properties during the hot rolling process on the hot strip rolling mill. Intl. Symp. On Mathematical Modeling of Hot Rolling of Steel, Canada, 1990: 33 ~ 44

82 Michael Korchynsky. 钒在薄板坯连铸高强度低合金钢中的作用. CSP 品种与钒氮微合金化. 钢铁研究总院钒氮钢发展中心，2003：37 ~ 39（内部资料）

83 张永权，杨才福，柳书平. 钒氮微合金化钢筋的研究. 钢铁钒钛，2006，21（3）：12 ~ 15

84 张晨. 钢包精炼工艺对钒氮合金收得率的影响. 钢铁钒钛，2003，24（4）：44 ~ 48

85 Mitchell P S, Crowther D N, Green M J W, 著. 张娟，杨才福，译. 薄板坯连铸生产含钒高强钢. 见：薄板坯连铸连轧生产技术研究文集（2002 ~ 2004）. 钢铁研究总院结构材料研究所，2004：72 ~ 87（内部资料）

86 广州珠江钢铁有限公司. 一种采用薄板坯连铸连轧技术生产 V-N 微合金高强度钢带的工艺. 200510100421.2，2005

87 潘涛，张娟，杨才福. 薄板坯连铸连轧的试验室模拟和 V-N 微合金化. 见：2005 年薄板坯连铸连轧品种与工艺技术研讨会论文集，先进钢铁材料国家工程研究中心，中国，扬州，2005：87 ~ 90

88 Chiang L K. Development and production of HSLA 80ksi (550 MPa) steels at Gallatin Steel. In: International Seminar 2005 on Application Technologies of Vanadium in Flat-rolled Steels, Suzhou, China, 2005: 27 ~ 34

89 Robert J Glodowski. V 和 N 对薄板坯生产 HSLA 带钢的工艺和性能的影响. 钒氮微合金化钢的开发与应用. 钢铁研究总院，2002：140 ~ 148（内部资料）

90 Lubensky P L, Wigman S L, Johnson D J. High strength steel processing via direct charging using thin slab technology. In: Proc. Microalloying 95, Iron and Steel Society Inc., Pittsburgh, 1995:

225 ~ 233
91 Glodowski R J. V-N microalloyed HSLA strip steels produced by thin slab casting. HSLA Steels' 2000. In：Liu Guoquan, et al. 4th International Conf. on HSLA Steels. Beijing：Metallurgical Industry Press, 2000：313 ~ 318
92 赵勇，胡学文，珠涛，等．V 微合金化技术在 CSP 线 HSLA 钢生产中的应用研究．见：2005 年薄板坯连铸连轧品种与工艺技术研讨会论文集，先进钢铁材料国家工程研究中心，中国，扬州，2005：161 ~ 165
93 王议康，单以银，杨柯．薄板坯直轧微合金钢．见：2005 年薄板坯连铸连轧品种与工艺技术研讨会论文集，先进钢铁材料国家工程研究中心，中国，扬州，2005：91 ~ 102
94 Gamal Megahed, Paul S K, Andrea Carboni, et al. Development of new steel grades and products-casting and rolling of API X70 grades for arctic applications in thin slab rolling plant. Iron and Steel, 2006, 41（Supplement1）：171 ~ 176
95 王瑞珍，章洪涛，庞干云，等．CSP 工艺 X60 管线钢的开发．见：2002 年薄板坯连铸连轧国际研讨会会议论文集，中国金属学会，中国，广州，2002：230 ~ 237
96 侯金海，李建文，郭荣秀．低合金高强度钢在邯钢 CSP 上的开发实践．见：2003 中国钢铁年会论文集（4），北京：冶金工业出版社，2003：657 ~ 659
97 Si Yongtao, Qu Wensheng, Dong Ruifeng, et al. Development of Nb-microalloyed J55 hot rolled strip used for ERW casing for petroleum in Baotou CSP Plant. Iron and Steel, 2006, 41（Supplement1）：29 ~ 33
98 Zhao Xiaolin, Li Hongbin, Shi Zhiyong. Production of line pipe steels on thin slab casting and strip production line. Iron and Steel, 2006, 41（Supplement1）：177 ~ 181
99 苏世怀，胡学文，何宜柱，等．CSP 流程钒氮微合金化 X60 钢的强化机．钢铁，2006，41（9）：74 ~ 78

# 5 薄板坯连铸连轧铌微合金化技术

## 5.1 概述

### 5.1.1 铌微合金化技术发展概况

美国从20世纪30年代开始在钢中添加铌，以提高低碳钢的强韧性[1]。铌由于资源有限、价格高，直到20世纪50年代都只是作为战略物资，并未得到广泛使用。20世纪50年代后期，美国解除铌的战略储备限制；同时巴西铌矿的大规模开采使得铌铁的成本大幅度降低，铌微合金钢才得到广泛的研制开发和生产应用。美国国家钢铁公司大湖钢铁厂率先将铌微合金钢产品应用于市场，结果表明铌微合金钢具有良好的力学性能、成形性和焊接性。

然而研究者很快发现，更有效地发挥铌的作用需要相应的物理冶金知识作基础。如在1961年，Mareta与Joseph在进行了半镇静钢的生产试验后不得不承认：铌细化晶粒的机制还不清楚[2]。

随后在20世纪60~70年代在铌微合金化技术研究与铌微合金钢生产方面人们做了大量的重要工作。例如：将Hall-Petch关系式应用于铌微合金钢，明确晶粒细化是唯一既能有效提高强度还可提高钢的韧性的措施；Nb(C,N)的沉淀强化规律的探索；Nb(C,N)用于控制高温奥氏体晶粒尺寸；Nb(C,N)析出物在奥氏体中的固溶度积公式及铌的固溶和析出规律的探索；固溶铌和Nb(C,N)析出物对形变奥氏体的再结晶行为及铁素体相变影响的研究；铌微合金钢的控制轧制和控制冷却技术等。通过上面的研究结果，铌微合金化技术体系逐步建立。

自1963年以来，国际上先后召开了多次关于铌微合金化技术的会议，不仅讨论了铌作为微合金元素作用的规律，同时讨论了与其他微合金元素复合作用的规律。标志性的国际会议Microalloying 75对这一时期微合金钢的研究开发及生产应用工作进行了充分的总结[3]，确立了微合金钢的地位和进一步发展的方向，使得微合金钢的发展几乎成为所有钢铁生产国家的重要发展方向，形成了被钢铁冶金界称为“20世纪物理冶金最重大成就”之一的微合金化技术理论体系。

20世纪80年代至20世纪末，铌微合金化技术的发展非常迅速，研究工作集中在：铌与钒、钛、钼等其他元素的复合微合金化原理；高等级石油管线钢的研制开发与大规模生产；Nb(C,N)在铁素体中的固溶析出原理；铌微合金化奥氏体的形变热处理原理及控制轧制技术特别是控制动态再结晶轧制技术的广泛应用；铌微合金化无珠光体钢乃至无间隙原子钢（IF 钢）的研制开发，特别是在汽车用钢方面的生产应用；铌微合金化形变诱导铁素体相变（DIFT）技术等。

进入 21 世纪，随着薄板坯连铸连轧技术在全世界的迅猛发展，其原有产品结构已经不能应对激烈的市场竞争而亟待升级。通过研究开发铌微合金化钢来增加品种、扩大产品的应用领域，成为薄板坯连铸连轧产品结构升级的重要手段之一。同时，薄板坯连铸连轧技术也成为实现铌微合金钢高效化生产的必要手段。采用薄板坯连铸连轧生产铌微合金钢与传统流程相比，存在诸多不同之处，集中表现在：获得同等的力学性能需要添加更高含量的铌[4]；生产的铌微合金钢中，存在着较为严重的混晶问题；各个工艺阶段的组织演变规律和铌的固溶析出规律有别于传统流程。因此，只有深入研究薄板坯连铸连轧中铌的固溶析出规律和作用机理，才能合理地利用铌微合金化技术，进而制定一整套包括冶炼、连铸、均热、轧制、冷却和卷取的工艺控制原则，使其适应薄板坯连铸连轧特点并发挥其优势。

20 世纪，铌微合金化技术的发展和完善被认为是钢铁冶金界的主要成就之一；21 世纪，铌微合金技术将在薄板坯连铸连轧中继续发挥重要的作用。

### 5.1.2　铌微合金化技术的特点

正如微合金元素的定义所说，铌含量只要万分之几加入钢中即可起到显著细化晶粒的作用，最终显著提高钢材的强韧性能。因此铌微合金技术的研究重点是铌的细晶作用机理及合理的工业化控制。由于铌的晶粒细化作用与轧制过程中对奥氏体组织演变规律的影响密切相关，因此通过研究铌对奥氏体长大/再结晶过程的影响规律、铌的固溶、析出与铁素体相变的耦合关系、Nb(C,N)析出的沉淀强化机理等，可确定铌在热连轧生产过程各个工艺阶段的作用机理和控制方法。

大量研究结果和生产经验表明，铌微合金钢连铸时需要注意铸坯表面在弯曲和随后的矫直过程中因微细析出物的产生而出现横裂纹等质量问题。因此，铌微合金化技术的另一个研究重点在于优化连铸冷却工艺，避免板坯边部和表面温度落入高温塑性低谷区。

铌微合金钢控轧控冷过程中，轧制变形诱导析出的微细 Nb(C,N)是抑制奥氏体再结晶的主要因素，而钢中总的铌含量则对其没有直接影响。因此，避免轧制之前析出粗大的 Nb(C,N)，减少由此造成的无效铌问题，是合理利用铌微合金化技术，特别是铌在薄板坯连铸连轧上应用的关键技术问题。

铌微合金钢基本上都需要进行奥氏体再结晶和奥氏体未再结晶两阶段轧制，但是对于这两阶段之间的不完全再结晶轧制变形需要格外注意，传统流程的混晶问题往往产生于此。而薄板坯连铸连轧由于流程本身的特点造成原始奥氏体晶粒粗大且不均匀，同时两阶段轧制之间难以严格分开，再加之铌的阻碍奥氏体再结晶均匀化作用，使得研究薄板坯连铸连轧铌微合金钢混晶机理并提供有效解决措施成为铌微合金化技术应用的重要学术及技术问题。

### 5.1.3 铌微合金化技术的应用

#### 5.1.3.1 传统流程铌微合金钢的开拓

铌微合金化技术最为突出的进展在于铌微合金钢的开拓，其原因不仅是为了改进工艺、降低成本，而且大大改善了钢的力学性能和使用性能。正是基于上述优势，使铌微合金钢在三大领域用钢中具有不可替代的地位：所有级别的管线钢都是铌微合金钢；汽车结构用热轧或者冷轧低合金高强度钢（High Strength Low Alloy Steel）绝大多数是铌微合金钢；热轧机械结构用钢通常将铌作为首要添加元素[5]。

世界能源需求的增加，引发石油输送量和输送压力的提高，管线钢对强度、韧性和焊接性能的要求迅速提高，其商业牌号从 X60 升级至 X100。为达到上述目的，传统流程采用降碳、控制轧制、铌微合金化等技术手段，使管线钢的屈服强度在 30 年内从 300MPa 级升高到 700MPa 级，冲击吸收功由 30J 提高到 200J 以上，韧脆转变温度也由 0℃下降到 -45℃[6]。随着强度级别的提高，管线钢合金化设计由最初的 C-Mn 到 C-Mn-Nb-V、C-Mn-Nb-Ti、C-Mn-Nb-Ti-Mo，微观组织从铁素体/珠光体逐步发展到微珠光体、针状铁素体、超低碳贝氏体和低碳索氏体。

汽车结构用钢要求良好的成形性，同时汽车节能、减重和安全方面要求的提高，导致汽车结构用钢的强度、韧性要求也越来越高。因而只有通过细晶强化来保证强韧性，同时不降低塑性和成形性。铌的添加除了细化晶粒提高力学性能以外，在汽车用热轧薄板材料中，固溶铌还有提高深加工性能、提高抗二次冷加工脆性等作用。因此，国内外各厂家生产的汽车结构用钢主要是铌微合金钢及铌钛、铌钒复合微合金钢，主要牌号包括 W510L、B510L、QStE340TM ~ QStE460TM、德标 S420MC ~ S600MC、日标 SAPH440、美标 HSLAF50 ~ 80 等。

除了在石油化工、汽车工业方面得到广泛的应用，铌微合金钢在桥梁工程、船舶、建筑等领域也越来越多地被使用，国内典型的桥梁钢牌号有 14MnNbq、建筑用钢牌号有 20MnSiNb 等。目前传统流程铌微合金化技术正在向多相钢、无间隙原子钢、高碳钢、超低碳贝氏体钢等技术领域扩展。应用领域也迅速延伸到厚规格工程机械、集装箱、铁路车辆、弹簧用钢等。

#### 5.1.3.2 薄板坯连铸连轧铌微合金钢的开拓

鉴于铌微合金化技术在传统钢铁生产流程中的成功应用，国内外多家研究单位开始进行铌微合金化技术在薄板坯连铸连轧上的应用研究和铌微合金钢的生产开发。到目前为止，研究者已经针对薄板坯连铸连轧与传统流程的差异做了大量研究工作，对铌微合金化技术在薄板坯连铸连轧上的适应性做了系统分析，初步形成了全新的薄板坯连铸连轧铌微合金化技术体系。在此基础上，结合薄板坯连铸连轧均热温度低、取消粗轧、总压下量小而单道次压下量大、轧后冷却速度快等特点，制订出合理的铌微合金钢生产工艺，成功研制了 X42 ~ X70 等系列管线钢、J55 石油套管用钢、QStE340TM ~ QStE500TM、SAPH440 等汽车结构用钢，性能达到标准要求。

薄板坯连铸连轧铌微合金钢的强度、冲击韧性、成形性能、焊接性能均能够达到传统流程同类产品的实物水平。如薄板坯连铸连轧生产的 X60 管线钢，经对焊缝及热影响区的拉伸试验、断裂韧性试验、焊缝低倍形貌检验、钢管水压试验和整管无损检测等各工序的严格检验，结果全部合格，各项指标均符合 API 标准和工程使用技术要求，甚至可以生产 X70 管线钢并用于北极高寒地区。

### 5.1.4 铌微合金化技术与薄板坯连铸连轧的适应性

#### 5.1.4.1 铸造组织直轧的影响

薄板坯连铸连轧生产过程中组织演变表现为粗大的铸造枝晶组织再结晶碎化、等轴化和均匀化，以及再结晶组织进一步细化两个重要阶段。而粗大的铸造树枝晶组织再结晶碎化过程对薄板坯钢带生产的组织均匀性控制更为关键。薄板坯连铸连轧的新特性为高性能钢带的生产带来了一定的困难。

众所周知，铌微合金化控轧技术是高强度宽带钢生产最有效的技术方法之一。在传统流程生产中，铸坯组织发生了 $\gamma\rightarrow\alpha$ 和 $\alpha\rightarrow\gamma$ 两次相变过程。通过两次相变，原始奥氏体可细化至 100 ~ 200μm，通过粗轧，奥氏体可通过多次再结晶而进一步细化，最后，在精轧过程中只要合理控制未再结晶区内有效变形量便可获得理想的组织。

然而，薄板坯连铸连轧生产铌微合金钢时，在仅有的 6 ~ 7 道次连轧过程中，既要完成粗大铸造树枝晶组织的再结晶碎化过程，又要实现未再结晶控轧，因此组织转变过程更为复杂，控制难度更大，经常出现混晶情况。在薄板坯连铸连轧铌微合金钢生产中，低碳（C≤0.07%）含铌微合金钢出现的主要问题是混晶，中碳（C 0.16% ~0.20%）含铌微合金钢除出现混晶问题外，还伴有严重的带状组织。出现这种现象的主要原因就是由薄板坯连铸连轧铸造组织直轧这一新的冶金特征引起的。

传统流程中通过高温粗轧充分固溶铌以完成再结晶轧制（RCR），而多数薄板坯连铸连轧只有精轧，无法照搬利用经过中间冷却待温后配合低温精轧变形诱导析出铌，以完成未再结晶轧制（CCR）的铌微合金钢控轧基本原则。因此，在薄板坯连铸连轧实现铌微合金钢的两阶段轧制的难度更大。

#### 5.1.4.2　均热温度和时间的影响

同传统流程相比，薄板坯连铸连轧均热温度低且时间短，而铌的碳化物和氮化物固溶度相对较低，并且受到其他微合金元素如钛的影响较大，因此热轧前钢中固溶的铌含量相对偏低且易生成粗大的析出物[4]，影响到轧制后期微细Nb(C,N)析出量及奥氏体发生积累应变的效果，难以达到传统流程同等铌含量条件下的力学性能，即部分铌失去细晶强化的作用。若增加钢的铌含量，由于薄板坯连轧之前奥氏体晶粒粗大，缺乏再结晶形核的有效晶界位置；另外铌是通过溶质拖曳阻止静态和动态再结晶的最有效的元素，这造成生产时在连轧的初始阶段发生完全再结晶比较困难，对最终组织的均匀化不利。因此，钢中铌的添加要适量，既要保证轧制前期组织均匀性，又能在轧制后期发挥细化晶粒的作用。

#### 5.1.4.3　连铸过程中铌对薄板坯高温塑性的影响

当铌存在于微合金钢中，铸坯表面易出现裂纹，尤其是普遍存在的角/横向裂纹问题，这主要是由于铌的碳氮化物沉淀存在，正好在铸坯的顶弯和矫直温度范围产生一个塑性波谷。深入认识薄板坯连铸过程铌微合金钢的组织特点和析出特点，在相对高拉速、快速冷却的条件下，避免连铸过程出现裂纹，也是薄板坯连铸连轧铌微合金化技术研究的重点之一。

#### 5.1.4.4　微观组织均匀性的问题

薄板坯连铸连轧生产的铌微合金钢中，微观组织均匀性有待提高，特别是抑制混晶现象的发生是合理利用铌微合金化技术的关键。由于混晶容易造成力学性能的波动和冲击韧性的恶化，影响最终产品的使用性能和安全性能，因此大量薄板坯连铸连轧铌微合金化技术研究集中在对混晶问题的原因分析和解决方法上。研究表明多重因素导致混晶，主要有薄板坯连铸连轧本身设备、流程特点和奥氏体原始组织的因素，也与铌在该工艺条件下新的析出规律有关。在理解铌微合金钢混晶机理的基础上，通过调整工艺，提高均热温度促进轧前铌的固溶；采用高温大变形促进粗大原始奥氏体再结晶；合理分配轧制变形量等措施，可以有效抑制 Nb 0.04% ~0.07% 微合金钢发生混晶现象。

## 5.2　铌微合金化理论基础

铌在钢中的核心作用是通过细化晶粒来提高钢材的强度和韧性。铌在钢中的化合物形成规律、溶解析出规律、铌对微合金钢的微观组织和相变过程的影响规律等构成铌微合金化技术的理论基础。自 1975 年召开“微合金化 75”会议以来，传统钢铁生产流程铌微合金化技术已形成成熟的技术体系。

理解铌微合金化技术的关键是 Petch 发现的晶粒尺寸与强度及断裂性能之间的定量关系。这个关系式能区分微合金化元素的不同作用并加以定量化，而且早期的研究即已表明，主要是碳化物及氮化物的形成而引起晶粒细化和沉淀强化，这是微合金化元素能够强烈影响钢材力学性能的主要原因。因此，铌微合金化技术理论的研究重点是定性和定量地分析铌的细晶机理和沉淀强化机制。

### 5.2.1 铌的化合物形成倾向

铌属于过渡族金属元素，可以在钢中形成一系列氧化物、硫化物、碳化物和氮化物等简单固溶化合物。K. Narita 和 L. Meyer 等人先后研究了微合金元素在钢中的化合物形成倾向，如图 5-1 所示[7,8]。从图的右上角到左下角化合物形成倾向逐渐增强。由此可知，铌较容易形成碳氮化物，难以形成氧化物、硫化物，并且具有较强的沉淀强化能力。

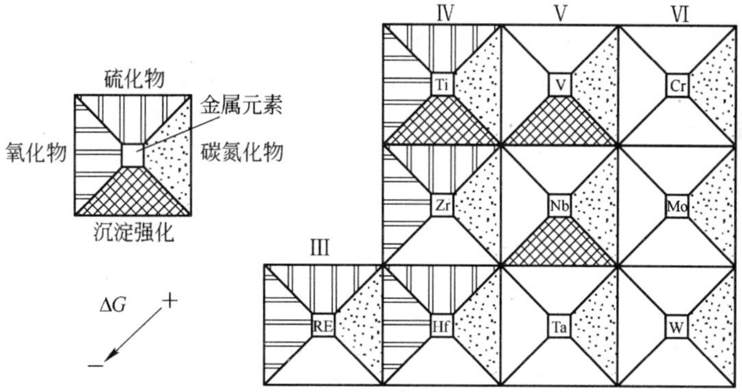


图 5-1 各元素形成氧化物、硫化物、碳化物和氮化物的倾向及其沉淀强化能力

铌在钢中以形成 NbC、NbN 为主，NbC 与 NbN 具有相同的晶体结构（NaCl 结构）且点阵常数相近，如图 5-2 所示，因而可以无限互溶形成碳氮化物

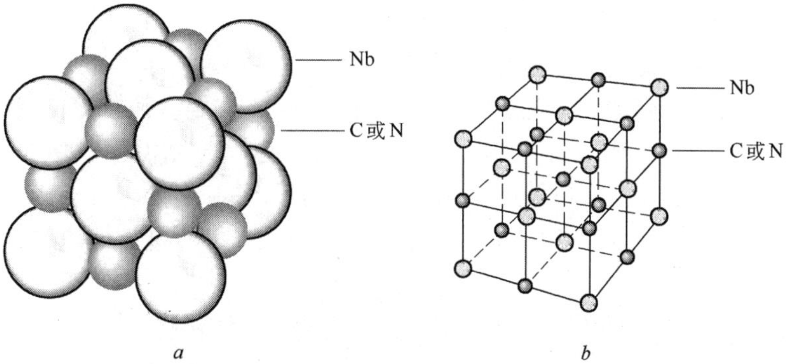


图 5-2 Nb(C,N)析出相的晶体结构示意图

*a*—晶胞模型；*b*—点阵结构

$NbC_xN_{1-x}$，其中 $x$ 可在 0～1 之间变化，由此导致其在奥氏体中的固溶度积也处于 NbC 与 NbN 之间。通过控制钢中铌、碳、氮含量的变化，可使 $x$ 变化。N/C 越高，析出物中越富氮且析出温度越高，如图 5-3 所示[9]。因此，铌在钢中的固溶析出量不仅受到碳的影响，同时受氮的影响。同铁水为原料的转炉钢相比，以废钢为原料的电炉冶炼铌微合金钢连铸板坯中的析出物更多，主要原因正是电炉钢中的氮含量高。一般情况下，微合金钢铌的析出物中很难有单一的 NbC 或者 NbN，因此本章以 Nb(C,N)来描述铌的析出物。

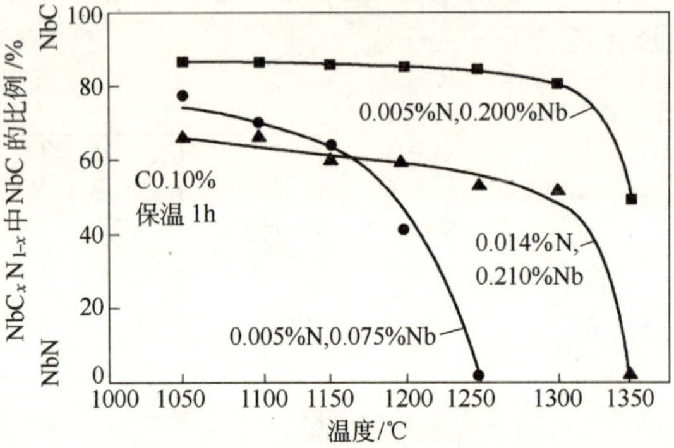


图 5-3　$NbC_xN_{1-x}$组成的变化与钢中氮含量、铌含量和析出温度的关系

### 5.2.2　铌在钢中的固溶规律

铌在钢中的作用大小会因其是处于固溶状态还是形成析出物而发生显著的变化，如高温下未溶的 Nb(C,N)具有钉扎奥氏体晶界，从而阻止奥氏体晶粒长大的作用，但固溶铌几乎完全不能阻止晶粒长大；又如，γ→α 相变前固溶于奥氏体中的铌元素能提高钢的淬透性，而当这些铌元素形成相应的 Nb(C,N)时，由于 Nb(C,N)阻止晶粒长大而使奥氏体晶界面积增大，提供更多铁素体晶核的形核位置，反而会降低钢的淬透性。

因此，为了准确地发挥铌在钢中的作用，必须首先定量掌握铌在钢中的存在形式，即铌的固溶量和形成 Nb(C,N)的量，以及这些量随温度和化学成分的变化规律，这主要利用 Nb(C,N)固溶度积公式进行计算。

目前，广泛采用的 NbC、NbN、Nb(C,N)在奥氏体中的固溶度积公式[10～12]为：

$$\lg([\%Nb][\%N]) = 2.80 - 7500/T \tag{5-1}$$

$$\lg([\%Nb][\%C]) = 2.96 - 7510/T \tag{5-2}$$

$$\lg\left([\%Nb][\%C + \frac{12}{14} \times \%N]\right) = 2.26 - 6770/T \tag{5-3}$$

式中，[%M] 为处于固溶态的 M 元素的质量分数；$T$ 为绝对温度。析出物中铌与碳、氮的化学配比如表 5-1 所示。

**表 5-1 微合金元素与碳、氮元素的理想化学配比**

| 微合金元素 | V | Nb | Ti |
|---|---|---|---|
| 相对于 C | 4.24 | 7.74 | 3.99 |
| 相对于 N | 3.64 | 6.63 | 3.42 |

Nb(C,N)在铁素体中的固溶度积非常小，实验难以测定，目前仅有由热力学数据推导而得到的平衡固溶度积公式[12,13]：

$$\lg([\%\mathrm{Nb}][\%\mathrm{C}])_{\alpha} = 5.43 - 10960/T \tag{5-4}$$

$$\lg([\%\mathrm{Nb}][\%\mathrm{N}])_{\alpha} = 4.96 - 12230/T \tag{5-5}$$

利用上述固溶度积公式和钢中碳、氮的数量，结合析出物中铌与碳、氮的化学配比，就可以定量计算出不同化学成分的钢中不同温度下铌固溶于钢中和存在于 Nb(C,N) 中的量。Nb(C,N) 的全固溶温度是一个重要的轧制温度参数，高于此温度并达到一定时间后，铌将完全处于固溶态并发挥相应的作用；而只有在此温度之下适当过冷度条件下，Nb(C,N) 才有可能有效沉淀析出，而以 Nb(C,N) 的形式发挥相应的作用。全固溶温度具体计算实例如下[14]：

C 0.10%-Nb 0.06% 的微合金钢（暂不考虑钢中氮的影响）中 NbC 的全固溶温度及其均热温度的确定采用固溶度积公式 5-2，得：

$$T_{\mathrm{AS}} = \frac{7510}{2.96 - \lg(0.06 \times 0.10)} = 1449\mathrm{K} = 1176℃ \tag{5-6}$$

由此，若希望钢中所加的铌元素全部处于固溶态，从而在随后的轧制过程中起到通过溶质拖曳机制显著阻止奥氏体再结晶的作用，钢的加热温度应高于 1176℃。

若 NbC 存在间隙原子缺位而使其化学式成为 $\mathrm{NbC_{0.87}}$ 时，采用固溶度积公式 $\lg([\%\mathrm{Nb}][\%\mathrm{C}]^{0.87})_{\gamma} = 3.11 - 7520/T$，可得：$T_{\mathrm{AS}} = \dfrac{7520}{3.11 - \lg(0.06 \times 0.10^{0.87})} =$ 1446K = 1173℃，与不考虑间隙原子缺位的情况相差不大。

由图 5-4 可以看出，铌在钢中的固溶量随温度的升高而迅速增大（大致呈指数关系变化），而 Nb(C,N) 的量则相应地下降[15]。同时可以看出，在接近 $\gamma \to \alpha$ 相变点温度时，铌的固溶量将迅速地减小，原因是 Nb(C,N) 在奥氏体中的固溶度远大于其在铁素体中的固溶度，Tayloy 计算表明，当奥氏体在 800℃ 转变为铁素体时，NbC 的极限固溶度降低到约 1/20。实际上，由于 NbC 在铁素体中的固溶度积已非常小，完全可以不进行计算，而认为 950℃ 时仍固溶于奥氏体中的铌，在 650℃ 保温足够长时间将完全沉淀析出为 NbC。

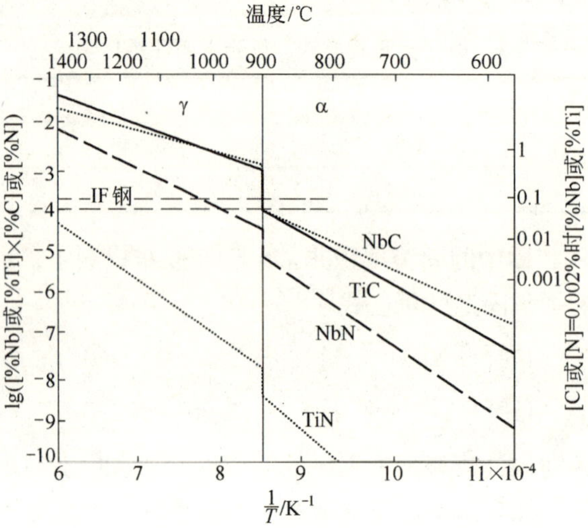


图 5-4　平衡条件下铌在奥氏体（竖线左）
和铁素体中（竖线右）的固溶度曲线

### 5.2.3　碳氮化铌的析出动力学

铌在钢中随着温度的降低，固溶度积减小，将以碳氮化物的形式从奥氏体中析出。微合金元素的析出沉淀过程可通过类似 Johnson-Mehl 方程的推导得出其动力学方程。E. V. Pereloma 采用 Avrami 关系和叠加原则提出了析出物体积分数随时间变化的关系式[16]：

$$V_t = 1 - \exp\left[\ln 0.95 \times \left(\frac{t}{t_{PS}}\right)^n\right] \tag{5-7}$$

式中，$V_t$ 为析出的体积分数；$t_{PS}$为当前温度下析出开始时间（5% 析出量完成的时间）；$n$ 为时间指数。根据扩散控制理论，碳氮化物的析出也是个形核和长大的过程，B. Dutta 和 C. M. Sellars 提出了含铌微合金钢中碳氮化物析出开始时间的模型[17]：

$$t_{PS} = A[\mathrm{Nb}]^{-1}\varepsilon^{-1}Z^{-0.5}\exp(Q/RT)\exp[B/T^3(\ln k_s)^2] \tag{5-8}$$

式中，$k_s$ 为 B. Dutta 所提出的固溶度积；$Z$ 为 Zenner-Hollmon 参数；$T$ 为绝对温度；$Q$ 为热激活能，数值为 270kJ/mol；$\varepsilon$ 为温度 $T$ 时的应变。$A$、$B$ 是由具体的实验数据和测定方法确定的常数。该模型考虑了热机械控制处理工艺过程（Thermo Mechanical Controlled Processing）中如应变温度、应变量、应变速率以及化学成分对析出的影响，是研究析出最常用的一个模型。如果是无变形的条件，公式中就没有 $\varepsilon$、$Z$，但在实际工业生产中，热轧变形过程中 Nb(C,N)析出规律不同，这激发了科研工作者进行大量工作来研究奥氏体中析出动力学。在这些实验研究中发现，有一种析出是特例，那就是在变形过程中和/或变形后发生的应变诱导析出。应变诱导析出是伴随变形发生的动态析出，Jonas 等人对此做过深入研究[18]。

热力学和动力学模型以及以前的研究工作表明，Nb(C,N)在奥氏体中的析出过程具有如下基本特点：

（1）析出动力学曲线为典型的 Avrami 形式的 S 曲线，从析出开始时间到结束时间大约需要 1.5 ~2 个时间数量级。

（2）PTT(Precipitation-Temperature-Time)曲线为典型 C 曲线形式，具有一个最快的“鼻子点温度”和孕育时间，对 Nb(C,N)而言“鼻子点温度”大约在 900 ~950℃之间[16]。

### 5.2.3.1　奥氏体再结晶对 Nb(C,N)析出动力学的影响

由于在热变形过程和变形间隔时段中，Nb(C,N)的析出和奥氏体再结晶存在能量竞争关系，因此两者发生顺序不同，其动力学过程也不同。Le Bon、Simoneau 等人分别研究了铌微合金钢在 900℃及其以上温度 Nb(C,N)的析出速率，部分结果如图 5-5 所示[19,20]。这些研究结果说明，Nb(C,N)在已发生再结晶奥氏体中的析出速率非常慢，析出的最快开始时间也要 30min 左右，并且随着温度的升高，析出的开始时间向后推移。即使在最快开始析出温度 900℃时也要几千秒才完成约 50% 的析出量。也就是说，如果奥氏体再结晶首先消耗了变形带来的能量，那么 Nb(C,N)析出则将由于缺乏足够的能量而无法快速进行。

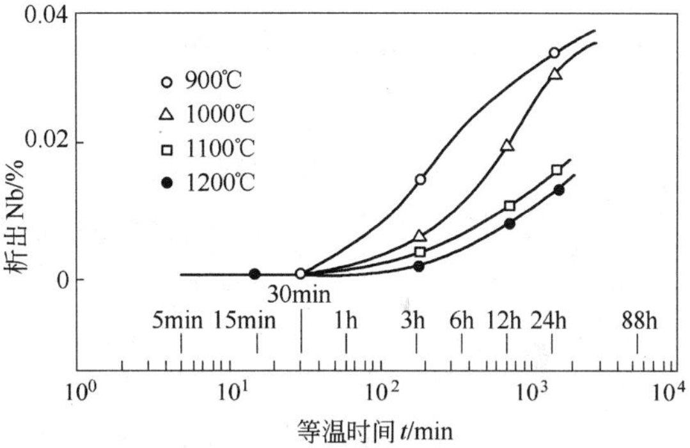


图 5-5　铌在再结晶奥氏体中的等温析出曲线

### 5.2.3.2　变形对 Nb(C,N)析出动力学的影响

应变的大小直接决定着应变储能的大小，因此 Nb(C,N)析出速率对应变非常敏感，这可由 Le Bon 的研究结果说明，如图 5-6 所示[19]。通过对 C 0.17%-Nb 0.04%-N 0.011% 钢在 900℃时的变形诱导析出动力学研究可以看出，应变显著促进析出动力学，大约 20% 的变形可以使析出开始时间和完成时间均提前一个数量级，这与析出形核位置随应变的变化规律密切相关。在对未再结晶奥氏体变形过程的演变研究中发现，当应变达到一定临界数值时，奥氏体内部位错密度急剧增高，同时会产生大量的变形带，它们同样可以作为析出物形核地点，因此

析出物数量会出现一个快速增长的阶段[21]。同时由图 5-7 可以看到，C(0.05% ~0.07%)-Nb 0.035%-N(0.004% ~0.006%)钢在 900℃施加 0.6 的应变可使铌析出的开始时间缩短到 1s 以内，即在大变形后马上就有析出物的沉淀发生。既然变形后位错密度成为析出物数量的决定性因素，如何准确估计位错密度成为研究变形对 Nb(C,N)析出动力学影响的关键。

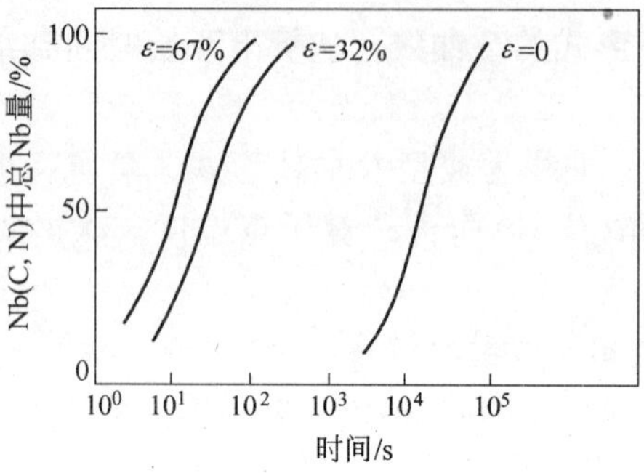


图 5-6　应变对铌析出速率的影响

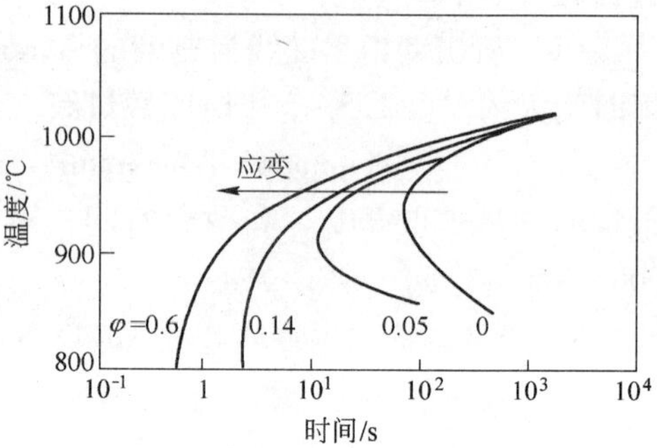


图 5-7　应变对铌析出 PTT
(析出—温度—时间)曲线的影响

B. Dutta 等人研究结果表明，变形除了显著提高析出形核位置—位错密度，促进了 Nb(C,N)析出动力学、加速析出数量增加以外，还可以使析出物尺寸长大开始时间提前，同样加速析出体积分数的增加[22]。

5.2.3.3　钢的化学成分对 Nb(C,N)析出动力学的影响

钢的化学成分对 Nb(C,N)析出动力学有显著的影响。钼和铜可使 C 曲线移向低温区，并使析出开始时间变短；而增加锰含量和钛含量却使 C 曲线移向更长时间，析出开始时间变长，如图 5-8 和图 5-9 所示。可以看出铌微合金钢

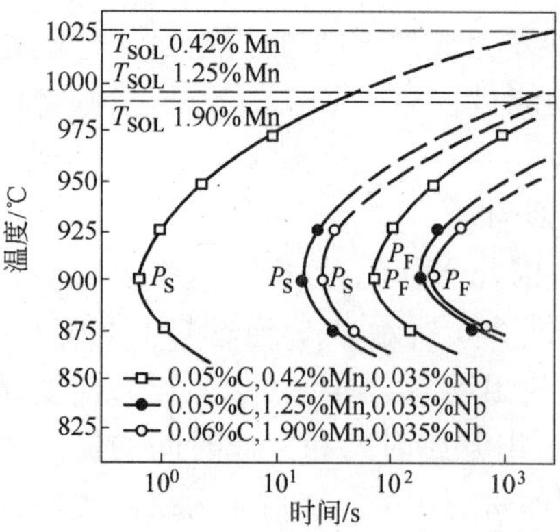


图 5-8　锰对铌析出动力学的影响
($P_S$—析出开始时间；$P_F$—析出结束时间)

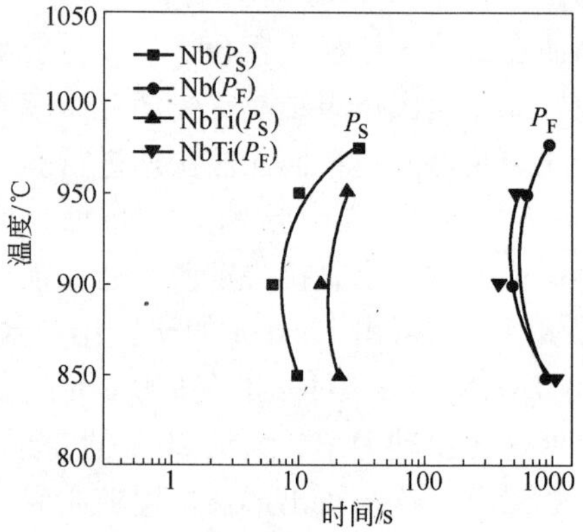


图 5-9　钛对 Nb(C,N)析出动力学的影响
($P_S$—析出开始时间；$P_F$—析出结束时间)

中锰含量从0.42%增加到1.25%，可使900℃铌的动态析出开始时间推迟一个时间数量级，这些效果可能是由于这些元素影响了溶质铌和碳的活度造成的[23,24]。A. J. DeArdo的研究结果表明，钢中铌和钛复合添加，容易在高温阶段产生TiNb(C,N)复合析出物，造成铌的过饱和固溶度下降，从而引起Nb(C,N)析出动力学延迟[25]。

### 5.2.4 碳氮化铌析出的位置和形貌

Nb(C,N)析出物按照生产阶段的不同可分为3种：铸坯中未溶解的析出、热轧奥氏体中析出和铁素体中析出。由铌的固溶度积公式可以知道，要使钢中的铌全部保持固溶状态，钢的温度需要超过其全固溶温度才行。当铸坯的温度低于全固溶温度时，铸坯中就会有Nb(C,N)的沉淀析出发生。这种Nb(C,N)析出物因为析出温度高，颗粒相对粗大，呈方形或者球形，而且在随后的加热、均热过程中会发生回溶现象，如图5-10*a*所示[26]。铌在热轧奥氏体中析出主要发生在晶界、亚晶界、位错线上等基体缺陷位置上，尺寸细小，仅数个到数十个纳米，如图5-10*b*所示[24]。由于在热轧奥氏体中析出物尺寸远小于铸坯未溶的析出物，因而在电镜观察下很容易区分它们。

同时研究表明，在再结晶奥氏体中析出物的尺寸要大于未再结晶奥氏体中的析出物。当铌在铁素体中析出时，析出物分布的特性与奥氏体—铁素体转变的特性有关。如果铁素体呈多边形态，则Nb(C,N)析出将呈“相间”分布。在相间析出过程中，Nb(C,N)沿γ-α相界前沿析出。当相界面移到新的位置时，析出物被甩在相界面后面，呈片层状排列，如图5-10*d*所示[27]。最终组织由大量的析出物片层组成，每一片层代表了相变过程中相界面的位置。除了相间析出，当热动力学条件合适时更多的情况是Nb(C,N)弥散分布在针状或贝氏体特征的铁素体中，此类颗粒状析出的尺寸非常细小，通常也只有数个纳米，如图5-10*c*所示[24]。

区分Nb(C,N)在奥氏体还是铁素体中的析出是通过析出物与基体的位向关系确定的。由于奥氏体转变为铁素体时两者存在明确的位向关系，即所谓的K-S关系[28]：

$$(111)_{\gamma}//(110)_{\alpha},[110]_{\gamma}//[111]_{\alpha} \tag{5-9}$$

而Nb(C,N)与奥氏体为平行的位向关系，因此，在奥氏体中沉淀析出的Nb(C,N)就与相变后的铁素体基体具有同样的位向关系[29]：

$$(111)_{M(C,N)}//(110)_{\alpha},[110]_{M(C,N)}//[111]_{\alpha} \tag{5-10}$$

而Nb(C,N)在铁素体或马氏体中析出时，具有Baker-Nutting取向关系[30]：

$$(100)_{M(C,N)}//(100)_{\alpha},[011]_{M(C,N)}//[010]_{\alpha} \tag{5-11}$$

因此，通过测定 Nb(C,N) 与相变后的铁素体的位向关系，就间接可知 Nb(C,N) 是在铁素体中沉淀析出还是在奥氏体中沉淀析出。

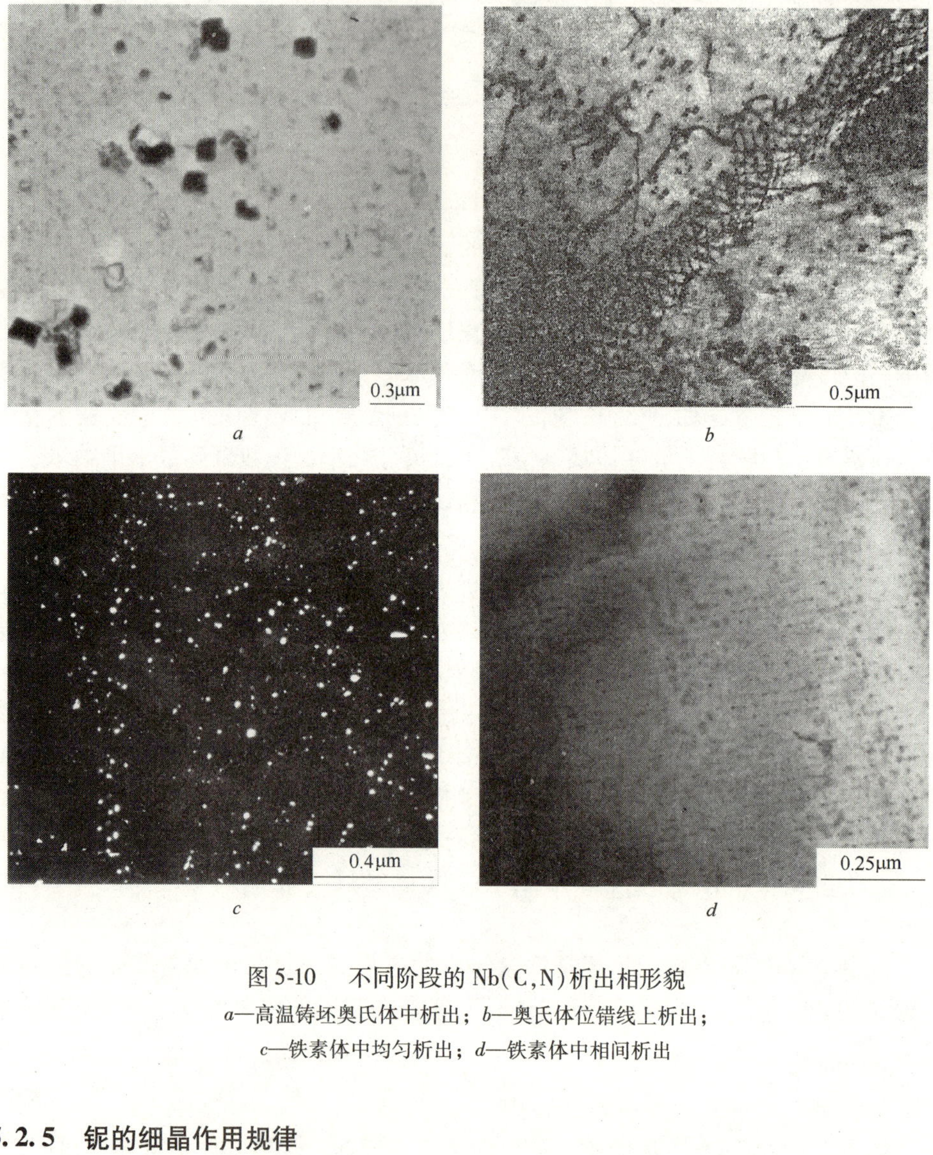


图 5-10　不同阶段的 Nb(C,N) 析出相形貌

*a*—高温铸坯奥氏体中析出；*b*—奥氏体位错线上析出；

*c*—铁素体中均匀析出；*d*—铁素体中相间析出

### 5.2.5　铌的细晶作用规律

铌在钢中的核心作用是细化晶粒，尤其是在低温区抑制奥氏体再结晶，在较宽的温度区间尽可能地实现薄饼化，并促使晶粒内部产生大量的变形带等具有铁素体形核能力的缺陷位置，最终得到均匀细小的铁素体组织，如图 5-11 所示[31]。

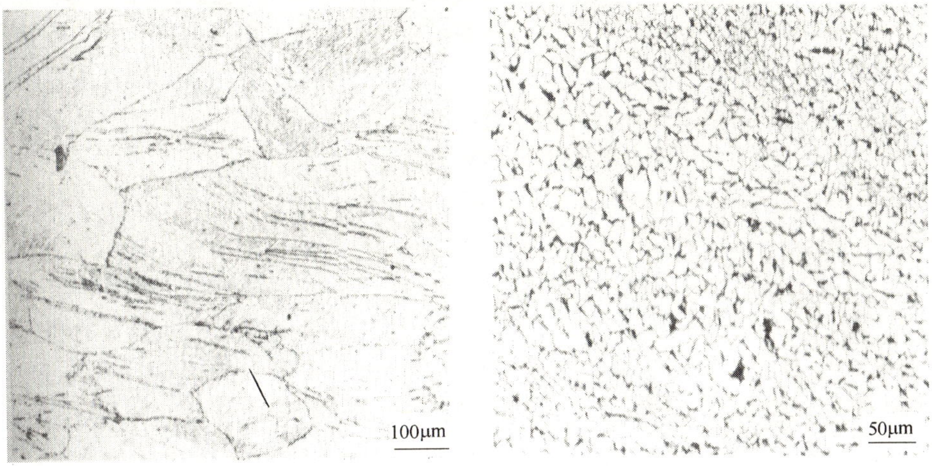


*a*　　*b*

图 5-11　含铌微合金钢相变前后微观组织

*a*—未再结晶奥氏体及变形带；*b*—铁素体

在整个控轧控冷生产过程中，铌在钢中的存在方式、析出量、析出尺寸、析出位置、析出时间不同，因而在各阶段对奥氏体再结晶过程的影响机理和控轧过程中所发挥的作用也各不相同，在此分别阐述控制轧制、控制冷却各个阶段铌的细晶作用机理。

5.2.5.1　阻止高温奥氏体晶粒长大

E. J. Palmiere、O. O. Miller 和 T. Gladman 等人研究过奥氏体晶粒的粗化，他们采用的是 Gladman 的研究方法[32~35]。Gladman 指出晶粒粗化过程中有两种类型的晶界运动：收缩晶粒的晶界向内运动与长大晶粒的晶界向外运动。能量平衡原理说明，只有尺寸超过 3/4 平均晶粒尺寸的晶粒才可能长大。根据这一观点，即便有晶粒粗化，非常窄的晶粒尺寸分布与平均晶粒尺寸无关。

铌微合金钢铸坯在加热、均热过程中，原始奥氏体晶粒会发生粗化，晶粒尺寸随着加热温度和均热时间的变化而连续长大。若析出物体积分数大，尺寸小，晶粒不会连续长大。为保证一定晶粒尺寸的奥氏体晶粒不发生粗化，就必须存在足够体积分数的平均尺寸足够小的 Nb(C,N) 析出。

由固溶度积公式可知，Nb(C,N) 可在相当高的温度下仍保持未溶。一定的温度下保温一定的时间后未溶的 Nb(C,N) 平均尺寸将随温度的升高和时间的延长而不断增大，这一过程一般称为第二相的聚集长大，或称为第二相的 Ostwald 熟化。熟化过程理论计算见公式 1-2，随着 Nb(C,N) 平均尺寸的长大，其对奥氏体晶粒尺寸长大的抑制作用将迅速减弱。

由式 1-2 可知，保持 Nb(C,N) 低粗化速率的主要因素是低的扩散系数 $D$ 和

低的平衡原子浓度 $C_0$（二者随温度的变化规律均大致为指数函数变化）。相对于常规合金元素而言，Nb(C,N)在铁基体中的固溶度积很小并由此导致铌在铁基体中的平衡原子浓度一般要小 1 ~2 个以上数量级，同时铌的扩散系数也低，因而 Nb(C,N)较之其他第二相而言可在相当高的温度下仍保持足够细小的尺寸。因此 Nb(C,N)可在较小的体积分数下取得明显的阻止晶粒长大的效果。

需要注意的是，当 Nb(C,N)析出物尺寸足够小时，可完全有效地钉扎奥氏体晶界，奥氏体晶粒基本不长大；而一旦温度升高至某一点由于析出发生回溶而造成的体积分数减小，或析出物发生 Ostwald 熟化而发生解钉，此时晶粒尺寸不均匀性因子将突然增大，导致基体晶粒反常长大，使得晶粒尺寸随温度的变化出现一突变区（参见图 1-5 中的铌微合金钢影线区[36]）。铌微合金钢中 Nb(C,N)大致在 1150℃以下温度可阻止奥氏体晶粒粗化。

文献［37］曾对这一现象做了定量研究，得出 C 0.09%-Nb 0.029% 钢在加热过程组织变化情况，当加热温度超过 Nb(C,N)全固溶温度 1112℃时，铌的析出钉扎作用减弱并小于再结晶晶粒长大驱动力，奥氏体迅速粗化，如图 5-12 所

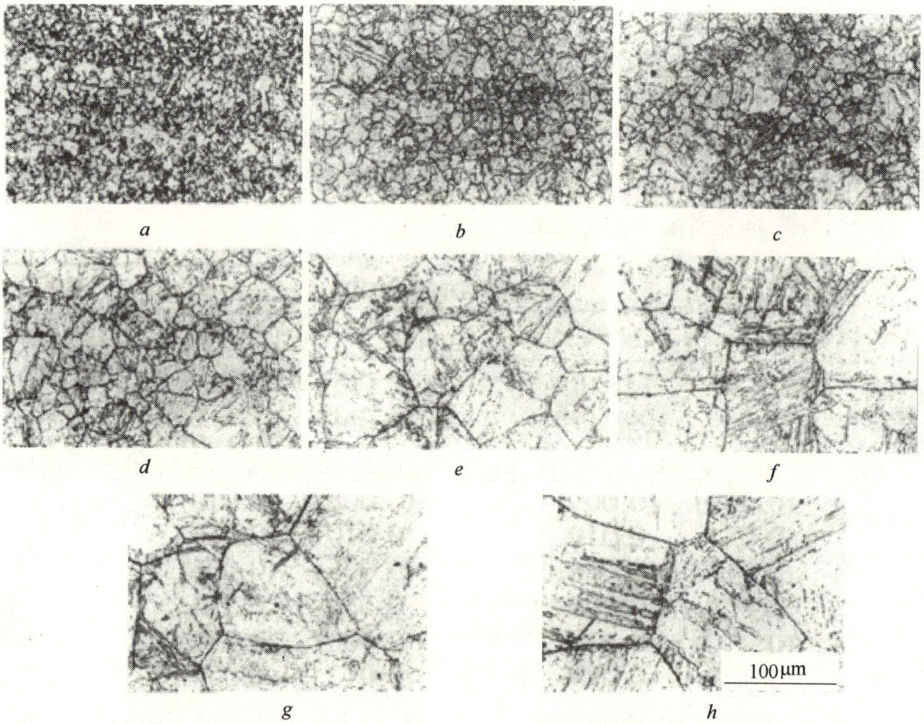


图 5-12　C 0.09%-Nb 0.029% 钢加热到不同温度淬火后的微观组织

*a*—950℃；*b*—1000℃；*c*—1050℃；*d*—1100℃；
*e*—1150℃；*f*—1200℃；*g*—1250℃；*h*—1300℃

示。传统流程生产若加热温度过高，则含铌微合金钢较容易发生基体晶粒反常长大，且在后边的轧制过程难以再结晶细化，使组织中出现混晶区。

5.2.5.2 铌对奥氏体再结晶行为的影响

A 固溶铌对奥氏体再结晶的影响

由1.2.4节可知，微合金元素铌、钒、钛均可以通过固溶拖曳或者析出钉扎机制来抑制奥氏体再结晶行为。由于固溶铌的电负性、原子尺寸和扩散速率与奥氏体基体相差很大，所以它拖曳奥氏体晶界阻止再结晶的作用相对比较明显，如图5-13所示[38]。在得出图5-13的实验中，采用超低碳的成分设计，并假设铌是固溶在奥氏体中。因此，溶质铌推迟了奥氏体再结晶的开始时间，如以 $10s^{-1}$ 的速率发生0.69真应变，碳锰钢在850℃时的再结晶开始时间为20s，而铌微合金钢为400s。

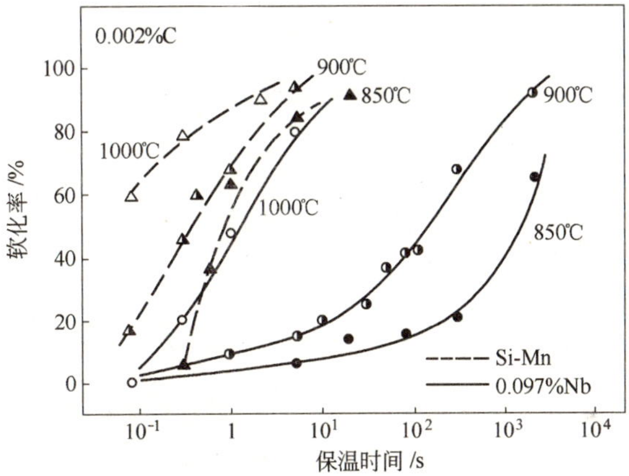


图5-13 变形温度对C 0.002%钢和C 0.002%-Nb 0.097%钢软化行为的影响

另有实验表明，900℃时以 $10s^{-1}$ 的应变速率施加0.69的应变后，每1%原子分数的固溶元素使再结晶开始时间延迟的秒数为[39]：铌210、钛39、钼8.5、钒2.3、锰0.36、铬0.17、镍0.13。此外，实验表明，固溶硼对奥氏体的再结晶过程也有十分显著的溶质拖曳作用。

B Nb(C,N)析出对奥氏体再结晶的影响

图5-14中的箭头表示铌在奥氏体中应变诱导析出的最初时刻，即基体软化曲线发生拐点的地方[40]。溶质铌的拖曳作用能在短时间内抑制再结晶，1000℃大约能够推迟再结晶开始时间20s，温度越低抑制效果越强；而析出铌的钉扎则能在长时间内发挥作用，例如900℃大约能够推迟再结晶开始时间数百秒。溶质铌与铌析出物的相对延迟作用的比较如图5-15所示[41]。图中，在相同的温度、时间条件下，可以认为碳0.002%钢中的铌是固溶的，而碳0.019%钢中的铌以析出物形式存在。析出铌对延迟再结晶开始的时间比溶质铌的作用要大1个数量

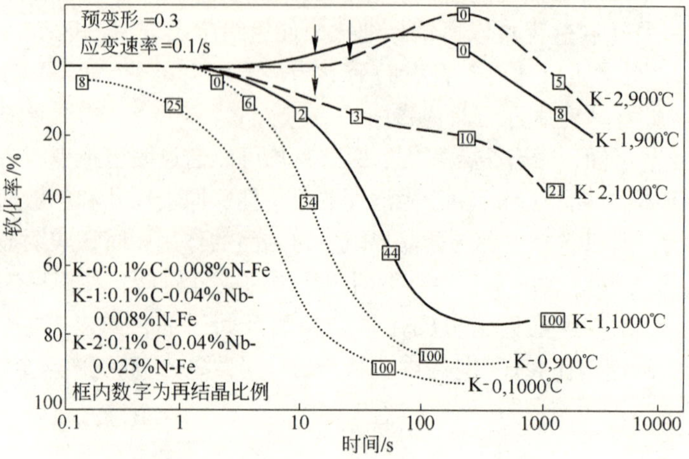


图 5-14　三种含铌微合金钢在 900℃和 1000℃的静态回复行为

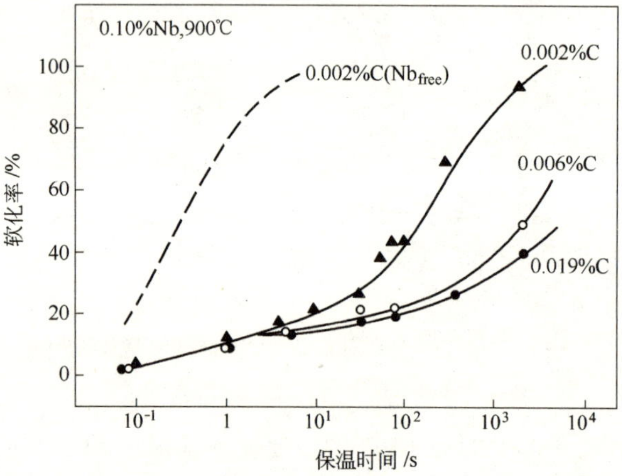


图 5-15　900℃时碳含量对 Nb 0.10% 钢软化行为的影响

级，而在延迟再结晶的过程或降低速率方面的作用甚至更大。

变形奥氏体中的过饱和固溶铌在不同的温度下保温，则析出、再结晶及两者相互作用的动力学方面存在竞争。随着变形温度的降低，变形奥氏体再结晶的开始时间缩短了，但变形诱导析出开始的时间以更快的速度缩短，主要原因是铌的过饱和度增加速度快，因此当变形诱导析出铌析出物时，钉扎作用逐渐增大。当温度低到铌析出物最快温度析出区间（即 PTT 曲线的“鼻子点”温度区间），大量细小的析出物所产生的钉扎力 $F_{PIN}$将明显高于再结晶驱动力 $F_{RXN}$，同时大量的析出物也消耗大量的变形储能，奥氏体的再结晶开始时间由于驱动力的减少和钉扎力的增加而大大延迟，如图 5-16 和图 5-17 所示[40,42]。

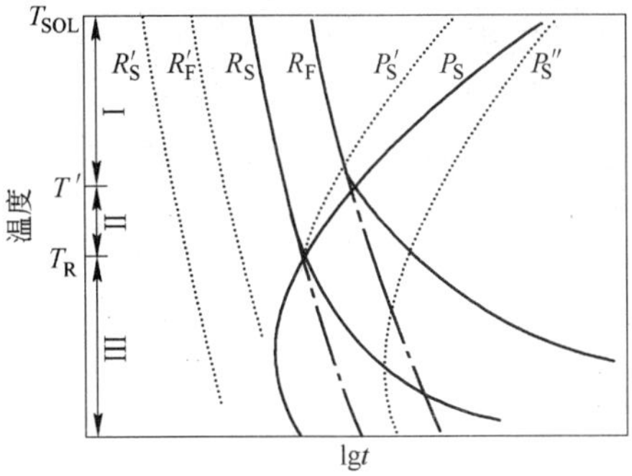


图 5-16 铌的析出与奥氏体再结晶的交互作用
（*RPTt*—再结晶/析出/温度/时间）

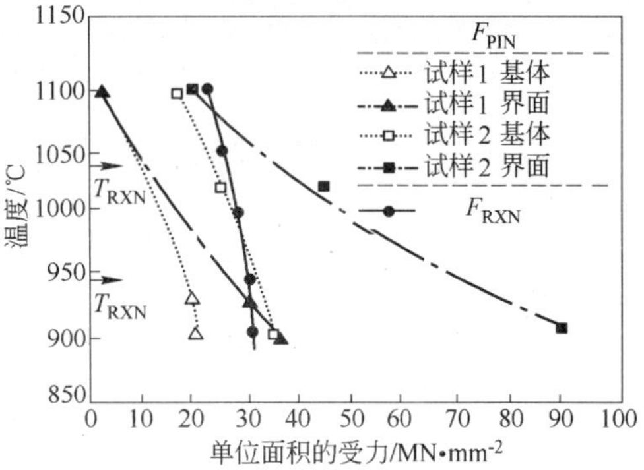


图 5-17 $F_{PIN}$和$F_{RXN}$与变形温度关系
（$F_{PIN}$—析出钉扎力；$F_{RXN}$—再结晶驱动力）

综合考虑铌的固溶拖曳和析出钉扎两种作用，如图 5-18 所示，可得铌在相当宽的温度范围内对奥氏体再结晶起到强烈的抑制作用，可使奥氏体未再结晶温度区间大大提高，为扩宽高温奥氏体未再结晶控轧的工艺窗口提供了有利条件。这可在满足同样的细化效果的同时提高终轧温度，减轻轧机的负荷，甚至可据此开发出一种全新的高铌含量钢的高温轧制工艺。

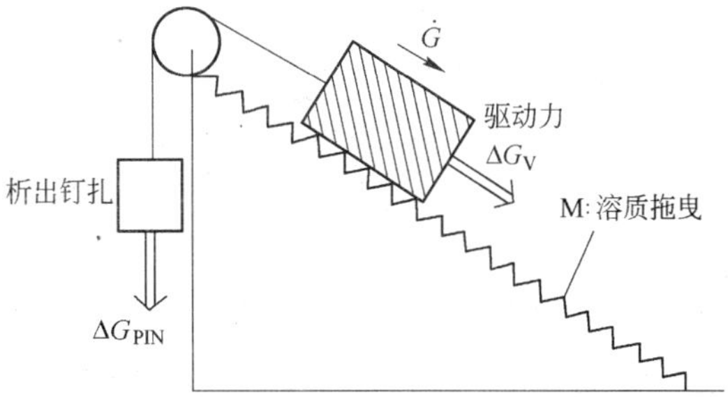


图 5-18 铌阻止晶界移动的钉扎和拖曳示意图

C 铌对再结晶奥氏体晶粒长大的影响

同时有研究表明，固溶铌或析出铌都可以阻止再结晶晶粒的二次长大，从而有效地积累再结晶细化奥氏体晶粒的效果。当溶质原子位于并附着在晶界上，给定驱动力产生的晶界移动速率将受溶质原子的影响。溶质拖曳理论已成为大量的研究与展述的主题。大部分工作是在再结晶的实验中进行的，前面已讨论过，此时驱动力相当高。而另一方面，在很低的驱动力作用下就发生晶粒粗化。

根据 Cahn 的理论，晶粒长大或粗化的速率可表达为：

$$G^2 = (2\sigma V_M n / t) / (\lambda + \alpha C) \tag{5-12}$$

式中，$\sigma$ 为每单位体积晶面能；$V_M$ 为奥氏体的摩尔体积；$n$ 为晶粒等温长大指数；$t$ 为粗化时间；$\lambda$ 为“纯”奥氏体的晶界迁移率倒数；$\alpha$ 为单位浓度溶质中的晶界迁移率的倒数；$C$ 为溶质浓度。由该理论得出 $G^2$ 与碳之间成线性关系，随着溶质量的增加，晶粒长大速率降低。

显然，随着时间的延长，铌开始在再结晶奥氏体中析出，在析出的初始阶段析出相尺寸小也能有效抑制再结晶晶粒的长大，但是析出相会发生 Ostwald 熟化，导致析出相和溶质铌的抑制作用减弱，再结晶晶粒就开始长大，如图 5-19 所示[31]。

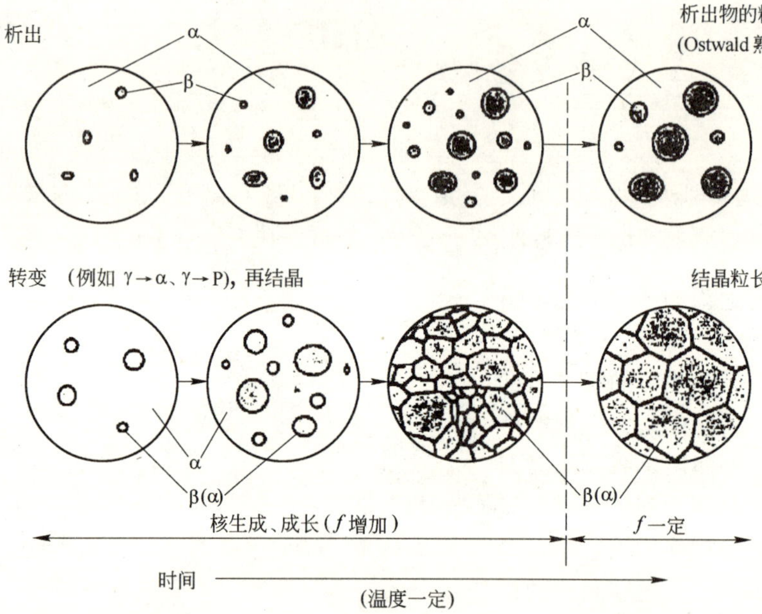


图 5-19　析出相、相变、再结晶生成和长大过程示意图

利用铌对奥氏体再结晶过程的延迟作用（很多文献中称之为对奥氏体再结晶过程的调节作用）及阻止再结晶晶粒长大的作用，可以有效增强控制轧制工艺细化晶粒的效果。

#### 5.2.5.3　铌对 γ→α 相变的影响

合理控制钢铁材料的 γ→α 相变行为可获得明显的相变细化晶粒作用，适当降低 γ→α 相变温度（通过合金元素的加入或加速冷却工艺）可增大 γ→α 相变的化学驱动力，从而也可进一步细化铁素体晶粒。

1987 年 Tamehiro 的研究结果指出，当钢中单独加入铌后，其 γ→α 转变温度下降约 35℃[43]。最近的研究指出，固溶铌改变的不仅是转变温度，淬透性的提高也意味着对相同的一般性条件，尤其在高的冷速下，铌微合金钢将有更多量的低温转变产物，如针状铁素体、Widmanstatten 铁素体和贝氏体型铁素体组织[44]。

M. Enomoto 等研究了固溶铌和钒对 C 0.1% 和 C 0.1% - Mn 2.0% 钢先共析铁素体晶界形核（晶界面和棱边）的影响，其主要结果如图 5-20 所示[45]。由图可

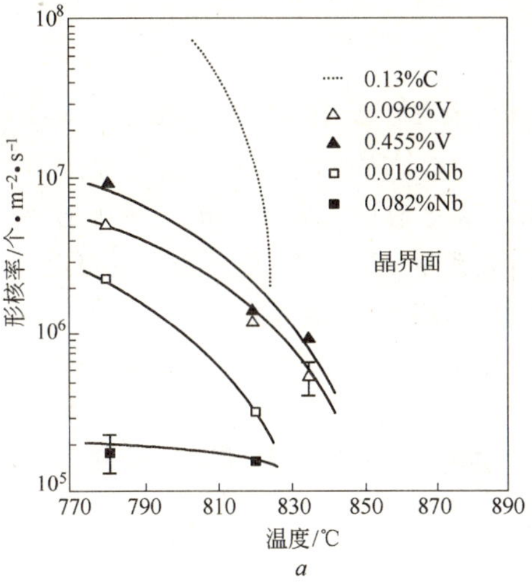


图 5-20 铌和钒对 C0.1% 钢先共析铁素体晶界形核率的影响

*a*—对晶界面形核率的影响；*b*—对棱边形核率的影响

见，钢中添加少量（0.016%）的铌就会显著减少铁素体的形核率，添加 0.082% 的铌后铁素体形核率减少了 3～4 个数量级。M. Enomoto 等进一步分析了造成上述情况的原因，认为固溶铌和钒在晶界的偏聚或与碳原子结合形成的原子团（析出物的前身）大大降低了晶界能，从而使形核率下降。文献［46］给出了铌和奥氏体晶粒尺寸对 γ→α 相变开始温度（$A_{r3}$ 温度）的影响，如图 5-21 所示。当奥氏体晶粒尺寸较大时，即当奥氏体化温度较高时，0.03% 的铌将主要处于固溶态，而固溶态铌将显著降低 $A_{r3}$ 温度，造成含铌微合金钢和无铌微合金钢的曲线明显的差异；而当奥氏体晶粒尺寸较小时，即奥氏体化温度较低时，铌未能充分溶入奥氏体中，固溶铌的数量较少，因而两种钢的 $A_{r3}$ 温度相差较小，两条曲线几乎重合在一起。上述结果充分说明了固溶铌可以推迟先共析铁素体的形成。

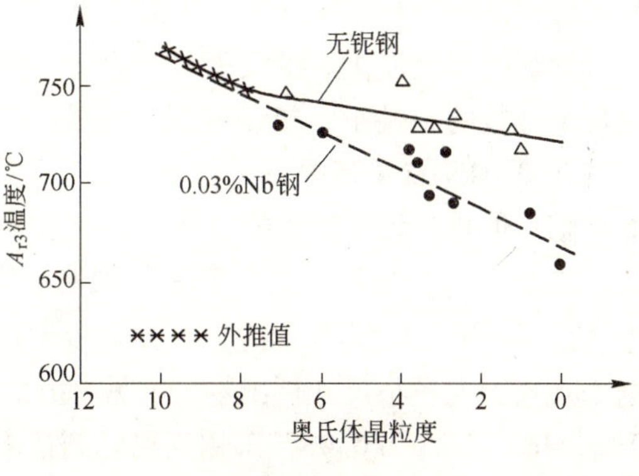


图 5-21 铌和奥氏体晶粒尺寸对 γ→α 相变开始温度（$A_{r3}$）的影响

奥氏体中固溶铌的存在可使随后的相变产物如多边形铁素体、针状铁素体和贝氏体等具有很高的位错密度，这对提高铌微合金钢的强度有利。

### 5.2.6 铌的沉淀强化规律

相对于铌在奥氏体中的细晶作用，铌的沉淀强化作用一直存在争议。尽管早在数年前人们已经发现，钢中存在微细的 Nb(C,N) 析出物可使屈服强度增加 100MPa 左右。但是，成品中所观察到的析出物多数被证明是在奥氏体中形核长大或者在铁素体中长大，而铁素体中形核并长大的 Nb(C,N) 析出物未见报道。

切过机制起作用时与第二相颗粒的尺寸的 1/2 次方成正比，颗粒尺寸越大，强化效果越大；而在 Orowan 机制起作用时大致与第二相颗粒的尺寸成反比，颗粒尺寸越小，强化效果越大。由此，就存在一临界转换尺寸 $d_C$，在此尺寸时第二相强化机制在 Orowan 机制和切过机制之间将发生转换，且在此尺寸附近可获得最大的第二相强化效果，如图 5-22 所示[14]。

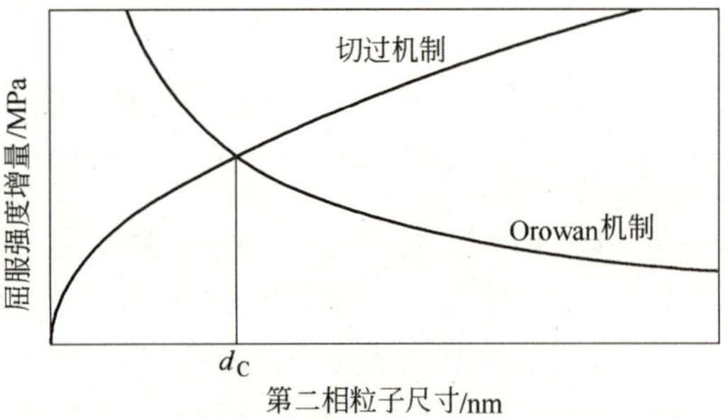


图 5-22　钢铁材料屈服强度与第二相尺寸的关系

由于铌微合金钢中绝大部分情况下析出物的尺寸均大于临界转换尺寸，这时细化第二相颗粒的尺寸对强化效果提高的作用十分显著，尺寸细化 1 个数量级的作用大致相当于提高体积分数 2 个数量级的作用[47]。

既然铌的沉淀强化效果跟析出物的尺寸和析出物之间的距离有关，在给定析出物质量分数的条件下，析出物尺寸越小，沉淀强化作用越大。文献［45］指出，在 Nb0.04% 含量情况下，若析出物尺寸超过 20nm，则铌几乎不会对屈服强度有贡献；但是若铌的析出物尺寸为 1nm 左右，则它可以产生约 152MPa 的强化作用。在这一点，受到检测分辨率的限制，对 C 0.09% - Mn 1.2% -Nb 0.1%[48] 和 C 0.08% -Mn 1% -Nb 0.065%[49] 商业板带钢的透射电镜研究显示，很难在热轧钢材中观察到大量小尺寸析出物。而另一方面，M. Hua 等人最近研究了成分为 C 0.03% -Mn 1.5% -Nb 0.08% 采用高温轧制技术的情况，透射电镜结果显示，铁素体中的沉淀强化大约为 80MPa 的 Orowan-Ashby 强化[50]。而空冷的 Nb 0.04% 的中厚板中可获得接近 100MPa 的沉淀强化，从而使铁素体—珠光体组织的钢有

450MPa 的屈服强度[51]。Philips 等人的研究表明，随着铌含量的增加（0 ~ 0.065%），热轧钢带的屈服强度 $\sigma_s$ 线性增加；研究者认为这与铌的沉淀强化作用有直接关系，0.065% 含量的铌可以使屈服强度增加约 124MPa。同时，该研究中传统控轧钢铌的沉淀强化作用仅约为 10MPa，也就是说如果铌微合金钢通过完全再结晶控轧生产，强化机制主要是细晶强化，沉淀强化作用可以忽略[52]。因此含铌微合金钢在正常的成分和加工条件下，最大的沉淀强化值可能就是 80 ~ 100MPa 之间。

目前有两种方法用于估测铌沉淀强化的数值大小，这两种方法都已完善。第一种方法，使用 Orowan-Ashby 模型来计算碳氮化物尺寸与它的体积分数直接对沉淀强化的贡献。在第二种方法中，拉伸试验测得的屈服强度与由适当的组织—性能关系计算的预测结果作了对比，该关系考虑了化学成分及铁素体晶粒尺寸的影响，但不包括沉淀强化。关于这个方面的对比，A. J. DeArdo 教授做过总结：中厚板中 80 ~ 100MPa 的沉淀强化十分接近于按照 Orowan-Ashby 理论绘出的沉淀强化图的预测结果。如果假设颗粒直径为 2 ~ 3 nm，大约 50% ~ 70% 体积分数的铌可用在轧后的铁素体中析出，则 Gladman 等人[53]和 Gray[54]的图预测的沉淀强化值相当接近于空冷中板的强化值。然而，这些图预测的值是最大值，仅有铌的存在显然不能保证得到任何大小的沉淀强化。对给定的铌含量，铌的充分析出需要某些特定的加工条件。首先，只有保证铌在高温阶段充分溶解，才能使铌在低温析出；其次，只有在铌析出 PTT 曲线的“鼻子点”温度附近才能使铌最快速的析出，同时得到相对细小的尺寸；此外，在铌最佳析出温度区间施加足够的变形可有效增加析出数量和细化析出尺寸，最终达到高的沉淀强化作用。

### 5.2.7 铌微合金钢的焊接性能

铌微合金钢近几十年迅猛发展与其具有的重要应用价值密不可分，主要原因是其良好的强韧性与焊接性能[55]。钢材的焊接性能好坏与焊接区的微观组织在焊接过程中的变化直接相关。人们对焊接区做金相观察时，大致分为 4 部分：焊缝区、过热粗晶区、细晶区和母材。粗晶区紧靠焊缝，此区域温度较高，奥氏体晶粒易发生严重的长大现象，冷却后便形成相对较粗大的组织；细晶区相对原焊缝区，焊接时此区温度升至 $A_{C3}$ 以上，引起再结晶，然后晶粒在空气中连续冷却，形成均匀细小的珠光体和铁素体，而且也产生少量针状铁素体；另外，在细晶区与母材之间还存在不同温度的过渡区，如不完全再结晶区，此区在焊接时处于 $A_{C1}$ ~ $A_{C3}$ 之间，部分发生再结晶，另一部分由于未发生相变，成为粗大的铁素体，因此此区域晶粒大小不一、组织不够均匀。

在焊接条件下，奥氏体晶粒不但在加热过程中长大，而且在冷却过程中也在长大，即所谓晶粒长大的热惯性。奥氏体晶粒粗化必然影响相变及相变产物的形态，从而使钢材的冲击韧性显著下降。因此，如何阻止 HAZ 奥氏体晶粒长大，改善和提高钢材的焊接性能是一个重要的研究课题[56]。

而目前铌微合金钢应用领域如管线钢、船舶用钢、海洋结构用钢等的焊接工艺发展趋势是缩短焊接时间，提高焊接输入能量。因此，在焊接过程中，加热温度高、加热速度快、高温停留时间短、冷却速度快等特点将影响铌的固溶和析出行为，进而影响焊接过程中的组织变化和焊接性能。

如前文所述，控轧控冷后，铌主要以 Nb(C,N)形式存在于钢中，随着温度的升高，Nb(C,N)回溶量增加，而在随后的冷却过程中又将陆续析出。而在焊接过程中，虽然加热温度高，但由于加热速度快，高温停留时间短，由铌的固溶析出动力学可知，铌的固溶时间不足，因此焊接条件下，Nb(C,N)来不及完全溶于奥氏体中，由钢中未溶 Nb(C,N)粒子的细晶作用规律可知，这部分析出将阻止和抑制加热和冷却过程中奥氏体晶粒的长大，如图 5-23 和图 5-24 所示[57]。经过同样的焊接热循环后，铌微合金钢热影响区的奥氏体晶粒尺寸比普通 HSLA 钢小得多。铌细化焊接区域铁素体晶粒，提高焊接后的强度和韧性，如图 5-25所示。

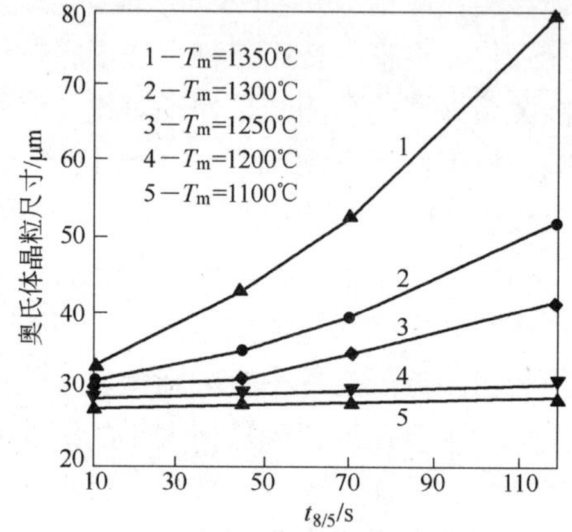


图 5-23　铌微合金钢经过不同焊接热循环后热影响区的奥氏体晶粒尺寸

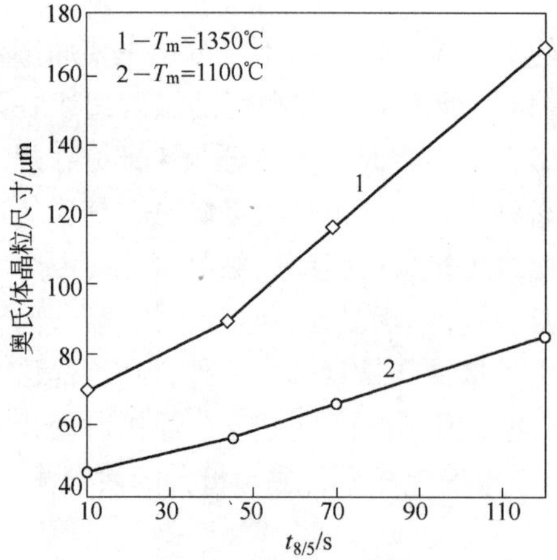


图 5-24　无铌微合金钢经过不同焊接热循环后热影响区的奥氏体晶粒尺寸

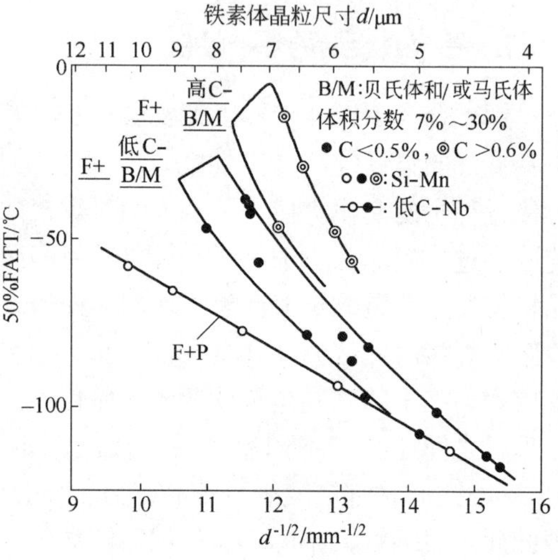


图 5-25　晶粒尺寸对焊接区韧性的影响

在钢中碳氮化物沉淀析出的特殊的热力学和动力学过程中，铌可被认为是改善微合金高强度钢强度、韧性和焊接性能等综合性能的最有效的合金元素。铌以很多种不同的方式与其他微合金元素及残余元素交互作用来影响多道次焊接热影响区中不同区域的晶粒尺寸和晶内组织结构。当铌微合金钢应用于管线和工程结构时，铌应用的有效控制是获得最佳热影响区性能的根本所在。

## 5.3 薄板坯连铸连轧铌微合金化技术的研究与开发

与传统流程相比，薄板坯连铸连轧独特的凝固速度、均热温度、原始组织状态及热轧工艺引起铌的固溶析出规律、奥氏体组织演变及相变规律、沉淀强化规律等发生明显的改变。充分利用铌元素，控制钢中铌的固溶析出行为，细化和均匀化组织，提高铌微合金钢的综合力学性能是薄板坯连铸连轧铌微合金化研究的重点内容，也是发展薄板坯连铸连轧低成本高性能钢的关键问题之一。本节将系统地探索薄板坯连铸连轧条件下，铌的固溶析出和铌微合金钢组织演变规律，提高铌的利用率和改善铌微合金钢组织均匀化的方法，以及薄板坯连铸连轧铌微合金钢生产技术。

### 5.3.1 薄板坯连铸连轧铌的析出规律

与传统流程一样，铌在薄板坯连铸、均热、控轧控冷过程都会析出，且析出物的尺寸、形貌、数量和所起的作用也各不相同。显然，要深刻理解铌在薄板坯连铸连轧过程中的作用，必须全面掌握铌在薄板坯连铸连轧各个工艺阶段的析出规律。通过扫描电镜、透射电镜、物理化学相分析等方法对连铸出坯样、均热坯样、热轧过程中各轧制道次淬水样、成品样中析出物进行定量分析和形貌观察，薄板坯连铸连轧铌析出规律的研究已取得系统的成果。

#### 5.3.1.1 薄板坯连铸连轧铌的析出现象

A 铸坯中的析出物

A. J. DeArdo 等人的研究结果表明，当薄板坯连铸连轧生产的铌微合金钢中含有少量的钛时，一定数量粗大的星状(Ti,Nb)(C,N)复合析出物就会在连铸过程析出，结果如图 5-26 所示[58]。这些呈星状的析出物随机分布于基体中。铸坯厚度方向不同位置上，析出物的尺寸也有所不同，薄板坯表面处观察到的星状析出物（约 60 ~ 180nm）较铸坯 1/4 厚度处（约 40 ~ 100nm）粗大。研究典型的星状析出物沿星状臂的钛含量分布情况，结果表明，星状析出物的中心处以钛为主。进一步的研究还表明，星状析出是以优先析出的 TiN 为核心，附着析出（Ti，Nb）（C，N），详见图 5-27。

由 Nb(C,N) 的固溶度积公式可知，在电炉薄板坯连铸连轧生产条件下（C 0.04% ~0.07%，N 0.005% ~0.01%），铌的全固溶温度在 1250℃左右。而

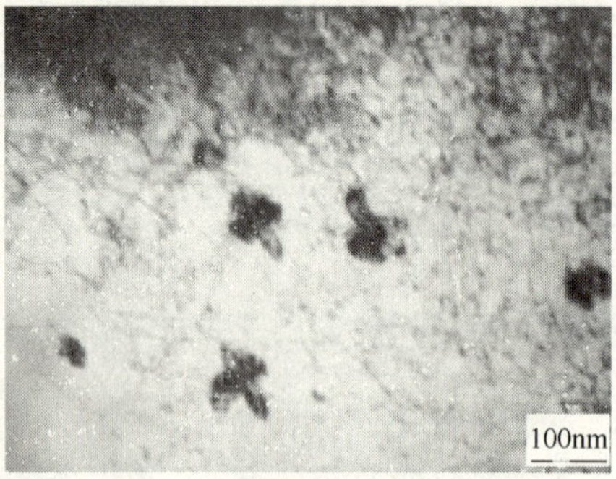


图 5-26　薄板坯连铸连轧连铸坯入炉前星状复合析出物

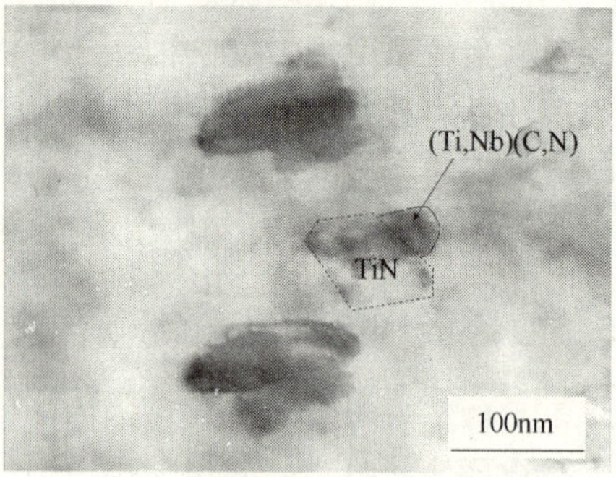


图 5-27　薄板坯连铸连轧连铸坯星状析出的组分分析

薄板坯连铸连轧条件下受到加热炉均热能力、均热时间的限制，铸坯温度达不到1250℃，因此在连铸出坯后有部分铌析出。国内某薄板坯连铸连轧生产厂的研究表明，连铸出坯析出的Nb(C,N)尺寸大小不均匀，小的析出的尺寸在5～10nm之间，能够强烈地抑制后续热连轧过程中奥氏体的再结晶过程。

铌的固溶析出受温度和时间的影响，相对于连铸入炉温度950～1050℃来说，均热温度则较高，一般在1100～1180℃。由铌的固溶度积公式可知，在铸坯温度升高且保温时间足够的情况下，析出物会回溶到基体中。对于铌钛复合析出的情况，研究结果表明连铸过程中产生的星状析出物在薄板坯进均热炉的均热过程中发生下列变化：（1）整体尺寸大小（等效直径）降低；（2）某些析出物，特别是铸坯试样表面处的析出物失去了其最初的几何对称性。

进均热炉前和进均热炉之后的星状析出物数量如表5-2所示，结果表明，经过均热炉的平衡态处理后，星状析出物的尺寸变小，可见部分星状析出物溶解。这与Li等人[59]的研究结果比较吻合，他们认为，1100℃平衡处理过程中星状或羽毛状析出物会生成。表5-2中的数据还表明复合星状(Ti,Nb)(C,N)析出物的体积分数在均热处理过程中有所下降，从铸态到均热态之间这种体积分数的降低，预示着部分复合析出物溶解，因而轧制前奥氏体中的固溶铌和钛含量上升。

**表 5-2　复合星状(Ti,Nb)(C,N)析出物的体积分数在均热处理过程前后的变化**

| 样品 | 析出物平均尺寸/nm | 体积分数/% | 析出物类型 | 析出物成分 Nb/(Nb+Ti) | 析出位置 |
|---|---|---|---|---|---|
| 入炉 | 113 | 0.67 | (Ti,Nb)(C,N) | 0.28～0.37 | 基体内随机 |
| 出炉 | 55 | 0.43 | (Ti,Nb)(C,N) | 0.30～0.39 | 基体内随机 |
| 入炉 | 66 | 0.55 | (Ti,Nb)(C,N) | 0.27～0.45 | 基体内随机 |
| 出炉 | 39 | 0.48 | (Ti,Nb)(C,N) | 0.32～0.40 | 基体内随机 |

文献［60］研究了薄板坯连铸连轧试验铌微合金钢，化学成分如表5-3所示，通过分别在连铸出坯、板坯出均热炉和卷取处淬火取试样，利用物理化学相分析等手段研究了薄板坯连铸连轧铸坯均热过程中Nb(C,N)的析出规律。

**表5-3　薄板坯连铸连轧铌微合金钢的化学成分（%）**

| C | Si | Mn | P | S | Nb | Ti | N |
|---|---|---|---|---|---|---|---|
| 0.066 | 0.25 | 1.23 | 0.014 | 0.001 | 0.032 | 0.014 | 0.0067 |

表5-4给出了电炉薄板坯连铸连轧过程从连铸出坯进加热炉到卷取后，材料中析出物数量的变化情况。在连铸出坯后，大部分铌已析出，占钢中总铌量(0.032%)的79%。图5-28*a*、*b*、*c*分别给出了均热前、均热后和成品样中Nb(C,N)

**表5-4　MC相中各元素占合金的质量分数（%）**

| 试　样 | Ti | Nb | C | N | Σ |
|---|---|---|---|---|---|
| 均热前 | 0.0124 | 0.0254 | 0.0047 | 0.0052 | 0.484 |
| 均热后 | 0.0128 | 0.0111 | 0.0023 | 0.0042 | 0.307 |
| 成　品 | 0.0135 | 0.0228 | 0.0039 | 0.0057 | 0.463 |

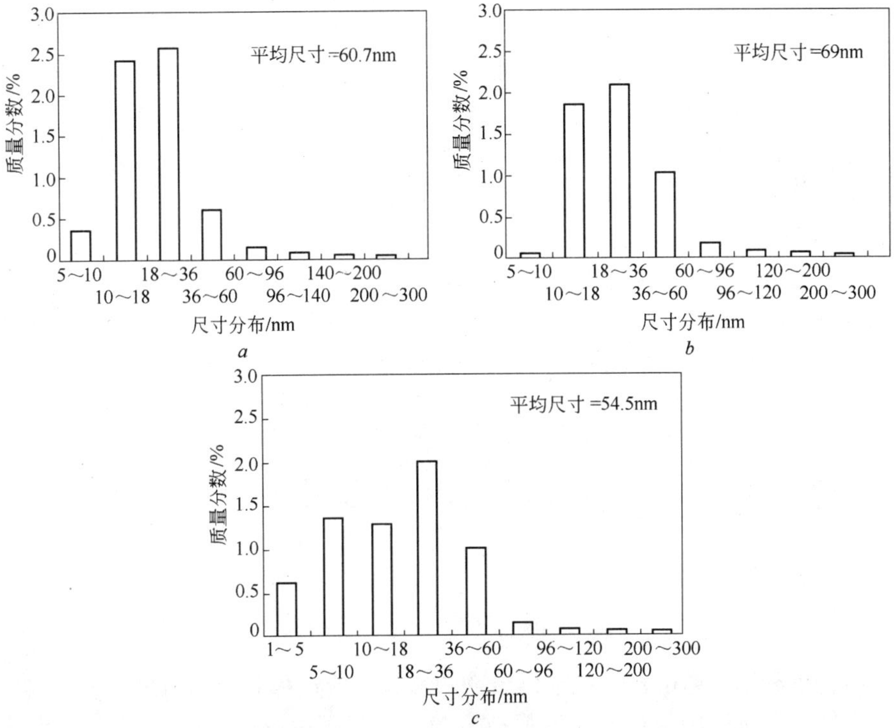


图5-28　铌在均热前、后铸坯及板带中的沉淀析出粒子分布

*a*—均热前；*b*—均热后；*c*—成品样

析出的体积分数和粒度。可以看出，均热前的沉淀析出既有小于18nm的微细粒子，也有粒度达到300nm的大颗粒沉淀。总体来说，大于96nm的大颗粒粒子沉淀所占比例不高，占用铌量为0.003%，可以忽略不计。文献[61]中的工作也证实这一点，详见图5-29，两条曲线对比说明薄板坯连铸连轧析出物相对细小，且小于50nm的沉淀析出比例较高，接近50%。

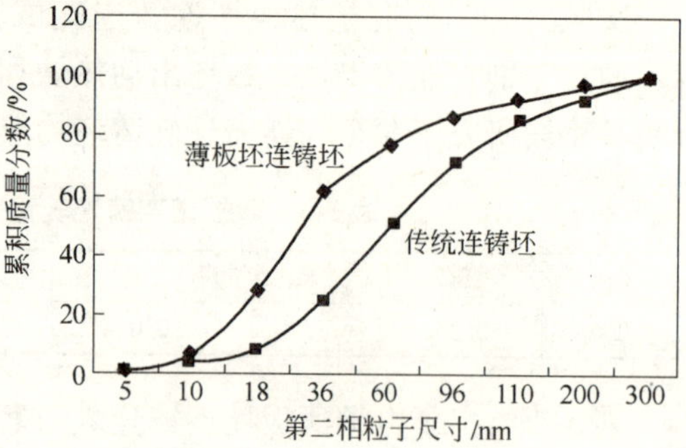


图5-29　薄板坯连铸直接轧制铸坯和常规热连轧铸坯的析出颗粒累积质量分数曲线

均热后，微合金析出物发生了明显的溶解现象，大部分铌已固溶到奥氏体中。另外，从粒度分析看，小于18nm的微细粒子所占比例减少，表现出明显的微小粒子溶解的特征。虽然未溶粒子发生Ostwald熟化，但是由于均热时间短，平均尺寸仅达到69nm。大于96nm的大颗粒沉淀粒子占用的铌量为：0.0111 × 16% = 0.0017%，可以说，均热后大颗粒微合金析出物所占用的铌量仍然十分微小。

研究工作表明，虽然薄板坯连铸后铌已沉淀析出，但析出物粒子尺寸仍较小，且经均热后，沉淀的铌可重新溶解，未溶解的铌也未出现明显的长大，平均粒度与均热前基本相当。可以认为，这些在连轧开始前奥氏体中析出的平均粒度为69nm的微细析出物，对变形奥氏体再结晶晶粒长大和相变铁素体晶粒长大将有一定的抑制作用，即对最终钢带产品的组织细化具有积极意义[62]。

B　热轧过程中的析出物

为了观察热轧过程铌的析出现象，李扬等人在薄板坯连铸连轧生产过程中，热连轧钢带时停机，利用机架间冷却水和轧辊冷却水对轧件进行淬水冷却，以尽可能保留奥氏体原貌。随后在每个机架处沿轧制方向取试样，取样部位如图5-30所示[63]。

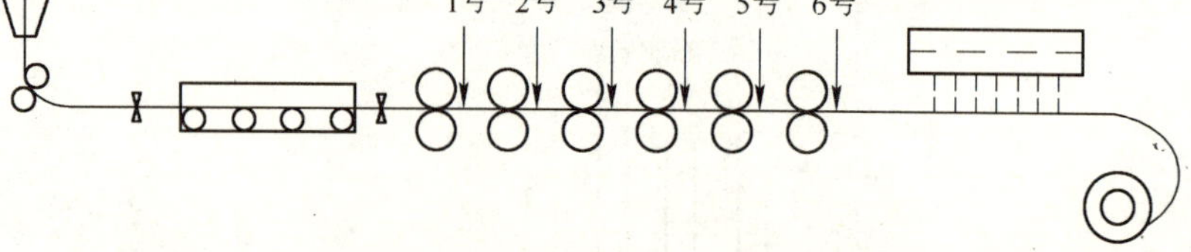


图5-30　薄板坯连铸连轧轧件取样示意图

研究者利用透射电镜，观察析出物的形貌、位置和成分。结果表明，薄板坯连铸连轧热轧过程中，在$F_1$ ~ $F_3$机架，由于变形温度高，仅少量Nb、Ti复合析出，尺寸在150 ~ 200nm之间。能谱显示复合析出物成分以钛为主，并有少量铌，如图5-31*a* ~ *c*所示。在后面几个机架，较多的Nb(C,N)从基体中析出，尺寸在

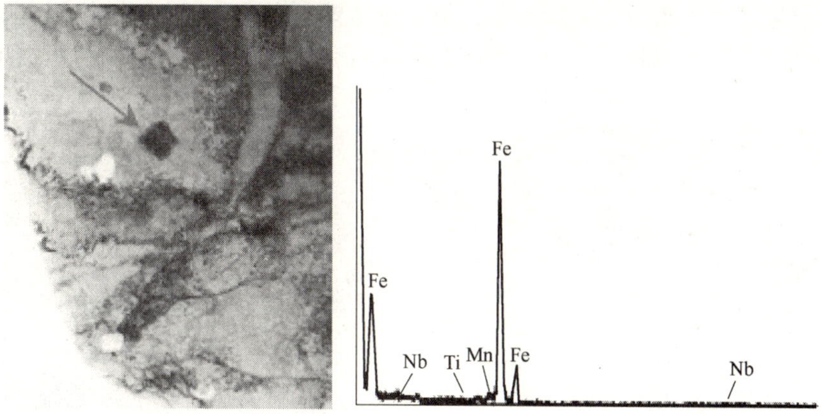


*a*

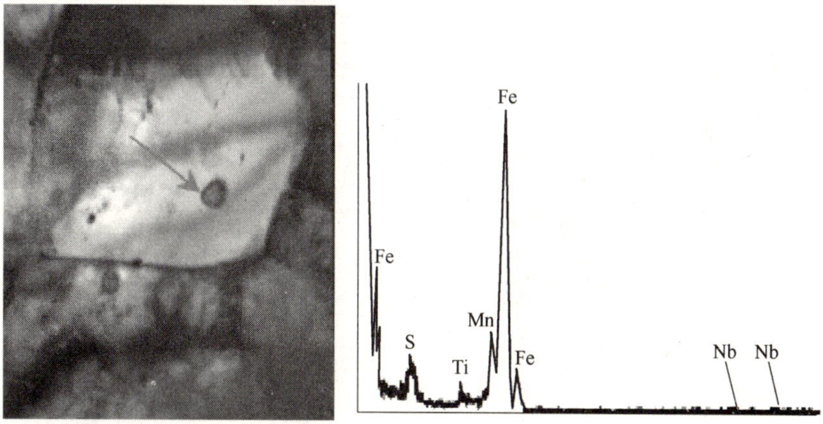


*b*

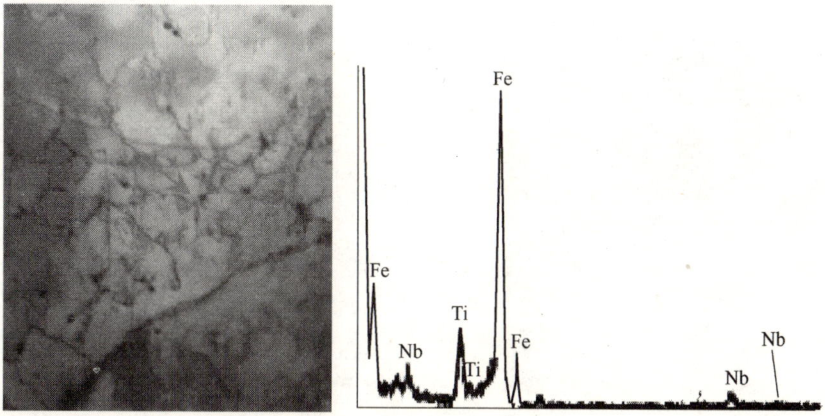


*c*

图 5-31 薄板坯连铸连轧铌微合金化钢热轧过程的析出情况（TEM 观察，以钛为主）

*a*—$F_1$；*b*—$F_2$；*c*—$F_3$

5～50nm之间，析出位置更加弥散，集中在晶界、位错和形变带上，同时能谱显示析出物成分变为以铌为主，如图5-32*a*～*c*所示。从表5-4化学相分析结果可以

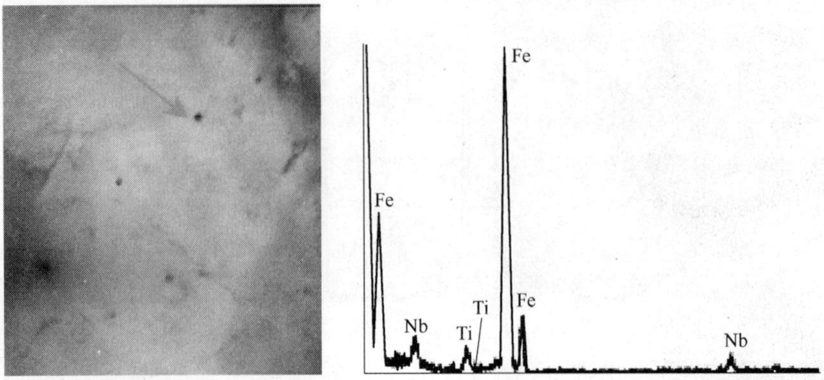


*a*

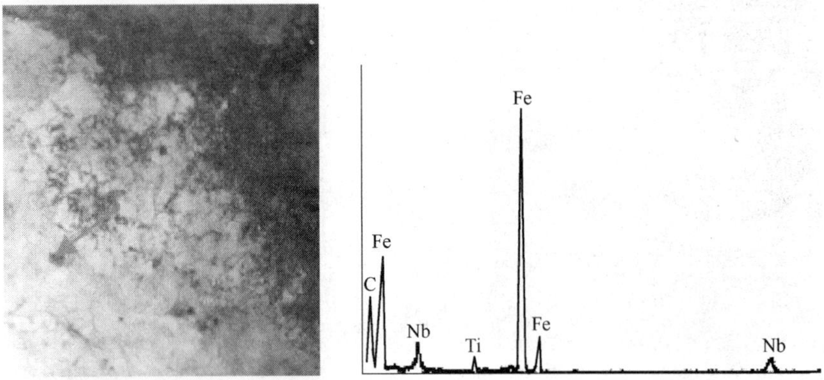


*b*

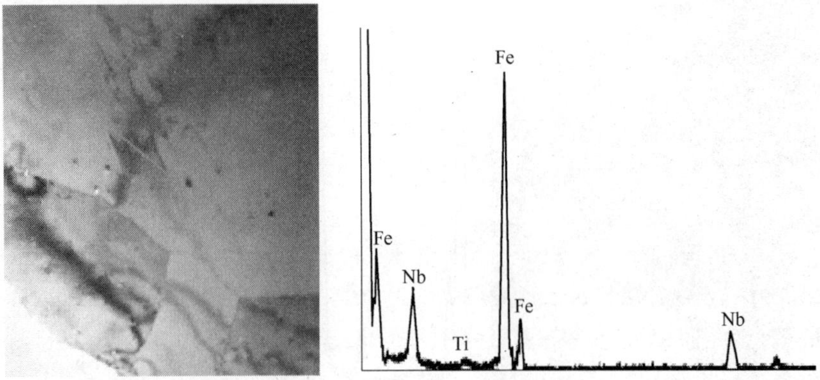


*c*

图5-32　薄板坯连铸连轧铌微合金钢热轧过程的析出情况（TEM观察，以铌为主）

（C 0.06%～0.08%，Nb 0.03%～0.055%，Ti 0.007%～0.01%）

*a*—$F_4$；*b*—$F_5$；*c*—$F_6$

看出，成品样中Nb(C,N)粒子析出量比连轧前铸坯样中几乎高出1倍，这说明成品样中增加的析出物是在连轧、冷却和卷取中产生的。文献［63］中的电镜观察也表明，含Nb 0.03%、Ti 0.02%的钢中最终存在大量15～100nm的Nb(C,N)和Ti (C,N)析出物，这些析出物可在随后的铁素体相变过程起到形核位置的作用，有利于提高铁素体形核率与细化铁素体晶粒尺寸，如图5-33所示[64]。同时可从图5-28*c*看出，成品样中存在一定数量1～5nm的微细粒子，该部分析出物可以产生一定的沉淀强化作用。

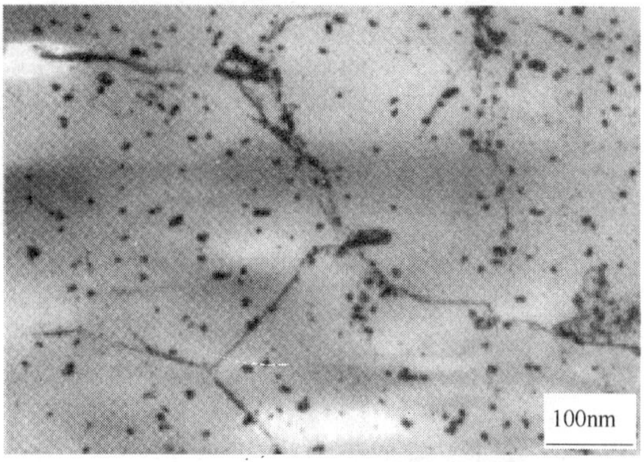


图5-33 C 0.06%-Mn 1.12%-Nb 0.03%-Ti 0.02%，厚度6.0mm的X52级管线钢成品中析出物

由文献［44］可知，热轧过程中铌的析出数量和尺寸与析出位置的情况密切相关，传统流程结果显示铌的主要析出位置是位错线。随着变形量的提高，位错密度会迅速增加，尤其是在未再结晶区变形，累积作用明显。李扬等人[63]的研究工作表明，薄板坯连铸连轧轧制道次间隔内，铌微合金钢组织的位错密度随着变形温度的降低和变形量的提高而增加，如图5-34所示。$F_1$道次变形温度高，形变产生的位错发生回复而很难保持，因此位错密度低。随后的道次位错密度逐渐增加，在$F_5$道次变形后，应变累积达0.65，随位错的运动而形成位错墙，如图5-34*e*所示。位错密度的大幅度增加为铌的析出提供了足够的形核位置，同时位错线上的析出也要均匀得多，如图5-34*d*所示。细小的Nb(C,N)析出可以钉扎位错运动，从而有效地阻止奥氏体再结晶。

5.3.1.2 薄板坯连铸连轧铌析出的作用

在传统流程连轧生产中，微合金钢生产一般要求较高的加热温度和充足的加热时间，目的是使铸坯沉淀析出物充分溶解，并在后序轧制和冷却过程中控制微合金元素的固溶与析出，控制连轧生产中钢带的再结晶、相变等过程，从而获得理想的组织和性能。而对薄板坯连铸连轧来说，虽然连铸出坯后在$A_{r3}$以上进入均热炉均热，缺少了γ→α和α→γ两次相变过程，但进入均热炉的温度不足以完全抑制微合金元素在铸坯中析出。如果铸坯中有微合金析出物，薄板坯连铸连轧的均热温度一般都小于1180℃，且均热时间较短，又难以保证铸坯中沉淀的微合金析出物充分溶解。另外，薄板坯连铸连轧的连铸过程中产生的析出物因为析出温度低，颗粒相对传统流程析出细小，其对连铸过程组织演变的影响程度还有待评估，如何充分利用好这一冶金特点也有待深入研究与开发。

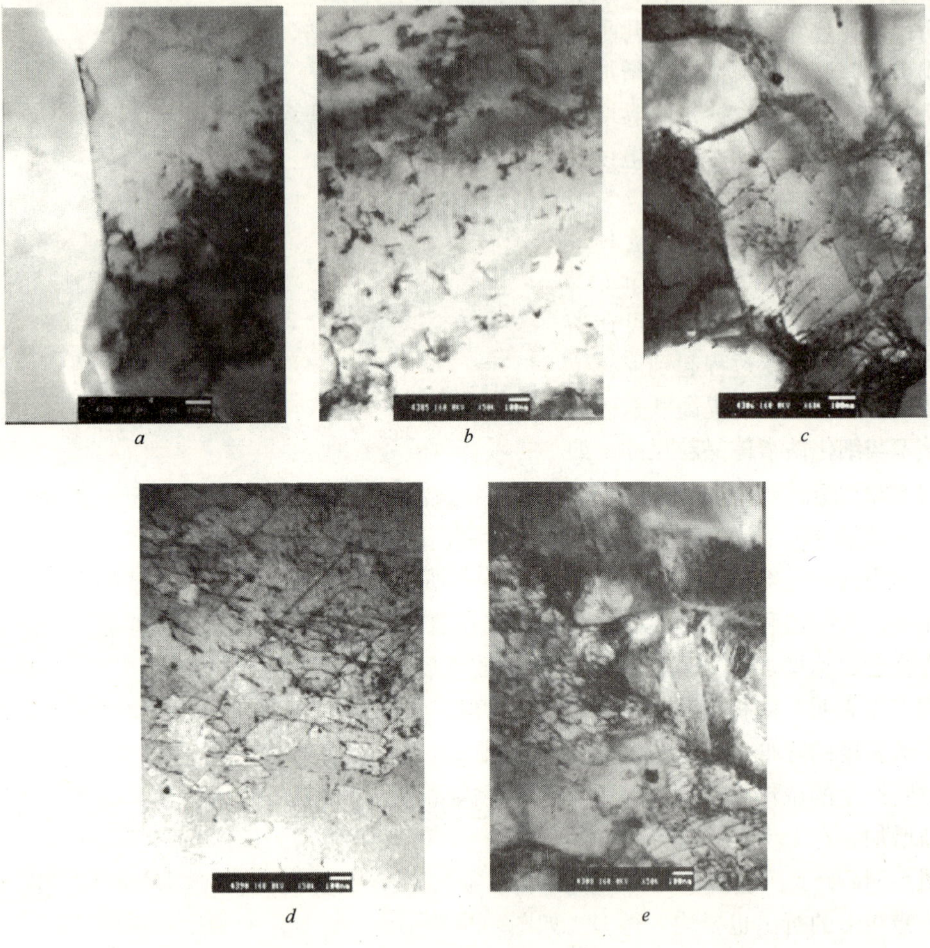


图 5-34　薄板坯连铸连轧铌微合金钢道次间位错密度的变化

$a$—$F_1$；$b$—$F_2$；$c$—$F_3$；$d$—$F_4$；$e$—$F_5$

由图 5-31 和图 5-32 可知，在热轧前面几个机架有一定数量的铌固溶在钢中，也就是固溶在原始奥氏体组织中，析出的铌很少而且粗大，那么在溶质拖曳作用下，连铸坯中粗大的奥氏体组织要想在前几个机架完成再结晶就更加困难，这为实现奥氏体再结晶均匀化增加了难度，同时增大了钢材最终组织出现混晶的可能性。所以利用薄板坯连铸连轧生产含铌微合金钢的一个技术关键就是如何抑制铌对粗大奥氏体组织完全再结晶的不利影响。

从图 5-28 的结果来看，钢带经过卷取后冷却为成品时，析出物数量的增加主要是尺寸在 1 ~ 5nm 的小颗粒析出物，由铌在铁素体中的固溶度积公式和图5-4 可知，铁素体中的铌是处于过饱和固溶状态，那么相变以后该部分析出物一般可

认为是 γ→α 相变以后从铁素体中析出的[65]。薄板坯连铸连轧生产节奏快，轧制时间短，冷却速度快，变形诱导析出的动力学条件不足，热轧过程析出的难度大。但是由于在精轧后期应变累积效果较大，随后的卷取冷却过程中铌在铁素体中的析出趋势会增大，对铸坯和成品的析出物对比分析也说明了这一点。

国外有学者认为，薄板坯连铸连轧轧制过程由于轧速高，道次间隔时间短，根据传统流程和实验室模拟试验得出的铌析出动力学研究成果计算的Nb(C,N)析出孕育期比带钢在轧机中的时间要长得多，所以没有发生变形诱导析出 Nb(C,N)的动力学条件，如图 5-35 所示[66]。从图中可以看出，在 900℃条件下，计算得出的 Nb(C,N)析出孕育期为 47.9s，而带钢在该温度下的停留时间仅为 21.6s，因此来不及析出。根据表 5-4 中的实验结果，可以看出成品样中 Nb(C,N)析出量比均热后热连轧前铸坯样中的析出量几乎高出 1 倍。这也说明，成品样中增加的析出物在变形拉长高位错密度奥氏体中仅能完成形核过程而无法长大。在随后冷却和卷取过程中析出物开始长大，由于高位错密度带来高形核位置同时冷却速度快，时间短，因而析出物尺寸相对较小，能够起到较大的沉淀强化作用。

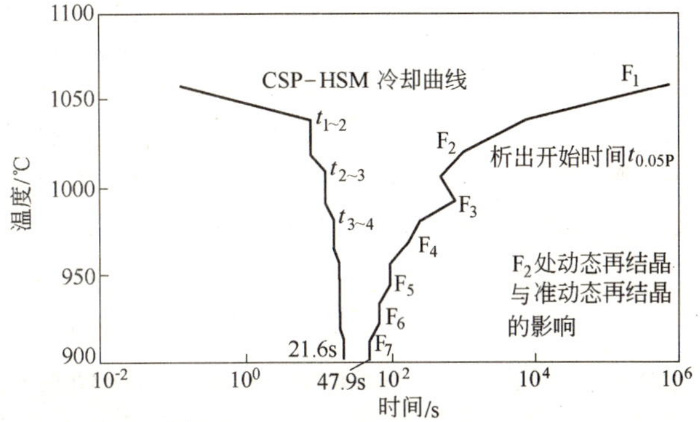


图 5-35 理论计算铌的析出开始曲线与薄板坯连铸连轧冷却曲线比较

### 5.3.2 薄板坯连铸连轧铌微合金钢的组织演变规律

对薄板坯的铸造组织形态以及铸造组织在连轧过程中的组织演变规律进行深入研究，可以获得更详尽的信息以便对薄板坯连铸连轧流程的产品进行更为合理的工业控制。通过对薄板坯连铸连轧铸坯试样在线剪切并快速水冷，可得到不同阶段铸造组织。研究过程中，具体取样位置分别是连铸出坯后进加热炉之前和出炉后，淬火前铸坯温度在 950 ~ 1150℃之间。利用酸浸腐蚀出原始枝晶形貌，而利用过饱和苦味酸腐蚀出原始奥氏体形貌。对连铸坯横向边部、1/4 处、1/2 处分别取样观察，利用截线法测量晶粒尺寸。

5.3.2.1　薄板坯连铸连轧铌微合金钢铸坯组织

细化铸坯组织有利于提高轧材的强度，这一点已为许多厂的实践所证实[67,68]。文献［69］对美国 Nucor 和墨西哥 Hylsa 两家薄板坯连铸连轧生产厂的两种商业化的低碳铌微合金钢的凝固和均热状态下的微观结构特性进行了系统的研究。样品分别取自进入均热炉之前和出均热炉之后，从约1100℃水淬到室温。

研究结果表明，枝晶间距随着铌含量的增加而降低，从薄板坯边缘到中心，枝晶间距的尺寸范围为40～250μm，如图5-36所示；传统流程的普碳钢厚板坯连铸（230mm厚）的枝晶间距，表面处约90μm，中心处约300μm。薄板坯枝晶间距的降低是由于接近弯月面处的冷却速率远远大于传统流程所致。

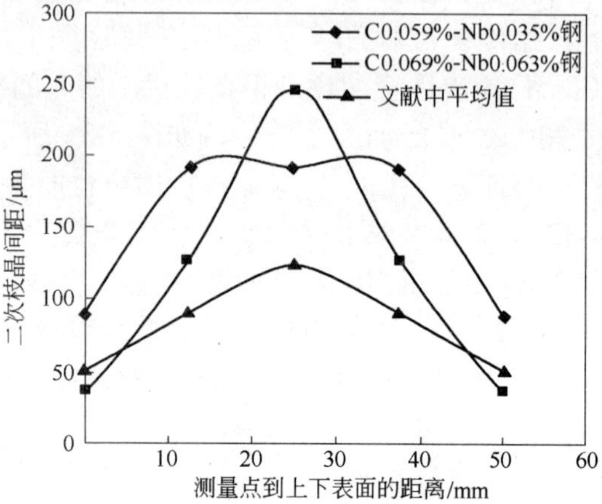


图5-36　铌微合金钢的薄板坯厚度方向枝晶间距的变化

在国内电炉薄板坯连铸连轧的工业试制铌微合金钢（C 0.06%-Nb 0.040%）中，通过对铸坯出坯样（约950℃）、均热后出炉样（约1150℃）进行在线剪切并水冷，对两种条件下的铸坯低倍组织、枝晶特征和原始奥氏体晶粒度等进行了分析。图5-37为连铸出坯样的低倍酸浸组织。由图可见，整个铸坯截面的原始组织相对比较均匀，铸坯的铸造枝晶相对发达，甚至贯穿整个铸坯厚度截面，而表层激冷层的厚度很薄，平均8mm左右。J. M. Rodriguez-Ibabe 等人所研究的结果如图5-38所示，总的来说，薄板坯连铸连轧铌微合金钢的铸坯组织比传统流程细，但铸

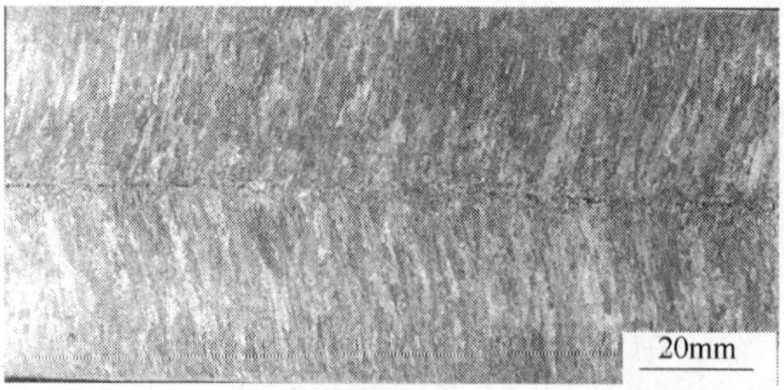


图5-37　C 0.06%-Nb 0.040%钢连铸出坯样的低倍酸浸组织

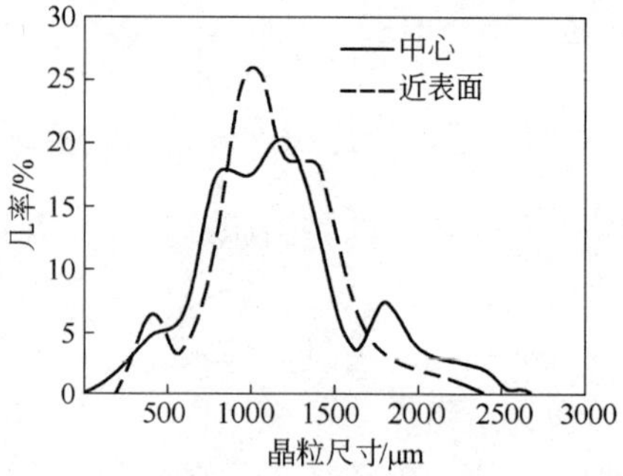


图5-38　Ni 0.035%钢薄板坯样的铸态奥氏体晶粒尺寸分布

态奥氏体大小不均匀[70]。

薄板坯连铸连轧铌微合金钢进入均热炉之前和出均热炉之后的奥氏体平均晶粒度如表 5-5 所示，数据表明：

（1）进入均热炉之前和出均热炉之后的奥氏体晶粒度相当接近，均在 500μm 以上，远大于传统流程再加热细化的奥氏体晶粒尺寸；

（2）奥氏体平均晶粒度与铌含量关系不大，即铌在铸坯均热过程对奥氏体晶粒尺寸没有影响；然而，较高含铌量的奥氏体晶粒较均匀，与较低含铌量的钢相比，标准偏差要小。

**表 5-5 薄板坯连铸连轧铌板坯均热前后奥氏体尺寸变化**

| 钢种—条件 | d/μm | 标准偏差 | 钢种—条件 | d/μm | 标准偏差 |
|---|---|---|---|---|---|
| A①—铸态 | 750 | 458 | A①—均热后 | 682 | 516 |
| B②—铸态 | 635 | 255 | B②—均热后 | 623 | 339 |

①钢种 A：0.035% Nb；②钢种 B：0.063% Nb。

图 5-39 为 Nb 0.035%-C 0.16% 钢连铸出坯样品沿铸坯厚度截面的表面、1/4 处和心部的微观组织分析结果。截线法测定表明，出坯样一次枝晶间距约 800～1000μm，原始奥氏体平均晶粒尺寸为 700μm。通过对连铸坯出炉样品沿坯宽心部、1/4 处和边部的低倍酸浸组织研究，三个部位的铸造组织也没有明显的差异。均热后，铸坯厚度中心仍存在一定程度的偏析，其中沿坯宽心部的偏析要比 1/4 处和边部略微严重。与出坯样相比，均热后铸坯心部偏析得到改善。图 5-40 给出了 Nb 0.035%-C 0.07% 钢连铸坯均热后出炉样品微观组织分析结果。由图可见，均热后原始奥氏体仍十分粗大，约 700μm，说明在铸坯均热过程中原始奥氏体没有出现长大现象。

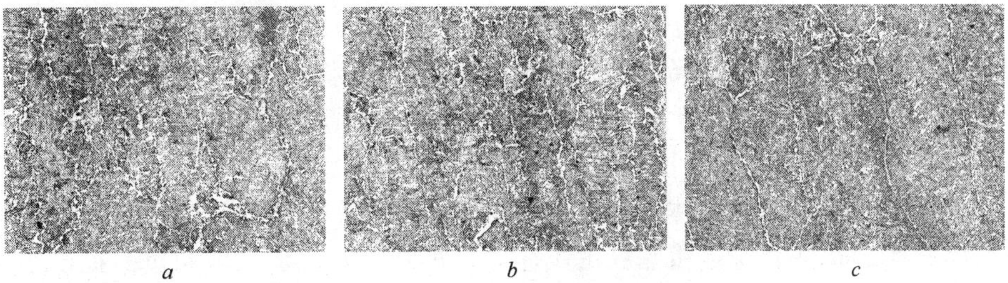

图 5-39 Nb 0.035%-C 0.16% 钢连铸坯样品微观组织分析

*a*—铸坯表面；*b*—铸坯厚度 1/4 处；*c*—铸坯心部

图 5-41 显示了均热后 Nb 0.045% 钢铸坯的一次枝晶和二次枝晶形貌。出炉后，一次枝晶间距仍为 800～1000μm。薄板坯连铸连轧铌微合金钢铸坯的二次枝

a　b　c

图 5-40　Nb 0.035%-C 0.07%钢出炉样微观组织分析

a—铸坯表面；b—铸坯厚度 1/4 处；c—铸坯心部

图 5-41　电炉薄板坯连铸连轧铌微合金钢铸坯均热后的微观组织

晶间距较小，约 50μm，这主要是因为薄板坯连铸连轧二冷阶段铸坯冷却速度快，靠近结晶器壁的钢液一方面由于强烈过冷；另一方面结晶器壁对形核起促进作用，导致自发或非自发的高速形核、长大并聚拢，这就导致铸坯表面晶粒细小且均匀，铸坯心部枝晶间距小。Kozasu 等在 20 世纪 70 年代初研究了奥氏体再结晶，图 5-42 说明了在薄板坯连铸连轧开轧温度 1050℃条件下，需要 50% 以上的变形量，粗晶粒奥氏体才能发生再结晶，而完全再结晶则需要更大的变形量，因此实现铌微合金钢粗晶粒奥氏体完全再结晶对轧机的轧制负荷提出了挑战[71]。

薄规格板坯、液心压下和二次冷却决定了铸坯具有比传统流程热连轧用中厚板坯细小、均匀得多的铸造组织，很大程度上弥补了板坯热送热装不存在 γ→α→γ再结晶细化过程的轧制原始奥氏体晶粒度的差异，如图5-43所示[72]。由图可见，在 1150℃加热条件下，液心压下改变铸坯厚度的同时也可以缩小铌微合金

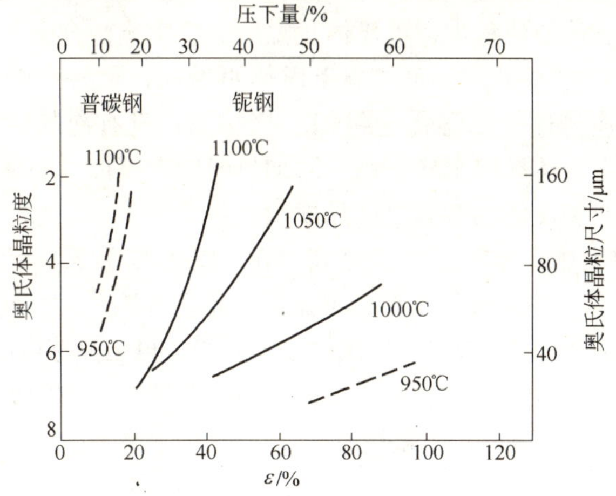


图 5-42 含铌微合金钢奥氏体再结晶规律

钢原始奥氏体晶粒尺寸，为后续控轧获得均匀细小的铁素体组织奠定基础。

5.3.2.2 薄板坯连铸连轧铌微合金钢奥氏体静态再结晶规律

在轧制变形过程中，粗大的奥氏体晶粒不能有效地实现再结晶细化，将导致相变后形成粗大的铁素体晶粒，降低材料的强韧性能。因此，了解热轧过程奥氏体再结晶情况，对于最终铌微合金钢的组织性能控制有重要意义。采用 Gleeble 热变形模拟试验机进行热变形试验研究，从 C 0.06%-Nb 0.040% 钢连铸坯中取样，加工成 $\phi$8mm ×15mm 的圆柱试样，然后分别以 20℃/s 加热到 1200℃、1250℃、1350℃，保温 5min 后以 10℃/s 速度冷却到 1050℃、1000℃、950℃，立即以 3/s 应变速率施加 50% 变形，变形后分别保温 1s、3s、10s、16s、30s、60s、100s 后淬火。通过过饱和苦味酸侵蚀淬火试样，并利用显微镜观察再结晶奥氏体静态再结晶情况。

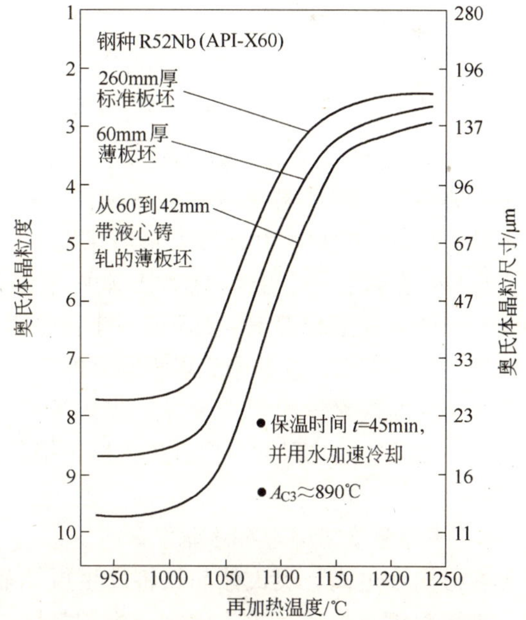


图 5-43 再加热温度跟原始奥氏体晶粒尺寸的关系

A 奥氏体晶粒尺寸对静态再结晶的影响

铌微合金钢加工硬化奥氏体

在热变形后将发生静态回复和静态再结晶，奥氏体晶粒尺寸和微合金元素铌对这个过程影响显著。传统流程中，奥氏体化温度直接影响微合金元素铌的固溶析出及奥氏体原始晶粒的大小，从而影响奥氏体再结晶，最终影响室温的组织和性能。针对薄板坯连铸连轧高温铸造组织直接加热，没有冷却再加热奥氏体化过程，对工业生产中的铸坯淬水样采用不同加热温度来模拟奥氏体原始状态，借此模拟研究粗大原始奥氏体的静态再结晶规律。

图5-44是利用热变形模拟试验研究的在1050℃变形50%后，不同加热温度（即不同原始奥氏体晶粒尺寸）样品的静态再结晶动力学[73]。可见，原始奥氏体晶粒尺寸对再结晶动力学影响较大，奥氏体晶粒越粗，再结晶速度越慢。1350℃均热的奥氏体（晶粒尺寸约400μm）再结晶速度约比1200℃均热的奥氏体（晶粒尺寸约150μm）再结晶速度慢一个数量级。

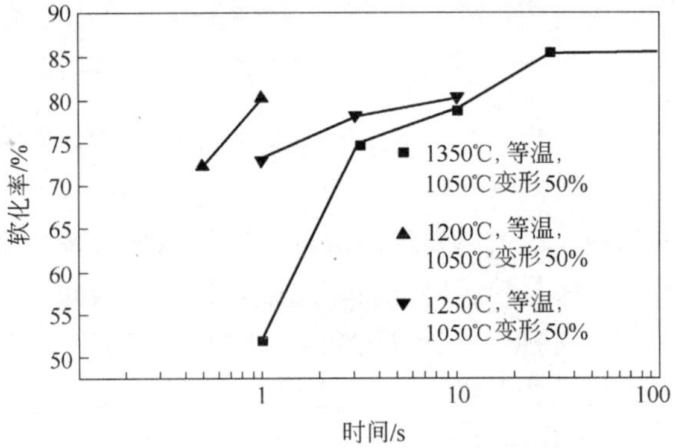


图5-44　不同晶粒尺寸的奥氏体静态再结晶动力学

淬火试样分析表明，1350℃均热淬火后奥氏体晶粒尺寸达到约400μm，与实际生产铸坯奥氏体晶粒尺寸相当，如图5-45*a*所示。图5-45*b*、*c*、*d*是试验钢1350℃均热后，冷却至1050℃变形后保温1s、3s、10s的奥氏体晶粒。可见在含铌0.045%条件下，由于铌对奥氏体再结晶的抑制作用，粗大奥氏体组织在1050℃变形50%后保温10s仍不能发生完全再结晶，组织中仍保留一定数量的粗大原始奥氏体组织，这些未完成再结晶的粗大奥氏体组织在随后的相变过程中会转变为粗大的铁素体组织，最终造成薄板坯连铸连轧铌微合金钢中的混晶。可见，减小奥氏体晶粒尺寸可促进奥氏体再结晶，提高变形量也可显著促进奥氏体再结晶。

B　变形温度对静态再结晶的影响

变形温度过高，奥氏体晶粒将发生再结晶并长大，从而导致奥氏体晶粒粗化；变形温度过低容易落入不完全再结晶区，引起奥氏体部分再结晶，导致晶粒大小不均匀，最终导致室温组织不均匀和性能恶化。图5-46给出了

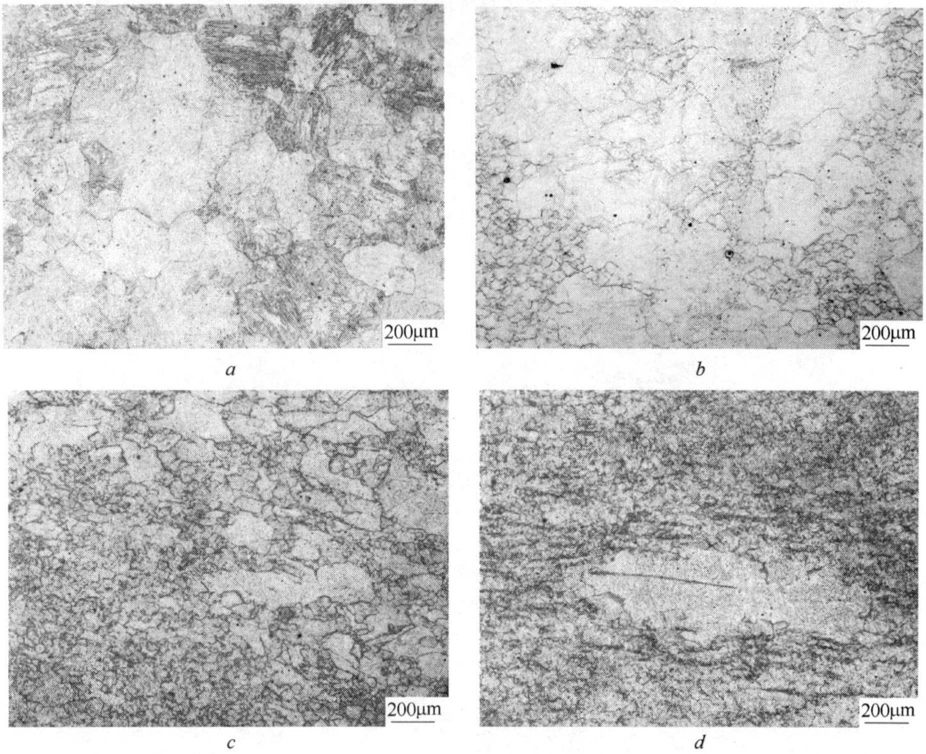


图 5-45 不同温度、变形量和保温时间条件下铌微合金钢奥氏体再结晶情况
*a*—1350℃奥氏体化；*b*—1050℃变形 50% 后保温 1s；*c*—1050℃变形 50% 后保温 3s；*d*—1050℃变形 50% 后保温 10s

C 0.06%-Nb 0.04% 钢试样在 1250℃ 奥氏体化 20min，分别冷却到 1050℃、1000℃、950℃变形 50% 后保温 3s、10s 后淬水的奥氏体再结晶情况。奥氏体化后不变形直接淬水试样的奥氏体组织如图 5-46*g* 所示，可以看出，在三个变形温度条件下，均能发生完全再结晶，但是变形温度越低，奥氏体再结晶晶粒越细小。温度为 1050℃条件下，再结晶奥氏体迅速长大，晶粒尺寸没有得到有效的细化，说明在高温阶段，添加 0.04% 的铌在固溶状态下对奥氏体再结晶和晶粒长大没有明显的抑制作用。但是 1000℃和 950℃温度条件下的奥氏体再结晶晶粒都没有发生明显的粗化，说明在这两个温度铌元素的加入可以有效地抑制再结晶奥氏体晶粒的长大，主要原因是该温度条件下铌的变形诱导析出动力学较快，析出的铌数量较多，尺寸较细小，可以有效钉扎位错和晶界移动，从而有效阻止再结晶奥氏体晶粒长大。同样的研究工作显示，C 0.06% ~ 0.08%、Nb 0.02% ~ 0.055% 钢在 940 ~ 1000℃轧制变形 40% 左右，出现铌析出钉扎位错线的现象[71]。

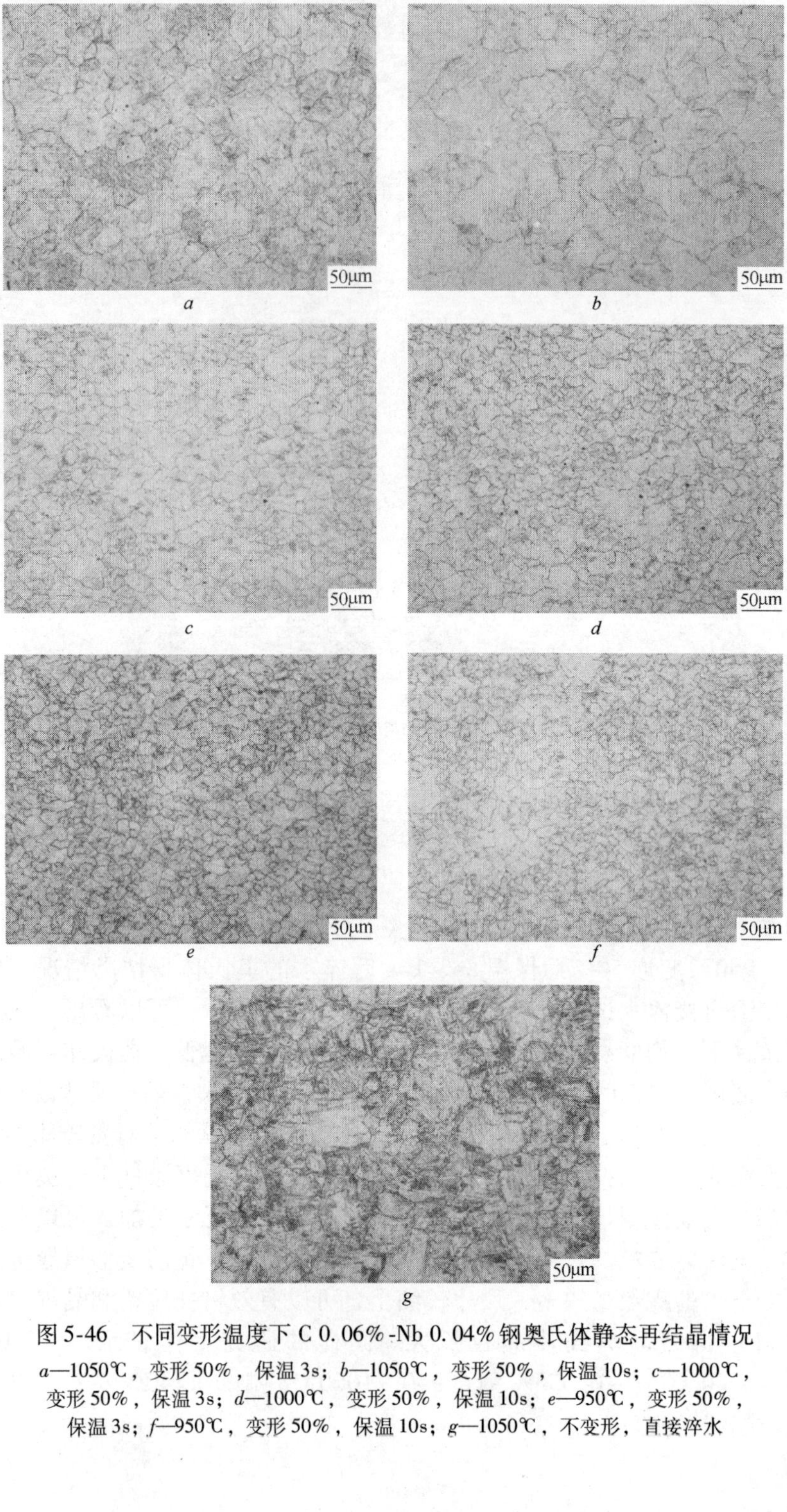


图 5-46　不同变形温度下 C 0.06%-Nb 0.04% 钢奥氏体静态再结晶情况

*a*—1050℃，变形 50%，保温 3s；*b*—1050℃，变形 50%，保温 10s；*c*—1000℃，变形 50%，保温 3s；*d*—1000℃，变形 50%，保温 10s；*e*—950℃，变形 50%，保温 3s；*f*—950℃，变形 50%，保温 10s；*g*—1050℃，不变形，直接淬水

### 5.3.2.3 奥氏体动态再结晶组织变化规律

李德刚等人利用热模拟试验机，将 C 0.056%-Nb 0.052% 钢圆柱试样分别以 20℃/s 加热到 1300℃，保温 6min 后以 10℃/s 速度冷却到变形温度 880℃、910℃、940℃、970℃、1000℃、1050℃，保温 30s 后，再以不同的变形速率（$0.1s^{-1}$、$1.0s^{-1}$）变形 60%，最后水淬至室温，以研究奥氏体动态再结晶规律[74]。铌微合金钢真应力—应变曲线如图 5-47 所示。

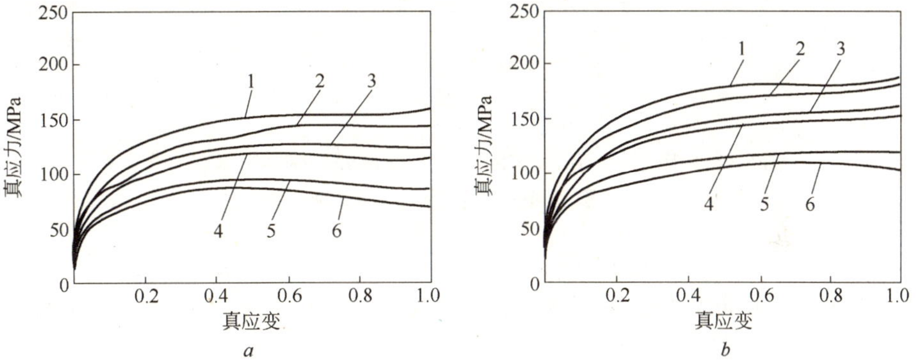


图 5-47 铌微合金钢真应力—应变曲线

*a*—$0.1s^{-1}$；*b*—$1.0s^{-1}$

变形温度：1—880℃；2—910℃；3—940℃；4—970℃；5—1000℃；6—1050℃

从图 5-47 可以看出，C 0.06% ~0.08%、Si 0.26% ~0.33%、Mn 1.24% ~1.30%、Nb 0.042% ~0.056%、Ti 0.007% ~0.009% 钢样在 Gleeble 1500 热模拟试验机上，在 $0.1s^{-1}$ 变形速率条件下（图 5-47*a*），随着变形温度的升高，铌微合金钢变形过程中发生动态再结晶的临界应力值越来越低，同时对应的真应变也降低，这说明这种情形易于发生动态再结晶。变形速率 $0.1s^{-1}$ 条件下，动态再结晶在 880 ~1050℃ 温度范围都可以发生，而变形速率 $1.0s^{-1}$ 条件下（图 5-47*b*），只有在 1000 ~1050℃ 温度动态再结晶才能发生，这说明在相同变形温度和变形量条件下，变形速率越高，发生动态再结晶的难度增加。以上结果表明，铌微合金钢在变形温度高、变形速率低、变形量大的条件下，其高温变形行为是软化现象，即加工硬化产生的位错密度增加和回复形成的胞状亚结构形成的位错密度降低达到动态平衡，动态再结晶容易发生。分析不同变形条件的实验数据，可以得出铌微合金钢动态再结晶动力学曲线，如图 5-48 所示。可以看出，在低应变速率条件下，铌微合金钢存在较大范围的不完全再结晶区，变形若在这个区域发生，则会导致奥氏体组织不均匀，并最终生成铁素体混晶组织。

对于薄板坯连铸连轧铸坯原始奥氏体晶粒约 1000μm 的 Nb 0.035% 钢，要实

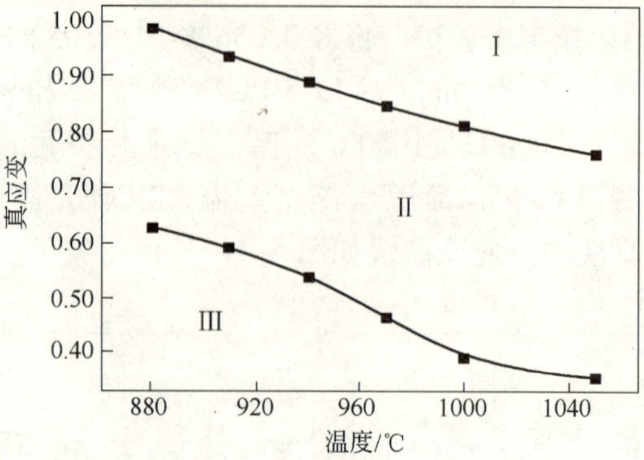


图 5-48　铌微合金钢动态再结晶动力学曲线（变形速率 $0.1s^{-1}$）

Ⅰ—完全再结晶区；Ⅱ—不完全再结晶区；Ⅲ—未再结晶区

现完全动态再结晶，第一道次轧制在变形温度 1080℃时的变形量需达 55%，如图 5-49 所示。由此可见实际工业生产条件下，使铌微合金钢发生完全动态再结晶的难度很大，对轧机的能力要求很高。

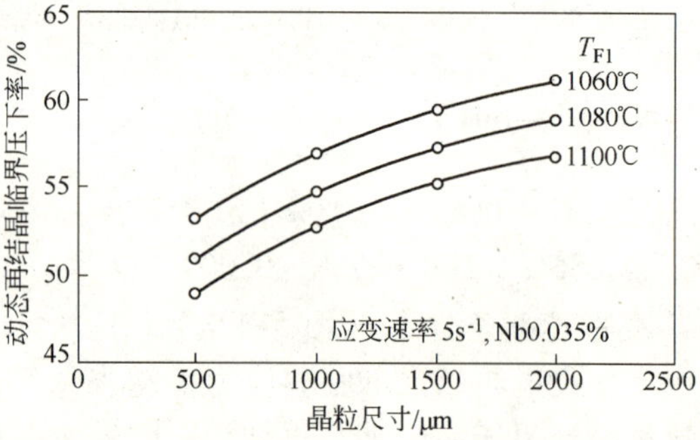


图 5-49　奥氏体原始晶粒尺寸和变形温度对动态再结晶临界压下量的影响（$T_{F1}$ 为第一道次变形温度）

#### 5.3.2.4　热轧过程中组织变化规律

与传统流程轧制相比，薄板坯连铸连轧铌微合金钢的轧前铸造组织明显粗大且不均匀，因此在热轧过程中组织变化规律也明显不同。对轧制过程中各个道次取样分析并观察微观组织变化，为优化轧制工艺参数，改善产品质量，消除混晶等组织缺陷奠定了技术基础。将各道次变形前后的试样进行研磨、抛光、侵蚀处理，通过扫描电镜观察金相组织。

C 0.06% ~ 0.08%，Si 0.26% ~ 0.33%、Mn 1.24% ~ 1.30%、Nb 0.020% ~ 0.042%、Ti 0.007% ~0.010% 钢各道次变形前后的组织如图 5-50 ~ 图 5-53 所示[75]。

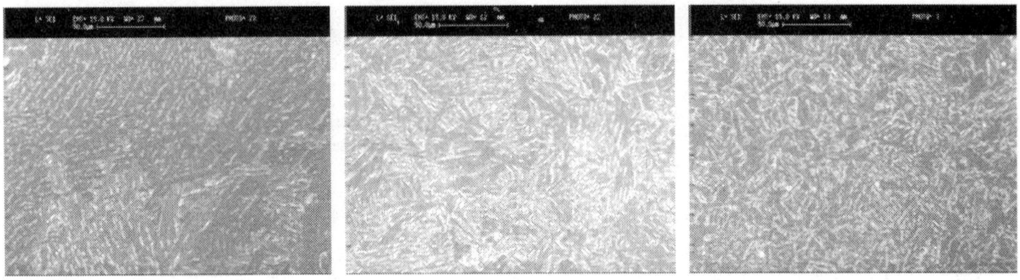

*a*　　*b*　　*c*

图5-50　薄板坯连铸连轧铌微合金钢热轧过程组织变化

（C 0.06%～0.08%、Si 0.26%～0.33%、Mn 1.24%～1.30%、Nb 0.020%～0.042%、Ti 0.007%～0.010%）

*a*—$F_1$ 轧前；*b*—$F_2$ 轧前；*c*—$F_3$ 轧前

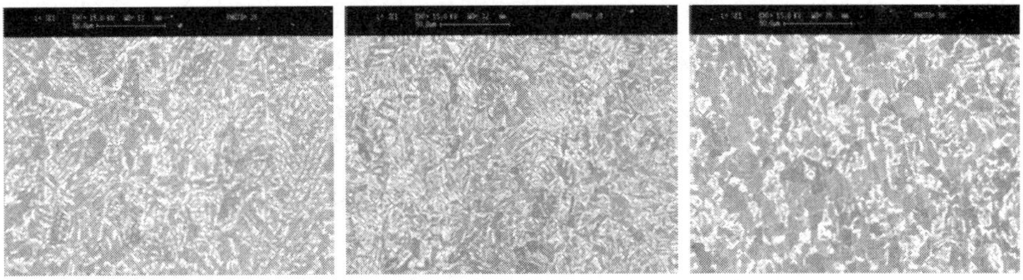

*a*　　*b*　　*c*

图5-51　薄板坯连铸连轧铌微合金钢热轧过程组织变化

（C 0.06%～0.08%、Si 0.26%～0.33%、Mn 1.24%～1.30%、Nb 0.020%～0.042%、Ti 0.007%～0.010%）

*a*—$F_1$ 轧后；*b*—$F_2$ 轧后；*c*—$F_3$ 轧后

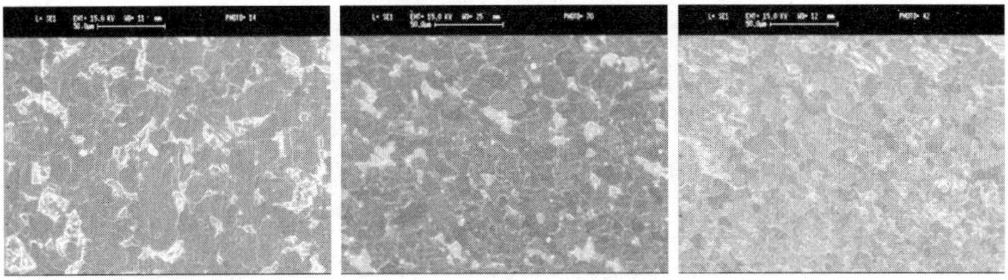

*a*　　*b*　　*c*

图5-52　薄板坯连铸连轧铌微合金钢热轧过程组织变化

（C 0.06%～0.08%、Si 0.26%～0.33%、Mn 1.24%～1.30%、Nb 0.020%～0.042%、Ti 0.007%～0.010%）

*a*—$F_4$ 轧前；*b*—$F_5$ 轧前；*c*—$F_6$ 轧前

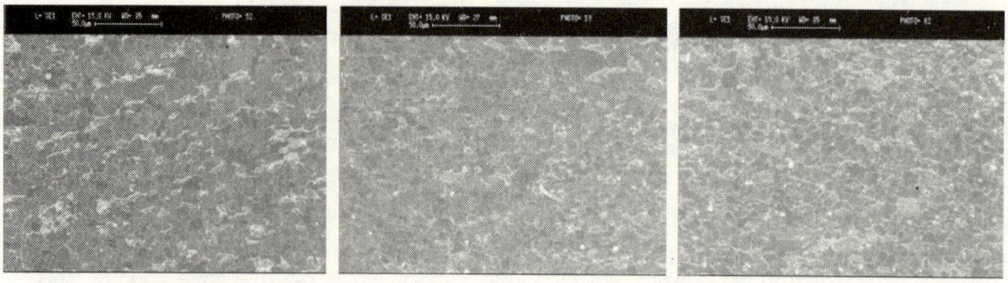

*a*　　　　*b*　　　　*c*

图 5-53　薄板坯连铸连轧铌微合金钢热轧过程组织变化
（C 0.06% ~0.08%、Si 0.26% ~0.33%、Mn 1.24% ~1.30%、
Nb 0.020% ~0.042%、Ti 0.007% ~0.010%）
*a*—$F_4$ 轧后；*b*—$F_5$ 轧后；*c*—$F_6$ 轧后

由图可见，变形前后的试样经过淬水快速冷却至室温后，金相组织是大量的铁素体和少量的珠光体，扫描电镜观察暗色部分是铁素体，亮色部分是珠光体。图 5-50*a*和 *b* 显示，第一道次变形后，原始组织明显细化，原来粗大的枝晶组织大部分转变呈等轴晶，这主要是高温、大变形引起奥氏体发生动态再结晶的结果。第二道次变形引起的晶粒细化效果仍然很明显，组织也更加均匀。在随后的 $F_3$ ~ $F_5$ 变形中，组织仍然继续细化和均匀化，但是细化的程度下降。在 $F_6$ 变形结束后铁素体相变发生，得到细小均匀的铁素体组织，并有少量弥散分布的细小珠光体组织。可以看出，整个轧制变形过程，珠光体组织逐步被碎化和细化，这对改善铌微合金钢的韧性有利。

### 5.3.3　薄板坯连铸连轧铌微合金钢的无效铌问题

#### 5.3.3.1　无效铌的现象

薄板坯连铸连轧铌的析出现象中有一种特殊的复合析出物，即星状析出（star-like）。前面已经讨论过它的形貌特征、成分分布和不同温度条件下的溶解特征。由析出物作用分析可知，这种星状析出物尺寸粗大，对铸坯均热过程中高温奥氏体的晶粒尺寸和热轧过程中奥氏体再结晶均没有显著的影响。一般情况下，连铸出坯过程中，铸坯温度低于 1080℃时，这种复合析出物就会产生，对于传统流程，再加热温度达1200℃以上，足以将星状析出物中的铌回溶到奥氏体中，使该部分铌可以在后续的控轧过程中发挥有益作用。但是薄板坯连铸连轧铸坯温度只能加热到1150℃左右，因此星状析出物中的铌在铸坯均热过程中较难完全回溶到钢中，均热后仍有部分铌存在析出物中，造成了这部分铌无法在未再结晶区控轧阶段发挥作用，也就是所谓的无效铌。由于无效铌的存在（试验结果证明大约0.02%左右），国外专家认为，与传统流程相比，薄板坯连铸连轧铌微合金钢欲生产相同强度级别的钢带，加入铌的总量必须是有效铌量和无效铌量之和，这意味着必须多添加 Nb 0.02% ~0.03% 才能保证钢带的性能[76]。

5.3.3.2 无效铌的形成机理

微合金元素固溶度积公式的计算结果表明，具有高的[%Ti][%N]溶度积的钢，即使在高温阶段也非常容易形成 TiN，而低的[%Ti][%N]溶度积的就不容易析出 TiN。钢中没有 TiN 析出，就不会引起 Nb(C,N)依附已形成的立方形 TiN 外延生长，最终不会形成六轴星状析出。而电炉薄板坯连铸连轧生产中，由于氮含量通常高于转炉钢水中的氮，因此高温析出 TiN 将比较容易，并且析出物尺寸粗大，通常达数百纳米甚至微米级，沿着枝晶间分布，如图 5-54 所示。

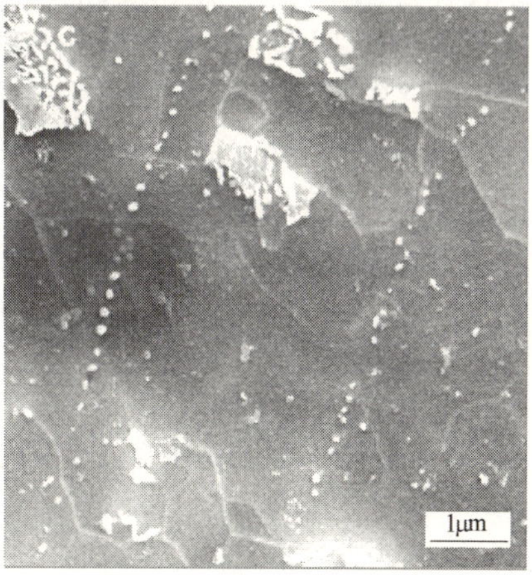

图 5-54 C 0.069%-N 0.009%-Nb 0.063%-Ti 0.039% 钢铸坯中沿枝晶间分布的粗大 TiN 析出

NbN-TiN 具有 NaCl 型面心立方点阵结构的 MC 型碳化物和 MN 型氮化物，两者可完全相互固溶，形成连续固溶体。在钢材化学成分确定时，所形成的高元第二相的全固溶温度总是高于相关低元第二相的全固溶温度。即在含有较多数目的可形成高元第二相的元素时，钢中形成的第二相的全固溶温度将有所提高。因此，复合析出的(Nb,Ti)(C,N)的全固溶温度也比单一析出的 Nb(C,N)高。在相同的均热条件下，复合析出中的铌更难以回溶到钢中。加之薄板坯连铸连轧本身均热温度就比传统流程低 50 ~100℃，保留在复合析出中的铌的数量就更多，造成铌的浪费。

5.3.3.3 降低无效铌的措施

薄板坯连铸连轧的连铸过程特点相对来说就是板坯薄（50 ~90mm）、板坯冷却速度快，板坯在进入均热炉加热以前的温度相对较低，这都为铌在连铸过程的析出提供了条件。但是如本书 5.2.5 节中所述，在铸坯中的析出物一般尺寸较大，无法有效抑制再结晶奥氏体粗化和精轧后期奥氏体再结晶，相当于弱化铌的细晶作用，因此对于薄板坯连铸连轧生产铌微合金钢来讲，首先要解决的就是如何减少铸坯上大颗粒铌析出物的产生问题。

最近的研究已经表明，有两种方法来降低薄板坯连铸连轧生产铌微合金钢时在进入均热炉前的星状析出物的体积分数。第一种是将均热炉的温度提高，保证在高均热温度条件下大多数析出颗粒充分溶解，由此降低包括星状析出在内的各种析出物的数量，从而降低有效铌的损失。但这种方法也不尽满意，因为溶解的析出粒子在精轧初期又会重新变形诱导析出形成并长大，这同样不能够使铌在实现精轧后期奥氏体薄饼化过程中发挥作用，也无法降低有效铌的损失。第二种方法是基于钢中的钛、氮含量及 TiN 固溶度积公式计算出的 TiN 析出开始温度，通过快速冷却抑制出坯—均热阶段的 TiN 析出，从而避免星状析出物的出现。研究[77]已经表明，很多 TiN 和星状颗粒就在 1050 ~ 1150℃ 温度范围形成。如果采用一个冷却工艺使铸坯表面温度不长时间停留在 1050 ~ 1150℃之间，可以最大限度抑制铸坯上 TiN 的析出，从而减少固溶铌的损失。据估计，采用这些方法可以节省大约 20% ~35% 的铌。

同时采用低氮钢生产技术，尽量降低钢中氮含量；控制钛含量不超过 TiN 的化学配比，可以有效控制 TiN 的数量和尺寸，从而减少星状析出物的形成，最终减少无效铌的数量。

### 5.3.4　薄板坯连铸连轧铌微合金钢的混晶问题

#### 5.3.4.1　混晶现象

采用薄板坯连铸连轧生产含铌微合金钢的一个问题是成品微观组织的不均匀，即混晶组织。通常当产品厚度超过大约 6mm 时，该种组织就容易出现。该组织中许多粗大的、高温形成的铁素体和较低温形成的非多边形或针状铁素体混杂在一起，如图 5-55 所示。混晶组织严重会引起板材、焊接区强度、韧性恶化以及在进行缺口冲击试验数据的波动。研究结果表明钢中的铌含量与混晶组织的体积分数有直接关系，如图 5-56 和图 5-57 所示[78]，可以看出当钢中总的铌含量高于某一临界值后，混晶组织的体积分数将快速增加，混晶组织严重的部位往往在钢板厚度方向的 1/4 处。

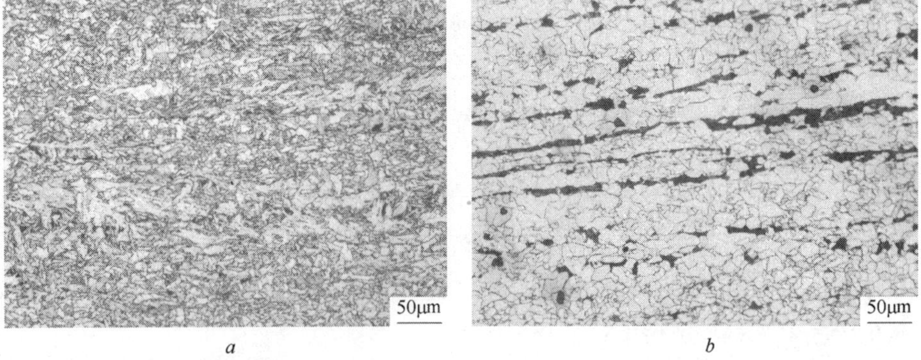


图 5-55　薄板坯连铸连轧 C 0.06%-Nb 0.045% 钢带的铁素体混晶组织

*a*—厚度 1/4 处；*b*—厚度中心处

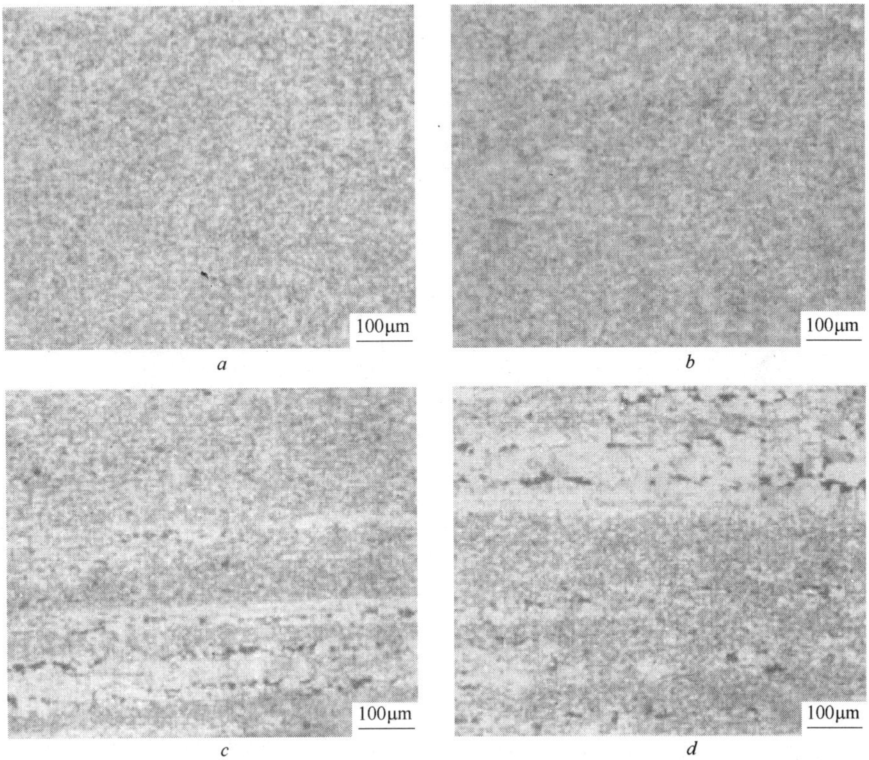


图 5-56 薄板坯连铸连轧不同铌含量钢带的组织

*a*— Nb 0.025%；*b*— Nb 0.035%；

*c*— Nb 0.040%；*d*— Nb 0.055%

5.3.4.2 混晶原因分析

由于混晶组织会导致铌微合金钢性能恶化，因此薄板坯连铸连轧铌微合金化技术的重点就是研究混晶的形成原因，并寻求解决方法。近几年的研究表明，混晶现象的形成原因可从薄板坯连铸连轧的轧制工艺特点、原始奥氏体组织特点、铌的抑制奥氏体再结晶特点等三个方面找到答案。

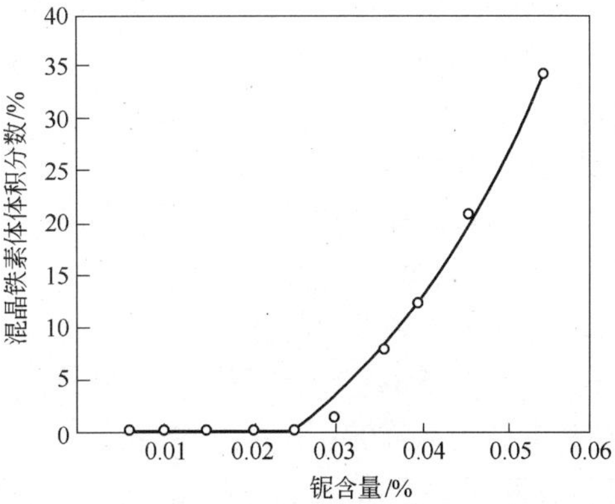


图 5-57 铌对混晶区粗晶体积分数的影响

（1）薄板坯连铸连轧热轧特点之一就是没有粗轧阶段，这一变化使铌微合金钢的精轧过程组织均匀化的难度明显增大。图5-58

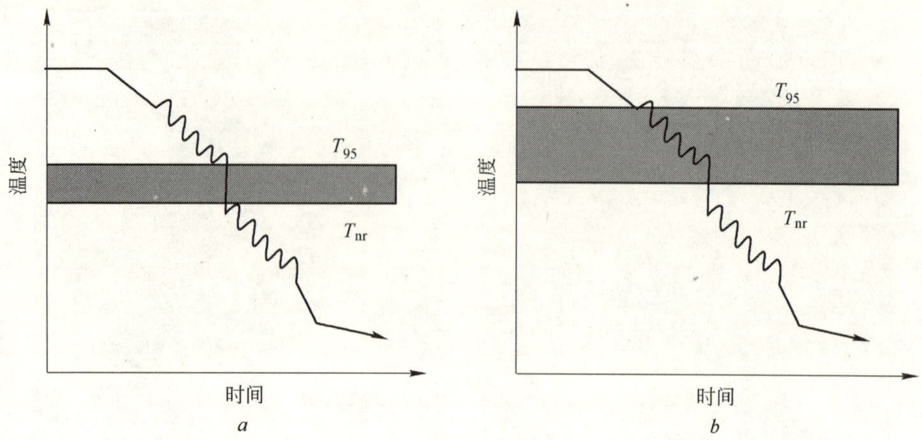


图 5-58　传统流程和薄板坯连铸连轧流程轧制温度区间的差异
*a*—传统流程；*b*—薄板坯连铸连轧流程

给出了传统流程和薄板坯连铸连轧生产铌微合金钢的控轧过程差异。传统流程控轧时分为两阶段轧制，首先在高温奥氏体完全再结晶区进行粗轧，目的是奥氏体反复再结晶使组织细化和均匀化；紧接着快速冷却和待温处理，可避免奥氏体部分再结晶区变形而进入精轧区；精轧变形处于奥氏体未再结晶区，可实现奥氏体薄饼化，增加铁素体形核面积，最终细化晶粒。图 5-59 给出薄板坯连铸连轧厂的普通 6 机架轧制的工艺图。因为取消粗轧，薄板坯连铸连轧需要在精轧阶段就完成奥氏体再结晶均匀化及未再结晶薄饼化过程。但是由于均热温度不高、热轧过程速度快、机架间冷却能力有限和负荷分配的需要，变形往往在中间几个道次发生（即不完全再结晶区变形），如图 5-59 所示，引起奥氏体部分再结晶区变形的情况。因奥氏体在部分再结晶区变形后的组织是均匀细小的再结晶组织和粗大拉长的未再结晶组织的混合体，在精轧后续道次及冷却相变过程中也不能够改变这种混合组织情况，所以最终产品也会是混晶组织。

（2）薄板坯连铸连轧铌微合金钢的另外一个特点是进入精轧机组前的奥氏体晶粒尺寸粗大且不均匀，如图 5-60 所示。原始平均奥氏体晶粒 800μm 的组织发生完全再结晶所需的变形量非常高。当奥氏体经历热变形时，

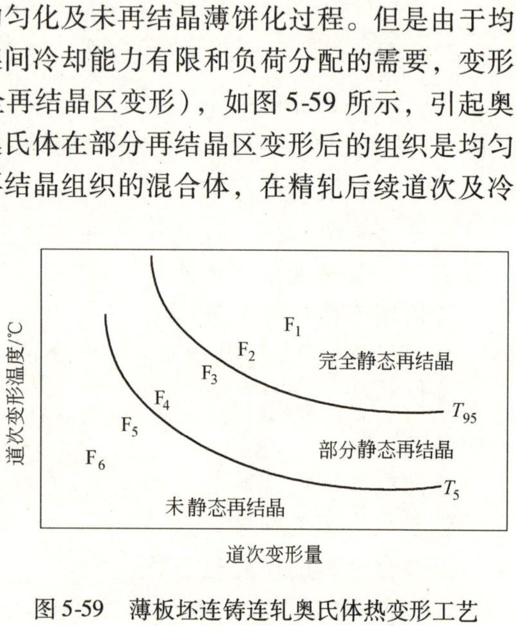


图 5-59　薄板坯连铸连轧奥氏体热变形工艺

它会按图 5-59 所示发生变化。基本上，在 $T_{95}$ 以上会发生完全再结晶，而 $T_5$ 以下再结晶几乎完全被抑制。这个图会随铌微合金钢初始奥氏体晶粒尺寸、成分以及道次间隔时间的变化而变化。也就是说，对于相同的温度、应变量、应变速率、成分，尺寸小的晶粒可以发生并完成再结晶，但是尺寸大的晶粒可能就无法发生再结晶。

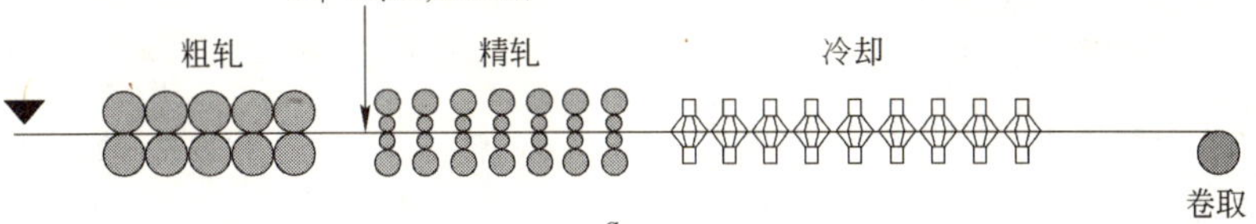


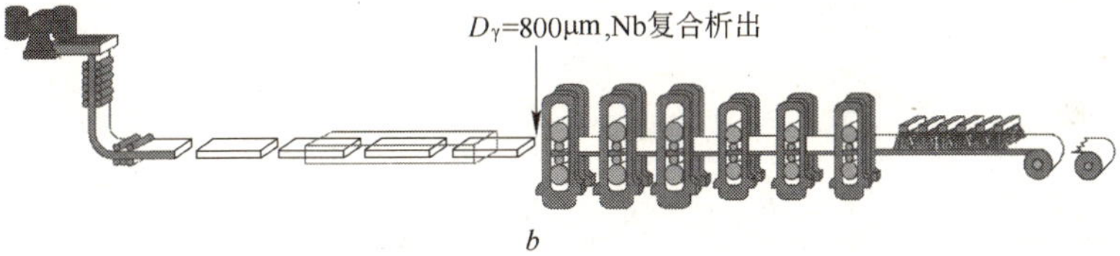


图 5-60 传统流程和薄板坯连铸连轧原始组织的不同
*a*—传统流程；*b*—薄板坯连铸连轧

图 5-61*a*、*b* 分别是薄板坯连铸连轧 $F_1$、$F_2$ 道次变形后立即水淬至室温的组织图片[79]，可以看出变形后部分再结晶发生并导致组织的不均匀现象。5-61*c*、*d* 分别为 $F_3$、$F_4$ 道次轧制时的变形温度及变形速率下，变形 70% 后的奥氏体微观组织，可以看出粗大奥氏体晶粒被显著拉长，变形奥氏体周围并未出现细小晶粒，说明薄板坯连铸连轧铌微合金钢在轧制时，$F_3$、$F_4$ 累积变形 70% 都未能引起奥氏体再结晶。更何况普通工业化生产当中，$F_3$、$F_4$ 道次轧制时的实际工程应变均小于 70%，不具备发生动态再结晶的条件。这说明薄板坯连铸连轧轧制之前粗大的原始奥氏体发生再结晶的变形条件非常高。与 $F_3$、$F_4$ 相比，在 $F_5$、$F_6$ 道次轧制时，由于变形温度更低，变形速率更高，进入未再结晶轧制阶段，所以发生动态再结晶的条件更不具备。

（3）铌的溶质拖曳作用和析出物的钉扎作用显著地抑制粗大原始奥氏体组织再结晶的速度。文献［80］的实验研究结果表明，薄板坯连铸连轧热轧过程中，前面几个机架有少量 Nb、Ti 复合物析出，尺寸在 150～200nm 之间，后面几个机架会有较多的 Nb(C,N)析出，尺寸在 5～50nm 之间。但是在 $F_4$ 之前，小尺寸的 Nb(C,N)很少，因此抑制粗大原始奥氏体再结晶主要是通过铌的溶质拖曳作用来实现。

综合以上三方面的原因，在薄板坯连铸连轧热轧过程中粗大奥氏体再结晶不

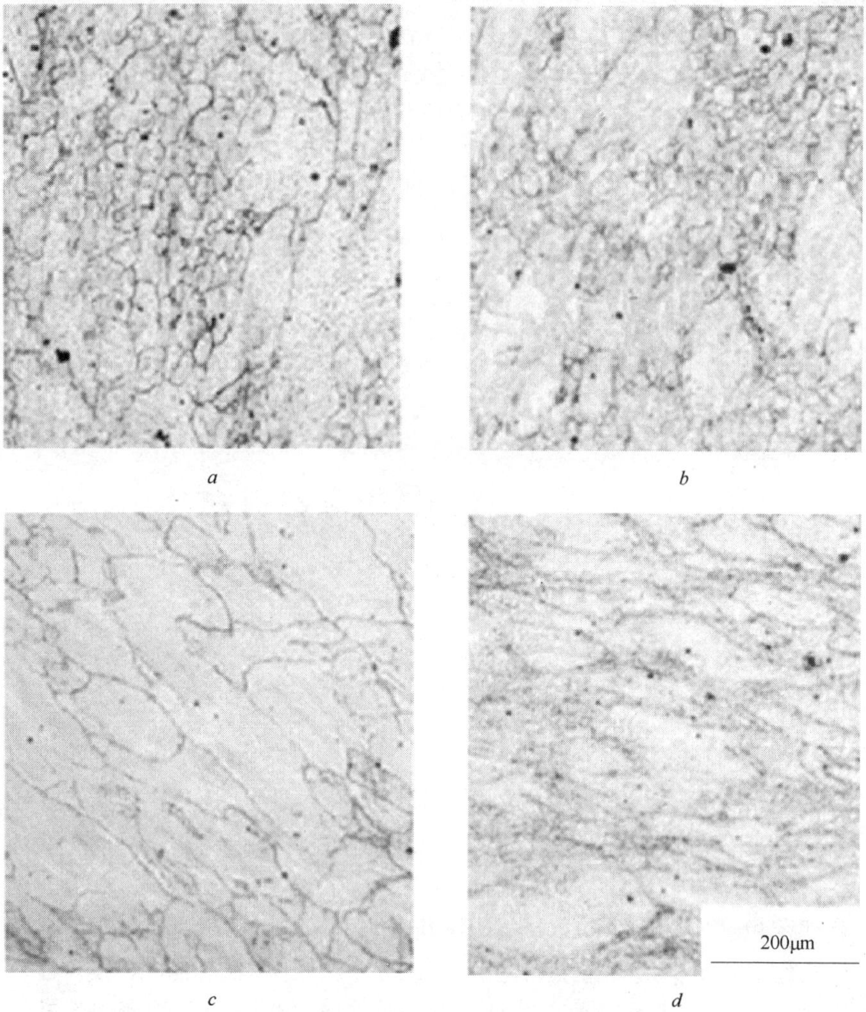


图 5-61　薄板坯连铸连轧 $F_1 \sim F_4$ 过程奥氏体再结晶情况

*a*—$F_1$；*b*—$F_2$；*c*—$F_3$；*d*—$F_4$

完全，已发生再结晶的奥氏体比较细小，未发生再结晶的奥氏体晶粒比较粗大。细小的奥氏体转变成细小的铁素体，粗大的奥氏体转变成粗大的铁素体，从而使组织不均匀，也就是出现混晶，如图 5-62 所示。

5.3.4.3　混晶现象的解决方法

导致薄板坯连铸连轧铌微合金钢组织混晶最主要的三个因素是无粗轧、铌抑制变形奥氏体再结晶、开轧前原始奥氏体晶粒粗大，发生再结晶的动力学条件高，那么促进粗晶奥氏体的再结晶是解决混晶问题和改善钢带组织均匀性的关

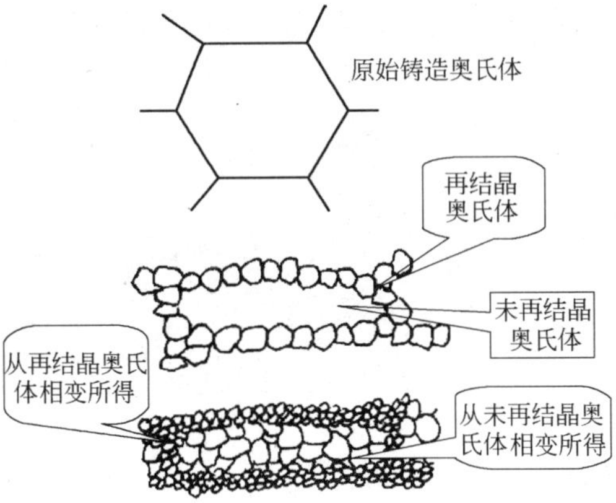


图5-62 混晶组织形成示意图

键。由基本的物理冶金原理可知：在有限时间（道次间隔时间）内获得100%的再结晶取决于五个因素：原始晶粒尺寸、成分、应变、应变速率和变形温度。当板坯进入$F_1$时，原始晶粒大小、成分、应变速率一定，因此只有通过改变开轧温度和应变来满足奥氏体完全再结晶动力学条件，从而避免不完全再结晶的发生。

首先，根据薄板坯连铸连轧设备的实际能力，通过高拉速提高铸坯入炉温度，抑制铌在铸坯中的析出；提高均热温度，适当延长均热时间以保证高的开轧温度是十分重要的。

再者，提高变形量可促进奥氏体再结晶的完成，因此在奥氏体再结晶温区施加尽可能大的变形量是完成再结晶的保证。毛新平等人通过提高开轧温度，结合薄板坯连铸连轧轧机的实际能力，设计了新的铌微合金钢轧制分配工艺，如图5-63所示[81]。依次尽量增加$F_1$、$F_2$道次压下量，降低$F_3$、$F_4$道次压下量是获得均匀铁素体组织的关键。对于含铌高强度低合金钢在$F_1$和$F_2$道次压下量大、变形温度高可导致完全的奥氏体再结晶。减少$F_3$、$F_4$的压下量避免发生部分再结晶，同时配合快速冷却，适当增加$F_5$、$F_6$的压下量以获得严重薄饼化的奥氏体，为获得均匀细小的铁素体晶粒奠定基础。采取以上措施，可在轧制压缩比不到6的情况下，消除厚度7.9～11.2mm含Nb 0.04%～0.07%钢带的混晶现象，保证产品最终的组织均匀性，如图5-64所示。组织均匀性得到保证，也意味着混晶组织中粗大晶粒得到有效的细化，由Hall-Pitch公式可知钢带的冲击韧性也能明显改善，特别是低温冲击吸收功得以提高，如图5-65所示，可以看出Nb 0.045%钢带消除混晶后，－60℃冲击吸收功可提高100J以上。

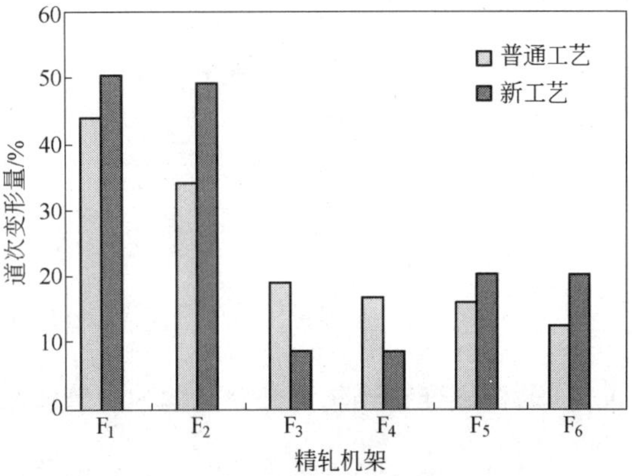


图5-63 调整后的薄板坯连铸连轧各机架变形量

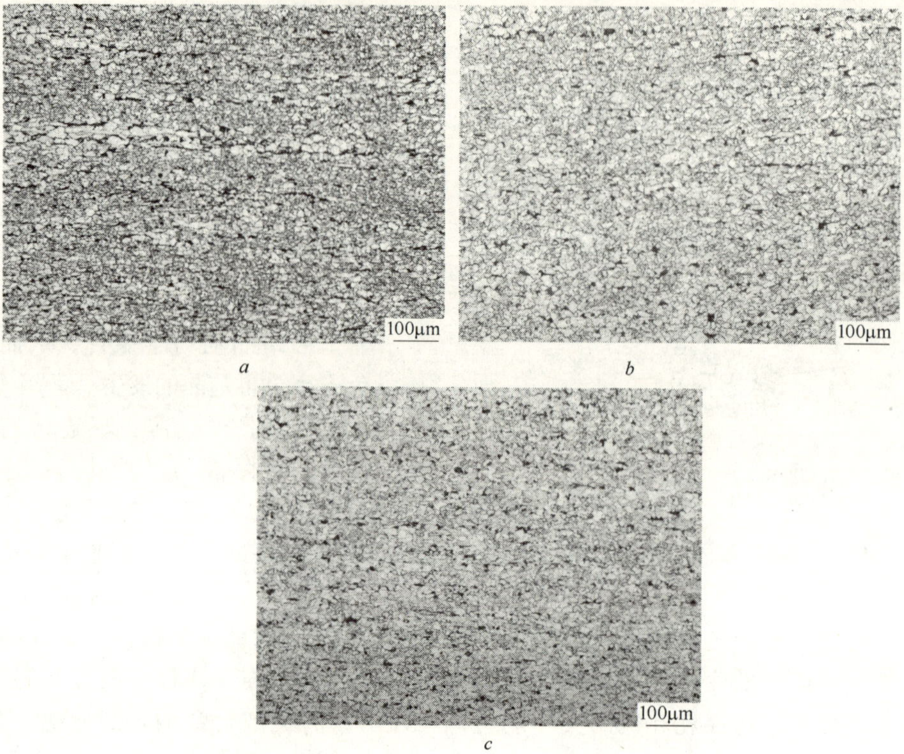


图 5-64　薄板坯连铸连轧 C 0.06%-Nb 0.04% 钢组织

*a*—7.9mm 厚度；*b*—8.8mm 厚度；*c*—11.2mm 厚度

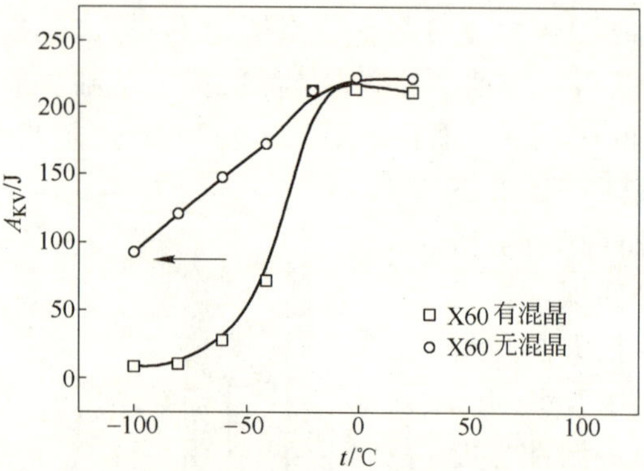


图 5-65　混晶消除后钢带的韧性变化

### 5.3.5　薄板坯连铸连轧铌微合金钢的生产技术

#### 5.3.5.1　薄板坯连铸连轧铌微合金钢的冶炼技术

铌微合金钢的基础化学成分与普通低合金高强度钢相同，仅在其中添加了微量的铌，铌加入量很小，通常在0.01%～0.10%之间，一般不会对钢的冶炼过程产生明显的影响。因此，铌微合金钢的冶炼生产技术与普通低合金高强度钢基本相同。由于铌微合金钢的使用性能比普通低合金高强度钢明显提高，为了保证钢材在高强度情况下仍具有足够高的韧性和塑性，较为严格地控制钢中的有害杂质含量和夹杂物的含量及其性质、尺寸与分布状态是十分重要的，这也就要求铌微合金钢的冶炼工艺必须随之进行相应的改进和发展。

钢中添加铌的主要方式是在冶炼过程特别是精炼过程中添加铌铁合金。铌铁的密度比钢水的密度稍大，故铌铁加入钢水后有利于铌的回收。铌铁因含铌量（通常在0.66%～0.674%）不同其熔点也不同（为1580～1630℃），比钢水的熔点高，与钢水也不发生放热反应，故铌铁在钢水中不是熔化过程，而是一个溶解过程，这个溶解过程需要一定时间，对常用的块度需要几分钟才能溶解。即铌在钢中的均匀性必须得到解决。通过吹氩搅拌钢水均匀，铌的回收率也就相当稳定，一般可以保证在95%左右，这说明铌的利用率非常高。钢包吹氩有利于铌在钢水中的均匀分布，尤其是对于铌含量较低的钢，在现代化的冶炼条件下，铌的标准偏差可小于0.0015%。

薄板坯连铸连轧的特点之一是要求连铸机提供无缺陷铸坯直接供给热连轧，而冶炼工序则必须为连铸提供优质、高洁净度的钢水。同时高洁净度的钢水也为铌回收率的稳定提供条件。钢中氧、氮、硫、磷等有害元素和夹杂物的存在会严重恶化铌微合金钢的强韧性能。

精炼深脱氧技术、深脱硫技术和钙处理技术是洁净钢生产技术的三大标志。在制定的精炼脱氧工艺方案下操作，全氧平均由0.0046%降到0.0020%，溶解氧降到0.0003%，达到了较高的技术水平。薄板坯连铸连轧要求钢水硫不大于0.01%，个别要求硫不大于0.005%，以避免连铸漏钢和出现裂纹。因此，脱硫是精炼的一个主要任务，对初始硫含量高的情况更是如此。通过对钢水中铝的控制、造高碱度还原渣、提高硫分配比 $L_S$ 等手段，脱硫率可达80%以上，成品平均硫含量为0.005%，最低硫含量小于0.001%。氮是钢中有害元素之一，在钢中易形成AlN、Nb(C,N)、Ti(C,N)等，对薄板坯连铸和含铌微合金钢生产以及钢材性能都有诸多不良的影响。当前，随着钢铁产品市场竞争的加剧，如何在电炉炼钢流程中采取措施防止钢水增氮，使电炉流程产品中的氮含量达到与转炉流程相当或接近的水平，是电炉炼钢较为关注的问题，对于薄板坯连铸连轧来说，这一点尤其重要。

工业生产上要完全消除夹杂物是不可能的，所以对夹杂物的形态进行控制已成为获取优质铌微合金钢的重要手段。夹杂物形态控制的基本方法是在钢中加入变态剂，将易于变形的Ⅰ型MnS变态成抗变形的合金硫化物。对于铝镇静钢，用铝脱氧的结果是在钢中产生 $Al_2O_3$ 夹杂，影响钢的力学性能和表面质量。$Al_2O_3$ 熔点高，在连铸温度下呈固态，容易发生水口结瘤。钢中的 MnS 和 $Al_2O_3$ 夹杂物是棱状或絮状，在轧制过程被拉长形成条状夹杂物，导致钢材性能在方向性上有差别，这对于要求进行弯曲加工的高强度热轧钢板是极为不利的，特别是对薄板坯连铸连轧生产线生产热轧板。钙处理对薄板坯连铸是必须的、不可缺少的重要环节。钙处理的主要目的是改善钢水流动性，起到夹杂变性作用，把 $Al_2O_3$-MnO 夹杂物转变为球状的钙铝酸盐夹杂，使其在轧制过程中呈球形不会被拉长，而不影响钢的性能。多次试验结果表明，当［Ca］/［Al］<0.9 时，易生成 $CaO \cdot 6Al_2O_3$，水口容易结瘤、断浇。当［Ca］/［Al］>0.9 时，生成 $12CaO \cdot 7Al_2O_3$ 占多数，没有出现水口结瘤现象。

铌与氧的亲和力是相当小的，如图 5-66 所示。铌与氧的亲和力要比常用脱氧元素和其他微合金元素例如钛和钒等都低，甚至低于锰。因此，当铌加入全镇静钢中，其回收率通常高达95%以上。

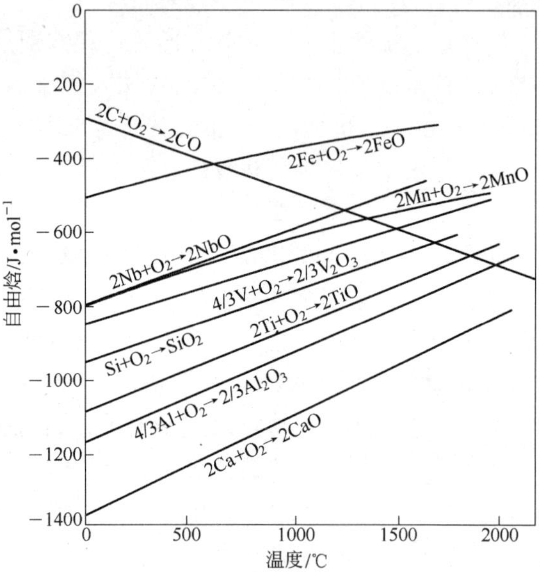


图 5-66　元素化学反应自由焓

#### 5.3.5.2　薄板坯连铸连轧铌微合金钢的连铸技术

同样，铌微合金钢的基础化学成分与普通低合金高强度钢相同，仅在其中添加了微量的铌，一般不会对钢的连铸过程产生明显的影响，因而铌微合金钢的连铸生产技术与普通低合金高强度钢基本相同。然而，在连铸过程中，微细Nb(C,N)的高温析出，并沿奥氏体晶界沉淀，在慢速变形情况下就会使晶界处结合力减弱，导致连铸坯开裂[82]。再加上连铸振痕助长了角部横裂纹的发生，矫直变形下铸坯振痕波谷处更易产生裂纹[83]，铸坯表面裂纹尤其是横裂、角横裂发生频繁。铌微合金化钢板坯角横裂纹是影响铸坯质量的技术难题[84]。

铌微合金钢连铸坯的冷却和再加热过程中的参数决定于原始奥氏体尺寸的控制要求和铌的固溶情况。由 Nb(C,N)的固溶度积公式和钢的化学成分，特别是铌、碳、氮的含量，可以计算得出铌的全固溶温度，也就是加热所需的最低温度。这避免了加热/均热温度不够高，而使铸坯中产生粗大并对后续的奥氏体再结晶组织控制没有作用的 Nb(C,N) 析出物。同时，根据奥氏体临界粗化温度来确定连铸坯加热/均热温度的上限也是必要的。

A 铌微合金钢铸坯热塑性降低的问题

对铌微合金钢来说，随着铌含量的增加，800 ~ 900℃延展性将明显下降。图 5-67 所示为热延性、高温强度随铌含量的变化[85]。可以看出在 800℃附近温度区域，随着铌含量的增加，铌微合金钢的面缩率和抗拉强度都明显降低，这意味着该阶段的铸坯受力后容易出现裂纹，特别是铸坯的角部出现横裂纹，如图 5-68 所示。这一类裂纹，通常发生在铸坯角部振痕底部，长度为 5 ~ 15mm，深度小于 10mm，由于铸坯表面有“黑皮”所以较难发现。

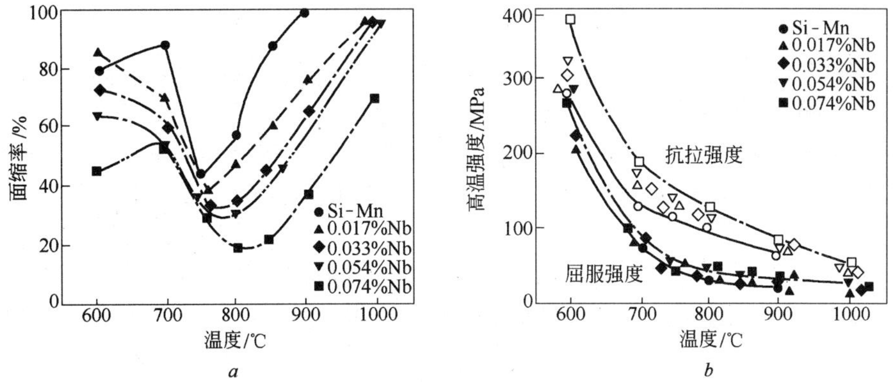


图 5-67 热延性、高温强度随铌含量的变化

*a*—铌含量对铸坯面缩率的影响；*b*—铌含量对高温强度的影响

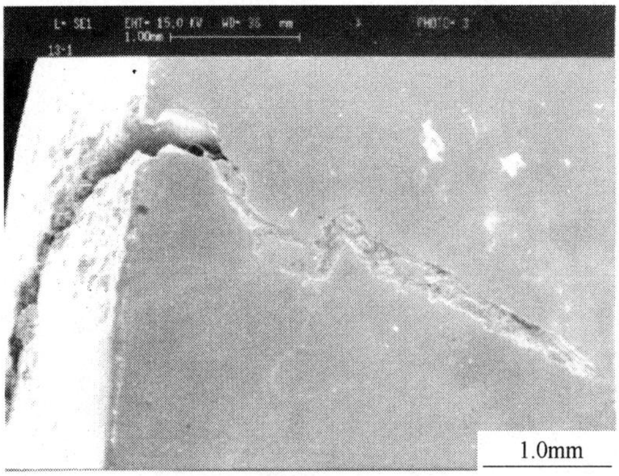


图 5-68 铌微合金钢铸坯角部横裂纹

连铸过程中析出的 Nb(C,N) 会降低铸坯的热塑性，增加铸坯裂纹敏感性。通过有关的热力学软件可以计算出 Nb(C,N) 析出量与温度的关系。图 5-69 给出

了一个计算实例，其中钢的化学成分为：C 0.06%，Si 0.25%，Mn 1.0%，Al 0.03%，N 0.007%，Nb 0.04%。由图可见，Nb(C,N)从1080℃开始析出，随着温度的降低，Nb(C,N)的析出量增加。而钢水从凝固到连铸坯入炉前的温度范围是950～1550℃之间，必然经历Nb(C,N)析出的温度区间。

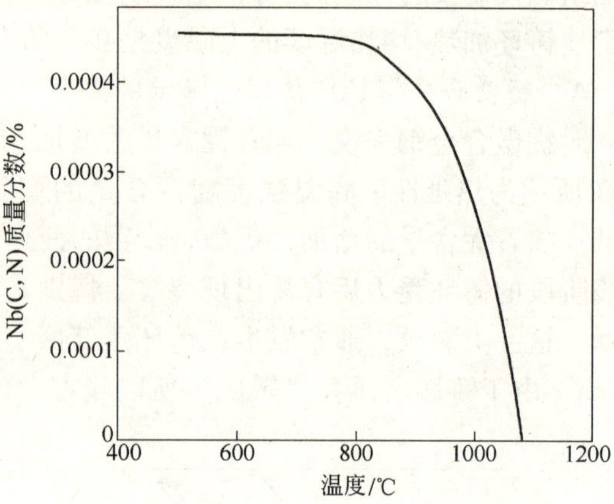


图5-69　Nb(C,N)析出量与温度的关系

Nb(C,N)析出造成钢的热塑性降低，原因在于：(1) Nb(C,N)沿晶界析出，降低了界面结合能，应力下发生塑性变形时，微细的晶界析出物作为应力集中源，与晶界脱开形成微孔，在晶界滑移的作用下，微孔连接形成裂纹；(2) 微细Nb(C,N)粒子钉扎在奥氏体晶界，阻止晶界移动，抑制钢的动态再结晶的进行，而变形过程如能发生动态再结晶，引发的晶界迁移可将原晶界处生成的微裂纹包围在新晶粒内，阻止裂纹的聚合、长大和延伸，改善钢的延塑性能；(3) 伴随着Nb(C,N)在晶界处动态析出的同时，奥氏体晶粒内也会有微细Nb(C,N)的析出，从而在晶界两侧出现一薄的较软的无析出带。在应力作用下，沿晶界无析出带出现应力集中，造成沿晶界的开裂，如图5-70所示。

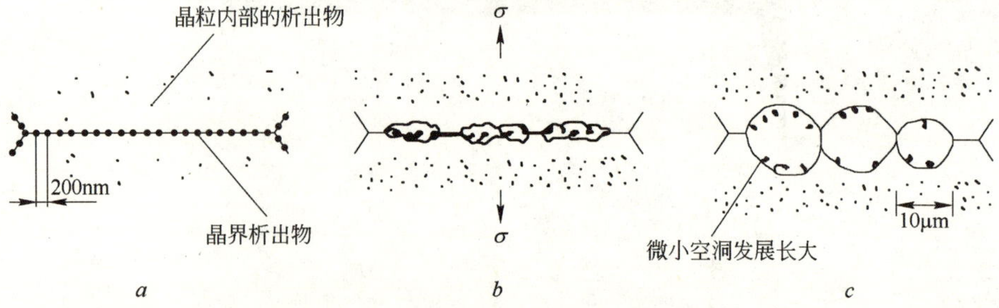


图5-70　微细析出物引起铸坯裂纹扩展示意图

B　改善铸坯高温热塑性的技术措施

如前所述，钢中加入铌后，Nb(C,N)的析出加深和拓宽了钢的低塑性槽形曲线，且塑性槽的低谷点向高温区移动。随着铌加入量的增加，钢的热塑性变差。尤其是电炉冶炼的钢中氮含量较高，通常是转炉钢的2～3倍，在Nb(C,N)、

AlN 沿晶界析出反应时，氮的浓度越高越有利于它们的析出，进一步增加了钢的裂纹敏感性。

连铸坯表面横向裂纹是唯一受微合金元素影响的缺陷，横向裂纹起始于结晶器，扩张于矫直段。铌会较强地促进横裂纹的形成。在采用薄板坯连铸连轧浇注含铌微合金钢时，漏斗式结晶器或液心软压下均使未完全凝固的铸坯始终在变形中，高温坯壳承受着较大的变形应力，容易促使含铌微合金钢铸坯横裂纹的形成与扩展。

解决铌微合金钢铸坯易形成横裂纹的方法通常是向钢中加微量钛。一方面，钢中的氮优先与钛反应，减少了参与铌反应的氮量，也使 Nb(C,N)的析出受到抑制；另一方面，高温的铌优先在钛上形核析出，从而形成粗大的(Ti,Nb)(C,N)的复合析出，避免形成细小的 Nb(C,N)析出，有效地减少了铸坯的表面裂纹。大量工艺数据表明，在含铌微合金钢中加入 0.015% 的钛，就可以减少铸坯裂纹的产生。因为钢中加入钛后，钛首先与氮结合形成 TiN 颗粒，在连续冷却过程中，析出的 TiN 非常稳定，这样一来就减少了 Nb(C,N)的析出量，降低了钢的塑性开始下降的温度，从而改善了含铌微合金钢的热塑性，使产生裂纹的敏感性减小。不仅如此，避免铌在连铸二冷区域的析出也有利于后面控轧控冷阶段发挥细晶作用。因此，在含铌微合金钢生产中，通常在钢中加入一定量的钛以减小铸坯的裂纹倾向。

同时，为保证连铸工艺的顺行及铸坯的质量，含铌微合金钢薄板坯连铸对结晶器工艺参数、浸入式水口尺寸、形状、保护渣黏度和表面张力等均有相应的特殊要求。采用稳定薄板坯连铸生产所需最优化温度控制技术、全过程保护浇铸技术、结晶器钢水液位控制技术、二次冷却工艺技术以及保护渣的供给与性能、结晶器振动模型的选择等一系列连铸工艺技术与过程控制，可将影响铸坯质量的问题避免或减至最小，这些连铸工艺技术都将成为开发含铌微合金钢薄板坯连铸工艺应该关注的基本技术。

#### 5.3.5.3 薄板坯连铸连轧铌微合金钢的控制轧制和控制冷却技术

##### A 传统流程铌微合金钢的控制轧制和控制冷却技术特点

微合金钢中铌元素的存在，明显改变了钢材高温变形行为，因此铌微合金钢的轧制过程明显有别于普通碳素结构钢或者其他低合金高强度钢的轧制过程。微合金钢的控制轧制和控制冷却工艺可分为四个阶段：再结晶控制轧制、未再结晶控制轧制、两相区轧制、加速冷却，如图 5-71 所示。

在传统流程铌微合金钢轧制过程中，粗轧阶段温区与奥氏体再结晶区相吻合，此时每道次用大的压下率一般可有效地实现奥氏体再结晶细化。另外，在轧制中粗轧阶段的压下率取决于如轧机能力（咬入厚度、轧制力矩、轧制力等）和钢板宽度控制等条件。所以在粗轧阶段，通过反复压下（由板坯尺寸、

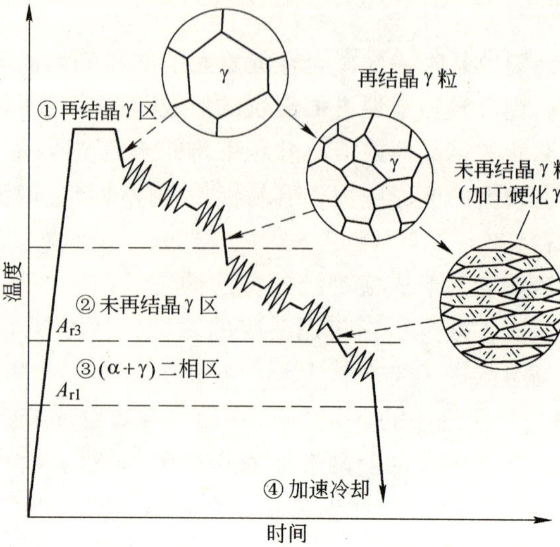


图 5-71　传统流程微合金钢四阶段控轧控冷示意图

成品尺寸和轧机能力决定）有望实现多次静态或部分再结晶的细化。但是无论是固溶的铌还是通过轧制变形诱导析出Nb(C,N)，都会大大抑制奥氏体再结晶，如图5-72所示。因此，粗轧阶段铌微合金钢再结晶需要的压下率随着铌含量的增加或轧制温度的降低而增大[86]。

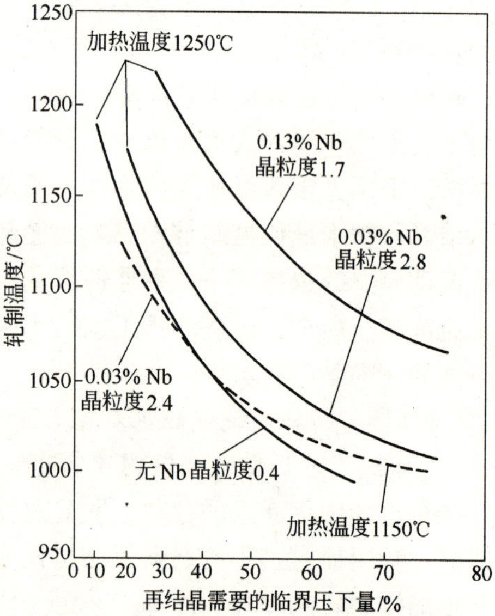


图 5-72　铌对奥氏体再结晶需要的临界压下量的影响

因此在经过粗轧阶段奥氏体再结晶变形后，人们通过控制冷却使钢材的终轧/精轧在奥氏体未再结晶区进行，以便躲避奥氏体部分再结晶区变形。20 世纪 70 ~ 80 年代已广泛研究了终轧/精轧阶段压下率导致产生的奥氏体形变带和未再结晶奥氏体组织中的相变细化机理。对铌微合金钢来说，假设在再结晶奥氏体区轧制获得的晶粒直径为 $d$，在未再结晶区累积压下率为 $\varepsilon$，则从下列公式可得到有效奥氏体晶界区 $S_V$，作为铁素体形核区[87]：

$$S_V(mm^2/mm^3) = [1.67(\varepsilon - 0.10) + 1.0](2/d) + 63(\varepsilon - 0.30) \quad \varepsilon \geq 0.30 \qquad (5\text{-}13)$$

从式5-13可清楚地看出，铁素体形核位置的增大与在未再结晶区的压下率成比例，即未再结晶区组织可以通过增加累积压下率得到细化。图5-73显示了在未再结晶区的压下率和铌微合金钢韧性之间的关系[86]，可见尽管压下率增大可显著提高韧性，但是起始温度在未再结晶区对韧性的影响不大。另外在压下率不变情况下，终轧温度在奥氏体范围内的变化对韧性和强度没有影响。这主要有两个方面的原因[88]：首先，固溶态下铌在某种程度上也会通过固溶拖曳作用推迟再结晶的发生；同时在应变累积的作用下铌也会变形诱导析出纳米级的Nb(C,N)颗粒，并钉扎奥氏体晶界从而推迟再结晶的发生。这些应变诱导析出的粒子最终完全抑制了再结晶的发生，从而使奥氏体在后期轧制过程中不断被压扁拉长，可有效地增加铁素体形核位置，细化晶粒并提高钢材的强韧性。

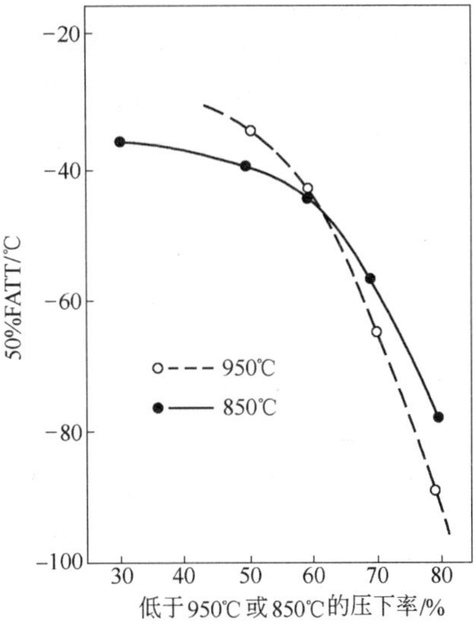


图5-73 未再结晶区累积压下率和冲击剪切面积的关系

（C 0.11%-Si 0.3%-Mn 1.3%-Nb 0.02%钢，终轧温度700℃）

铌微合金钢控轧后进行的快速冷却的基本参数有冷却开始、结束时的温度和冷却速率。研究冷却速率对铌微合金钢的影响表明，提高冷却速率有希望适量提高强度而不降低韧性[89]。控轧后进行快速冷却旨在得到细化铁素体+珠光体或贝氏体组织。随着卷取温度的下降及冷却速度的提高，相变后的组织变细，并且针状铁素体的数量增加，强度增加。针状铁素体数量的增加也有利于获得高的强度和良好的韧性[90]。但卷取温度过低时，得到贝氏体组织将会使韧性变坏。

B 传统流程铌微合金钢的奥氏体不完全再结晶区轧制问题

值得一提的是，由于在奥氏体再结晶区和奥氏体未再结晶区之间有一个奥氏体部分再结晶区，如果铌微合金钢控轧的粗轧阶段要在该区轧制变形，在奥氏体中大的拉长的未再结晶晶粒和小的再结晶等轴晶粒共存的现象将发生（即混晶），这导致相变后钢材最终的微观组织出现混晶现象。例如，Nb 0.03%钢被加热到1250℃，分别在奥氏体再结晶区、奥氏体未再结晶区、奥氏体部分再结晶区轧制变形，轧后冷却至室温，其变形过程和最终室温微观组织如图5-74所示[31]。

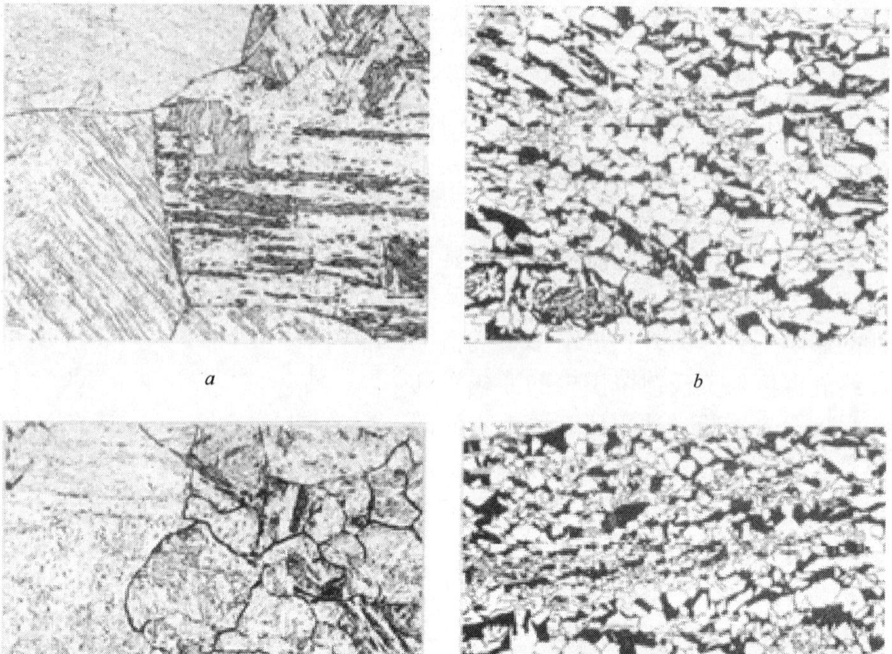


图 5-74　含铌微合金钢奥氏体和轧制后的相变组织

*a*—原始奥氏体；*b*—变形 60%；*c*—部分再结晶奥氏体；
*d*—变形 60%；*e*—再结晶奥氏体；*f*—变形 60%

可以看出，奥氏体部分再结晶区轧制后转变组织的均匀性要比奥氏体再结晶区轧制后的组织差很多，而且这种奥氏体大小不均匀的情况即使经过 60% 的轧制变形、冷却相变以后仍然无法得到改善，因此应当尽量避免在该区域进行轧制。

C 薄板坯连铸连轧铌微合金钢的奥氏体再结晶轧制技术

在传统流程中，为了有效利用铌的细晶强化作用和沉淀强化作用，保证铌能固溶，以及考虑到铌微合金钢高温加热晶粒粗化的限制，一般再加热温度应控制在1200～1250℃之间[91]；薄板坯连铸连轧生产中1100～1150℃的均热温度无法保证铌完全溶解在奥氏体中，无法使铌在轧制前充分固溶，这造成轧制前期再结晶困难，同时降低轧制后期铌的抑制再结晶作用。因此，在薄板坯连铸连轧生产中，钢中加入的铌要适量，既确保铸态组织在连轧早期发生完全再结晶，也要保证在后续道次的轧制过程中奥氏体发生薄饼化。

由于薄板坯连铸连轧难以严格区分粗轧和精轧，粗大的奥氏体组织将延迟其变形后再结晶动力学，并且晶粒尺寸在很大范围内变化，相同变形条件下，发生再结晶的程度也不一样；铌是抑制变形奥氏体再结晶的最有效元素之一，它将发生动态再结晶的最小临界应变值 $\varepsilon_c$ 大幅提高。因此，对薄板坯连铸连轧铌微合金钢来说，如何使均热后粗大的奥氏体通过完全再结晶而细化、等轴化、均匀化是保证钢带获得均匀组织的关键。

前已阐明，粗大奥氏体再结晶不完全是导致薄板坯连铸连轧生产的钢带组织混晶的主要原因。为促进粗晶奥氏体再结晶，下面三个条件是十分重要的：（1）较高的变形温度；（2）较小的应变速率（轧制速度）；（3）较大的应变量（轧制变形量）。人们根据这三个条件进行控轧控冷工艺的优化工作，但应变速率和应变量的调整范围较小，而在变形温度上可以通过高温加热、除鳞温降的合理控制来保证较高的开轧温度。

通常情况下，从铸坯出炉到连轧开轧的温降较大，导致开轧温度偏低，这不利于轧制前期粗晶奥氏体的再结晶。铌微合金钢生产时的除鳞工艺必须优化，主要途径是适当降低除鳞水压力，在保证除鳞质量的基础上降低除鳞温降，进而提高连轧开轧温度，以利于高温奥氏体完成再结晶，也显著地改善铌微合金钢的组织均匀性。同时，在轧制负荷增加不明显的情况下提高前几个机架的压下率，从而使铸坯中粗大的奥氏体组织在高温阶段完成再结晶，进一步提高再结晶完成分数，保证组织均匀性。

提高开轧温度对铌微合金钢的显微组织均匀性有利，如图5-75所示，提高开轧温度也可以有效地减轻产品整个厚度方向的混晶组织，并有效地通过再结晶细化晶粒。

提高开轧温度除了对组织均匀性有利之外，最终能够提高屈服强度，如图5-76所示。研究结果表明，开轧温度从1050℃提高到1100℃，可将屈服强度提高约50MPa。开轧温度的提高，可以提高铌的固溶量，为未再结晶区铌的析出

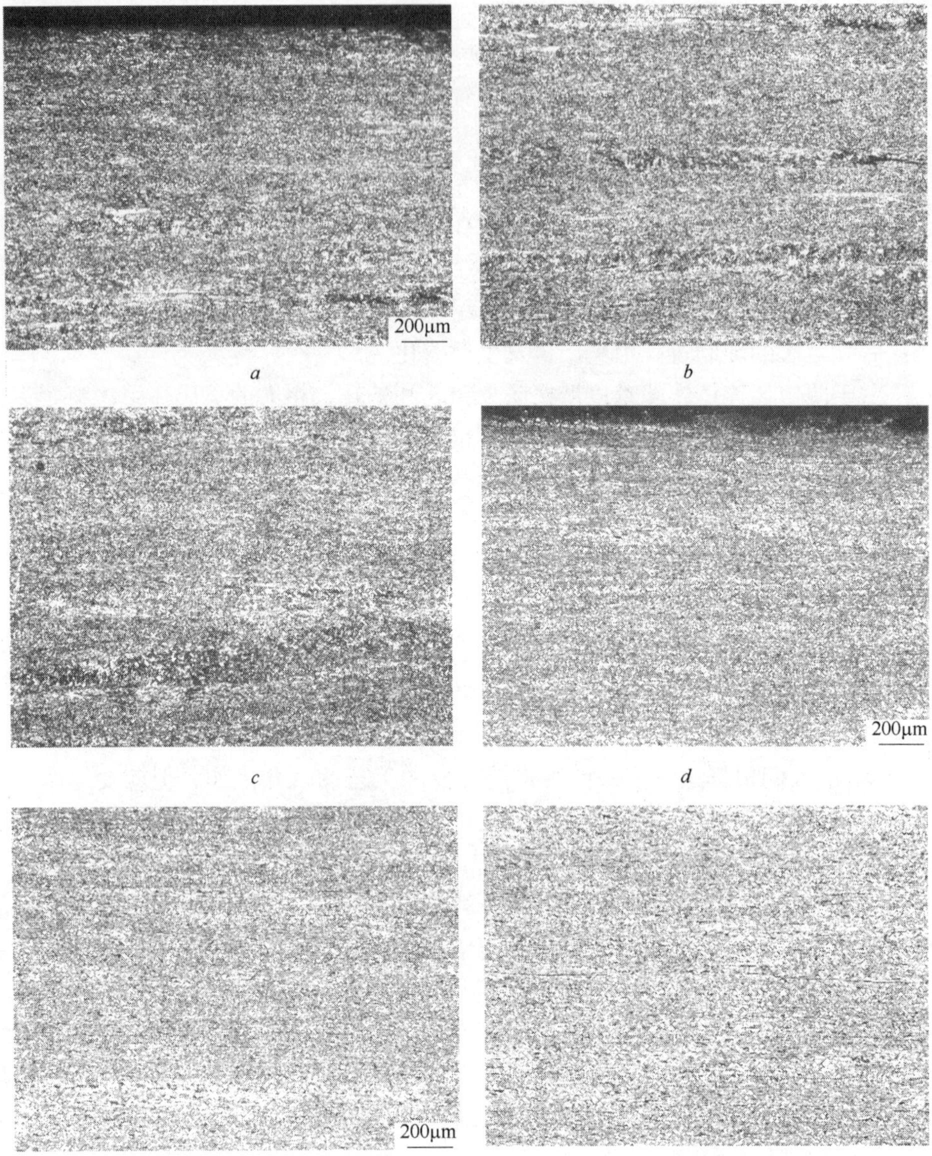


*a*　*b*　*c*　*d*　*e*　*f*

图 5-75　C 0.06%-Nb 0.040% 钢不同开轧温度的微观组织

*a*—1040℃，上表面；*b*—1040℃，1/4；*c*—1040℃，心部；
*d*—1070℃，上表面；*e*—1070℃，1/4；*f*—1070℃，心部

提供热动力条件，有利于细化晶粒与提高强度。

再结晶控轧工艺要点是：（1）适当提高连铸拉速，使铸坯入炉温度尽可能高，

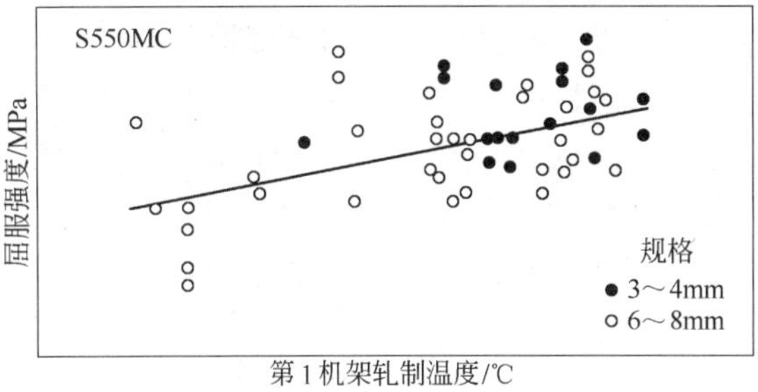


图 5-76 开轧温度对薄板坯连铸连轧铌微合金钢屈服强度的影响

避免或减少 Nb(C,N)过早析出；(2) 均热温度尽可能高，这一方面可以促进对成品钢韧性不利的一次析出物 Nb(C,N)在加热时充分回溶，另一方面为高温再结晶区轧制创造温度条件；(3) 减少除鳞水投入量，提高连轧开轧温度；(4) $F_1$、$F_2$ 机架压下量要大，使原始粗大奥氏体组织通过静态再结晶演变为细小、均匀的奥氏体组织。

D 薄板坯连铸连轧铌微合金钢的奥氏体未再结晶轧制技术

薄板坯连铸连轧特点及铌在微合金钢中的作用机理，决定了薄板坯连铸连轧生产含铌微合金钢主要以两种方式细化晶粒：相变与再结晶细化晶粒，第二相质点钉扎晶界而阻止晶粒长大，同时又取得沉淀强化效果。铌提高钢的未再结晶温度，使钢带生产易于在较高温度条件下实施未再结晶控轧，即通过轧制变形后奥氏体的扁平化和晶内形变带数量增加，提高 $\gamma\to\alpha$ 相变形核的有效晶界面积，提高相变形核率，从而获得细化的钢带组织。这是铌微合金钢技术的核心和关键。对薄板坯连铸连轧来说，轧制机架相对集中，所有 6~7 个机架连续排列。在连续 6~7 机架轧制中，前面 2~3 个机架完成高温粗晶奥氏体再结晶，剩余 3~4 个机架实现铌微合金钢的未再结晶控轧，是薄板坯连铸连轧铌微合金钢生产必须遵循的原则。

从 5.3.2.2 节薄板坯连铸连轧中铌析出的现象知道，在轧制前大量的铌以固溶状态存在于钢中，在奥氏体再结晶轧制过程中铌会通过溶质拖曳的作用阻止再结晶，是铌不利的一面。到后期未再结晶轧制阶段，铌析出量增加。这主要是变形温度的降低和铌溶质拖曳作用共同阻止了奥氏体再结晶，可使形变有效地累积。这就可以应变诱导析出大量细小的 Nb(C,N)，分布在奥氏体晶界、形变带及亚晶界上，并进一步有效地钉扎奥氏体晶界阻止奥氏体的形变再结晶和晶粒长大，最终形成压扁拉长的薄饼状奥氏体，并保持到轧制完成以后与 $\gamma\to\alpha$ 相变之前，为轧后冷却阶段相变细化晶粒创造条件。

一般来说，降低终轧温度可促进 Nb(C,N)在奥氏体内的析出，阻止奥氏体晶粒长大。同时，在未再结晶区控轧，当累积变形量超过 30% 以后，大量的形变带开始在奥氏体晶内出现，随着变形量的进一步增加，形变带的数量会呈指数增长，使铁素体不仅在晶界，而且在晶内的形变带上形核。所以随着终轧温度的降低，变形量的增加，铁素体晶粒变细。因此，应根据轧机的能力尽量降低终轧温度，增加变形量。通过降低终轧温度，奥氏体加工硬化增强，在铁素体相变过程中可促进晶粒细化，最终提高强度，如图 5-77 所示，终轧温度越低，屈服强度越高。特别是对于薄板坯连铸连轧生产厚规格产品，降低终轧温度可以补偿由于变形量减少造成的奥氏体应变累积效果的减弱作用。对于 6 ~ 8mm 产品需要采用 850℃终轧温度才能获得屈服强度 550MPa 的性能，而对于3 ~ 4mm产品则可以采用 880℃。

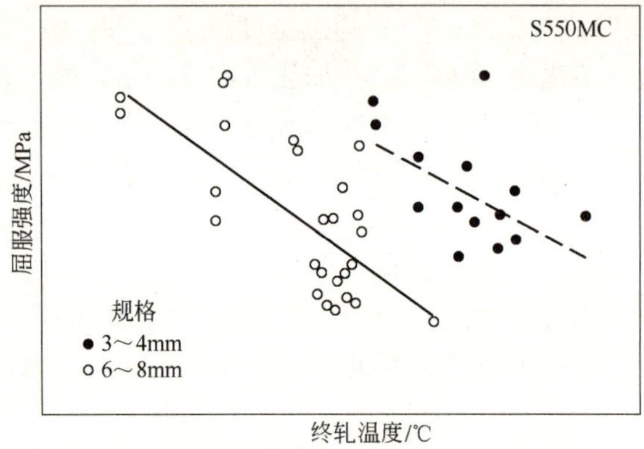


图 5-77　终轧温度对薄板坯连铸连轧铌微合金钢屈服强度的影响

薄板坯连铸连轧铌微合金钢未再结晶区控轧工艺要点是：(1) 高温再结晶控轧后快冷至未再结晶区进行轧制，采用空过机架（厚规格）或减少中间机架压下量（薄规格）及加大机架间冷却水的方法避开部分再结晶区，以免造成混晶现象；(2) 未再结晶区要保证足够的变形量以细化铁素体晶粒；(3) 根据生产节奏和轧机的能力，尽量选择较低的终轧温度。

E　薄板坯连铸连轧铌微合金钢的冷却和卷取

由终轧到卷取之间的冷却速度越高，就越能够强烈地促使铁素体相变高速形核并细化晶粒。前面在论述薄板坯连铸连轧铌的析出规律中提及，轧制完成后仍然有一定量的铌固溶于钢中，这部分铌可以降低铁素体相变温度，并且随着钢中固溶铌含量的提高，相变开始温度下降量增大，如图 5-78 所示。当铌含量在 0.05%左右时，冷速 20℃/s 可使相变温度下降到 660℃以下[92]。铁素体相变温度的降低，可抑制铁素体组织形核长大，获得低温转变组织如贝氏体、针状铁素体提供条件。

薄板坯连铸连轧轧后层流冷却系统具有很强的冷却能力，可以实现精确的冷却调整制度。根据冷却强度和速度，冷却制度可以大致分为五种，如图 5-79 所示。结合轧制后期较大的加工硬化能力，这五种冷却制度都为铌微合金钢的相变强化提供有利条件。利用不同的变形、冷却和卷取温度条件获得不同组织类型如铁素体、珠光体、针状铁素体、贝氏体、马氏体，进而得到更高的强度。

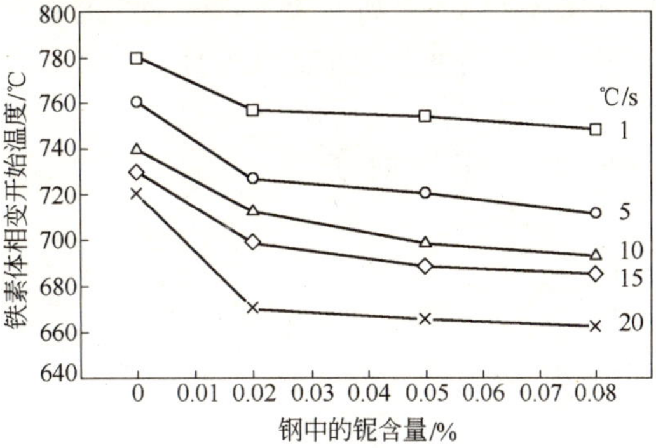


图 5-78 不同冷速条件下铁素体相变开始温度

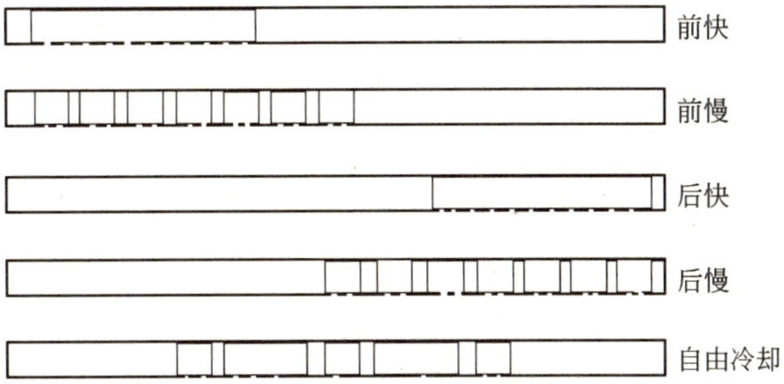


图 5-79 薄板坯连铸连轧不同的层流冷却制度

当然钢中仅含有铌不足以使相变温度降低很多，必须配合轧后一定的冷却模式。不同冷却条件下，铌微合金钢的微观组织类型如图 5-80 所示。可以看出终轧温度 900℃左右，卷取温度 500 ~600℃之间的条件下，钢带的冷却速度可以达到 15℃/s 以上，并能得到贝氏体组织。因此，根据薄板坯连铸连轧铌微合金钢的动态 CCT 曲线（见图 5-81[93]）可知，设定终轧温度到卷取温度的温度间距并调整冷却制度可以得到一定体积分数的贝氏体等低温转变组织。N. Zentara 等人的热模拟研究结果表明，对 C 0.11%-Nb 0.068%-V 0.08% 钢

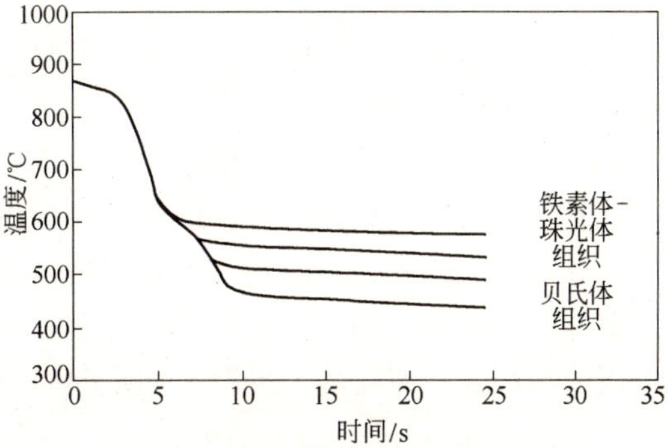


图 5-80 薄板坯连铸连轧铌微合金钢钢带中心处冷却曲线

轧后冷速从 2℃/s 提高到 25℃/s，最终的微观组织类型由粗大的铁素体 + 片状珠光体组织可以转变为细小的铁素体（约 5μm） + 贝氏体组织[94]。细小的铁素体组织、替代珠光体组织的贝氏体组织，可有效地将屈服强度从 400MPa 级提高到 600MPa 级，如图 5-82 所示。

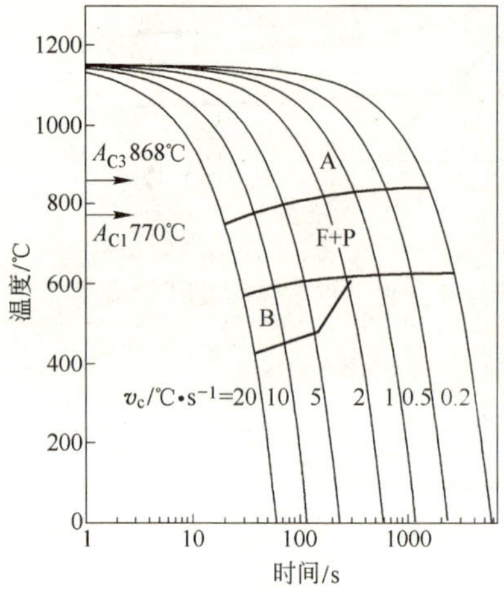


图 5-81　薄板坯连铸连轧 C 0.05%-Si 0.16%-Mn 1.33%-Nb 0.026% 钢动态 CCT 曲线

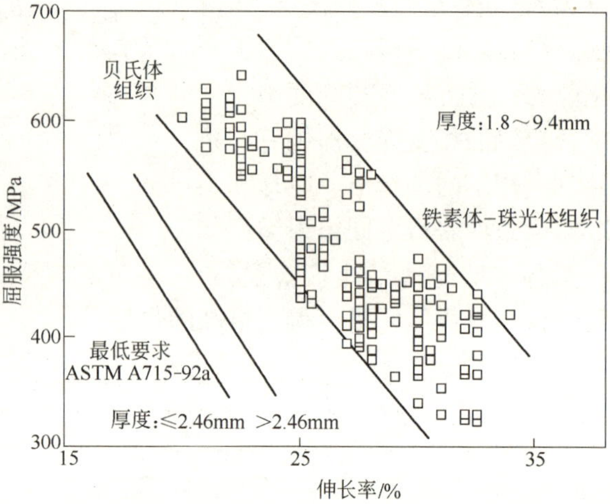


图 5-82　薄板坯连铸连轧微合金化钢带的屈服强度

对于薄板坯连铸连轧铌微合金钢的冷却和卷取，主要控制有以下两点：（1）对于生产强度要求较高的产品，层流冷却模式尽可能使用前冷，足够高的冷速可促进贝氏体等低温转变组织的形成；（2）卷取温度不宜过低，能够保证轧后有足够的冷却速度即可，否则形成的部分低温组织粗大损害韧性。

## 5.4　薄板坯连铸连轧铌微合金化技术的应用

铌微合金化技术与铌微合金钢的开发应用相辅相成，因此各国薄板坯连铸连轧生产企业和研究院所、高校等单位通过对薄板坯连铸连轧铌微合金钢沉淀析出、溶解规律，以及铌微合金钢在工艺中组织演变规律的研究，加深了对薄板坯连铸连轧物理冶金特点的认识，形成了薄板坯连铸连轧铌微合金钢生产技术，并成功地开发了管线钢、石油套管用钢、高强度汽车板等钢种[95,96]，这对调整薄板坯连铸连轧的品种结构、效益水平具有十分重要的意义。本节概要论述目前世界上各国薄板坯连铸连轧的铌微合金钢生产应用情况。

### 5.4.1　石油管线用钢方面的应用

#### 5.4.1.1　管线钢的组织性能要求及发展趋势

管线钢对综合性能有特殊要求，表现在强度高、韧性高、韧脆转变温度低、焊接性能好、具有一定的耐蚀性等。目前几乎所有的管线钢均采用铌微合金钢或复合微合金钢。

管道输送压力增加，可大幅度提高管道的输送能力，因此随着管线钢性能的提高和管道制造技术的发展，输送管道的压力一直在不断增大[97]。若输送压力和管线直径同时增加则又可直接节省投资和钢材用量[98]。图 5-83 给出了铌在管线钢生产历史进程中的应用情况。可以看出，管线钢的级别从最初的 X52 一直提高到目前的 X100，强度几乎翻了 1 倍。但是随着管壁厚度和管线钢强度级别的增加，油气管线发生脆性断裂事故的几率也不断增大，因此管线钢要求具有良好的冲击韧性，特别是处在寒冷地带的管线钢更要求具有良好的低温韧性和很低的韧脆转变温度。为防止管道的脆性断裂，人们对管线钢韧性的要求越来越高，例如 20 世纪 60 年代管线钢的冲击韧性要求为 34J，韧脆转变温度要求为 0℃，但到 80 年代管线钢的冲击韧性要求提高到 120J，韧脆转变温度要求降低到 -45℃以下。

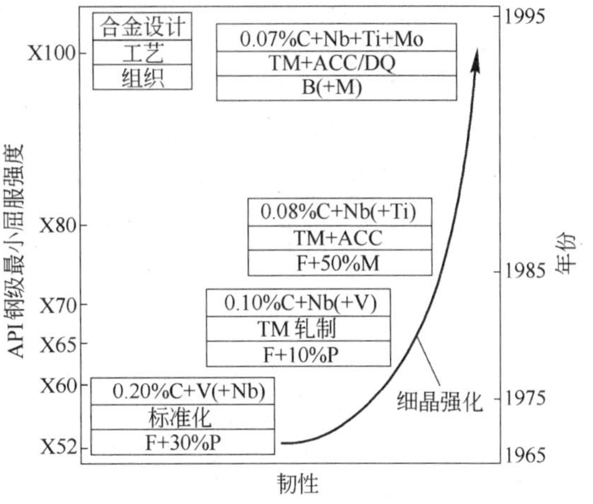


图 5-83　高强度管线钢合金设计的发展历程

油气输送管线通常在野外铺设施工并焊接，因而要求管线钢应具有良好的焊接性能。判断焊接性能的高低可直接由碳当量公式来进行，如图 5-84 所示[99]。管线钢的焊接性一般要求 $C_{eq}=0.35\%\sim0.40\%$，特殊要求 $C_{eq}\leqslant0.35\%$。为适应管线钢焊接性的苛刻要求，改善焊接性，管线钢正向低碳和超低碳方向发展，20 世纪 60 年代油气输送管线用钢的碳含量水平为 0.10% ~ 0.14%，到 20 世纪 80 年代就降低到 0.01% ~ 0.04%，超低碳贝氏体钢的碳含量则甚至降至 0.01% 以下。

管线钢大量破坏事故的调查显示，腐蚀事故占 52%，在输送含 $H_2S$ 的天然气的情况下由腐蚀引起的破坏事故则高达 74%。研究结果表明，管线钢产生的腐蚀断裂主要是氢致断裂（HIC）和硫化物应力腐蚀断裂（SSC）；在非金属夹杂物和钢铁基体的界面上析出的分子状态的氢所产生的压力，是产生氢致断裂的驱动力。显然，为防止氢致断裂的发生，管线钢必须具有良好的抗蚀性能特别是抗氢致裂纹产生能力。

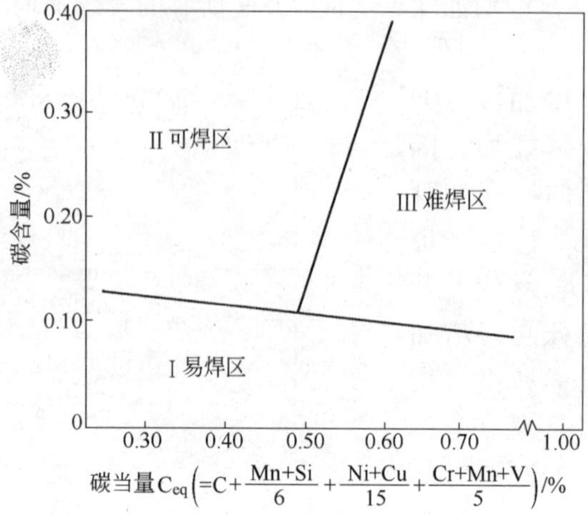


图 5-84　低合金钢钢焊接性能和碳当量的关系

铌作为管线钢中最广泛采用的微合金元素，主要作用是：(1) 阻止再加热过程中奥氏体晶粒的长大；(2) 阻止高温再结晶奥氏体晶粒的长大；(3) 显著提高钢的未再结晶温度，使钢材能在较高和较宽的温度区间内进行未再结晶控制轧制；(4) 促进针状铁素体或超低碳贝氏体组织的形成以进一步提高强度；(5) 在未再结晶控制轧制工艺条件下，显著地细化晶粒，从而获得优异的冲击韧性；(6) 产生显著的沉淀强化；(7) 一定程度上提高钢材抗硫化氢腐蚀能力。

5.4.1.2　薄板坯连铸连轧生产管线钢的技术特点

对于薄板坯连铸连轧产品范围来说，管线钢是一类较厚的产品。利用 50 ~70mm 厚的铸坯生产 6mm 以上厚度的管线钢产品，整个轧制过程的压缩比低。因此，利用薄板坯连铸连轧生产管线钢的主要特点就是轧制过程中道次压下量的合理分配，既要满足轧制前期完成再结晶的需要以保证组织均匀，又要满足轧制后期薄饼化的需要以保证足够的细晶强韧化效果。

另外一个重要特点就是，为了符合管线钢低碳的发展趋势，同时由于薄板坯连铸连轧无法生产包晶钢（C 0.07% ~0.15%），管线钢的化学成分通常是低碳(0.07%以下)、低硫、低磷。随着钢级的不同，适量的锰被加入到钢中，其主要目的是细化晶粒、提高强度。同时少量的钛也被加入进来，其主要目的是固定钢中的氮、阻止焊接晶粒的长大、改善焊接力学性能。铌的加入主要是通过细化晶粒、沉淀强化来提高管线钢的强度和韧性，这一工作主要是通过精炼过程来完成。由于铌的回收率高而且稳定，因此薄板坯连铸连轧冶炼铌微合金化管线钢与传统流程差别不大。

为了适应高钢级管线钢如 X70 的高强韧性要求，薄板坯连铸连轧一方面适当提高铸坯厚度来增加压缩比，从最初的 50 ~ 60mm 提高到 85 ~ 90mm；另一方面利用铌、钒、钛复合微合金化技术甚至通过加钼实现针状铁素体组织控制技术来进一步提高管线钢的强度和韧性。

5.4.1.3 X42 ~ X60 级别管线钢的研制及应用

A X42 ~ X60 级别管线钢的标准要求

对于 X42 ~ X60 级别管线钢来说，其强度、韧性要求不太高，而且厚度也较薄，适合薄板坯连铸连轧生产。因此，利用薄板坯连铸连轧铌微合金化技术，通过建立科学合理的冶炼、连铸、均热、控轧控冷工艺，可以实现 X60 以下级别系列管线钢的生产。表 5-6 和表 5-7 分别是 X42 ~ X60 级别管线钢的化学成分和性能标准要求。

**表 5-6 APL SPEC 5L 标准中 X42 ~ X60 管线钢的化学成分要求（%）**

| 钢种等级 | C | Mn | P | S | Ti | $C_{eq}$ | $P_{cm}$ |
|---|---|---|---|---|---|---|---|
| X42 | ≤0.22 | ≤1.30 | ≤0.025 | ≤0.015 | ≤0.04 | 0.43 | 0.25 |
| X46 | ≤0.22 | ≤1.40 | ≤0.025 | ≤0.015 | ≤0.04 | 0.43 | 0.25 |
| X52 | ≤0.22 | ≤1.40 | ≤0.025 | ≤0.015 | ≤0.04 | 0.43 | 0.25 |
| X56 | ≤0.22 | ≤1.40 | ≤0.025 | ≤0.015 | ≤0.04 | 0.43 | 0.25 |
| X60 | ≤0.22 | ≤1.40 | ≤0.025 | ≤0.015 | ≤0.04 | 0.43 | 0.25 |

**表 5-7 APL SPEC 5L 标准中 X42 ~ X60 管线钢的力学性能要求**

| 钢种等级 | 屈服强度 $\sigma_{t0.5}$/MPa | 抗拉强度 $\sigma_b$/MPa | 冲击功（0℃）/J | |
|---|---|---|---|---|
| | | | 全尺寸横向 | 全尺寸纵向 |
| X42 | 290 ~ 496 | 414 ~ 758 | ≥27 | ≥41 |
| X46 | 317 ~ 524 | 434 ~ 758 | ≥27 | ≥41 |
| X52 | 359 ~ 531 | 455 ~ 758 | ≥80 | ≥41 |
| X56 | 386 ~ 544 | 490 ~ 758 | ≥80 | ≥41 |
| X60 | 414 ~ 565 | 517 ~ 758 | ≥80 | ≥41 |

B 薄板坯连铸连轧 X42 ~ X60 级别管线钢的成分设计

表 5-8 给出了国内电炉薄板坯连铸连轧生产的厚度规格 6.2 ~ 11.0mm 的管线钢化学成分。表 5-9 给出了美国电炉薄板坯连铸连轧生产的厚度规格大于 6.0mm 的管线钢化学成分。表 5-10 给出了转炉薄板坯连铸连轧生产的厚度规格 7.5mm 的 X60 管线钢化学成分。

**表 5-8　国内电炉薄板坯连铸连轧管线钢的化学成分（%）**

| 牌　号 | C | Si | Mn | P | S | Nb |
|---|---|---|---|---|---|---|
| X52 | ≤0.07 | ≤1.0 | ≤1.60 | ≤0.020 | ≤0.010 | ≤0.030 |
| X56 | ≤0.07 | ≤1.0 | ≤1.60 | ≤0.020 | ≤0.010 | ≤0.050 |
| X60 | ≤0.07 | ≤1.0 | ≤1.60 | ≤0.020 | ≤0.010 | ≤0.070 |

**表 5-9　美国电炉薄板坯连铸连轧管线钢的化学成分（%）**

| 牌　号 | C | Mn | Mo | N | Nb |
|---|---|---|---|---|---|
| X42 | 0.045 | 0.50 | | 0.009 | 0.025 |
| X52 | 0.055 | 1.10 | | 0.009 | 0.045 |
| X60 | 0.045 | 1.30 | | 0.009 | 0.07 |
| X60 | 0.045 | 0.85 | 0.15 | 0.009 | 0.07 |

**表 5-10　转炉薄板坯连铸连轧生产 X60 管线钢的化学成分（%）**

| 牌　号 | C | Si | Mn | P | S | Nb |
|---|---|---|---|---|---|---|
| X60 | 0.04～0.08 | 0.2～0.4 | 1.2～1.5 | 0.008～0.025 | 0.003～0.0012 | 0.02～0.065 |

为满足管线钢高强度、高韧性、良好的焊接性能及抗 HIC、SCC 性能，人们通常采用降碳提锰和铌、钒、钛微合金化的成分设计方案并与冶炼技术和控轧控冷技术相结合。合金化设计思路如下。

碳：碳是传统的强化元素，具有成本低、调控敏感性好的优点。但含量偏高也对钢的焊接性能、力学性能及抗 HIC 性能产生负面影响。此外碳和钢的强度匹配关系也尤为重要，因含碳量的高低与钢的强度成正比关系，但钢的冲击韧性则随碳含量增高明显降低，满足不了对钢高强度、高韧性的要求。抗 HIC 性能是输气管线所必须具备的性能，而其与钢中的成分偏析存在密切的依附关系，碳低则偏析轻，抗 HIC 性能好。综合考虑各方面的因素，管线钢的碳含量一般控制在 0.12% 以下，而薄板坯连铸连轧由于结晶器的特殊性，只能生产碳含量在 0.07% 以下的低碳钢，符合管线钢要求低碳的特点。

锰：锰在钢中以固溶强化作用为主。多年的科研和生产实践表明，在低合金结构钢中锰含量和强度成正比关系，其冲击韧性下降率较小，还不影响其韧脆转变温度。美国石油协会标准（API）规定：X42～X60 管线钢锰含量可不大于 1.5%，以弥补碳含量降低造成的强度损失。根据管线钢技术要求，生产 X42～X60 管线钢锰含量确定为 0.50%～1.45%。

铌：铌是生产管线钢的主要微合金化元素。其提高强度的机理是细晶强化和沉淀强化，铌同时可改善钢的低温冲击韧性。但薄板坯连铸连轧生产的含铌钢，钢带组织容易出现严重的混晶现象，同时铌降低了钢的热塑性从而增加了含铌钢铸坯的热裂倾向。根据钢种的需要，X42 ~ X60 管线钢铌含量控制在 0.025% ~ 0.07% 范围。

钛：钛可产生强烈的沉淀强化及中等程度的晶粒细化作用。钛的化学活性很强，易与钢中的碳、氮、氧、硫形成化合物。为了降低钢中固溶氮含量，人们通常采用微钛处理固定钢中的氮。TiN 可有效阻止奥氏体晶粒在加热过程中的长大，起到一定的强化作用。在含铌微合金钢中加入微量的钛，可改善含铌微合金钢的热塑性，使产生裂纹的敏感性减小。薄板坯连铸连轧采用微钛处理，钛含量控制在 0.010% ~0.040% 。

硫：硫是管线钢中最为有害的元素之一，它严重恶化管线钢的抗 HIC 和 SCC 性能。法国 D. Schawwinhold 等人经研究发现：随着钢中硫含量的增加，裂纹敏感率显著增加；只有当［S］<0.0012% 时，HIC 才明显降低，甚至可以忽略，如图 5-85 所示。

硫还影响管线钢的冲击韧性，如图 5-86 所示，硫含量升高冲击韧性值急剧下降。另外，硫还可导致管线钢各向异性，在横向和厚度方向上韧性恶化。因此，硫含量是管线钢要求最为苛刻的指标，某些管线钢要求［S］小于 0.005% 、0.002% ，甚至 0.001% 。管线钢对硫的控制要综合考虑原料预处理、初炼炉冶炼、炉外精炼等各个环节上的诸多因素，尤其是采用合适的炉外精炼手段，如喷

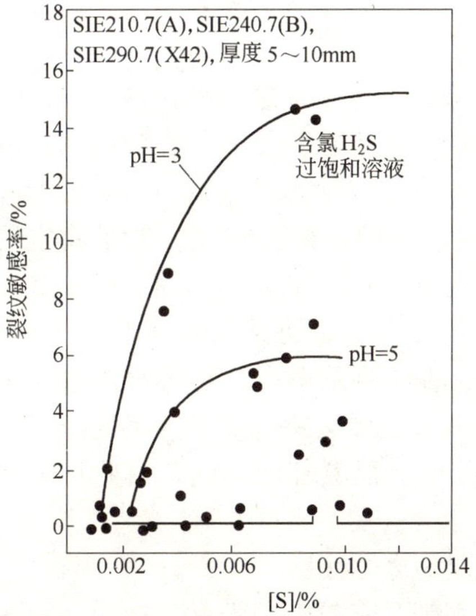


图 5-85　硫含量对裂纹敏感比值的影响

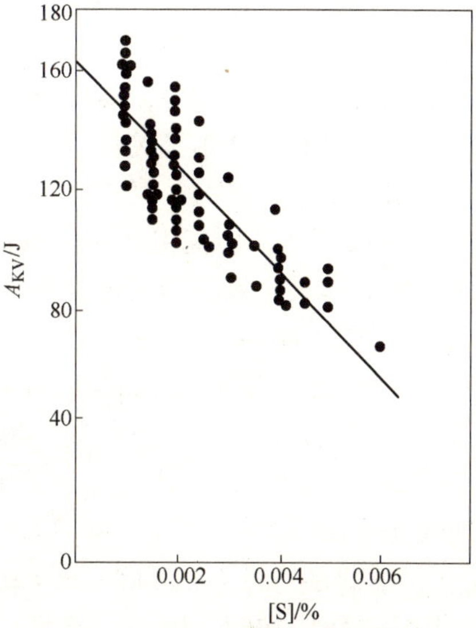


图 5-86　硫含量对低温冲击韧性的影响

粉、喂线及钙处理等技术。如新日铁大分厂采用 RH-Injection 法喷吹 $CaO_2$-$CaF_2$ 粉剂 4 ~ 5kg/t 后，钢中硫含量稳定在 0.0005% 左右。

磷：磷在管线钢中是一种易偏析元素，尤其是当钢中磷含量大于 0.015% 时，磷的偏析急剧增加，并促使偏析带硬度增加，使抗 HIC 性能下降；同时，磷还恶化焊接性能，显著降低钢的低温冲击韧性，提高钢的韧脆转变温度，使钢管发生冷脆。对于高质量的管线钢应严格控制钢中的磷含量。

氢：氢是导致白点和发裂的主要原因，管线钢中的氢含量越高，HIC 产生的几率越大，腐蚀率越高，平均裂纹长度增加越显著。采用 RH、DH 或吹氩均可降低钢中的氢含量，新日铁名古屋厂采用 RH 处理后钢中氢含量为 0.00015%。

氧：钢中 T[O] 值代表钢中氧化物夹杂的数量，钢中氧化物夹杂是产生 HIC 和 SCC 的根源之一，并危害钢的各种性能。为减少氧化物夹杂的数量，铸坯中全氧含量 T[O] 值一般控制在 0.001% ~ 0.002%。表 5-11 列出国际通用埋弧焊管用钢板的交货技术标准（化学成分）。

**表 5-11　埋弧焊管用钢板的交货技术标准（%）**

| 项　目 | C | Mn | P | S | Nb + V + Ti | $C_{eq}$/ $P_{cm}$ |
|---|---|---|---|---|---|---|
| 输　油 | ≤0.1 | ≤1.5 | ≤0.02 | ≤0.01 | ≤0.12 | 0.4/≤0.25 |
| 输　气 | ≤0.1 | ≤1.5 | ≤0.015 | ≤0.006 | ≤0.12 | 0.35/≤0.20 |

氮：氮是钢中有害元素之一，易在晶界偏聚，在钢中形成 Nb(C,N)、Ti(C,N)、AlN 等，影响钢的延展性；还可加重钢材的时效，降低钢材的冷加工性能，造成焊接热影响区脆化，加剧钢材的冷脆，造成铸坯开裂及引起晶间腐蚀。

随着冶金技术的发展，杂质元素如氧、硫、氢等的含量已可控制到很低的范围。但是，脱氮并不是一件容易的事。氮的离子半径比氢大，在钢中的扩散系数比氢小 2 个数量级，真空法脱氢的效果非常好，很容易将钢中的氢含量降至小于 0.0002%，由氢引起的白点问题就可以得到很好的控制。但是真空脱氮就不那么容易，氮不像氧那么活性大，能与强的脱氧剂如铝、钡、硅形成夹杂物，通过上浮排除，铝脱氧后钢液中的氧活度很低，可达到 0.001%，最终钢中的 T[O] 也可降到 0.001% 以下。而氮的活性要差得多，它与大多数合金元素形成的氮化物在高温下都要分解，无法通过上浮去除。实验室里脱硫已可把硫降到 0.0001%，生产中也可降到 0.0005%。而氮却做不到，由此可见脱氮难度很大。

C　薄板坯连铸连轧 X42 ~ X60 级别管线钢的力学性能

因钢的组织均匀、细小、稳定，因此，钢带具有较高的强度、韧性（见表 5-12），而且钢带的力学性能波动较小。管线钢各个级别的屈服强度比标准要求高出10%以上，可保证包辛格效应所产生的强度损失。特别是钢带的DWTT性能指标优异，0℃条件下DWTT断口的剪切面积几乎均为100%，仅个别样品出现小于5%的结晶状断口。对化学成分C 0.06%-Mn 1.12%-Nb 0.03%-Ti 0.02%、厚度6.0mm的X52管线钢进行冲击试验，断口微观呈现韧窝特征，试样剪切唇完整，不同温度条件下断口差别不大，显示韧性良好，如图5-87所示[64]。箭头处是尺寸约10μm的球形复合夹杂物，用SIGMAX射线分析得知，夹杂物是硅酸盐夹杂。

**表5-12　电炉薄板坯连铸连轧X52～X60管线钢的力学性能**

| 牌　号 | $\sigma_s$/MPa | $\sigma_b$/MPa | δ/% | 夏比V型冲击功(7.5mm试样,℃)/J | 冷弯180°，$d=a$ |
|---|---|---|---|---|---|
| X52 | ≥400 | ≥500 | ≥25 | ≥120 | 合格 |
| X56 | ≥450 | ≥550 | ≥25 | ≥150 | 合格 |
| X60 | ≥480 | ≥580 | ≥25 | ≥180 | 合格 |

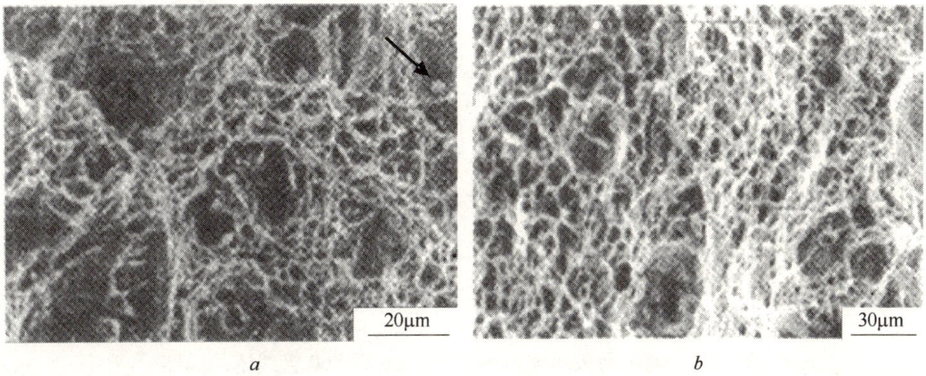


图5-87　化学成分C 0.06%-Mn 1.12%-Nb 0.03%-Ti 0.02%、厚度6.0mm的X52管线钢冲击断口形貌
*a*—20℃，600×；*b*—50℃，300×

钢带的CVN试验分析表明，开发的管线钢低温韧性十分优异，DWTT和50% FATT均在-60℃以下，如图5-88和图5-89所示。

D　薄板坯连铸连轧X42～X60级别管线钢的焊接性能

由于采用低碳铌微合金化，碳当量$C_{eq}$<0.335，焊接冷裂纹敏感系数$P_{cm}$<0.16。表5-13的结果显示，从钢管的焊缝取样做拉伸实验，样件均断裂于母材部位，这体现了电炉薄板坯连铸连轧管线钢板优良的焊接性能。每批钢管均应从一根管上各取一个焊缝和母材横向拉伸试样。焊缝拉伸试样的焊缝应位于试样中

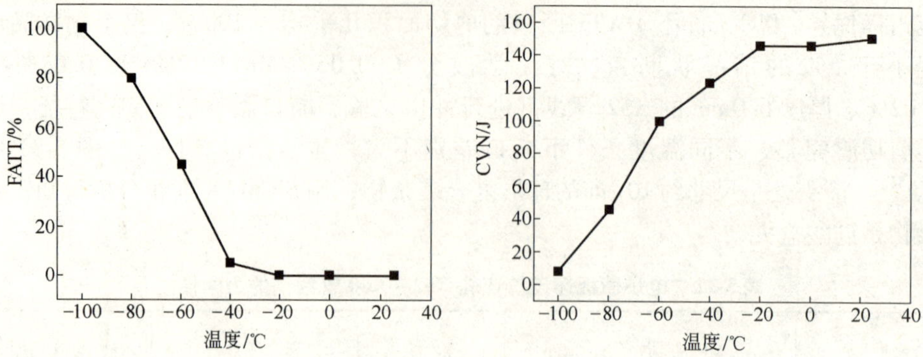


图 5-88　电炉薄板坯连铸连轧 9.5mm 厚 X56 管线钢的韧性

*a*—FATT 曲线；*b*— CVN 曲线

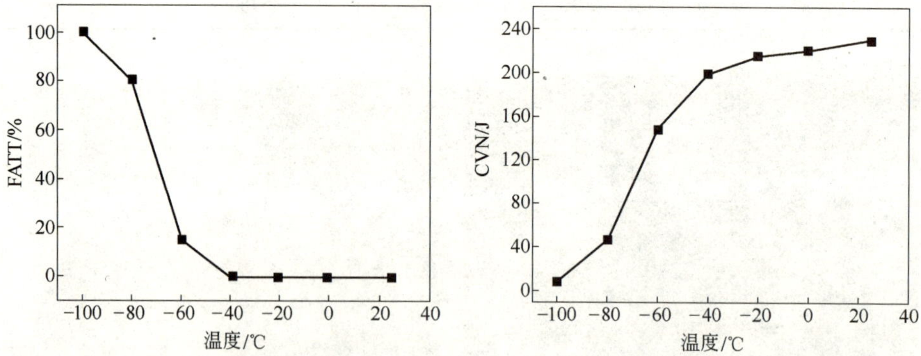


图 5-89　电炉薄板坯连铸连轧 9.5mm 厚 X60 管线钢的韧性

*a*—FATT 曲线；*b*— CVN 曲线

**表 5-13　管线钢的焊接拉伸性能结果**

| 牌　号 | 试　样 | $\sigma_s$/MPa | $\sigma_b$/MPa | $\delta$/% | 屈强比 | 结　论 |
|---|---|---|---|---|---|---|
| X52 | 母　材 | ≥400 | ≥500 | ≥25 | ≤0.85 | 合　格 |
| | 焊　缝 | | ≥510 | | | 合　格 |
| X56 | 母　材 | ≥450 | ≥550 | ≥25 | ≤0.85 | 合　格 |
| | 焊　缝 | | ≥560 | | | 合　格 |
| X60 | 母　材 | ≥480 | ≥580 | ≥25 | ≤0.85 | 合　格 |
| | 焊　缝 | | ≥580 | | | 合　格 |

部，冷压平后去除焊缝余高做拉伸。试样取自每批钢管中一根钢管的管体上，取样部位如图5-90所示。

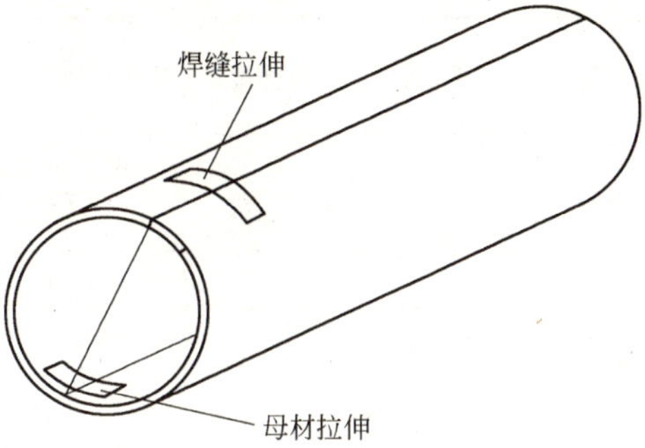


图5-90 焊缝拉伸试样取样部位

制管厂按照美国API标准开发的各种规格X52、X56和X60管线钢热轧板卷全部由钢管公司采用ERW（直缝高频电阻焊管）和JCOE（直缝双面埋弧焊管）工艺制成各种规格直缝焊管。成品管需经过焊缝及热影响区断裂韧性试验，每批钢管从管体上距焊缝90°位置上取3个横向夏比冲击试样，在规定的试验温度下做夏比冲击试验，X52管线钢焊接断裂韧性试验技术要求见表5-14所示。国内电炉薄板坯连铸连轧管线钢焊缝断裂韧性试验结果如表5-15所示，可以看出实物断裂韧性试验所得的夏比冲击功已经大于表中规定的150%。焊接区低倍形貌结果显示它可以满足API标准和钢管制管技术要求，如图5-91所示。

**表5-14 X52管线钢断裂韧性试验技术要求**

| 钢级 | 数值＼指标 | 夏比冲击剪切面积（SA）/% | | 夏比冲击功（10mm×10mm×55mm）/J | |
|---|---|---|---|---|---|
| | | 单个最小值 | 三个平均值 | 单个最小值 | 三个平均值 |
| X52 | 母　材 | 70 | 80 | 45 | 60 |
| | 焊缝热影响区 | 30 | 40 | 30 | 40 |

注：试验温度为-5℃。

图5-91 X52管线钢焊接区低倍形貌

**表 5-15　X52 管线钢断裂韧性试验结果**

| 炉 号 | 管 号 | 取样位置 | 温度/℃ | 冲击功/J | | | | 剪切面积/% | | | | 结论 |
|---|---|---|---|---|---|---|---|---|---|---|---|---|
| | | | | 1 | 2 | 3 | 平均 | 1 | 2 | 3 | 平均 | |
| 20412 5400 | Kc2436n（温度转变试验） | 母材 | 20 | 122 | 132 | 124 | 126 | 100 | 100 | 100 | 100 | 合格 |
| | | | 0 | 124 | 128 | 118 | 123 | 100 | 100 | 100 | 100 | |
| | | | -10 | 122 | 132 | 114 | 123 | 100 | 100 | 100 | 100 | |
| 20412 5400 | Kc2436n（温度转变试验） | 母材 | -30 | 92 | 104 | 112 | 103 | 95 | 95 | 100 | 97 | 合格 |
| | | | -50 | 14 | 66 | 34 | 38 | 30 | 45 | 40 | 38 | |
| | | | -70 | 16 | 8 | 8 | 11 | 30 | 25 | 25 | 27 | |
| 20412 5400 | Kc2436n | 焊缝 | -10 | 148 | 94 | 116 | 119 | 80 | 65 | 70 | 72 | 合格 |
| | | 热影响区 | | 196 | 150 | 106 | 151 | 95 | 80 | 70 | 82 | 合格 |
| | | 母材 | | 122 | 132 | 114 | 123 | 100 | 100 | 100 | 100 | 合格 |
| 20412 5380 | Kc2464n | 焊缝 | | 170 | 60 | 112 | 114 | 90 | 50 | 70 | 70 | 合格 |
| | | 热影响区 | | 180 | 160 | 160 | 167 | 90 | 85 | 85 | 87 | 合格 |
| | | 母材 | | 110 | 118 | 112 | 113 | 100 | 100 | 100 | 100 | 合格 |
| 20412 5390 | Kc2626n | 焊缝 | | 160 | 96 | 164 | 140 | 80 | 60 | 80 | 73 | 合格 |
| | | 热影响区 | | 90 | 150 | 110 | 117 | 60 | 80 | 70 | 70 | 合格 |
| | | 母材 | | 96 | 96 | 110 | 101 | 100 | 100 | 100 | 100 | 合格 |

注：试样尺寸：6.7mm×10mm×55mm；管壁厚 8.8mm。

在美国纽柯钢铁公司热带厂分部，包括南加州的 Berkeley、亚利桑那州的 Blytheville、印第安纳州的 Crawfordsville，在 2005 年总共生产 50 万 t 用于制造 ERW 管的管坯[100]。上述几家薄板坯连铸连轧流程厂采用空过机架 $F_3$ 和 $F_4$ 的轧制制度可使板卷显微组织明显改善，强度和韧性明显提高[101,102]。薄板坯连铸连轧流程已经能够批量生产 API-ERW 管子所需的 X60 以下级别管坯。

### 5.4.1.4　X65～X70 管线钢的研制及应用[103,104]

在实现批量生产 X60 以下级别的管线钢之后，国外各个薄板坯连铸连轧流程厂开始研发更高级别的管线钢。而生产像 X65～X70 这样级别的管线钢首先需要面临的就是厚度厚、压缩比小的问题。表 5-16 和表 5-17 给出了 X65～X70 级别管线钢的化学成分和力学性能要求。高级别管线钢的厚度通常在 8mm 以上，并且强韧性要求更高。

**表 5-16　APL SPEC 5L 标准中 X65～X70 管线钢的化学成分要求（%）**

| 钢种等级 | C | Mn | P | S | Ti | $C_{eq}$ | $P_{cm}$ |
|---|---|---|---|---|---|---|---|
| X65 | ≤0.22 | ≤1.45 | ≤0.025 | ≤0.015 | ≤0.06 | 0.43 | 0.25 |
| X70 | ≤0.22 | ≤1.65 | ≤0.025 | ≤0.015 | ≤0.06 | 0.43 | 0.25 |

**表 5-17 APL SPEC 5L 标准中 X65 ~ X70 管线钢的性能要求**

| 钢种等级 | 屈服强度 $\sigma_{0.5}$/MPa | 抗拉强度 $\sigma_b$/MPa | 冲击功（-10℃）/J | |
|---|---|---|---|---|
| | | | 全尺寸横向 | 全尺寸纵向 |
| X65 | 448 ~ 600 | 531 ~ 758 | ≥100 | ≥41 |
| X70 | 483 ~ 621 | 565 ~ 758 | ≥100 | ≥41 |

为实现管线钢的高强韧性，通常采用复合微合金化技术，在钢中添加铌的同时，也加入钛或钒，主要目的是提高沉淀强化作用。部分高级别管线钢采用超低碳贝氏体或针状铁素体控制技术，在钢中添加适量的钼来进行组织控制。

目前，薄板坯连铸连轧生产的铌微合金钢的范围很广，包括屈服强度高达500MPa 的 X70 级别管线钢。薄板坯连铸连轧厂家正进一步发展更高强度的微合金热轧带钢和耐酸性气体的管线钢板卷[105]。薄板坯连铸连轧因铸坯厚度薄（50 ~ 90mm），没有粗轧机架，生产高级别、厚规格管线钢的难度巨大。资料显示，采用薄板坯连铸连轧铌微合金化技术，运用全新的控轧工艺，美国某薄板坯连铸连轧采用60mm 厚铸坯生产出厚度规格为 9.5mm 和 12.5mm、宽度为 1575mm 的 API X70 管线钢的性能，最后能生产 500mm 直径的 ERW 管。其生产的 9.5mm 厚 X70 管线钢的化学成分和力学性能如表 5-18、表 5-19 和图 5-92 所示，可以看出采用铌微合金化并辅以一定量的钼实现组织类型转变，钢带各项力学指标均满足美国 API 标准[101]。

**表 5-18 美国电炉薄板坯连铸连轧管线钢 9.5mm 厚 X70 管线钢的化学成分（%）**

| 牌　号 | C | Mn | Mo | N | Nb | Cu |
|---|---|---|---|---|---|---|
| X70 | 0.040 | 1.28 | 0.30 | 0.008 | 0.069 | 0.09 |

**表 5-19 美国某薄板坯连铸连轧生产 9.5mm 厚 X70 管线钢的力学性能**

| 牌　号 | $\sigma_s$/MPa | $\sigma_b$/MPa | $\delta$/% | 夏比 V 型冲击功（7.5mm 试样，0℃）/J | 冷弯 180°，$d=a$ |
|---|---|---|---|---|---|
| X70 | 540 | 640 | 30 | 114 | 合　格 |

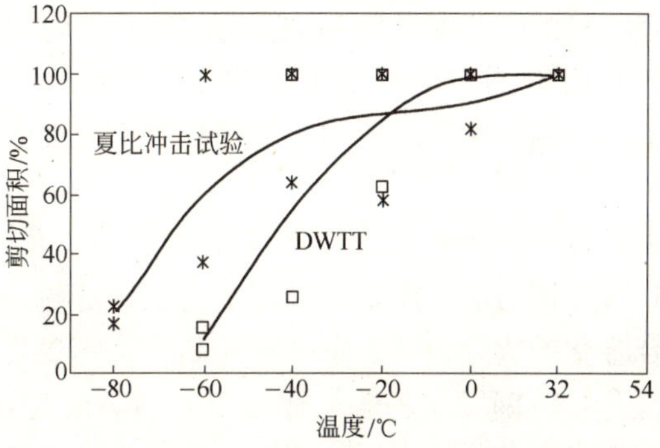


图 5-92 美国某薄板坯连铸连轧厂生产 X70 管线钢的冲击性能曲线

图 5-93 和图 5-94 比较了薄板坯连铸连轧生产的各级别管线钢的微观组织和力学性能，可以看出，强度级别越高晶粒越细，5 ~ 6mm 厚度 X70 管线钢的铁素体晶粒尺寸甚至达到 2 ~ 5μm 超细晶粒水平，这无疑保证了管线钢的高强度和高韧性的最佳配合效果[102]。

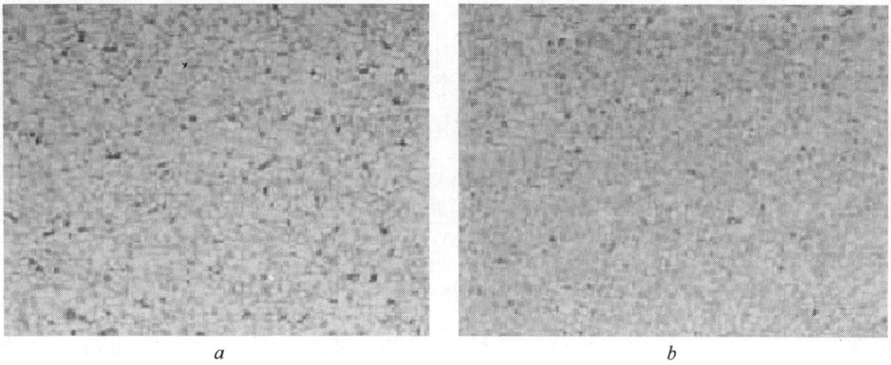


图 5-93　薄板坯连铸连轧生产管线钢的微观组织

*a*—X60；*b*—X70

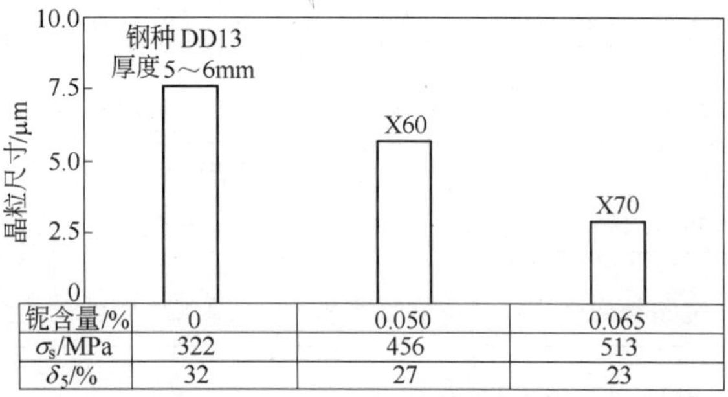


| 铌含量/% | 0 | 0.050 | 0.065 |
|---|---|---|---|
| $\sigma_s$/MPa | 322 | 456 | 513 |
| $\delta_5$/% | 32 | 27 | 23 |

图 5-94　薄板坯连铸连轧管线钢的组织和力学分析

有些薄板坯连铸连轧生产线浇铸铸坯最大厚度在铸机出口处可达 85 ~ 90mm。因此相对而言，采用较厚的铸坯生产 X70 管线钢可以合理地利用粗轧阶段的奥氏体再结晶细化控制与精轧阶段的累积变形奥氏体细化控制来实现高强韧性。

试验研究表明采用较厚的铸坯可以生产 X70 管线钢，化学成分如表 5-20 所示[104,105]。根据 X70 管线钢力学性能要求采用了低碳、低硫、铌、钒、钛微合金化和控制组织的钼合金化的成分设计。碳含量控制在 0.09% 以下，不仅适合薄板坯连铸工艺，而且符合管线钢发展趋势。铌是控轧钢中最有效的细化晶粒元素，加入铌可以扩大奥氏体未再结晶区的温度范围，使得更多的轧制变形在奥氏体未再结晶区进行。变形的奥氏体在 γ→α 相变时可以提高铁素体形核率。铌也具有一定的沉淀强化作用，当铌、钒共同存在时，铌可以促进钒的析出，钒主要起沉淀强化作用。根据 API 标准要求，铌、钒控制在0.08%以下。微钛处理的目的在于固定氮以控制焊接热影响区的晶粒长大。由于钢种化学成分接近包晶钢成分范围，因此生产无缺陷坯的难度增大，特别是铸坯很容易出现横向裂纹。合理设定连铸参数，才可将出现影响最终产品质量的裂纹的可能性降到最小。

**表 5-20 采用较厚铸坯厚度生产 X70 管线钢的实际化学成分（%）**

| 铸坯厚度/mm | C | Mn | Nb | V | Ti | Mo |
|---|---|---|---|---|---|---|
| 90 | 0.054～0.064 | 1.44～1.48 | 0.045～0.050 | 0.042～0.045 | 0.018～0.020 | |
| 85 | ≤0.07 | 1.55～1.75 | 0.05～0.08 | 0.03～0.06 | 0.01～0.025 | 0.1～0.3 |

采用较厚铸坯厚度生产 X70 管线钢轧制工艺如表5-21 所示，其中包括2 架粗轧机和5 架精轧机，并且配有中间喷水冷却的布置形式，这有利于控制中间坯进入精轧机组的温度，温度降可以达到 200℃，可以达到在低温区以及铁素体区轧制。

**表 5-21 采用较厚铸坯厚度生产 X70 管线钢的轧制制度（℃）**

| 牌 号 | 铸坯厚度 | $R_1$ 温度 | $R_2$ 温度 | $F_1$ 温度 | $F_2$ 温度 | $F_3$ 温度 | $F_4$ 温度 | $F_5$ 温度 | 卷取温度 |
|---|---|---|---|---|---|---|---|---|---|
| X70 | 86mm | 1092 | 1068 | 916 | 900 | 876 | 850 | 844 | 600 |

图 5-95 表明 90mm 厚度铸坯生产的 X70 管线钢的显微组织是致密的铁素体和珠光体细晶粒组织。然而，在试件中心部位，可看到一些铁素体和珠光体晶粒带；但在边部或四分之一的位置没有看到带状组织。由于存在锰、磷偏析，在 X70 管线钢中看到带状显微组织，是薄板坯连铸连轧产品非常普遍的现象。而在金相试样中，仅在位于中心部位的很小区域内，才可以看到少量的带状组织。X70 管线钢的平均晶粒直径可小于 10μm。

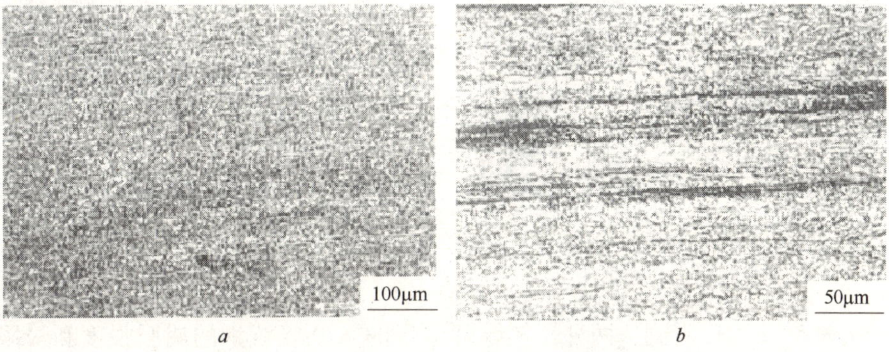


图 5-95 90mm 厚度铸坯生产 X70 管线钢的金相组织

*a*—铸坯 1/4 处组织；*b*—铸坯中心处组织

采用85mm厚度铸坯生产的X70管线钢，其光学金相显微分析为针状铁素体，与传统流程铁素体+珠光体组织相比，不存在珠光体、铁素体晶界不平直，呈明显的不规则形变特征，且可以看到铁素体内部的形变带，在针状铁素体上分布着马氏体—奥氏体（M-A）组织。用透射电镜对针状铁素体进行观察分析，可以看到呈片形针状形态的针状铁素体精细结构，其中包括含高密度的位错结构，这些高位错密度的针状铁素体组织状态能够满足高强度、高韧性的要求，如图5-96、图5-97和图5-98所示。

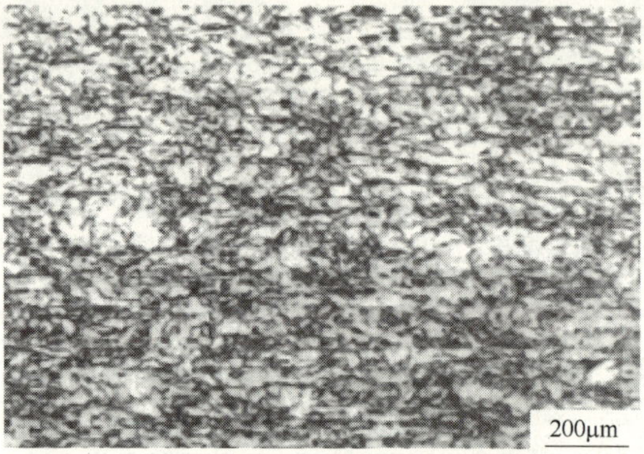


图5-96　BSP工艺生产X70管线钢的微观组织

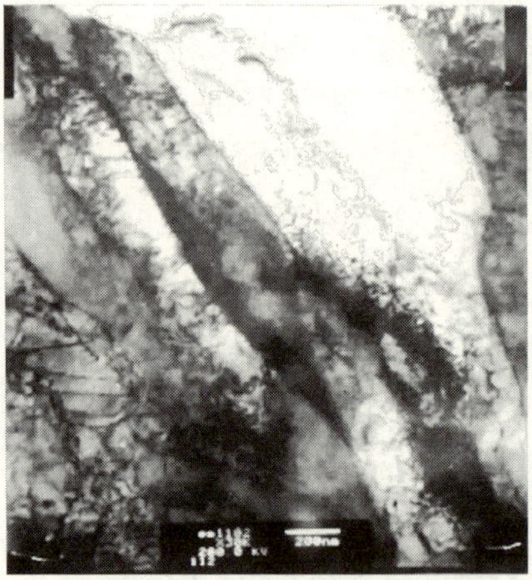

图5-97　85mm铸坯生产的X70管线钢的针状铁素体

图5-98　85mm铸坯生产的X70管线钢的内部位错

从表5-22可以看到，两种铸坯厚度生产的X70管线钢的屈服强度和极限抗拉强度值均远远高于标准规定的最小值。所有轧制带卷的总伸长率和屈强比也合格。图5-99给出在不同温度下的10mm厚X70管线钢的CVN冲击功（横断面）。

从中可以看出，材料韧脆转变温度低于 -60℃，接近传统流程生产的类似钢种。DWTT 试验结果表明：对于 10mm 厚钢带，材料在低达 -60℃的低温条件下仍具有良好的延伸性能，（平均剪切面积超过 70%）FATT（断口形状转变温度）约为 -70℃，如图 5-100 所示。85mm 铸坯厚度生产的 X70 管线钢厚度规格可达到 12mm，在压缩比接近 7 的条件下，仍可使 $\sigma_s \geqslant 600$MPa，-10℃冲击功≥150J，满足美国 API 5L 标准。

**表 5-22 采用较厚铸坯厚度生产 X70 管线钢最终的力学性能**

| 铸坯厚度/mm | $\sigma_s$/MPa | $\sigma_b$/MPa | $\delta$/% | DWTT(10℃)/% | 冲击功(-10℃)/J |
|---|---|---|---|---|---|
| 90 | >520 | >580 | >22 | 85 | 220 |
| 85 | >600 | >695 | >22 | 100 | 164 |

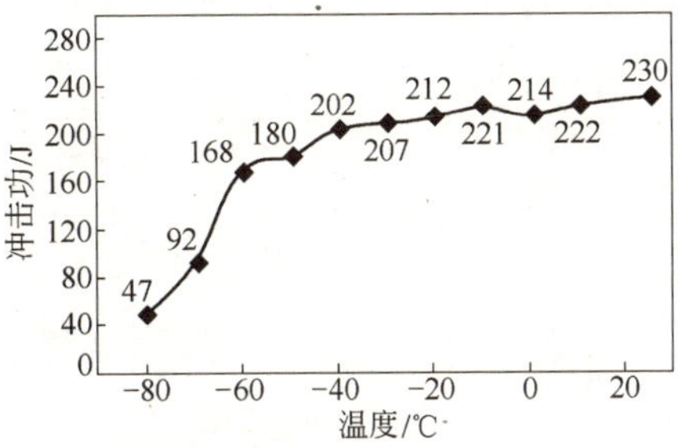


图 5-99 90mm 厚度铸坯生产的 X70 管线钢的 CVN 冲击功

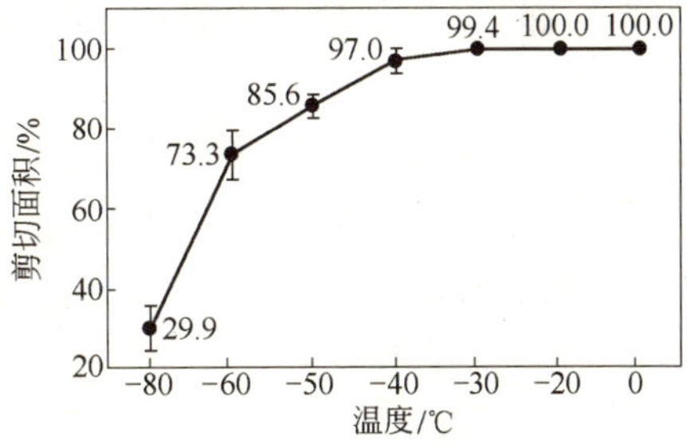


图 5-100 85mm 厚度铸坯生产的 X70 管线钢的 DWTT 曲线

#### 5.4.1.5 石油套管用钢 J55 的研制及应用

A 石油套管用钢 J55 的标准要求

随着石油用量的增加，石油开采工程数量也急剧增加，因此用于石油开采的石油套管用钢 J55 的用量也迅速增加。各薄板坯连铸连轧生产厂家不失时机地利用铌微合金化技术开发研究石油套管用钢 J55。

直缝电阻焊石油套管（简称 ERW）用热轧钢带——J55，是参照美国石油协会 API Spec 5CT 标准以及用户技术协议进行研制开发的。表 5-23、表 5-24 分别给出 API Spec 5CT 成分范围和力学性能要求。在石油套管用钢 J55 的开发应用上，我国各薄板坯连铸连轧生产厂已经走在前列。石油套管用钢 J55 相对于管线钢而言，除了要求高强度、高韧性和良好的焊接性能以外，还要求高硬度以便应用过程螺纹的加工和连接。众所周知，提高钢中的碳含量是最有效的提高硬度的方法，但是薄板坯连铸连轧不能浇铸包晶钢(C 0.08% ~0.15%)，碳含量可调整的范围就很窄，因此最终钢中的碳含量在 0.08% 以下或者 0.15% ~0.20% 之间。

**表 5-23　API Spec 5CT 标准中 J55 钢的化学成分要求（%）**

| 标准要求 | C | Mn | Si | V | Nb | Ti |
|---|---|---|---|---|---|---|
| API Spec 5CT | ≤0.20 | ≤1.6 | ≤0.3 | ≤0.06 | ≤0.06 | ≤0.03 |

**表 5-24　API Spec 5CT 标准中 J55 钢的力学性能要求**

| 屈服强度/MPa | 抗拉强度/MPa | 伸长率/% | 冲击功（20℃）/J | |
|---|---|---|---|---|
| | | $L_0$ = 50.8mm | 全尺寸横向 | 全尺寸纵向 |
| 379～552 | ≥517 | ≥24 | ≥20 | ≥41 |

钢中碳含量的提高，以及薄板坯压缩比的限制，使 J55 钢的组织均匀性难以控制，容易出现超出标准要求的严重带状组织，如图 5-101 所示，这将使钢管制造过程中出现分层断裂的情况。因此，减轻带状组织，保证组织均匀性是薄板坯连铸连轧生产 J55 钢的难点所在。

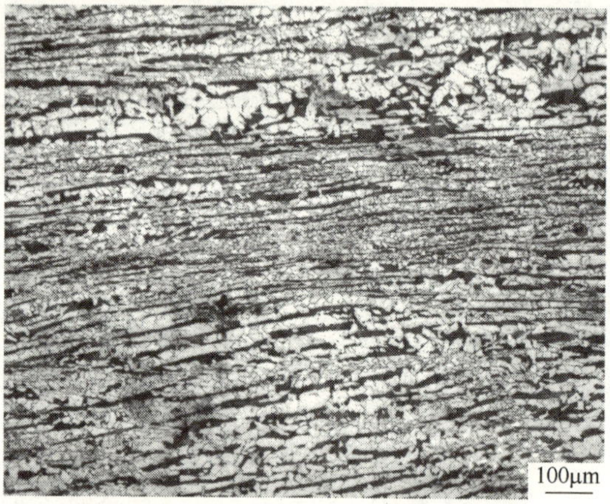

图 5-101　薄板坯连铸连轧 C 0.17%-Mn 1.0%-Nb 0.04% 钢的带状组织

B　石油套管用钢 J55 的实际化学成分和工艺设计

目前电炉薄板坯连铸连轧和转炉薄板坯连铸连轧都已经成功研制了 J55 钢级直缝焊石油套管用热轧钢带[106]。按照表 5-25 中化学成分要求，两条薄板坯连铸连轧生产线分别采用了不同的碳含量控制，都添加适量的铌和钛充分细化晶粒以提高强度与硬度。

**表 5-25　薄板坯连铸连轧生产 J55 钢实际化学成分（%）**

| 成　分 | C | Si | Mn | S | P | Nb | V | Ti |
|---|---|---|---|---|---|---|---|---|
| BOF—CSP | ≤0.08 | ≤0.3 | ≤1.6 | ≤0.01 | ≤0.02 | ≤0.06 | ≤0.06 | ≤0.01 |
| EAF—CSP | 0.15～0.18 | ≤0.3 | ≤1.4 | ≤0.01 | ≤0.02 | ≤0.04 | | ≤0.03 |

控制轧制与控制冷却工艺原则：与管线钢相比，碳含量增加意味着铌的全固溶温度也随之提高，因此加热温度应足够高，以尽可能使连铸过程中的沉淀物充分溶解，并避免微合金沉淀在均热过程中析出；同时，需要避开奥氏体部分再结晶区轧制，抑制混晶，减少带状组织；此外，需增加精轧段压缩比以达到细化晶粒的目的，晶粒细化是既能增加强度又能增加韧性的唯一有效手段。

C 石油套管用钢 J55 的组织性能

J55 热轧钢带的显微组织为细晶粒多边形铁素体、少量针状铁素体（贝氏体）和少量珠光体，其中占体积分数绝大多数的多边形铁素体平均晶粒尺寸约为 6μm，如图 5-102 所示。由 Gleeble 2000 模拟试验机测得 J55 钢的 CCT 曲线可知，在轧后冷速 30～50℃/s 时，其主要的微观组织是铁素体—贝氏体[107]，如图 5-103 所示。

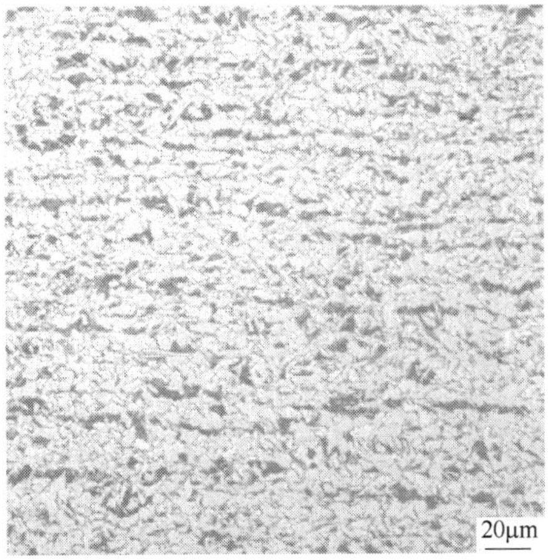


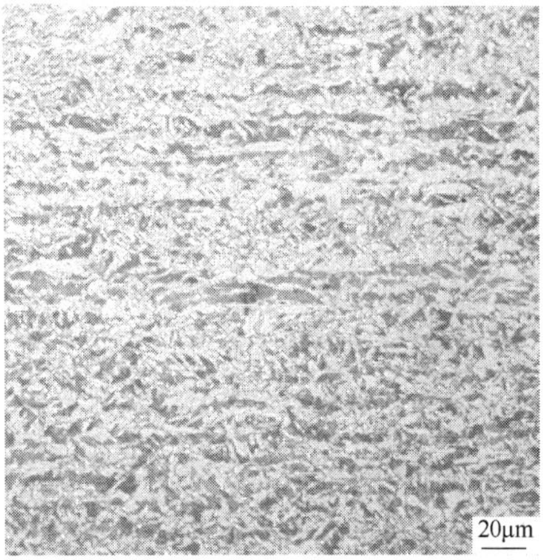


图 5-102 电炉薄板坯连铸连轧 J55 钢的显微组织（500×）
*a*—1/4 处；*b*—心部

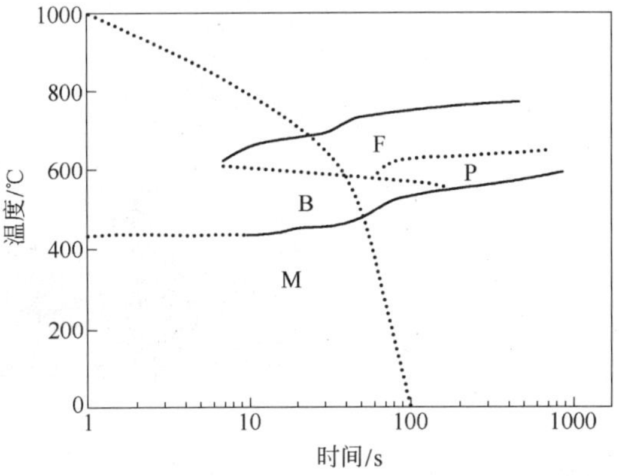


图 5-103 C 0.19%-Nb 0.03% J55 钢的 CCT 曲线

表 5-26 为 J55 试验钢实际力学性能。用户考虑钢板在制成焊管后的包辛格效应，对钢带的屈服强度比 API Spec 5CT 标准的要求有所提高。J55 试验钢的各项性能均满足 API Spec 5CT 和用户协议要求。图 5-104～图 5-106 分别是电炉薄板坯连铸连轧采用中碳含量所生产的 J55 钢带的屈服强度、冲击功和母材硬度。

**表 5-26　转炉薄板坯连铸连轧生产 J55 钢的力学性能**

| 牌　号 | $\sigma_s$/MPa | $\sigma_b$/MPa | $\delta$/% | 夏比 V 型冲击功（7.5mm 试样，-10℃）/J | 硬度 HV10 |
|---|---|---|---|---|---|
| J55 | 460 ~ 510 | 530 ~ 670 | 27 ~ 39 | 122 ~ 218 | 203 ~ 212 |

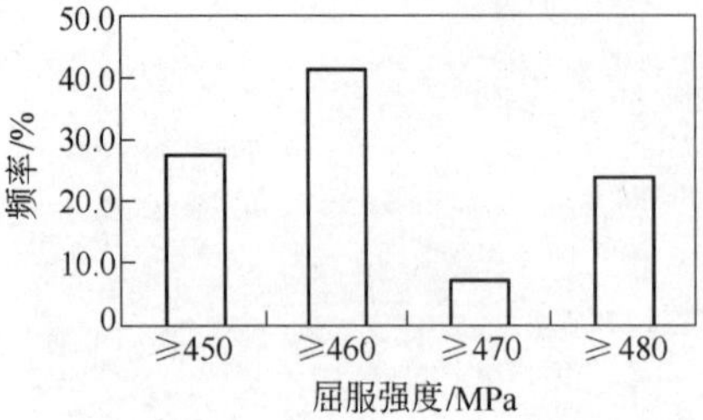


图 5-104　电炉薄板坯连铸连轧生产 J55 钢带的屈服强度

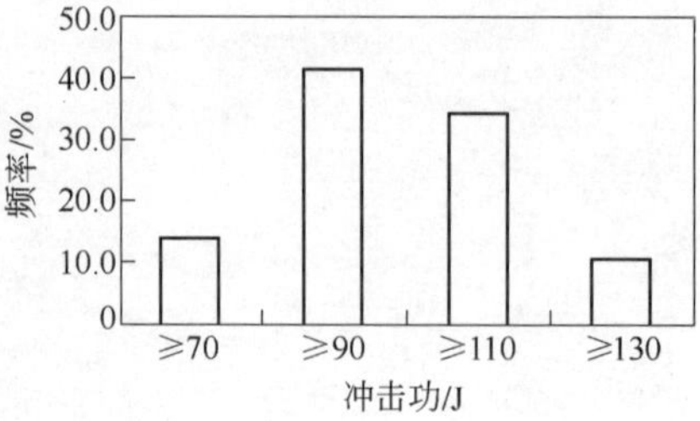


图 5-105　电炉薄板坯连铸连轧生产 J55 钢带的冲击功（0℃，3/4 尺寸试样）

石油套管用钢对冲击性能要求较高。试制的 J55 钢带冲击性能比标准要求高得多，表明试验钢带具有良好的低温韧性。冷弯试验是检测钢板在一定条件下成形性能优劣的一种工艺试验。对 J55 钢带进行了横、纵向宽冷弯试验，试样宽度 $b=30$mm，弯曲 180°，弯心直径 $d=0$，冷弯试样都符合要求。所有试样在弯曲后表面没有出现裂纹，如图 5-107 所示。

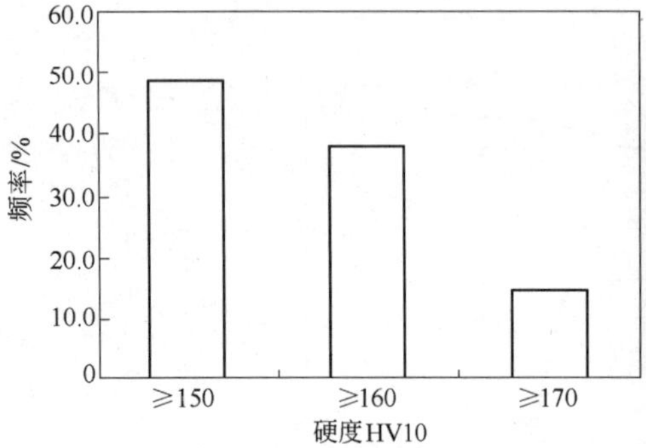


图 5-106　电炉薄板坯连铸连轧生产 J55 钢带的硬度

图 5-107　J55 钢带（板厚 9.2mm）冷弯检验结果

D　石油套管用钢 J55 的焊接性能

图 5-108 为焊缝硬度（HV10）的检测结果，焊缝（热处理后）未表现出快冷组织，热影响区硬度没有出现明显的软化，说明铌微合金化 J55 钢级直缝焊石油套管焊接过程不会出现粗化现象。

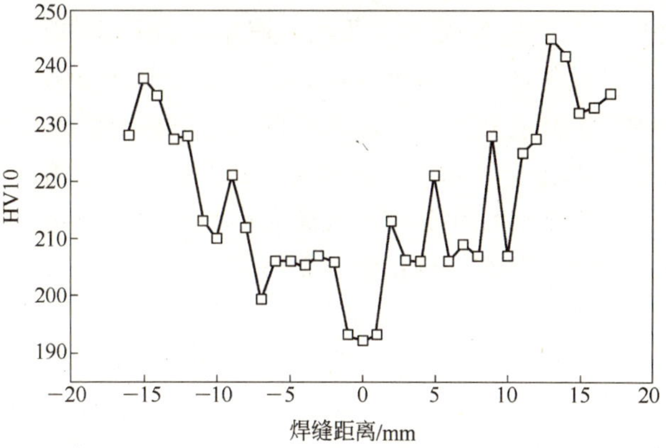


图 5-108 转炉薄板坯连铸连轧工艺 J55 钢级直缝焊石油套管焊缝显微硬度（HV10）

硬度是石油套管螺纹加工的工艺性能指标，焊管母材具有一定的硬度是保证螺纹加工时不粘刀、不打刀，上、卸扣检验时不脱扣、不粘扣的重要条件指标，用户要求石油套管钢硬度 HV10 大于 180。热轧母材及制成焊管时的硬度检验结果如图 5-109 所示。满足各种标准要求和钢管制管技术要求之后，薄板坯连铸连轧生产的 J55 石油套管用钢已经批量使用于石油开采行业。

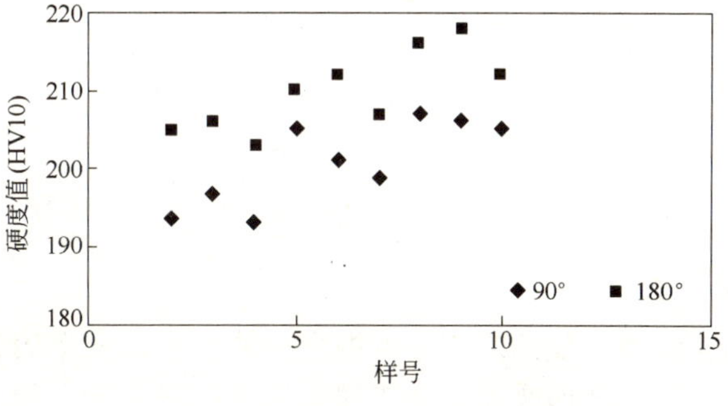


图 5-109 转炉薄板坯连铸连轧工艺 J55 钢级直缝焊石油套管硬度（HV10）

## 5.4.2 汽车结构钢方面的应用

### 5.4.2.1 汽车结构钢的研制及应用

A 汽车结构钢的标准要求

汽车用钢是随汽车工业的发展而不断发展起来的，已有近百年的历史。汽车用钢中 75% 以上是低碳工程结构钢，随着人们对汽车用钢的性能要求特别是强度、安全性、表面质量的不断提高，微合金钢被大量地采用，以提高强度和韧性。

汽车用铌微合金钢用量最大的有两类：汽车结构用钢和汽车壳体用钢。此外，还有一些结构件如轮毂、高强度螺栓等也采用铌微合金钢。

汽车框梁用钢要求具有较高的强度和塑性，由于成形性和焊接性方面的要求限制了钢中碳含量必须低于0.12%，其强度方面的要求就必须通过其他强化机制来满足。微合金元素铌通过细化晶粒及沉淀强化的作用，可明显提高钢的强度而对塑性影响较小，因而在汽车结构用钢中获得广泛应用。

铌作为汽车结构用钢中广泛采用的微合金元素，其提高钢材强度的作用十分明显，传统流程的相关试验结果表明，当铌含量分别为0.02%、0.03%、0.04%时，铌微合金钢的抗拉强度分别为540MPa、585MPa、600MPa。目前我国根据国际标准生产的QStE系列的汽车大梁钢主要是铌微合金钢，表5-27和表5-28给出了化学成分和力学性能标准。

**表5-27　QStE系列汽车框梁用钢板的化学成分标准（SEW092）（%）**

| 牌　号 | C | Si | Mn | P | S | Ti | Nb | $Al_t$ |
|---|---|---|---|---|---|---|---|---|
| QStE340TM | ≤0.12 | ≤0.50 | ≤1.30 | ≤0.030 | ≤0.025 | ≤0.022 | ≤0.09 | ≥0.015 |
| QStE380TM | ≤0.12 | ≤0.50 | ≤1.40 | ≤0.030 | ≤0.025 | ≤0.022 | ≤0.09 | ≥0.015 |
| QStE420TM | ≤0.12 | ≤0.50 | ≤1.50 | ≤0.030 | ≤0.025 | ≤0.022 | ≤0.09 | ≥0.015 |

**表5-28　QStE系列汽车框梁用钢板的力学性能标准（SEW092）**

| 牌　号 | 规　格 | $\sigma_s$/MPa | $\sigma_b$/MPa | δ/% | 宽冷弯 |
|---|---|---|---|---|---|
| QStE340TM | ≤16mm | ≥340 | 420～540 | ≥25 | $d=0.50a$ |
| QStE380TM | ≤16mm | ≥380 | 450～590 | ≥23 | $d=0.50a$ |
| QStE420TM | ≤16mm | ≥420 | 480～620 | ≥21 | $d=0.50a$ |

B　汽车结构钢的成分设计

薄板坯连铸连轧最初设计的产品大纲中，关于生产汽车用钢的合金设计是中碳锰钢。然而，生产实践表明，由于屈强比高，成形性、焊接性能差，容易产生裂纹等原因，中碳锰钢很难满足当前汽车用钢的质量要求和汽车结构件的加工工艺要求。因此，采用低碳铌微合金化技术生产汽车用钢是必然的选择。控制铌含量来降低奥氏体完全再结晶温度，可充分保证在奥氏体完全再结晶温度以上的有效变形，从而获得均匀的等轴奥氏体组织，并在未再结晶控轧过程中促进薄饼化，有效细化铁素体晶粒。加入微量的钛可以明显抑制高温奥氏体粗化，固定钢中的自由氮，改善钢的成形性能、焊接性能和时效性能。表5-29是薄板坯连铸连轧工艺采用铌微合金化技术生产的QStE系列汽车用钢的化学成分[108]。

**表 5-29 QStE 系列汽车用钢的化学成分（%）**

| 钢 种 | C | Si | Mn | P | S | Cu | Ni | Cr | Nb | Ti | $Al_t$ |
|---|---|---|---|---|---|---|---|---|---|---|---|
| QStE340TM | ≤0.07 | ≤0.30 | ≤0.90 | ≤0.03 | ≤0.025 | ≤0.16 | ≤0.15 | ≤0.15 | ≤0.020 | ≤0.020 | ≥0.015 |
| QStE380TM | ≤0.07 | ≤0.30 | ≤1.00 | ≤0.03 | ≤0.025 | ≤0.16 | ≤0.15 | ≤0.15 | ≤0.030 | ≤0.025 | ≥0.015 |
| QStE420TM | ≤0.07 | ≤0.30 | ≤1.20 | ≤0.03 | ≤0.025 | ≤0.16 | ≤0.15 | ≤0.15 | ≤0.035 | ≤0.030 | ≥0.015 |
| QStE460TM | ≤0.07 | ≤0.30 | ≤1.40 | ≤0.03 | ≤0.025 | ≤0.16 | ≤0.15 | ≤0.15 | ≤0.045 | ≤0.035 | ≥0.015 |

C 汽车结构钢的组织和力学性能

由于薄板坯连铸连轧流程目前生产的汽车用钢的厚度规格较薄（1.5～6mm），相对于管线钢等铌微合金钢来说，未再结晶区总变形量大，应变积累效果更加显著，层流冷却阶段的冷速快，因此在0.020%含量铌的条件下，组织细化可达到12级（ASTM EIP）水平，这保证了钢的强韧性和冷成形性能，如图5-110所示。正是得益于细小均匀的铁素体组织，钢材强度高、塑性好，如表5-30所示。钢带半尺寸试样－20℃的冲击吸收功达100～120J，具有良好的韧性，能充分满足标准与用户的要求，见表5-31。同时在－60℃时试验钢的韧性还处于上平台，试样断口全部为100%的韧性断口，显示出良好的冲击韧性。

**表 5-30 QStE 系列汽车钢的力学性能**

| 钢 种 | 厚度 /mm | 横 向 | | | | | 纵 向 | | | | |
|---|---|---|---|---|---|---|---|---|---|---|---|
| | | $\sigma_s$/MPa | $\sigma_b$/MPa | 屈强比 | δ/% | 冷弯 $d=0.5a$ | $\sigma_s$/MPa | $\sigma_b$/MPa | 屈强比 | δ/% | 冷弯 $d=0.5a$ |
| QStE340TM | 1.8 | 400 | 470 | 0.851 | 38 | 合 格 | 385 | 460 | 0.837 | 37 | 合 格 |
| | 2.0 | 390 | 460 | 0.849 | 39 | 合 格 | 390 | 465 | 0.838 | 38 | 合 格 |
| | 3.0 | 380 | 450 | 0.844 | 40 | 合 格 | 370 | 455 | 0.813 | 40 | 合 格 |
| | 6.3 | 400 | 480 | 0.833 | 38 | 合 格 | 390 | 475 | 0.821 | 39 | 合 格 |
| QStE380TM | 1.5 | 420 | 490 | 0.857 | 33 | 合 格 | 405 | 480 | 0.843 | 33 | 合 格 |
| | 1.8 | 415 | 465 | 0.892 | 32 | 合 格 | 410 | 475 | 0.863 | 34 | 合 格 |
| | 3.0 | 410 | 475 | 0.863 | 35 | 合 格 | 410 | 475 | 0.863 | 35 | 合 格 |
| | 4.5 | 425 | 480 | 0.885 | 34 | 合 格 | 405 | 470 | 0.861 | 36 | 合 格 |
| QStE420TM | 3.5 | 430 | 525 | 0.819 | 35 | 合 格 | 430 | 535 | 0.803 | 33 | 合 格 |
| | 8.0 | 435 | 535 | 0.813 | 31 | 合 格 | 435 | 540 | 0.805 | 31 | 合 格 |
| | 8.0 | 430 | 530 | 0.811 | 30 | 合 格 | 430 | 525 | 0.819 | 32 | 合 格 |
| | 8.0 | 435 | 530 | 0.821 | 30 | 合 格 | 435 | 540 | 0.805 | 31 | 合 格 |
| QStE460TM | 1.7 | 525 | 590 | 0.889 | 28 | 合 格 | 495 | 575 | 0.861 | 29 | 合 格 |
| | 2.3 | 520 | 585 | 0.889 | 29 | 合 格 | 515 | 585 | 0.880 | 30 | 合 格 |
| | 3.5 | 515 | 575 | 0.895 | 31 | 合 格 | 510 | 570 | 0.894 | 29 | 合 格 |
| | 6.0 | 495 | 565 | 0.876 | 29 | 合 格 | 490 | 560 | 0.875 | 32 | 合 格 |

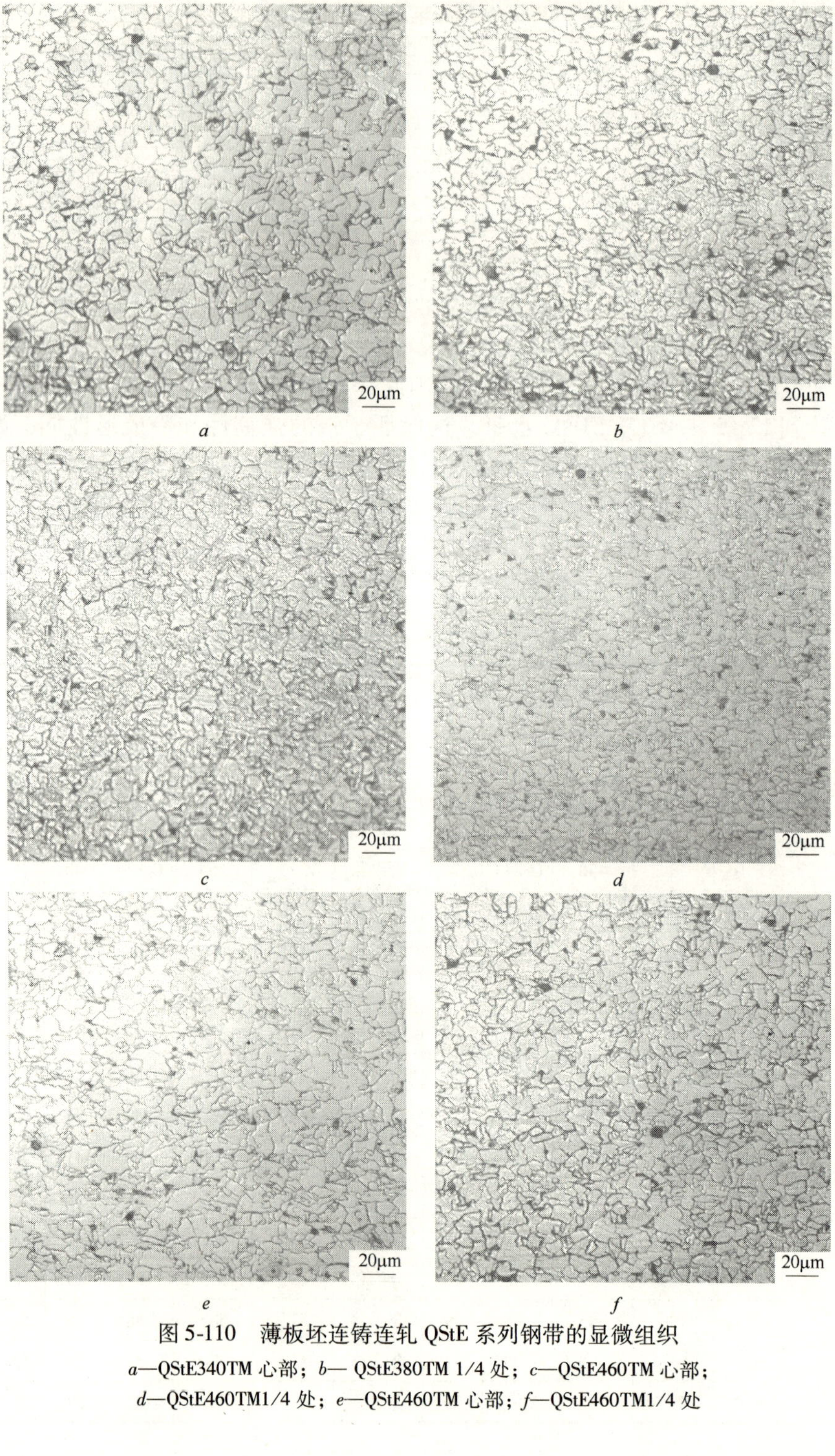


图 5-110　薄板坯连铸连轧 QStE 系列钢带的显微组织

*a*—QStE340TM 心部；*b*— QStE380TM 1/4 处；*c*—QStE460TM 心部；*d*—QStE460TM1/4 处；*e*—QStE460TM 心部；*f*—QStE460TM1/4 处

**表 5-31　薄板坯连铸连轧 QStE 系列钢带的冲击韧性**

| 牌　号 | 试样尺寸/mm | 不同温度的夏比冲击吸收功 $A_{KV}$/J | | | | |
|---|---|---|---|---|---|---|
| | | 20℃ | 0℃ | -20℃ | -40℃ | -60℃ |
| QStE340TM | 5×10×55 | 110 | 119 | 123 | 102 | 100 |
| QStE380TM | 5×10×55 | 112 | 117 | 115 | 118 | 110 |
| QStE420TM | 7.5×10×55 | | 207 | 200 | 202 | 188 |
| QStE460TM | 5×10×55 | | 81 | 78 | 71 | 70 |

利用铌微合金化技术生产的汽车结构钢冷弯性能优良，如图 5-111 所示，适合汽车零部件行业复杂的加工性能要求。

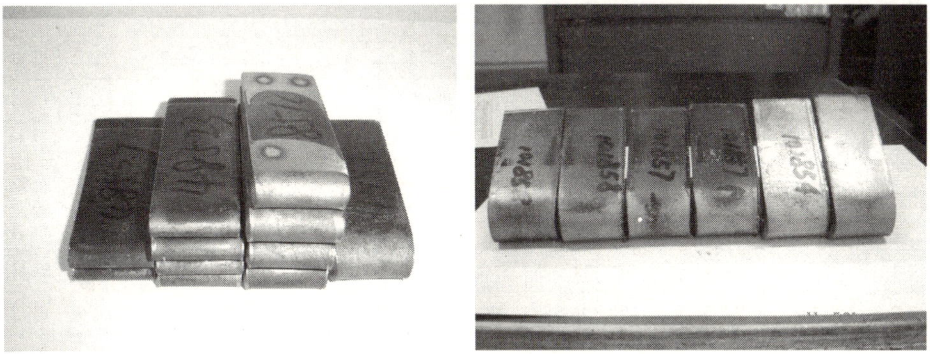

*a*　　　　*b*

图 5-111　QStE340TM、QStE460TM 冷弯性能情况照片（$d=0$）

*a*— 4.0mm 厚 QStE340TM；*b*— 4.0mm 厚 QStE460TM

D　汽车结构钢的焊接性能

按照国标 GB 2651—89 制备不同焊接工艺规范及不同焊接接头形状的焊接试样如图 5-112 和图 5-113 所示。搭焊和对接焊缝各取 24 块，对焊试样尺寸为

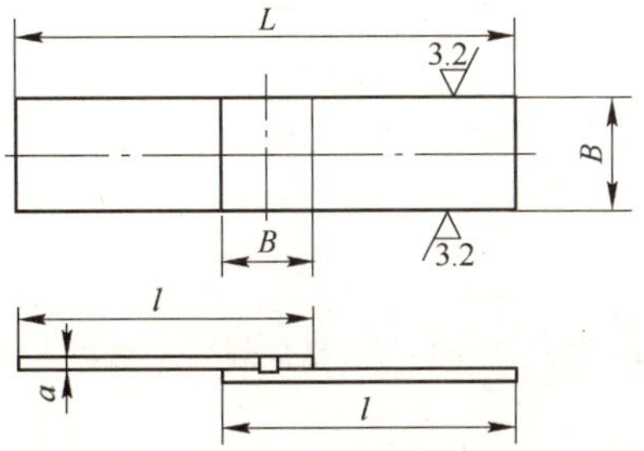


图 5-112　搭焊试样示意图

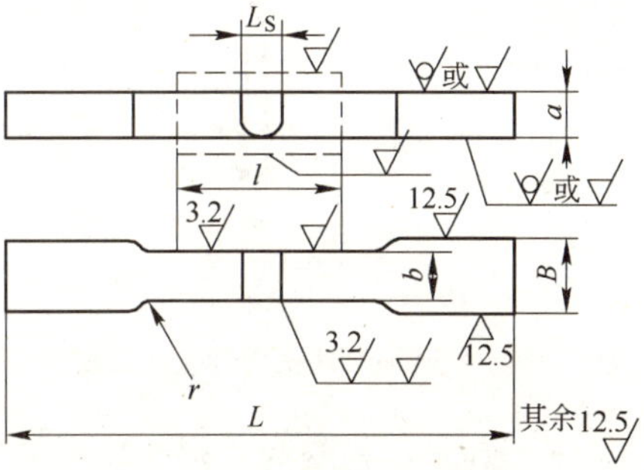


图 5-113　对焊试样示意图

200mm ×40mm；数量是厚度 1.5mm 和 2.0mm 各取 12 块。搭接焊试样尺寸为 215mm ×40mm；数量是厚度 1.5mm 和 2.0mm 各取 12 块，搭接焊长度为 30mm。搭焊后力学结果如表 5-32 所示。从力学结果可以看出，热轧汽车钢板焊接性能能够满足产品的焊接技术要求。

**表 5-32　不同材料搭接焊拉伸强度实验结果**

| 试样编号 | 牌　号 | 试样宽度/mm | 试样厚度/mm | $F_S$/kN | $F_b$/kN | $\sigma_s$/MPa | | $\sigma_b$/MPa | | $S$/mm² | 断裂形式 |
|---|---|---|---|---|---|---|---|---|---|---|---|
| | | | | | | 试样 | 平均 | 试样 | 平均 | | |
| 4-1 | QStE460TM $h$ = 1.6 | 27.6 | 1.62 | 30.61 | 30.62 | 504 | 514 | 504 | 544 | 60.7 | 母材断 |
| 4-2 | | 28.14 | 1.61 | 32.427 | 36.1 | 524 | | 583 | | 61.9 | 母材断 |
| 5-1 | | 28.86 | 1.62 | 31.949 | 36.4 | 503 | 500 | 573 | 572 | 63.5 | 母材断 |
| 5-2 | | 29 | 1.59 | 31.662 | 36.4 | 496 | | 571 | | 63.8 | 母材断 |
| 6 | | 28.26 | 1.64 | 32.044 | 36.51 | 511 | 511 | 582 | 582 | 62.7 | 母材断 |
| 7-1 | QStE380TM $h$ = 1.5 | 24.3 | 1.52 | 33.355 | 37.79 | 467 | 466 | 529 | 529 | 71.4 | 母材断 |
| 7-2 | | 24.3 | 1.47 | 33.25 | 37.84 | 464 | | 528 | | 71.7 | 母材断 |
| 8-1 | | 24.4 | 1.51 | 33.776 | 38.17 | 468 | 467 | 529 | 532 | 72.2 | 母材断 |
| 8-2 | | 24.3 | 1.54 | 33.001 | 37.93 | 465 | | 535 | | 71.0 | 母材断 |
| 9-1 | | 24.4 | 1.46 | 33.575 | 38.02 | 465 | 464 | 526 | 527 | 72.2 | 母材断 |
| 9-2 | | 24.3 | 1.45 | 33.288 | 38 | 463 | | 528 | | 71.9 | 母材断 |

图 5-114 和图 5-115 为汽车钢搭接焊试样焊接区显微硬度分布图。焊缝处硬度最高，离开焊缝中心向两边硬度逐渐降低。由图 5-114 还可看出，熔合区由于组织粗大，硬度降低较多，而到了正火细晶区硬度再次升高，硬度曲线出现凸起。

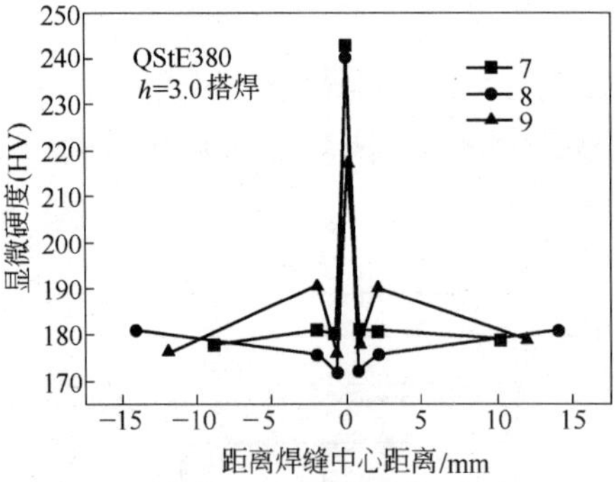


图 5-114　QStE380TM 搭焊焊接区域硬度分布

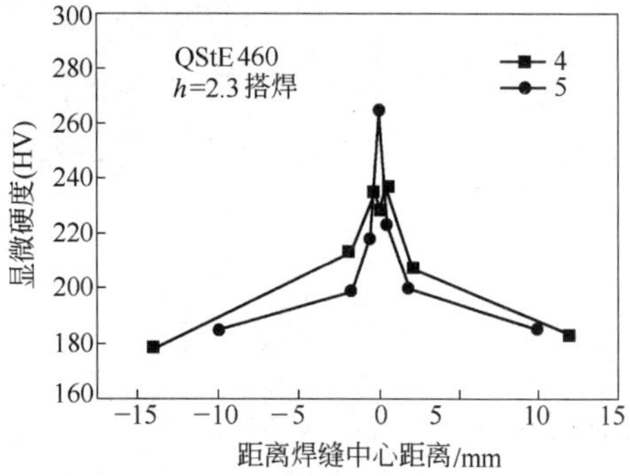


图 5-115　QStE460TM 搭焊焊接区域硬度分布

E　汽车结构钢的成形性能和使用情况

按照国标 GB 8653—88《金属杨氏模量、弦线模量、切线模量和泊松比试验方法（静态法）》设计试样，测试杨氏模量和泊松比。试样图如图 5-116 所示。

对于薄板的矩形试样，可以在试样宽度两侧制备小凸耳供装卡引申计用。试样设计按照 GB 3076—82《金属薄板（带）拉伸试验方法》的规定。引申计装卡在同侧两凸耳的外侧或内侧，其引申计标距应为两凸耳宽度中心线之间的距离。

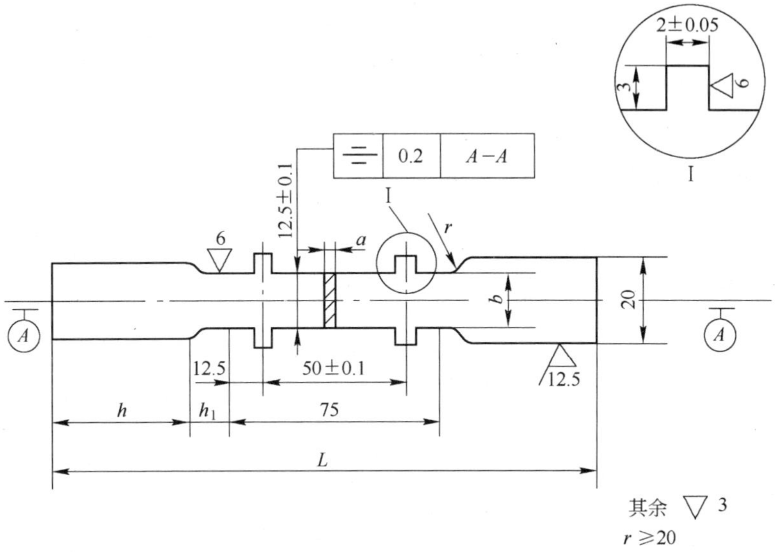


图 5-116　测泊松比、弹性模量试样（带凸耳）

注：引申计刀口应装卡在距凸耳根部 0.5 mm 以外。试样头部长度根据实验机夹头尺寸确定，一般为夹持宽度 $L=160\sim200$mm

共取 QStE340TM 和 QStE460TM 两个牌号材料，每种牌号测试六个试样，测试应力及横向和纵向应变，结果取平均值，用 Origin 75 软件绘出应力与应变图及横向应变和纵向应变图，拟合出弹性模量和泊松比。图 5-117 和图 5-118 为两

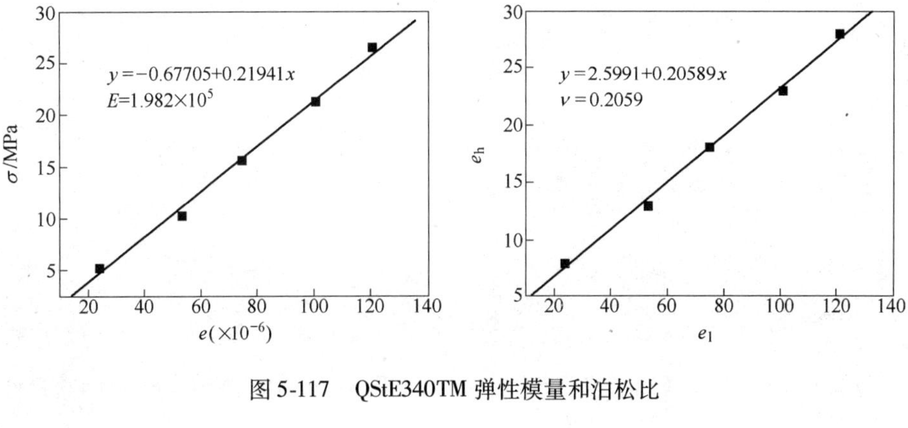


图 5-117　QStE340TM 弹性模量和泊松比

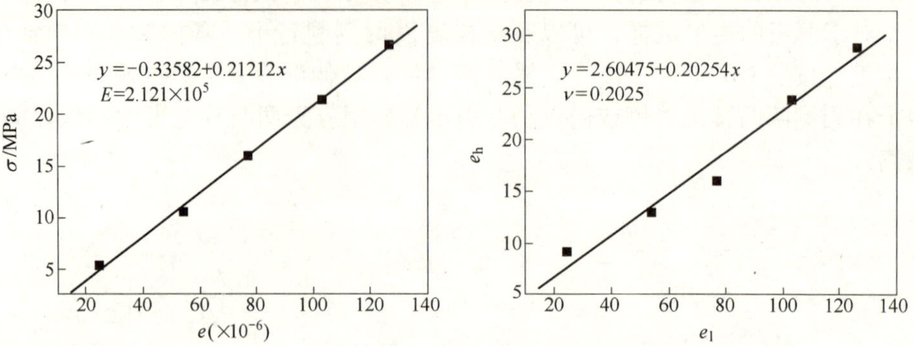


图 5-118　QStE460TM 弹性模量和泊松比

种材料弹性模量和泊松比测试的实验数据拟合图。拟合结果（平均值）如表5-33所示。

**表 5-33　不同牌号钢板弹性模量与泊松比**

| 材料牌号 | 弹性模量 $E$/MPa | 泊松比 $\nu$ |
|---|---|---|
| QStE460TM | $2.121 \times 10^5$ | 0.2025 |
| QStE340TM | $2.194 \times 10^5$ | 0.2059 |

基于薄板坯连铸连轧铌微合金化技术开发的 QStE 系列汽车结构用钢带试用情况表明，该产品性能稳定，材料强度符合要求，加工性能、焊接性能良好，能满足汽车、半挂车用冲压及结构件的要求如图 5-119 和图 5-120 所示，在加工过程中没有出现开裂零件尺寸满足设计要求。该产品在厢式车的厢体作为支柱、管等承载件，厢体的门框、门楣，底架上的横梁；作为载重车底横梁、悬梁等。

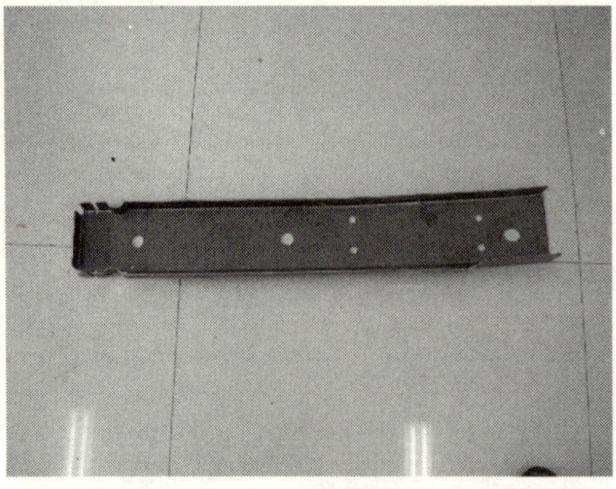

图 5-119　QStE380TM 轻型汽车零部件

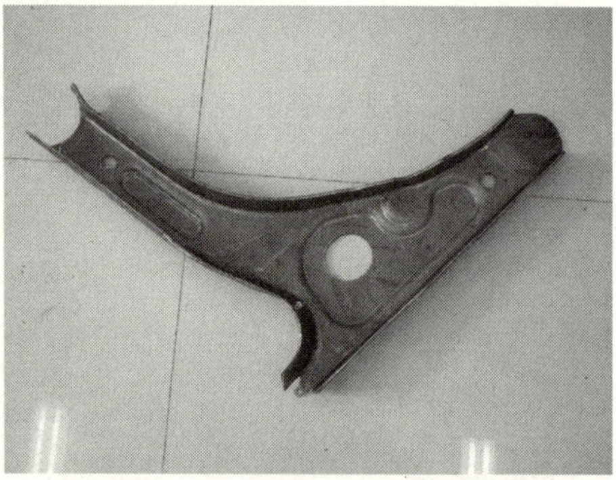

图 5-120　QStE460TM 轻型汽车零部件

5.4.2.2 高强度汽车结构钢的研制及应用

近年来随着能源供应的紧张，车身减重成为汽车工业发展的主要目标之一。采用高强度汽车钢板可有效降低车身自重，从而节约能源。因此汽车结构用钢的强度级别越来越高，如图 5-121 所示[109]。尤其是 1994 年超轻量车身（ULSAB）计划的开展，加速了对高强度汽车结构用钢的需求。ULSAB 选择材料的要素是大量使用高强度钢板和超高强度复合钢板，所占比重要超过 90% 以上，以便改善结构性能和降低车身外壳的重量。根据 ULSAB 计划提供的数据，新车用钢的 50% 以上将采用多相钢，其中 22% 为抗拉强度在 500 ~800MPa，30% 为抗拉强度在 700 ~ 1000MPa。目前日本车型采用的高强度钢已占 46% 以上。车门抗冲击部位结构件和用于挡板的增强钢梁对车身强度至关重要，它们除了具有抗弯抗扭刚度，还必须在抗压缩断裂强度和疲劳强度方面更胜一筹，这意味着屈服强度和抗拉强度越高的钢板，效果越好，如图 5-121*b* 所示。因此利用薄板坯连铸连轧铌微合金化技术和快速冷却特点，开发高屈服强度汽车结构用钢，既有利于车身减重，又有利于保证车身安全性。

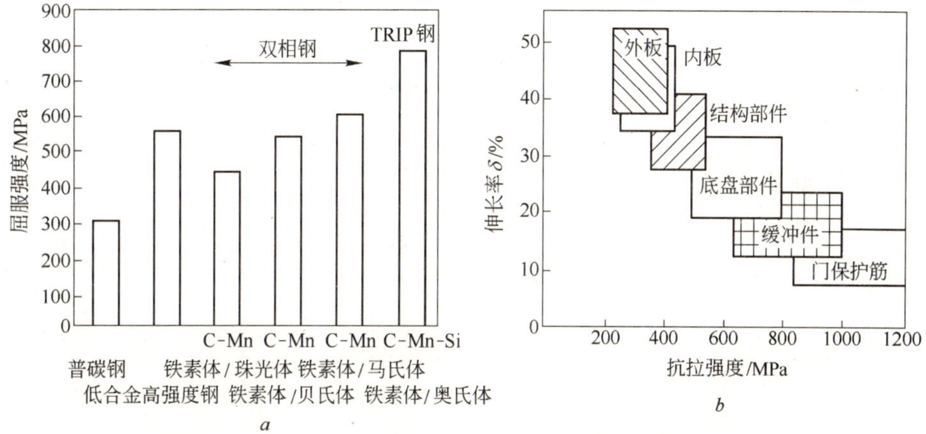


图 5-121 汽车结构用钢的强度级别和使用部位分布

*a*—强度级别与室温组织类型；*b*—强度级别与使用部位

目前利用薄板坯连铸连轧铌微合金化技术可以生产出屈服强度高达 550MPa 级的高强度汽车结构用钢[110]。在成分设计中，人们通过降低碳含量以改善成形性能和焊接性能，如表 5-34 所示。铌除了起到阻止奥氏体再结晶从而得到薄饼化组织、细化晶粒、沉淀强化作用以外，还可以通过降低铁素体转变温度，并促进贝氏体组织的形成来进一步提高强度。随着铌含量的增加和薄板坯连铸连轧层流冷却速度的增加，含铌汽车钢的微观组织也有变化，如图 5-122 所示。可以看出，铌含量越高，所得到的铁素体-珠光体组织越细。当屈服强度超过 550MPa 时，钢中甚至出现贝氏体组织。

**表 5-34　薄板坯连铸连轧铌微合金化钢带的化学成分**

| 钢　级 | | 质量分数/% | | | | | | | | | | $C_{eq,max}$ |
|---|---|---|---|---|---|---|---|---|---|---|---|---|
| 名称 | 代号 | $C_{max}$ | Mn | $Si_{max}$ | $P_{max}$ | $S_{max}$ | Al | Nb | $V_{max}$ | N | Ca | /% |
| S315MC | 1.0972 | | 0.03<br>0.05 | | | | | | | | | 0.15 |
| S355MC | 1.0976 | | 0.07<br>0.09 | | | | | | | | | 0.22 |
| S420MC | 1.0980 | 0.065 | 1.00<br>1.20 | 0.60 | 0.01 | 0.01 | 0.020 ~ 0.035 | 0.02 ~ 0.06 | 0.15 | 0.0040 ~ 0.020 | 0.0020 ~ 0.0040 | 0.27 |
| S500MC | 1.0982 | | 1.20<br>1.40 | | | | | | | | | 0.30 |
| S550MC | 1.0986 | | 1.60 | | | | | | | | | 0.36 |
| S600MC | 1.0969 | | | | | | | | | | | |
| 目前 S < 0.005% | | | | | | | | | | | | |

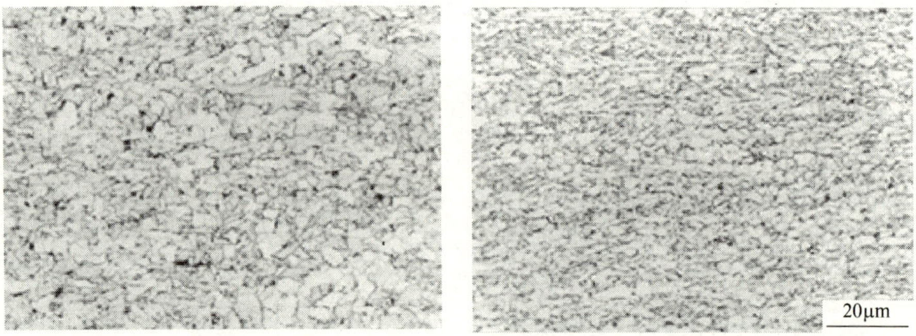


*a*　　　　*b*

图 5-122　薄板坯连铸连轧铌微合金化高强度汽车钢的微观组织

*a*—S420MC；*b*—S550MC

Karl Henserger 等人通过透射电镜研究了薄板坯连铸连轧生产的 S550MC 钢的铁素体组织类型分布，如图 5-123 所示。可以看出，铁素体组织分为三类。其中组分Ⅰ包含近似球状的铁素体晶粒，大约 2 ~ 4μm，具有低的位错密度，如图 5-123*a*所示；组分Ⅱ中典型的是细小的铁素体晶粒（大约 0.5μm），具有高的位错密度，位错趋向于形成晶胞，如图 5-123*b* 所示；组分Ⅲ中高位错密度的片状铁素体晶粒排列成束，每束包括 5 个片以下，并且在片状铁素体晶粒的方向稍稍伸长。每个片 1 ~ 4μm 长，0.1 ~ 0.5μm 宽。在一个束中，铁素体晶粒具有几乎相同的晶体取向，束之间的边界为亚晶界。与此相对比，不同束具有不同的晶体取向，束的边界为大角晶界，如图 5-123*c* 所示。

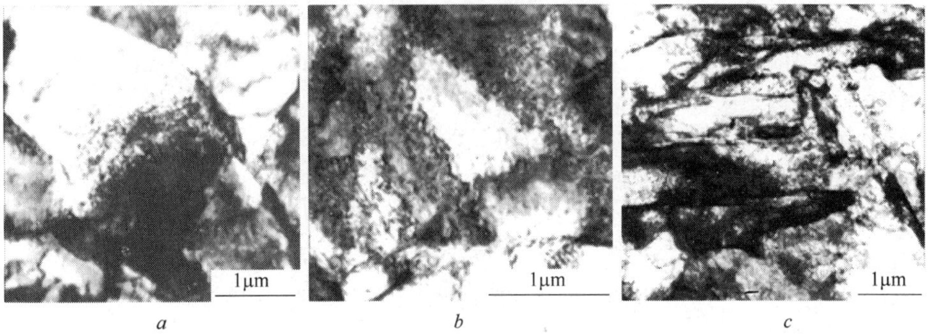


图 5-123　薄板坯连铸连轧铌微合金化钢的亚结构组织
*a*—等轴铁素体；*b*—细小铁素体；*c*—片状铁素体

显微组织研究结果表明，薄板坯连铸连轧生产铌微合金钢的过程中，晶粒细化、沉淀强化以及奥氏体转变带来的位错密度的增加一起对获得高强度做了贡献。

图 5-124 表明 S550MC 薄板坯连铸连轧热轧钢带的缺口冲击能量与温度的关系。试验是采用 5mm × 10mm × 55mm 的纵向和横向试样做的。所达到的韧性值符合 DIN EN10149 标准要求。塑性到脆性断裂转折温度为 -50℃，这表明薄板坯连铸连轧热轧钢带具有优良的强度和韧性组合。

由此可见，在薄板坯连铸连轧铌微合金钢的生产中采用控轧控冷工艺可以达

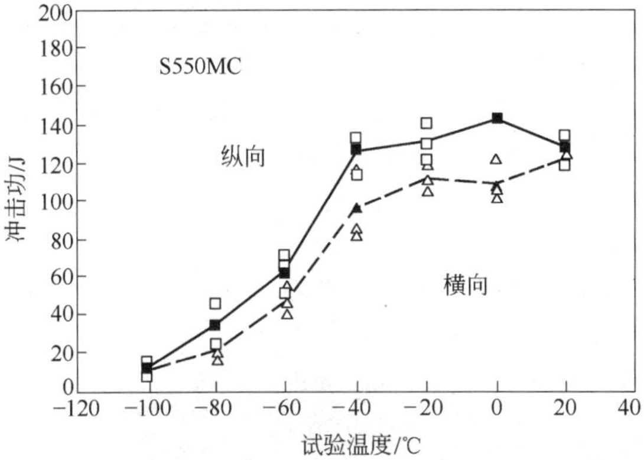


图 5-124　薄板坯连铸连轧铌微合金钢的冲击性能与温度的关系

到高强度及优良的塑性和韧性。保证确切的强韧性组合是成功地在各种领域应用高强度铌微合金钢带的前提。

## 参 考 文 献


1 Becket, et al. U. S. Patent 2158651, 1939

2 Mareta J T, Joseph R W. Proc. Nat. Open-Hearth Comm., Iron Steel Div., AIME, 1961, (44): 421～430

3 Korchynsky M. Microalloying 75. New York: Union Carbide Corp., 1977

4 Hashimoto S. Effect of Nb on hot rolled high strength steel sheets produced by thin slab casting and hot direct rolling process. ISIJ International, 2003, 43 (10): 1658～1663

5 付俊岩. Nb 微合金化和含铌微合金钢的发展及技术进步. 钢铁, 2005, 40 (8): 1～7

6 High strength large diameter pipe plate from standard production to X80-X100, Nb information, No. 13/97, ed, CBMM

7 Narita K. Physical chemistry of the groups $\text{IV}_B$ (titanium, zirconium), $\text{V}_B$ (vanadium, niobium, tantalum) and the rare earth elements in steels. Trans. Iron Steel Inst., 1975, 15(3): 145

8 Meyer L, Heisterkamp F, Mueschenborn W. Columbian titanium and vanadium in normalised, thermomechanically treated and cold rolled steels. In: Microalloying 75, New York: Union Carbide Corporation, 1977: 153～167

9 Krapf G, et al. Effect of heat treatment on the composition of niobium precipitates in steel. J. Iron Steel Inst., 1973, 211 (5): 353～356

10 Johnson T H. The solubility of niobium carbide in gamma iron. Trans. AIME, 1967, 239: 1651

11 Nordberg H, Aronsson B. Solubility of niobium carbide in austenite. JISI, 1968, 206: 1263～1271

12 Irvine J, et al. Grain refined C-Mn steels. J. Iron Steel Inst., 1967, 205: 161～182

13 Nordberg H, Aronsson B. J. Iron Steel Inst., 1968, 206: 1263

14 雍岐龙. 钢铁材料中的第二相. 北京: 冶金工业出版社, 2006

15 Taylor K A. Solubility products for Ti-, V- and Nb carbides in ferrite. Scripta Metall, 1995, 32 (1): 7～12

16 Pereloma E V, Crawford B R, Hodgson P D. Strain-induced precipitation behavior in hot strip steel. Mater. Sci. Eng., 2001, A299: 27～31

17 Dutta B, Valeds E, Sellars C M. Mechanism and kinetics of strain induced precipitation of Nb (C, N) in austenite. Acta Metal. Mater., 1992, 40: 653～662

18 Jonas J J, Weiss I. Effect of precipitation on recrystallization in microalloyed steels. Metal Sci., 1979, 13: 238～245

19 Le Bon A. Recrystallization and precipitation during hot working of a Nb-bearing HSLA steel. Metal Science, 1975, 9 (1): 36～40

20 Simoneau R, et al. Progress of niobium carbonitride (Nb(C,N)) precipitation in HSLA steels as determined by electrical resistivity measurements. Metal Science, 1978, 12 (8): 381～386

21 Hu H. Recovery and recrystallization of metals. Interscience, NY, 1963: 311

22 Dutta B, et al. Modelling the kinetics of strain induced precipitation in Nb microalloyed steels. Acta Meta., 2001: 785 ~ 794

23 Akben M G, et al. Dynamic precipitation and solute hardening in a vanadium microalloyed and two niobium steels containing high levels of manganese. Acta Met., 1981, (29): 111 ~ 121

24 杨善武，等. Nb在钢中的应变诱导析出. 见：第一届微合金化技术高级研讨班论文集，北京，2005

25 DeArdo A J. Ferrite formation from thermomechanically processed austenite in HSLA steels. HSLA Steels. Port Kembla: South Coast Printers, 1985, 70 ~ 79

26 Klaus Huka, et al. The HTP concept and results of industry trials. HTP seminar, 2003

27 Santella M L. Grain growth and high-temperature hot rolling behavior of low-alloy steel austenite: [Ph. D. Thesis]. University of Pittsburgh. 1981

28 Kurdjumov G, Sachs G. Walz und rekristallistationstextur von eisenblech, rolling and recrystallization texture of sheet iron. Z. Physik, 1930, (62): 592

29 Davenport A T, et al. The secondary hardening of tungsten steels. Metal Science, 1975, 9 (5): 201 ~ 208

30 Jack D H, et al. Carbides and nitrides in steel. Materials Science and Eng., 1973, 11 (1): 1 ~ 27

31 孟繁茂. TMCP技术及其若干金属学问题. 见：第一届微合金化技术高级研讨班论文集，北京，2005

32 Palmiere E J, et al. Suppression of static recrystallization in microalloyed steels by strain-induced precipitation. In: Proc. low carbon steels for the nineties, Warrendale, PA: TMS-AIME, 1993: 121

33 Miller O O. Influence of austenitizing time and temperature on the austenite grain size of steel. Trans. ASM, 1951, 43: 260 ~ 289

34 Gladman T, Pickering F B. Grain coarsening of austenite, J. Iron Steel Inst., 1967, 205 (6): 653 ~ 664

35 Hannerz N E, DeKazinczy F. Kinetics of austenite grain growth in steels. J. Iron Steel Inst., 1970, 208: 475 ~ 481

36 Gladman T. On the theory of the effect of precipitate particles on grain growth in metals. Proc. Roy. Soc., 1966, A294: 298 ~ 309

37 Palmiere E J, et al. 含Nb钢再加热和晶粒粗化时化学成分和微观结构的变化. 查理斯·哈契特奖优秀论文选编，2001

38 Wagner C. Theorie der Alterung von Niederschlägen durch Umlöson (Osterwald-Reifung). Z. Electrochemie, 1961, 65: 581 ~ 591

39 Yamamoto S, Ouchi C, Osuka T. Thermomechanical processing of microalloyed austenite. The effect of microalloying elements on the recovery and recrystallization in deformed austenite. In: DeArdo A J, Ratz G A, Wray P J Pittsburgh, PA: The Metallurgical Society of AIME, 1982: 613 ~ 638

40 Kwon O, DeArdo A J. Interactions between recrystallization and precipitation in hot-deformed mi-

croalloyed steels. Acta Met., 1991, 39: 529
41 Yamamoto S, Ouchi C, Osuka T. In: DeArdo A J, Ratz G A, Wray P J, ed. Thermomechanical processing of microalloyed austenite. Warrendale: TMS-AIME, 1982: 613
42 Palmiere E J, et al. The influence of niobium supersaturation in austenite on the static recrystallization behavior of low carbon microalloyed steels. Metall. Trans., 1996, 27A (4): 951
43 Gordon P, Vandermeer R A. Grain boundary migration, recrystallization, grain growth, and textures. Metals Park, OH: ASM: 205
44 DeArdo A J, Gray J M, Meyer L. Fundamental metallurgy of niobium in steel. Niobium'81, ed. Stuart H. Warrendale, PA: The Metallurgical Society of AIME, 1984: 685 ~ 759
45 Enomoto M, Nojirl N, Sato Y. Effects of vanadium and niobium on the nucleation kinetics of proeutectoid ferrite at austenite grain boundaries in Fe-C and Fe-C-Mn alloys. Mater. Trans., 1994, 35 (12): 859 ~ 867
46 雍岐龙，马鸣图，吴宝榕. 微合金钢——物理和力学冶金. 北京：机械工业出版社，1989
47 王建华，等. 控轧控冷 Mn-Nb-Re 等微细粒子沉淀强化. 钢铁研究，1994，(2)：19 ~ 23
48 Davenport A T, et al. The secondary hardening of tungsten steels. Metal Science, 1975, 9 (5): 201 ~ 208
49 Parayil T, Ludkovsky G. Influence of accelerated cooling on the microstructure and mechanical properties of a microalloyed steel, accelerated cooling of rolled steel. In: Ruddle G E, Crawley A F, New York: Pergamon Press, 1988: 131 ~ 146
50 Hua M. University of Pittsburgh, Unpublished Research, 2000
51 Gondoh H, Osuka T. Applications of niobium microalloyed ferrite pearlite steels to line pipe and plate. Niobium, In: Stuart H., Warrendale, PA: TMS-AIME, 1984: 833 ~ 882
52 李箭，孙福玉，等. 控制轧制微合金钢的屈服强度估算. 钢铁研究，1991，27 (3)：91 ~ 96
53 Gladman T, et al. Structure-property relations in high-strength microalloyed steels. Microalloying 75, New York: Union Carbide Corporation, 1977: 32 ~ 54
54 Gray J M. Effect of niobium (columbium) on transformation and precipitation processes in high strength low alloy steels. Heat Treatment 73, London, England: The Metals Society: 19 ~ 28
55 Hulka K, Bauer J. Development trends in HSLA steels for welded construction. Material Science Forum, 1998, (7 ~ 9): 284 ~ 286
56 王青江，王仪廉. 微合金控制轧制钢. 焊管，1994，14 (4)：14 ~ 20
57 陈俊华，等. Ti-V-Nb 微合金钢中的第二相粒子及其对焊接热影响区奥氏体晶粒长大的影响. 热加工工艺，2004，6：13 ~ 16
58 DeArdo A J. 纽克钢铁公司伯克利分厂采用 CSP 工艺生产高质量含铌钢. 钢铁，2006，41 (增刊 1)：100 ~ 112
59 Li Y, Crowther D N, Mitchell P S, Baker T N. The evolution of microstructure during thin slab direct rolling of V, Nb and Ti microalloyed steels. In: Proceedings from Materials Solutions Conference 2002
60 毛新平，等. EAF—CSP 流程 Nb 微合金化技术研究及应用. 见：全国低合金钢，微合金非

调质钢学术年会论文集，成都，2006
61 刘雅政，等. CSP 技术生产含 Nb X60 管线钢的试验研究 . 钢铁，2006，41（增刊 1）：205 ~ 209
62 Li Y, et al. Proc. materials solutions conference 2002, Columbus, OH, ASM International, 2002：5 ~ 15
63 李扬，刘雅政，等. CSP 工艺中铌的析出特性及对微观组织的影响. 中信金属公司技术中心，2005（内部资料）
64 任毅，等. 鞍钢 ASP 线 X52 级管线钢的研制. 中国钢铁年会论文集，北京：冶金工业出版社，2003：392 ~ 396
65 曹建春，刘清友，等. 铌对高强度低合金钢的组织和强化机制的影响. 钢铁，2006，41（8）：60 ~ 63
66 Flemming G, Hensger K E. Present and future CSP technology expands product range. AISE Steel Technology, Jan. 2000, 5：3 ~ 5
67 张寿荣. 我国薄板坯连铸连轧技术创新前景广阔. 炼钢，2006，22(2)：1 ~ 6
68 翁宇庆. 钢铁结构材料的组织细化. 钢铁，2003，38（5）：1 ~ 11
69 Garcia C I，等. CSP 带钢生产线生产的含 Nb 微合金化钢的凝固和均匀化处理后微观结构特性. 查理斯·哈契特奖优秀论文选编，2001
70 Rodriguez-Ibabe J M，等. 薄板坯连铸 Nb 微合金钢的热机械处理工艺. 中信金属公司技术中心，2002（内部资料）
71 章洪涛，等. 薄板坯连铸直接轧制工艺对 Nb 微合金低碳热轧带钢的影响. 钢铁，2006，41（增刊 1）：329 ~ 333
72 东涛. Nb 微合金化在 CSP 品种生产中的应用. 中信金属公司技术中心，2002（内部资料）
73 毛新平，等. 珠钢 150 t EAF-LF-CSP 工艺 X60 管线钢的开发. 特殊钢，2006，(7)：45 ~ 46
74 李德刚，等. CSP 流程铌微合金化热轧钢带的研制. 钢铁，2004，39（5）：55 ~ 58
75 常大勇，等. X60 管线用钢在 CSP 直轧过程中组织演变规律的实验研究. 中信金属公司技术中心，2006（内部资料）
76 Garcia C I, et al. International symposium on thin slab casting and rolling（TSCR’ 2002）, Guangzhou, China, December 3 ~ 5, 2002：386 ~ 396
77 Ruiz-Aparicio A. MS thesis, University of Pittsburgh, 2004
78 刘清友，董瀚，等. CSP 工艺中含 Nb 钢的混晶问题及改善方法. 钢铁，2003，38（8）：16 ~ 19
79 何建中，等. CSP 生产 X60 管线钢的化学成分和轧制工艺对混晶的影响. 特殊钢，2005，26（5）
80 刘雅政，等. CSP 技术生产含铌 X60 管线钢的试验研究. 钢铁，2006，41（3）：215 ~ 219
81 毛新平，等. TSCR 生产 Nb 微合金化管线钢控轧工艺研究. 轧钢，2006，23（3）：7 ~ 11
82 Meyer L, Schneider C, StraBburger C. 微合金元素 Nb、V、Ti、Zr 和 B 在 HSLA 钢中的作用及目前的应用. 钢铁钒钛译丛，1986，(1)：59 ~ 72
83 彭建，等. 加热工艺对微合金钢 TiNb 固溶及奥氏体晶粒长大的影响. 金属成形工艺，2003，21（6）：51 ~ 53

84　束田，幸四郎. 微合金钢热加工时的微合金化效果与各类问题. 钢铁钒钛译丛，1986，(1)：1~34
85　王新华，等. 减少含铌、钒、钛微合金坯角部横裂纹的研究. 钢铁，1998，33 (1)：22~25
86　Hisashi Gondoh，等. Nb 微合金化的铁素体—珠光体钢在管线和钢板方面的应用. 宽厚板，1997，6 (3)：34~41
87　Ouchi C，Sanpei T，Kojasu. Journal of ISIJ，1981，64 (1)：143
88　Yamamoto S，Ouchi C，Osuka T. Thermomechanical processing of microalloyed austenite. TMS of ASME，Wrrendale (PA)，1982：613~639
89　Ouchi C，Tanada J，Kogasu I，Tsuhada K. Micon 78，STP 672，ASTi41：105
90　赵刚，等. 含铌钛微合金汽车用钢力学性能与控轧控冷工艺关系的研究. 钢铁研究，2003，(4)：30~32
91　波戈尔热耳斯基 B N，等. 控制轧制. 王有铭，等译. 北京：冶金工业出版社，1982
92　Lee Y K，Hong J M，Choi C S. Continuous cooling transformation temperatures and microstructures of niobium bearing microalloyed steels. Baosteel Annual Acad. Conf.，May 27~28，2004，Shanghai China：158~160
93　苏世怀，等. Nb 微合金化在 CSP 线生产 HSLA 钢应用机理研究. 微合金化技术，2006：3
94　Zentara N. Optimisation of hot rolling schedule for direct charging of thin slabs of Nb-V microalloyed steel. Material Science and Technology，May 1994，110：370~376
95　El-Bitar T，Hensger K E，Klinkenberg C，et al. Processing of Nb-microalloyed X52 line pipe steel on ANSDK′s CSP plant. 2nd Intern. Conf. on Thermomechanical Processing of Steels，2004：187~194
96　Gray M. Niobium bearing steels in pipeline projects，Niobium Science and Technology. In：Proc of the Intern. Symp. Niobium 2001，Orlando，FL，USA，December 2~5，2001：889~906
97　肖冶. 国内外油气管道现状及发展趋势. 焊管，1992，15 (1)：42~46
98　Weisweilerand F J，Sergeer G N. Non-destructive testing of large-diameter pipe for oil and gas transmission lines. 1987
99　DeArdo A J. Plate，Pipe and Structural Steel，内部资料
100　DeArdo A J，等. 纽克钢铁公司伯克利分厂采用 CSP 工艺生产高质量含 Nb 钢. 2006 年 TSCR 工艺国际会议，2006：106~117
101　Hensger K E，Davis R. Verfahren zum walzen vonwarmbreitband in einer CSP-Anlage. Patent DE 197 25 434
102　Hensger K E，Davis R. Verfahren zum walzen vonwarmbreitband in einer CSP-Anlage，Patent EP 0 885 974 A1，1999
103　Gamal Megahed，等. 用薄板坯连铸连轧工艺生产北极地区高寒地区用 APIX70 管线钢. 钢铁，2006，41 (增刊 1)：179~185
104　赵晓林，等. 薄板坯连铸连轧生产管线钢. 钢铁，2006，41 (增刊 1)：186~190
105　Fulvio Siciliano，等. CSP 厂生产 Nb 微合金化低合金高强度钢的工艺. 钢铁，2006，41 (增刊 1)：148~153
106　司永涛，等. CSP 线 Nb 微合金化直缝焊石油套管用钢 J55 的开发. 钢铁，2006，41 (增

刊1)：33～37

107 贾志鑫，等. 石油套管用热轧钢带J55的研制与开发. 轧钢，2005，22（6）：6～7

108 Mao Xinping，et al. Develoment of Nb-Ti microalloying automobile plate QStE340～460TM. In：2006 international symposium on thin slab casting and rolling，2006：118～126

109 Ernst Juergen Drewes，Bernhard Engel，Jochen Kruse. Hoeherfeste Staehle-heuteundmorgen. Stahl und Eisen，1999，(5)：115～122

110 Karl. Henserger. 在CSP工艺生产Nb微合金钢的最新进展. 铌·科学与技术. 北京：冶金工业出版社，2001

# 6 薄板坯连铸连轧硼微合金化技术

## 6.1 概述

### 6.1.1 硼微合金化技术的特点

世界硼矿（$B_2O_3$）储量2.95亿t，主要分布于土耳其、美国、前苏联及南美洲。中国硼矿资源比较丰富，居世界第5位，总保有储量$B_2O_3$ 4670万t，硼广泛地用于冶金、医药、玻璃、陶瓷、肥料、纺织、制革、油漆、颜料等工业部门。硼和氮、氧都有很强的亲和力，并能与硫、碳化合。

与一般的合金元素相比，硼是最有效的提高淬透性的元素，$10^{-6}$数量级的硼就能对淬透性产生极大作用。人们在20世纪20年代就已发现硼提高淬透性，但直到1937年才掌握正确的加硼方法，并开始工业化应用，生产出世界上第一炉工业硼钢。硼的用量少而效果显著，可以节约镍、铬、钼等贵金属元素，因此引起人们的关注，很快被广泛用于碳素结构钢、高强钢和特殊钢的试验生产。但试验结果表明，硼钢的组织和性能对硼含量、碳含量、合金成分、晶粒尺寸、奥氏体化温度等因素非常敏感，因此硼钢的生产对冶炼工艺、轧制工艺和热处理工艺要求很苛刻，以至于当时难以推广应用。

钢中添加微量硼能显著提高钢的淬透性，其原因是微量硼沿晶界偏聚可通过预先占有合适的形核位置，降低奥氏体晶界能，抑制铁素体的形核，推迟铁素体的形成，同时晶界上的硼原子也阻滞晶界原子的扩散，使铁素体在晶界上扩散形核减缓，从而增加淬透性。研究发现，低碳钢中的硼含量约0.001%时，淬透效果直线提高，0.003%时达到稳定，超过0.003%时，因钢中固溶的硼过于饱和，在晶界析出的粗大硼碳化物将会促进铁素体形成，导致钢的淬透性反而降低[1]。

硼和氮结合形成BN。BN颗粒既可以在晶界形成也可以在晶内形成，部分依赖于试样的热机械历史。BN和AlN的析出过程存在着竞争关系。钛是氮化物形成元素，通常用于夺取钢中的氮而使硼保持固溶状态。

鉴于硼的特殊作用，以及较低的合金成本，硼微合金钢的应用越来越广。微量硼就能够提高耐热钢高温强度和蠕变性能，提高碳锰钢的冷镦特性，提高不锈钢高温强度和低温韧性，提高弹簧钢的冲击韧性、改善延迟断裂性能和脱碳敏感性。在低碳钢中，通过复合添加硼和铌或钛生产供热机械加工用的高强度低合金钢，改善了强度和韧性的匹配。在铌、钒、钛微合金钢中加入微量硼，提高钢的淬透性和回火稳定性。采用硼代替铝生产中等牌号的冷轧无取向硅钢，解决成品表面纵条纹问题[2]。采用硼微合金化生产热轧双相钢，以 Si-Mn-Cr 系为基础，以硼代替 Si-Mn-Cr-Mo 系中的钼，保证高强度、高韧性和良好成形性的同时，显著降低生产成本。

随着汽车、机械、建筑、轻工等行业的发展，对制造各类紧固件（如螺栓、螺钉、螺母等）使用的材料提出了愈来愈高的要求，如汽车的高性能化和轻量化、建筑结构的高层化以及大桥的超长化等，对作为连接部件的螺栓提出了更高设计应力和轻量化的要求，在这方面尤以汽车制造业的要求最强烈。对此，采用硼微合金化生产超高强度化—耐延迟断裂高强度螺栓钢。

### 6.1.2 硼微合金化技术发展概况

20 世纪 40 年代，人们发现钢中添加 $10^{-6}$ 数量级的硼能显著推迟奥氏体向铁素体—珠光体的转变，从而显著提高钢的淬透性特别是合金结构钢的淬透性。机理研究表明硼元素偏聚于晶界是其推迟铁素体—珠光体相变的主要原因，同时硼元素优先偏聚于晶界可有效抑制硫等晶界弱化元素在晶界的偏聚。也有研究表明，硼与钢中的氧、氮等元素有较强的结合能力，能够在高温状态下沿晶界以粗大的第二相析出，从而丧失提高淬透性的能力，导致加硼钢热处理性能不稳定及韧性恶化。因此在当时的炼钢技术条件下，硼微合金钢没能得到广泛应用。70 年代后期，我国系统地研究了微量硼在钢中的作用，阐明了硼在钢中的非平衡偏聚行为及其作用机制。

20 世纪 80 年代，随着钢水脱氧、脱氮能力的提高，硼在钢中的有益作用被人们重新认识。为了合理有效地利用硼的有益作用，抑制其不利影响，重点研究了：硼与钢中氧、氮结合的热力学；氮化硼的析出规律；硼的晶界偏聚行为机理；硼对奥氏体再结晶过程的影响；硼对铁素体/珠光体相变的影响机理；定量分析钢中硼的存在形式；钢中硼含量与淬透性、强韧性的关系等。基于上述研究成果，人们采用铝脱氧、钛固氮等技术措施，使钢中的固溶硼得到定量控制，同时采用控轧控冷技术控制硼在奥氏体晶界偏聚的发展速度与钢的相变孕育速度的配合，实现硼微合金钢组织性能的稳定控制，最终实现了硼微合金钢的工业化生产。

近几年，随着国内外越来越多的薄板坯连铸连轧生产线的建成投产，其产品已广泛用于各个领域。同传统流程相比，采用薄板坯连铸连轧流程生产的同类产品组织明显细化、强度大幅提高。大量的研究结果和生产实践表明，薄板坯连铸连轧流程生产的热轧带钢具有屈服强度偏高、不适合冷轧工序需求的特点，其主要原因是铁素体晶粒尺寸偏细，细晶强化作用偏大。Masatoshi Sudo 等人在传统流程的研究工作表明向低碳铝镇静钢中加入微量的硼能够实现晶粒粗化[3]，因此采用硼微合金化技术降低薄板坯连铸连轧流程冷轧原料屈服强度的问题成为研究的热点。

目前，人们已对硼在薄板坯连铸连轧流程的连铸、均热和热轧过程中的固溶析出行为、粗化晶粒的机理、相关的生产工艺技术等进行了系统研究。结果表明，定量控制钢中硼的加入量，保持一定的硼氮比、控制适当数量的 BN 析出、减少细小 AlN 的析出，可以显著地粗化晶粒，降低强度。通过采用薄板坯连铸连轧硼微合金化技术，相关薄板坯连铸连轧生产企业已能够批量生产满足力学性能要求的 CQ 级、DQ 级的冷轧原料用热轧带钢，产品组织明显粗化，具有较低的强度和较高的表面质量。

### 6.1.3 硼微合金化技术与薄板坯连铸连轧的适应性

#### 6.1.3.1 薄板坯连铸连轧低碳铝镇静钢强度偏高的原因

用铝脱氧的钢奥氏体晶粒长大倾向小，属于本质细晶粒钢，其机制是钢中残留的铝可形成六方点阵结构的 AlN 质点，弥散分布于奥氏体晶界，阻止奥氏体晶粒的长大，细化晶粒[4]。传统流程中，因铸坯冷却速度慢，室温状态下铸坯中的酸溶铝大部分以 AlN 形式沉淀析出，经过高温再加热后，铸坯中 AlN 充分溶解，再通过采取高温终轧、快速冷却和低温卷取等工艺措施抑制 AlN 的析出，可得到粗大的铁素体晶粒和较低的屈服强度。对薄板坯连铸连轧流程来说，受铸坯冷却速度快、均热温度低、均热时间短等因素的影响，热轧前铸坯中仍有相当数量细小的 AlN 析出物存在，它们一方面在轧制过程中阻碍奥氏体晶粒长大、细化铁素体组织，通过细晶强化机制导致强度增加[5]；另一方面，尺寸仅为数个纳米的析出物可通过沉淀强化机制使屈服强度增加。

#### 6.1.3.2 硼微合金化对组织粗化作用

A BN 析出物的粗化晶粒作用

由 BN 以及 AlN 在奥氏体中的固溶度积曲线可知，BN 的析出开始温度和结束温度都高于 AlN 析出开始温度。同时，由析出动力学可知在奥氏体中硼原子的扩散比铝原子容易，因此硼可以优先与氮结合形成 BN，抑制细小 AlN 的析出，一方面削弱 AlN 的细晶强化和沉淀强化作用，另一方面由于 BN 析出物自身粗大，不影响奥氏体再结晶晶粒长大，因而几乎没有细晶强化和沉淀强化作用，从而降低了细小的 AlN 析出物导致的屈服强度增加问题[6,7]。

B 固溶硼的粗化晶粒作用

从元素硼在晶界的偏聚考虑，晶粒粗化可能存在两种机制：（1）硼偏析到奥氏体晶界上抑制铁素体形核；（2）阻碍相变后铁素体晶粒的长大。硼原子偏聚在奥氏体晶界上降低了晶界间的界面能，增加了铁素体形成的弛豫时间，降低了铁素体和贝氏体的形核。虽然对于薄板坯连铸连轧流程中硼的偏聚规律还有待深入研究，但是有学者从薄板坯连铸连轧流程铸坯不经过冷却再加热过程，即采用直接轧制工艺的特点，可以推断薄板坯连铸连轧流程终轧前固溶硼的量要高于传统流程，更容易在相变前奥氏体晶界偏聚，从而抑制铁素体形核，粗化晶粒[7]。

## 6.2 硼微合金化理论基础

### 6.2.1 硼的化合物形成倾向

硼在元素周期表中处于第二周期ⅢA 族元素，硼原子在形成化合物时易形成共价型化合物。X 射线结构分析、扩散数据以及滞弹性研究结果表明，硼在 α-Fe 中形成置换式固溶体，在 γ-Fe 中形成间隙和置换两种形式的固溶体。同时硼可与铁、碳、氮、氧等元素形成 $Fe_3(C,B)$、$Fe_{23}(C,B)_6$ 等 Fe-C-B 化合物，还能形成 Fe-O-B 型化合物、Fe-C-B 脆性相复合化合物。上述化合物均称硼相。硼相随着钢中硼含量、奥氏体化温度和热处理工艺的变化而形态各异，随淬火温度提高而逐渐固溶于奥氏体。由于硼在钢中的固溶度很低，微量固溶硼在钢中以哪种形式的固溶体存在无定论，并且均不太容易形成，因此它和钢中各种类型缺陷如晶界、位错、空位等有强烈的相互作用。

### 6.2.2 硼在钢中的存在形式

硼在钢中的分布特点如表 6-1 所示[8]。钢中硼可溶于铁，如前所述，硼在 α-Fe 中形成置换式固溶体，在 γ-Fe 中形成间隙和置换两种形式的固溶体。硼在晶界的平衡偏聚随着温度升高而迅速降低，在高温奥氏体化时消失。硼钢在淬火或正火过程中所产生的晶界偏聚是一个非平衡偏聚的动态过程。非平衡偏聚的显著特征是随奥氏体化温度升高，晶界偏聚程度增加，以及在其附近出现贫硼区。因此，硼在钢的淬火及回火过程中的非平衡偏聚对钢的性能影响很大。

**表 6-1 硼在钢中的分布**

| 分布类型 | 分 布 特 点 |
|---|---|
| 固溶硼 | 硼原子在 γ-Fe 和 α-Fe 中形成间隙或置换式固溶体，与晶体缺陷（空位、位错、小角晶界等）有较强的相互作用 |
| 硼相析出 | 随着钢的成分和热处理制度不同，其析出物可以是 BN、$M_{23}(C,B)_6$、$Fe_2B$ 或 $Fe_3(C,B)$等，按析出相的分布可区分为：（1） 晶界析出；（2） 晶内分散析出；（3） 晶内沿一定的结晶学位向析出 |
| 硼在晶界偏聚 | 硼原子在晶界吸附或形成连续的预析出：（1） 平衡偏聚—偏聚随温度升高而减少，在一定温度以上消失；（2） 非平衡偏聚—在冷却过程中形成，偏聚量一般随着淬火温度升高以及冷却速度减小而增加，在其附近存在有贫化区 |

6.2.2.1 硼钢中的析出相

Fe- B-C 系是非常有用的三元系。硼在 $Fe_3C$ 中能够置换碳而成为含硼渗碳体 $Fe_3(C,B)$，在 950℃时，最多可有 4.8% 硼原子置换 $Fe_3C$ 中的碳原子，而在 1000℃时则为 5.3 %。此外，在 Fe-B-C 三元系中存在着 Fe-C 及 Fe-B 每个二元系中都不存在的 $M_{23}C_6$ 型的化合物 $Fe_{23}(C,B)_6$。研究指出，$Fe_2B$ 是体心正方晶格；$Fe_{23}(B,C)_6$ 与 $M_{23}C_6$ 型的碳化物结构相同，为面心立方晶格；而 $Fe_3(C,B)$ 则属于正交晶系。

$M_{23}(B,C)_6$ 的析出是硼原子由不稳定的固溶态向稳定的化合态过渡的结果。$M_{23}(B,C)_6$ 的析出途径有两种，如图 6-1 所示：一种是高温加热后慢速冷却，由于冷却速度小，硼原子有足够的时间迁移、聚集并析出硼相；另一种是先高温加热后快速冷却，再加热的过程中随着时间的增加和温度的升高而析出硼相[9]。由于冷却速度很大，硼来不及析出，只能以过饱和固溶态存留于晶内，当再加热时为硼原子的活动提供了驱动力，所以再加热过程中析出 $M_{23}(B,C)_6$。钢中的碳含量对 $M_{23}(B,C)_6$ 析出动力学的影响不大，至少当碳含量在 0.05% ~0.25% 范围是这种情况。提高奥氏体化温度则 $M_{23}(B,C)_6$ 的固溶量增加，例如 1000℃奥氏体化硼的含量为 0.0025%，1150℃时为 0.01%。

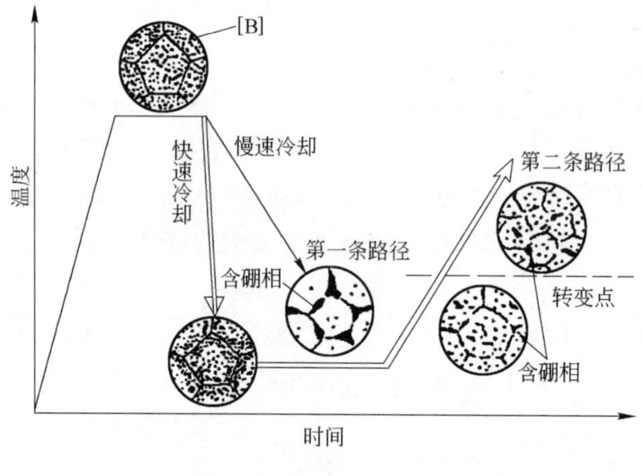


图 6-1 硼相两条析出途径的示意图

“酸溶”硼是指可以溶解于酸中的硼，主要指基体中的硼、偏聚硼和 $M_{23}(B,C)_6$ 中的硼；与之相对应，BN 不能溶解于酸中，普遍认为酸不溶硼是以 BN 形式存在的硼的量。

无论是固溶状态、偏聚状态还是析出状态，硼钢中硼的检测都是一个难题。首先，在低合金加硼钢中，为保证淬透性效果，往往添加的硼量较低（小于 0.01%，一般不到 0.005%）；另外，硼是低原子序数元素，采用传统的微观分析方法难以检测。现代科技条件下，人们采用透射电子显微技术分析 BN 和 $M_{23}(B,C)_6$，采用俄歇能谱仪或径迹显微照相技术（PTA）等方法分析硼元素，帮助人们较为全面地认识钢中的硼。

#### 6.2.2.2 硼在奥氏体中的偏聚

在提高硼钢淬透性的研究中，人们发现固溶硼在奥氏体中有强烈的偏聚倾向。硼的偏聚不仅显著影响奥氏体向铁素体的转变，也由于偏聚处元素浓度的增加而影响局部第二相的析出过程，最终明显改变钢材的组织性能。本节概述硼在奥氏体中的偏聚规律及其影响因素，以及硼的偏聚对 BN 析出的作用。

##### A 硼的偏聚机制

硼向奥氏体晶界偏聚的主要原因是硼原子与铁原子之间尺寸相差较大，在晶体内引起局部晶格畸变。为了降低能量，溶质原子硼就向由于原子排列混乱而膨胀的晶界处移动。相对于锰、铜、钒等固溶元素，硼、硫、磷与铁原子的尺寸差别较大，后三者中硼的差别最大，因此引起的晶格畸变能最大，最终的偏聚倾向也最为强烈。

硼偏聚在晶界上有两种机制：平衡偏聚和非平衡偏聚。扩散到晶界上的硼原子被束缚在高畸变区的晶界位置，随着温度降低，由于熵效应变小，偏聚的程度增加，这就是平衡偏聚机制。非平衡偏聚需要在晶粒内部和晶界上存在着空位浓度梯度（可以通过冷却或塑性变形产生），由于硼原子—空位对到晶界发生“湮没”，硼在晶界富集；然而，一旦空位梯度消失，硼原子从晶界到晶内的反扩散就发生。

从技术观点考虑，平衡偏聚机制在奥氏体化—淬火钢中较为重要；而非平衡偏聚机制在热机械处理钢中发挥着重要作用（热变形后立即淬火）[10]。

##### B 硼的偏聚现象

温度可以明显地影响硼在晶界的偏聚浓度。随着温度升高，硼、硫、磷的晶界偏聚浓度都将迅速降低，在高温奥氏体化时偏聚现象已基本消失，如图 6-2 所示[11]。可以看出若从 800℃直接淬火，由于硼的偏聚浓度非常高，钢的淬透性也将最高；而温度升高到 1100℃，加

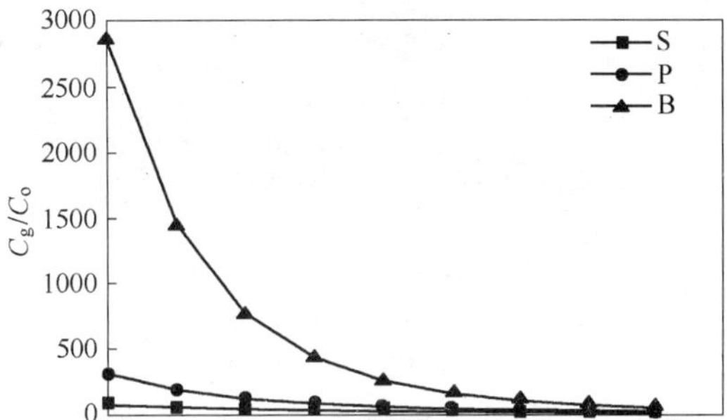


图 6-2 理论计算温度对固溶元素 S、P、B 在奥氏体晶界最大的富积系数的影响

$C_g$—溶质元素在晶界的偏聚浓度；

$C_o$—溶质元素在基体的平衡浓度

硼钢和无硼钢的淬透性基本相当，因为此时硼已均匀分布于奥氏体中。文献对 C 0.028%，Mn 1.56%，S 0.0054%，P 0.016%，Nb 0.046%，总 B 0.0007%，酸溶 B 0.0004% 的超低碳贝氏体钢的研究结果表明，当加热温度达到 1200℃ 保温 15min，硼的偏聚基本不存在[12]。

对含硼量分别为 0.001% 和 0.003% 的 Fe-Ni40% 合金进行的相关试验表明，在从 1150℃ 以 2℃/s 冷速分别冷却到 1100℃、1000℃、900℃、800℃ 和 700℃ 保温 2min，然后再以 2℃/s 冷速冷却到 600℃ 水淬的冷却—等温—冷却过程中，硼在晶界会形成明显的偏聚，晶界偏聚量随等温温度的下降先有所减少后增加，最低值在 1000℃ 左右出现，如图 6-3 和图 6-4 所示[13]。晶界偏聚包括连续硼偏聚带及一定量含硼析出相。

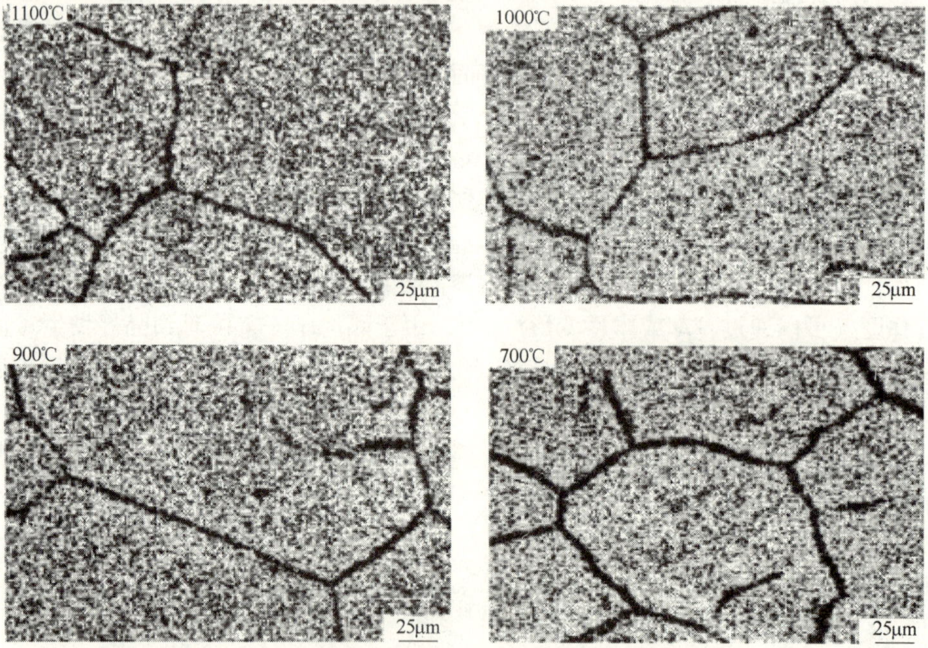


图 6-3　B 0.001%，Fe-Ni 40% 合金从 1150℃ 冷却至不同温度下，等温再冷却后硼的偏聚情况

C　合金元素对硼偏聚的影响

如果 Nb-B、Ti-B 或 Mo-B 复合加入钢中，将使沿奥氏体晶界偏聚的硼增加，原因是：由于形成细小、弥散的形变诱导 (Nb,Ti)(C,N) 或 (Ti,Mo)(C,N) 析出物，向奥氏体晶界扩散的碳将减少，限制了 $Fe_{23}(C,B)_6$ 析出需要的碳原子，从而抑制了奥氏体晶界上 $Fe_{23}(C,B)_6$ 的形成[14,15]。Nb-B、Ti-B 钢中，由于 Nb、Ti 抑制轧制时奥氏体再结晶并产生变形带，可使硼原子偏聚于变形带，相当于促进

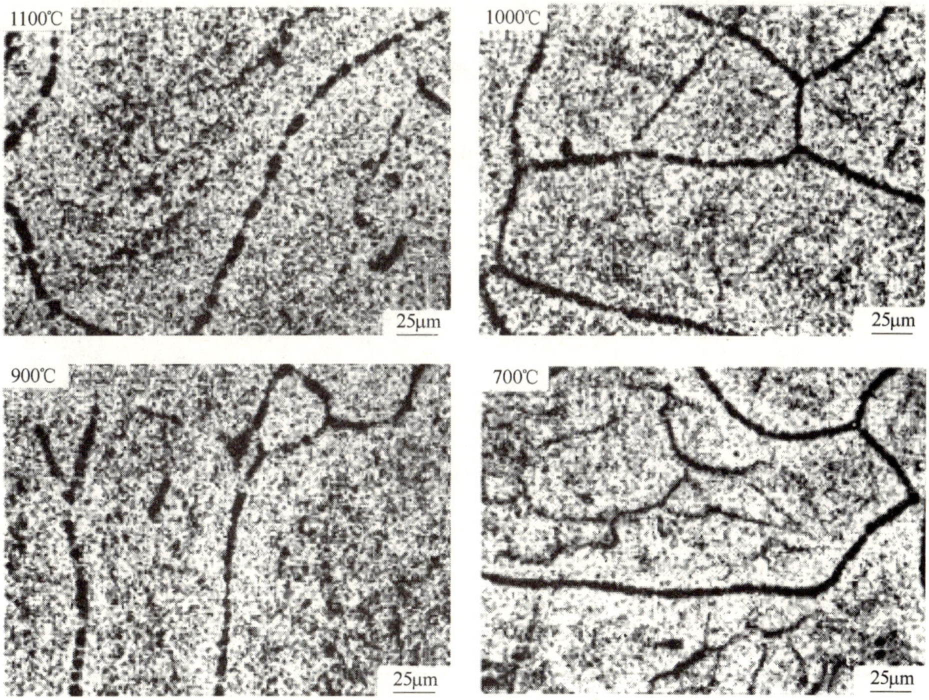


图 6-4　B 0.003%，Fe-Ni 40% 合金从 1150℃冷却至不同温度下，等温再冷却后硼的偏聚情况

硼的偏聚[15]。

D　硼的晶界偏聚与 BN 晶界析出[11]

硼的偏聚对其自身在奥氏体中的析出行为产生重要的影响。由固溶度积公式可以知道，在温度条件一定的情况下，增加硼或氮的含量都可以提高析出驱动力。与不存在晶界偏聚处相比，硼晶界偏聚的地点将更加迅速地发生 BN 析出，甚至特殊情况下在平衡条件下不发生析出的温度也能出现沉淀析出。当晶界处偏聚的硼析出消耗之后，晶界处的析出将停止，只有随着温度的进一步降低达到沉淀析出的过饱和要求后，才能继续进行。由于晶界等缺陷处硼的偏聚以及硼沿晶界扩散速度快，BN 晶界析出物的尺寸比晶内析出大得多。该类析出物由于尺寸粗大，不会产生明显的沉淀强化作用而往往会对韧性和塑性造成一定的损害，如何细化该类析出物至一定尺寸既能保证不明显损害塑韧性，又能发挥粗化作用是今后需要关注的问题。同时，BN 的析出将迅速降低硼的晶界偏聚程度，与偏聚相关的作用也将减弱，因此根据实际情况控制硼的析出和偏聚行为是合理利用硼微合金化技术的关键所在。

### 6.2.3　硼在钢中的固溶规律

硼是钢中强氮化物形成元素，钢中硼元素主要以 BN 的形式存在。不同研究工作得到的固溶度积之间有明显的差别，但是溶度积公式仍然可以为分析微合金元素的析出行为及其对钢的组织与性能提供很有用的参考。下面列举了 BN 在奥氏体中的溶度积公式[16,17]：

$$\lg([\%B][\%N]) = -\frac{13970}{T} + 5.24 \quad (6\text{-}1)$$

$$\lg([\%B][\%N])_{\gamma} = -\frac{14694}{T} + 4.160 \quad (6\text{-}2)$$

$$\lg([\%B][\%N]) = -\frac{9868.4}{T} + 4.45 \quad (6\text{-}3)$$

析出物 BN 中硼和氮的化学配比（如表 6-2 所示），据此可以定量地计算出硼固溶于钢中和存在于 BN 中的量，进而判断不同温度条件下硼的作用机制。

**表 6-2　微合金元素与碳、氮元素的理想化学配比**

| 微合金元素 | Ti | Al | B |
|---|---|---|---|
| 相对于 N | 3.42 | 1.93 | 0.77 |

雍岐龙[11]给出了 AlN、BN 与各种微合金氮化物在奥氏体中的固溶度积公式的比较，由于所比较的第二相均为 MN 形式的氮化物，故钢中氮含量对比较结果没有影响，但对相应的金属元素铝、钛、铌、钒及硼在钢中的含量会有一定影响，如图 6-5 所示。当这些金属元素或硼元素的含量相同时，沉淀析出的次序是 BN、TiN、NbN、AlN、VN（目前关于 AlN 和 NbN 的析出次序问题尚无定论）。然而，当这些金属元素或硼元素的含量差别很大时，情况将有所变化。如钢中硼的常用含量一般比钛的常用含量低一个数量级以上，而固溶度积公式表示的是两

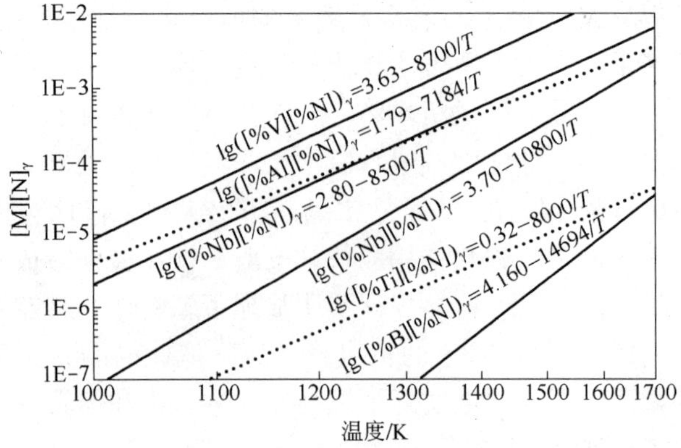


图 6-5　各种氮化物在奥氏体中的固溶度积公式的比较

个元素的固溶量的乘积。因此，若考虑到钢材化学成分的影响，在约 1400K 温度以上，TiN 将先于 BN 沉淀析出。

### 6.2.4 硼微合金钢的淬透性

6.2.4.1 硼微合金钢的淬透性及其影响因素[18]

表面活动原子偏聚到特殊区域，稳定已存在的晶界结构，或改变晶界结构，降低其作为铁素体形核位置的有效性，造成淬透性明显增加。这类元素是指碳、硼和磷等。淬透性随着奥氏体化温度的升高而升高，这是由于升高奥氏体化温度使奥氏体晶粒尺寸增大，减少了铁素体形核的有效晶界位置。

稳定奥氏体的溶质，会降低 $A_3$ 温度，降低 $\Delta G_{\gamma\text{-}\alpha}$，因此具有抑制铁素体形成的趋势，增加淬透性。另外，固溶体中吸引碳原子的溶质能够偏聚在碳的富积区域，提供类似溶质拖曳的作用，阻止 α 相长大，也可以增加淬透性。如果铁素体长大速率仅由碳原子的扩散控制，后者尤为重要。

6.2.4.2 化学元素对硼钢淬透性的影响

A 硼元素

宫原征行等人通过实验，测定了钢中各元素对 $A_{r3}$ 点影响结果[19]：

$$A_{r3} = 910 - 730[\mathrm{C}] - 73[\mathrm{Mn}] - 16000[\mathrm{B}] \quad (6\text{-}4)$$

式中，[M] 为各元素的质量分数。可见，硼对 $A_{r3}$ 的影响要比碳和锰大得多，极微量的硼即可大大降低 $A_{r3}$ 温度，这主要是由于硼在奥氏体晶界的偏聚抑制了铁素体的形核所引起的。

提到钢中的硼含量，需要考虑“有效硼”的概念，所谓“有效硼”就是除去结合成氧化物或氮化物以外的溶解在奥氏体中的（或化学上自由的）硼。有人通过实验研究，总结出以下的经验公式[20]：

$$\beta = \mathrm{B} - [(\mathrm{N} - 0.002) - \mathrm{Ti}/5 - \mathrm{Zr}/15] \quad (6\text{-}5)$$

式中，$\beta$ 为有效硼,%；B 为总硼,%；0.002 为与脱氧剂铝、硅、钒结合的氮量百分数。该公式表明“有效硼”为 0.001% 时，硼的淬透性作用最大，其硼硬化因子（指加硼以后与未加硼钢理想临界直径的比值）$FB = 2.8$，这与一般常遇到的硼硬化因子 1.5 ~2.0 大得多。“有效硼”含量由 0.001% 增至 0.006% 时，硼硬化因子逐渐降至 1.75。

也有人认为，钢中加入微量硼（0.001% ~0.003%）能大大提高钢的淬透性[21]。由图 6-6 可知，硼含量在 0.0025% 时效果最大，且硼含量超过 0.0035% 钢中将出现硼相，使脆性增加。

一般认为，硼钢的淬透性不完全随着硼含量的增加而升高，大量研究表明，产生最大淬透性的硼含量差别相当大，依赖于钢的基础成分及其他因素。硼含量增加到一定程度反而会导致淬透性降低。硼含量在 0.0025% 以上淬透性会降低，这是由于在奥氏体晶界上形成了含硼析出物。薄膜试样的选区衍射表明这些析出物主要是 $Fe_{23}(C,B)_6$[22]。

B 氮元素

硼钢中增加氮含量会提高 BN 析出的数量，减少奥氏体中固溶硼的含量，从而降低钢的淬透性[23]。与铝相比，硼是氮化物形成的更有效元素，夺取 AlN 中的氮形成 BN[24]。如果钢中的铝含量高，AlN 在 BN 的表面生长，BN 中的硼回到固溶状态，并且偏聚到晶界上[25]。硼对连续退火铝镇静钢的力学性能发挥有利作用，由于 AlN 被 BN 取代，提高了晶粒长大能力。在热轧带钢中，增加铝含量加速了 AlN 沉淀，硼保留在固溶状态或者偏聚在晶界上。相反，限制铝含量导致 BN 的优先沉淀[26]。

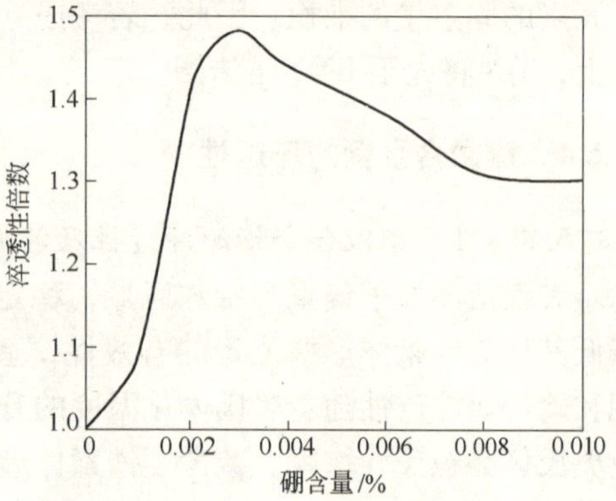


图 6-6 硼含量对钢淬透性的影响

C 碳元素

有研究表明，硼硬化因子 *FB* 随钢中碳含量的增加而直线递减。在选用 98 种不同碳含量的含硼钢与无硼钢（包括碳素钢与合金钢）后，求出硼硬化因子，得出结论：当钢中碳含量超过 0.9% 时，硼失去增加淬透性的能力。硼的硬化因子与碳含量的关系为：

$$FB = 1 + 1.5(0.9 - C\%) \tag{6-6}$$

进一步研究硼硬化因子，考虑消除由于无硼钢与含硼钢在化学成分及奥氏体晶粒上存在差异而造成对淬透性的影响，用化学成分计算钢的理想临界直径的方法，计算出各钢的理想临界尺寸。将无硼钢与含硼钢在相同碳含量下计算出的理想临界尺寸相比而得出校正系数。将所得到的硼硬化因子随碳含量的增加而降低的直线取平均值，可由直线 $FB = 1 + 1.88(0.97 - C\%)$ 表示。这个平均值的硼硬化因子较 $FB = 1 + 1.5(0.9 - C\%)$ 略高。它表明，即使碳含量超过 0.9% 时，硼仍有提高淬透性的效能，但因直线的斜率较大，随着钢中碳含量的增加，硼提高淬透性的效能迅速地降低。另有文献也得到近似的结论，如图 6-7 所示[27]。

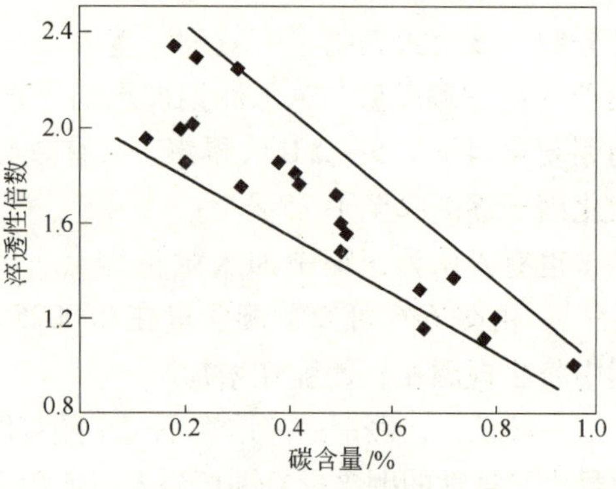


图 6-7 碳含量对钢淬透性的影响

可以看出，硼的有利作用随钢中含碳量的增加而减弱。

6.2.4.3 *硼增加钢淬透性的机理*

一般认为亚共析钢的淬透性主要由铁素体形成的动力学决定。因此，淬透性理论必须考虑阻碍铁素体形核和长大的化学和结构因素。

大量实验研究证明硼对铁素体相变温度有明显影响。利用Gleeble热模拟试验机对含酸溶硼0～0.030%的低碳钢进行模拟试验，试样加热至1000℃保温5min，以0.5℃/s冷速冷却到500℃。结果表明，酸溶硼（固溶硼）在奥氏体晶界的偏聚可以降低晶界能量，提高奥氏体的稳定性，进而延迟相变开始温度（如图6-8所示[28]），抑制铁素体形核数量的增加，并且有研究结果表明固溶硼不影响铁素体的长大[29]，因此在相变过程中晶粒长大速度一定的情况下，形核率越低，最终晶粒尺寸越大。

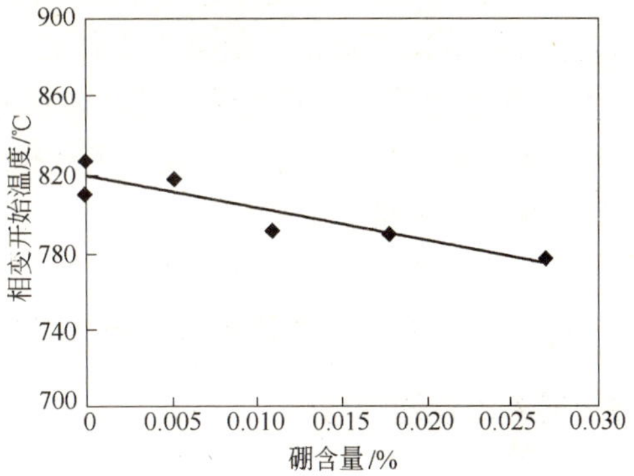


图6-8 低碳钢酸溶硼对铁素体相变开始温度的影响
（C 0.03%～0.07%，Si 0.02%，Mn 0.35%～0.41%）

微量硼加入钢中，就会显著抑制奥氏体向铁素体的转变，其机理仍未有统一的观点，目前至少有以下几种解释：

（1）奥氏体晶界能降低机理。非切变形产物都是从晶界形核长大的。硼原子扩散到奥氏体晶界，降低了奥氏体晶界能，因而减少了铁素体生核的有利位置。

（2）扩散能力降低机理。有证据表明硼会降低铁原子在奥氏体晶界的自扩散能力，由于铁素体的生核速度是与铁原子的跃迁率成正比，因此硼推迟了无碳合金中铁素体的生核。

（3）生核位置减少机理。如果晶界上的低原子密度区是有利于铁素体生核的位置，则这些区域完全可能被足够数量的硼原子所饱和，或者由于析出硼碳化物使其有利于形核的条件破坏，从而减少了铁素体的生核位置。

（4）铁素体在硼碳化物上生核的机理。一些研究者发现，铁素体形成的先导是$Fe_{23}(B,C)_6$的析出。硼的存在肯定增加了铁素体形成的弛豫时间，并实际上降低了铁素体开始出现后的形核速率。由于铁素体主要在奥氏体晶界形核，需要对晶界上硼碳化物$M_{23}(C,B)_6$特别注意。在冷却过程中形成的这些析出物，在晶界的一侧和原奥氏体晶粒有平行的立方∥立方的取向关系，因此析出物和奥氏体晶粒的界面充分降低晶界能量，晶界这一侧铁素体的形核将被抑制。析出物的另一界面同临近的奥氏体晶粒完全不共格，晶界能没有降低。因此，如果沉淀足够小，不能提供额外大面积的非共格晶界，净结果是抑制铁素体的形核速率。硼原子偏聚在奥氏体晶界上也有类似的作用。

含硼钢淬透性的影响因素可归结为：（1）由于奥氏体化温度升高或硼含量增加，奥氏体晶粒长大，导致淬透性增加；（2）高温奥氏体化降低晶界硼浓度，降低了淬透性；（3）高硼钢在低温奥氏体化存在未溶的 $Fe_{23}(B,C)_6$，降低了淬透性；（4）BN 析出降低了有效硼含量，降低淬透性。

奥氏体化温度升高，晶粒粗化，可根据 AlN 和 BN 的相互作用来解释。增加硼含量，奥氏体晶粒也会粗化[30]。

贝氏体相变和硼分布的关系是：（1）硼偏聚在奥氏体晶界上阻止贝氏体相变；（2）当硼在奥氏体晶界上形成析出物，它抑制贝氏体相变的作用降低。

### 6.2.5　硼对钢性能的影响

#### 6.2.5.1　降低冷轧和正火 IF 钢的 *r* 值

传统流程生产的加钛 IF 钢中（热变形量大和高卷取温度），硼的加入将增大热轧钢带的铁素体的晶粒尺寸[31]。由于钢中加入了钛或铌，几乎所有的碳氮原子都被固定。在 IF 钢中，晶界上缺少碳和氮溶质原子，导致晶界结合力显著降低，因此深冲钢在低温经受高速冲击变形经常会引起晶间脆断，这种现象被称作“二次冷加工脆化”。当二次冷加工脆化发生在如室温的较高温度，晶间断裂比解理断裂普遍得多。硼可以减少晶间断裂发生，加入少量硼可以改善 SCWE。溶质硼原子对二次冷加工脆化的改善归因于晶界位置竞争效果（抑制了磷向晶界的偏聚）和硼自身的晶界强化，主要机制是硼的晶界强化[32]。

少量硼还可影响 IF 钢的其他性能，如提高再结晶温度，降低 Lankford 值（*r* 值），加入硼后也会显著降低二次加工脆化的韧脆转变温度。

#### 6.2.5.2　改善塑韧性

为达到最大淬透性和最佳韧性，硼含量范围应控制在 0.0015% ~0.0025%。碳含量为 0.10% 的碳钢中加入 0.0015% ~0.0025% 硼提高强度的同时改善韧性，较高硼含量仍能提高强度，但降低韧性[33]。日本大同特殊钢公司曾研究过 C 0.2%-Si 0.2%-Mn 0.8%-P 0.015%-S 0.003%-Cr 1.1%-Al 0.025% 钢中存在 0 ~0.0014% 固溶硼时冲击性能的变化，结果表明存在 0.0005% 固溶硼可以使夏比冲击功提高 20J，进一步提高固溶硼的含量冲击功将达到饱和，同时断口脆性转变温度可以降低 50℃左右，这明显地改善低温韧性[34]。

但是当钢中硼含量过高或者控制不当，硼容易形成大颗粒的 BN 析出物，不仅降低固溶硼的作用，甚至恶化塑性和韧性。文献对 C 0.05% ~0.085%，Si

0.03%，Mn 0.24% ~0.38%钢在不同硼含量情况下的高温塑性变化规律做了系统研究[35]。利用 Gleeble-1500 热模拟机进行高温拉伸试验，测试在氩气保护下进行。首先在1350℃保温 5min，冷却至不同温度拉伸变形至断裂，断后立即淬水用扫描电镜观察断口形貌。研究结果表明，在高温区（1000 ~ 1100℃），添加少量的硼可以改善高温塑性，而硼含量高时将明显恶化高温塑性；过高的硼含量也降低高温抗拉强度，在1200℃时抗拉强度不足30MPa；高硼钢随着温度从700℃升高到1100℃，断口的形貌依次表现为沿晶韧性、沿晶脆性、沿晶解理断口，如图6-9 ~图6-11 所示。

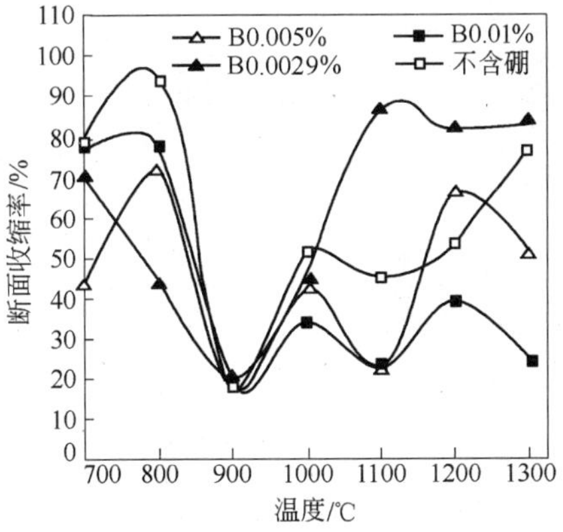


图6-9 B 0 ~0.01%微合金钢断面收缩率与温度的关系

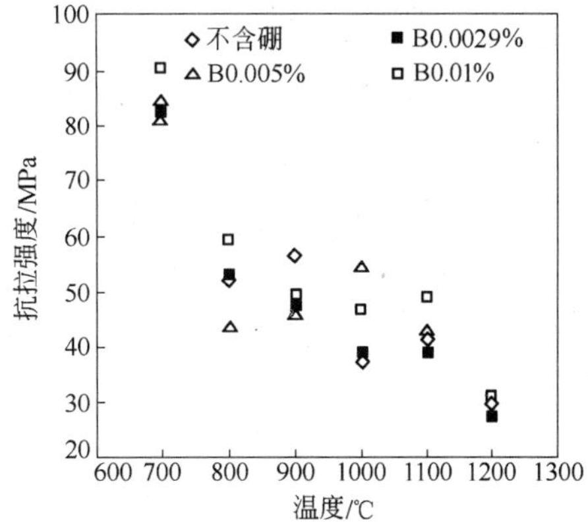


图6-10 B 0 ~0.01%微合金钢抗拉强度与温度的关系

高硼钢影响高温塑性的机理目前尚不清楚，可能的解释是过高的硼在高温阶段易在奥氏体晶界上形成网状分布的析出相，这种析出相可能为 $Fe_{23}(B,C)_6$ 或者 BN，因为尺寸粗大且脆性高不易变形，在断裂过程初期会起到脆化的作用。

## 6.3 薄板坯连铸连轧硼微合金化技术的研究与开发

随着薄板坯连铸连轧技术的广泛应用，薄板坯连铸连轧流程生产的热轧板卷能否适于冷轧工序需求的问题摆在人们的面前。实践表明，同传统流程相比，采用薄板坯连铸连轧流程生产同类产品组织明显细化、强度大为提高[36]。为了保证冲压性能，冷轧原料要求具有较低的强度，晶粒度一般要求在 6、7、8 级之间，显然采用薄板坯连铸连轧流程生产冷轧原料存在一定困难。结合薄板坯连铸连轧流程的特点，采用硼微合金化技术可以生产出冷轧原料用 SPHC、SPHD 和 SPHE，产品组织显著粗化，强度明显降低。

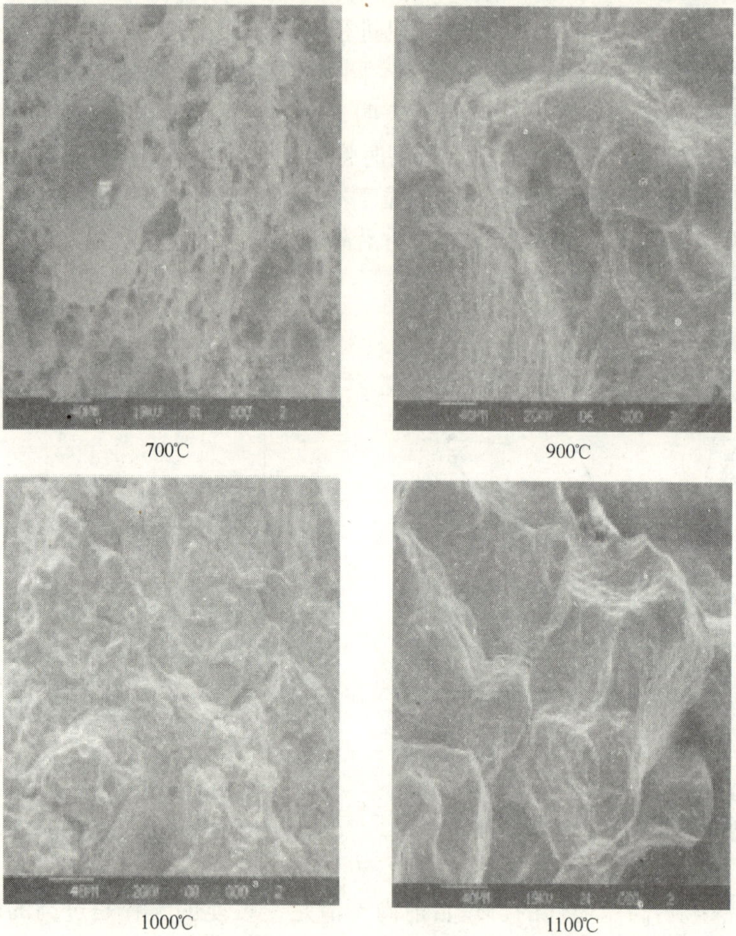

700℃　　900℃

1000℃　　1100℃

图 6-11　B 0.01% 微合金钢不同温度下拉伸断面形貌

### 6.3.1　硼微合金钢中影响 γ→α 相变的因素

低碳含量和锰、镍、铬、钼、硼等合金元素由于提高淬透性有效抑制铁素体和珠光体形成，尤其是少量硼由于偏聚在晶界，稳定已存在的晶界结构，能显著降低相变温度而扩展贝氏体和马氏体形成的冷却速度范围。最小含量 0.0007% 的硼就足以提高淬透性。碳钢中固溶 0.002% ~0.003% 的硼，其对淬透性的影响相当于 Cr 0.7%，Mo 0.5% 或 Ni 1.0%[37]，但硼比这些传统合金元素便宜得多。在热轧带钢生产中，钢中硼含量和热轧工艺参数对 γ→α 相变有着明显的影响，文献针对含硼的 IF 钢做了深入、完善的工作[38]。

6.3.1.1　IF 钢中影响 γ→α 相变的因素

含硼的 IF 钢在 1150℃ 固溶处理后，以 0.1 ~500K/s 的速度冷却，维氏硬度随着冷却速度提高而增加；冷却速度相同条件下，硬度随着硼含量的增加而增加。随冷却速度增加，铁素体的形貌发生很大变化：由粗大等轴铁素体转变为较细的等轴铁素体、由不规则形状铁素体转变为包含亚结构的“尖角”铁素体。随着冷却速度和硼含量增加，“尖角”铁素体的体积分数增加，和维氏硬度增加的规律一致。图 6-12 中，$\alpha_p$ 为多边形的铁素体；$\alpha_q$ 为形状不规则的伪多边形铁素体；$\alpha_B$ 为具有贝氏体特征的铁素体。由图可见，当钢中硼含量增加时，具有贝氏体特征的铁素体更容易出现。

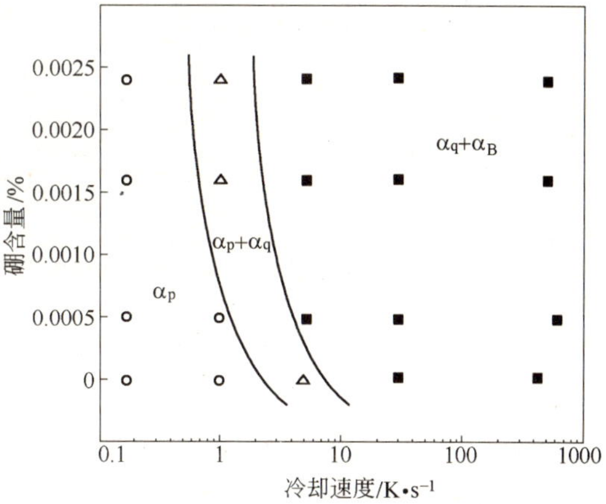


图 6-12　IF 钢 1150℃奥氏体化后以不同速度冷却后的铁素体形式

同样的钢种，在 1150℃固溶处理后冷却到 950℃和 1050℃变形 65%，然后以 30K/s 冷却。流变应力随着变形温度降低和变形速率增加而增加，多数情况下，添加硼对 IF 钢奥氏体的流变应力影响不大。尽管未变形试样以 30K/s 冷却出现大量具有贝氏体特征的铁素体，而热变形后具有贝氏体特征的铁素体数量减少，尤其是在不加硼钢中，光学显微镜下观察不到贝氏体的形貌特征。这说明试样经热变形后其淬透性降低。

具有贝氏体特征的铁素体具有高位错密度的片状形貌，普通 IF 钢从奥氏体区快速冷却就可得到。热变形和硼的添加都显著影响 IF 钢中的 $\gamma\rightarrow\alpha$ 相变和铁素体的形貌。硼的添加抑制了 $\alpha_p$ 和 $\alpha_q$ 的形成，同在其他钢中的情况一样，增加了 IF 钢的淬透性。而另一方面，奥氏体的热变形加速了 $\alpha_p$ 和 $\alpha_q$ 的形成，减少了具有贝氏体特征的铁素体的形成。奥氏体的塑性变形增强了 $\gamma\rightarrow\alpha$ 相变，可能的原因有两个：一是动态或静态再结晶造成晶粒细化，二是奥氏体晶粒内部形成变形组织例如变形带，两种机制都是由于增加了铁素体的形核位置。从再结晶观点考虑，含硼钢由于硼的溶质拖曳作用抑制了奥氏体的静态再结晶，这也是淬透性提高的原因之一。图 6-13 给出了热变形和添加硼对 IF 钢 $\gamma\rightarrow\alpha$ 相变和铁素体形貌的影响。

在快速冷却条件下，随着钢中含硼量增加，$\alpha_p$ 和 $\alpha_q$ 的晶粒尺寸轻微减小，而缓慢冷却情况正好相反。快速冷却条件下，硼对晶粒尺寸的影响可以用降低相变温度来解释，降低相变温度增加了 $\gamma\rightarrow\alpha$ 的相变驱动力，导致铁素体晶粒细化；另外，抑制奥氏体热变形后的静态再结晶将通过增强晶间形核而使晶粒

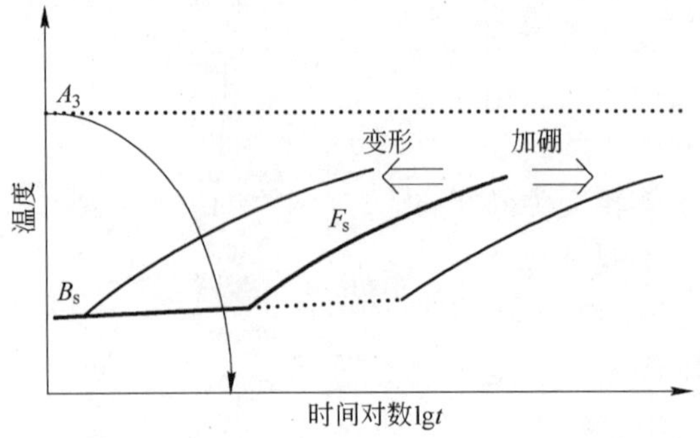


图 6-13　热变形和添加硼对 CCT 曲线的影响

细化。

在较慢冷速下，随着硼含量增加铁素体晶粒尺寸增加。加硼钢晶粒尺寸增加的原因是：硼偏聚在奥氏体晶界上抑制铁素体形核。含硼钢的组织特征是不均匀晶粒尺寸和不规则晶界形状，类似晶粒反常长大的特征。

### 6.3.1.2　薄板坯连铸连轧硼微合金钢中影响 γ→α 相变的因素

少量的硼可以显著提高钢的淬透性，但硼钢的淬透性不完全随着硼含量的增加而升高，因此利用硼的这一性质，需要严格控制钢中的硼含量，保证钢中溶解硼的含量。

当含硼低碳钢加热到 1150℃和 1225℃以上时，钢中没有发现 BN 析出物，说明此时硼完全固溶。含硼量低于 0.001% 的钢，当在 1065℃以上粗轧后，几乎没有或很少 BN 析出物被发现；而在超过 0.001% 硼的钢中，却可发现六角形的 BN 析出物和粗大 MnS 共生[39]。由于薄板坯进均热炉前的温度降低到 900℃左右，为 BN 的析出创造了条件，同时均热温度较低，均热时间短，已经析出的 BN 难以完全重新溶解，因此钢中固溶硼的含量降低。

轧制过程中，硼原子的溶质拖曳作用会在一定程度上抑制奥氏体的静态再结晶，但由于钢中硼的含量很低，不会对奥氏体的再结晶产生太大影响。

热连轧过程中，轧件从薄板坯的 50～90mm 被轧制成数毫米的带钢，总变形量较大，一方面通过奥氏体再结晶反复细化晶粒，另一方面奥氏体晶粒内部形成变形带，这些原因都促进了 γ→α 相变。如果采用较低的终轧温度，对 γ→α 相变的促进作用更为明显。该促进作用一定程度上抵消了硼对 γ→α 相变的阻碍作用。

在薄板坯连铸连轧流程生产硼微合金化钢的过程中，通常采用较高的终轧温度和卷取温度，在这种工艺条件下，难以得到贝氏体组织，微观组织仍以铁素体组织为主。如果在热轧后采用快速冷却和低温卷取有可能得到具有贝氏体特征的铁素体组织。

### 6.3.2 薄板坯连铸连轧 BN 的析出规律

6.3.2.1 薄板坯连铸连轧硼微合金钢中硼的存在形式

硼在钢中的固溶度很小，并且随着温度降低而急剧减小。当钢中固溶硼的量超过了此温度下的固溶度，过饱和的硼将在缓慢冷却过程中形成 Fe-B 或 Fe-C，B 的析出物，在奥氏体的晶界上易于形成硼的析出物 $Fe_{23}(C,B)_6$。

但实际上，薄板坯连铸连轧流程生产的低碳钢中，固溶硼很难达到过饱和状态。因为钢中的氮含量较高，一般认为在 0.007% 左右，元素硼要和氮结合成 BN，使钢中固溶硼的含量减少。根据有效硼的计算公式 $\beta = B - (N - 0.002)$，当钢中硼含量为 0.005% 时，钢中有效硼仍为 0。

由于在生产过程中，氮含量在一定范围内变化，硼含量也不完全固定，BN、偏聚硼和 $Fe_{23}(C,B)_6$ 的量也不是一成不变，因此对钢中硼含量的控制也就是对不同存在形式的硼的控制。

6.3.2.2 薄板坯连铸连轧硼微合金钢 BN 的析出热力学

根据 BN 在奥氏体中的固溶度积公式绘出了 BN 在奥氏体中的固溶度曲线，如图 6-14 所示。一般认为电炉钢中的氮含量约为 0.007%，钢中硼含量仅有 0.002% 时，BN 的热力学析出温度在 1100℃ 以上；而钢中的硼含量达到 0.008%，BN 的热力学析出温度在 1200℃ 左右。从微合金化钢中的硼含量考虑，钢中 BN 的热力学开始析出温度约为 1100～1200℃。薄板坯连铸连轧的均热温度为 1150℃ 左右，并且均热前铸坯的表面温度降低到 900℃ 左右，因此钢中的析出物 BN 绝大部分是在均热前的高温奥氏体区形成的。

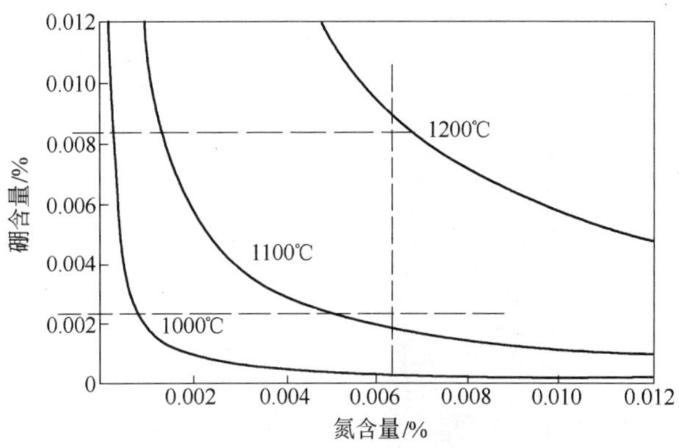


图 6-14 奥氏体中 BN 的热力学稳定性图

6.3.2.3 薄板坯连铸连轧硼微合金钢 BN 的析出动力学

由于薄板坯凝固后的冷却速度比传统厚板坯快十倍以上，根据传统的形核理论，形核率随过冷度增加而显著增大。因此同传统流程厚板坯相比，薄板坯中

BN 粒子的形核率更高。

新相的长大过程就是新相界面向母相迁移的过程，长大过程可能受界面过程控制或受扩散过程控制，也可能同时受两者控制。在只考虑扩散控制的情况下，球形析出粒子的长大遵循下面的关系[40]：

$$d = \alpha \sqrt{Dt} \tag{6-7}$$

式中，$d$ 为时间 $t$ 后粒子的直径；$D$ 为体扩散系数；$\alpha$ 为过饱和度的函数。

硼在 γ-Fe 中可以形成间隙和置换两种形式的固溶体，间隙固溶体中溶质原子的扩散激活能一般都比置换固溶体的溶质原子小，扩散速度比置换型溶质原子快得多。在奥氏体中硼原子的扩散速度很快，接近于奥氏体中氮原子的扩散速度[41]，大约比铝原子快 200 倍，因此形核后 BN 迅速地长大。

在薄板坯连铸连轧的均热过程中，小质点溶解而大质点长大，过剩的表面自由能得以释放，因此 BN 析出粒子的平均半径随时间的延长而不断长大，这个过程被称为奥斯瓦尔德熟化。在扩散是控制性因素的条件下，BN 析出粒子平均半径随时间的变化关系如式 1-2。式中，$R = 8.306\text{J}/(\text{mol} \cdot \text{K})$；$T = 1373\text{K}$。由于奥氏体中硼原子的扩散速度很快，$D$ 数值较大，因此 BN 析出粒子在均热过程中的粗化程度很大。

综上所述：绝大部分 BN 粒子在均热前已经析出，并且长大速度很快，均热过程中明显粗化。

#### 6.3.2.4　薄板坯连铸连轧硼微合金钢中的 BN 析出粒子

仇圣桃等人在实验室模拟研究了低碳铝镇静钢种 SPHC，C 0.05%-Si 0.05%-Mn 0.20%-S 0.004%-P 0.016%-B 0.003%-$\text{Al}_\text{s}$ 0.04%，结果表明，向钢中加入 0.001% ~0.005% 微合金元素硼，能在钢中优先析出粗大 BN 颗粒及其复合析出物如图 6-15、图 6-16 所示，其尺寸为数百纳米，抑制了细小 AlN 的析出，减弱

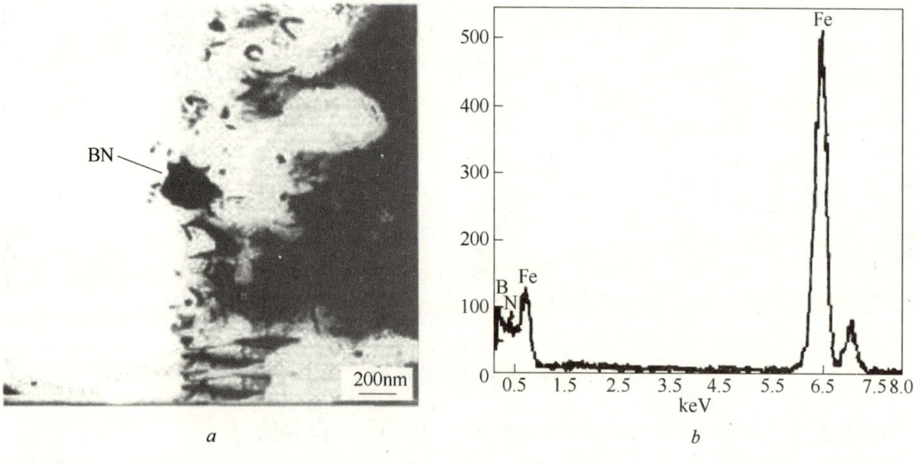


图 6-15　经 1150℃均热后，铸坯中粗大 BN 析出物粒子的 TEM 观察及其能谱图

*a*—BN 析出物粒子 TEM 观察；*b*—能谱图

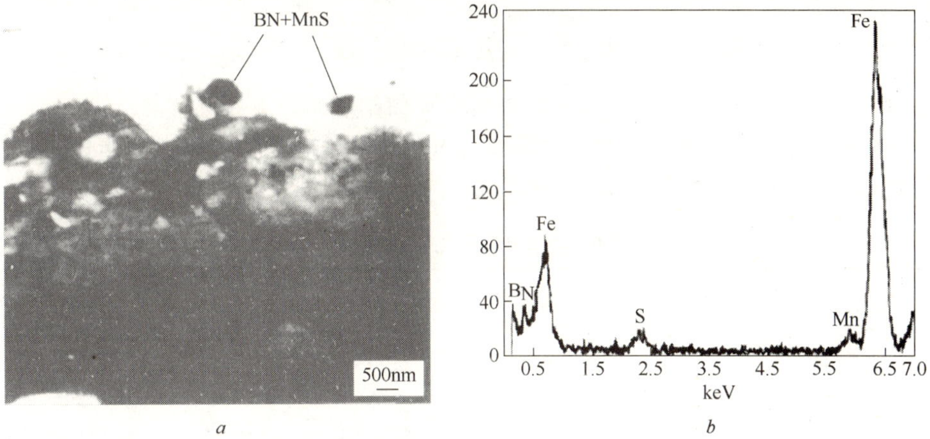


图 6-16 冷轧原料中粗大 BN + MnS 复合析出物粒子的 TEM 观察

*a*—BN + MnS 复合析出物粒子 TEM 观察；*b*—能谱图

了其细化奥氏体晶粒的作用，降低热轧钢带屈服强度[7]。

另外，在 TEM 下观察不加硼的 SPHC 钢，可以看到大量 50nm 以下的纳米级 MnS 析出物粒子，如图 6-17 所示，而在加硼的 SPHC 钢中，虽也有纳米级 MnS 的析出，但数量相对较少，一部分 MnS 与 BN 复合析出形成粗大颗粒，如图 6-16 所示。BN 粒子间接粗化了 MnS 析出物粒子，根据 Gladman 提出的第二相粒子钉扎晶界时解钉的判据，由于 MnS 与 BN 复合析出形成粗大颗粒，可以减弱细小

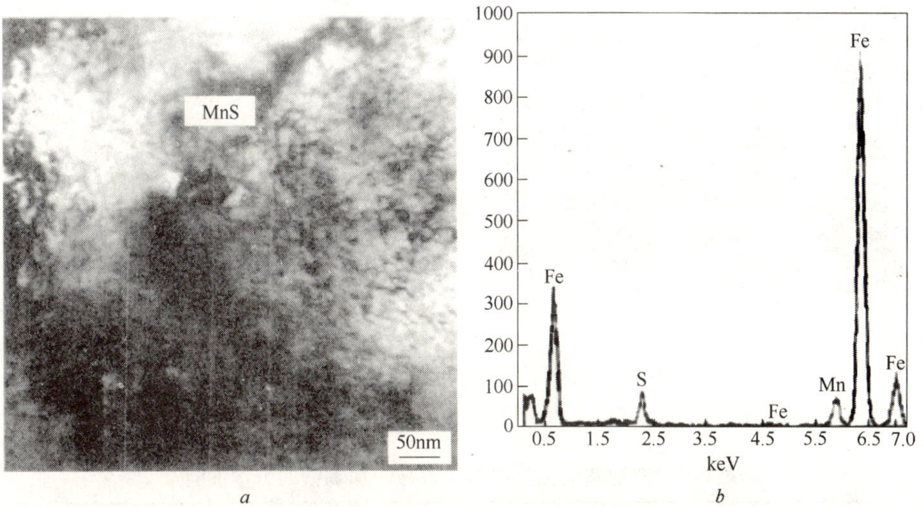


图 6-17 不加硼钢中纳米级 MnS 析出物粒子的 TEM 形貌

*a*—纳米级 MnS 析出物粒子 TEM 观察；*b*—能谱图

MnS 对奥氏体晶粒长大以及相变后铁素体晶粒长大的抑制作用。

### 6.3.3　薄板坯连铸连轧硼微合金钢的组织粗化机理

#### 6.3.3.1　薄板坯连铸连轧不加硼钢和加硼钢组织的差异

王小燕等分别在实验室模拟了薄板坯连铸连轧流程和工业上试验生产了典型低碳铝镇静钢种 SPHC，具体成分如表 6-3 所示[42]。

**表 6-3　SPHC 钢化学成分（%）**

| 成　分 | C | Si | Mn | P | S | $Al_s$ | B |
|---|---|---|---|---|---|---|---|
| 实验室模拟 | ≤0.07 | ≤0.05 | 0.15～0.30 | ≤0.02 | ≤0.01 | 0.02～0.05 | 0.001～0.005 |
| 工业生产 | 0.038 | 0.032 | 0.19 | 0.009 | 0.0069 | 0.034 | 0.0025 |

实验室模拟生产的加硼钢与不加硼钢热轧带钢力学性能见表 6-4。工业生产的加硼钢与不加硼钢热轧带钢力学性能见表 6-5，加硼钢与不加硼钢相比，在线检测平均屈服强度和抗拉强度分别降低了 19MPa 和 21MPa；加硼钢 48h 后，屈服强度和抗拉强度分别比在线结果降低了 29MPa 和 9MPa，而未加硼钢经 19 天时效后，屈服强度和抗拉强度仅降低 13MPa 和 7MPa。图 6-18 给出了加硼热轧板卷时效前后的显微组织照片。

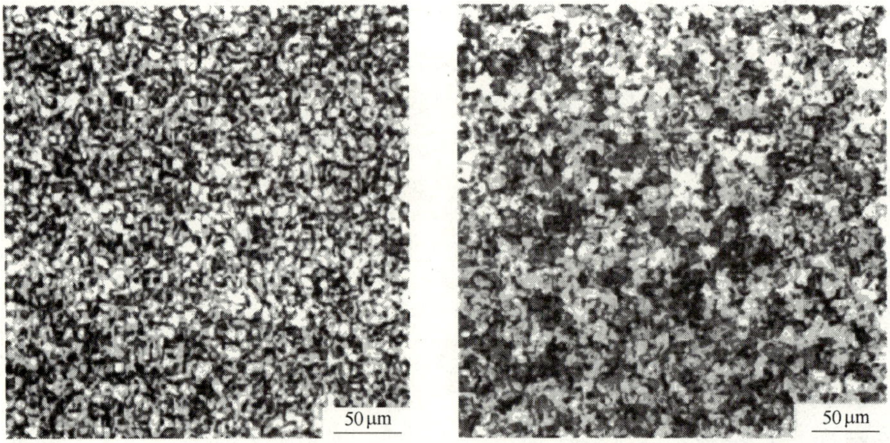


*a*　　*b*

图 6-18　加硼热轧带钢时效前后金相组织对比

*a*—时效前；*b*—时效后

**表 6-4　实验室模拟生产的加硼与未加硼钢的力学性能**

| 钢　种 | 板厚/mm | $\sigma_s$/MPa | $\sigma_b$/MPa | δ/% | 晶粒度 |
|---|---|---|---|---|---|
| 加硼钢 | 2.15 | 231 | 321 | 37.5 | 7～8 |
| 未加硼钢 | 2.15 | 325 | 425 | 35.8 | 9～10 |

**表 6-5 工业生产的加硼钢与未加硼钢的力学性能**

| 钢 种 | 取样状态 | $\sigma_s$/MPa | $\sigma_b$/MPa | δ/% |
|---|---|---|---|---|
| 加硼钢 | 热卷在线 | 284 | 351 | 38 |
| | 48h 时效 | 255 | 342 | 39 |
| 未加硼钢 | 热卷在线 | 303 | 372 | 37 |
| | 19 天时效 | 290 | 365 | |

经测定不加硼钢的晶粒度为 9 ~ 10 级，晶粒尺寸为 9 ~ 13μm，加硼钢的晶粒度达到 7 ~ 8 级，晶粒尺寸可达 22 ~ 35μm，如图 6-19 所示，加硼钢的晶粒明显粗化。因此，从强度角度考虑，薄板坯连铸连轧流程采用硼微合金化技术后能够生产出满足性能要求的冷轧原料。图 6-20 为工业化生产的 SPHC 钢金相组织照片，加硼钢晶粒度达到 7 ~ 8 级，晶粒尺寸达到 23.3μm，未加硼钢晶粒度在 9 ~ 10 级，晶粒尺寸只有 13.8μm，加硼钢晶粒明显粗化。

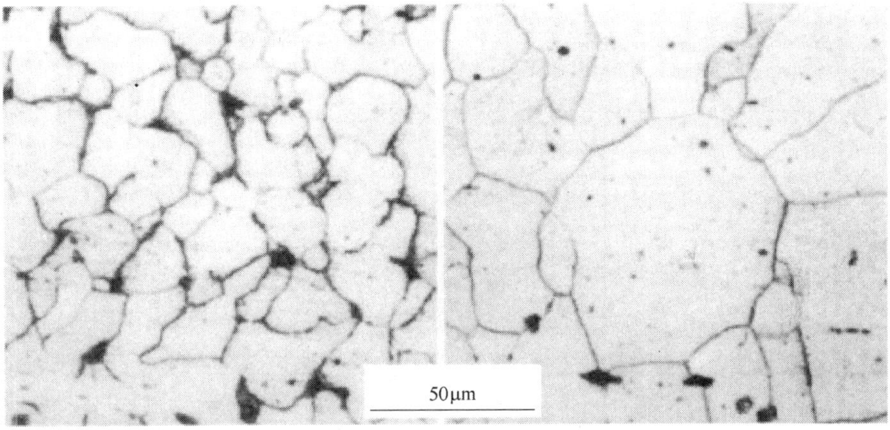


*a* *b*

图 6-19 实验室模拟生产的加硼钢与不加硼钢显微组织比较

*a*—不加硼钢；*b*—加硼钢

### 6.3.3.2 薄板坯连铸连轧 AlN 的析出及作用

铝是现代炼钢和生产中最常用的脱氧剂。铝作为脱氧元素加入钢中，部分与氧结合形成 $Al_2O_3$ 或含有 $Al_2O_3$ 的各种夹杂物，其余部分溶入固态铁中，.称为酸溶铝，以后随加热和冷却条件的不同，或者在固态下形成弥散的 AlN，或者继续保留在固态铁中。我国规定钢中酸溶铝的质量分数为 0.020% ~0.070%。

钢中铝的作用主要有：（1）镇静钢液，防止钢液凝固时产生气泡；（2）形成弥散的 AlN 粒子，固定钢中的氮，控制钢再加热时的奥氏体晶粒度；（3）提高晶粒粗化温度，降低钢的过热敏感性和淬透性，改善钢的焊接性能；（4）抑制

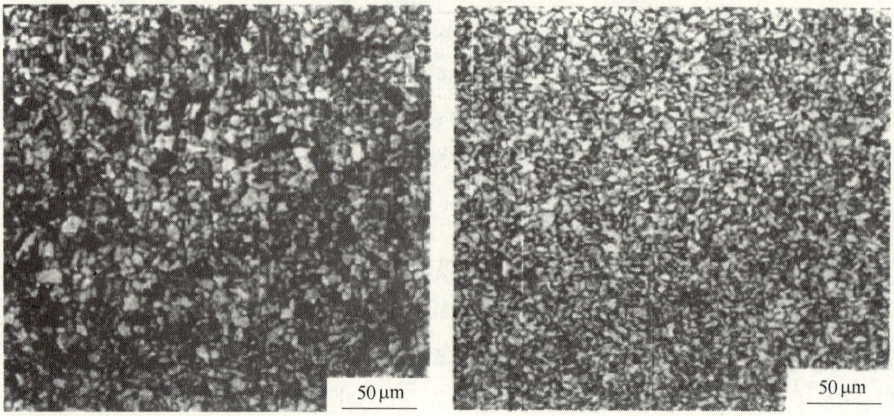


图 6-20　工业化生产的加硼与不加硼热轧带钢金相组织比较

*a*—加硼钢；*b*—不加硼钢

低碳钢的时效特性；（5）降低钢的缺口敏感性和韧脆转变温度等。

对于传统流程生产的铝镇静钢，钢中的铝在凝固过程中与氮结合生成非常细小的 AlN 粒子，当含 AlN 粒子的钢加热温度低于 900℃时，AlN 析出物会阻止晶粒长大，但当加热到 900 ~ 950℃时，部分 AlN 析出物溶解到晶粒点阵中，部分 AlN 长得更大，这种情况下只有很少数量的晶粒长大，它们通过吞噬周围细小晶粒而连续长大。这种情况下长大的粗化晶粒晶粒度常常达到 ASTM 2 ~ 4 级，被称作异常长大。由于传统流程的加热温度约为 1150℃，所有 AlN 析出物都已溶解，钢带在热连轧过程及随后的冷却过程中由于冷速过快，AlN 难以析出，而在卷取时大量析出。

为保证低碳铝镇静钢冷轧成品的冲压性能，在热轧时应采用“三高一低”制度，即高的加热温度、开轧温度和终轧温度及低的卷取温度，得到合适的热轧组织，并且阻止 AlN 在卷取时析出，使 AlN 在退火时先析出，促使晶粒择优取向，形成强的｛111｝结构。

与传统流程比较，薄板坯连铸连轧流程有着鲜明的工艺特点，影响到 AlN 的析出行为。薄板坯进入均热炉前的表面温度会降低到 900℃以下。研究发现，AlN 在 750 ~ 900℃温度范围内有最大的析出速度，AlN 在奥氏体中的固溶度积公式[43]为：

$$\lg[\%\mathrm{Al}][\%\mathrm{N}] = -\frac{6180}{T} + 0.725 \tag{6-8}$$

根据上式，分别计算出在 1100℃、1000℃和 900℃时 AlN 在奥氏体中的固溶度曲线，如图 6-21 所示。电炉钢的氮含量在 0.007% 左右，试验钢的铝含量为

0.02%～0.03%，因此仅从热力学考虑，AlN 在1000℃以上就可析出。有工作表明[44]，薄板坯连铸出坯后已有 AlN 析出，由于均热温度低、均热时间短，均热后仍有一定数量的 AlN 没有溶解，起到细化晶粒的作用。

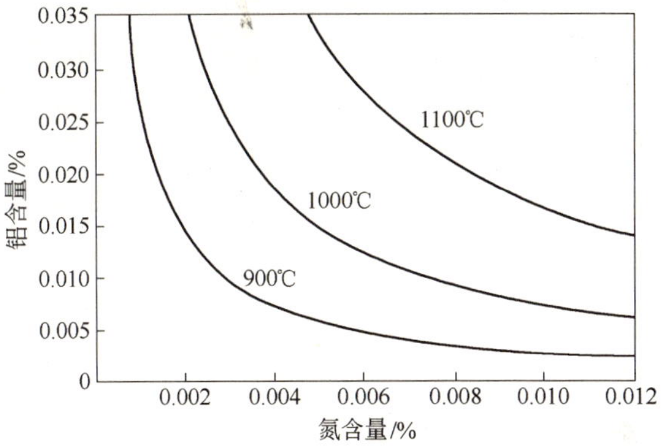


图 6-21 奥氏体中 AlN 的热力学稳定性图

在随后的热轧过程及层流冷却过程中，AlN 来不及析出，如果卷取温度较高，AlN 会在卷取过程中继续析出，使氮元素由间隙固溶状态转化为化合态，减小了氮的固溶强化作用，降低带钢的屈服强度。而如果卷取温度较低，就会抑制 AlN 的析出，使氮元素仍保持固溶状态。

因此，薄板坯连铸连轧生产的热轧钢带中分析到的 AlN 主要是在铸坯中形成的，这些析出物通过阻止再结晶后奥氏体晶粒长大起到细化奥氏体晶粒的作用。如果采用较高的卷取温度，部分 AlN 会在卷取过程中继续析出。SPHC 钢中 AlN 的析出主要集中在薄板坯连铸的冷却过程，热轧板高温卷取后的缓冷过程和冷轧板的退火过程；适当降低钢中 T［N］和［Al］$_s$ 含量，提高薄板坯入炉温度以及采用较低的卷取温度均有助于薄板坯连铸连轧流程 AlN 的析出控制，从而保证有足够量的 AlN 在退火回复期析出。

#### 6.3.3.3 硼微合金化低碳铝镇静钢中 BN 和 AlN 的竞争析出

低碳铝镇静钢中的铝含量在0.030%左右，对比图6-14 和图6-21 发现，硼微合金化低碳铝镇静钢中 AlN 和 BN 的开始析出温度范围接近，约为 1100℃左右，而 BN 略高。

对低碳铝镇静钢 C 0.05%-Si 0.05%-Mn 0.20%-Al 0.04%-B 0.003%-N 0.0050%，肖丽俊等[45]通过 Thermo-Calc 软件热力学计算，如图 6-22 所示，对 B 0.003% 的低碳铝镇静钢，BN 在 1280℃左右已开始析出，在 980℃时 BN 析出就已达到平衡，而 AlN 则刚开始析出。N. Takahashi 等人处理含 B 0.003% 低碳铝镇静钢时，得出铸坯在不同温度下 BN 和 AlN 析出量随时间的变化如图 6-23 所示。

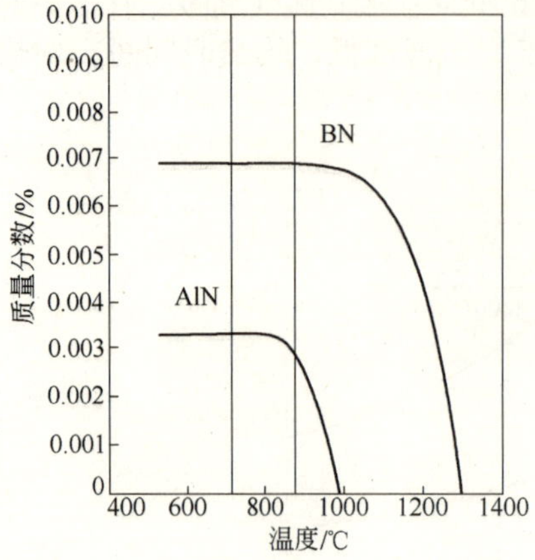


图 6-22　BN、AlN 析出的热力学计算（B 0.003%）

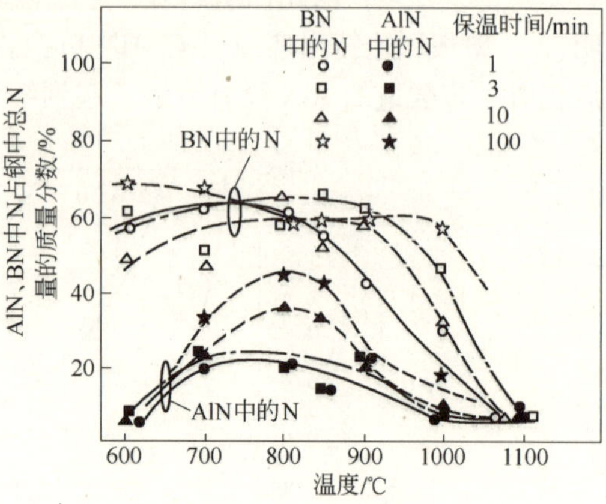


图 6-23　BN 和 AlN 在铝镇静钢中的析出（固溶处理，1280℃，20min）

当铸坯温度降到 1000℃，保温 1min 后，BN 的析出量可以达到其平衡析出量的 50%，而 AlN 在相同情况下析出量几乎为零，在保温 100min 后，AlN 的析出量也不能达到其平衡析出的 30%[46]。

刘清友等在薄板坯连铸连轧生产的含硼微合金化钢的铸坯中观察到粗大的 BN 颗粒，并且对加硼钢和不加硼钢的铸坯进行了化学相分析[44]。在钢中加入硼后，AlN 析出物的质量分数显著减少，而出现了相当数量的 BN 析出物，结果在表 6-6 中给出。这些 BN 颗粒尺寸较大，对晶粒细化没有作用。

**表 6-6　铸坯中析出物的质量分数（%）**

| 试　样 | BN | AlN |
|---|---|---|
| 加硼钢 | 0.0021 | 0.00029 |
| 不加硼钢 | | 0.003 |

#### 6.3.3.4　硼微合金化钢的组织粗化机理

A　钢中析出物的粗化

晶粒长大是借助晶界迁移来实现的。晶界迁移能否进行，又受两种作用力的相互制约：一种是由于系统自由能降低而使晶界移动的驱动力，一种是弥散第二相质点阻碍晶界迁移的阻力（钉扎力）。当晶界与第二相粒子相交时，晶界面积将减小，局部能量将降低；而当晶界离开第二相粒子进行迁移时则将使局部能量升高，由此导致第二相粒子对晶界的钉扎效应。Gladman 在 Zener 早期工作的基础上，得出了能够有效抵消奥氏体晶粒粗化驱动力的最大粒子尺寸如式 1-4。

图 1-2 给出了能够阻止不同尺寸的晶粒长大的第二相粒子的半径和体积分数。斜线以上的部分表示可以被第二相粒子钉扎的所有晶粒尺寸。硼微合金化低碳铝镇

静钢中的 BN 粒子尺寸为数百纳米，显然由于尺寸较大，失去对奥氏体晶界的钉扎作用，起不到细化奥氏体晶粒的作用。正是由于含硼钢中形成粗大的 BN 粒子，细小 AlN 析出物的数量减少，所以不能有效地钉扎晶界，导致奥氏体晶粒粗化。

文献［47］指出，AlN 质点是严格按化学比，即 1∶1 的铝、氮原子比析出的。AlN 形核析出后，基体中铝、氮的浓度均降低，控制 AlN 进一步长大的铝原子在基体中的低浓度限制了 AlN 质点的长大，使 AlN 质点尺寸得以维持细小状态。当钢中氮、铝原子数之比减小，基体中相对富铝，对 AlN 的形核长大有利，并可促进 AlN 质点进一步长大。因此钢中硼与铝原子争夺氮原子的结果，还会导致 AlN 粒子的粗化。

第二相析出物粒子无法有效钉扎奥氏体晶界，奥氏体再结晶后晶粒长大，相变后形成粗化的铁素体组织。这是薄板坯连铸连轧生产硼微合金化钢组织粗化的主要原因。

B 元素硼在晶界的偏聚

元素硼偏聚在奥氏体晶界上，稳定或改变奥氏体晶界结构，降低其作为铁素体形核的有效性，推迟 $\gamma\rightarrow\alpha$ 相变，提高钢的淬透性。从元素硼在晶界的偏聚考虑，晶粒粗化可能存在的两种机制：一是硼偏析到奥氏体晶界上抑制铁素体形核；二是抑制相变后铁素体的晶粒长大。硼原子偏聚在奥氏体晶界上降低了晶界间的界面能，增加了铁素体形成的弛豫时间，降低了铁素体的形核。

但薄板坯连铸连轧流程生产冷轧原料用钢以多边形铁素体组织为主，没有出现贝氏体的形貌特征，更没有出现马氏体，找不到硼提高淬透性的依据。

首先，由于钢中 BN 的析出减少了固溶硼的含量。由于元素硼偏聚在奥氏体晶界上，提高了钢的淬透性，但是钢中氮和硼结合形成 BN 粒子，使硼失去了提高淬透性的作用。根据前面有效硼的计算，如果电炉钢中氮含量为 0.007%，当钢中硼含量为 0.005% 时，钢中处于固溶状态的硼为 0。可见，采用薄板坯连铸连轧流程生产硼微合金化钢，主要不是利用硼提高淬透性的作用。

另外，薄板坯连铸连轧技术本身降低了钢的淬透性。实际生产和实验室研究不同，钢中元素含量存在较大波动，元素硼和氮的含量很难固定，而钢中固溶硼含量仅为 0.001% ~0.003%，就可达到最大的淬透性，还是有可能出现贝氏体甚至马氏体组织。但由于连轧过程中变形量较大，奥氏体的塑性变形增强了 $\gamma\rightarrow\alpha$ 相变；其次，采用了较高的卷取温度，热轧后的冷却速度较低，$\gamma\rightarrow\alpha$ 相变温度没有明显降低；另外，元素硼的溶质拖曳作用在一定程度上抑制了奥氏体再结晶，在奥氏体晶内形成变形带，也增强了 $\gamma\rightarrow\alpha$ 相变。这是由于这些原因，使带钢中以多边形铁素体组织为主，而不太可能出现贝氏体或马氏体的组织。

关于元素硼对于铁素体晶粒尺寸的影响，不同研究者的结论不尽相同，甚至得到完全相反的结论。例如：有学者认为含钛超低碳钢中硼的加入使热轧带钢中铁素体晶粒尺寸增大；而另有学者的工作表明热变形含铌的 IF 钢中加入硼引起成品组织细化。正是由于下面几个因素使实验结果难以一致：(1) 因为微量的硼能显著提高钢的淬透性，钢中硼含量的轻微变化会对实验结果产生明显的影响。(2) 硼在钢中的存在形式多样，包括酸溶硼和酸不溶硼 (BN)，酸溶硼又包括偏聚硼、$Fe_{23}(B,C)_6$ 及其他形式的析出物，不同存在形式的硼对钢的组织和性能有着不同的影响。(3) 轧制工艺参数的改变对 $\gamma \to \alpha$ 相变产生较大的影响，和元素硼的作用纠缠在一起，影响了对实验结果的分析。因此，元素硼和铁素体组织的关系受实验条件的影响很大，实验条件包括化学成分、变形量、变形温度和 $\gamma \to \alpha$ 相变前的冷却速度等，这也就是某些实验室工作的结果完全相反的原因。

但至少在薄板坯连铸连轧流程生产的硼微合金化低碳铝镇静钢中，总变形量大、卷取温度高（轧后冷却速度低），硼的添加将会增大热轧带钢的铁素体晶粒尺寸。可能这是薄板坯连铸连轧流程生产硼微合金化钢组织粗化的原因之一，但仍需要进行深入的工作。

C　碳氮化硼沉淀的作用

Fe-B 相图表明在铁素体中硼很少，910℃时最大值为 0.004% ~0.008%，随温度降低迅速降低，700℃不到 0.001%。因此，过饱和的硼在缓慢冷却过程中将形成铁—硼或铁—碳硼沉淀，细小沉淀也会钉扎晶界。然而如果析出物粗化，解钉的晶界在晶粒长大驱动力的作用下将迅速移动。这是晶粒反常长大的机制。

然而电炉钢中氮含量较高，$Fe_{23}(B,C)_6$ 很难出现，只有在钢中总硼含量很高，BN 粒子充分析出后，才有可能形成。因此，在薄板坯连铸连轧生产的硼微合金化钢中，$Fe_{23}(B,C)_6$ 对于成品组织的影响可以忽略。

奥氏体晶界上硼的析出物的出现减少了硼偏聚，因此硼的析出物形成促进了 $\gamma \to \alpha$ 相变。在低碳铌、钛钢中，形变诱导 NbC 和 TiC 沉淀夺取了 $Fe_{23}(C,B)_6$ 沉淀需要的碳原子。其示意图如图 6-24 所示。由于 $Fe_{23}(C,B)_6$ 的形成被抑制，硼

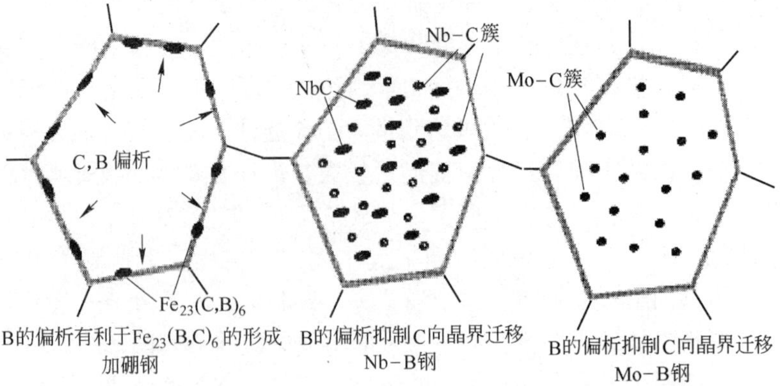


图 6-24　Nb-B 和 Mo-B 复合加入抑制 $Fe_{23}(B,C)_6$ 形成的示意图

沿奥氏体晶界偏聚增加，因此由于 Nb-B 和 Mo-B 混合添加，γ→α 相变被抑制，淬透性增加。贝氏体相变被促进，强度显著增加。

### 6.3.4 薄板坯连铸连轧硼微合金化钢软化机理

硼微合金化钢软化机理主要是：(1) 硼微合金化造成热轧带钢组织粗化，晶粒尺寸变化；(2) 粗大的 BN 的析出抑制了细小 AlN 的析出，降低了钢中第二相粒子的沉淀强化作用；(3) 微合金元素硼易与钢中自由氮结合形成 BN，有效降低钢中的自由氮含量[45]。

6.3.4.1 硼微合金化粗化晶粒尺寸

根据 Hall-Petch 关系及扩展屈服强度计算经验公式[48]推导出晶粒尺寸变化对屈服强度影响关系式如下：

$$\Delta YS = 18.0(d_1^{-1/2} - d_2^{-1/2}) \tag{6-9}$$

式中，$\Delta YS$ 为屈服强度变化，MPa；$d_1$ 为无硼热轧带钢的晶粒尺寸，mm；$d_2$ 为含硼热轧带钢的晶粒尺寸，mm。

根据已报道的实验结果，对薄板坯连铸连轧流程生产的低碳铝镇静钢进行硼微合金化后，热轧钢带晶粒尺寸由 10～15μm 左右粗化至 20～25μm 左右，根据式 6-9 计算得出，由晶粒粗化导致屈服强度的降低约为 13～64MPa，由此可见晶粒尺寸大小对屈服强度影响是显著的。

6.3.4.2 硼对钢中第二相粒子沉淀强化的影响

通过上一节的论述，向钢中加入一定量的硼，可以优先形成粗大 BN 颗粒从而抑制细小 AlN 的析出，因此，控制钢中 B/N 化学计量比，可以有效抑制钢中 AlN 的析出量，根据化学相分析结果表 6-7 所示，相分析结果表明由于粗大 BN 颗粒在高温奥氏体中的优先析出，铸坯经均热后 AlN 的析出量仅为 0.00022%，而在不加硼钢中，铸坯经均热后 AlN 的析出量达到 0.0037%[49]。无硼钢中 AlN 的析出量要比加硼钢多析出 0.00348%，通过计算，其在钢中的所占体积分数为 0.00872%，根据 Gladman 理论，采用 Ashby-Orowan 修正模型，模型以位错线在滑移面上两个相邻粒子之间弓出，析出物混乱分布为依据，对沉淀强化有：

$$\Delta\sigma_p = 8.995 \times 10^3 \frac{f_V^{1/2}}{r} \ln(2.417r) \tag{6-10}$$

式中，$r$ 为粒子半径，nm；$f_V$ 为析出物粒子的体积分数。

**表 6-7 加硼及不加硼钢均热后铸坯中 BN、AlN 沉淀质量分数**

| 试 样 | BN 中各元素在钢中质量分数/% | | | AlN 中各元素在钢中质量分数/% | | |
|---|---|---|---|---|---|---|
| | B | N | BN | Al | N | AlN |
| 加硼钢 | 0.0016 | 0.0021 | 0.0037 | 0.00014 | 0.00008 | 0.00022 |
| 不加硼钢 | | | | 0.0024 | 0.0013 | 0.0037 |

根据式 6-10 计算出沉淀强化对屈服强度的贡献与析出物粒子平均直径及体积分数的关系如图 6-25 所示[42]。当析出物粒子平均直径在 10 ~ 20nm 之间，在钢中所占体积分数为 0.010% 时，沉淀强化对屈服强度的贡献约为 17 ~ 29MPa。根据文献[50]，AlN 在薄板坯连铸连轧过程中的析出颗粒平均直径小于 8nm，根据式 6-10 计算，当 AlN 析出量增加 0.00872% 时，其对屈服强度的贡献大于 31MPa。由此可见，细小 AlN 对热轧钢带的沉淀强化是显著的。而在加硼钢中，由于粗大 BN 粒子（平均直径大于 200nm）的析出，由图 6-25 可以看出，其对屈服强度的贡献微乎其微。因此，向钢中加入微合金元素硼，可以减少 AlN 析出量从而降低其对带钢的沉淀强化。

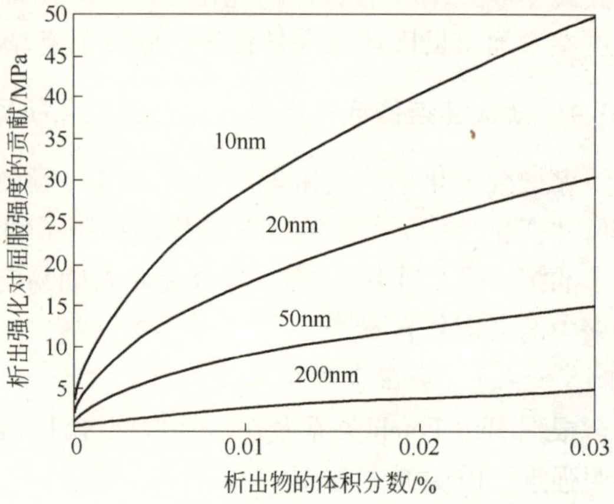


图 6-25 沉淀强化对屈服强度的贡献

6.3.4.3 硼微合金化对自由氮含量的影响

根据 Hall-Petch 关系及扩展屈服强度计算经验公式，自由氮对热轧板屈服强度的贡献非常大，0.002% 的自由氮可以使屈服强度提高约 10MPa，因此通过固定钢中的自由氮也可以降低热轧板的屈服强度。在钢中，硼与氮、铝和氮在 γ-Fe 中存在如下关系，如式 6-1、式 6-8 所示。

通过比较 [B] [N] 和 [Al] [N] 在钢中的固溶度积，在相同温度、相同氮含量下，硼在钢中的固溶度要远小于铝，并且硼在钢中的扩散速率与氮相当，是铝在钢中扩散速率的数十倍左右。由此可见，微合金元素硼比铝在钢中与自由氮具有更强的结合力，更容易与氮形成 BN 从基体中脱溶。因此，向钢中加入一定量的硼，可以有效地降低钢中自由氮的含量，从而降低热轧板的屈服强度。

### 6.3.5 薄板坯连铸连轧硼微合金化钢生产技术

6.3.5.1 成分设计

首先要降低钢中固溶强化元素碳、硅、锰的含量。在薄板坯连铸连轧流程条件下，冷轧原料的冶金成分采用低碳、低锰、低硅的设计思路，这样的成分设计不仅有利于降低屈服强度，而且能够提高伸长率、改善产品的成形性能。

统计表明，电炉钢中的氮含量一般在 0.007% 左右，钢中“有效硼”为

0.001%时的淬透性作用最大，因此由公式6-5计算，钢中的总硼含量以不大于0.006%为宜。

如果以另一种硼钢晶粒粗化的机制为出发点：硼夺取AlN中的氮形成BN，减弱了AlN细化晶粒作用。那么钢中加入的总硼含量应为：

$$B = \frac{11}{14}N \tag{6-11}$$

因为硼和氮的原子量分别为10.81和14.01。这样计算出钢中的总硼含量约为0.0055%。

尽管理论计算得到了钢中的总硼含量，但钢中还有少量的氮与铝结合形成AlN，并且由于钢中还存在一定量的自由氮，所以硼与氮的原子比不可能是1∶1的关系。通过对薄板坯连铸连轧流程生产的冷轧原料B/N比的统计结果，当B/N在0.3~0.8范围内，生产的热轧钢板屈服强度较低，屈强比较小，伸长率较大，冷冲压性能最好。正是出于这些考虑，通常采用薄板坯连铸连轧流程生产冷轧原料的化学成分如表6-8所示[51]。

**表6-8 冷轧原料的冶金成分控制范围参考值（%）**

| C | Si | Mn | S | P | B | Al | N | Cr + Ni + Cu |
|---|---|---|---|---|---|---|---|---|
| ≤0.06 | ≤0.05 | ≤0.30 | ≤0.01 | ≤0.025 | <0.01 | <0.05 | ≤0.006 | ≤0.25 |

采用电炉炼钢工艺和采用转炉炼钢工艺的化学成分设计有很大不同。一般认为，转炉钢中的氮含量比电炉钢中的氮含量低。因此，不同的薄板坯连铸连轧生产厂家在开发冷轧原料热轧薄板时，应根据自己的情况选择钢中适宜的硼含量。

#### 6.3.5.2 炼钢工艺

由于钢材晶粒细化，强度偏高，为保证钢板性能，通常要求降低钢中碳、硅、锰、磷、硫、氧、氮的含量。降低碳、硅、锰和氮含量有利于降低屈服强度、提高伸长率、改善成形性能；降低磷、硫、氧含量对于减少钢中夹杂物、改善冷轧板表面质量、提高力学性能和成形性能的均匀性和稳定性十分重要。国际先进水平的冷轧深冲汽车板均按洁净钢的要求进行生产。

对于冷轧薄板类制品，钢中非金属夹杂物的控制要求，目前大都认同日本钢铁企业提出的控制标准，详见表6-9[52]。可以看到，对于优质超深冲钢（IF钢），除要求［C］≤0.002%、［N］≤0.003%之外，冷轧钢板中非金属夹杂物尺寸还必须小于100μm。由于优质冷轧钢种均为铝脱氧钢，钢中非金属夹杂物绝大多数为$Al_2O_3$系或$Al_2O_3$含量较高的复杂夹杂物，在轧制过程中不会发生显著变形。为了满足冷轧钢板中夹杂物小于100μm的要求，连铸坯中非金属夹杂物尺寸必须小于100μm。

**表 6-9 高品质冷轧钢板对 [C]、[N] 含量和非金属夹杂物质尺寸的要求**

| 产品名称 | 钢 种 | 厚度/mm | 性能要求 | 炼钢控制要点 | |
|---|---|---|---|---|---|
| | | | | 夹杂物尺寸/μm | 成分/% |
| DI 罐材 | 低碳铝镇静钢 | 0.2~0.3 | 防止冲罐时裂纹 | <40 | |
| 超深冲钢 | 超低碳铝镇静钢 | 0.2~0.6 | $r>1.8\sim2.0$ | <100 | [C] ≤0.002<br>[N] ≤0.003 |
| 显像管荫罩材 | 低碳铝镇静钢 | 0.1~0.2 | 防止光刻蚀边部不良 | <5 | 低 S |

硼与氧的亲和力仅次于铝、钛，硼在钢中生成硼的氧化物 $B_2O_3$，影响了硼的作用的有效发挥，因此防止硼的氧化是冶炼硼钢的关键，钢在加硼前必须用铝或其他高化学活性元素进行彻底的脱氧。精炼过程中，在钢水脱氧良好的情况下喂入硼线，因为硼的回收率不稳定，采用多次喂入的方法实现硼的目标含量。

6.3.5.3 连铸工艺

冷轧原料对表面质量的要求较高，而结晶器内钢水流动对铸坯表面质量有非常重要的影响，所以必须采取以下措施以获得高表面的铸坯，从而获得较高表面质量的产品[53]：(1) 优化浸入式水口参数，对钢水流动进行控制以减少卷渣；(2) 控制钢水过热度，选用合适的二次冷却曲线；(3) 适当减低拉速以减少结晶器钢水表面波动；(4) 严格执行中间包烘烤工艺，保证中间包烘烤时间与烘烤温度；(5) 采用较高黏度的保护渣；(6) 提高结晶器振动频率，减小振幅，以减小弯月面处坯壳向内弯曲程度；(7) 采用电磁制动有效地对钢水流动进行控制，减少卷渣缺陷；(8) 采用较低的拉速；(9) 采用液心压下技术。

6.3.5.4 控制轧制和控制冷却工艺[54]

为了满足冷轧原料板退火后的成形性能，热轧过程的开轧、终轧和冷却、卷取工艺控制十分重要，其中主要是控制钢的晶粒组织和析出物，尤其是 AlN 的控制。需要注意的是，在传统流程中，通常采用“三高一低”的工艺控制原则，即高温加热、高温初轧、高温终轧和低温卷取。其目的是在铸坯加热过程中尽量使 AlN 溶解于钢的奥氏体基体中，在随后的轧制和冷却过程中尽可能抑制 AlN 析出，而在冷轧后的再结晶退火过程中再使 AlN 析出，这对冷轧板的有利织构发展并提高 $r$ 值很重要。

在薄板坯连铸连轧流程生产冷轧原料时，为了确保 AlN 等第二相粒子的充分固溶，以及满足热轧温度控制的需要，均热工艺的关键是采用较高的板坯均热温度，一般应大于 1100℃。除鳞水压力尽量采用高水压力，彻底清除板坯表面氧化铁皮，保证带钢表面质量；热轧工艺主要选用合理的压下制度和温度制度的组合，尽量在再结晶区域进行大变形，为随后的晶粒回复和长大创造条件。终轧应尽量在该钢种的 $A_{r3}$ 点以上 30~50℃ 区域完成。层流冷却采用后段冷却模式，以保证轧后晶粒有充分的长大时间。卷取温度根据成品的力学性能进行调整和控制。

## 6.4　薄板坯连铸连轧硼微合金化技术的应用

薄板坯连铸连轧硼微合金化技术研究的初衷是降低和稳定冷轧原料屈服强度，为最终获得高品质冷轧成品奠定基础。通过研究硼微合金化对薄板坯连铸连轧铸坯质量和热轧过程组织演变及第二相析出的影响，目前工业生产已经较好地解决了困扰薄板坯连铸连轧流程大规模高比例生产冷轧原料的难题，成功开发了CQ、DQ、DDQ 等系列钢种。

### 6.4.1　冷轧原料用钢的组织性能特点

以冷成形为主要用途的低碳铝镇静薄钢板广泛应用于汽车、家电制造及其他行业，历来是低碳钢最重要的品种之一，同时也是冷轧加工的主要原料，即通常所说的冷轧原料。冷轧原料根据冲压性能的不同，分为 CQ、DQ、DDQ、EDDQ 等不同级别，其中前三个级别的需求量最大。由于冷轧产品的厚度范围一般是 0.25～2.0mm，因此冷轧原料的厚度一般在 1.6～5.0mm，即保证冷轧工序 60%～75% 的压下率。根据深冲性能和退火性能要求的不同，冷轧工序会适当改变压下率[55]。

作为冷轧原料用钢，为满足冷轧设备和冷轧压下率的要求，通常其屈服强度低于 270MPa，DDQ 级低于 210MPa。传统流程主要通过降低固溶元素碳、硅、锰含量及有害元素硫、磷、氧、氮的含量，严格控制第二相析出强化和细晶强化等来达到软化的目的。目前对冷轧原料的化学成分要求，主要体现在杂质元素控制，分别对硫、磷、铝含量做上限要求。由于薄板坯在凝固与轧制过程中大量析出弥散的 $Al_2O_3$、MnS 夹杂，在晶界上富集并抑制晶粒长大，不利于钢材软化，要求严格控制钢中的铝和硫含量。冷轧原料用钢对铝含量的控制要求比较严格，既要求酸溶铝含量不能低于一定水平，又要防止加铝量过高而造成大量 $Al_2O_3$ 夹杂。因此，在薄板坯连铸连轧条件下，冷轧原料的冶金成分采用低碳、低锰、低硅的设计，根据常用的 EN 和 JIS 标准，表 6-10 给出冷轧原料用钢的冶金成分控制范围参考值。表 6-11 为根据国内部分钢铁厂家生产的及日本钢铁厂家为国内汽车厂供货的冷轧原料用钢 08Al 和 03Al 的实际成分。

**表 6-10　不同冷轧原料的冶金成分控制范围参考值（%）**

| 钢　种 | C | Si | Mn | S | P | N | TO | $Al_s$ |
|---|---|---|---|---|---|---|---|---|
| CQ 级 | ≤0.05 | ≤0.04 | ≤0.25 | ≤0.008 | ≤0.01 | ≤0.005 | ≤0.003 | 0.03～0.05 |
| DQ 级 | ≤0.05 | ≤0.03 | ≤0.20 | ≤0.008 | ≤0.01 | ≤0.005 | ≤0.003 | 0.03～0.05 |
| DDQ 级 | ≤0.04 | ≤0.02 | ≤0.15 | ≤0.008 | ≤0.01 | ≤0.004 | ≤0.003 | 0.03～0.05 |

表 6-11　国内生产的 03Al，08Al 和日本板材的实际成分（%）

| 钢种 | C | Si | Mn | S | P | N | $Al_s$ |
|---|---|---|---|---|---|---|---|
| 03Al | 0.02 ~ 0.03 | 0.02 | 0.15 ~ 0.16 | 0.004 ~ 0.008 | 0.010 ~ 0.015 | 0.002 ~ 0.005 | 0.04 ~ 0.05 |
| 08Al | 0.04 | 0.02 | 0.20 | 0.014 | 0.004 | 0.004 | 0.06 |
| SPHC | 0.045 | 0.006 | 0.21 | 0.011 | | | |
| SPHD | 0.045 | 0.02 | 0.22 | 0.013 | | | 0.05 |
| SPHE | 0.040 | 0.014 | 0.10 | 0.009 | | | 0.041 |

表 6-12 为各级别钢种标准性能要求，表 6-13 为根据传统热连轧工艺生产的热轧板 SPHC、SPHD 和 SPHE 作为冷轧原料用钢的屈服强度、屈强比和伸长率的参考值，这些数据是根据部分生产数据和实验室数据整理得到的[55]。比较表 6-12 和表 6-13 可以看出，传统流程生产冷轧原料的性能控制已经很稳定，伸长率通常有较大的富余量。

表 6-12　各级别钢种标准性能要求

| 种　类 | 抗拉强度/MPa | 伸长率/% | 弯曲角度/(°) | 冷弯($d=0$) | 冷弯($d=0.5a$) |
|---|---|---|---|---|---|
| SPHC | ≥ 270 | ≥27 | 180 | 合　格 | 合　格 |
| SPHD | ≥ 270 | ≥30 | 180 | 合　格 | 合　格 |
| SPHE | ≥ 270 | ≥31 | 180 | 合　格 | 合　格 |

表 6-13　传统热连轧工艺生产的冷轧原料用钢性能

| 钢　种 | 屈服强度/MPa | 屈强比 | 伸长率/% |
|---|---|---|---|
| SPHC(CQ 级) | 260 ~ 300 | 0.72 ~ 0.82 | 35 ~ 41 |
| SPHD( ~ DQ 级) | 250 ~ 290 | 0.70 ~ 0.80 | 36 ~ 43 |
| SPHE( ~ DDQ 级) | 240 ~ 280 | 0.68 ~ 0.78 | 37 ~ 45 |

### 6.4.2　薄板坯连铸连轧硼微合金钢的力学性能

采用硼微合金化技术，基于薄板坯连铸连轧流程生产的 CQ 级冷轧原料用钢，其力学性能结果如表 6-14 所示。可以看出，采用硼微合金化技术，带钢强度显著降低，屈服强度均在 250MPa 以下，抗拉强度在 330MPa 左右，这主要是由晶粒粗化引起的。另外钢的伸长率较高，多在 40% 以上，弯心直径 $d=0$ 的情况下，冷弯性能全部合格。

表 6-14　CQ 级硼微合金化钢的力学性能

| 编号 | 厚度/mm | 硼含量/% | $\sigma_s$/MPa | $\sigma_b$/MPa | $\delta_5$/% | HRB | HV | 冷弯($d=0$) |
|---|---|---|---|---|---|---|---|---|
| 1 | 3.00 | 0.0057 | 240 | 330 | 39 | 71 | 125 | 合　格 |
| 2 | 4.00 | 0.0057 | 250 | 340 | 44 | 68 | 121 | 合　格 |
| 3 | 3.00 | 0.0047 | 245 | 330 | 47 | 68 | 121 | 合　格 |

仇圣桃等人研究了薄板坯连铸连轧流程加硼对 CQ、DQ 级冷轧原料用钢的力学性能影响规律[56]。加硼与不加硼钢热轧卷的力学性能平均值对比见表 6-15。对于 CQ 级钢带，工业化生产利用硼微合金化技术，加硼钢比不加硼钢在线检验平均屈服强度降低 19MPa，平均抗拉强度降低 21MPa。文献在工业化生产中的结果表明，在其他工艺条件相当的情况下，加硼可使板卷的屈服强度降低 20～30MPa[57]。

**表 6-15　加硼试验钢与无硼钢的在线检测平均力学性能对比**

| 试　样 | $\sigma_s$/MPa | $\sigma_b$/MPa |
|---|---|---|
| 加硼钢（20 炉） | 284 | 351 |
| 无硼钢（2004 年全年） | 303 | 372 |

### 6.4.3　薄板坯连铸连轧硼微合金钢时效性能分析

为了直观了解加硼钢在各阶段力学性能变化，加硼钢从热轧到平整卷过程力学性能参见图 6-26，不加硼钢力学性能变化参见图 6-27[56]。数据表明：加硼钢在热轧—时效 10 天—冷轧前过程屈服强度分别降低 36MPa、18MPa，抗拉强度分别降低 10MPa、12MPa；而不加硼在热轧—时效 19 天—冷轧前过程屈服强度分别降低 14MPa、16MPa，抗拉强度分别降低 2MPa、5MPa；时效后屈服强度、冷轧前屈服强度加硼比不加硼钢分别降低 38MPa、40MPa，加硼钢经时效后强度降低幅度较大的原因前面已经分析过，原因主要是由于钢中细小 AlN 减少，对晶界以及位错的钉扎作用减弱，使得显微组织的回复软化更容易进行。

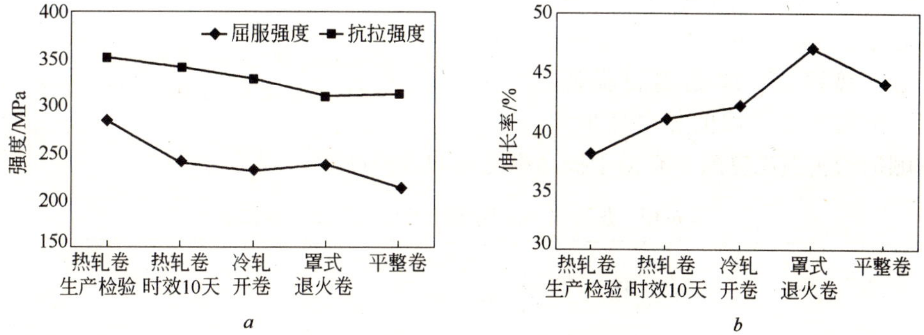


图 6-26　加硼钢加工过程力学性能变化

*a*—平均强度变化；*b*—平均伸长率变化

### 6.4.4　硼对冷轧工序及产品性能的影响[56]

规格为 3.75mm×1275mm 的热轧卷轧制 1.4mm×1275mm 冷轧卷，加硼与不

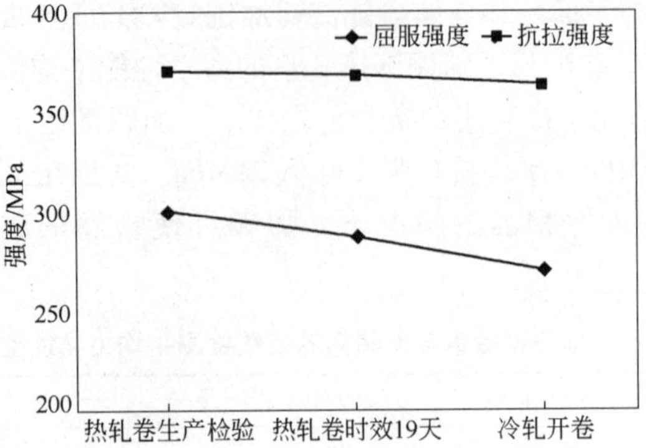


图 6-27　不加硼钢加工过程力学性能变化

加硼钢在稳定轧制阶段各机架轧制压力比较详见图 6-28，显然加硼钢轧制压力降低的趋势是明显的。

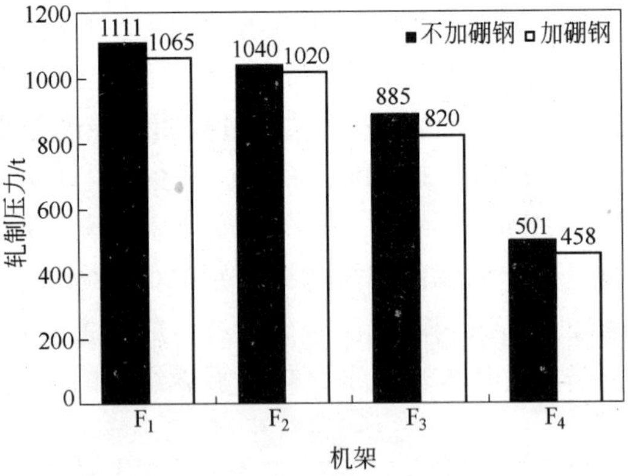


图 6-28　加硼钢与不加硼钢冷轧各机架轧制压力对照

经过罩式退火及平整后，SPHC 钢加硼与不加硼情况下冷轧产品力学性能参见表 6-16，镀锌后加硼与不加硼情况下产品力学性能参见表 6-17。图 6-29、图 6-30更直观地给出 SPHC 钢加硼与不加硼情况下冷轧产品和镀锌产品的力学性能差异。结果表明，经罩式退火及平整后，加硼钢力学性能波动范围小，综合性能好；镀锌后，加硼钢屈服强度、抗拉强度平均值相对较低，加硼钢的屈强比提高，有助于提高冷轧板的深冲性能。

**表 6-16　加硼与不加硼情况下冷轧产品力学性能**

| 钢　种 | 项　目 | 力学性能参数 | | 成形性能参数 | |
|---|---|---|---|---|---|
| | | $\sigma_s$/MPa | $\sigma_b$/MPa | $\sigma_s/\sigma_b$ | $\delta_{80}$/% |
| 不加硼钢（2005 年 4 月份数据统计） | 最大值 | 343. 4 | 401. 0 | 0. 908 | 50. 7 |
| | 最小值 | 162. 9 | 248. 7 | 0. 558 | 18. 7 |
| | 平均值 | 215. 5 | 324. 5 | 0. 662 | 35. 8 |
| 加硼钢（样本数：12） | 最大值 | 225 | 335 | 0. 71 | 42 |
| | 最小值 | 205 | 295 | 0. 66 | 33. 5 |
| | 平均值 | 213 | 309 | 0. 69 | 38. 1 |

**表 6-17 镀锌后加硼与不加硼情况下产品力学性能**

| 钢 种 | 项 目 | $\sigma_s$/MPa | $\sigma_b$/MPa | $\delta_{80}$/% |
|---|---|---|---|---|
| 不加硼钢（2005 年 4 月份数据统计） | 平均值 | 334 | 384 | 31.0 |
| | 范 围 | 255 ~ 395 | 310 ~ 440 | 14.8 ~ 41.4 |
| 加硼钢(样本数:3) | 平均值 | 287 | 372 | 38.8 |
| | 范 围 | 250 ~ 315 | 360 ~ 395 | 34 ~ 48.5 |

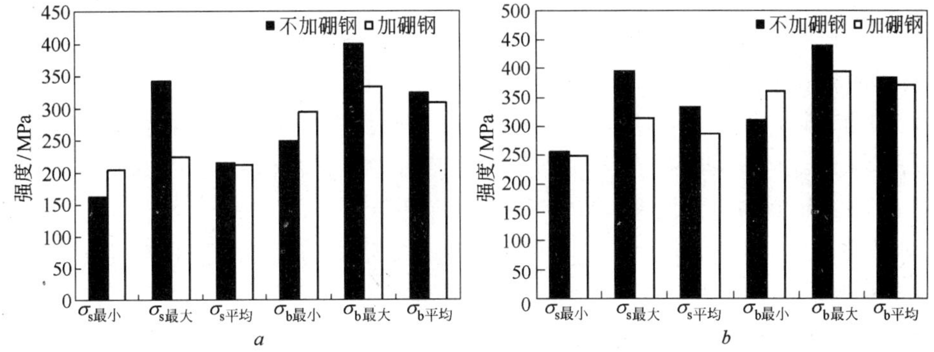


图 6-29 冷轧和镀锌后加硼与不加硼情况下产品力学性能直方图

*a*—冷轧产品力学性能；*b*—镀锌产品力学性能

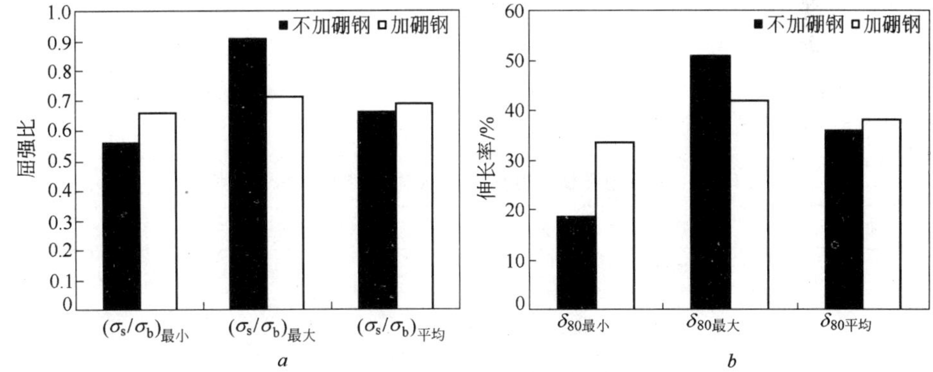


图 6-30 加硼与不加硼情况下冷轧产品力学性能直方图

*a*—屈强比；*b*—伸长率

然而也有研究结果表明，采用相同的热轧工艺和冷轧再结晶退火的条件下，薄板坯连铸连轧流程冷轧原料用钢加硼钢和不加硼钢相比，屈服强度、抗拉强度明显升高，伸长率、$n$、$r$ 值降低，进而导致成形性能下降[58]。分析原因认为，加硼以后，在冷轧退火过程中有利于改善成形性能的细小 AlN 析出物的数量减少，造成 $r$ 值降低；同时硼的晶界偏聚可能抑制再结晶晶粒的长大，细晶强化作用的结果导致屈强比增加；而伸长率降低则可能是硼脆化晶界作用所致。

上述研究结果表明，薄板坯连铸连轧流程冷轧原料用钢加硼以后，对冷轧工序及其最终产品的性能影响规律有待进一步深入。鉴于硼在钢中的作用取决于其在钢中的存在状态和数量，因此，若要定量阐明硼的影响规律，有必要定量研究硼在薄板坯连铸连轧流程产品中的存在状态。

### 6.4.5 薄板坯连铸连轧硼微合金钢的成形性能

对冷轧板的成形性分析，应用最广泛的实验方法是单向拉伸试验，它属于基本成形试验。单向拉伸试验可获两个重要的基本成形性指标：塑性应变比（$r$ 值）和加工硬化指数（$n$ 值）以及其他强度与塑性指标如屈服强度、抗拉强度和伸长率等。$r$ 值为单向拉伸试样宽度方向应变和厚度方向应变之比，即 $r=\varepsilon_w/\varepsilon_t$。$n$ 值由真应力-真应变曲线 $\sigma=k\varepsilon^n$ 所定义，它是衡量薄板在塑性变形过程中形变强化能力的一种量度。同时，它表示真实均匀变形，与薄板的拉胀性具有密切关系，$n$ 值越高，拉胀性越好。由单向拉伸试验测定的 $r$ 值和 $n$ 值能很好地衡量薄板成形性的优劣，$r$ 值和 $n$ 值愈高，则成形性愈好，愈能适应难冲零件的生产。

文献［49］的工作表明，加硼热轧板卷的 $n$ 值可达 0.22～0.235，并且纵横向 $n$ 值差异不大，具有良好的成形性能。同时文献的工作表明，加硼冷轧平整卷的 $r$ 值随钢中硼含量的增加而增加，最高可达 1.6，但是当硼含量超过 0.0035% 时，钢板的 $r$ 值开始下降[43]。

对用薄板坯连铸连轧生产的 SPHC 作原料进行冷轧出来的 SPCC 钢进行力学性能、成形性能检验，结果如表 6-18，可以看出，板卷纵、横向、45°力学性能差别不大，伸长率超过 50%，表明钢板成形性能良好。

**表 6-18 薄板坯连铸连轧生产的冷轧钢带的力学性能情况**

| 钢 种 | 抗拉强度/MPa | | 屈服强度/MPa | 伸长率/% | 屈强比 | $n$ | $r$ | $\Delta r$ |
|---|---|---|---|---|---|---|---|---|
| SPCC | 0° | 303 | 207 | 52 | 0.683 | 0.18 | 1.54 | 0.12 |
| | 45° | 322 | 218 | 50 | 0.677 | | | |
| | 90° | 312 | 227 | 54 | 0.728 | | | |

## 参 考 文 献

1 Garlipp W, Cilense M, Novaes G S I. Austenite decomposition of C-Mn steel containing boron by continuous cooling. J. of Mater Process Technol., 2001, 114 (1): 71～74

2 夏兆所. 含硼冷轧无取向硅钢的研制. 上海金属, 2003, 25 (4): 20～23

3 Sudo M, et al. Technology of continuous annealed cold-rolled sheet steel. TMS AIME warrendale. PA, 1984: 203

4 毛新平，霍向东，等. CSP 工艺生产冷轧原料用 B 微合金化钢的研究. 钢铁，2006，41（增刊1）：194～198

5 徐匡迪，刘清友，等. 薄板坯流程连铸连轧过程中的细晶化现象分析. 钢铁，2005，40（12）：1～9

6 雍岐龙，等. 薄板坯连铸连轧时夹杂物在奥氏体中形成与控制的理论考虑. 特殊钢，2005，26（1）：1～5

7 仇圣桃，等. 薄板坯流程连铸连轧含硼低碳热轧带钢的软化机理. 金属学报，2006，42（11）：1202～1206

8 贺信莱，褚幼义，余宗森. 硼在钢中的分布. 金属学报，1977，13（4）：235～244

9 祖荣祥，李定秀，等. 40MnB 钢加热时硼相析出行为的研究. 金属学报，1985，1（3）：196～202

10 Taylor K A. Grain-boundary segregation and precipitation of boron in 0. 2 percent carbon steels. Metallurgical Transactions，1992，23A：107～119

11 雍岐龙. 钢中的第二相. 北京：冶金工业出版社，2006

12 杨善武，等. 超低碳钢在铁素体生长过程中硼分布的变化. 钢铁研究学报，1999，11（4）：39～43

13 吴平，贺信莱，等. 冷却-等温-冷却处理过程中硼的晶界偏聚. 材料工程，2001，(12)：24～28

14 Takuya Hara，Hitoshi Asahi，Ryuji Uemori，et al. Role of combined addition of niobium and boron on hardenability in low carbon steels. ISIJ International，2004，44：1434～1440

15 Hiroshi Tamehiro，MasahikoMurata，Ryuichi Habu，et al. Optimum microalloying of niobium and boron in HSLA steel for thermomechanical processing. Transactions ISIJ，1987，27：120～129

16 Kazuo Yamanaka，Yasuya Ohmori. Effect of boron on transformation of low-alloy steels. Transactions ISIJ，1977，17：92～101

17 康永林，傅杰，柳得橹，等. 薄板坯连铸连轧钢的组织性能控制. 北京：冶金工业出版社，2006

18 McMahon C J. The role of solute segregation in promoting the hardenability of steel. Metallurgical Transactions A.，1980，11：531～535

19 宫原征行，中岛悟博，等. 加工性のぐれた极薄热延钢. R. D 神户制钢技报，1990，36（3）：61～64

20 Kapadia B M，Brown R M，Murphy W J. The influence of nitrogen，titanium，and zirconium on the boron hardenability effect in constructional alloy steels. Transactions of the Metallurgical Society of AIME，1968，242（8）：1689～1694

21 本溪钢铁公司第一炼钢厂. 硼钢. 北京：冶金工业出版社，1977

22 Melloy G F，Slimmon P R，Podgursky P P. Optimizing the boron effect. Metallurgical Transactions，1973，(4)：2279～2289

23 Masakatsu Ueno，Tohru Inoue. Distribution of boron at austenite grain boundaries and bainite transformation in low carbon steels. Transactions ISIJ，1973，13：210～217

24 Ryuichi Habu, Masasuke Miyata, Shozo Sekino, et al. Effect of boron on hardenability of Al-B-N low alloy steels. Transactions ISIJ, 1978, 18: 492 ~ 500

25 Seiichi Watanabe, Hiroo Ohtani, Tatsuro Kunitake. The influence of hot rolling and heat treatments on the distribution of boron in steel. Transactions ISIJ, 1983, 23: 31 ~ 37

26 Funakawa Yoshimasa, Inazumi Toru, Hosoya Yoshihiro. Effect of Al content on r-value of boron-beating Al-killed steel sheet. Journal of the Iron and Steel Institute of Japan, 2002, 88: 547 ~ 552

27 钢铁热处理编写组. 钢铁热处理——原理及应用. 上海：上海科学技术出版社，1979

28 赵振华，等. 硼对低碳钢晶粒尺寸的影响. 钢铁，2006，41（3）：67 ~ 70

29 刘国权，等. 低碳硼钢过冷奥氏体分解早期 α 形核位置饱和现象. 金属学报，1991，27（2）：A079 ~ A085

30 Kazuo Yamanaka, Yasuya Ohmori. Effect of boron on transformation of low-carbon low-alloy steels. Transactions ISIJ, 1977, 17: 92 ~ 101

31 Nobuhiro Tsiji, Yukihiro Matsubara, Tetsuo Sakai, Yoshihiro Saito. Effect of boron addition on the microstructure of hot-deformed Ti-added interstitial free steel. ISIJ International, 1997, 37 (8): 797 ~ 806

32 Elko Yasuhara, Kei Sakata, Toshiyuki Kato, et al. Effect of boron on the resistance to secondary working embrittlement in extra-low-C cold-rolled sheet steel. ISIJ International, 1994, 34: 99 ~ 107

33 Maitrepierre Ph, Rofes-Vernis J, Thivellier D. Structure-properties relationships in boron steels. Boron in Steel. Edited by Banerji S K, Marral J E. 1979

34 张朝生. 摘自材料ヤズロセス. 2002, 15（3）: 489

35 李文英，等. 硼对低碳钢热塑性影响的研究. 金属制品，2006，32（2）：38 ~ 41

36 Huo Xiangdong, Liu Delu, et al. Study on grain refinement of low carbon steel produced by CSP process. J. Univ. Sci. Technol. Beijing, 2004, 11(2): 133

37 Jun H J, Kang J S, Seo D H. Effects of deformation and boron on microstructure and continuous cooling transformation in low carbon HSLA steels. Materials Science and Engineering, 2006, A 422: 157 ~ 162

38 Nobuhiro Tsuji, Yukihiro Matsubara, Tetsuo Sakai, et al. Effect of boron addition on the microstructure of hot-deformed Ti-added Interstitial free steel. ISIJ International, 1997, 37 (8): 797 ~ 806

39 Kevin Banks, Waldo Stumpf, Alison Tuling, Inconsistent flow stress in low carbon boron steels during finishing. Materials Science and Engineering, 2006, A 421: 307 ~ 316

40 LiuW J, Jonas J J. Ni(C,N) precipitation in microalloyed austenite during stress relaxation. Metall. Trans. A., 1988, 19A: 1414 ~ 1425

41 Waldo Stumpf, Kevin Banks. The hot working characteristics of a boron bearing and a conventional low carbon steel. Materials Science and Engineering. 2006, A 418: 86 ~ 94

42 王小燕，肖丽俊，仇圣桃，等. 硼微合金化对 CSP 生产低碳铝镇静钢带力学性能的影响. 中国冶金，2006，16（7）：118 ~ 126

43 Kazuo Yamanaka, Yasuya Ohmori. Effect of boron on transformation of low-alloy steels. Transactions ISIJ, 1977, 17: 92 ~ 101

44 刘清友，梁小凯，王雪莲，等. 薄板坯连铸连轧流程低碳 Al 镇静钢组织细化原因探讨. 钢铁, 2005, 40 (8): 65 ~ 69

45 肖丽俊，仇圣桃，刘家琪，等. TSCR 生产低碳铝镇静钢薄带软化机理研究. 钢铁, 2006, 41 (4): 66 ~ 70

46 N. Takahashi N, Shibata M. Proc. on Technology of Continuous Annealed Cold-Rolled Sheet Steel. TMS-AIME, Warrendale, PA, 1984: 133

47 胡本芙，卜勇，吴承建，等. N/Al 比值对 A508-3 钢的组织和性能的影响. 钢铁, 1999, 34 (1): 39 ~ 43

48 Choquet P, Febregue P, Giusti J, et al. Modeling of force, structure and final properties during the hot rolling process on the hot strip rolling mill. Intl. Symp. on Mathematical Modeling of Hot Rolling of Steel Canada, 1990, 33 ~ 44

49 范鼎东，等，硼微合金化对 SPHC 钢组织、析出物以及屈服强度的影响. 钢铁, 2006, 41 (9): 60 ~ 64

50 康永林，于浩. 薄板坯连铸连轧低碳高强钢中析出物及其对组织性能的影响. 科学技术与工程, 2005, 5 (5): 305 ~ 308

51 王中丙，许传芬，范胜标，等. 一种可改善热轧钢板冷加工性能的方法. 中国专利: 02115041. 9, 2005

52 内土屈秀男，木村宏. 第 126、127 回西山纪念技术讲座. 日本钢铁协会, 1988

53 王新华. 采用薄板坯连铸生产高表面质量冷轧钢板的可行性分析. 钢铁, 2004, 39(12): 18 ~ 25

54 施雄梁，苏世怀，张建平，等. 马钢 CSP 生产冷轧原料工艺技术研究. 见：薄板坯连铸连轧技术交流与开发协会第三次技术交流会论文集, 2005: 128 ~ 133

55 康永林，温德智，吴光亮，等. 薄板坯连铸连轧生产冷轧基板的工艺与组织性能分析. 山东冶金, 2006, 28(2): 6 ~ 10

56 仇圣桃，肖丽俊，刘家琪，等. 硼微合金化对 TSCR 工艺生产冷轧基料力学性能的影响及其应用. 见：薄板坯连铸连轧技术交流与开发协会第三次技术交流会论文集, 2005: 187 ~ 192

57 吴光亮，等. 涟钢 BOF-LF-CSP 工艺生产冷轧基料用板卷. 钢铁, 2006, 41 (增刊 1): 194 ~ 198

58 康永林，景钦广，等. 卷取温度、冷轧总变形量对含硼 08Al 钢力学性能的影响. 钢铁, 2007, 42(4): 67 ~ 82

# 冶金工业出版社部分图书推荐

| 书　名 | 定价(元) |
| --- | --- |
| 微合金化钢 | 25.00 |
| 石油天然气管道工程技术及微合金化钢 | 85.00 |
| 钒钛材料 | 35.00 |
| 汽车用铌微合金化钢板 | 85.00 |
| 如何用铌改善钢的性能——含铌钢生产技术 | 39.00 |
| 现代铌钢长条材 | 45.00 |
| 铌·高温应用 | 49.00 |
| 现代含铌不锈钢 | 45.00 |
| 多元渗硼技术及其应用 | 22.00 |
| 矿物直接合金化冶炼合金钢——理论与实践 | 26.00 |
| 薄板坯连铸连轧钢的组织性能控制 | 79.00 |
| 薄板坯连铸连轧工艺技术实践 | 56.00 |
| 薄板坯连铸连轧（第2版） | 45.00 |
| 薄板坯连铸装备及生产技术 | 48.00 |
| 现代电炉—薄板坯连铸连轧 | 98.00 |
| 连铸坯质量（第2版） | 24.50 |
| 连续铸钢 | 30.00 |
| 连续铸钢原理与工艺 | 30.00 |
| 新编连续铸钢工艺及设备（第2版） | 40.00 |
| 连铸及炉外精炼自动化技术 | 52.00 |
| 汉英英汉连续铸钢词典 | 65.00 |
| 板带冷轧机板形控制与机型选择 | 59.00 |
| 二十辊轧机及高精度冷轧钢带生产 | 69.00 |
| 高速轧机线材生产 | 75.00 |
| 中国热轧宽带钢轧机及生产技术 | 75.00 |
| 热连轧带钢生产 | 35.00 |
| 钢管连轧理论 | 35.00 |
| 小型型钢连轧生产工艺与设备 | 75.00 |
| 转炉炼钢功能性辅助材料 | 40.00 |
| 炼钢氧枪技术 | 58.00 |
| 中国电炉流程与工程技术文集 | 60.00 |
| CONSTEEL®国际学术研讨会论文集 | 50.00 |
| 炉外精炼及铁水预处理实用技术手册 | 146.00 |
| 冶金流程工程学 | 65.00 |
| 洁净钢——洁净钢生产工艺技术 | 65.00 |
| 超细晶钢——钢的组织细化理论与控制技术 | 188.00 |
| 钢铁冶金及材料制备新技术 | 28.00 |
| 钢铁生产工艺装备新技术 | 39.00 |
| 冶金设备液压润滑实用技术 | 68.00 |
| 高速钢轧辊制造技术 | 35.00 |
| 轧机轧辊及轴承使用维修技术 | 49.00 |